PREFACE

A conference on Vector Space Measures and Applications was held at Trinity College, University of Dublin, during the week June 26 to July 2, 1977. Over one hundred and twenty mathematicians from eighteen countries participated. More than seventy five lectures were given, the texts of many of these appearing in the Proceedings.

The original intention of the Conference organisers was to arrange a fairly narrow range of featured topics. However, as the Conference planning progressed, it became clear that there was a great deal of interest in vector space measure theory by mathematicians, working in a much broader spectrum of fields who saw connections between current research in vector space measures and their own fields of research. Consequently, there were sessions on probability theory, distribution theory, quantum field theory, vector measures, functional analysis and real and complex analysis in infinite dimensions.

With the exception of twenty papers on real and complex analysis in infinite dimensions, which will be published separately, these Proceedings (in two volumes) contain the written and expanded texts of most of the papers given at the Conference.

The organising Committee consisted of Richard M. Aron (Trinity College Dublin), Paul Berner (Trinity College Dublin), Philip Boland (University College Dublin), Seán Dineen (University College Dublin), John Lewis (The Dublin Institute for Advanced Studies) and Paul McGill (The New University of Ulster, Coleraine). The Conference was made possible through the interest, cooperation and financial support of the European Research Office as well as Trinity College Dublin, University College Dublin, The Royal Irish Academy, The Dublin Institute for Advanced Studies, The Bank of Ireland and Bord Failte.

Richard M. Aron,
School of Mathematics,
Trinity College Dublin,
Dublin 2, Ireland.

Seán Dineen,
Department of Mathematics,
University College Dublin,
Belfield, Dublin 4, Ireland.

Lecture Notes in Mathematics

Edited by A. Dold and B. Eckmann

644

Vector Space Measures and Applications I

Proceedings, Dublin 1977

Edited by
R. M. Aron and S. Dineen

Springer-Verlag
Berlin Heidelberg New York 1978

Editors
Richard M. Aron
School of Mathematics
39 Trinity College
Dublin 2, Ireland

Seán Dineen
Department of Mathematics
University College Dublin
Belfield
Dublin 4, Ireland

AMS Subject Classifications (1970): 28-XX, 35-XX, 46-XX, 58-XX, 60-XX, 81-XX

ISBN 3-540-08668-4 Springer-Verlag Berlin Heidelberg New York
ISBN 0-387-08668-4 Springer-Verlag New York Heidelberg Berlin

Printed in Germany

Printing and binding: Beltz Offsetdruck, Hemsbach/Bergstr.
2141/3140-543210

CONTENTS

ALBERT BADRIKIAN Les fonctions semi-continues inferieurement et la theorie des mesures cylindriques 1

CHARLES R. BAKER Absolute continuity for a class of probability measures 44

ANATOLE BECK On the covariance tensor 51

ALEXANDRA BELLOW Some aspects of the theory of vector-valued amarts 57

CHRISTER BORELL A note on conditional probabilities of a convex measure 68

HENRI BUCHWALTER Le role des partitions continues de l'unite dans la theorie des mesures scalaires ou vectorielles 83

RENE CARMONA Tensor product of Gaussian measures 96

SIMONE CHEVET Quelques nouveaux resultats sur les mesures cylindriques 125

K.D. ELWORTHY Differential invariants of measures on Banach spaces 159

VICTOR GOODMAN Transition probabilities for vector-valued Brownian motion with boundaries 188

LEONARD GROSS Logarithmic Sobolev inequalities - A survey 196

BERNARD HEINKEL Quelques remarques relatives au theoreme central-limite dans C(S) 204

PAUL KREE Methodes holomorphes et methodes nucleaires en analyse de dimension infinie et en theorie quantique des champs 212

J. KUELBS Some exponential moments with applications to density estimation, the empirical distribution function, and lacunary series 255

HUI-HSIUNG KUO Differential calculus for measures on Banach spaces 270

BERNARD LASCAR Equations aux derivees partielles en dimension infinie 286

V. MANDREKAR Characterization of Banach space through validity of Bochner theorem 314

MICHAEL B. MARCUS & WOJBOR A. WOYCZYNSKI A necessary condition for the central limit theorem on spaces of stable type 327

B.J. PETTIS On the Radon-Nikodym theorem 340

PIERRE RABOIN Application de la theorie de la mesure en dimension infinie a la resolution de l'equation $\bar{\partial}$ sur un espace de Hilbert 356

JEAN SCHMETS Spaces of vector-valued continuous functions 368

HIROAKI SHIMOMURA Quasi-invariant measures on R^∞ and their ergodic decomposition 378

W. SLOWIKOWSKI Commutative Wick algebras I. The Bargmann, Wiener and Fock algebras 396

R.L. TAYLOR and P.Z. DAFFER Some weak laws of large numbers for probability measures on vector spaces 411

AUBREY TRUMAN Some applications of vector space measures to non-relativistic quantum mechanics 418

J.J. UHL, JR. The Radon-Nikodym property: a point of view 442

CONTENTS OF VOLUME TWO *

D. BUCCHIONI et A. GOLDMAN Convergence presque partout des suites de fonctions mesurables et applications

DAVOR BUTKOVIC On the completion of vector measures

S.D. CHATTERJI Stochastic processes and commutation relationships

JENS PETER REUS CHRISTENSEN Some results with relation to the control measure problem.

R. DELANGHE and C. BLONDIA On measurable and partitionable vector valued multifunctions.

THOMAS A.W. DWYER, III Analytic evolution equations in Banach spaces.

G.A. EDGAR On the Radon-Nikodym-Property and martingale convergence.

L. EGGHE On the Radon-Nikodym property, and related topics in locally convex spaces.

ANDRE GOLDMAN Relations entre les proprietes de mesurabilite universelle pour un espace topologique T et la propriete de Radon-Nikodym pour le cone positif des mesures de Radon (resp. de Baire) sur T.

P.J. GUERRA Stability of tensor products of Radon measures of type $(\mathcal{H})$.

R.L. HUDSON The strong Markov property for canonical Wiener processes.

MAREK KANTER Random linear functionals and why we study them.

PRZEMYSLAW KRANZ Control measure problem in some classes of F-spaces.

P. LELONG Applications des proprietes des fonctions plurisous-harmoniques a un probleme de mesure dans les espaces vectoriels complexes.

RAOUL LEPAGE A maximal equality and its application in vector spaces.

JORGE MUJICA Representation of analytic functionals by vector measures.

KAZIMIERZ MUSIAL & CZESLAW RYLL-NARDZEWSKI Liftings of vector measures and their applications to RNP and WRNP.

ERIK THOMAS Integral representations in conuclear spaces.

PHILLIPE TURPIN Boundedness problems for finitely additive measures.

* Volume II appeared as volume 645 in Lecture Notes in Mathematics

JOHN B. WALSH Vector measures and the Ito integral.

AUBREY WULFSOHN Infinitely divisible stochastic differential equations in space-time.

HEINRICH VON WEIZSÄCKER Strong measurability, liftings and the Choquet-Edgar theorem.

LES FONCTIONS SEMI-CONTINUES
INFERIEUREMENT ET LA THEORIE DES MESURES CYLINDRIQUES

Albert BADRIKIAN

Introduction

Il était bien connu qu'à toute mesure cylindrique sur un espace vectoriel réel X en dualité avec un autre espace Y, correspond une mesure de Radon sur un espace compact, à savoir $(\check{\mathbb{R}})^Y$ où $\check{\mathbb{R}}$ désigne le compactifié de Stone-Čech de $\mathbb{R}$. Toutefois, du fait que $(\check{\mathbb{R}})^Y$ est "trop grand", la correspondance ci-dessus n'est pas injective (ni même surjective). Dans cet article, nous introduisons un espace compact, appelé le <u>compactifié cylindrique</u> (noté $\check{X}_{cyl}$) qui nous permet d'établir une bijection entre l'ensemble des probabilités cylindriques sur X (relativement à la dualité entre X et Y) et l'ensemble des probabilités de Radon sur $\check{X}_{cyl}$. La méthode de construction de ce compactifié cylindrique est très voisine d'une construction faite par LE CAM ("Convergence in distribution of stochastic processes", Univ. Calif. Pub. Stat. Vol. 2, n° 11, 1957, pp. 207-236).

L'introduction de ce compactifié cylindrique nous permet de définir l'image d'une mesure cylindrique par une fonction $\theta : X \to \overline{\mathbb{R}}$ semi-continue inférieurement, comme une mesure sur $\overline{\mathbb{R}}$. On peut ainsi "raisonnablement" intégrer des fonctions réelles sur X, relativement à une mesure cylindrique et "mesurer" les ensembles $\sigma(X,Y)$ fermés. Naturellement, il est vain d'espérer que cette "intégrale" et cette "mesure" aient toutes les propriétés de la théorie de l'intégration "classique". En tout cas, ce point de vue permet une simplification de certaines parties de la théorie générale des mesures cylindriques (celles où interviennent les notions d'ordre et de type).

Le cas où θ satisfait à certaines conditions de convexité est le plus intéressant, comme on le verra. Et la liaison entre la théorie des mesures cylindriques et l'analyse convexe nous semble une voie qui gagnerait à être exploitée plus avant.

L'article se termine par une autre application de "l'analyse convexe sous-différentielle" au problème des mesures sur un Banach coïncidant sur les boules. Nous suivons d'assez près la méthode d'HOFFMANN-JØRGENSEN.

Le présent article résume les travaux antérieurs de SCHACHERMAYER, de SCHWARTZ (non publié), et de l'auteur (dont une partie a été publiée dans [2]).

Chapitre I : Le compactifié cylindrique

N° 1 : Notations et définitions fondamentales

Dans tout cet article, les espaces vectoriels que nous considérerons seront des espaces vectoriels sur $\mathbb{R}$.

Si E est un espace vectoriel, on désignera par $\mathcal{F}(E)$ l'ensemble des sous-espaces de E de dimension finie : c'est un ensemble flirtant pour la relation d'inclusion. Si (X,Y) est un couple d'espaces vectoriels en dualité et si $N \in \mathcal{F}(Y)$, on désignera par π_N l'application canonique de X sur $X_N = X/N^{\perp}$ ($N^{\perp}$ est l'orthogonal de N dans X pour la dualité entre X et Y). Il est bien connu que les $(X_N)_{N \in \mathcal{F}(Y)}$ forment un système projectif d'espaces vectoriels (de dimension finie) dont la limite projective est égale au dual algébrique Y^* de Y. Par ailleurs, nous ne rappelerons pas les définitions et notions relatives aux mesures cylindriques.

Soit (X,Y) un couple d'espaces vectoriels en dualité et soit Z un ensemble quelconque. Soit enfin $f : X \to Z$. On dira que f est cylindrique si elle admet une factorisation de la forme :

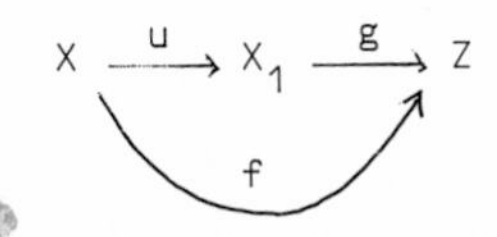

où X_1 est un espace vectoriel de dimension finie et où u est linéaire $\sigma(X,Y)$-continue et surjective (ou bien X_1 est un quotient séparé de X de dimension finie et u est l'application canonique de X sur X_1). Si Z est un espace topologique, on dira que f est continue cylindrique si g est continue.

On désignera par $\mathcal{C}_{cyl}(X)$ l'algèbre des fonctions réelles, bornées et continues cylindriques sur X, munies de la norme uniforme. Cette algèbre sépare les points de X, est ordonnée et contient les constantes, mais n'est pas complète. Remarquons que

$\mathcal{C}_{cyl}(X)$ dépend de l'espace Y avec lequel X est en dualité. On devrait donc plutôt écrire $\mathcal{C}_{cyl}(X,Y)$; mais nous ne le ferons pas, car cela ne prêtera pas à confusion. Remarquons également que si X et X_1 sont tous les deux en dualité avec Y, $\mathcal{C}_{cyl}(X)$ et $\mathcal{C}_{cyl}(X_1)$ sont isomorphes en tant qu'algèbres normées.

L'intérêt de l'introduction de $\mathcal{C}_{cyl}(X)$ réside dans le

Lemme 1.- *L'ensemble $\check{\mathcal{P}}(X,Y)$ des probabilités cylindriques sur X, relativement à la dualité entre X et Y, s'injecte dans le dual de $\mathcal{C}_{cyl}(X)$. En identifiant $\check{\mathcal{P}}(X,Y)$ et son image dans $(\mathcal{C}_{cyl}(X))'$, la topologie cylindrique est identique à la topologie induite par la topologie faible.*

Démonstration.- Soit $\mu \in \check{\mathcal{P}}(X,Y)$. Si $N \in \mathcal{F}(Y)$ et si f est une fonction bornée continue cylindrique de la forme $f = f_N \circ \pi_N$, posons $\mu(f) = \int f\, d\mu = \int_{X_N} f_N\, d\mu_N$. On voit facilement que le membre de droite ne dépend pas de la factorisation de f choisie et que l'on définit ainsi une forme linéaire continue sur $\mathcal{C}_{cyl}(X)$, donc un élément de $(\mathcal{C}_{cyl}(X))'$. Il est alors trivial de vérifier que l'application ainsi définie de $\check{\mathcal{P}}(X,Y)$ dans $(\mathcal{C}_{cyl}(X))'$ est injective et bicontinue relativement aux topologies indiquées.

N° 2 : Le compactifié cylindrique

Théorème 1.- *(X,Y) désignant un couple d'espaces vectoriels en dualité, il existe un compact noté $\check{X}_{cyl}$ et une injection de X dans $\check{X}_{cyl}$ à image partout dense tels que :*

(1) Cette injection est un isomorphisme topologique quand X est muni de $\sigma(X,Y)$.

(2) En considérant X comme un sous-espace de $\check{X}_{cyl}$, toute fonction de $\mathcal{C}_{cyl}(X)$ admet un prolongement à $\check{X}_{cyl}$ en une fonction continue et bornée (naturellement, un tel prolongement est alors unique).

Démonstration.- Soit i l'injection de $\check{\mathcal{P}}(X,Y)$ dans $(\mathcal{C}_{cyl}(X))'$ qui a fait l'objet du lemme 1 et soit j l'isomorphisme $x \to \delta_x$ de X dans $\check{\mathcal{P}}(X,Y)$ (relativement à $\sigma(X,Y)$ et à la topologie cylindrique). Posons

$$\check{X}_{cyl} = \overline{i \circ j(X)} \text{ (adhérence dans } (\mathcal{C}_{cyl}(X))'_{\sigma}).$$

$\check{X}_{cyl}$ est évidemment un compact ; et X, considéré comme sous-ensemble de $\check{X}_{cyl}$, est partout dense.

Soit $f \in \mathcal{C}_{cyl}(X)$; f définit une fonction continue sur $(\mathcal{C}_{cyl}(X))'_{\sigma}$, donc une fonction continue bornée sur $\check{X}_{cyl}$ dont la restriction à X (considérée comme sous-ensemble de $\check{X}_{cyl}$) est égale à f. CQFD.

On en déduit que $\mathcal{C}_{cyl}(X)$, en tant qu'espace vectoriel normé, peut être considéré comme un sous-espace de $\mathcal{C}(\check{X}_{cyl})$. Il résulte alors du théorème de Weierstrass que $\mathcal{C}_{cyl}(X)$ est partout dense dans $\mathcal{C}(\check{X}_{cyl})$.

<u>Remarque 1</u>.- Si X et X_1 sont en dualité avec le même espace Y, on a $\check{X}_{cyl} = (\check{X}_1)_{cyl}$.

<u>Remarque 2</u>.- Si X est de dimension finie, $\check{X}_{cyl}$ n'est autre que le compactifié de Stone-Čech de X.

Naturellement, le dual de $\mathcal{C}_{cyl}(X)$ s'identifie au dual $\mathcal{M}(\check{X}_{cyl})$ de $\mathcal{C}(\check{X}_{cyl})$ (qui (qui n'est autre que l'ensemble des mesures de Radon réelles sur $\check{X}_{cyl}$) ; et à $\check{\mathcal{P}}(X,Y)$ correspond l'ensemble $\mathcal{P}(\check{X}_{cyl})$ des probabilitées de Radon sur $\check{X}_{cyl}$. Et la topologie cylindrique sur $\check{\mathcal{P}}(X,Y)$ correspond alors à la topologie étroite (ou vague) sur $\mathcal{P}(\check{X}_{cyl})$.

Si $\mu \in \check{\mathcal{P}}(X,Y)$, on désignera par $\check{\mu}$ la probabilité correspondante sur $\check{X}_{cyl}$.

<u>Théorème 2</u>.- <u>$\check{X}_{cyl}$ possède la propriété d'universalité suivante : Quel que soit l'espace topologique compact Z et $f : X \to Z$ continue cylindrique, f admet un prolongement continue (unique) à $\check{X}_{cyl}$</u>.

Démonstration.- Soit $\varphi \in \mathcal{C}(Z)$; alors $\varphi \circ f \in \mathcal{C}_{cyl}(X)$ et l'application $\varphi \to \varphi \circ f$ est linéaire et continue de $\mathcal{C}(Z)$ dans $\mathcal{C}_{cyl}(X)$. On voit facilement que sa transposée envoie les mesures cylindriques sur X, de la forme δ_x, sur les mesures de Dirac sur Z de la forme $\delta_{f(x)}$: donc elle envoie $\check{X}_{cyl}$ dans Z (avec un abus de langage évident).

En particulier, si $y \in Y$, y définit une application continue cylindrique de X dans $\check{R}$ (ou $\overline{R}$) et par conséquent y se prolonge de manière unique en une application $\check{y}$ de $\check{X}_{cyl}$ dans $\check{\mathbb{R}}$ (ou $\overline{\mathbb{R}}$).

De même, si $f : X \to R$ est continue cylindrique, elle admet un prolongement continu unique $\check{f} : \check{X}_{cyl} \to \overline{\mathbb{R}}$.

N° 3 : Fonctions numériques semi-continues inférieurement sur un compactifié cylindrique

Lemme 2.- *Toute fonction* $f : X \to \overline{\mathbb{R}}$ *semi-continue inférieurement (pour* $\sigma(X,Y)$*) est une enveloppe supérieure de fonctions de* X *dans* $\overline{\mathbb{R}}$, *continues et cylindriques*.

Démonstration.- On peut supposer que f est à valeurs dans $[-1, +1]$. Il nous faut démontrer que, pour tout $x^o \in X$ et tout $a < f(x^o)$, il existe $g : X \to [-1,+1]$ continue cylindrique telle que $g \leq f$ et $g(x^o) \geq a$. C'est trivial si $a \leq -1$. Soit donc $-1 < a < f(x^o)$. Soit V un voisinage faible de x^o tel que $f(x) > a$ pour tout $x \in V$ (c'est possible car f est s.c.i.). On peut supposer que $V = \pi_N^{-1}(V_N)$ avec $N \in \mathcal{F}(Y)$, où V_N est un voisinage de $x_N^o = \pi_N(x^o)$. Soit $h_N : X_N \to [0,1]$ continue telle que $h_N(x_N^o) = 0$ et $h_N(x_N) = 1$ si $x_N \notin V_N$. Posant $h = h_N \circ \pi_N$, il suffit de prendre $g = a - (a+1)h$ pour démontrer le résultat annoncé.

Remarque 1.- Si $f(X) \subset [-1,+1]$, on voit que la fonction g construite dans la démonstration du lemme 2 ne prend pas la valeur 1. On en déduit, dans le cas général, que toute fonction $f : X \to \overline{\mathbb{R}}$ s.c.i. est l'enveloppe supérieure des fonctions continues cylindriques la minorant, et ne prenant pas la valeur $+\infty$. On peut même supposer que ces fonctions continues cylindriques sont bornées supérieurement (par un élément de $\mathbb{R}$).

Remarque 2.- Si f est bornée inférieurement (par un élément b de $\mathbb{R}$), on peut supposer que les fonctions minorantes sont bornées inférieurement par ce même élément b. En effet, soit $x^o \in X$ et soit a réel tel que $a < f(x^o)$; soit V et V_N comme dans la démonstration du lemme 2. Soit $b = \inf_{x \in X} f(x)$. Si $a < b$, c'est trivial. Si donc $a \geq b$, soit $k_N : X_N \to \mathbb{R}$ continue telle que $k_N(x_N^o) = a$; $k_N(x_N) \leq a$ et $k_N(x_N \geq b$ $\forall x_N \in X_N$. Alors $k = k_N \circ \pi_N$ répond à la question.

On a vu que si $f : X \to \overline{\mathbb{R}}$ est $\sigma(X,Y)$-continue, elle n'admet pas forcément de prolongement continu à $\check{X}_{cyl}$. C'est vrai si f est continue cylindrique ; dans ce cas on notera $\check{f}$ son prolongement(unique). De $f \leq g$ (f et g continues cylindriques), on déduit alors $\check{f} \leq \check{g}$.

Par contre, si f est $\sigma(X,Y)$ semi-continue inférieurement, elle admet plusieurs prolongements s.c.i. à $\check{X}_{cyl}$. On notera $\check{f}$ son <u>prolongement canonique</u> à $\check{X}_{cyl}$: c'est à dire :

$$\check{f}(\check{x}_o) = \liminf_{\substack{x \to \check{x}_o \\ x \in X}} f(x) \ , \quad \check{x}_o \in \check{X}_{cyl} \ .$$

(cette notation est cohérente car si f est continue cylindrique, son prolongement continu coïncide avec son prolongement s.c.i. canonique).

$\check{f}$ est le plus grand prolongement de f en une fonction s.c.i. sur $\check{X}_{cyl}$. Si $f \leq g$ on a $\check{f} \leq \check{g}$. Par contre, si $f_1$et g_1 sont des fonctions s.c.i. de $\check{X}_{cyl}$ dans $\overline{\mathbb{R}}$ dont les restrictions à X seront notées par f et g respectivement, de $f \leq g$, on ne peut déduire $f_1 \leq g_1$.

On va maintenant caractériser le prolongement canonique de f. Pour cela, faisons la remarque suivante : si $N \in \mathcal{P}(Y)$, l'application $\pi_N : X \to X_N$ se prolonge en $\check{\pi}_N : \check{X}_{cyl} \to \check{X}_N$ ($\check{X}_N$, compactifié de Stone-Čech de X_N, est en fait son compactifié cylindrique). En outre, si $N_1 \subset N_2$, l'application (continue) $\pi_{N_1N_2}$ de X_{N_2} sur X_{N_1} se prolonge en une application $\check{\Pi}_{N_1N_2}$ continue de $\check{X}_{N_2}$ sur $\check{X}_{N_1}$. Il est clair que les $\check{X}_N$ $(N \in \mathcal{F}(Y))$ forment un système projectif d'espaces topologiques, relativement aux $\check{\Pi}_{N_1N_2}$ $(N_1, N_2 \in \mathcal{F}(Y),\ N_1 \subset N_2)$. On en déduit une application continue $\check{\Pi}$ de $\check{X}_{cyl}$ dans $\varprojlim \check{X}_N$. Je dis que cette application est injective. Soit en effet $\check{x}$ et $\check{y}$ dans $\check{X}_{cyl}$ tels que $\check{x} \neq \check{y}$. Il existe une application $q \in \mathcal{C}_{cyl}(X)$ telle que si $\check{q}$ désigne son prolongement à $\check{X}_{cyl}$ on ait :

$$\check{g}(\check{x}) \neq \check{q}(\check{y})$$

Si $q = q_N \circ \Pi_N$ on a $\check{q} = \check{q}_N \circ \Pi_N$; donc $\check{q}_N(\check{\Pi}_N(\check{x})) \neq \check{q}_N(\check{\Pi}_N(\check{y}))$ et par conséquent $\check{\Pi}_N(\check{x}) \neq \check{\Pi}_N(\check{y})$. L'injectivité est donc démontrée. En définitive $\check{\Pi}$ est un homeomorphisme de $\check{X}_{cyl}$ sur $\check{\Pi}(\check{X}_{cyl})$; on peut donc supposer que $\check{X}_{cyl} \subset \varprojlim \check{X}_N$. Puisque $X \subset \check{X}_{cyl}$ et que X est partout dense dans $\lim\limits_{N} \check{X}_N$ (car les X_N sont denses dans $\check{X}_N$) on a donc :

$$\check{X}_{cyl} = \varprojlim \check{X}_N \quad \text{(aux points de vue ensembliste et topologique).}$$

On en déduit alors le:

Théorème 3.- Soit $f : X \to \overline{\mathbb{R}}$ $\sigma(X,Y)$-semi-continue inférieurement. Son prolongement s.c.i. canonique est l'enveloppe supérieure des $\check{h} : \check{X}_{cyl} \to \overline{\mathbb{R}}$ telles que :

- la restriction de $\check{h}$ à X soit continue cylindrique ;
- $\check{h}(x) \leq f(x) \qquad x \in X$

(autrement dit $\check{f} = \sup\{h,\ h : X \to \overline{\mathbb{R}}$, h continue cylindrique $h \leq f\}$.

Démonstration.- Il suffit en effet de remarquer deux choses :

1) Si $\check{q} : \check{X}_{cyl} \to \overline{\mathbb{R}}$ est s.c.i., $\check{q}$ est l'enveloppe supérieure des fonctions de la forme $\check{h}_N \circ \check{\Pi}_N$ la minorant (où f_N est une fonction continue de $\check{X}_N$ dans $\overline{\mathbb{R}}$). Pour voir ce fait il suffit de reprendre la démonstration du lemme 2 ci-dessus en remplaçant X_N par $\check{X}_N$ et Π_N par $\check{\Pi}_N$.

2) Si $q : X \to \mathbb{R}$ désigne la restriction de $\check{q} : \check{X}_{cyl}$ à X, l'application $q \to \check{q}$ définit une bijection entre l'ensemble des fonctions continues cylindriques sur X minorant f et l'ensemble des fonctions $\check{q}$ sur $\check{X}_{cyl}$ de la forme $\check{q}_N \circ \check{\Pi}_N$ ($\check{q}_N$ continue), minorant $\check{f}$ (grâce au fait que $\check{f}$ est le prolongement canonique de f).

Si $f_1 : \check{X}_{cyl} \to \overline{\mathbb{R}}$ est s.c.i., le prolongement canonique f de sa restriction f à X n'est pas forcément égal à f_1. On peut seulement affirmer que $f_1 \leq f$.

N° 4 : Prolongements de fonctions linéaires continues

Soient (X,Y) et (X^1, Y^1) deux couples d'espaces vectoriels en dualité et soit $u : X \to X_1$ linéaire et faiblement continue. u définit évidemment une application linéaire continue de $\mathcal{C}_{cyl}(X^1)$ dans $\mathcal{C}_{cyl}(X)$. On en déduit donc par transposition, une application continue $\check{u} : \check{X}_{cyl} \to \check{X}^1_{cyl}$.

En outre, si Z est un espace compact et si $f_1 : X^1 \to Z$ est continue cylindrique, il est clair que

$$\widecheck{f_1 \circ u} = \check{f}_1 \circ \check{u} .$$

Cela étant, soit $\mu \in \check{\mathcal{P}}(X,Y)$ et $\mu_1 \in \check{\mathcal{P}}(X_1, Y_1)$ son image par $u : \mu_1 = u(\mu)$. Je dis que l'on a l'égalité $\check{\mu}_1 = \check{u}(\check{\mu})$.

Il nous suffit en effet de vérifier que, pour toute $\check{f}_1 \in \mathcal{C}(\check{X}^1_{cyl})$ qui est le prolongement d'une $f_1 \in \mathcal{C}_{cyl}(X_1)$, on a :

$$\int_{\check{X}^1_{cyl}} \check{f}_1 \, d\check{\mu}_1 = \int_{\check{X}^1_{cyl}} \check{f}_1 \, d(\check{u}(\check{\mu})) .$$

Or

$$\int_{\check{X}^1_{cyl}} \check{f}_1 \, d\check{\mu}_1 = \int_{X_1} f_1 \, d\mu_1 = \int_X f_1 \circ u \, d\mu = \int_{\check{X}_{cyl}} \widecheck{f_1 \circ u} \, d\mu =$$

$$= \int_{\check{X}_{cyl}} \check{f}_1 \circ \check{u} \, d\check{\mu} = \int_{\check{X}^1_{cyl}} \check{f}_1 \, d(\check{u}(\check{\mu})) .$$

D'où le résultat annoncé.

Cela permet d'associer une troisième fonction aléatoire canonique à une mesure cylindrique. Soient en effet $\mu \in \check{\mathcal{P}}(X,Y)$ et $y \in Y$. A y associons la fonction $\check{y}$ sur $\check{X}_{cyl}$, qui définit une variable aléatoire sur $(\check{X}_{cyl}, \check{\mu})$ <u>à valeurs dans</u> $\check{\mathbb{R}}$. Je dis que $\check{y}$ prend sûrement ses valeurs dans $\mathbb{R}$. En effet, cela résulte immédiatement du fait que $\check{y}(\mu) = \check{y}(\check{\mu})$ et du fait que $y(\mu)$ est une mesure sur $\mathbb{R}$, donc que $\check{y}(\check{\mu})$ est portée par $\mathbb{R}$. La correspondance $y \to \check{y}$ engendre alors une fonction aléatoire linéaire $Y \to L^0(\check{X}_{cyl}, \check{\mu})$.

Chapitre II : Images de mesures cylindriques par des fonctions numériques semi-continues inférieurement

Soit (X,Y,μ) un triplet cylindrique ; si $f : X \to \overline{\mathbb{R}}$ est une fonction continue cylindrique, donc admettant une factorisation de la forme

$$X \xrightarrow{\Pi_N} X_N \xrightarrow{q_N} \overline{\mathbb{R}} \qquad (N \in \mathcal{F}(Y))$$

(avec $f : X \to \overline{\mathbb{R}}$ le composé)

on peut définir $f(\mu)$ par $q_N(\Pi_N(\mu))$. Cette expression a un sens, car $\Pi_N(\mu)$ est une probabilité et q_N est continue. On voit alors immédiatement que cette définition ne dépend pas de la factorisation choisie.

Nous allons définir $f(\mu)$ pour f semi-continue inférieurement. En supposant ensuite, de plus, f convexe, nous pourrons alors utiliser la méthode des fonctions duales de FENCHEL-MOREAU pour en déduire des résultats intéressants. Auparavant, nous allons rappeler des résultats fondamentaux.

- Sur l'ensemble $\mathcal{P}(\overline{\mathbb{R}})$ des probabilités boréliennes sur $\overline{\mathbb{R}}$, on définit la relation d'ordre suivante :

$$\nu_1 \leq \nu_2 \iff \forall\ t \in \mathbb{R}\ ,\ \nu_1\,(\,]t,\infty])\leq \nu_2\,(\,]t,\infty]).$$

Cette notation est en contradiction avec la relation d'ordre usuelle entre les mesures, mais cela ne peut ici prêter à confusion, car si ν_1 et ν_2 sont des probabilités telles que $\nu_1(A) \leq \nu_2(A)$ pour tout borélien A de $\overline{\mathbb{R}}$, on a $\nu_1 = \nu_2$.

Pour cette relation d'ordre, $\mathcal{P}(\overline{\mathbb{R}})$ a un plus petit élément et un plus grand élément, à savoir $\delta_{(-\infty)}$ et $\delta_{(+\infty)}$ respectivement. En outre, toute famille $(v_i)_{i\in I}$ d'éléments de $\mathcal{P}(\overline{\mathbb{R}})$ admet une borne supérieure $v = \sup_{i\in I} v_i$ (et aussi une borne inférieure, mais nous n'utiliserons pas ce fait). On a plus précisément :

$$v(]t,\infty]) = \sup (v_i(]t,\infty]), \quad \forall\, t \in \mathbb{R} .$$

Car si l'on pose $\Phi_i(t) = v_i(]t,\infty])$, les Φ_i sont semi-continues inférieurement décroissantes, donc $\Phi = \sup_{i\in I} \Phi_i$ l'est aussi et il existe une probabilité unique v sur $\overline{R}$ telle que

$$v(]t,\infty]) = \Phi(t) \quad \forall\, t \in \mathbb{R} \quad ; \text{ et on voit facilement que } v = \sup v_i .$$

- Maintenant, soit $(\Omega, \mathcal{F}, P)$ un espace probabilisé. On désigne par $L^0(\Omega,P,\overline{\mathbb{R}})$ la famille des P-classes d'équivalence d'applications mesurables de Ω dans $\overline{\mathbb{R}}$ (celui-ci étant muni de sa tribu borélienne). Naturellement, $L^0(\Omega, P, \overline{\mathbb{R}})$ n'est pas un espace vectoriel, mais on le munit de manière usuelle d'une structure d'ordre par laquelle il possède un plus grand élément et un plus petit élément (à savoir les classes de $+\infty$ et $-\infty$ respectivement). Dans $L^0(\Omega,P,\overline{\mathbb{R}})$ toute famille $(f_i)_{i\in I}$ possède une borne supérieure (et aussi une borne inférieure) notée $\bigvee_{i\in I} f_i$. Si, pour tout i, $g_i \in \mathcal{L}^0(\Omega, P, \overline{\mathbb{R}})$ est un représentant de la classe f_i, $\bigvee_{i\in I} f_i$ est en général distincte de la P-classe de $\sup_{i\in I} g_i$ ($\sup g_i$ n'est même pas forcément mesurable). Toutefois, on a l'égalité des classes quand I est fini ou infini dénombrable. Si $\Phi(I)$ désigne la famille des parties finies de I, on a

$$\bigvee_{i\in I} f_i = \bigvee_{J\in\Phi(I)} \Big(\bigvee_{j\in J} f_j\Big)$$

et la famille $\Big(\bigvee_{j\in J} f_j\Big)_{J\in\Phi(I)}$ est filtrante décroissante. On en déduit alors qu'il existe une suite croissante $f^{(n)}$ telle que $f^{(n)} = \bigvee_{j\in J_n} f_j$, $J_n \in \Phi(I)$ $\forall\, n$ et $f = \bigvee_n f^{(n)}$. Donc $\bigvee_{i\in I} f_i$ est la plus petite P-classe de fonctions g, <u>P-mesurables ou non</u>, telles que pour tout $i \in I$, $g \geq f_i$ P-presque partout (en effet, c'est la plus petite P-classe de fonctions g, à être supérieure à $f^{(n)}$ pour tout n).

<u>Remarque 1</u>.- Si f_1 et f_2 sont des éléments de $L^0(\Omega, P, \overline{\mathbb{R}})$, on a l'implication

$$(f_1 \leq f_1) \Rightarrow (f_1(P) \leq f_2(P) \quad \text{dans } \mathcal{P}(\overline{\mathbb{R}})).$$

Remarque 2.- Si la famille $(f_i)_{i\in I}$ est filtrante croissante et si $f = \bigvee_{i\in I} f_i$, alors f_i converge en probabilité vers f. On en déduit alors que $f_i(P)$ converge étroitement vers f(P) dans $\mathcal{P}(\overline{\mathbb{R}})$ et que $f(P) = \sup_{i\in I} f_i(P)$.

Remarque 3.- Supposons que (Ω, P) est un espace probabilisé de Radon et que les (g_i) $(i \in I)$ sont des applications de Ω dans $\overline{\mathbb{R}}$ semi-continues inférieurement. Soit pour tout i, f_i la P-classe de g_i. Alors $f = \bigvee_{i\in I} f_i$ est la P-classe de $g = \sup_{i\in I} g_i$.
En effet, on peut supposer que les g_i sont à valeurs dans $[-\frac{\pi}{2}, +\frac{\pi}{2}]$ et l'on a alors

$$\int g \, dP = \lim_{J\in\Phi(I)} \int g_J \, dP$$, à cause de la semi-continuité inférieure des g_i

(en posant $g_J = \sup_{j\in J} g_j$). Donc g_J converge vers g (en croissant) en P-probabilité, donc en loi et par conséquent :

$$\liminf P\{g_J \geq t\} \geq P\{g \geq t\}.$$

Mais d'autre part $P\{g_J \geq t\} \leq P\{g \geq t\}$: donc

$$\sup_J P\{g_J \geq t\} = \lim_J P\{g_J \geq t\} = P\{g \geq t\}.$$

Le résultat reste vrai si l'on suppose seulement P borélienne τ-régulière, c'est à dire si

$$\sup_{i\in I} P(O_i) = P(\bigcup_{i\in I} O_i) ,$$

pour toute famille filtrante croissante d'ouverts de Ω.

Indiquons enfin une dernière notation : si X est un ensemble et si $C \subset X$, on appellera fonction indicatrice de C et on notera χ_C la fonction définie par

$$\chi_C(x) = \begin{cases} 0 & \text{si } x \in C \\ +\infty & \text{si } x \notin C \end{cases}$$

§ 1. Image d'une mesure cylindrique par une application semi-continue inférieurement

N° 1 : Définition fondamentale

Dans toute la suite, on se donne un triplet cylindrique (X,Y,μ). La seule topologie que nous considérerons sur X sera, sauf mention expresse du contraire, la topologie faible $\sigma(X,Y)$. Toutes les notions de continuité et semi-continuité seront donc relatives à cette topologie, et nous ne le mentionnerons plus.

Définition 1.- Soit $\theta : X \to \overline{\mathbb{R}}$ semi-continue inférieurement. On pose :
$\theta(\mu) = \sup \{f(\mu),\ f : X \to \overline{\mathbb{R}}$ continue cylindrique, $f \leq \theta\}$. $\theta(\mu)$, qui est donc une probabilité sur $\overline{\mathbb{R}}$, est appelée l'image de la mesure cylindrique μ par θ.

Si $f : X \to \overline{\mathbb{R}}$ est continue cylindrique, $f(\mu)$ a été définie. Donc $\theta(\mu)$ a bien un sens.

Remarque 1.- Si $\check{\theta}$ est le prolongement canonique de θ à $\check{X}_{cyl}$ et si $\check{\mu}$ est la probabilité de Radon sur $\check{X}_{cyl}$ correspondant à μ, on a alors : $\theta(\mu) = \check{\theta}(\check{\mu})$ (ce qui fournit une autre définition de $\theta(\mu)$). En effet, nous avons vu que cette relation est vraie si θ est continue cylindrique. Donc

$$\theta(\mu) = \sup \{\check{f}(\check{\mu}) \text{ , f continue cylindrique, } f \leq \theta\}$$

Mais, du fait que $\check{\theta} = \sup \{\check{f},$ f continue cylindrique, $f \leq \theta\}$, que les $\check{f}$ sont s.c.i. (et mêmes continues) et que $\check{\mu}$ est de Radon, on a :

$$\check{\theta}(\check{\mu}) = \sup \{\check{f}(\check{\mu}), \text{ f continue cylindrique, } f \leq \theta\} \text{ .}$$

D'où le résultat annoncé.

Remarque 2.- On a également :

$\theta(\mu) = \sup \{f(\mu),$ f s.c.i., $f \leq \theta\}$, comme on le voit immédiatement.

Si $(f_i)_{i \in I}$ est une famille cofinale de l'ensemble $\{f,$ f s.c.i., $f \leq \theta\}$, on a également : $\theta(\mu) = \sup_i f_i(\mu)$.

Donnons maintenant des exemples.

Exemple 1.- Si μ est une probabilité de Radon sur X (ou même une probabilité borélienne τ-régulière), la mesure $\theta(\mu)$ que l'on veut définir n'est autre que l'image de μ par θ au sens habituel.

Exemple 2.- Soit $\theta = \chi_C$, où C est un sous-ensemble fermé de X. On a $\check{\theta} = \chi_{\overline{C}}$ (où $\overline{C}$ désigne l'adhérence de C dans $\check{X}_{cyl}$). Donc $\theta(\mu) = \check{\mu}(\overline{C})\delta_0 + (1 - \check{\mu}(\overline{C}))\ \delta_{+\infty}$. On en déduit immédiatement que $\check{\mu}(\overline{C})$ est la borne inférieure des $\mu(D)$ où D est un ensemble fermé cylindrique (c'est à dire de la forme $\pi_N^{-1}(D_N)$ avec D_N fermé de X_N et N élément de $\mathscr{F}(Y)$) contenant C. On a d'ailleurs $\check{\mu}(\overline{C}) = \inf_{N \in \mathscr{F}(Y)} \mu_N\ (\overline{\pi_N(C)})$.

Si C est un ensemble fermé, on notera par $\check{\mu}(C)$ la quantité $\check{\mu}(\overline{C})$. Ainsi, on peut définir de manière raisonnable la mesure d'un fermé de X, relativement à une mesure cylindrique.

On dit que μ est adhériquement concentrée à ε-près sur $C \subset X$ si $\check{\mu}(\overline{C}) \geq 1-\varepsilon$. Si C est une partie quelconque de X, on pose

$\bar{\mu}(C) = \inf\{\mu(D),\ D \text{ cylindre } D \supset C\}$;

La quantité $\bar{\mu}(C)$ exprime la concentration cylindrique. Naturellement, $\bar{\mu}(C) \leq \check{\mu}(C)$ (si C est fermé). Il est facile de donner un contre-exemple montrant que l'égalité n'a pas lieu en général. Toutefois, si C est un ensemble $\sigma(X,Y)$-compact, ces deux quantités sont égales, comme on le voit facilement.

Remarque 3.- Soit X_1 un autre espace vectoriel en dualité avec Y et tel que $X \subset X_1$; si μ est une mesure cylindrique sur X, μ définit également une mesure cylindrique μ_1 sur X_1 (relativement à la dualité entre X_1 et Y).

Soit $\theta : X \to \overline{R}$ semi-continue inférieurement, et $\theta_1 : X_1 \to \overline{R}$ son prolongement s.c.i. canonique à X_1, on a alors : $\theta(\mu) = \theta_1(\mu_1)$ (leur valeur commune étant $\check{\theta}(\check{\mu})$, puisque $\check{\theta}$ est aussi le prolongement canonique de θ_1 à $\check{X}_{cyl}$).

Cela permet de donner un critère pour qu'une mesure cylindrique soit de Radon. Soit en effet (X,Y,μ,X_1,μ_1) comme plus haut, et soit $\mathfrak{S}$ un ensemble de parties fermées de X. On suppose que

- $C \in \mathcal{G}$, l'adhérence de C dans X_1 est $\sigma(X_1,Y)$-compacte ;
- $\varepsilon > 0$, il existe $C \in \mathcal{G}$ tel que $\mu(C) \geq 1-\varepsilon$.

Alors μ_1 est de Radon pour $\sigma(X_1,Y)$.

N° 2 : Ordre d'une mesure cylindrique

Nous avons établi une bijection entre $\check{\mathcal{P}}(X,Y)$ et l'ensemble des probabilités de Radon sur $\check{X}_{cyl}$. Cette bijection a également de bonnes propriétés de continuité comme le montre le :

Lemme 1.- *L'application $\mu \to \check{\mu}$ de $\check{\mathcal{P}}(X,Y)$ sur $\mathcal{P}(\check{X}_{cyl})$ est un homéomorphisme quand $\check{\mathcal{P}}(X,Y)$ est muni de la topologie cylindrique et $\mathcal{C}(\check{X}_{cyl})$ de la topologie étroite.*

Démonstration.- C'est absolumment immédiat car si les μ_j convergent cylindriquement vers μ, pour toute f continue cylindrique, on a

$$\int f \, d\mu_i \to \int f \, d\mu \quad ;$$

ou encore, en désignant par $\check{f}$ l'élément de $\mathcal{C}(\check{X}_{cyl})$ correspondant à f :

$$\int \check{f} \, d\check{\mu}_i \to \int \check{f} \, d\check{\mu} \quad , \quad \forall f \in \mathcal{C}_{cyl}(X) .$$

Le résultat annoncé se déduit alors du fait que les $\check{\mu}_i$ forment un ensemble équicontinu du dual de $\mathcal{C}(\check{X}_{cyl})$ et que les fonctions continues bornées sur $\check{X}_{cyl}$ correspondant aux éléments de $\mathcal{C}_{cyl}(X)$ sont denses dans $\mathcal{C}(\check{X}_{cyl})$. CQFD.

Pour les mesures de Radon sur un espace topologique, L. SCHWARTZ a introduit la notion de l'ordre. La correspondance entre μ et $\check{\mu}$ permet d'étendre cette notion aux mesures cylindriques. Plus précisément :

Définition 2.- Soit (X,Y,μ) un triplet cylindrique et $\theta : X \to \overline{\mathbb{R}}$ semi-continue inférieurement et positive. Soit $\check{\mu}$ et $\check{\theta}$ correspondant à μ et θ respectivement. Soit Φ un poids ; on dit que μ <u>est d'ordre</u> (Φ, θ) si $\check{\mu}$ est d'ordre $(\Phi, \check{\theta})$. Et l'on pose :

$\Phi(\theta(\mu)) = \Phi(\theta, \mu) = \Phi(\check{\theta}, \check{\mu})$ (Rappelons que $\phi(\check{\theta}, \check{\mu})$ est par définition égal à $\phi(\check{\theta}(\check{\mu}))$). Pour la notion de poids, voir SCHWARTZ ou BADRIKIAN [2].

<u>Théorème 1.- Soit (X,Y,θ,Φ) comme dans la définition 2. L'application</u> $\mu \to \Phi(\theta,\mu)$ <u>de</u> $\check{\mathcal{P}}(X,Y)$ <u>dans</u> $[0,\infty]$ <u>est semi-continue inférieurement quand</u> $\check{\mathcal{P}}(X,Y)$ <u>est muni de la topologie cylindrique</u>.

<u>Démonstration</u>.- Il suffit de démontrer que l'application $\check{\mu} \to \Phi(\check{\theta}, \check{\mu})$ est semi-continue inférieurement de $\mathcal{P}(\check{X}_{cyl})$ muni de la topologie étroite, dans $[0,\infty]$. Soit donc $\check{\mu}_i \to \check{\mu}$. Soit J l'ordonné filtrant des fonctions $\check{h}$ de $\check{X}_{cyl}$ dans $\mathbb{R}$, continues, ≥ 0, dont les restrictions h à X sont continues cylindriques et minorant $\check{\theta}$.

$$J = \{\check{h} \; ; \; h \in \mathcal{C}_{cyl}(X) \; , \; h \leq \theta\}$$

Alors $\sup \{\check{h} \; ; \; \check{h} \in J\} = \check{\theta}$.

Il nous faut montrer que $\Phi(\check{\theta}, \check{\mu}) \leq \liminf_i \Phi(\check{\theta}, \check{\mu}_i)$. Puisque les $\check{h}$ sont continues, on a donc $\mathcal{P}(\overline{\mathbb{R}}_+)$:

$$\check{h}(\check{\mu}_i) \to \check{h}(\check{\mu}) \; ; \quad \text{donc}$$

$$\Phi(\check{h}(\check{\mu}) \leq \liminf_i \Phi(\check{h}(\check{\mu}_i)) \qquad \check{h} \in J$$

Puisque $\check{h} \leq \check{\theta}$, on a $\check{h}(\check{\nu}) \leq \check{\theta}(\check{\nu})$ dans $\mathcal{P}(\overline{\mathbb{R}}_+)$, pour toute $\check{\nu} \in \mathcal{P}(\check{X}_{cyl})$. Donc :

$$\Phi(\check{h}(\check{\mu})) \leq \liminf_i \Phi(\check{\theta}(\check{\mu}_i)), \forall \check{h} \in J.$$

Maintenant, $\check{h}(\check{\mu}) \uparrow \check{\theta}(\check{\mu})$ (suivant le filtre des sections des J). Donc

$$\limsup \Phi(\check{h}(\check{\mu})) \leq \Phi(\check{\theta}(\check{\mu})) \leq \liminf \Phi(\check{h}(\check{\mu}_i)) \; ;$$

et par conséquent $\Phi(\check{h}(\check{\mu})) \to \Phi(\check{\theta}(\check{\mu}))$, suivant l'ordonné filtrant J.

En définitive, on a bien démontré que :

$$\Phi(\check{\theta}(\check{\mu})) \leq \liminf_i \Phi(\check{\theta}(\check{\mu}_i)) \; .$$

Le fait que l'on puisse parler d'ordre d'une mesure cylindrique permet de simplifier la théorie des applications radonifiantes telle qu'elle est développée par SCHWARTZ. En effet, cette théorie, qui est celle des applications linéaires transformant les mesures cylindriques d'un type donné, en des mesures de Radon d'un ordre donné, est souvent rendue fastidieuse pour la raison suivante : il faut d'abord démontrer que l'image d'une mesure cylindrique est de Radon (et c'est la partie fastidieuse qui nécessite l'introduction de $\sigma(E'',E')$, puis le retour de $\sigma(E'',E')$ à E); ensuite on calcule son ordre, ce qui est souvent plus facile. Or, du fait que l'on peut parler de l'ordre d'une mesure cylindrique, on peut inverser ces deux étapes. Et cela simplifie souvent la question car, sachant qu'une mesure cylindrique a un ordre donné, on peut en déduire qu'elle est de Radon.

Nous ne nous étendrons pas sur le sujet, qui est développé dans BADRIKIAN [2] (pages 32 à 37), avec des hypothèses superflues de convexité pour θ. Nous n'avons donné ici que les résultats qui permettent de se passer des hypothèses de convexité.

N° 3 : <u>Images de mesures cylindriques τ-régulières</u>

Soit (X,Y,μ) un triplet cylindriques et $\theta : X \to \overline{\mathbb{R}}$ semi-continue inférieurement. Si $\check{\mu}$ est la mesure de Radon sur $\check{X}_{cyl}$ correspondant à μ et si $\check{\theta}$ désigne le <u>prolongement canonique</u> de θ, on a vu que : $\theta(\mu) = \check{\theta}(\check{\mu})$.

On peut maintenant se poser le problème suivant : soit $\check{\theta}_1 : \check{X}_{cyl} \to \overline{\mathbb{R}}$ semi-continue inférieurement et soit θ sa restriction à X. Soit $\check{\theta}$ le prolongement canonique de θ(naturellement, $\check{\theta}_1 \leq \check{\theta}$ et en général $\check{\theta}_1 \neq \check{\theta}$). Peut-on dire que $\check{\theta}_1(\check{\mu}) = \check{\theta}(\check{\mu})$?

Plus généralement, si $\check{\theta}_1$ et $\check{\theta}_2$ sont deux fonctions numériques s.c.i. sur $\check{X}_{cyl}$ dont les restrictions à X soient égales, peut-on dire que $\check{\theta}_1(\check{\mu}) = \check{\theta}_2(\check{\mu})$? La réponse est évidemment non en général comme le montre l'exemple suivant :

Supposons qu'il existe $\check{a} \in \check{X}_{cyl}$ (donc $\check{a} \notin X$) tel que $\check{\theta}_1(\check{a}) \neq \check{\theta}_2(\check{a})$; et soit $\check{\mu} = \delta_{\check{a}}$. Alors, il est clair que $\check{\theta}_1(\check{\mu}) \neq \check{\theta}_2(\check{\mu})$. Donc, si l'on désigne par μ la mesure cylindrique sur X correspondant à $\delta_{\check{a}}$, l'une des mesures $\check{\theta}_i(\check{\mu})$ $(i = 1,2)$ au moins diffère de $\theta(\mu)$.

On peut donc se poser le problème suivant : soit (X,Y,μ) un triplet cylindrique. Soit d'abord $\theta : X \to \overline{\mathbb{R}}$ semi-continue inférieurement. A quelle condition on a $\check{\theta}_1(\check{\mu}) = \theta(\mu)$ pour toute fonction $\check{\theta}_1 : \check{X}_{cyl} \to \overline{\mathbb{R}}$ coïncidant avec θ sur X. On peut aussi se demander à quelle condition portant sur μ on a $\check{\theta}_1(\check{\mu}) = \check{\theta}_2(\check{\mu})$ chaque fois que les fonctions $\check{\theta}_i : \check{X}_{cyl} \to \overline{\mathbb{R}}$ sont s.c.i. et coïncident sur X. Dans cette voie, on a

<u>Théorème 1</u>.- <u>Soit</u> (X,Y,μ) <u>un triplet cylindrique et soit</u> $\check{\mu}$ <u>la probabilité de Radon sur</u> $\check{X}_{cyl}$ <u>correspondant à</u> μ. <u>Soit</u> $\theta : X \to \overline{\mathbb{R}}$ <u>s.c.i.</u> ; <u>on a l'équivalence de</u>

a) <u>Pour toute famille filtrante croissante</u> $(\theta_i)_{i\in I}$ <u>de fonctions numériques s.c.i. sur</u> X <u>telles que</u> $\theta = \sup\limits_{i\in I} \theta_i$, <u>on a</u> :

$$\theta(\mu) = \sup_i \theta_i(\mu) \quad ;$$

b) <u>Pour toute fonction s.c.i.</u> $\tilde{\theta}$ <u>de</u> $\check{X}_{cyl}$ <u>dans</u> $\overline{\mathbb{R}}$ <u>coïncidant avec</u> θ <u>sur</u> X, <u>on a</u>:

$$\tilde{\theta}(\check{\mu}) = \theta(\mu) .$$

<u>Démonstration</u>.- Tout d'abord, (b) implique (a). Soit $\check{\theta}_i$ le prolongement canonique de θ_i à $\check{X}_{cyl}$ $(i \in I)$. Soit

$$\tilde{\theta} = \sup_{i\in I} \check{\theta}_i$$

$\tilde{\theta}$ coïncide sur X avec θ , et si (b) est vérifiée ,

$$\theta(\mu) = \tilde{\theta}(\check{\mu}).$$

Or, d'après ce que l'on a vu plus haut, puisque $\tilde{\theta} = \sup\limits_i \check{\theta}_i$ et que les fonctions en question sont s.c.i., on a

$$\tilde{\theta}(\check{\mu}) = \sup \check{\theta}_i(\check{\mu}) \ ;$$

et puisque pour tout i de I, $\check{\theta}_i(\check{\mu}) = \theta_i(\mu)$, la condition (a) est vérifiée.

Démontrons maintenant que (a) implique (b). Supposons (a) vérifiée et soit $\tilde{\theta}$ un quelconque prolongement s.c.i. à $\check{X}_{cyl}$ de la fonction θ sur X. Soit $\check{F}$ la famille (filtrante croissante) des $\check{\theta}' : \check{X}_{cyl} \to R$ continues telles que $\check{\theta}' \leq \tilde{\theta}$; et soit F la famille des restrictions à X des éléments de $\check{F}$. Alors

$$\tilde{\theta}(\check{\mu}) = \sup \{\check{\theta}'(\check{\mu}) \; ; \; \check{\theta}' \in \check{F}\} \; ;$$

de plus, les éléments de F sont continues et

$$\theta = \sup \{\theta' \; ; \; \theta' \in F\} .$$

Donc, par la condition (a) :

$$\sup \{\theta'(\mu) \; ; \; \theta' \in F\} = \theta(\mu) .$$

Et le théorème est démontré.

Posons maintenant une définition.

<u>Définition 3</u>.- Soit (X,Y, μ) un triplet cylindrique. μ est dite τ-régulière si elle admet un prolongement en une probabilité sur la tribu borélienne faible de X qui est τ-régulier (dans ce cas, μ admet un <u>unique</u> prolongement τ-régulier).

Il est facile de voir que μ est τ-régulière si et seulement si elle satisfait à la condition suivante :

Pour toute famille filtrante croissante $(O_i)_{i \in I}$ de <u>cylindres</u> à bases ouvertes dont la réunion est X, on a :

$$\sup_i \mu(O_i) = 1 .$$

Cela étant, on a le :

<u>Théorème 2</u>.- <u>Soient</u> $(X,Y,\mu,\check{\mu})$ <u>comme dans le théorème 1. Les conditions suivantes sont équivalentes</u> :

a) μ <u>est</u> τ-<u>régulière</u> ;

b) <u>si deux fonctions numériques s.c.i.</u> $\check{\theta}_1$ <u>et</u> $\check{\theta}_2$ <u>coïncident sur X</u>, <u>on a</u> :

$$\check{\theta}_1(\check{\mu}) = \check{\theta}_2(\check{\mu}) \; ;$$

c) Si (θ_i) est une famille filtrante croissante de fonctions numériques s.c.i. et si $\theta = \sup_i \theta_i$, on a

$$\theta(\mu) = \sup_i \theta_i(\mu) .$$

Démonstration.- L'équivalence de (a) et (b) résulte du théorème 1. Supposons μ τ-régulière et désignons encore par μ son unique prolongement τ-régulier à la tribu borélienne faible de X. Soit $(\theta_i)_{i\in I}$ une famille filtrante croissante de fonctions semi-continues inférieurement $X \to \overline{\mathbb{R}}$ et soit $\theta = \sup \theta_i$.

On a vu que, en vertu de la semi-continuité inférieure des θ_i et du fait que la mesure borélienne μ sur X est τ-régulière, la classe de θ dans $L^0(X,\mu,\overline{\mathbb{R}})$ est égale à l'enveloppe supérieure des classes des θ_i. On peut donc écrire (avec un abus d'écriture évident) :

$$\theta = \bigvee_{i\in I} \theta_i .$$

On a donc $\theta(\mu) = \sup \theta_i(\mu)$ (au sens de la théorie des mesures images). Mais cette égalité reste vraie au sens de la théorie des mesures cylindriques images d'après l'exemple 1 du N° 1, donc (a) $\Longrightarrow$ (c).

Réciproquement, supposons que la condition (c) soit réalisée et soit (Z_i) une famille filtrante décroissante de cylindres fermés telle que $\bigcap Z_i = \emptyset$ $(Z_i \downarrow \emptyset)$. Alors $\chi_{Z_i} \uparrow \infty$ (où ∞ désigne la classe de la fonction sur X identiquement égale à l'infini). Puisque la condition (c) est réalisée, $\sup \chi_{Z_i}(\mu) = \delta_{(+\infty)}$. Donc $\chi_{Z_i}(\mu) \to \delta_{(+\infty)}$ étroitement. Or, $\chi_{Z_i}(\mu) = \mu(Z_i)\,\delta_{(0)} + (1 - \mu(Z_i))\,\delta_{(+\infty)}$. On en déduit alors que $\mu(Z_i) \to 0$, ce qui suffit pour établir la τ-régularité de la mesure cylindrique μ.

Ce qui précède montre que les conditions du théorème 2 sont inintéressantes du point de vue de la "théorie générale" des mesures cylindriques. Dans le paragraphe suivant, nous introduirons des conditions analogues aux conditions ci-dessuseen restreignant la classe des fonctions s.c.i.. La condition de "τ-régularité restreinte" que nous considérerons fournira des résultats intéressants.

§ 2. Images d'une mesure cylindrique par une fonction numérique convexe semi-continue inférieurement

N° 1 : Définitions et résultats fondamentaux

Tout d'abord sur $\overline{\mathbb{R}}$ on prolongera l'addition de $\mathbb{R}$ de la manière suivante :

$a + (-\infty) = -\infty + a = -\infty$, $\forall a \in [-\infty, +\infty[$

$a + \infty = \infty + a = +\infty$, $\forall a \in \overline{\mathbb{R}}$

(on a donc donné la prépondérance à $+\infty$: $-\infty + \infty = +\infty$!)

En outre, si $\alpha \in [0,\infty[$, on prolongera à $\overline{\mathbb{R}}$ la multiplication par α de la façon suivante :

$\alpha.(+\infty) = +\infty$ et $\alpha.(-\infty) = -\infty$, si $\alpha \neq 0$;

$0.(\infty) = 0.(-\infty) = 0$ si $\alpha = 0$.

Soit E un espace vectoriel et soit $f : E \to \overline{\mathbb{R}}$; puisque sur $\overline{\mathbb{R}}$ on a une relation d'ordre, une addition et un multiplication par un nombre non négatif, cela a un sens de dire que f est convexe :

f est convexe si, pour tout $(x_1,x_2) \in E \times E$, $(\alpha_1,\alpha_2) \in [0,1]^2$ tels que $\alpha_1 + \alpha_2 = 1$, on a $f(\alpha_1 x_1 + \alpha_2 x_2) \leq \alpha_1 f(x_1) + \alpha_2 f(x_2)$.

Si $f \in \overline{\mathbb{R}}^E$, on désignera par f^c sa régularisée convexe, c'est à dire la plus grande fonction convexe minorant f. Il est facile de voir que :

$f^c(x) = \text{Inf}\,(\sum \alpha_i\, f(x_i))$,

où l'infimum est pris sur toutes les familles finies (x_i) d'éléments de E et (α_i) d'éléments de $[0,1]$ telles que

$\sum \alpha_i = 1$, $x = \sum \alpha_i\, x_i$.

Si l'on suppose maintenant E topologique et $f \in \overline{\mathbb{R}}^E$, on désignera par $\bar{f}^c$ la régularisée convexe s.c.i., ç'est à dire la plus grande fonction convexe s.c.i. minorant f.

$f \in \overline{\mathbb{R}}^E$ sera dite propre si elle n'est pas identiquement égale à $+\infty$ et si elle ne prend jamais la valeur $-\infty$.

Remarque.- Même si f est propre, f^c et $\bar{f}^c$ ne le sont pas forcément.

Soit maintenant (X,Y) un couple d'espaces vectoriels en dualité. On désignera par $\Gamma_o(X,Y)$ l'ensemble des fonctions $X \to \overline{\mathbb{R}}$, convexes, semi-continues inférieurement et propres. (On dira pour abréger "fonctions de MOREAU").

Tout élément θ de $\Gamma_o(X,Y)$ est l'enveloppe supérieure d'une famille de fonctions affines continues sur X :

$$x \in X, \quad \theta(x) = \sup_{i \in I} [\langle y_i, x\rangle - a_i]$$

où $(y_i)_{i \in I}$ est une famille d'éléments de Y, $(a_i)_{i \in I}$ une famille de nombres réels. De cela, on déduit immédiatement que l'on peut remplacer la topologie faible par n'importe quelle topologie compatible avec la dualité, dans la définition de $\Gamma_o(X,Y)$.

Soit $\theta \in \overline{\mathbb{R}}^X$ (pas nécessairement une fonction de Moreau) ; on appelle duale de θ (relativement à la dualité entre X et Y) et on note θ^* la fonction numérique sur Y définie par

$$\theta^*(y) = \sup_{x \in X} [\langle y,x\rangle - \theta(x)] \quad .$$

Naturellement, θ^* est convexe et s.c.i. pour $\sigma(Y,X)$. En outre, 'application $\theta \to \theta^*$ établit une bijection entre $\Gamma_o(X,Y)$ et $\Gamma_o(Y,X)$. On a d'ailleurs, si $\theta \in \Gamma_o(X,Y)$,

$$\theta = (\theta^*)^* = \theta^{**} \ ;$$

c'est à dire : $\theta(x) = \sup_{y \in Y} [\langle y,x\rangle - \theta^*(y)] \ , \ \forall x \in X$.

Si maintenant on ne suppose plus $\theta \in \Gamma_o(X,Y)$, alors θ^{**} est la régularisée convexe s.c.i. de θ. Enfin, si θ_1 et θ_2 ont même régularisée convexe s.c.i., alors $\theta_1^* = \theta_2^*$.

Indiquons enfin quelques résultats (dont certains sont faciles d'ailleurs) :

- Si $\theta_1 \leq \theta_2$, alors $\theta_1^* \geqslant \theta_2^*$ $(\theta_i \in \overline{\mathbb{R}}^X \ (i = 1,2))$;

- $(\operatorname{Inf}_{i \in I} \theta_i)^* = \operatorname{Sup}_{i \in I} \theta_i^*$ pour toute famille $(\theta_i)_{i \in I}$ d'éléments de $\overline{\mathbb{R}}^X$;

- Si les θ_i $(i \in I)$ sont des fonctions de Moreau sur X, $(\operatorname{Sup} \theta_i)^*$ est la régularisée convexe s.c.i. de $(\operatorname{Inf} \theta_i^*)$.

Donnons des exemples :

Exemple 1.- Si C est une partie non vide de X, et si $\theta = \chi_C$, alors θ^c est la fonction indicatrice de l'enveloppe convexe de C ; et $\bar{\theta}^c$ est la fonction indicatrice de l'enveloppe convexe fermée (pour toute topologie compatible avec la dualité entre X et Y) de C. En outre

$$\theta^*(y) = \sup_{x \in C} \langle y,x \rangle$$

(Si C est un convexe fermé, χ_C^* est ce que l'on appelle la fonction d'appui de C). χ_C^* est positivement homogène ; et si C est équilibrée, χ_C^* est la semi-norme jauge de l'ensemble C^o(polaire absolu de C dans Y).

Exemple 2.- Si $\theta \in \Gamma_o(X,Y)$ est positivement homogène (en particulier si c'est une semi-norme s.c.i.), θ^* est la fonction indicatrice du convexe fermé de Y :

$$C^{\square} = \{y,\ \langle y,x \rangle \leq 1, \quad x \in C\}$$

où C désigne l'ensemble $\{x \ ;\ \theta(x) \leq 1\}$. En particulier, si θ est une semi-norme s.c.i. sur X, θ^* est la fonction indicatrice de la boule unité de Y, pour la norme duale.

Exemple 3.- Soit $x_1,x_2,\ldots,x_n$ n éléments distincts de X et soient $a_1,a_2,\ldots,a_n$ des nombres réels. Soit

$$\theta(x) = \begin{cases} +\infty \text{ si } x \neq x_i \ , \ i = 1,2,\ldots,n \\ a_i \text{ si } x = x_i \end{cases}$$

Alors $\theta^{**}(x) = \theta^{c}(x) = \text{Inf}\ (\sum_{i=1}^{n} \rho_i a_i)$ où l'infinium est pris sur toutes les familles $(\rho_i)_{1\le i\le n}$ de $[0,1]$ telles que $\sum_{i=1}^{n} \rho_i = 1$ et $x = \sum_{i=1}^{n} \rho_i x_i$ (on fait la convention $\inf \emptyset = +\infty$). En outre

$$\theta^*(y) = \sup_{1\le i\le n} [\langle y,x_i\rangle - a_i] \quad \text{(puisque } \theta(x) = \inf_{1\le i\le n} a_i\, \chi_{\{x_i\}}(x)\text{)}.$$

Exemple 4.- Si $\theta(x) = \sup_{1\le i\le n} [\langle y_i,x\rangle - a_i]$ où les y_i (non nécessairement distincts) sont des éléments de Y et les a_i des nombres réels, on a :

$$\theta^*(y) = \text{Inf}\ \{\sum_{i=1}^{n} \rho_i a_i\ ;\ \rho_i \ge 0\quad \sum_{i=1}^{n} \rho_i = 1\ ,\ y = \sum_{i=1}^{n} \rho_i y_i\}$$

N° 2 : Image d'une mesure cylindrique pour une fonction de Moreau

Soit (X,Y) un couple d'espaces vectoriels en dualité, on notera par $\mathcal{A}(X,Y)$ l'ensemble des fonctions qui sont enveloppes supérieures d'une famille finie de fonctions sur X, affines et $\sigma(Y,X)$-continues.

On a alors le

Théorème 1.- (SCHACHERMAYER) : Si (X,Y,μ) est un triplet cylindrique et si θ est une fonction de Moreau sur X, on a

$$\theta(\mu) = \sup \{h(\mu)\ ,\ h \in \mathcal{A}(X,Y)\ ;\ h \le \theta\}.$$

(le résultat subsiste si $\theta \equiv +\infty$ comme le montrera la démonstration).

Démonstration.- Soit $N \in \mathcal{F}(Y)$ et soit θ_N la fonction sur X_N définie par

$$\theta_N(x_N) = \inf \{\theta(x),\ \pi_N(x) = x_N\}$$

θ_N est évidemment convexe, mais pas forcément s.c.i. Soit $\bar{\theta}_N$ la régularisée s.c.i. de θ_N. Puisque $\mu_N = \pi_N(\mu)$ est de Radon sur X_N, on a

$$\bar{\theta}_N(\mu_N) = \sup \{h_N(\mu_N)\ ;\ h_N \in \mathcal{A}(X_N,N),\ h_N \le \bar{\theta}_N\}$$

Je dis que $\bar{\theta}_N \circ \pi_N = \sup \{f \in \mathcal{C}_N(X)\ ;\ f \le \theta\}$, où $\mathcal{C}_N(X)$ est l'ensemble des fonctions continues cylindriques sur X, factorisables pour X_N. En effet :

- Si $f \in \mathscr{C}_N(X)$ et $f \leq \theta$, alors f est majorée par $\theta_N \circ \pi_N$; et puisque $f = f_N \circ \pi_N$ (avec f_N continue), elle est majorée par $\bar{\theta}_N \circ \pi_N$.

- Inversement, $\bar{\theta}_N$ est l'enveloppe supérieure des fonctions continues qui la minorent.

D'où le résultat annoncé. Maintenant, on a :

$$\theta(\mu) = \operatorname{Sup} \{f(\mu) \ , \ f \in \mathscr{C}_{cyl}(X) \ , \ f \leq \theta\}$$

$$= \operatorname*{Sup}_{N \in \mathscr{F}(Y)} \{\sup \{f_N(\mu) \ ; \ f_N \in \mathscr{C}_N(X), \ f_N \leq \theta\}\}$$

$$= \operatorname*{Sup}_{N \in \mathscr{F}(Y)} \bar{\theta}_N(\mu_N)$$

$$= \operatorname*{Sup}_{N \in \mathscr{F}(Y)} \{\sup \{h_N(\mu_N) \ ; \ h_N \in \mathscr{A}(X_N, \ N), \ h_N \leq \bar{\theta}_N\}\}$$

$$= \operatorname{Sup} \{h(\mu) \ ; \ h \in \mathscr{A}(X,Y), \ h \leq \theta\}.$$

D'où le résultat.

<u>Remarque</u>.- Supposons que $\theta = \chi_C$ (donc C est un convexe fermé de X). Soit : $h = \sup\limits_{1 \leq i \leq n} \{\langle y_i,.\rangle - a_i\}$ un élément de a(X,Y) tel que $h \leq \theta$. Il est clair que $x \in C$ (donc $\theta(x) = 0$) implique :

$$\langle y_i,x\rangle - a_i \leq 0 \quad i = 1,2,\ldots,n$$

Donc $C \subset \bigcap\limits_{i=1}^{n} \{\langle y_i,x\rangle - a_i \leq 0\}$.

(Un ensemble de la forme de l'ensemble qui figure dans le membre de droite est dit <u>polyèdrique</u>). Et c est l'intersection de la famille des ensembles polyèdriques qui le contiennent. On en déduit alors facilement que, avec les notations de l'exemple 1 du paragraphe 1, N° 1, que si c est <u>fermé convexe</u>

$$\check{\mu}(c) = \inf \{\mu(D), \ D \text{ polyèdre } \ D \supset C\} \ .$$

La quantité $\mu(C) = \inf \{\mu(D), \ D$ polyèdre $D \supset C\}$ avait été introduite par DE ACOSTA pour $C \subset X$ quelconque. Si C est convexe fermé, on a donc $\bar{\mu}(C) = \check{\mu}(C)$. La considération de $\bar{\mu}(C)$ permet de définir un mode de concentration (la concentration polyédrique) qui dans certaines questions permet de remplacer la concentration cylindrique (voir par exemple BADRIKIAN [2]).

N° 3 : <u>Images de fonctions de Moreau pour des mesures scalairement concentrées sur des compacts convexes</u>

Dans ce numéro, on va chercher des conditions assurant que la relation suivante est vérifiée :

$$\operatorname*{Sup}_{i\in I} \theta_i(\mu) = (\operatorname*{Sup}_{i} \theta_i)(\mu)$$

pour toute famille filtrante croissante $(\theta_i)_{i\in I}$ de <u>fonctions de Moreau</u>.

Le résultat fondamental réside dans le

<u>Théorème 2</u>.- <u>Soit</u> (X,Y,μ) <u>un triplet cylindrique. On suppose que</u> μ <u>est scalairement concentrée sur les</u> $\sigma(X,Y)$-<u>compacts convexes de</u> X. <u>Soit</u> $(\theta_i)_{i\in I}$ <u>une famille filtrante croissante de fonctions de Moreau sur</u> X <u>et soit</u> : $\theta = \sup \theta_i$, <u>on a alors</u>

$$\theta(\mu) = \sup_i \theta_i(\mu) .$$

<u>Démonstration</u>.- En vertu du théorème 1, il nous suffit de démontrer le résultat suivant :

Si $(h_i)_{i\in I}$ est une famille filtrante croissante d'éléments de $\mathcal{C}(X,Y)$ et si $h \in \mathcal{C}(X,Y)$ est tel que $\operatorname{Sup} h_i \geq h$, on a $\operatorname*{Sup}_i h_i(\mu) \geq h(\mu)$.

Soit $h = \sup_{1\leq j\leq n} \{<y_j,.> - a_j\}$ et $\varepsilon > 0$ donné. Soit K un compact convexe de X tel que μ soit scalairement concentrée sur K à $\frac{\varepsilon}{n}$ - près. D'après le théorème de Dini, il existe $i_0 \in I$ tel que

$$h_{i_0}(x) > h(x) - \varepsilon , \quad \forall x \in K ;$$

c'est à dire :

$$h_{i_0}(x) > <y_j,x> - a_j - \varepsilon, \quad \forall x \in K, \quad \forall j = 1,2,\dots,n.$$

Soit F l'ensemble : $\{x, h_{i_0}(x) - h(x) \leq -\varepsilon\}$. Alors $F = \bigcup_{j=1}^{n} F_j$ avec

$$F_j = \{x ; h_{i_0}(x) - [<y_j,x> - a_j] \leq \varepsilon\} .$$

F est un convexe fermé disjoint du compact convexe K ; donc il existe un demi-espace fermé contenant F_j et ne rencontrant pas K ; et par suite, en vertu de l'hypothèse de concentration scalaire : $\mu(F_j) < \frac{\varepsilon}{n}$. Par conséquent, $\mu(F) < \varepsilon$, et :

$$\mu\{x\ ;\ h_{i_o}(x) - h(x) > -\varepsilon\} \geq 1 - \varepsilon .$$

Pour obtenir que $\sup_i h_i(\mu) \geq h(\mu)$, il suffit alors d'appliquer le lemme suivant (dont la démonstration est laissée au lecteur) :

Lemme.- *Soit* λ ; $(\lambda_i)_{i\in I}$ *des probabilités sur* $\overline{\mathbb{R}}$. *On a* $\lambda = \sup_i \lambda_i$ *si et seulement si les conditions suivantes sont réalisées* :

- $\lambda_i \leq \lambda \ \forall\, i \in I$
- $\forall\, \varepsilon > 0,\ \forall\, t \in R,\ \exists\, i_o \in I$ *tel que* $\lambda_{i_o}(]t-\varepsilon, \infty[) > \lambda(]t, \infty[) - \varepsilon$.

On obtient alors immédiatement les

Corollaire 1.- Si $(\theta_i)_{i\in I}$ et $(\theta'_j)_{j\in J}$ sont deux familles filtrantes croissantes de fonctions de Moreau telles que

$$\sup_{i\in I} \theta_i = \sup_{j\in J} \theta'_j$$

on a

$$\sup_{i\in I} \theta_i(\mu) = \sup_{j\in J} \theta'_j(\mu)$$ (si μ est scalairement concentrée sur les faiblement compacts convexes).

(Ceci est vrai même si l'enveloppe supérieure est identiquement égale à $+\infty$).

Corollaire 2.- Soient $(C_i)_{i\in I}$ une famille filtrante décroissante d'ensembles convexes fermés de X, et soit $C = \bigcap_{i\in I} C_i$. Supposons que μ est scalairement concentrée sur les compacts convexes de X. Alors $\bar{\mu}(C) = \check{\mu}(C) = \operatorname{Inf}_i \bar{\mu}(C_i)$.

Démonstration.- Il suffit de poser $\theta_i = \chi_{C_i}$ et $\theta = \chi_C$. Alors $\theta_i \uparrow \theta$; donc $\theta_i(\mu) = \check{\mu}(C_i)\,\delta_{(0)} + (1 - \check{\mu}(C_i))\,\delta_{(+\infty)}$ converge étroitement vers $\check{\mu}(C)\delta_{(0)} + (1-\check{\mu}(C))\,\mu_{(+\infty)}$. D'où le résultat.

Ceci permet d'introduire une notion intéressante : celle de support fermé convexe d'une mesure scalairement concentrée sur les compacts convexes faibles.

Définition.- (SCHACHERMAYER) : Soit (X,Y,μ) un triplet cylindrique tel que μ soit scalairement concentrée sur les compacts convexes de X. On appelle support fermé convexe de μ le plus petit ensemble fermé C tel que $\bar{\mu}(C) = 1$. C est l'intersection de tous les ensembles polyèdriques P tels que $\mu(P) = 1$.

Remarque 1.- Pour une mesure cylindrique quelconque μ on serait tenté de définir le support fermé de μ comme suit : c'est l'intersection de tous les cylindres C à base fermée tels que $\mu(C) = 1$. Mais, sauf si μ est τ-régulière, ceci n'a pas d'intérêt, comme le montre l'exemple suivant :

Soit $X = Y = \ell^2$ et soit μ la mesure cylindrique gaussienne normale. Soit, pour tout entier n, U_n l'ouvert faible cylindrique

$$U_n = \{x \in \ell^2 \; ; \; |x_k| < n \; , \; 0 \leq k \leq \alpha_n\}$$

où $(\alpha_n)_n$ est une suite strictement croissante d'entiers que l'on déterminera plus tard. Alors

$$\mu(U_n) = \left(\frac{1}{\sqrt{2\pi}} \int_{-n}^{+n} e^{-t^2/2} \, dt\right)^{\alpha_n} \; ;$$

En prenant la suite $(\alpha_n)_{n\in N}$ assez rapidement croissante, on peut rendre $\mu(U_n)$ et même $\sum_k \mu(U_k)$ aussi petit que l'on veut. Soit $V_n = U_o \cup U_1 \cup \ldots \cup U_n$; alors $\mu(V_n) \leq \mu(U_o) + \ldots \mu(U_n)$. Donc $V_n \uparrow \ell^2$ et $\mu(V_n)$ ne tend pas vers 1. Par contre, le support fermé convexe de μ est égal à ℓ^2.

Remarque 2.- Si μ n'est pas scalairement concentrée sur les compacts convexes, l'intersection des fermés convexes C tels que $\bar{\mu}(C) = 1$ peut être vide comme le montre l'exemple suivant (DE ACOSTA) :

Soit $X = \ell^1$; $Y = \ell^\infty$ et soit $a \in (\ell^\infty)'$ une "limite généralisée" de Banach. La mesure de Dirac δ_a sur $\sigma((\ell^\infty)', \ell^\infty)$ définit une mesure cylindrique sur $\sigma(\ell^1,\ell^\infty)$ que l'on désignera encore par δ_a. Soit $y = (1 - \frac{1}{n+1})_{n\in N} \in \ell^\infty$. Alors $H = \{x \in \ell^1, y(x) = 1\}$ est un hyperplan fermé par $\sigma(\ell^1,\ell^\infty)$ tel que $\delta_a(H) = 1$. Soit S la boule unité de ℓ^1. On montre facilement que $\delta_a(S) = 1$. Mais $H \cap S = \emptyset$.

N° 4 : Images de mesures cylindriques et fonctions aléatoires linéaires

Introduisons d'abord une notation :

Soit Y un espace vectoriel et soit $f : Y \to L^0(\Omega, \mathcal{F}, P)$ une fonction aléatoire linéaire. Soit $\alpha \in \overline{\mathbb{R}}^Y$. On pose

$$F_{\alpha(f)} = \bigvee_{y \in Y} [f(y) - \alpha(y)] .$$

Il est clair que

$$F_{\alpha(f)} = \bigvee_{J \in F(Y)} \bigvee_{y \in J} [f(y) - \alpha(y)]$$

où F(Y) désigne l'ensemble des parties de Y de cardinal fini (ne pas confondre avec $\mathcal{F}(Y)$!). Quand aucune confusion ne sera possible, on notera simplement F au lieu de $F_{\alpha(f)}$.

Naturellement, F_α est un élément de $L^0(\Omega, \mathcal{F}, P, \overline{\mathbb{R}})$ et non de $L^0(\Omega, P, \mathbb{R})$ en général.

Si $f_i : Y \to L^0(\Omega_i, {}_i, P_i)$ $(i = 1,2)$ sont isonomes, alors $F_{\alpha(f_1)}$ et $F_{\alpha(f_2)}$ sont isonomes.

Il est clair que $\alpha \leq \beta$ implique $F_\alpha \geq F_\beta$. En outre, si α^c est la régularisée convexe de α, on voit facilement que $F_{\alpha^c} = F_\alpha$.

Soit maintenant (X,Y,μ) un triplet cylindrique et $f : Y \to L^0(\Omega, \mathcal{F}, P)$ une fonction aléatoire linéaire associée à μ. Je dis que l'on a dans $\mathcal{P}(\overline{\mathbb{R}})$

$$F_\alpha(P) = \sup_{J \in F(Y)} [(\sup_{y \in J} \{\langle y,.\rangle - \alpha(y)\})(\mu)] .$$

En effet, il suffit de remarquer que, si J est une partie finie de Y, on a l'égalité dans $\mathcal{P}(\overline{\mathbb{R}})$

$$(\bigvee_{y \in J} f(y) - \alpha(y))(P) = (\sup_{y \in J} \{\langle y,.\rangle - \alpha(y)\})(\mu)$$

ce qui est immédiat.

Proposition 1.- Soit (X,Y,μ) un triplet cylindrique et soit f une fonction aléatoire linéaire correspondant à μ. Soit θ une fonction de Moreau sur X ; on a l'égalité : $\theta(\mu) = F_{\theta^*}(P)$.

Démonstration.- Soit $\tilde{Y} = \{y ; y \in Y, \theta^*(y) < \infty\}$ l'ensemble (filtrant croissant) des fonctions réelles sur X de la forme $\sup_{y \in J} \{\langle y,.\rangle - \theta^*(y)\}$ $(J \in F(\tilde{Y}))$ est une partie cofinale de l'ensemble des enveloppes supérieures d'une famille finie de fonctions affines minorant θ. Donc, par le théorème 1,

$$\theta(\mu) = \sup_{J \in F(Y)} [\sup_{y \in J} \{\langle y,.\rangle - \theta^*(y)\} (\mu)] = F_{\theta^*}(P) .$$

Remarque.- Soit $\alpha \in \overline{R}^Y$; en général, $F_\alpha(P)$ est distinct de $\alpha^*(\mu)$. Si α^* est une fonction de Moreau, la seule chose que l'on peut dire est que $\alpha^*(\mu) = F_{\alpha^{**}}(P)$ où α^{**} désigne la régularisée convexe et $\sigma(Y,X)$-semi-continue inférieurement de α.

Citons un cas où on a l'égalité $F_{\alpha^{**}}(P) = F_\alpha(P)$. Il sera donné par le :

Théorème 3.- Soit X, Y, μ, f comme plus haut. Soit $\alpha \in \overline{\mathbb{R}}^Y$ tel que α^* soit une fonction de Moreau. On suppose μ scalairement concentrée sur les faiblement compacts convexes de X ; alors

$$F_\alpha(P) = F_{\alpha^{**}}(P) = \alpha^*(\mu) .$$

Démonstration.- Tout d'abord, par la proposition ci-dessus, $F_{\alpha^{**}}(P)$ est égale à $\alpha^*(\mu)$. D'autre part, si $\tilde{Y}$ désigne l'ensemble non vide $\{y ; y \in Y ; \alpha(y) < \infty\}$ et si l'on pose, pour toute partie finie J de $\tilde{Y}$,

$$f_J = \sup_{y \in J} \{\langle y,.\rangle - \alpha(y)\} ,$$

alors $(f_J)_{J \in F(\tilde{Y})}$ est une famille filtrante croissante de fonctions de Moreau sur X ayant α^* pour enveloppe supérieure. Mais le théorème 2 et l'hypothèse de scalaire concentration impliquent

$$\alpha^*(\mu) = \sup_{J \in F(\tilde{Y})} f_J(\mu) .$$

Par suite

$$\alpha^*(\mu) = F_\alpha(P) .$$ D'où le résultat.

On peut donner à partir du résultat ci-dessus un énoncé ne faisant pas intervenir .

<u>Corollaire</u>.- <u>Soit</u> $f : Y \to L^0(\Omega, \mathcal{F}, P)$ <u>une fonction aléatoire linéaire continue pour la topologie de Mackey</u> $\tau(Y,X)$. Si α_1 <u>et</u> α_2 <u>sont des fonctions de</u> Y <u>dans</u> $\overline{R}$ <u>telles que</u> $\alpha_1^{**} = \alpha_2^{**}$ (α_1^{**} <u>étant de Moreau</u>), <u>on a</u> :

$$F_{\alpha_1}(P) = F_{\alpha_2}(P) .$$

C'est immédiat.

N° 5.: <u>Applications</u>

Dans tout ce numéro, nous auront souvent à considérer la situation suivante : soit Y un espace vectoriel, X et X_1 deux espaces vectoriels en dualité avec Y et tels que $X \subset X_1$; soit $\mu \in \check{\mathcal{P}}(X,Y)$ et $\mu_1 \in \check{\mathcal{P}}(X_1,Y)$ correspondant à la même fonction aléatoire linéaire $f : Y \to L^0(\Omega, \mathcal{F}, P)$. Soit $\alpha \in \overline{\mathbb{R}}^Y$, α^* la polaire de α dans X, α_1^* la polaire de α dans X_1 :

$$\alpha^*(x) = \sup_{y \in Y} \{<y,x> - \alpha(y)\} \ ; \ \alpha_1^*(x_1) = \sup_{y \in Y} \{< y,x_1> - \alpha(y)\}$$

Naturellement, α_1^* est <u>un</u> prolongement s.c.i. de α^*, mais en général α_1^* n'est pas le prolongement s.c.i. canonique, comme le montre l'exemple suivant :

Soit un Banach <u>non réflexif</u> ; posons :

$$X = E' \ ; \ X_1 = E''' \ ; \ Y = E'' .$$

Soit $\alpha \in \overline{\mathbb{R}}^Y$ définie par

$$\alpha(y) = \begin{cases} ||y|| & \text{si } y \in E \\ + \infty & \text{ailleurs} \end{cases}$$

α^* est la fonction indicatrice de la boule unité de E' : donc son prolongement s.c.i. canonique à X_1 est la fonction indicatrice de la boule unité de E'''. D'autre part, pour $x''' \in E'''$ $\alpha_1(x''') = \sup_{y \in E} \{<x''',y> - ||y||\}$; elle prend donc la valeur zéro sur le sous-espace de E"' qui est orthogonal à E (qui n'est pas réduit à {0} du fait que E n'est pas réflexif) ; et α_1^* n'est donc pas le prolongement s.c.i. canonique de α^* à X_1.

Toutefois, si $\alpha \in \Gamma_0(Y,X)$, donc aussi $\alpha \in \Gamma_0(Y,X_1)$, α_1^* est le prolongement s.c.i. canonique de α^* à X_1. En effet, prolongeons α^* à X_1 de la façon suivante : posons pour $x_1 \in X_1$

$$\beta(x_1) = \begin{cases} \alpha^*(x_1) & \text{si } x_1 \in X \\ +\infty & \text{si } x_1 \in X_1 \backslash X \end{cases}$$

Alors β et α_1^* ont même polaire, à savoir la fonction α. Donc α_1^* est la régularisée s.c.i. convexe de β. Mais ceci signifie que α_1^* est le prolongement s.c.i. canonique de α^*.

De ce qui précède, on est conduit à penser qu'en général $\alpha^*(\mu)$ est différent de $\alpha_1^*(\mu_1)$. L'exemple suivant montre qu'il en est bien ainsi :

Soient X, X_1, Y, α comme ci-dessus. Soit $a \in E$"' tel que $||a|| > 1$ et $\langle y,a \rangle = 0$ $\forall\, y \in E$. Soit μ_1 la mesure cylindrique sur X_1 correspondant à la mesure de Radon $\delta_{(a)}$, à laquelle correspond la mesure cylindrique μ sur X : Alors

$$\alpha_1^*(\mu) = \alpha_1^*(\delta_a) = \delta_{(0)}$$

Par contre, si α_2^* désigne le prolongement canonique s.c.i. de α^* à X_1, on a

$$\alpha^*(\mu) = \alpha_2^*(\delta_a) = \delta_{(+\infty)} .$$

On va donner une condition assurant que $\alpha^*(\mu) = \alpha_1^*(\mu_1)$.

<u>Théorème 4</u>.- <u>Soient</u> X, Y, μ, μ_1, <u>comme ci-dessus et supposons que</u> α^* <u>et</u> α_1^* <u>soient des fonctions de Moreau. Supposons que</u> μ <u>est scalairement concentrée sur les</u> $\sigma(X,Y)$ <u>compacts convexes de</u> X ; <u>alors</u> $\alpha^*(\mu) = \alpha_1^*(\mu_1)$.

<u>Démonstration.</u>- Soit β la polaire de α^* relativement à la dualité entre X et Y, et soit β_1 la polaire de α_1^* relativement à la dualité entre X_1 et Y. On a naturellement $\beta \le \alpha$ et $\beta_1 \le \alpha$; β est la régularisée convexe s.c.i. pour $\sigma(Y,X)$ de α ; β_1

est la régularisée convexe s.c.i. pour $\sigma(Y,X_1)$ de α. Donc $\beta \leq \beta_1 \leq \alpha$; la régularisée convexe s.c.i. de β_1 pour $\sigma(X,Y)$ est donc égale à β. Maintenant, par le corollaire du théorème 3 ci-dessus,

$$F_\beta(P) = F_{\beta_1}(P) = F_\alpha(P) .$$

D'où le résultat, car $F_\beta(P) = \alpha^*(\mu)$ et $F_{\beta_1}(P) = \alpha_1^*(\mu_1)$.

Corollaire 1.- Soient X, X_1, Y, μ, μ_1 comme ci-dessus et soit $\theta \in \Gamma_0(X_1,Y)$; soit θ la restriction de θ_1 à X (naturellement $\theta \in \Gamma_0(X,Y)$). Supposons μ scalairement concentrée sur les compacts convexes de X. Alors

$$\theta(\mu) = \theta_1(\mu_1) .$$

Démonstration.- Soit $\alpha : Y \to \overline{\mathbb{R}}$ la polaire de θ_1, relativement à la dualité entre X_1 et Y : $\alpha = \theta_1^*$, donc $\alpha_1^* = \theta_1$ (car θ_1 est de Moreau). Soit β la polaire de θ relativement à la dualité entre X et Y : β est la régularisée convexe $\sigma(Y,X)$ s.c.i. de α ; donc $\beta^* = \alpha^* = \theta$; il suffit alors d'appliquer le résultat précédent.

Corollaire 2.- Soient (X, X_1, Y, μ, μ_1) comme dans le théorème 4, et soit $B \subset Y$. Soit $B^\square$ la polaire de B dans X, $B_1^\square$ la polaire de B dans X_1 ; on a alors

$$\check{\mu}(B^\square) = \check{\mu}_1(B_1^\square).$$

Démonstration.- Soit α la jauge de B :

$$\alpha(y) = \inf \{\lambda, \lambda > 0 , y \in \lambda B\}$$

α est positivement homogène. Alors

$$\alpha^*(\mu) = \check{\mu}(B^\square)\, \delta_{(0)} + (1 - \check{\mu}(B^\square))\, \delta_{(+\infty)}$$

et $$\alpha_1^*(\mu_1) = \check{\mu}(B_1^\square)\, \delta_{(0)} + (1 - \check{\mu}_1(B_1^\square))\, \delta_{(+\infty)}$$

d'où le résultat, puisque $\alpha^*(\mu) = \alpha_1^*(\mu_1)$.

Si $B^\square$ est $\sigma(X,Y)$-compact et $B_1^\square$ est $\sigma(X_1,Y)$-compact, on en déduit

$$\mu^*(B^\square) = \mu_1^*(B_1^\square)$$

(où $\mu^*(B^{\square}) = \inf \{\mu(D),\ D$ cylindre de $X,\ D \supset B^{\square}\}$. De cette remarque, on déduit alors facilement le

Théorème 5.- Soit (X,Y) un couple d'espaces vectoriels en dualité. On suppose que X est quasi-complet pour la topologie faible. Soit $X_1 = Y^*$ le dual algébrique de Y. Soit $\mu \in \check{\mathcal{P}}(X,Y)$ scalairement concentrée sur les $\sigma(X,Y)$-compacts convexes de X, à laquelle correspond $\mu_1 \in \check{\mathcal{P}}(X_1,Y)$. Les propriétés suivantes sont équivalentes :

(a) μ est de Radon sur $\sigma(X,Y)$

(b) μ_1 est de Radon sur $\sigma(X_1,Y)$.

Démonstration.- Naturellement, (a) $\Longrightarrow$(b). Supposons donc (b) vérifiée et soit A_1 une partie disquée $\sigma(Y^*, Y)$ compacte de $Y^* = X_1$. Soit B la polaire de A_1 dans Y, et soit A la polaire de B dans X. Le corollaire 2 du théorème 4 montre que

$$\check{\mu}(A) = \check{\mu}_1(A_1)$$

A_1 étant, par hypothèse $\sigma(X_1,Y)$-compacte , si l'on démontre que A est $\sigma(X,Y)$-compacte on aura par cela démontré que $\mu^*(A) = \mu_1^*(A_1)$. Montrons donc que A est $\sigma(X,Y)$-compacte : B est disquée absorbante, donc A est $\sigma(X,Y)$-fermée, l'hypothèse de quasi-complétude nous permet alors d'affirmer qu'elle est faiblement compacte. De cela, on déduit que μ et μ_1 sont simultanément cylindriquement concentrées sur les compacts convexes de X et X_1 respectivement. Le théorème de PROKHOROFF fournit alors la conclusion.

Comme conséquence, on retrouve alors un résultat de DE ACOSTA :

Corollaire.- Soit Y un e.v.t.l.c. séparé et tonnelé ; soit $X = Y'$ son dual topologique et $X_1 = Y^*$ son dual algèbrique. Soit $\mu \in \check{\mathcal{P}}(X,Y)$ scalairement concentrée sur les $\sigma(X,Y)$ compacts convexes de X, $\mu_1 \in \check{\mathcal{P}}(X_1,Y)$ correspondant à μ. On a équivalence de

(a) μ est de Radon pour $\sigma(X,Y)$;

(b) μ_1 est de Radon pour $\sigma(X_1,Y)$.

Démonstration.- C'est immédiat, car le dual d'un espace tonnelé est faiblement quasi-complet.

Ce qui précède permet de résoudre simplement une conjecture de L. SCHWARTZ. Rappelons au préalable un résultat (SCHWARTZ, LANDAU et SHEPP) :

Soit (X,Y,μ) un triplet cylindrique avec μ gaussienne centrée. Soit K un disque faiblement fermé de X. On suppose que $\check{\mu}(K) = \delta > 0$. Alors μ est cylindriquement concentrée sur le sous-espace de X engendré par K.

On rappelle que μ est gaussienne centrée s'il existe un Hilbert H et une application linéaire $u : H \to X$ faiblement continue tels que $\mu = u(\gamma)$ si γ désigne la mesure cylindrique normale sur H. μ est alors évidemment scalairement concentrée sur les $\sigma(X,Y)$-compacts convexes.

Le résultat ci-dessus, dans le cas où K est compact, est démontré par SCHWARTZ [2] (dans ce cas, $\check{\mu}(K) = \mu^*(K)$). Sous la forme donnée ici, il se trouve dans BADRIKIAN [2] (les démonstrations étant analogues à celle de SCHWARTZ). On en déduit alors le

Théorème 6.- *Soit X un e.v.t.l.c., Y son dual et μ une mesure cylindrique gaussienne sur X relativement à la dualité entre X et Y. Soit X'' le bidual de X et μ'' la mesure cylindrique sur X'' correspondant à μ. Soit Y^* le dual algébrique de Y et $\check{\mu}$ la probabilité de Radon sur $\check{X}_{cyl}$ correspondant à μ. On a la dichotomie suivante :*

- *ou bien Y^* est de $\check{\mu}$-mesure intérieure égale à zéro (c'est à dire $\check{\mu}(\check{K}) = 0$ pour tout compact $\check{K}$ de $\check{X}_{cyl}$ contenu dans Y^*) ;*
- *ou bien μ'' est de Radon sur $\sigma(X'',Y)$.*

Démonstration.- Supposons que Y^* est de $\check{\mu}$-mesure intérieure positive. Il existe un compact (que l'on peut supposer disqué) $\check{K} \subset Y^*$ tel que $\check{\mu}(\check{K}) > 0$. Soit μ^* la mesure cylindrique gaussienne sur Y^* déterminée par μ. Le théorème de Landau-Shepp-Schwartz permet d'affirmer que μ^* est de Radon sur $\sigma(Y^*, Y)$. Mais, du fait que X" est $\sigma(X", Y)$ quasi-complet, d'après le théorème 5, cela permet d'affirmer que μ" est de Radon sur X". CQFD.

Le cas où X = Y = H (qui était le problème posé par SCHWARTZ) a été démontré indépendamment par DE ACOSTA et SCHACHERMAYER. La démonstration (non publiée) de SCHACHERMAYER était plus compliquée et partait d'un tout autre principe. La démonstration de DE ACOSTA est assez proche, au fond, de la notre, puisqu'elle fait intervenir la concentration polyèdrique.

Remarque.- Le théorème 6 reste encore vrai pour tout triplet cylindrique (X,Y,μ) tel que

1) μ est scalairement concentrée sur les $\sigma(X,Y)$-compacts convexes ;

2) μ satisfait à l'une des conditions suivantes :

- μ est stable symétrique ;
- μ est convexe (au sens de BORELL)
- D partie dénombrable de Y, on a $\pi_D(\mu)(\ell^\infty) = 0$ ou 1, où π_D désigne l'application canonique de X dans R^D définie par $x \to (\langle y,x\rangle)_{x \in D}$.

Chapitre III. Mesures banachiques coïncidant sur les boules

Ce qui précède a montré (nous l'espérons !) que l'Analyse convexe a d'intéressantes (et non triviales) applications à la théorie des mesures cylindriques. Nous allons maintenant donner une application de l'analyse convexe "différentielle" au problème des mesures banachiques coïncidant sur les boules. C'est, à notre connaissance, HOFFMANN-JØRGENSEN qui a eu l'idée de cette application.

On s'est pendant longtemps posé le problème suivant : soit (X,d) un espace métrique ; et soient μ et ν deux mesures boréliennes coïncidant sur les boules fermées. μ et ν sont-elles identiques ?

La réponse est négative, comme l'a démontré R.O. DAVIES. HOFFMANN-JØRGENSEN s'est posé le même problème quand X est un Banach ; et il a donné une série de cas intéressants où la réponse est affirmative. Le problème est encore ouvert de savoir si la réponse est positive pour tous les Banach. Avant d'aborder le cas des Banach, posons le problème dans toute sa généralité.

Soit X un espace vectoriel ; on suppose X muni d'une tribu $\mathcal{B}$ telle que $\forall x \in E$, $\forall \lambda \in R$, l'application $y \to x + \lambda y$ de X dans X est mesurable relativement à $\mathcal{B}$ (cette condition est réalisée si l'addition est mesurable relativement à $\mathcal{B} \otimes \mathcal{B}$ et $\mathcal{B}$, et si la multiapplication par un scalaire est mesurable relativement à $\mathcal{B}_{\mathbb{R}} \otimes \mathcal{B}$ et $\mathcal{B}$). Soit f une fonction mesurable de X dans $\mathbb{R}$, on suppose qu'elle a en un point x de X des <u>dérivées directionnelles</u> (dans toutes les directions), c'est à dire

$$\forall y \in X, \quad \lim_{\substack{\lambda \to 0 \\ \lambda > 0}} \frac{f(x+\lambda y) - f(x)}{\lambda} \quad \text{existe dans } \mathbb{R}.$$

Notons $f'(x,y)$ cette limite : $f'(x,y)$ est la dérivée de f au point x dans la direction y. Naturellement, $f'(x,.)$ est mesurable relativement à $\mathcal{B}$ et $\mathcal{B}_{\mathbb{R}}$.

Soit maintenant $H = H_f$ l'ensemble des fonctions de X dans R de la forme $y \to f(x + \lambda y)$ $x \in X$ $\lambda \in [0, \infty[$. Soient alors μ et ν deux probabilités sur $(X, \mathcal{B})$ telles que pour tout $h \in H_f$ on ait $h(\mu) = h(\nu)$; alors, <u>si $f'(x,.)$ existe</u>, on a :

$$f'(x,.)\,(\mu) = f'(x,.)\,(\nu) \;;$$

Plus généralement, si g désigne la fonction $y \to f'(x, y-y_0) - \alpha$; $(y_0 \in X, \alpha \in \mathbb{R})$, on a $g(\mu) = g(\nu)$.

Donnons-nous toujours le couple $(X, \mathcal{B})$ et supposons que X est en dualité avec un autre espace vectoriel Y. Supposons que $\mathcal{B}$ contient la tribu cylindrique relative à la dualité entre X et Y. Toute probabilité μ sur $(X, \mathcal{B})$ définit alors un élément μ_1 de $\check{\mathcal{P}}(X,Y)$. Naturellement, deux probabilités μ et ν sur $(X, \mathcal{B})$ définissent la même mesure cylindrique si pour toute $\varphi \in Y$ on a $\varphi(\mu) = \varphi(\nu)$. On pourra alors en déduire que $\mu = \nu$ dans certains cas, par exemple :

- $\mathcal{B}$ est la tribu borélienne relativement à $\sigma(X,Y)$ et μ et ν sont τ-régulieres.
- $\mathcal{B}$ est la tribu cylindrique sur X.

Si les transformées de Fourier $\hat{\mu}$ et $\hat{\nu}$ de μ et ν sont continues pour une certaine topologie vectorielle $\mathcal{C}$ sur Y (ce qui équivaut à des conditions de scalaire-concentration), pour vérifier l'identité de μ et ν en tant que mesure cylindrique, il suffira de vérifier que $\varphi(\mu) = \varphi(\nu)$ pour toutes les φ d'un sous-ensemble de Y, partout dense pour $\mathcal{C}$.

Si donc l'on veut démontrer que $h(\mu) = h(\nu)$ pour toute $h \in H_f$, implique $\mu = \nu$, il nous suffira de démontrer que la condition

- $f'(x,.)(\mu) = f'(x,.)(\nu)$ en tout point x où les dérivées directionnelles (dans toutes les directions) existent, implique :
- $\varphi(\mu) = \varphi(\nu)$ pour toutes les φ d'un sous-ensemble de Y partout dense pour une certaine topologie vectorielle pour laquelle $\hat{\mu}$ et $\hat{\nu}$ sont continues.

Nous allons par la suite développer ce point de vue dans le cas particulier suivant :

X est un Banach et la fonction f est la norme (f est s.c.i. pour la topologie affaiblie). Si μ et ν sont des probabilités boréliennes sur X, on voit facilement que, dire que $h(\mu) = h(\nu)$ pour tout $h \in H_f$ équivaut à dire que μ et ν coïncident sur les boules fermées de X. Nous allons auparavant rappeler des résultats d'analyse convexe différentielle.

N° 1 : Analyse convexe différentielle

Pour tous les résultats rappelés ici, nous renvoyons pour la démonstration à HOLMES.

- Soit X un Banach et $f : X \to \mathbb{R}$ continue (pour la topologie de la norme). En tout point $x \in X$, les dérivées directionnelles (dans toutes les directions) existent et l'application $f'(x,.)$ est sous linéaire, positivement homgène.

- Si (f étant supposée convexe continue pour la topologie définie par la norme), on désigne par $\partial f(x_0)$ l'ensemble des $x^* \in X'$ (dual de X) tels que :

$$-f'(x_0,-y) \leq \langle x^*,y\rangle \leq f'(x_0\ y) \quad \forall\ y \in X$$

($\partial f(x_0)$ est appelé le sous-différentiel de f en x), alors $\partial f(x)$ est une partie compacte par $\sigma(X',X)$, convexe et non vide et l'on a :

$$\forall\ y \in X,\ f'(x_0;y) = \sup_{x^*\in\partial f(x_0)} \langle x^*,y\rangle = \max_{x^*\in\partial f(x_0)} \langle x^*,y\rangle$$

les éléments de $\partial f(x_0)$ sont appelés sous-gradients de f en x_0.

- Si maintenant f est la norme du Banach, et si $x^* \in X'$, on a équivalence des conditions :

(a) $x^* \in \partial f(x)$

(b) $||x^*|| = 1$ et $\langle x^*,x\rangle = ||x||$.

(autrement dit, l'hyperplan $\langle x^*,.\rangle - ||x||$ est d'appui pour la boule $\{y; ||y|| \leq ||x||\}$ au point x).

- Si f est convexe, continue sur le Banach X, on dira que f est différentiable en $x_0 \in X$ (c'est ici la différentiabilité au sens de Gâteaux) si $\partial f(x_0)$ est réduit à un seul élément. Cet élément est appelé le gradient de f en x_0. On note cet élément $\nabla f(x_0)$, cela équivaut à dire que l'application $f'(x_0,.)$ est linéaire et continue. Une norme n'est jamais différentiable au point zéro, si X n'est pas réduit à $\{0\}$.

Citons enfin le résultat suivant qui sera important par la suite :

Soit X un Banach et f la norme ; l'ensemble

$\{x^* ; x^* \in \partial f(x) : x \neq 0 \quad x \in X\}$ est partout dense pour la topologie forte, dans la sphère unité Σ^* de X'. (C'est le théorème de BISHOP-PHELPS, voir HOLMES, corollaire 1, page 169).

En particulier, si la norme est différentiable, en tout point non nul de X, l'ensemble des gradients de cette norme est dense dans la sphère unité.

On obtient alors immédiatement de ce qui précède le théorème suivant :

Théorème 1.- Soit X un Banach dont la norme est différentiable en tout point différent de zéro. Soient μ et ν deux probabilités boréliennes (pour la norme) sur X, scalairement concentrées sur les parties bornées de X et coïncidant sur les boules. Alors $\mu = \nu$.

Démonstration.- Soit S^* l'ensemble des points de la sphère unité de X' qui sont de la forme $\nabla f(x_0)$ avec $x_0 \neq 0$; S^* est dense dans la sphère unité de X' pour la topologie forte. Pour tout $x^* \in S^*$, d'après ce que l'on a vu, on a :

$x^*(\mu) = x^*(\nu)$; donc aussi pour tout $\lambda \in \mathbb{R}$ $(\lambda x^*)(\mu) = (\lambda x^*)(\nu)$. Donc, pour tout $y^* \in \bigcup \lambda S^*$ on a $y^*(\mu) = y^*(\nu)$. Comme $\bigcup \lambda S^*$ est dense dans X' (muni de la topologie forte) et comme $\hat{\mu}$ et $\hat{\nu}$ sont fortement continues d'après l'hypothèse, on obtient le résultat annoncé.

Le théorème s'applique si $X = L^p(\Omega, \mathcal{F}, \lambda)$ $(1 < p < \infty)$ où $(\Omega, \mathcal{F}, \lambda)$ est un espace mesuré.

Nous allons maintenant aborder le cas où la norme n'est pas différentiable, mais où les mesures ν et μ sont de Radon.

N° 2 : Mesures de Radon coïncidant sur les boules d'un Banach

Soit E un espace de Banach et μ et ν deux probabilités de Radon sur E donnant mêmes mesures aux boules fermées. On peut évidemment supposer que E est séparable, ce que nous ferons par la suite.

Alors, par la topologie $\sigma(X', X)$ la boule unité de X' est un compact métrisable. Si $x_0 \in X$ est tel que $\|x_0\| > 0$, le sous-différentiel de la norme en x_0 sera désigné par $T(x_0)$: c'est un convexe compact (pour $\sigma(X',X)$), contenu dans la boule unité de X' (et même la sphère unité) et donc métrisable.

Désignons par f la norme de x ; on a vu que pour tout $x_0 \in X$, pour tout $y_0 \in X$ et tout a réel, la fonction

$$y \to f'(x_0, y-y_0) - a = g(y)$$

est telle que $g(\mu) = g(\nu)$ (ici la condition de séparabilité n'est pas nécessaire).

Or

$$g(y) = \sup_{x^* \in T(x_0)} (\langle x^*, y\rangle - \langle x^*, y_0\rangle - a)$$

Par conséquent, si μ et ν coïncident sur les boules, pour toute fonction $\varphi : T(x_0) \to \mathbb{R}$ qui est la restriction à $T(x_0)$ d'une fonction de X' dans $\mathbb{R}$ continue pour $\sigma(X', X)$ et affine, on a en posant :

$$g(y) = \sup_{x^* \in T(x_0)} \{\langle x^*, y\rangle - \varphi(x^*)\} \ ;$$

$$g(\mu) = g(\nu).$$

Indiquons à partir de là, la méthode de HOFFMANN-JØRGENSEN : on a tout d'abord le

Lemme 1.- *Soit x_0 tel que $||x_0|| \geq 0$ et soit $\varphi : T(x_0) \to]-\infty, +\infty]$ affine, semi-continue inférieurement ; posons pour tout* $y \in Y$

$$g(y) = \sup_{x^* \in T(x_0)} \left\{\langle x^*, y\rangle - \varphi(x^*)\right\}$$

alors $g(\mu) = g(\nu)$.

Démonstration.- (Voir HOFFMANN-JØRGENSEN pour les détails). On a vu que le résultat est vrai si φ est la restriction à $T(x_0)$ d'une fonction affine réelle continue sur X^*. Le cas général fait intervenir essentiellement que $T(x_0)$ est métrisable, car alors φ est de Baire.

Ensuite, on a le :

Lemme 2.- *Soit E un Banach réel (séparable) et soient μ et ν deux probabilités de Radon coïncidant sur les boules. Soit x_0 tel que $||x_0|| > 0$. Soit $F^* \subset T(x_0)$ tel que*

- F^* *soit une face fermée de* $T(x_0)$;

- F^* est un simplexe algébrique ;

On a alors $x^*(\mu) = x^*(\nu)$ pour tout x dans l'espace vectoriel engendré par F^*.

Dire que F^* est une face de $T(x_o)$ signifie que F^* est convexe et que $x^*, y^* \in T(x_o)$ et $\lambda x^* + (1-\lambda) y^* \in F$ pour un $\lambda \in]0,1[$, implique x^* et y^* dans F^*. Dire que F^* est une simplexe algébrique signifie que pour toute famille finie $x_1^*, \dots x_n^*$ de points extrémaux de F^*, l'enveloppe convexe des (x_i^*) est une face de F^*.

En définitive, on a $x^*(\mu) = x^*(\nu)$ pour tout x^* appartenant à la réunion des sous-espaces engendrés poar les F^* qui sont faces d'un $T(x)$ $(||x|| > 0)$ et sont des simplexes algébriques. Si donc on peut démontrer que cette réunion est dense dans X' pour la topologie de convergence compacte, on aura démontré que μ et ν coïncident. C'est naturellement le cas si

- la norme est différentiable en tout point non égal à zéro, car $T(x_o)$ est réduit à un point, et donc l'ensemble des faces non vides de $T(x_o)$ est identique à $T(x_o)$, et l'on a vu que

$\bigcup_{\substack{x_o \in X \\ ||x_o||>0}} ev(T(x_o))$ est dense dans X' pour la topologie forte, donc aussi pour la convergence compacte. Plus généralement :

- Si chaque $T(x_o)$ est un simplexe algébrique, on peut alors prendre $T(x_o)$ pour face. Et on a vu que $\bigcup_{x_o} T(x_o)$ est fortement dense dans la sphère unité ; donc $\bigcup_{||x_o||>0} ev\,\{T(x_o)\}$ est fortement dense dans E^* (donc aussi pour la topologie de convergence compacte).

On peut démontrer, par un calcul direct de $T(x_o)$, que l'on est dans ce cas si X est un espace de type $\mathscr{C}(T)$ avec T espace topologique compact, on a $L^\infty(\Omega,\mathscr{F},\lambda)$. De même, HOFFMANN-JØRGENSEN démontre que et coïncident si X est un $L^1(\Omega,\mathscr{F}, \lambda)$ ou $(\Omega,\mathscr{F}, \lambda)$ est un espace mesuré σ-fini sans atomes.

Bibliographie

DE ACOSTA A.

[1] On the concentration and extention of cylindrical measures (preprint).

[2] PREPRINT

BADRIKIAN A.

[1] Séminaire sur les fonctions aléatoires linéaires et les mesures cylindriques. Lectures Notes in Mathematics n° 139, SPRINGER-VERLAG, 1970.

[2] Fonctions convexes et mesures cylindriques (A paraître)

BADRIKIAN-CHEVET

Mesures cylindriques, Espaces de Wiener et fonctions aléatoires. Lecture Notes un Mathématics, Vol. 379, Springer-Verlag, 1974.

HOFFMANN-JØRGENSEN, J.

Measures which agree on balls, Math. Scand. 37 (1975) 319-326.

HOLMES R.B.

Geometric functional analysis and its applications, Springer-Verlag,1975.

LAURENT P.

Approximation et Optimisation, Hermann (PARIS) 1972.

ROCKAFELLAR, T.

Convex Analysis, Princeton University Press (1970)

SCHWARTZ L.

[1] Notes manuscrites non publiées

[2] Probabilités cylindriques et applications radonifiantes, Journal of the faculty of Science, University of Tokyo, Vol. 18, n° 2, pp. 139-186, 1970.

Dept. de Mathematiques,
U.E.R. Sciences,
B.P. 45,
63170 Aubiere,
FRANCE.

ABSOLUTE CONTINUITY FOR A CLASS OF PROBABILITY MEASURES

Charles R. Baker*

University of North Carolina
Chapel Hill, North Carolina

Introduction

Let $\mathcal{B}$ be a real separable Banach space with Borel σ-field $B[\mathcal{B}]$, and let μ_1 and μ_2 be two probability measures on $B[\mathcal{B}]$. We consider conditions for absolute continuity of μ_1 with respect to μ_2 ($\mu_1 << \mu_2$) or mutual absolute continuity ($\mu_1 \sim \mu_2$), primarily for μ_2 Gaussian and μ_1 pre-Gaussian. This problem arises frequently in Information Theory applications.

Preliminaries

Let μ_i be a probability measure on $B[\mathcal{B}]$ such that $\int_{\mathcal{B}} ||x||^2 d\mu_i(x) < \infty$. Let $u(m_i) = \int_{\mathcal{B}} u(x)d\mu_i(x)$ and $R_i(u,v) = \int_{\mathcal{B}} u(x-m)v(x-m)d\mu_i(x)$ for all u,v in $\mathcal{B}^*$. m_i is the mean vector and R_i the covariance of μ_i. μ_i is said to be pre-Gaussian if there exists a Gaussian measure ν_i on $B[\mathcal{B}]$ such that ν_i and μ_i have the same mean vector and covariance.

If μ_i is pre-Gaussian, then there exists a unique Borel-measurable linear manifold $H_i^! \subset \mathcal{B}$ such that $H_i^!$ is the set of all v in $\mathcal{B}$ for which the translate of $\nu_i^!$ by v is absolutely continuous with respect to $\nu_i^!$, where $\nu_i^!$ is the zero-mean Gaussian measure with the same covariance as μ_i. $H_i^!$ is a separable Hilbert space (which we denote by H_i) under an inner product $\langle\cdot,\cdot\rangle_i$ that can be defined as follows. Using the Banach-Mazur theorem and the inclusion map of $C[0,1]$ into $L_2[0,1]$, one obtains a linear continuous 1:1 map $W: \mathcal{B} \to L_2[0,1]$. $W^*: L_2[0,1] \to \mathcal{B}^*$ is the adjoint of W. By a theorem of Kuratowski, W[A] is Borel in $L_2[0,1]$ if A is Borel in $\mathcal{B}$. $\mu_i \circ W^{-1}$ is obviously pre-Gaussian when μ_i is pre-Gaussian, and in this case $\mu_i \circ W^{-1}$ has mean vector Wm_i and covariance operator S_i, with $\langle S_i u,v\rangle_{L_2} = R_i(W^*u,W^*v)$ for u,v in range (W). One can verify that $W[H_i^!] = \text{range}\,(S_i^{1/2})$. Let $\{\lambda_n, n\geq 1\}$ denote the non-zero eigenvalues of S_i, with $\{e_n, n\geq 1\}$ associated o.n. eigenvectors. The inner product on $H_i^!$ can now be defined by

---

*Research partially supported by ONR contract N00014-75-C-0491.

$$\langle u,v\rangle_i = \sum_n \lambda_n^{-1}[W^*e_n](u)[W^*e_n](v)$$

$$= \sum_n \lambda_n^{-1}\int_0^1 [Wu](t)e_n(t)dt \int_0^1 [Wv](s)e_n(s)ds .$$

The following result is useful.

Lemma 1: Suppose μ_1 and μ_2 are pre-Gaussian. $H_1' \subset H_2'$ if and only if $R_1(x_n,x_n) \to 0$ whenever $R_2(x_n,x_n) \to 0$. $u \in H_i'$ if and only if $x_n(u) \to 0$ whenever $R_i(x_n,x_n) \to 0$. If μ_{12} is a probability measure on $B[\mathcal{B}] \times B[\mathcal{B}]$ having μ_1 and μ_2 as projections, and $\mu_3 \equiv \mu_{12} \circ f^{-1}$ (with f the addition map), then μ_{12} and μ_3 are pre-Gaussian, and $H_3' \subset H_2'$ if and only if $H_1' \subset H_2'$.

Proof: The first two statements follow from $\text{range}(S_i^{\frac{1}{2}}) = W[H_i']$ and results given in [3]. μ_{12} (and thus μ_3) is pre-Gaussian, from [2]. To prove the remainder, it is sufficient to show that $\text{range}(S_3^{\frac{1}{2}}) \subset \text{range}(S_2^{\frac{1}{2}})$ if and only if $\text{range}(S_1^{\frac{1}{2}}) \subset \text{range}(S_2^{\frac{1}{2}})$. Define $\mathcal{W}$: $\mathcal{B}\times\mathcal{B} \to L_2\times L_2$ by $\mathcal{W}(u,v) = (Wu,Wv)$. $S_3 = S_1 + S_{12} + S_{12}^* + S_2$, where S_{12} is the cross-covariance operator of $\mu_{12} \circ \mathcal{W}^{-1}$, and has the representation $S_{12} = S_1^{\frac{1}{2}}VS_2^{\frac{1}{2}}$, $||V|| \le 1$ [2]. If $\text{range}(S_1^{\frac{1}{2}}) \subset \text{range}(S_2^{\frac{1}{2}})$, then $S_1^{\frac{1}{2}} = S_2^{\frac{1}{2}}P$, P bounded, and $S_3 = S_2^{\frac{1}{2}}(PP^* + PV + V^*P^* + I)S_2^{\frac{1}{2}}$, so that $\text{range}(S_3^{\frac{1}{2}}) \subset \text{range}(S_2^{\frac{1}{2}})$ [3]. For the converse, one notes that $\langle S_3x,x\rangle_{L_2} \ge ||S_1^{\frac{1}{2}}x||_{L_2}^2 - 2||S_1^{\frac{1}{2}}x||_{L_2}||S_2^{\frac{1}{2}}x||_{L_2} + ||S_2^{\frac{1}{2}}x||_{L_2}^2$ (using $S_{12} = S_1^{\frac{1}{2}}VS_2^{\frac{1}{2}}$, $||V|| \le 1$). If $\text{range}(S_1^{\frac{1}{2}})$ is not contained in $\text{range}(S_2^{\frac{1}{2}})$, then there exists a sequence (x_n) such that $||S_1^{\frac{1}{2}}x_n||_{L_2} = n$, $||S_2^{\frac{1}{2}}x_n||_{L_2}^2 \le 1$. The above inequality gives $||S_3^{\frac{1}{2}}x_n||_{L_2}^2 \ge (n^2 - 2n)||S_2^{\frac{1}{2}}x_n||_{L_2}^2$, and hence $\text{range}(S_3^{\frac{1}{2}})$ is not contained in $\text{range}(S_2^{\frac{1}{2}})$. □

Let $\hat{\mu}_i$ be the characteristic functional of μ_i, $\hat{\mu}_i(u) = \int_{\mathcal{B}} e^{iu(x)}d\mu_i(x)$, $u \in \mathcal{B}^*$. We say that $\hat{\mu}_1 \ll \hat{\mu}_2$ if $\hat{\mu}_1(u_n) \to 1$ whenever $\hat{\mu}_2(u_n) \to 1$.

Prop. 1: Let μ_1 and μ_2 be probability measures on $B[\mathcal{B}]$. Then $\mu_1 \ll \mu_2$ implies $\hat{\mu}_1 \ll \hat{\mu}_2$. The converse is false. If $\mu_1[A] = 0$ or 1 for all linear manifolds A, then $\mu_1 \perp \mu_2$ unless $\hat{\mu}_1 \ll \hat{\mu}_2$.

Proof: Suppose that $\mu_1 \ll \mu_2$, and that there exists (u_n) such that $\hat{\mu}_2(u_n) \to 1$ while $\overline{\lim}|1 - \hat{\mu}_1(u_n)| > 0$. Thus there exists a subsequence $\{v_n, n\ge1\}$ and an $\varepsilon > 0$ such that $1 - \text{Re}\, \hat{\mu}_1(v_n) > \varepsilon$ for $n \ge 1$. Since $\hat{\mu}_2(v_n) \to 1$, $\int_{\mathcal{B}} [1 - \cos v_n(x)]d\mu_2(x) \to 0$

and hence $1 - \cos v_n$ converges to zero in $L_1[d\mu_2]$. Thus, there exists a subsequence (v_{n_k}) such that $1 - \cos v_{n_k}(x) \to 0$ a.e. $d\mu_2$. $\mu_1 << \mu_2$ implies that $1 - \cos v_{n_k}(x) \to 0$ a.e. $d\mu_1$, and so (Fatou-Lebesgue) $1 - \text{Re}\, \hat{\mu}_1(v_{n_k}) \to 0$, a contradiction. To see that $\hat{\mu}_1 << \hat{\mu}_2$ does not in general imply $\mu_1 << \mu_2$, let μ_1 and μ_2 be zero-mean Gaussian measures and suppose that $R_1 = k^2 R_2$, where $k \neq 1$. Then $\hat{\mu}_1 << \hat{\mu}_2$, but $\mu_1 \perp \mu_2$. Finally, suppose that $\mu_1[A] = 0$ or 1 whenever A is a measurable linear manifold. If it is not true that $\hat{\mu}_1 << \hat{\mu}_2$, then we have shown that there exists a sequence (v_n) such that $\mu_2\{x: \exp[iv_n(x)] \to 1\} = 1$, while $\mu_1\{x: \exp[iv_n(x)] \to 1\} < 1$. Since $\{x: \exp[iv_n(x)] \to 1\}$ is a linear manifold, this implies that $\mu_1 \perp \mu_2$. □

Corollary 1 [5]: If μ_1 is Gaussian, and μ_2 is pre-Gaussian, then $\mu_1 \perp \mu_2$ unless both the following conditions are satisfied:

(a) $H_1' \subset H_2'$; (b) $m_1 - m_2 \in H_2'$.

Proof: Suppose first that μ_2 has zero mean. $\hat{\mu}_1(x) = \exp[-\frac{1}{2}R_1(x,x) + ix(m_1)]$, and so $\hat{\mu}_1(x_n) \to 1$ implies $R_1(x_n,x_n) \to 0$ and $x_n(m_1) \to 0$. $R_2(x_n,x_n) \to 0$ implies $\hat{\mu}_2 \to 1$. Thus, from Lemma 1 and Prop. 1, if either condition (a) or condition (b) is not satisfied, then $\mu_1 \perp \mu_2$. If we now permit μ_2 to have non-zero mean, then $\mu_1 \perp \mu_2$ if and only if $\mu_{1m_2} \perp \mu_{2m_2}$, where μ_{im_2} is the translate of μ_i by $-m_2$, and the result now follows. □

A result due to Rao and Varadarajan [7, Theorem 4.3], and Lemma 1, can be used to obtain the following result. Let μ_1 and μ_2 be any two pre-Gaussian measures. Then $\mu_1 \perp \mu_2$ if $m_1 - m_2$ does not belong to the linear manifold generated by $H_1' \cup H_2'$.

A sufficient condition for $\mu_1 << \mu_2$ is given in the following lemma.

Lemma 2 [1]: Suppose μ_2 and μ_3 are two probability measures, and $G: \mathcal{B} \times \mathcal{B} \to \mathcal{B}$ is $B[\mathcal{B}] \times B[\mathcal{B}]/B[\mathcal{B}]$ measurable. Let $\mu_1 = \mu_3 \otimes \mu_2 \circ G^{-1}$, where $\mu_3 \otimes \mu_2$ denotes the product measure. Then $\mu_1 << \mu_2$ if $\mu_2 \circ G_x^{-1} << \mu_2$ a.e. $d\mu_3(x)$, where $G_x(y) = G(x,y)$. Moreover, if $\mu_1 \perp \mu_2$, then $\mu_2 \circ G_x^{-1} \perp \mu_2$ a.e. $d\mu_3(x)$.

Conditions for Absolute Continuity When μ_2 is Gaussian

We assume hereafter that μ_2 is zero-mean Gaussian. If μ_1 is also Gaussian, then the Feldman-Hajek necessary and sufficient conditions for $\mu_1 \sim \mu_2$ [4], [6] can be stated as follows:

Lemma 3: Suppose μ_1 and μ_2 are Gaussian, with μ_2 zero-mean. Then $\mu_1 \sim \mu_2$ or $\mu_1 \perp \mu_2$. $\mu_1 \sim \mu_2$ if and only if all the following conditions are satisfied:

(a) $H_1' = H_2'$

(b) $m_1 \in H_2'$

(c) Assuming $H_1' = H_2'$, let $A: H_1 \to H_2$ be the inclusion map. Then $AA^* = I + T$, where T is Hilbert-Schmidt in H_2.

Proof: $\mu_1 \sim \mu_2$ if and only if $\mu_1 \circ W^{-1} \sim \mu_2 \circ W^{-1}$. Condition (a) is equivalent to $\text{range}(S_1^{\frac{1}{2}}) = \text{range}(S_2^{\frac{1}{2}})$, since $\text{range}(S_i^{\frac{1}{2}}) = W[H_i']$. Wm_1 is the mean of $\mu_1 \circ W^{-1}$, and so condition (b) is equivalent to $Wm_1 \in \text{range}(S_2^{\frac{1}{2}})$. Applying Theorem 5.1 of [7], Lemma 3 will be proved if we show that condition (c) is equivalent to $S_1 = S_2^{\frac{1}{2}}(I + K)S_2^{\frac{1}{2}}$, K Hilbert-Schmidt in $L_2[0,1]$. Let $\langle\cdot,\cdot\rangle$ and $||\cdot||$ denote the usual inner product and norm on $L_2[0,1]$, and let $||\cdot||_i$ denote the norm on H_i. Then $[\mu_2 \hat{\circ} W^{-1}](u) = \int_{L_2} e^{i\langle x,u\rangle} d\mu_2 \circ W^{-1}(x) = \int_{B} e^{i[W^*u](x)} d\mu_2(x) = \int_{H_2} e^{i[W^*u](A_2x)} d\tau_2(x)$ where $A_2: H_2 \to B$ is the inclusion map, and τ_2 is the canonical Gaussian measure on H_2. Thus one obtains $||S_2^{\frac{1}{2}}u|| = ||A_2^*W^*u||_2$, so that $S_2^{\frac{1}{2}} = CA_2^*W^*$, where C is a unitary map of H_2 onto $\overline{\text{range}(S_2^{\frac{1}{2}})}$ (note that the range of $A_2^*W^*$ is dense in H_2). The equality $||S_2^{\frac{1}{2}}u|| = ||A_2^*W^*u||_2$ also shows that C^* is a unitary map of $\overline{\text{range}(S_2^{\frac{1}{2}})}$ onto H_2. Similarly, the characteristic function for $\mu_1 \circ W^{-1}$ gives $S_1^{\frac{1}{2}} = DA^*A_2^*W^*$, where D is a unitary map of H_1 onto $\overline{\text{range}(S_1^{\frac{1}{2}})}$. Thus, $S_1 = WA_2AA^*A_2^*W^* = S_2^{\frac{1}{2}}C^*AA^*CS_2^{\frac{1}{2}}$, and this establishes the desired equivalence for condition (c). □

Corollary 2: Suppose that μ_1 is a probability measure such that $\hat{\mu}_1(u) = \hat{\mu}_3(A_2^*u)\hat{\mu}_2(u)$, where μ_3 is a probability measure on $B[H_2]$, and $A_2: H_2 \to B$ is the inclusion map. Then $\mu_1 \sim \mu_2$.

Proof: Follows from Lemma 2 and Lemma 3 (the representation of $\hat{\mu}_3$ implies that $\mu_3 \circ A_2^{-1}[H_2'] = 1$). □

Suppose now that μ_1 is only pre-Gaussian. Then, from Corollary 1 above, $H_2' \subset H_1'$ and $m_1 \in H_1'$ are both necessary for μ_1 not orthogonal to μ_2. It is of interest to determine if the remaining conditions of Lemma 3 are also necessary.

Prop. 2: Suppose μ_1 is pre-Gaussian. Then none of the following conditions is necessary for $\mu_1 \sim \mu_2$:

(a) $H_1' \subset H_2'$

(b) $m_1 \in H_2'$

(c) Condition (c) of Lemma 3 (assuming $H_1' \subset H_2'$).

Proof (Counterexample): Let $\{\lambda_n, n\geq 1\}$ be the non-zero eigenvalues of S_2 (the covariance operator of $\mu_2 \circ W^{-1}$), and $\{e_n, n\geq 1\}$ associated o.n. eigenvectors. Then $e_n = Wu_n$ for u_n in H_2'. Now, let μ_3 be the probability measure assigning measure p_n to the one-point set $\{u_n\}$, where $p_n > 0$ and $\sum_n p_n = 1$. $\mu_3 \circ W^{-1}$ has mean element $z = \Sigma\, p_n e_n$ and covariance operator $S_3 = \Sigma\, p_n e_n \otimes e_n - z \otimes z$. If $\mu_1(A) = \mu_3 \otimes \mu_2\{(x,y): x+y\in A\}$, then $\mu_1 \sim \mu_2$, by Corollary 2. However, we can pick (p_n) so that $\Sigma\, p_n^2/\lambda_n = \infty$, which implies both $m_1 \notin H_2'$ and $H_1' \not\subset H_2'$. Or, we can choose (p_n) so that $p_n = \lambda_n$; then $m_1 \in H_2'$, and $S_1 = S_3 + S_2 = S_2^{\frac{1}{2}}(2I - \Sigma\, \lambda_n^{\frac{1}{2}}\lambda_m^{\frac{1}{2}} e_n \otimes e_m)S_2^{\frac{1}{2}}$. Thus, $H_1' \subset H_2'$, but condition (c) of Lemma 3 is not satisfied. □

Remark: Let μ_1 be defined as in the counterexample, let ν_1 be the Gaussian measure with covariance R_1 and mean m_1, and let $\{\mathcal{F}_n, n\geq 1\}$ be a sequence of sub σ-fields of $B[\mathcal{B}]$, with $\mathcal{F}_n = \sigma\{u_1,u_2,\ldots,u_n\}$. If μ_1^n, μ_2^n, and ν_1^n denote the restrictions of μ_1, μ_2, and ν_1 to $\mathcal{F}_n$, then $\nu_1^n << \mu_2^n$ for all n, regardless of the choice of (p_n). However, if we choose (p_n) so that $m_1 \notin H_2'$, then $\nu_1 \perp \mu_2$, and it is well-known that $\rho(\nu_1,\mu_2) = \sup_n \int_{\mathcal{B}} \log[(d\nu_1^n/d\mu_2^n)(x)]d\nu_1(x) = \infty$. One can show that $\rho(\mu_1,\mu_2)$ is minimized (over all pre-Gaussian measures μ_1 having R_1 as covariance and m_1 as mean) if $\mu_1 = \nu_1$. Hence, we obtain an example such that $\rho(\mu_1,\mu_2) = \infty$ while $\mu_1 \sim \mu_2$ for μ_2 Gaussian and μ_1 a member of a very restricted class of measures.

In the remainder, we shall assume that μ_1 has a "signal-plus-noise" form; i.e., $\mu_1 = \mu_{23} \circ f^{-1}$, where μ_{23} is a probability measure on $B[\mathcal{B}] \times B[\mathcal{B}]$ having μ_2 and μ_3 as projections, and f is the addition map. μ_2 is zero-mean Gaussian, μ_1 is pre-Gaussian, ν_3' is the zero-mean Gaussian measure having R_3 as covariance.

Prop. 3: Suppose that $H_3' \subset H_2'$, and that the inclusion map $A_3: H_3 \to H_2$ is such that $A_3A_3^*$ is trace-class in H_2 (equivalent to $\nu_3'[H_2'] = 1$). Then conditions (a) and (c) of Prop. 2 are satisfied.

Proof: The assumption on H_3' and Lemma 1 imply that $H_1' \subset H_2'$. As shown in the proof of Lemma 3, condition (c) of Lemma 3 is equivalent to $S_1 = S_2^{\frac{1}{2}}(I+T)S_2^{\frac{1}{2}}$, T Hilbert-Schmidt in $L_2[0,1]$. $\nu_3'[H_2'] = 1$ implies that $S_3^{\frac{1}{2}} = S_1^{\frac{1}{2}}P$, P Hilbert-Schmidt [1]. Using $S_{32} = S_3^{\frac{1}{2}}VS_2^{\frac{1}{2}}$, $||V|| \leq 1$, one has $S_1 = S_2^{\frac{1}{2}}(PP^* + PV + V^*P^* + I)S_2^{\frac{1}{2}}$, and $PP^* + PV + V^*P^*$ is Hilbert-Schmidt. □

If $\nu_3'[H_2'] = 1$, then Corollary 1 and Prop. 3 show that all the conditions of Lemma 3 are either satisfied or else are necessary in order that μ_1 and μ_2 not be orthogonal.

If $\mu_{23} = \mu_2 \otimes \mu_3$, then $\mu_1 \sim \mu_2$ under the assumptions of Prop. 3 (Corollary 2). Thus, if $\mu_{23} << \mu_2 \otimes \mu_3$, one can show that then $\mu_1 << \mu_2$ if $\nu_3'[H_2'] = 1$, $m_1 \in H_2'$, and $H_2' \subset H_1'$. It is of interest to note that the conditions of Lemma 3, augmented by the assumptions of Prop. 3, do not imply $\mu_2 << \mu_1$ if $\mu_{23} \neq \mu_2 \otimes \mu_3$. To show this, let W_1 be a linear isometry of $\mathcal{B}$ onto a closed subspace of $C[0,1]$, and let K_2 denote the covariance function of $\mu_2 \circ W_1^{-1}$. Choose t_o in $[0,1]$ such that $K_2(t_o,t_o) \neq 0$, let $h(t) \equiv K(t,t_o)$, and define $g(t) = h(t)/K(t_o,t_o)$. Note $g(t_o) = 1$. Define a probability measure μ_{32} on $B[\mathcal{B}] \times B[\mathcal{B}]$ by $\mu_{32}[\mathcal{W}_1^{-1}[A]] = \mu_2\{x: (-g\pi_{t_o}(W_1x) + g\pi_{t_o}^2(W_1x), W_1x) \in A\}$, where $\pi_t(x) \equiv x(t)$, $\mathcal{W}_1(u,v) = (W_1u,W_1v)$, and we note that every set in $B[\mathcal{B}] \times B[\mathcal{B}]$ is of the form $\mathcal{W}_1^{-1}[A]$ for some Borel A in $C[0,1] \times C[0,1]$. Let μ_3 be defined by $\mu_3[D] = \mu_{32}[D \times \mathcal{B}]$. $\mu_3 \circ W_1^{-1}$ has mean function h and covariance function $K_3(t,s) = h(t)g(s) + 2h(t)h(s)$. Let $\mu_1 = \mu_{32} \circ f^{-1}$, f the addition map; then $\mu_1 \circ W_1^{-1}$ has mean function h and covariance function $K_1(t,s) = 2h(t)h(s) - g(t)h(s) + K_2(t,s)$. One can verify that the conditions of Lemma 3 are all satisfied, and that $\nu_3'[H_2'] = 1$. However,

$$\mu_1\{x: \pi_{t_o}(W_1x) < 0\} = 0,$$
$$\mu_2\{x: \pi_{t_o}(W_1x) < 0\} = \tfrac{1}{2}.$$

References

1. C.R. Baker, On equivalence of probability measures, *Ann. Probability, 1*, 690-698 (1973).

2. C.R. Baker, Joint measures and cross-covariance operators, *Trans. American Math. Soc., 186*, 273-289 (1973).

3. R.G. Douglas, On majorization, factorization, and range inclusion of operators in Hilbert space, *Proc. American Math. Soc.*, *17*, 413-415 (1966).

4. J. Feldman, Equivalence and perpendicularity of Gaussian processes, *Pacific J. Math.*, *8*, 699-708 (1958).

5. R. Fortet, Espaces à noyau reproduisant et lois de probabilités des fonctions aléatoires, *Ann. Inst. Henri Poincaré*, *9*, 41-58 (1973).

6. J. Hajek, On a property of normal distributions of any stochastic process, *Czech. Math. J.*, *8* (83), 610-618 (1958).

7. C.R. Rao and V.S. Varadarajan, Discrimination of Gaussian processes, *Sankhyā*, *A*, *25*, 303-330 (1963).

ON THE COVARIANCE TENSOR

by

Anatole Beck

Department of Mathematics
University of Wisconsin
Madison, Wisconsin 53706
USA

1. INTRODUCTION.

By this article, I wish to raise with my colleagues the existence and nature of a certain tensor-like quadrilinear form, to examine some of its elementary properties, and to give, in part, an account of the weakness of weak orthogonality as a condition on pairs of random variables taking values in a B-space (or, equivalently on the joint distributions of measures defined on such a space).

Let $\mathfrak{X}$ be a real Banach space, and let X and Y be random $\mathfrak{X}$-variables with finite variances. Then for each pair of linear functionals x^* and y^* from $\mathfrak{X}^*$, we can define the real number

$$\text{Cov}(X, x^*, Y, y^*) = E\left(x^*(X - E(X))\, y^*(Y - E(Y))\right),$$

and this function is linear in each of its four arguments. If $\mathfrak{X}$ is a complex B-space, then the second factor is given in complex conjugate, and the resulting number is complex. In that case, the form is linear in X and x^*, and anti-linear in Y and y^*. For fixed X and Y, $\text{Cov}_{X,Y}(x^*, y^*) = \text{Cov}(X, x^*, Y, y^*)$ is a bilinear form in x^* and y^* which depends only on the joint distribution of X and Y. If this bilinear form is identically 0, then X and Y are said to be <u>uncorrelated</u>; if the diagonal $x^* = y^*$ is identically 0, then X and Y are said to be <u>weakly orthogonal</u>. The other diagonal, $X = Y$, of this tensor yields the form $\text{Cov}_{X,X}(x^*, y^*)$, which has played a significant role in the Law of the Iterated Logarithm in Hilbert spaces. Finally, the double diagonal $\text{Cov}(X, x^*, X, x^*) = \text{Var}(x^* X)$ can be connected with a <u>weak variance</u> $\text{Var}^*(X) = \sup\left(\text{Var}(x^*X) \mid \|x^*\| \leq 1\right)$, and this weak variance can be shown to have substantially weaker properties than the variance just if the space $\mathfrak{X}$ is infinite-dimensional. Specifically, a very weak form of the bounded-variances strong law of large numbers, if modified to weak variances, holds exactly in the finite-dimensional spaces. This dramatic difference in the power of weak variances in finite and infinite-dimensional spaces is indicative of the weakness of such constructs as weak orthogonality.

2. BASIC NOTIONS AND DEFINITIONS.

Let $\mathfrak{X}$ be a Banach space, and let $(\Omega, \mathfrak{F}, Pr)$ be a probability space. A function X mapping Ω into $\mathfrak{X}$ is called a random $\mathfrak{X}$-variable if $X^{-1}(B) \in \mathfrak{F}$, for all Borel sets $B \subset \mathfrak{X}$, and we consider two such functions equivalent if they agree almost everywhere. To be strongly integrable, a function must be equivalent to one with a separable range, and the integral $E(\|X(\cdot)\|)$ must be finite. For all such X, we define a 1-norm to be the expectation of the norm of X, and for the dense submanifold of simple functions, we define an expectation in the obvious way. This expectation is uniformly continuous (indeed, Lipschitzian) on this dense subset, so we extend it by continuity to all these functions, which make up the space $L_1(\Omega, \mathfrak{X})$ under the given norm. It is immediate that this expectation satisfies $x^*(E(X)) = E(x^*X)$, for all $x^* \in \mathfrak{X}^*$. The variance of such a random variable is defined to be $Var(X) = E(\|X - E(X)\|^2)$, and the random variables with finite variances form the Banach space $L_2(\Omega, \mathfrak{X})$ under the norm $\sigma(X) = (Var(X))^{\frac{1}{2}}$. An equivalent method of defining this situation is to impose a measure on the separable Borel sets of $\mathfrak{X}$ directly, to complete that measure, and then to restrict attention to those probability measures m for which $\int_{\mathfrak{X}} \|x\|^2 \, mdx$ is finite.

The use of this concept of the variance seemed rather unsubtle when first employed in the mid-1950s; the practice has been vindicated by a mass of mathematical work discovered by use of this construct. An apparently more sophisticated statistic is the "quadratic" form $Var_X(x^*)$ defined on $\mathfrak{X}^*$ by $Var_X(x^*) = Var(x^*(X))$. This form gives rise to a weak variance $Var^*(X) = \sup(Var(x^*X) / \|x^*\|^2)$, which is dominated by Var(X). The weak standard deviation $\sigma^*(X) = (Var^*(X))^{\frac{1}{2}}$ is a metric on L_2, but L_2 is not complete in that metric, as we see from the open mapping theorem.

In development of the concept of variance, we define the covariance of X and Y as a bilinear form in $\mathfrak{X}^*$ by $Cov_{X,Y}(x^*, y^*) = Cov(x^*X, y^*Y)$, and designate this also as $Cov(X, x^*, Y, y^*)$. If $Cov_{X,Y} = 0$ identically, then X and Y are called uncorrelated. If the diagonal $Cov_{X,Y}(x^*, x^*)$ is always 0, then X and Y are called weakly orthogonal.

The study of weak orthogonality as a substitute for independence in the various laws of large numbers has given rise to the concept of conditional independence. A collection $\{X_\alpha \mid \alpha \in A\}$ is called conditionally independent if each of the random variables bears the following relation to the field $\mathfrak{F}_\alpha$ generated by all sets of the form $X_\beta^{-1}(B)$, where B is Borel in $\mathfrak{X}$ and $\alpha \neq \beta \in A$: $E(X_B X_\alpha) = Pr(B)E(X_\alpha)$. In that case, we say that the conditional expectation of X with respect to the field $\mathfrak{F}_\alpha$ exists and is constant.

3. SOME ELEMENTARY THEOREMS.

It is immediately apparent from the definition that every collection of random $\mathfrak{X}$-variables which is independent in the ordinary sense must be conditionally independent. The definition of conditional independence is known to be equivalent to the assertion that for any sequence $\{X_{\alpha_i}\}$ of distinct elements chosen from among the X_α, the partial sums $S_n = X_{\alpha_1} + \dots + X_{\alpha_n}$ form a martingale. The proof of Theorem 4 in [1] can be easily modified to show that for any sequence whose partial sums form a martingale, any two elements of that sequence are uncorrelated, and thus, as is shown there, weakly orthogonal :

1. Lemma. If the partial sums S_n of the sequence $\{X_i\}$ of random $\mathfrak{X}$-variables form a martingale, then the random variables X_i are uncorrelated.

2. Corollary. Conditionally independent random $\mathfrak{X}$-variables are uncorrelated.

I am indebted to Prof. Wojbor Woyczinski for the following proof that weakly orthogonal random variables need not be uncorrelated:

3. Example. Let a and b be any two elements of any B-space which are linearly independent, and let a^* and b^* be chosen from the dual space satisfying $a^*(a) = b^*(b) = 1$, $a^*(b) = b^*(a) = 0$. Let the random variables X and Y be defined in $(0,1)$ by

$$X(t) = a\cos(2\pi t) + b\sin(2\pi t), \qquad Y(t) = a\sin(2\pi t) - b\cos(2\pi t).$$

Then for each $x^* \in \mathfrak{X}^*$,

$$\mathrm{Cov}(X, x^*, Y, x^*) = E\left(\left((x^*(a))^2 + (x^*(b))^2\right)\tfrac{1}{2}\sin(4\pi t)\right) = 0,$$

while $\mathrm{Cov}(X, a^*, Y, b^*) = E\left(-(\cos(2\pi t))^2\right) \neq 0$. Thus, X and Y are weakly orthogonal, but not uncorrelated.

QED

4. THEOREMS ON THE WEAK VARIANCE

It is natural to conjecture that under certain circumstances, the sizes of random variables as measured by weak variance might substitute for the sizes as measured by norm variance as a hypothesis in the proof of strong laws of large numbers. The failure of any such program indicates why the weak approach to the strong law of large numbers is so ineffective.

4. Theorem. If $\mathfrak{X}$ is a finite-dimensional B-space, then for any condition on the variances sufficient to produce the strong law of large numbers in real variables, the same condition on weak variances suffices to produce the theorem in $\mathfrak{X}$.

Conversely, if $\mathfrak{X}$ is infinite-dimensional, then there is no condition on the weak variances which will suffice to produce the strong law of large numbers.

Proof. The first part is fairly trivial. Any condition on the weak variances automatically applies to the variances of x^*X, for all $x^* \in \mathfrak{X}^*$. Thus, the weak topology strong law holds, and the strong and weak topologies are equivalent.

To prove the second part, we will take up first the special case where $\mathfrak{X} = \ell_2$, and where the condition is of the form $\mathrm{Var}^*(X_i) \le b_i$ for some sequence $\{b_i\}$ of positive numbers. In this case, choose a sequence $\{a_i\}$ of positive numbers such that $\frac{1}{n}(a_1^2 + \dots + a_n^2)^{\frac{1}{2}}$ diverges to ∞. Let $\{k_n\}$ be chosen so that $a_n^2 \le k_n b_n$, $\forall n$, and let $\{u_i\}$ be any orthonormal sequence in $\mathfrak{X}$. For each positive j, we will choose k_j elements of the orthonormal sequence $u_{j,i}$, $1 \le i \le k_j$ in such a way that no two of the $u_{j,i}$ are equal unless both subscripts agree. We then take the random $\mathfrak{X}$-variables X_j so that they are independent, and so that $\Pr(X_j = a_j u_j) = \Pr(X_j = -a_j u_j) = \frac{1}{2k_j}$, $\forall j$. We see that for any $x \in \mathfrak{X}$ with $\|x\| = 1$, $\langle x, X_j(\omega)\rangle = a_j x_{j,i}$ for some $1 \le i \le k_j$, where $x_{j,i} = \langle x, u_{j,i}\rangle$. It follows that

$$\mathrm{Var}(\langle x, X_j(\omega)\rangle) = \sum_{i=1}^{k_j} \frac{1}{k_j}(a_j x_{j,i})^2 = \frac{a_j^2}{k_j} \sum_{i=1}^{k_j} (x_{j,i})^2$$
$$\le \frac{a_j^2}{k_j} .$$

Thus $\mathrm{Var}^*(X_j) = a_j^2 / k_j \le b_j$.

On the other hand

$$\left\| \frac{1}{n} \left(X_1(\omega) + \dots + X_n(\omega) \right) \right\| = \frac{1}{n} \left(a_1^2 + \dots + a_n^2 \right)^{\frac{1}{2}} , \quad \forall \omega \in \Omega ,$$

and this sequence does not converge anywhere. Thus the SLLN does not hold.

The failure of the SLLN in ℓ_2 assures similar failure in any infinite-dimensional space, by the well-known theorem of Dvoretsky and Rogers. We can embed any finite-dimensional subspace of ℓ_2, to any desired degree of precision, so that by successive embeddings with rapidly growing dimensions, we can produce an approximation to the previous case which is arbitrarily good infinitely often, while still retaining the bound on the weak variance.

Now let us generalize the condition on the weak variances. For any condition whatever, let $\{b_n\}$ be a sequence of positive numbers which satisfies it. (If there are no such sequences, then the SLLN holds vacuously, but we will exclude that case.) We take a_n as before, but this time require that k_n be the LEAST integer for which we can create a random variable in the appropriately chosen near-ℓ_2 subspace having $2k_n$ values as before, all with norm a_n, and such that $\mathrm{Var}^*(X_n) \le b_n$, $\forall n$. Now, choosing c_n in place of a_n so that the $\mathrm{Var}^*(X_n) = b_n$, we have $1 < (c_n / a_n)^2 < k_n / (k_n - 1)$. It follows that the X_n, thus modified, have the b_n for their weak variances, but do not satisfy the SLLN.

QED.

5. AFTERPLAY.

The proof of Theorem 4 does not necessarily turn on the divergence of the norm to ∞. However, that divergence also insures that the strong law of large numbers does not hold even in the weak topology. If we were to desire that the strong law hold in the weak topology but not the strong topology, then we should take a sequence $\{a_n\}$ for which $\frac{1}{n}\sqrt{a_1^2 + \dots + a_n^2}$ is bounded, say $\{a_n\} = \sqrt{n}$. Indeed, the proper choice of $\{a_n\}$ can assure that the sequence $\frac{1}{n}\sqrt{a_1^2 + \dots + a_n^2}$ grows as fast as we wish, and can shrink at any rate slower than harmonic. It follows that the limit set for this sequence can be made to be any closed interval of the non-negative real numbers.

6. CONCLUSION.

The concept of covariance, and the corollary concept of weak variance, are remarkably feebler in infinite-dimensional than in finite-dimensional spaces. This gives some indication of the weakness of such concepts as weak orthogonality in proving limit theorems for random variables in B-spaces.

[1] Anatole Beck, Conditional Independence, Zeitschrift für Wahrscheinlichkeitstheorie 33 (1976) pp. 253-267.

SOME ASPECTS OF THE THEORY OF VECTOR-VALUED AMARTS.

by Alexandra Bellow*

The paper is divided into three Sections, as follows:

1. Introduction and review of the theory of real amarts.
2. Vector-valued amarts. The strong amart, the weak amart, the WS amart.
3. Uniform amarts.

* This research is in part supported by the National Science Foundation (U.S.A.) under Grant MCS77-03555.

SOME ASPECTS OF THE THEORY OF VECTOR-VALUED AMARTS.

Alexandra Bellow.

I. INTRODUCTION AND REVIEW OF THE THEORY OF REAL AMARTS.

The notion of asymptotic martingale-amart, for short - was introduced in an attempt to provide a concept general enough to include the martingale, the submartingale, the supermartingale, the quasimartingale - with room to spare. The new concept should be sufficiently flexible to provide simple unified proofs of the general theorems in Martingale Theory, such as the "Doob almost sure convergence theorem".

The theory of amarts in the real-valued case is by now established and I believe quite satisfactory. To illustrate this let me outline a quick review of the theory of real amarts. The setting is the following:

Let $(\Omega, \mathcal{F}, P)$ be a probability space. Let $\mathbb{N} = \{1, 2, 3, \dots\}$ and let $(\mathcal{F}_n)_{n \in \mathbb{N}}$ be an increasing sequence of sub-σ- fields of $\mathcal{F}$. Let me recall that a stopping time (with respect to the sequence $(\mathcal{F}_n)_{n \in \mathbb{N}}$) is a mapping $\tau: \Omega \to \mathbb{N} \cup \{+\infty\}$ such that $\{\tau = n\} \in \mathcal{F}_n$ for all $n \in \mathbb{N}$. Let T be the set of all bounded stopping times. With the definition $\tau \leq \sigma$ if $\tau(\omega) \leq \sigma(\omega)$ for all $\omega \in \Omega$, T is a directed set "filtering to the right". For $\tau \in T$ recall that

$$\mathcal{F}_\tau = \{A \in \mathcal{F} | A \cap \{\tau = n\} \in \mathcal{F}_n \text{ for all } n \in \mathbb{N}\}$$

and that $\tau \leq \sigma$ implies $\mathcal{F}_\tau \subset \mathcal{F}_\sigma$.

If $(X_n)_{n \in \mathbb{N}}$ is an adapted sequence (with respect to $(\mathcal{F}_n)_{n \in \mathbb{N}}$) of real random variables, we define for $\tau \in T$

$$(X_\tau)(\omega) = X_{\tau(\omega)}(\omega), \ \omega \in \Omega ;$$

note that X_τ is $\mathcal{F}_\tau$-measurable.

Below we only consider adapted sequence of integrable real random variables

We say that the sequence $(X_n)_{n \in \mathbb{N}}$ is L^1 - bounded if

$$\sup_{n \in \mathbb{N}} \int |X_n| dP < \infty.$$

Definition: The sequence $(X_n)_{n \in \mathbb{N}}$ is an amart if $\lim_{\tau \in T} \int X_\tau dP$ exists in $\mathbb{R}$.

Here is a quick review (see [4] and [15]) of real amarts:

Examples: (1) The martingale and its relatives (in the case of a martingale $(X_n)_{n\in \mathbb{N}}$ the expectation $\int X_\tau dP$ stays constant when τ ranges through T; in the case of a submartingale for instance, the net $(\int X_\tau dP)_{\tau \in T}$ increases with τ).

(2) Dominated almost surely convergent sequences (for a sequence $(X_n)_{n \in \mathbb{N}}$ dominated by an L^1-function, i.e. such that $\sup_{n \in \mathbb{N}} |X_n| \in L^1$, the almost sure convergence of $(X_n)_{n \in \mathbb{N}}$ is equivalent with $(X_n)_{n \in \mathbb{N}}$ being an amart).

Convergence Theorem. Every L^1-bounded real amart converges to a limit almost surely.

The following are some of the main properties of real amarts, that are also relevant from the point of view of probabilities:

(1) If $(X_n)_{n \in \mathbb{N}}$ is an L^1-bounded real amart, then $(|X_n|)_{n \in \mathbb{N}}$ is also an amart. Hence the class of L^1-bounded real amarts is a vector space and a lattice.

(2) The Maximal Inequality. If $(X_n)_{n \in \mathbb{N}}$ is an L^1-bounded real amart, then for each $\lambda > 0$

$$\lambda P(\{\sup_{n \in \mathbb{N}} |X_n| > \lambda\}) \leq \sup_{\tau \in T} \int |X_\tau| \, dP < \infty.$$

(3) The Optional Sampling Property. Let $(X_n, \mathcal{F}_n)_{n \in \mathbb{N}}$ be a real amart. Let $(\tau_k)_{k \in \mathbb{N}}$ be a nondecreasing sequence in T. Define

$$Y_k = X_{\tau_k}, \quad \mathcal{G}_k = \mathcal{F}_{\tau_k}, \quad \text{for } k \in \mathbb{N}.$$

Then $(Y_k, \mathcal{G}_k)_{k \in \mathbb{N}}$ is an amart.

(4) The Riesz Decomposition. Every real amart $(X_n)_{n \in \mathbb{N}}$ admits a unique decomposition

$$X_n = Y_n + Z_n, \quad \text{for } n \in \mathbb{N},$$

where $(Y_n)_{n \in \mathbb{N}}$ is a martingale and $(Z_n)_{n \in \mathbb{N}}$ is a potential, i.e.

$$\lim_{\tau \in T} \int |Z_\tau| \, dP = 0.$$

The theory of amarts - though only several years old - has become an active area of research. The following mathematicians have contributed to its development: D. G. Austin, J. R. Baxter, A. Brunel, R. V. Chacon, A. Dvoretzky, G. A. Edgar, U. Krengel, L. Sucheston, J. J. Uhl, myself, etc.

2. VECTOR-VALUED AMARTS. THE STRONG AMART, THE WEAK AMART, THE WS AMART.

Let me now turn to amarts in Banach space - which is in fact the theme of this paper. I shall not attempt to give a detailed account of the theory of vector-valued amarts; I shall content myself instead with discussing some of its highlights.

My motivation for what follows is a theorem of Chacon and Sucheston (1975) marking the beginning of the theory of vector-valued amarts. But first some necessary preliminaries:

Let E be a Banach space. To simplify matters, in this paper I shall only consider random variables with values in E that are strongly measurable and strongly integrable (in the sense of Bochner). Unless explicitly mentioned otherwise, all sequences $(X_n)_{n \in \mathbb{N}}$ of E-valued random variables will be assumed adapted (with respect to $(\mathcal{F}_n)_{n \in \mathbb{N}}$), that is $X_n : \Omega \to E$ is (Bochner) $\mathcal{F}_n$-measurable for each $n \in \mathbb{N}$.

Let me recall that the sequence $(X_n)_{n \in \mathbb{N}}$ of E-valued random variables is said to be L^1-bounded if

$$\sup_{n \in \mathbb{N}} \int ||X_n|| dP < \infty$$

and is said to be of class (B) if:

$$\sup_{\tau \in T} \int ||X_\tau|| \, dP < \infty .$$

If one attempts to extend the notion of amart to Banach spaces, one is naturally led to pose the following definition (see [10] and [6]):

Definition 1. The sequence $(X_n)_{n \in \mathbb{N}}$ of E-valued random variables is called a strong amart (or simply an amart) if there is $z \in E$ such that

$$\lim_{\tau \in T} \int X_\tau dP = z$$

in the strong topology of E.

The general almost sure convergence theorem for vector-valued amarts given by Chacon and Sucheston in [10] may now be stated as follows:

Theorem I. Assume that the Banach space E has the Radon-Nikodym property and a separable dual. Let $(X_n)_{n \in \mathbb{N}}$ be an E-valued strong amart of class (B). Then there is an E-valued random variable X_∞ such that the sequence $(X_n(\omega))_{n \in \mathbb{N}}$ converges weakly to $X_\infty(\omega)$ for almost every $\omega \in \Omega$.

The conclusion of this theorem cannot be improved. It is known (see [3]) that whenever E is infinite-dimensional, one can always construct an E-valued amart of class (B) (in fact even uniformly bounded) for which strong convergence fails almost surely.

Thus while the above theorem is elegant and very general, it has the drawback that it is not a proper extension of the Doob almost sure convergence theorem for vector-valued martingales. The definitive form of the latter was given by S. D. Chatterji in [11]. Let us recall its statement: Assume that the Banach space E has the Radon-Nikodym property. Then for any E-valued martingale $(X_n)_{n \in \mathbb{N}}$ which is L^1-bounded, there is a random variable X_∞ such that the sequence $(X_n(\omega))_{n \in \mathbb{N}}$ converges strongly to $X_\infty(\omega)$ almost surely (that is for almost every $\omega \in \Omega$).

The following theorem illustrates some of the limitations of the notion of strong amart (see [3] and [17]; compare also Theorem 1 below with the main properties exhibited by the real amarts):

Theorem 1. For a Banach space E the following are equivalent assertions:

(i) E is infinite-dimensional.

(ii) There is an E-valued strong amart which is L^1-bounded but is not of class (B).

(iii) There is an E-valued strong amart $(X_n)_{n \in \mathbb{N}}$ which is uniformly bounded, but which does not converge to a limit strongly almost surely.

(iv) There is an E-valued strong amart $(X_n)_{n \in \mathbb{N}}$ which is uniformly bounded, but for which $(||X_n||)_{n \in \mathbb{N}}$ is not a real amart.

(v) There is an E-valued strong amart which is L^1-bounded, but which does not converge to a limit weakly almost surely.

The main tool in the proof of the above theorem is the Dvoretzky-Rogers Lemma (see [13]), or alternatively Dvoretzky's Theorem that ℓ^2 is finitely representable in every infinite-dimensional Banach space. As for chronology: the author first used the Dvoretzky-Rogers Lemma in [3] to prove the equivalence (i) $\equiv$ (iii) $\equiv$ (iv). Subsequently Edgar and Sucheston, in [17], proved the equivalence (i) $\equiv$ (v), using Dvoretzky's Theorem. This was followed by the equivalence (i) $\equiv$ (ii) (see the Note Added in Proof, at the end of [3]).

As we remarked above, the Chacon-Sucheston convergence theorem for strong amarts yields even under the best circumstances (E a Hilbert space) only weak convergence almost surely.

It is thus that Brunel and Sucheston were naturally led to introduce other species of amarts, the weak varieties (see [6], [7], [8]).

Definition 2. The sequence $(X_n)_{n \in \mathbb{N}}$ of E-valued random variables is called a weak amart if there is $z \in E$ such that

$$\lim_{\tau \in T} \int X_\tau dP = z$$

in the weak topology of E.

In terms of this notion Brunel and Sucheston were able to prove the following remarkable theorem yielding a probabilistic characterization of reflexive Banach spaces (see [6]):

Theorem 2. For a Banach space E the following are equivalent assertions:

(i) E is reflexive

(ii) Every E-valued weak amart $(X_n)_{n \in \mathbb{N}}$ of class (B), converges weakly to a limit almost surely.

The following comment is in order: The notion of weak amart has the disadvantage that it does not satisfy the "optional sampling property". This led Brunel and Sucheston to introduce the following intermediate concept:

Definition 3. The sequence $(X_n)_{n \in \mathbb{N}}$ of E-valued random variables is called a weak sequential amart (WS amart) if for every increasing sequence $(\tau_k)_{k \in \mathbb{N}}$ in T, there is $z \in E$ (z may depend on the sequence $(\tau_k)_{k \in \mathbb{N}}$) such that

$$\lim_{k \in \mathbb{N}} \int X_{\tau_k} \, dP = z$$

in the weak topology of E.

We have the inclusions:

$$\{\text{strong amarts}\} \subset \{\text{WS amarts}\} \subset \{\text{weak amarts}\}$$

and in general the inclusions are strict, except for special Banach spaces (see [7]).

It turns out that the Chacon-Sucheston convergence theorem extends to the class of WS amarts. In other words we have (see [6]):

Theorem 3. Let E be a separable Banach space. Assume that E has the Radon-Nikodym property and E' is separable. Let $(X_n)_{n \in \mathbb{N}}$ be an E-valued WS amart of class (B). Then there is an E-valued random variable X such that the sequence $(X_n(\omega))_{n \in \mathbb{N}}$ converges weakly to $X_\infty(\omega)$ almost surely.

It thus appears that the class of WS amarts rather than the class of strong amarts is the natural setting for the Chacon-Sucheston type of convergence theorem - yielding weak convergence to a limit almost surely. In fact, as Brunel and Sucheston were able to show recently (see [8]), for a separable Banach space E, the assumptions E has RNP and E' is separable are necessary as well as sufficient for the conclusion of Theorem 3 to hold. This of course provides a probabilistic characterization of the separable Banach spaces having RNP and a separable dual.

Along these lines Brunel and Sucheston also obtained a beautiful and interesting probabilistic characterization of the separability of the dual of a Banach space (See [8]); I will not go into details since this is the subject of Professor Brunel's paper at this Conference.

3. UNIFORM AMARTS.

I shall now introduce yet another type of vector-valued amart, the <u>uniform amart</u>. This in my opinion is a natural candidate if one wants to parallel the theory of real amarts, retain their main properties, as well as the "Doob almost sure convergence theorem" (the strong version given by Chatterji).

First, however, I need to come back briefly to the notion of strong amart. What accounts for the flexibility of the amart? In my opinion the <u>essence of the matter</u> is the following "Basic Property" (which in turn is a key tool in deriving other important properties):

<u>Theorem II</u> ("Basic Property"). <u>Let</u> E <u>be a Banach space</u>. <u>Let</u> $(X_n)_{n \in \mathbb{N}}$ <u>be an E-valued strong amart</u>. <u>For each</u> $\tau \in T$ <u>set</u>:

$$\mu_\tau(A) = \int_A X_\tau dP, \quad \text{for } A \in \mathcal{F}_\tau.$$

<u>Then the family</u> $(\mu_\tau(A))_\tau$ <u>converges strongly to a limit, say</u> $\mu_\infty(A)$, <u>for each</u> $A \in \bigcup_{n\in\mathbb{N}} \mathcal{F}_n = \bigcup_{\tau \in T} \mathcal{F}_\tau$, <u>and the convergence is</u> "<u>uniform</u>" <u>in the following sense</u>:

$$\sup_{A \in \mathcal{F}_\sigma} ||\mu_\sigma(A) - (\mu_\infty|\mathcal{F}_\sigma)(A)|| \underset{\sigma \in T}{\longrightarrow} 0.$$

The proof of Theorem II is short and elementary (see for instance Theorem 1 in [4], which is in fact a refinement of Lemma 2 of [10]).

Let now $\mathcal{A}$ be an algebra of subsets of Ω. If $\nu: \mathcal{A} \to E$ is a finitely additive set function, we denote by $||\nu||$ the <u>total variation of</u> ν, that is

$$||\nu|| = \sup \sum_i ||\nu(A_i)||$$

(the supremum being taken over all finite sequences (A_i) of disjoint sets in $\mathcal{A}$), whenever this supremum is finite.

<u>Remarks</u>. (1) Recall that if $\nu: \mathcal{A} \to R$ is a bounded, finitely additive set function, then

$$\sup_{A \in \mathcal{A}} |\nu(A)| \leq ||\nu|| \leq 2 \sup_{A \in \mathcal{A}} |\nu(A)|;$$

that is (in the real-valued case) the "supremum norm" and the "total variation norm" are equivalent.

(2) It is clear that the set function μ_∞ of Theorem II, defined on the algebra of sets $\bigcup_{n \in \mathbb{N}} \mathcal{F}_n$ and taking values in E, is finitely additive. In general, however, it is not countably additive.

We may now introduce the notion of uniform amart (see [5]):

<u>Definition 4</u>. <u>The</u> E-<u>valued amart</u> $(X_n)_{n \in \mathbb{N}}$ <u>is called a uniform amart if</u> (with the notation of Theorem II)

$$\lim_{\sigma \in T} ||\mu_\sigma - (\mu_\infty|\mathcal{F}_\sigma)|| = 0$$

Remark. If one wants to avoid the "limit set function μ_∞", one may obtain an equivalent formulation by requiring that

$$\lim_{\substack{(\tau,\sigma)\\ \tau\geq\sigma\\ \tau,\sigma\to\infty}} \|E(X_\tau|\mathcal{F}_\sigma) - X_\sigma\|_1 = 0,$$

i.e.

$$\sup_{\substack{(\tau,\sigma)\\ \tau\geq\sigma\geq n}} \|E(X_\tau|\mathcal{F}_\sigma) - X_\sigma\|_1 \to 0 \quad \text{as } n\to\infty.$$

We also give the following definition (see [5]):

Definition 5. The E-valued amart $(X_n)_{n\in \mathbb{N}}$ is called a uniform potential if

$$\lim_{\tau\in T} \int\|X_\tau\| dP = 0.$$

All the results that follow were announced in [5].

To begin with let me observe that the notion of uniform amart is a natural extension of the real-valued amart to the vector-valued case (this is an immediate consequence of Theorem II and Remark (1) following it):

Proposition 1. Every real amart is a uniform amart.

Next let us note that the E-valued martingales and quasimartingales are particular cases of uniform amarts.

We now turn to dominated almost surely convergent sequences. Here the following holds:

Proposition 2. Let $(X_n)_{n\in\mathbb{N}}$ be a sequence of E-valued random variables such that $X^* = \sup_{n\in\mathbb{N}} \|X_n\| \in L^1_R$. Consider the following assertions:

(i) The net $(X_\sigma)_{\sigma\in T}$ converges in L^1_E.

(ii) There is $X_\infty \in L^1_E$ such that

$$\lim_{n\in\mathbb{N}} X_n(\omega) = X_\infty(\omega)$$

strongly almost surely.

(iii) $(X_n)_{n\in\mathbb{N}}$ is a uniform amart.

Then (i) $\Longleftrightarrow$ (ii) $\Longrightarrow$ (iii). If in addition the Banach space E has the Radon-Nikodym property then the assertions (i), (ii), (iii) are equivalent.

The next theorem generalizes to the vector-valued case a result that is well-known for real amarts:

Theorem 4. Let $(X_n)_{n\in\mathbb{N}}$ be an E-valued uniform amart which is L^1-bounded. Then:

(1) $(X_n)_{n\in\mathbb{N}}$ is an amart of class (B).

(2) $(||X_n||)_{n \in \mathbb{N}}$ is a real-valued L^1-bounded amart.

Remark. Compare Theorem 4 with properties (1) and (2) of real amarts (in Section 1) and contrast it with Theorem 1 (in Section 2, concerning strong amarts).

We next note that the "optional sampling theorem" extends from real amarts to uniform amarts (see Property (3) of real amarts in Section (1):

Theorem 5. Let $(X_n, \mathcal{F}_n)_{n \in \mathbb{N}}$ be an E-valued uniform amart. Let $(\tau_k)_{k \in \mathbb{N}}$ be a non-decreasing sequence of bounded stopping times (with respect to $(\mathcal{F}_n)_{n \in \mathbb{N}}$) and define

$$\mathcal{G}_k = \mathcal{F}_{\tau_k} = \{A \in \mathcal{F} | A \cap \{\tau_k = n\} \in \mathcal{F}_n \text{ for all } n \in \mathbb{N}\}$$

and

$$Y_k = X_{\tau_k}, \quad \text{for } k \in \mathbb{N}.$$

Then $(Y_k, \mathcal{G}_k)_{k \in \mathbb{N}}$ is a uniform amart. Further if $(X_n)_{n \in \mathbb{N}}$ is L^1-bounded, then $(Y_k)_{k \in \mathbb{N}}$ is L^1-bounded.

The theorem that follows - and in fact to a large degree the notion of uniform amart itself - was motivated by the "Riesz decompostion" for vector-valued amarts given in [16] (compare also with Property (4) of real amarts given in Section 1).

Theorem 6: Let E be a Banach space with the Radon-Nikodym property. Then for a sequence $(X_n)_{n \in \mathbb{N}}$ of E-valued random variables the following two assertions are equivalent:

(i) $(X_n)_{n \in \mathbb{N}}$ is a uniform amart.

(ii) $(X_n)_{n \in \mathbb{N}}$ admits a unique decomposition, $X_n = Y_n + Z_n$, for $n \in \mathbb{N}$, where $(Y_n)_{n \in \mathbb{N}}$ is an E-valued martingale and $(Z_n)_{n \in \mathbb{N}}$ is an E-valued uniform potential.

Finally the Convergence Theorem given in Section 1 for real amarts, extends to uniform amarts (compare Theorem 7 below with the "Doob almost sure convergence theorem" for vector-valued martingales, as given in its definitive form by Chatterji; compare it also, or rather contrast it with Theorem 1 in Section 2, concerning strong amarts). We assume below that the probability space is not purely atomic:

Theorem 7. For a Banach space E the following assertions are equivalent when holding for all E-valued uniform amarts $(X_n, \mathcal{F}_n)_{n \in \mathbb{N}}$:

(1) If $(X_n)_{n \in \mathbb{N}}$ is L^1-bounded, then there is an E-valued random variable X_∞ such that

$$\lim_{n \in \mathbb{N}} X_n(\omega) = X_\infty(\omega)$$

strongly almost surely.

(2) The space E has the Radon-Nikodym property.

BIBLIOGRAPHY.

(1) AUSTIN, D.G., EDGAR, G.A., and IONESCU TULCEA, A., "Pointwise convergence in terms of expectations", Zeit. Wahrs. verw. Gebiete 30, p. 17-26 (1974).

(2) BAXTER, J. R., "Pointwise in terms of weak convergence", Proc. Amer. Math. Soc. 46, p. 395-398 (1974).

(3) BELLOW, A., "On vector-valued asymptotic martingales", Proc. Nat. Acad. Sci. U.S.A. 73, No. 6, p. 1798 - 1799 (1976).

(4) BELLOW, A., "Several stability properties of the class of asymptotic martingales", Zeit. Wahrs. verw. Gebiete 37, p. 275-290 (1977).

(5) BELLOW, A., "Les amarts uniformes", C. R. Acad. Sci. Paris, 284, Serie A, p. 1295-1298 (1977).

(6) BRUNEL, A., and SUCHESTON, L., "Sur les amarts faibles à valeurs vectorielles", C. R. Acad. Sci. Paris, 282, Serie A, p. 1011-1014 (1976).

(7) BRUNEL, A., and SUCHESTON, L., "Sur les amarts à valeurs vectorielles", C. R. Acad. Sci. Paris, 283, Serie A, p. 1037-1039 (1976).

(8) BRUNEL, A. and SUCHESTON, L., "Une caractérisation probabiliste de la séparabilite du dual d'un espace de Banach", C. R. Acad. Sci. Paris, to appear.

(9) CHACON, R. V., "A stopped proof of convergence", Adv. in Math. 14, p.365-368 (1974).

(10) CHACON, R. V. and SUCHESTON, L., "On convergence of vector-valued asymptotic martingales", Zeit. Wahrs. verw. Gebiete 33, p. 55-59 (1975).

(11) CHATTERJI, S. D., "Martingale convergence and the Radon-Nikodym theorem", Math. Scand. 22, p. 21-41 (1968).

(12) DOOB, J. L., Stochastic Processes. Wiley, New York, 1953.

(13) DVORETZKY, A. and ROGERS, C. A., "Absolute and unconditional convergence in normed linear spaces", Proc. Nat. Acad. Sci. U.S.A. 36, p. 192-197 (1950).

(14) DVORETZKY, A., "On stopping time directed convergence", Bull. Amer. Math. Soc. 82, No. 2, p. 347-349 (1976).

(15) EDGAR, G. A. and SUCHESTON, L., "Amarts: A class of asymptotic martingales (Discrete parameter)", J. Multivariate Anal. 6, p. 193-221 (1976).

(16) EDGAR, G. A. and SUCHESTON, L., "The Riesz decomposition for vector-valued amarts", Zeit. Wahrs. verw. Gebiete 36, p.85-92 (1976).

(17) EDGAR, G. A. and SUCHESTON, L., "On vector-valued amarts and dimension of Banach spaces", Zeit. Wahrs. verw. Gebiete, to appear.

(18) FISK, D. L., "Quasi-martingales", Trans. Amer. Math. Soc. 120, p. 369-389 (1965).

(19) KRENGEL, U. and SUCHESTON, L., "Semi amarts and finite values", Bull. Amer. Math. Soc., Vol. 83, p.745-747 (1977).

(20) NEVEU, J., Martingales à temps discret. Masson, Paris 1972.

(21) OREY, S., "F-Processes", Proc. 5th Berkeley Sympos. Math. Statist. Prob. II, Univ. of Calif. 1965/1966, p. 301-313.

(22) RAO, K. M., "Quasi-martingales", Math. Scand. 24, p. 79-92 (1969).

(23) UHL, J. J., "Pettis mean convergence of vector-valued asymptotic martingales", Zeit. Wahrs. verw. Gebiete 37, p. 291-295 (1977).

Dept. of Mathematics,
Northwestern University,
Evanston, Ill. 60201,
U.S.A.

A NOTE ON CONDITIONAL PROBABILITIES OF A CONVEX MEASURE

Christer Borell

Department of Mathematics, University of Uppsala,
Sysslomansgatan 8, Uppsala, Sweden

1. Introduction

It is well-known that the existence of conditional probabilities can be established with the aid of liftings under very general circumstances [2]. Here using this technique we shall construct a conditional probability of μ for given u, where μ is a convex measure and u a μ-measurable linear mapping. It turns out that the lifting technique in [2] picks out a conditional probability with convexity properties.

Before formulating more exact statements, we introduce several definitions. For every $0 < \lambda < 1$, we define

$$M_s^\lambda(\alpha,\beta) = \begin{cases} \alpha^\lambda \beta^{1-\lambda}, & s = 0 \\ (\lambda\alpha^s + (1-\lambda)\beta^s)^{1/s}, & -\infty < s < 0 \\ \min(\alpha,\beta), & s = -\infty \end{cases} \quad \alpha, \beta \geq 0 .$$

If E is a locally convex Hausdorff space over $\mathbb{R}$, the σ-algebra of all Borel subsets of E is denoted by $\mathcal{B}(E)$. A Radon probability measure μ on E is said to belong to the class $\mathcal{M}_s(E)$ if the inequality

$$\mu_*(\lambda A + (1-\lambda)B) \geq M_s^\lambda(\mu(A), \mu(B))$$

is valid for all $A, B \in \mathcal{B}(E)$ and $0 < \lambda < 1$ [1]. Given a Radon probability measure μ on E, the space E is said to be a μ-Lusin space if

$$\sup\{\mu(K) \mid K \text{ convex and compact}\} = 1 . \tag{1.1}$$

Assuming $\mu \in \mathcal{M}_s(E)$, the space E is μ-Lusin as soon as the right-hand side in (1.1) is positive [2, Th. 4.1]. A topological space F is called a Radon space if every Borel probability measure on F is a Radon measure.

Theorem 1.1. *Let E, F be locally convex Hausdorff spaces E being metrizable and F a Radon space. Furthermore, assume $\mu \in \mathcal{M}_s(E)$, where E is a μ-Lusin space, and that $u: E \to F$ is a μ-measurable linear mapping. Then there exists a map $R: \mathcal{B}(E) \times F \to [0,1]$ such that*

a) $R(\cdot,y) \in \mathcal{M}_s(E)$, $y \in F$,

b) $R(A,\cdot)$ *is* $u(\mu)$-*measurable*, $A \in \mathcal{B}(E)$

c) $\int_B R(A,y)\, u(\mu)(dy) = \mu(A \cap u^{-1}(B))$, $A \in \mathcal{B}(E)$, $B \in \mathcal{B}(F)$.

The map R is called a conditional probability of μ for given u. For the proof of Theorem 1.1, we need two preliminary results.

2. Two lemmas

Our first lemma has an obvious proof, which we omit.

Lemma 2.1. *Let F be as in Theorem 1.1 and let σ, τ be two finite positive Radon measures on F such that*

$$\sigma(C) \geq \tau(C)$$

for every convex $C \in \mathcal{B}(F)$. *Then* $\sigma \geq \tau$.

Let now E, F, μ and u be as in the formulation of Theorem 1.1 and set $\nu = u(\mu)$. The space $L_\infty(\nu) = (L_\infty(\nu), \| \|_{\infty,\nu})$ has its usual meaning and $B_\infty(\nu) = (B_\infty(\nu), \| \|_\infty)$ is the vector space of all ν-measurable functions, where $\|f\|_\infty = 0$ only if $f(y) = 0$ for every $y \in F$. In the following ℓ denotes a fixed lifting of $L_\infty(\nu)$, that is

(1) $\ell: L_\infty(\nu) \to B_\infty(\nu)$ is a linear and multiplicative mapping,
(2) $\ell(f) \leq \ell(g)$ if $f \leq g$,
(3) $\ell(1) = 1$,
(4) $\ell(f) = f$ in $L_\infty(\nu)$.

These axioms are, of course, not independent. The Weierstrass approximation theorem immediately gives

Lemma 2.2. *Let* $f, g \in L_\infty(\nu)$, $0 \leq f$, $g \leq 1$, *and suppose* $a: [0,1] \times [0,1] \to [0,1]$ *is a continuous mapping. Then*

$$\ell(a(f,g)) = a(\ell(f), \ell(g)).$$

3. Proof of Theorem 1.1

We first show Theorem 1.1 under the following additional assumption:

There exists a compact convex subset K *of* E *with* $\mu(K) = 1$.

To prove the only new thing, that is Part a), we have to repeat the line of proof given in [2] for the special case considered here. To this end let $\mathcal{C}_\infty(E)$ denote the vector space of all real-valued, bounded, and continuous functions on E and define

$$\sigma_f = u(f\mu), \quad f \in \mathcal{C}_\infty(E).$$

Clearly, σ_f is absolutely continuous with respect to $\nu = u(\mu)$. Hence $\sigma_f = r_f \nu$ for an appropriate ν-measurable function r_f on F for every $f \in \mathcal{C}_\infty(E)$.

Furthermore,

$$(3.1)\quad \begin{cases} r_{af+bg} = ar_f + br_g, & a, b \in \mathbb{R}, \quad f, g \in \mathscr{C}_\infty(E), \\ r_1 = 1, \\ |r_f| \leq \|f\|_\infty, & f \in \mathscr{C}_\infty(E), \end{cases}$$

where all relations hold in $L_\infty(\nu)$. Defining

$$R_f = \ell(r_f), \quad f \in \mathscr{C}_\infty(E),$$

the relations (3.1) hold pointwise on F with r replaced by R. Let now θ : $\mathscr{C}(K) \to \mathscr{C}_\infty(E)$ be a linear mapping, isometric for the sup-norms, and such that $\theta(1) = 1$ [3]. Then there exists, for every $y \in F$, a Radon probability measure $R_0(\cdot,y)$ on K such that

$$\int h(x)\, R_0(dx,y) = R_{\theta(h)}(y)$$

for every $h \in \mathscr{C}(K)$. From this we deduce that the map

$$(3.2)\qquad R_0(A,\cdot)$$

is ν-measurable for every closed subset A of K. Since the class of all $A \in \mathscr{B}(K)$ such that the map (3.2) is ν-measurable is a Dynkin class, the function (3.2) must be ν-measurable for all $A \in \mathscr{B}(K)$. Moreover, we easily have

$$\int_{u^{-1}(B)} \theta(h)d\mu = \int_B \left(\int h(x)\, R_0(dx,y)\right)d\nu(y), \quad B \in \mathscr{B}(F),$$

for every $h \in \mathscr{C}(K)$. Therefore, since $\mu(K) = 1$,

$$\mu(A \cap u^{-1}(B)) = \int_B R_0(A,y)d\nu(y), \quad B \in \mathscr{B}(F),$$

for every closed subset A of K. The same argument as above then shows that this relation remains true for every $A \in \mathscr{B}(K)$. Setting

$$R(A,y) = R_0(A \cap K,\, y), \quad A \in \mathscr{B}(E), \quad y \in F,$$

it is obvious that R satisfies b) and c) in Theorem 1.1.

We shall now prove a). To this end let $U, V \subseteq K$ be compact and $0 < \lambda < 1$. Since K is convex it is enough to prove that

$$(3.3)\qquad R_0(\lambda U + (1-\lambda)V,\, y) \geq M_s^\lambda(R_0(U,y),\, R_0(V,y))$$

for every $y \in F$. To this end let d be a translation-invariant metric on E such that $d(\lambda x) \leq d(x)$, $0 \leq \lambda \leq 1$, $x \in E$. Furthermore, for any $A \subseteq E$ and $\varepsilon > 0$, we define

$$A^\varepsilon = \{x \in E \mid d(x,z) \leq \varepsilon \text{ some } z \in A\}$$

and let φ_A^ε denote a continuous function on E satisfying $\varphi_A^\varepsilon | A^\varepsilon = 1$, $\varphi_A^\varepsilon | (E \setminus A^{2\varepsilon}) = 0$

and $0 \leq \varphi_A^\varepsilon \leq 1$, respectively. Then, if $C \in \mathcal{B}(F)$ is convex and $0 < \lambda < 1$, there holds

$$\int_C r_{\varphi^{4\varepsilon}_{\lambda U+(1-\lambda)V}} d\nu = \int_{u^{-1}(C)} \varphi^{4\varepsilon}_{\lambda U+(1-\lambda)V} d\mu \geq$$

$$\mu_*((\lambda U^{2\varepsilon} + (1-\lambda)V^{2\varepsilon}) \cap u^{-1}(C)) \geq$$

$$\mu_*(\lambda(U^{2\varepsilon} \cap u^{-1}(C)) + (1-\lambda)(V^{2\varepsilon} \cap u^{-1}(C))) \geq$$

$$M_s^\lambda(\mu(U^{2\varepsilon} \cap u^{-1}(C)) , \mu(V^{2\varepsilon} \cap u^{-1}(C))) \geq$$

$$M_s^\lambda(\int_{u^{-1}(C)} \varphi_U^\varepsilon d\mu , \int_{u^{-1}(C)} \varphi_V^\varepsilon d\mu) =$$

$$M_s^\lambda(\int_C r_{\varphi_U^\varepsilon} d\nu , \int_C r_{\varphi_V^\varepsilon} d\nu) \geq \int_C M_s^\lambda(r_{\varphi_U^\varepsilon} , r_{\varphi_V^\varepsilon}) d\nu$$

where the last inequality follows from Hölder´s inequality. Summing up, we have

$$\int_C r_{\varphi^{4\varepsilon}_{\lambda U+(1-\lambda)V}} d\nu \geq \int_C M_s^\lambda(r_{\varphi_U^\varepsilon} , r_{\varphi_V^\varepsilon}) d\nu$$

for every convex $C \in \mathcal{B}(F)$. Since F is a Radon space, Lemma 2.1 tells us that this inequality remains true for every ν-measurable set C . Hence

$$r_{\varphi^{4\varepsilon}_{\lambda U+(1-\lambda)V}} \geq M_s^\lambda(r_{\varphi_U^\varepsilon} , r_{\varphi_V^\varepsilon}) \quad \text{a.s.} \quad [\nu] ,$$

which by Lemma 2.2 implies that

$$R_{\varphi^{4\varepsilon}_{\lambda U+(1-\lambda)V}} \geq M_s^\lambda(R_{\varphi_U^\varepsilon} , R_{\varphi_V^\varepsilon})$$

in $B_\infty(\nu)$, that is

$$\int_K \varphi^{4\varepsilon}_{\lambda U+(1-\lambda)V}(x) R_0(dx,y) \geq M_s^\lambda(\int_K \varphi_U^\varepsilon(x) R_0(dx,y) , \int_K \varphi_V^\varepsilon(x) R_0(dx,y)) \tag{3.4}$$

for every $y \in F$. Here we used the fact that

$$R_\varphi = R_{\theta(\varphi|K)} , \quad \varphi \in \mathcal{C}_\infty(E) ,$$

which is true since

$$r_\varphi = r_{\theta(\varphi|K)} \quad \text{a.s.} \quad [\nu] , \quad \varphi \in \mathcal{C}_{oo}(E) .$$

By letting ε tend to zero in (3.4), we have (3.3) for every $y \in F$. This proves Theorem 1.1 under the additional assumption that $\mu(K) = 1$ for a suitable convex and compact subset K of E .

The general case now follows as in [2].

REFERENCES

1. Borell, C., Convex measures on locally convex spaces. Ark. Mat. 12, 239-252 (1974).

2. Hoffmann-Jørgensen, J., Existence of conditional probabilities. Math. Scand. 28, 257-264 (1971).

3. Kakutani, S., Simultaneous extension of continuous functions considered as a linear operation. Japan J. Math. 17, 1-4 (1940).

TAIL PROBABILITIES IN GAUSS SPACE

Christer Borell

Department of Mathematics, University of Uppsala,
Sysslomansgatan 8, Uppsala, Sweden

1. Introduction

Consider the stochastic multiple integrals

$$p(t) = p^d(t) = \int v(t,s_1,\ldots,s_d)d\beta(s_1)\cdot\ldots\cdot d\beta(s_d), \quad t \in \mathbb{R},$$

where β is Brownian motion in $\mathbb{R}$ and the $v(t,\cdot)$ are sure square integrable functions in $\mathbb{R}^d$. Assume that an appropriate version of the stochastic process $(p(t))_{t\in\mathbb{R}}$ possesses continuous sample functions with probability one. Defining

$$\rho(t_1,t_2) = \left(\int (v(t_1,s) - v(t_2,s))^2 ds\right)^{1/2}, \quad t_1, t_2 \in \mathbb{R},$$

this is indeed the case if

$$\sum_0^\infty 2^{-n}(\log N_a(2^{-n}))^{d/2} < +\infty, \quad a > 0,$$

where $N_a(2^{-n})$ denotes the least number of ρ-balls of radius smaller than 2^{-n} forming a covering of the interval $[-a,a]$. (Compare [4, Th. 3.1].) It will thus be assumed that the process $(p(t))$ induces a random vector p in the Fréchet space $C(\mathbb{R})$. The present paper is motivated of the following

Problem 1. *Let $\varphi: C(\mathbb{R}) \to [0,+\infty]$ be a Borel measurable semi-norm such that $\varphi(p) < +\infty$ a.s. Estimate the probability of the event $[\varphi(p) \geq t]$ for large t.*

If φ is continuous, an application of the Nelson hypercontractivity theorem [9, Th. 3] and the Jensen inequality yield

$$\overline{\lim_{t\to\infty}}\ T(\varphi,t) < +\infty,$$

where

$$T(\varphi,t) = t^{-2/d}\log P[\varphi(p) \geq t].$$

Moreover, the nice work [8, Sect. 8] shows the estimate

$$\underline{\lim_{t\to\infty}}\ T(|\delta_0|,t) > -\infty$$

when $v(0,\cdot) \neq 0$. In the Gaussian case, that is in the special case $d = 1$, much more is known. In fact, setting

$$\tilde{p}(g) = \int v(\cdot, s_1, \ldots, s_d) g(s_1) \cdot \ldots \cdot g(s_d) ds_1 \cdot \ldots \cdot ds_d, \quad g \in L_2(\mathbb{R}),$$

[2, Th. 5.2] proves

$$\lim_{t \to \infty} T(\varphi, t) = -2^{-1}(\sup \{\varphi(\tilde{p}(g)) \mid \int g^2(s) ds = 1\})^{-2/d} < +\infty \tag{1.1}$$

when $d = 1$. If φ can be represented as the supremum of a family of linear forms the same result is established in the earlier works [5, Th. 8] and [7, Th. 2.5].

One of the main purposes of this note is to prove (1.1) for $d > 1$. Although Problem 1 is most natural to motivate in terms of stochastic multiple integrals our proof of (1.1) does not use this concept. Instead, we prefer to proceed in terms of measurable polynomials to simplify the notation but also to emphasize the idea of vector space measures.

The paper is divided into two separate parts. In Section 2 we introduce a vector space $S^d(\mu)$ of Gauss measurable functions for which the tails $\mu(f \geq t)$, $f \in S^d(\mu)$, can be estimated rather explicitly when t is large. In the following sections we pick out familiar elements of $S^d(\mu)$. Amongst them we, in particular, find the function $\varphi(p)$ discussed above.

2. Introducing the vector space $S^d(\mu)$

Throughout the rest of this paper E denotes a fixed locally convex Hausdorff space over $\mathbb{R}$ and μ a fixed Gaussian Radon measure on E. The elements of $\mathcal{L}_0(\mu)$ $(L_0(\mu))$ are real-valued μ-measurable functions defined (a.e.) on E and two such elements are identified if they coincide (almost) everywhere. The reproducing kernel Hilbert space of μ is denoted $(H(\mu), \| \|_\mu)$ and we let $O(\mu)$ be the closed unit ball of $H(\mu)$ [3].

Definition 2.1. Given $d > 0$ a function $f \in \mathcal{L}_0(\mu)$ is said to belong to the class $\mathcal{S}^d(\mu)$ if there exist a function $f^{(d)}: O(\mu) \to \mathbb{R}$ and $g_n \in \mathcal{L}_0^+(\mu)$, $n \in \mathbb{Z}_+$, such that

(i) $\sup_{\substack{h \in O(\mu) \\ t \geq n}} |t^{-d} f(\cdot + th) - f^{(d)}(h)| \leq g_n$ a.s., $n \in \mathbb{Z}_+$

(ii) $\lim_{n \to \infty} g_n = 0$ a.s.

Clearly, the function $f^{(d)}$ is unique whenever it exists.

Theorem 2.1. *Suppose* $f, g \in \mathcal{S}^d(\mu)$ *and* $f = g$ *in* $L_0(\mu)$. *Then* $f^{(d)} = g^{(d)}$.

Granting the validity of Theorem 2.1 the following definition cannot lead to misunderstanding.

Definition 2.2. The canonical image of $\mathcal{S}^d(\mu)$ in $L_0(\mu)$ is denoted by $S^d(\mu)$. Moreover, if $f \in S^d(\mu)$ the function $f^{(d)}$ is defined to be equal to $g^{(d)}$, where $g \in \mathcal{S}^d(\mu)$ and $f = g$ a.s.

We can now formulate the main result of this section.

Theorem 2.2. For every $f \in S_d(\mu)$ the function $f^{(d)}: (H(\mu), \| \|_\mu) \to \mathbb{R}$ is bounded and continuous. Moreover,

$$\lim_{t \to \infty} t^{-2/d} \log \mu(f \geq t) = -2^{-1}(\sup f^{(d)})^{-2/d} .$$

To prove Theorems 2.1 and 2.2 we need two lemmas.

Lemma 2.1. (The Brunn-Minkowski inequality in Gauss space.) Let A be a μ-measurable subset of E and choose $a \in [-\infty, +\infty]$ such that

$$\mu(A) = \Phi(a)$$

where

$$\Phi(a) = \int_{-\infty}^{a} \exp(-s^2/2) ds/\sqrt{2\pi} .$$

Then

$$\mu(A + t\,O(\mu)) \geq \Phi(a+t), \quad t \geq 0 .$$

Lemma 2.2. Let $1 \leq p < q$ and suppose $f \in L_q(\mu)$. Then the map

$$(H(\mu), \| \|_\mu) \ni h \to f(\cdot + h) \in L_p(\mu)$$

is continuous.

Lemma 2.1 can be found in [2, Th. 3.1]. Lemma 2.2 is proved in [3, Th. 4.1] when $q = +\infty$. The general case is similar.

Proof of Theorems 2.1 and 2.2. Suppose first that $f \in \mathcal{S}^d(\mu)$. By Egoroff's theorem there exists a set $A \in \mathcal{B}$, the Borel subsets of E, so that

$$\sup_{\substack{h \in O(\mu) \\ t \geq n \\ x \in A}} |t^{-d} f(x + th) - f^{(d)}(h)| \downarrow 0 \quad \text{as} \quad n \to \infty \tag{2.1}$$

and $\mu(A) > 1/2$. Now choose $\varepsilon > 0$ arbitrarily. Observing that

$$f(x + th) = t^d\{[t^{-d} f(x + th) - f^{(d)}(h)] + f^{(d)}(h)\}$$

we get

$$A + t\,O(\mu) \subseteq [f \leq c_\varepsilon t^d], \quad t \text{ large},$$

where $c_\varepsilon = \varepsilon + \sup f^{(d)}$. Lemma 2.1 therefore yields

$$\mu(f \leq c_\varepsilon t^d) \geq \Phi(t) , \quad t \text{ large.}$$

Remembering that

$$\text{(2.2)} \qquad \lim_{t\to\infty} t^{-2} \log (1 - \Phi(t)) = 2^{-1}$$

we deduce

$$\text{(2.3)} \qquad \overline{\lim_{t\to\infty}} \; t^{-2/d} \log \mu(f \geq t) \leq -2^{-1}(\sup f^{(d)})^{-2/d}$$

since $\varepsilon > 0$ is chosen arbitrarily. It is now a simple task to prove the first part of Theorem 2.2. In fact, first choose $s > 0$ such that $\mu(B) > 1/2$, where $B = [f \leq s]$. Then for an appropriate $n = n_0$, (2.1) implies

$$n_0^d(|f^{(d)}(h)| - 1)\mu(A \cap (B - n_0 h)) \leq \int_{B-n_0h} |f(x+n_0h)| d\mu \leq s , \quad h \in O(\mu) .$$

But Lemma 2.2 shows

$$\lim_{\|h\|_\mu \to 0} \mu(A \cap (B - n_0 h)) = \mu(A \cap B) > 0$$

so $f^{(d)}$ is bounded on $\delta\, O(\mu)$ for sufficiently small $\delta > 0$. Since

$$f^{(d)}(\lambda h) = \lambda^d f^{(d)}(h) , \quad 0 \leq \lambda \leq 1 , \quad h \in O(\mu) ,$$

clearly, $\sup f^{(d)} < +\infty$. The estimate (2.3) now tells us that $f \in \mathscr{L}_2(\mu)$. We can therefore define

$$f_n(h) = (n^d \mu(A))^{-1} \int_A f(x + nh) d\mu , \quad h \in O(\mu) , \quad n \in \mathbb{Z}_+ ,$$

and conclude from Lemma 2.2 that every f_n is continuous. Moreover, (2.1) immediately shows that the sequence f_n converges uniformly to $f^{(d)}$ on $O(\mu)$. Hence $f^{(d)}$ is continuous. Since the measures μ and $\mu(\cdot + h)$ are equivalent for every $h \in H(\mu)$, Theorem 2.1 follows at once. It only remains to prove the estimate

$$\text{(2.4)} \qquad \underline{\lim}_{t\to\infty} \; t^{-2/d} \log \mu(f \geq t) \geq -2^{-1}(\sup f^{(d)})^{-2/d} .$$

Without loss of generality it can be assumed that μ is centred by replacing f by an appropriate translate of f if necessary. The inequality (2.4) is trivially true if $f^{(d)} \leq 0$ so suppose $\sup f^{(d)} > 0$ and choose $\varepsilon \in]0, 2^{-1} \sup f^{(d)}[$ arbitrarily but fixed. We can then find an $h_0 \in O(\mu)$, with $\|h_0\|_\mu = 1$, such that $f^{(d)}(h_0) > -\varepsilon + \sup f^{(d)}$. By definition, h_0 is the barycentre of the measure $\tilde{h}_0 \mu$ for a suitable $\tilde{h}_0$ belonging to the closure of the topological dual E' of E in $L_2(\mu)$. Since $f^{(d)}$ is continuous we can therefore choose h_0 such that $\tilde{h}_0 \in E'$. Defining $U = \tilde{h}_0 h_0$ and $V = id_E - U$, respectively, we have

$$\int \xi(U)\eta(V) d\mu = 0 , \quad \xi, \eta \in E' .$$

Hence

$$\mu_{(U,V)} = \mu_U \otimes \mu_V .$$

Now suppose the g_n are as in Definition 2.1. Without loss of generality it can be assumed that the g_n are $\mathcal{B}$-measurable. Let us choose an $A \in \mathcal{B}$, with $\mu(A) = 1$, such that (i) and (ii) in Definition 2.1 hold pointwise on A. Fubini's theorem then yields

$$1 = \mu(A) = \int \mu_V(-u + A)\mu_U(du) .$$

Hence $\mu_V(-\lambda_0 h_0 + A) = 1$ for an appropriate $\lambda_0 \in \mathbb{R}$. Therefore, by Egoroff's theorem again, there exist a Borel set $B \subseteq (-\lambda_0 h_0 + A)$ and $n_0 \in \mathbb{Z}_+$ such that $\mu_V(B) > 0$ and

$$g_n(v + \lambda_0 h_0) \leq \varepsilon , \quad v \in B , \ n \geq n_0 .$$

In particular,

$$\sup_{t \geq n} |t^{-d} f(v + (\lambda_0 + t)h_0) - f^{(d)}(h_0)| \leq \varepsilon$$

for every $v \in B$ and $n \geq n_0$. Remembering that $\tilde{h}_0(h_0) = 1$, we get

$$[f \geq (-\varepsilon + f^{(d)}(h_0))(\tilde{h}_0(U) - \lambda_0)^d] \supseteq [\tilde{h}_0(U) \geq n_0 + \lambda_0 , \ V \in B] .$$

Hence

$$\mu(f \geq t) \geq$$
$$\geq \mu(\tilde{h}_0 \geq \max\, (\lambda_0 + \{t/(-\varepsilon + f^{(d)}(h_0))\}^{1/d} , \ n_0 + \lambda_0))\mu_V(B) , \quad t > 0 .$$

Using (2.2) the inequality (2.4) follows at once since $\varepsilon > 0$ is chosen arbitrarily. This proves Theorem 2.2 when $f \in \mathcal{S}^d(\mu)$. The general case is now also obvious.

The following theorem is self-evident.

Theorem 2.3. a) $S^d(\mu)$ is a vector space and the map $S^d(\mu) \ni f \to f^{(d)} \in \mathbb{R}^{O(\mu)}$ linear.

b) $f_i \in S^{d_i}(\mu)$, $i = 1, 2$, imply $f_1 f_2 \in S^{d_1+d_2}(\mu)$ and $(f_1 f_2)^{(d_1+d_2)} = f_1^{(d_1)} f_2^{(d_2)}$.

c) For every $d_1 < d_2$, $S^{d_1}(\mu) \subseteq S^{d_2}(\mu)$ and $f^{(d_2)} = 0$, if $f \in S^{d_1}(\mu)$.

3. Measurable sublinear functions and continuous homogeneous functions

Theorem 3.1. Suppose $f(\overset{+}{(-)} \cdot) \in \mathcal{L}_0(\mu)$ and $f|H(\mu)$ is positively homogeneous of degree $d > 0$. Moreover, let G be a μ-measurable subgroup of E with μ-measure one such that

$$f(x+y) \dot{\leq} f(x) + f(y) , \quad x, y \in G .$$

Then $f \in \mathcal{S}^d(\mu)$ and $f^{(d)} = f| O(\mu)$. (Cf. [3, Cor. 5.1] and [3, Th. 9.1])

Proof. Clearly, $H(\mu) \subseteq G$ [3, Cor. 2.2]. Hence

$$|t^{-d}f(x+th) - f(h)| \leq t^{-d} \max(f(x), f(-x))$$

for every $x \in G$, $t > 0$, and $h \in H(\mu)$. This proves Theorem 4.1.

The subadditivity condition of f in Theorem 3.1 can be eliminated by strengthening of the other conditions.

Theorem 3.2. *Suppose* $f \in \mathbb{R}^E$ *is continuous and positively homogeneous of degree* $d > 0$. *Then* $f \in \mathscr{S}^d(\mu)$ *and* $f^{(d)} = f|H(\mu)$.

Proof. Set

$$g_n = \sup_{\substack{h \in O(\mu) \\ t \geq n}} |f(t^{-1}(\cdot) + h) - f(h)| .$$

Since $O(\mu)$ is a compact subset of E [3, Cor. 2.3] the sequence (g_n) satisfies the conditions (i) and (ii) in Definition 2.1. This proves Theorem 3.2.

4. μ-measurable polynomials

Throughout the rest of this paper F denotes a fixed locally convex Fréchet space over $\mathbb{R}$. The space $L_0(\mu;F)$ has its usual meaning. The vector space of all continuous polynomials from E into F of degree less than or equal to d is denoted by $P^d(E;F)$ and its closure in $L_0(\mu;F)$ by $P^d(\mu;F)$. In the following a function $\varphi : F \to]-\infty, +\infty]$ is said to be an $\overline{\mathbb{R}}$-valued sublinear function if

$$\varphi(x+y) \leq \varphi(x) + \varphi(y), \quad x, y \in F.$$

$$\varphi(\lambda x) = \lambda\, \varphi(x), \quad \lambda > 0, \quad x \in F.$$

If so we set $\varphi^* = \max(\varphi, \varphi(-\,\cdot\,))$.

The combination of Theorem 2.2 and Theorem 4.1 below is the main point of this paper.

Theorem 4.1. *Suppose* $f \in P^d(\mu;F)$, *where* $d \geq 1$. *Then*

a) $f \in L_2(\mu;F)$ *and the function*

$$\tilde{f}(h) = \int f(x+h)\,d\mu(x), \quad h \in H(\mu),$$

belongs to $P^d((H(\mu), \|\ \|_\mu), F)$. *The* d-*homogeneous part of* $\tilde{f}$ *is denoted by* $\tilde{f}^d$,

b) *if* φ *is an* $\overline{\mathbb{R}}$-*valued Borel measurable sublinear function on* F *such that*

$$\varphi^*(f) < +\infty \text{ a.s.}$$

the function $\varphi(f) \in S^d(\mu)$ *and* $(\varphi(f))^{(d)} = \varphi(\tilde{f}^d)$.

It is obvious using standard facts about stochastic multiple integrals [6] that

Theorems 2.2 and 4.1 imply (1.1). In fact, assuming μ centred, the vector space $P^d(\mu;F)$ can be identified with the vector space of all stochastic processes

$$p^0 + \ldots + p^d$$

of the type considered in Section 1.

To prove Theorem 4.1 we need some more definitions. The vector space of all d-homogeneous continuous polynomials from E into F is denoted by $P^d_\bullet(E;F)$ and its closure in $L_0(\mu;F)$ by $P^d_\bullet(\mu;F)$.

Lemma 4.1. Assume μ is centred and $\dim(\operatorname{supp}\mu) = +\infty$. Then

$$P^d(\mu;F) = P^{d-1}_\bullet(\mu;F) + P^d_\bullet(\mu;F), \quad d \geq 1 .$$

Proof. Let $(e_n)_{n\in\mathbb{Z}_+}$ be an orthonormal denumerable family in $L_2(\mu)$ consisting of continuous linear forms and set

$$p_n = n^{-1}\sum_1^n e_k^2, \quad n \in \mathbb{Z}_+ .$$

Clearly, the $p_n \in P^2_\bullet(E;\mathbb{R})$ and

$$\lim_{n\to\infty}{}^{o}\, p_n = 1 ,$$

where $\lim^o$ means convergence in L_0. Now choose $f \in P^d(\mu;F)$ arbitrarily. We can then find a sequence $f_n \in P^d(E;F)$, $n \in \mathbb{Z}_+$, such that

$$\lim_{n\to\infty}{}^{o}\, f_n = f .$$

Writing $f_n = f_n^0 + \ldots + f_n^d$, where $f_n^i \in P^i_\bullet(E;F)$, $i = 0, \ldots, d$, we have for appropriate $k_n \in \mathbb{Z}_+$

$$\lim_{n\to\infty}{}^{o}\, (p_{k_n} - 1)(f_n^0 + \ldots + f_n^{d-2}) = 0 .$$

Hence

$$\lim_{n\to\infty}{}^{o}\, [p_{k_n}(f_n^0 + \ldots + f_n^{d-2}) + f_n^{d-1} + f_n^d] = f .$$

By repetition, we conclude that there is no loss of generality to assume $f_n^0 = \ldots = f_n^{d-2} = 0$. Hence

$$\lim_{n\to\infty}{}^{o}\, (f_n^{d-1} + f_n^d) = f ,$$

which yields

$$\lim_{n\to\infty}{}^{o}\, (f_n^{d-1}(-\cdot) + f_n^d(-\cdot)) = f(-\cdot)$$

since μ is symmetric. As a consequence

$$\lim_{n\to\infty}{}^{o}\, (f_n^{d-1} - f_n^d) \ \exists$$

so the sequences (f_n^{d-1}) and (f_n^d) both converges in $L_0(E;F)$. From this Lemma 4.1 follows at once.

The following lemma is well-known [1, Th. A].

Lemma 4.2. Suppose $f \in P_\bullet^d(E;F)$ and let $\hat{f}$ denote the unique symmetric d-linear mapping satisfying

$$\hat{f}(x, \ldots, x) = f(x), \quad x \in E.$$

Then

$$\hat{f}(x_1, \ldots, x_d) = (2^d d!)^{-1} \sum_{\varepsilon_i = \pm 1} (-1)^{\frac{1}{2}(d - \sum_1^d \varepsilon_i)} f(x_0 + \varepsilon_1 x_1 + \ldots + \varepsilon_d x_d)$$

for every $x_0, x_1, \ldots, x_d \in E$.

Proof of Theorem 4.1. There is no loss of generality to assume that μ is centred. Suppose first $f \in P_\bullet^d(\mu;F)$ and choose $f_n \in P_\bullet^d(E;F)$, $n \in \mathbb{Z}_+$, so that

$$\lim_{n \to \infty} f_n = f \text{ a.s.}$$

Define

$$A = \{x \in E \mid \lim_{n \to \infty} f_n(x) \ \exists\}$$

and

$$g(x) = \lim_{n \to \infty} f_n(x), \quad x \in A, \quad = 0, \quad x \in E \setminus A,$$

respectively. Note that $A \in \mathcal{B}$ and that g is a Borel function. Set

$$B = A \cap \{x \in E \mid \varphi^*(g(x)) < +\infty\}.$$

Clearly, $B \in \mathcal{B}$ and $\lambda B = B$, $\lambda > 0$, which yields

$$1 = \mu((r^2+1)^{-1/2} B) = (\mu \otimes \mu)(rx + y \in B) = \int \mu(B - rx)\, d\mu(x), \quad r \in \mathbb{Z}.$$

We can therefore find a set $C \in \mathcal{B}$ of μ-measure one satisfying

$$\mu(B - rx) = 1, \quad x \in C, \quad r \in \mathbb{Z}.$$

Hence

$$\mu\Big(\bigcap_{r,s \in \mathbb{Z}} (B - rx - sh)\Big) = 1, \quad x \in C, \quad h \in H(\mu),$$

since μ and $\mu(\cdot + h)$ are equivalent for every $h \in H(\mu)$.

Let now $x \in C$ and $h \in H(\mu)$ be fixed. By choosing $x_0 \in \bigcap [B - rx - sh \mid r,s \in \mathbb{Z}]$ it follows that $x_0 + rx + sh \in B \subseteq A$ for all $r, s \in \mathbb{Z}$. Using Lemma 4.2 we can therefore, for every fixed $i \in \{0, \ldots, d\}$, define

$$\hat{g}(x, \ldots, x, \underbrace{h, \ldots, h}_{i}) = \lim_{n \to \infty} \hat{f}_n(x, \ldots, x, \underbrace{h, \ldots, h}_{i}).$$

This yields

$$\hat{g}(x, \ldots, x, \underbrace{h, \ldots, h}_{i}) = \sum_{\substack{|r| \leq d-i \\ |s| \leq i}} c^{d,i}_{r,s}\, g(x_0 + rx + sh)$$

for appropriate absolute constants $c^{d,i}_{r,s}$. Hence

$$\varphi^*(\hat{g}(x, \ldots, x, \underbrace{h, \ldots, h}_{i})) < +\infty .$$

We recall that the canonical injection map of $(H(\mu), \| \|_\mu)$ into E is continuous [3, Cor. 2.3]. Therefore, for every fixed $x \in C$, the map

$$(H(\mu), \| \|_\mu) \ni h \xrightarrow{e} \hat{g}(x, \ldots, x, \underbrace{h, \ldots, h}_{i}) \in F$$

is a Borel measurable i-homogeneous polynomial. If $\hat{e}$ denotes the corresponding symmetric i-linear form, the function $\varphi^*(\hat{e})$ must be real-valued and Borel measurable. We now recall that $(O(\mu), \| \|_\mu)$ is separable [3, Th. 7.1] and let M be a fixed denumerable dense subset of this space. Remembering that a Borel measurable finite-valued semi-norm on a Hilbert space is continuous (see e.g. [3, Cor. 4.3]), we get

$$\sup_{h \in O(\mu)} \varphi^*(e(h)) \leq \sup_{h_1 \in M} (\ldots(\sup_{h_i \in M} \varphi^*(\hat{e}(h_1, \ldots, h_i))\ldots) < +\infty .$$

The function

$$C \ni x \xrightarrow{a_i} \sup_{h \in O(\mu)} \varphi^*(\hat{g}(x, \ldots, x, \underbrace{h, \ldots, h}_{i}) \in \mathbb{R}$$

is thus Borel measurable since we may replace $O(\mu)$ by the denumerable set M without affecting the definition of a_i . Moreover,

$$g(x + th) = \sum_{i=0}^{d} \binom{d}{i} t^i\, \hat{g}(x, \ldots, x, \underbrace{h, \ldots, h}_{i})$$

for every $x \in C$, $t \in \mathbb{R}$, and $h \in H(\mu)$. Hence

$$|t^{-d}\varphi(g(x + th) - \varphi(\hat{g}(h, \ldots, h))| \leq$$

$$\varphi^*(t^{-d}g(x + th) - \hat{g}(h, \ldots, h))| \leq$$

$$\sum_{i=0}^{d-1} \binom{d}{i} t^{-d+i} a_i(x)$$

for every $x \in C$, $h \in O(\mu)$, and $t > 0$. From this we conclude that $\varphi(f) \in S^d(\mu)$ and $(\varphi(f))^{(d)}(h) = \varphi(\hat{g}(h, \ldots, h))$, $h \in O(\mu)$. Part a) now follows at once. Part b) is thereby also proved when $f \in P^d_\bullet(\mu;F)$.

To prove the general case there is, clearly, no loss of generality to assume that $\dim(\operatorname{supp} \mu) = +\infty$. Therefore Lemma 4.1 tells us that $f = f^{d-1} + f^d$, where $f^i \in P^i_\bullet(\mu;F)$, $i = d-1, d$. Moreover, $\varphi^*(f^i) < +\infty$ a.s., $i = d-1, d$, since $\varphi^*(f(-\cdot)) < +\infty$ a.s. A minor modification of the above deduction then proves the result.

Corollary 4.1. For every $f \in P^d(\mu;F)$ the set $K = \tilde{f}^d(\mathcal{O}(\mu))$ is a compact subset of F. Moreover, if $f_2, f_3, \ldots$ are observations on f the random set

$$M = \bigcap_{n \geq 2} \overline{\{f_k/(2\log k)^{d/2} \mid k \geq n\}}$$

is contained in K a.s. If the f_n are independent $M = K$ a.s.

Proof. Obvious. (Cf. [3, Th. 10.1].)

REFERENCES

1. Bochnak, J. and Siciak, J., Polynomials and multilinear mappings in topological vector spaces. Studia Math. 38, 59-76 (1971).

2. Borell, C., The Brunn-Minkowski inequality in Gauss space. Invent. Math. 30, 207--216 (1975).

3. Borell, C., Gaussian Radon measures on locally convex spaces. Math. Scand. 38, 265-284 (1976).

4. Dudley, R.M., The sizes of compact subsets of Hilbert space and continuity of Gaussian processes. J. Functional Anal. 1, 290-333 (1967).

5. Fernique, X., Régularité de processus gaussiens. Invent. Math. 12, 304-320 (1971).

6. Itô, K., Multiple Wiener integral. J. Math. Soc. Japan 3, 157-169 (1951).

7. Marcus, M.B. and Shepp, L.A., Sample behavior of Gaussian processes. Proc. of the Sixth Berkeley Symposium on Math. Stat. and Probability, 2, 423-441, Berkeley 1972.

8. McKean, H.P., Wiener's theory of nonlinear noise, Stochastic differential equations. SIAM-AMS Proc. Vol. VI, 191-209, Providence, R.I.: AMS 1973.

9. Nelson, E., The free Markoff field. J. Functional Anal. 12, 211-227 (1973).

LE ROLE DES PARTITIONS CONTINUES DE L'UNITE DANS LA THEORIE DES MESURES SCALAIRES OU VECTORIELLES

Henri Buchwalter
Département de Mathématiques
Université Claude-Bernard - LYON I
43, bd du Onze Novembre 1918
69621 Villeurbanne, France

On donne ici une brève synthèse décrivant l'utilité des partitions continues de l'unité dans l'étude et la classification de quelques espaces de mesures scalaires ou vectorielles, construits sur un espace complètement régulier quelconque.

INTRODUCTION

On désigne une fois pour toutes par T un espace complètement régulier séparé quelconque, auquel on associe son compactifié de Stone-Čech βT, l'algèbre de Banach $C^{\infty}(T) = C(\beta T)$ des fonctions réelles continues et bornées sur T, et l'espace $M_{\beta}(T) = M(\beta T) = C^{\infty}(T)'$ des mesures de Radon sur βT muni de sa norme d'espace de Banach dual. Pour tout espace localement convexe séparé (elc) E, supposé quasi-complet, on désigne par $M_{\beta}(T,E)$ l'espace $L[C^{\infty}(T), E]$ des applications linéaires continues de l'espace de Banach $C^{\infty}(T)$ dans E. Les espaces $M_{\beta}(T)$ et $M_{\beta}(T,E)$ sont en général trop grands pour être qualifiés d'espaces de "mesures" sur T. Ce qui importe c'est en fait de les utiliser comme un cadre suffisamment vaste pour contenir des espaces de mesures plus petits mais plus intéressants. C'est ainsi qu'on introduit, [1], [2], [9], [11], [13], les espaces $M_t(T)$, $M_{\tau}(T)$, $M^{\infty}(T)$, $M_{\sigma}(T)$ et, dans le cas vectoriel, [4], les espaces $M_t(T,E)$, $M_{\tau}(T,E)$, $M^{\infty}(T,E)$, $M_{\sigma}(T,E)$.

On appelle partition continue de l'unité (pcu) sur T toute famille $\varphi = (\varphi_i)$, indexée par un ensemble quelconque I, de fonctions continues sur T telles que $\varphi_i \geqslant 0$ et $\Sigma \varphi_i = 1$. On abandonne expressément la condition de finitude locale sur T de la famille des supports des φ_i, condition qui n'apporte en fait que des limitations sans offrir d'avantages notables. Lorsque $I = \mathbb{N}$ et $\varphi = (\varphi_n)$, on dit que la pcu φ est dénombrable (pcud). On désigne enfin par Φ [resp. Φ_d] l'ensemble de toutes les pcu [resp. pcud] sur l'espace T.

La notion de partition continue de l'unité est intimement liée a celle de parties équicontinues uniformément bornées sur T. Désignons en effet par $\mathscr{H}^{\infty} = \mathscr{H}^{\infty}(T)$ l'ensemble des parties H de $C^{\infty}(T)$ qui sont équicontinues et uniformément bornées sur T. On sait [4], [9], que $\mathscr{H}^{\infty}(T)$ définit une compactologie importante sur $C^{\infty}(T)$ associée à la définition des espaces $M^{\infty}(T)$ et $M^{\infty}(T,E)$. Le rapport précis existant entre $\mathscr{H}^{\infty}(T)$ et les pcu sur T est décrit par les deux énoncés réciproques suivants :

(0.1) LEMME ([5], [11])

a) Pour toute pcu $\varphi = (\varphi_i)$, $i \in I$, *l'ensemble*

$$H_{\varphi,\infty} = \{\Sigma \xi_i \varphi_i \ ; \ \xi = (\xi_i) \in \ell^\infty(I) \ \text{ et } \|\xi\|_\infty \leqslant 1\}$$

est équicontinu sur T, *uniformément borné et simplement compact.*

b) Lorsque $\varphi = (\varphi_n)$ *est une pcud, l'ensemble* $H_{\varphi,\infty}$ *précédent est de plus métrisable pour la topologie de la convergence simple sur* T.

(0.2) LEMME ([9], th. (3.5))

a) Pour toute partie $H \in \mathcal{H}^\infty(T)$, *il existe un ensemble* I, *une pcu localement finie* $\varphi = (\varphi_i)$, $i \in I$, *et une famille* (t_i), $i \in I$, *de points de* T *telles que :*

$$\|f - \Sigma f(t_i) \varphi_i\| \leqslant \varepsilon$$

pour toute $f \in H$.

b) Lorsque H *est de plus supposée simplement métrisable, on peut prendre* $I = \mathbb{N}$ *et choisir pour* φ *une pcud.*

Ces deux lemmes permettent aisément de comprendre pourquoi la notion de pcu ne peut rendre des services que dans l'étude des espaces de mesures $M^\infty(T,E)$ et $M_\sigma(T,E)$ dont la définition fait appel, (explicitement pour $M^\infty(T,E)$ et implicitement pour $M_\sigma(T,E)$) aux parties équicontinues $H \in \mathcal{H}^\infty(T)$, laissant de côté l'espace $M_\tau(T,E)$ des mesures τ-régulières et l'espace $M_t(T,E)$ des mesures de Radon. Ils montrent aussi pourquoi la condition de finitude locale des supports peut être abandonnée sans dommage.

1. CARACTERISATIONS SCALAIRES.

La donnée d'une mesure $\mu \in M_\beta(T)$ et d'une pcu $\varphi = (\varphi_i)$, $i \in I$, permet l'introduction d'une fonction additive d'ensembles (fae) θ_φ sur la tribu $\mathcal{P}(I)$, définie par

$$\theta_\varphi(A) = \mu\Big(\sum_{i \in A} \varphi_i\Big)$$

et dont les propriétés sont en rapport direct avec les propriétés de μ.

Rappelons maintenant, [13], que l'espace $M_\sigma(T)$ des mesures σ-régulières sur T est défini par la condition que pour toute suite (f_n) de $C^\infty(T)$, telle que $f_n \downarrow 0$, on ait $\mu(f_n) \to 0$ et que l'espace $M^\infty(T)$, [9], est défini par la condition que μ ait sa restriction $\mu|_H$ simplement continue pour toute partie $H \in \mathcal{H}^\infty(T)$.

On a alors, par des preuves plus directes que celle du théorème 4.1. de [11], les caractérisations suivantes des espaces $M_\sigma(T)$ et $M^\infty(T)$:

(1.1) PROPOSITION ([4], [11])

On fixe $\mu \in M_\beta(T)$. *Les assertions suivantes sont équivalentes :*

a) $\mu \in M_\sigma(T)$.

b) La restriction $\mu|_H$ *de* μ *à toute partie* $H \in \mathcal{H}^\infty(T)$ *qui est simplement métrisable, est simplement continue.*

c) Pour toute pcud $\varphi = (\varphi_n)$ *on a* $\mu(1) = \Sigma\, \mu(\varphi_n)$.

d) Pour toute pcu $\varphi = (\varphi_i)$, $i \in I$, *la fae* θ_φ *est une mesure sur la tribu* $\mathcal{P}(I)$.

PREUVE

Les implications a $\Rightarrow$ d $\Rightarrow$ c sont faciles à vérifier, ainsi que l'équivalence a $\Leftrightarrow$ b. Une preuve simple de c $\Rightarrow$ a figure au théorème 4.9. de [4]. □

(1.2) PROPOSITION ([4], [11])

On fixe $\mu \in M_\beta(T)$. *Les assertions suivantes sont équivalentes :*

a) $\mu \in M^\infty(T)$.

b) Pour toute pcu $\varphi = (\varphi_i) \in \Phi$ *on a* $\mu(1) = \Sigma\, \mu(\varphi_i)$.

c) Pour toute pcu $\varphi \in \Phi$ *la fae* θ_φ *est une mesure atomique sur la tribu* $\mathcal{P}(I)$.

PREUVE

On a aisément a $\Rightarrow$ b $\Leftrightarrow$ c. Pour prouver c $\Rightarrow$ a, il suffit avec le lemme (0.2), de prouver que μ est simplement continue sur chaque partie équicontinue $H_{\varphi,\infty}$. Pour cela il suffit de prouver que l'on a la formule de commutation $\mu(\Sigma\, \xi_i \varphi_i) = \Sigma\, \xi_i \mu(\varphi_i)$ pour toute $\xi \in \ell^\infty(I)$. Or ce dernier point peut se montrer en introduisant les formes linéaires S_φ et T_φ, continues sur l'espace de Banach $\ell^\infty(I)$, et définies par

$$S_\varphi(\xi) = \mu(\Sigma\, \xi_i \varphi_i)$$

$$T_\varphi(\xi) = \Sigma\, \xi_i\, \mu(\varphi_i)$$

et en remarquant que d'après c), S_φ et T_φ sont égales sur l'ensemble, total dans $\ell^\infty(I)$, des éléments $\xi = 1_L$ qui sont fonctions indicatrices des parties $L \subset I$. □

Une application, simple et intéressante, de ces résultats illustre l'intérêt de la fae θ_φ, et la liaison qui peut s'établir entre les espaces $M_\sigma(T)$, $M^\infty(T)$ et les espaces de mesures abstraites. En effet, par le théorème classique de Nikodym sur les limites de suites de mesures, on a :

(1.3) COROLLAIRE ([4])

Soit (μ_n) *une suite de mesures éléments de l'espace* $M_\sigma(T)$ [*resp.* $M^\infty(T)$] *telle que la suite* $(\mu_n(f))$ *soit convergente pour toute* $f \in C^\infty(T)$ *vers un élément noté* $\mu(f)$. *Alors la forme linéaire* μ *est élément de* $M_\sigma(T)$ [*resp. de* $M^\infty(T)$], *autrement dit les espaces* $M_\sigma(T)$ *et* $M^\infty(T)$ *sont séquentiellement complets pour la topologie étroite.*

PREUVE

On a $\mu \in M_\beta(T)$ par le théorème de Banach-Steinhaus. Pour le reste on utilise les caractérisations de (1.1) et (1.2), couplées avec le théorème de Nikodym, une fois vu que la fae θ_φ associée à μ est limite des fae θ^n_φ associées aux mesures μ_n. □

2. QUELQUES CURIEUSES TOPOLOGIES

Nous reprenons ici, d'une façon extrêmement condensée, l'essentiel de l'article [5]. L'idée initiale était la recherche sur les espaces $M_\sigma(T)$, $M^\infty(T)$ et $M_\beta(T)$ de topologies rassemblant deux propriétés a priori éloignées l'une de l'autre : à savoir être complètes (comme la topologie de la norme) et donner pour dual l'espace $C^\infty(T)$ (comme la topologie étroite). De telles topologies existent sur l'espace $M_\sigma(T)$, [2], et sur l'espace $M^\infty(T)$, [9]. Nous en fournissons d'autres, ainsi que sur l'espace $M_\beta(T)$, en exploitant systématiquement la notion de pcu.

Pour cela on fixe un nombre $p \in [1, +\infty]$, dont le conjugué est noté $q \in [1, +\infty]$, et l'on considère la famille $\mathscr{H}_q$ des parties équicontinues, associées aux pcu $\varphi \in \Phi_d$,

$$H_{\varphi,q} = \{\Sigma\, \xi_n\, \varphi_n \; ; \; \xi \in \ell^q \text{ et } \|\xi\|_q \leqslant 1\}.$$

Il est facile de voir, avec (1.2), que l'on a, pour toute $\mu \in M_\sigma(T)$

$$\|\mu\|_{H_{\varphi,q}} = \sup_{f \in H_{\varphi,q}} |\mu(f)| = \|(\mu(\varphi_n))\|_p$$

et cette formule, qui est conséquence de la formule de commutation

$$(*) \qquad \mu(\Sigma\, \xi_n\, \varphi_n) = \Sigma\, \xi_n\, \mu(\varphi_n) \qquad \xi \in \ell^\infty$$

peut s'étendre au cas d'une mesure $\mu \in M_\beta(T)$ pour chaque exposant $q < +\infty$ (donc $p > 1$), car la formule de commutation (*) reste valable pour $\mu \in M_\beta(T)$ et $\xi \in c_0$.

Il suit de là qu'il est loisible de considérer sur l'espace $M_\beta(T)$ les topologies $\mathscr{T}_p$, $1 \leqslant p \leqslant +\infty$, définies par le système (filtrant croissant) des semi-normes

$$(**) \qquad \|\mu\|_{\varphi,p} = \|(\mu(\varphi_n))\|_p$$

lorsque la pcu φ décrit l'ensemble Φ_d, obtenant ainsi un espace noté $M_{\beta,p}(T)$. Désignons maintenant par $M_{\sigma,p}(T)$ l'espace $M_\sigma(T)$ muni de la topologie $\mathscr{T}_p$. On a alors :

(2.1) PROPOSITION ([5])

a) L'espace $M_{\beta,p}(T)$ *est toujours complet. Pour* $1 < p \leqslant +\infty$ *on a* $[M_{\beta,p}(T)]' = C^\infty(T)$.
b) On a toujours $[M_{\sigma,p}(T)]' = C^\infty(T)$. *Pour* $1 < p \leqslant +\infty$ *l'espace* $M_{\sigma,p}(T)$ *est dense dans* $M_{\beta,p}(T)$. *Pour* $p=1$ *l'espace* $M_{\sigma,1}(T)$ *est complet.*

REMARQUE 1

On trouvera dans [6] une expression du dual $[M_{\beta,1}(T)]'$ sous la forme d'un espace de fonctions de Baire sur βT.

REMARQUE 2

Il est tout à fait possible de faire varier la pcu φ dans l'ensemble Φ, plutôt que dans l'ensemble Φ_d.

On obtient ainsi d'autres topologies $\mathcal{T}_p$ sur l'espace $M_\beta(T)$ et l'espace $M_\sigma(T)$ doit être remplacé par l'espace $M^\infty(T)$ (de manière que la formule de commutation (*) reste valable pour les $\varphi = (\varphi_i)$ et les $\xi = (\xi_i)$). Par souci de compression nous ne développerons pas les énoncés correspondants.

REMARQUE 3

On trouvera dans [6] que les espaces $M_{\beta,p}(T)$, $1 \leqslant p \leqslant +\infty$ et $M_{\sigma,p}(T)$, $1 < p \leqslant +\infty$, ne sont infratonnelés que si T est fini. Quant à $M_{\sigma,1}(T)$ il n'est infratonnelé que si T est un espace discret fini ou dénombrable.

Les semi-normes $\|.\|_{\varphi,p}$, définies par les égalités (**), déterminent donc la topologie $\mathcal{T}_p$ comme une topologie initiale associée au système d'applications

$$V_\varphi : M_\beta(T) \to \ell^p \qquad \varphi \in \Phi_d,\ 1 \leqslant p < \infty$$

$$V_\varphi : M_\beta(T) \to c_o \qquad \varphi \in \Phi_d,\ p = +\infty$$

avec $V_\varphi(\mu) = (\mu(\varphi_n))$.

On obtient ainsi des diagrammes commutatifs d'applications linéaires continues :

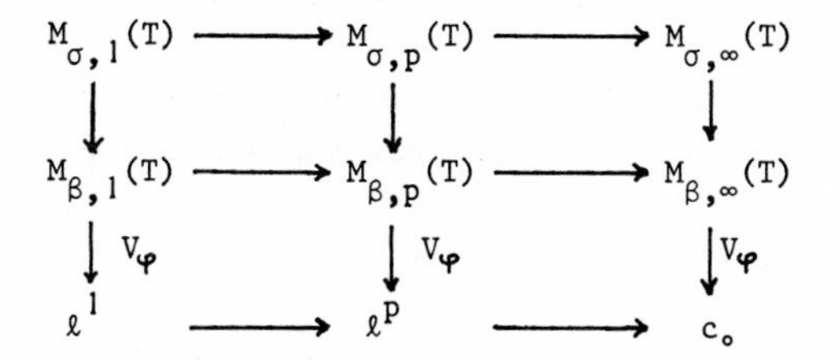

$$\begin{array}{ccccc} M_{\sigma,1}(T) & \longrightarrow & M_{\sigma,p}(T) & \longrightarrow & M_{\sigma,\infty}(T) \\ \downarrow & & \downarrow & & \downarrow \\ M_{\beta,1}(T) & \longrightarrow & M_{\beta,p}(T) & \longrightarrow & M_{\beta,\infty}(T) \\ \downarrow V_\varphi & & \downarrow V_\varphi & & \downarrow V_\varphi \\ \ell^1 & \longrightarrow & \ell^p & \longrightarrow & c_o \end{array}$$

qui vont s'avérer fort utiles pour les questions de compacité.

En effet les parties relativement compactes K de l'espace $M_{\beta,p}(T)$, p fixé, sont exactement celles, puisque $M_{\beta,p}(T)$ est complet, dont l'image $V_\varphi(K)$ est relativement compacte dans l'espace ℓ^p (ou c_o si $p = +\infty$) pour toute $\varphi \in \Phi_d$. Ce sont donc, pour les cas extrêmes $p=1$ et $p = +\infty$, les parties K bornées en norme qui vérifient respectivement les conditions

$$(C_1) \quad \begin{cases} \text{Pour toute } \varphi \in \Phi_d \text{ et tout } \varepsilon > 0, \text{ il existe un entier N tel que l'on ait} \\ \left| \sum_{n \in J} \mu(\varphi_n) \right| \leqslant \varepsilon \text{ pour toute } \mu \in K \text{ et toute partie finie } J \subset [N,\infty). \end{cases}$$

(C_∞) $\begin{cases} \text{Pour toute } \varphi \in \Phi_d \text{ et tout } \varepsilon > 0, \text{ il existe un entier N tel que l'on ait} \\ |\mu(\varphi_n)| \leqslant \varepsilon \text{ pour toute } \mu \in K \text{ et tout } n \geqslant N. \end{cases}$

Or il est facile de prouver, en jouant sur le choix variable de $\varphi \in \Phi_d$, que ces conditions sont équivalentes. On tire de là :

(2.2) THEOREME ([5])

Les espaces $M_{\beta,p}(T)$, $1 \leqslant p \leqslant +\infty$, *ont tous les mêmes parties relativement compactes qui sont les parties* K *bornées en norme telles que l'on ait*

$$\operatorname*{Sup}_{\mu \in K} |\mu(\varphi_n)| \to 0 \quad \textit{pour chaque} \quad \varphi \in \Phi_d.$$

REMARQUE 4

On déduit aisément du théorème (2.2) et du lemme de Schur, relatif aux parties faiblement compactes de l'espace ℓ^1, que l'espace $M_{\beta,1}(T)$ est séquentiellement complet et que ses parties faiblement compactes sont compactes. Toutefois les parties faiblement compactes de l'espace $M_{\beta,p}(T)$, $1 < p \leqslant +\infty$, qui sont aussi les parties étroitement compactes d'après (2.1.a), ne sont pas compactes en général.

L'application aux espaces $M_{\sigma,p}(T)$ est, elle aussi, digne d'intérêt, par la simplicité des résultats obtenus. Rappelons que d'après (2.1.b) les parties faiblement compactes de $M_{\sigma,p}(T)$ sont les parties étroitement compactes.

(2.3) THEOREME ([5])

Les espaces $M_{\sigma,p}(T)$, $1 \leqslant p \leqslant +\infty$, *ont tous les mêmes parties relativement compactes, qui sont aussi les parties faiblement (ou étroitement) relativement compactes, qui sont aussi les parties précompactes. Ces parties communes sont exactement les traces sur* $M_\sigma(T)$ *des parties relativement compactes communes des espaces* $M_{\beta,p}(T)$.

PREUVE

Grâce aux diagrammes vus plus haut, il suffit de prouver qu'une partie $K \subset M_\sigma(T)$ qui est, soit étroitement compacte, soit précompacte dans l'espace $M_{\sigma,\infty}(T)$, est en fait relativement compacte dans l'espace $M_{\sigma,1}(T)$. Dans le premier cas chaque image $V_\varphi(K)$ est faiblement compacte dans l'espace ℓ^1, ce qui ramène au lemme de Schur, et montre que K est relativement compacte dans $M_{\beta,1}(T)$. Dans le second cas la partie bornée K vérifie la condition (C_∞) puisque chaque image $V_\varphi(K)$ est précompacte dans l'espace c_0, et K est encore relativement compacte dans $M_{\beta,1}(T)$. On termine en remarquant que $M_{\sigma,1}(T)$ est fermé dans $M_{\beta,1}(T)$. □

REMARQUE 5

Pour $1 < p \leqslant +\infty$ l'espace $M_{\sigma,p}(T)$ n'est pas complet en général. On montre d'ailleurs facilement, [5], que $M_{\sigma,p}(T)$ n'est quasi-complet que si T est pseudocompact, ce qui revient à dire que $M_\sigma(T) = M_\beta(T)$. On en déduit que chaque fois que T n'est pas pseudo-compact, l'espace $M_{\sigma,p}(T)$, $1 < p \leq +\infty$, fournit un exemple d'espace non quasi-complet pour lequel tout précompact est relativement compact. Cette famille d'exemples (quand p et T varient) est d'ailleurs notablement plus simple que la plupart des exemples analogues connus. En particulier pour $T=\mathbb{N}$ on a $M_\sigma(T) = \ell^1$, d'où :

(2.4) COROLLAIRE ([5])

Sur l'espace $\ell^1 = \ell^1(\mathbb{N})$ *il existe pour chaque* p *tel que* $1 < p \leq +\infty$ *une topologie localement convexe d'espace non quasi-complet pour laquelle toute partie précompacte est relativement compacte.*

Pour des développements plus complets sur cette question nous renvoyons à [5].

3. APPLICATIONS AUX MESURES VECTORIELLES

L'essentiel de ce qu'on va dire ici est extrait de [4], à la seule différence près que, dans [4], les pcu sont supposées localement finies ce qui constitue une restriction inutile.

Comme dans le cas scalaire, on peut associer à toute $\vec{\mu} \in M_\beta(T,E)$ (où E est, rappelons-le, un elc quasi-complet), et à toute $\varphi = (\varphi_i) \in \Phi$, une fae vectorielle $\vec{\theta_\varphi} : \mathscr{P}(I) \to E$ définie par

$$\vec{\theta_\varphi}(A) = \vec{\mu}\Big(\sum_{i \in A} \varphi_i\Big).$$

Par ailleurs on définit l'espace $M_\sigma(T,E)$ par la condition que $\vec{\mu}(f_n) \to 0$ dans E pour toute suite (f_n) de $C^\infty(T)$ telle que $f_n \downarrow 0$, et l'espace $M^\infty(T,E)$ par la condition que $\vec{\mu}$ ait sa restriction $\vec{\mu}|_H : H \to E$ simplement continue (pour la topologie propre de E) pour toute partie $H \in \mathscr{H}^\infty(T)$.

Il est clair que l'on a les inclusions

$$M^\infty(T,E) \subset M_\sigma(T,E) \subset M_\beta(T,E)$$

et que, pour toute $\vec{\mu} \in M^\infty(T,E)$ et toute $\varphi \in \Phi$, on a $\vec{\mu}(\varphi_i) \to 0$ dans E. De même pour toute $\vec{\mu} \in M_\sigma(T,E)$ et toute $\varphi = (\varphi_n) \in \Phi_d$ on a $\mu(\varphi_n) \to 0$ dans E.

Il suit de là qu'il est sans doute intéressant d'étudier plus spécialement l'ensemble de toutes les mesures $\vec{\mu} \in M_\beta(T,E)$ qui vérifient l'une ou l'autre des conditions $\vec{\mu}(\varphi_i) \to 0$ pour toute $\varphi \in \Phi$, ou $\vec{\mu}(\varphi_n) \to 0$ pour toute $\varphi \in \Phi_d$.

On va voir qu'en réalité cette question amène à étudier la sommabilité des familles $(\xi_i \ \vec{\mu}(\varphi_i))$ pour toute $\varphi \in \Phi$ et toute $\xi \in \ell^\infty(I)$, et va permettre l'introduction d'un nouvel espace de mesures vectorielles.

Donnons tout d'abord un résultat très général et pour cela introduisons, pour $\vec{\mu} \in M_\beta(T,E)$ et $\varphi \in \Phi$, l'image $\mathcal{I}m\, \theta_{\vec{\varphi}}$ et l'image réduite $\mathcal{I}m_f\, \theta_{\vec{\varphi}}$ selon

$$\mathcal{I}m\, \theta_{\vec{\varphi}} = \{\theta_{\vec{\varphi}}(L) \ ; \quad L \text{ partie quelconque de } I\}$$

$$\mathcal{I}m_f\, \theta_{\vec{\varphi}} = \{\theta_{\vec{\varphi}}(J) \ ; \quad J \text{ partie finie de } I\}.$$

On a alors :

(3.1) PROPOSITION ([4])

On fixe la mesure $\vec{\mu} \in M_\beta(T,E)$. *Pour toute* $\varphi = (\varphi_i) \in \Phi$ *et toute* $\xi = (\xi_i) \in \ell^\infty(I)$ *la famille* $(\xi_i\ \vec{\mu}(\varphi_i))$ *est sommable dans le bidual* E" *pour la topologie faible* $\sigma(E'',E')$. *On a de plus*

$$\Sigma\, \xi_i\ \vec{\mu}(\varphi_i) \in 2(\mathcal{I}m_f\, \theta_{\vec{\varphi}})^{\circ\circ}$$

si $\|\xi\|_\infty \leqslant 1$, *où le bipolaire est pris dans la bidualité* (E,E").

PREUVE

La famille $(\xi_i\ \vec{\mu}(\varphi_i))$ étant scalairement sommable on définit une forme linéaire $X^\xi \in (E')^*$, élément du dual algébrique de E, selon

$$X^\xi(x') = \Sigma\, \xi_i < \vec{\mu}(\varphi_i),\ x' >.$$

Il est clair que l'application $\xi \to X^\xi$, de $\ell^\infty(I)$ dans $(E')^*$, est continue pour les topologies faibles $\sigma(\ell^\infty(I),\ \ell^1(I))$ et $\sigma((E')^*,\ E')$. Par ailleurs on a l'égalité $X^\xi = \theta_{\vec{\varphi}}(J)$ pour $\xi = 1_J$, J partie finie de I, de sorte que $X^\xi \in (\mathcal{I}m_f\, \theta_{\vec{\varphi}})^{\circ\circ}$ pour $\xi = 1_L$, L partie quelconque de I. Il suit de là que l'on a $X^\xi \in 2\ (\mathcal{I}m_f\, \theta_{\vec{\varphi}})^{\circ\circ}$ pour toute ξ telle que $|\xi_i| = 1$ pour tout i, c'est-à-dire pour toute ξ qui est point extrêmal de la boule unité de $\ell^\infty(I)$. On obtient donc le résultat voulu par le théorème de Krein-Milman. Il reste à remarquer que l'image $\mathcal{I}m\ \theta_{\vec{\varphi}}$, et a fortiori l'image réduite $\mathcal{I}m_f\ \theta_{\vec{\varphi}}$, est une partie bornée de E pour obtenir la condition $(\mathcal{I}m_f\, \theta_{\vec{\varphi}})^{\circ\circ} \subset (\mathcal{I}m\, \theta_{\vec{\varphi}})^{\circ\circ} \subset E''$. □

On peut alors se poser la question de savoir dans quelles conditions on peut avoir $\Sigma\, \xi_i\ \vec{\mu}(\varphi_i) \in E$ pour toute $\varphi \in \Phi$ et toute $\xi \in \ell^\infty(I)$. Dans ce cas la famille $(\xi_i\ \vec{\mu}(\varphi_i))$ serait $\sigma(E,E')$-sommable dans E, donc aussi sommable dans E pour sa topologie propre d'après le théorème d'Orlicz-Pettis.

Une réponse complète à cette question est fournie par le théorème suivant :

(3.2) THEOREME ([4])

Relativement à une mesure $\vec{\mu} \in M_\beta(T,E)$ *les assertions suivantes sont équivalentes :*

a) On a $\Sigma\, \xi_i\ \vec{\mu}(\varphi_i) \in E$ *pour toute* $\varphi \in \Phi$ *et toute* $\xi \in \ell^\infty(I)$.

b) Pour toute $\varphi \in \Phi$ *on a* $\lim \vec{\mu}(\varphi_i) = 0$ *dans* E.

c) Pour toute $\varphi \in \Phi_d$ *on a* $\lim \vec{\mu}(\varphi_n) = 0$ *dans* E.

d) La transposée $E' \to M_\beta(T)$ *de* $\vec{\mu}$ *transforme les parties équicontinues de* E' *en parties relativement compactes des espaces* $M_{\beta,p}(T)$.

e) Pour toute $\varphi \in \Phi$ *l'image réduite* $\mathcal{I}m_f\ \vec{\theta}_\varphi$ *est relativement compacte dans* E.

f) Pour toute $\varphi \in \Phi$ *l'image réduite* $\mathcal{I}m_f\ \vec{\theta}_\varphi$ *est faiblement relativement compacte dans* E.

g) Pour toute $\varphi \in \Phi$ *la fae* $\vec{\theta}_\varphi$ *est exhaustive ("strongly bounded") sur la tribu* $\mathcal{P}(I)$*, c'est-à-dire que, pour toute suite disjointe* (L_n) *de* $\mathcal{P}(I)$*, on a* $\vec{\theta}_\varphi(L_n) \to 0$ *dans* E.

h) Pour toute $\varphi \in \Phi$ *la fae* $\vec{\theta}_\varphi$ *est exhaustive sur l'algèbre* $\mathcal{P}(I)$ *des parties finies de* I.

i) La mesure $\vec{\mu}$ *transforme les parties* $H \in \mathcal{H}^\infty(T)$ *en parties faiblement relativement compactes de* E.

j) Pour toute $\varphi \in \Phi$ *l'image* $\mathcal{I}m\ \vec{\theta}_\varphi$ *est faiblement relativement compacte dans* E.

PREUVE

Elle peut se faire assez facilement selon le schéma logique suivant :

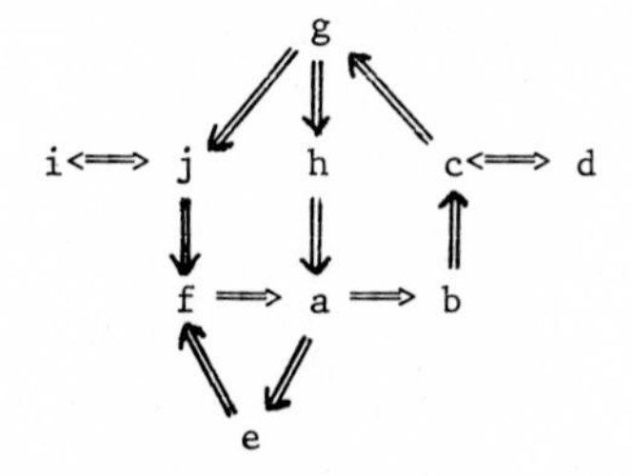

a ⟹ b ⟹ c : Evident.

c⟺d : Ce n'est autre que la caractérisation (2.2) des parties relativement compactes communes des espaces $M_{\beta,p}(T)$ quand on associe à toute partie équicontinue $H \subset E'$ la partie $K = H \circ \vec{\mu}$ de $M_\beta(T)$.

c ⟹g : Il suffit d'associer à toute suite disjointe $(L_n)_{n \geqslant 1}$ de parties quelconques de I la pcu $\psi = (\psi_n)_{n \geqslant 0}$ définie par $\psi_n = \sum_{i \in L_n} \varphi_i$ si $n \geqslant 1$ et $\psi_0 = \sum_{i \notin L} \varphi_i$ avec $L = \cup L_n$.

g ⟹ h : Evident.

h ⟹ a : On utilise le fait que E est quasi-complet pour se ramener à la condition de Cauchy et à un raisonnement par l'absurde.

a ⟹ e : Fixons la pcu $\varphi = (\varphi_i)$. Pour tout voisinage de zéro V dans E, il existe une partie finie P de I telle que $\vec{\theta}_\varphi(J) \in V$ pour toute partie finie J de I, disjointe de P. Il en résulte que l'on a $\vec{\theta}_\varphi(J) \in \vec{\theta}_\varphi(J \cap P) + V$ pour une partie finie J quelconque, d'où l'on déduit l'existence d'une partie finie $M \subset E$ telle que $\mathcal{I}m_f\, \vec{\theta_{\varphi}} \subset M+V$. Ainsi l'image réduite $\mathcal{I}m_f\, \vec{\theta_{\varphi}}$ est précompacte dans E, donc relativement compacte puisque E est quasi-complet.

e $\Rightarrow$ f : Evident.

f $\Rightarrow$ a : C'est une conséquence de (3.1) et du théorème de Krein garantissant, puisque E est quasi-complet, que l'on a $(\mathcal{I}m_f\, \vec{\theta_{\varphi}})^{\circ\circ} \subset E$ quand $\mathcal{I}m_f\, \vec{\theta_{\varphi}}$ est faiblement relativement compacte.

g $\Rightarrow$ j : Car l'image d'une fae exhaustive définie sur une tribu est toujours faiblement relativement compacte quand l'espace d'arrivée est quasi-complet.

j $\Rightarrow$ f : Evident.

i $\Rightarrow$ j : Evident, car l'ensemble des fonctions $\psi_L = \sum_{i \in L} \varphi_i$ est contenu dans la partie $H_{\varphi,\infty}$ du lemme (0,1), donc est élément de $\mathcal{H}^{\infty}(T)$.

j $\Rightarrow$ i : C'est ici un peu plus délicat. On commence par démontrer que, pour toute $\xi \in \ell^{\infty}(I)$ telle que $\|\xi\|_{\infty} \leqslant 1$, on a $\vec{\mu}(\Sigma\, \xi_i \varphi_i) \in 2\overline{\Gamma}\, (\mathcal{I}m\, \vec{\theta_{\varphi}})$. Comme on peut approcher d'aussi près qu'on veut en norme chaque ξ telle que $\|\xi\|_{\infty} \leqslant 1$ par une combinaison linéaire finie $\eta = \Sigma\, \lambda_{\alpha} 1_{L_{\alpha}}$, où les parties L_{α} forment une partition de I et où $|\lambda_{\alpha}| \leqslant 1$ pour tout α, il suffit de vérifier que l'on a $\vec{\mu}(\Sigma\, \eta_i \varphi_i) \in 2\, \Gamma(\mathcal{I}m\, \vec{\theta_{\varphi}})$. Or cela est évident si $|\lambda_{\alpha}| = 1$ pour tout α, puisque les parties L_{α} sont disjointes et en nombre fini. Si A est l'ensemble (fini) des indices α, il suffit alors d'écrire que la boule unité de $\ell^{\infty}(A)$ est l'enveloppe disquée de ses points extrêmaux pour conclure.

Si l'on fixe maintenant une partie $H \in \mathcal{H}^{\infty}(T)$, que l'on peut supposer contenue dans la boule unité Δ de $C^{\infty}(T)$, on peut utiliser le lemme (0.2) et ce qui vient d'être dit pour voir que pour tout $\varepsilon > 0$, il existe une pcu $\varphi = (\varphi_i)$ telle que

$$\vec{\mu}(H) \subset 2\overline{\Gamma}(\mathcal{I}m\, \vec{\theta_{\varphi}}) + \varepsilon\, \vec{\mu}(\Delta).$$

L'image $\vec{\mu}(\Delta)$ étant bornée dans E, on en déduit que la partie $K = \vec{\mu}(H)$ de E possède la propriété que pour tout voisinage de zéro disqué V de E, il existe un disque faiblement compact D tel que $K \subset D+V$. Par un lemme classique ceci implique, dans un espace quasi-complet E, que la partie K est elle-même faiblement relativement compacte.□

(3.3) <u>DEFINITION</u> ([4])

On désigne par $M_{\beta^*}(T,E)$ *l'espace des mesures* $\vec{\mu} \in M_{\beta}(T,E)$ *qui vérifient les conditions équivalentes du théorème (3.2).*

Rappelons avec [12], qu'on appelle mesure prolongeable, toute $\vec{\mu} \in M_{\beta}(T,E)$ telle que l'image $\vec{\mu}(\Delta)$ soit un disque faiblement relativement compact de E, autrement dit qui détermine un opérateur $\vec{\mu} : C^{\infty}(T) \to E$ qui est faiblement compact. On a alors

(3.4) PROPOSITION ([4])

L'espace $M_{\beta^*}(T,E)$ *contient à la fois l'espace* $M_\sigma(T,E)$ *et l'espace des mesures prolongeables.*

PREUVE

Avec les conditions (3.2.c) et (3.2.i). □

On peut maintenant se demander dans quelles conditions les deux espaces $M_\beta(T,E)$ et $M_{\beta^*}(T,E)$ coïncident. En fait ce problème, à deux variables T et E, est mal posé. D'une façon plus précise on peut toutefois caractériser les espaces T tels que l'égalité ait lieu pour tout elc quasi-complet E, et les espaces E tels qu'elle ait lieu pour tout espace T.

(3.5) PROPOSITION ([4])

Relativement à l'espace complètement régulier T *les assertions suivantes sont équivalentes :*

a) T *est pseudocompact.*

b) On a $M_{\beta^*}(T,E) = M_\beta(T,E)$ *pour tout elc* E *quasi-complet.*

c) On a $M_{\beta^*}(T,E) = M_\beta(T,E)$ *pour tout espace de Banach* E.

PREUVE

a ⟹ b car alors $M_\beta(T,E) = M_\sigma(T,E)$ puisque, d'après le théorème de Dini, toute suite $f_n \downarrow 0$ de $C^\infty(T)$ est telle que $\|f_n\| \to 0$. Enfin c ⟹ a comme on voit en choisissant $E = C^\infty(T)$ et en prenant pour $\vec{\mu}$ l'opérateur identité. □

Pour examiner l'autre aspect de la question rappelons qu'un elc E est dit *exhaustif* lorsque toute fae bornée $\vec{\theta} : \Sigma \to E$, définie sur une tribu Σ, est exhaustive. Il est facile de voir qu'il suffit que pour toute fae bornée $\vec{\theta} : \mathscr{P}(\mathbb{N}) \to E$ on ait $\vec{\theta}(\{n\}) \to 0$ dans E. Pour une étude des elc exhaustifs nous renvoyons à [7], [8]. Notons qu'il résulte de [10] qu'un espace de Banach E est exhaustif si et seulement si E ne contient aucun sous-espace isomorphe à ℓ^∞.

Cela étant on a :

(3.6) PROPOSITION ([4])

Relativement à un elc quasi-complet E *les assertions suivantes sont équivalentes :*

a) E *est exhaustif.*

b) On a $M_{\beta^*}(T,E) = M_\beta(T,E)$ *pour tout* T.

c) Tout opérateur continu de ℓ^∞ *dans* E *est faiblement compact.*

PREUVE

a $\Rightarrow$b) est évident avec (3.2.g). On montre b $\Rightarrow$ c en choisissant T=$\mathbb{N}$ et en appliquant (3.2.i) après avoir remarqué que la boule unité de ℓ^∞ est élément de $\mathcal{H}^\infty(\mathbb{N})$. Enfin c $\Rightarrow$ a car si $\vec{\theta} : \mathcal{P}(\mathbb{N}) \to E$ est une fae bornée, il lui correspond un opérateur continu u : $\ell^\infty \to E$, donc une mesure $\vec{\mu} : C^\infty(\mathbb{N}) \to E$, qui est prolongeable d'après c), donc élément de $M_{\beta^*}(\mathbb{N},E)$. On voit alors, avec (3.2.c), que $\vec{\theta}(\{n\}) \to 0$ dans E puisque la suite $\varphi_n = 1_{\{n\}}$ détermine une pcu dénombrable sur $\mathbb{N}$. □

Application aux espaces $M_\sigma(T,E)$ *et* $M^\infty(T,E)$.

Pour terminer nous donnons sans démonstration (renvoyant à [4] pour cela) des caractérisations utiles des espaces $M_\sigma(T,E)$ et $M^\infty(T,E)$ semblables aux énoncés (1.1) et (1.2).

(3.7) PROPOSITION ([4])

On fixe $\vec{\mu} \in M_\beta(T,E)$. *Les assertions suivantes sont équivalentes :*

a) $\vec{\mu} \in M_\sigma(T,E)$.

b) La restriction $\vec{\mu}_{|H}$ *de* $\vec{\mu}$ *à toute partie* $H \in \mathcal{H}^\infty(T)$ *qui est simplement métrisable, est simplement continue (pour la topologie propre de* E*).*

c) Pour toute pcud $\varphi = (\varphi_n)$ *on a* $\vec{\mu}(1) = \Sigma \vec{\mu}(\varphi_n)$ *dans* E.

d) Pour toute pcu $\varphi = (\varphi_i)$ *la fae* $\vec{\theta_\varphi}$ *est une mesure vectorielle sur la tribu* $\mathcal{P}(I)$.

(3.8) PROPOSITION ([4])

On fixe $\vec{\mu} \in M_\beta(T,E)$. *Les assertions suivantes sont équivalentes :*

a) $\vec{\mu} \in M^\infty(T,E)$.

b) Pour toute pcu $\varphi = (\varphi_i)$ *on a* $\vec{\mu}(1) = \Sigma \vec{\mu}(\varphi_i)$ *dans* E.

c) Pour toute pcu $\varphi = (\varphi_i)$ *la fae* $\vec{\theta_\varphi}$ *est une mesure vectorielle atomique sur la tribu* $\mathcal{P}(I)$.

On en déduit comme en (1.3) l'énoncé suivant

(3.9) PROPOSITION ([4])

Soit $(\vec{\mu}_n)$ *une suite de mesures éléments de l'espace* $M_{\beta^*}(T,E)$ [*resp.* $M_\sigma(T,E)$ *; resp.* $M^\infty(T,E)$]. *On suppose que pour toute* $f \in C^\infty(T)$ *la suite* $(\vec{\mu}_n(f))$ *est convergente dans* E *vers un élément noté* $\vec{\mu}(f)$. *Alors* $\vec{\mu}$ *est une mesure élément de l'espace* $M_{\beta^*}(T,E)$ [*resp.* $M_\sigma(T,E)$ *; resp.* $M^\infty(T,E)$].

PREUVE

Déjà le théorème de Banach - Steinhaus garantit la condition $\vec{\mu} \in M_\beta(T,E)$. Pour le reste on utilise, comme en (1.3), le théorème de Nikodym pour les espaces $M_\sigma(T,E)$ et $M^\infty(T,E)$ en se ramenant aux caractérisations (3.7.d) et (3.8.c). Pour l'espace $M_{\beta^*}(T,E)$ on se ramène à la caractérisation (3.2.g) en utilisant le théorème de Brooks-

Jewett, [3], sur les limites simples de fae exhaustives. □

BIBLIOGRAPHIE

[1] A. BADRIKIAN, *Séminaire sur les fonctions aléatoires linéaires et les mesures cylindriques*, Lecture Notes n° 139, (1970).

[2] J. BERRUYER et B. IVOL, *Espaces de mesures et compactologies*, Publ. Dép. Math. Lyon, 9-1, (1972), p. 1-35.

[3] J.K. BROOKS et R.S. JEWETT, *On finitely additive vector measures*, Proc. Nat. Acad. Sc. U.S.A., 67, (1970), p. 1294-1298.

[4] D. BUCCHIONI, *Mesures vectorielles et partitions continues de l'unité*, Publ. Dép. Math. Lyon, 12-3, (1975), p. 51-90.

[5] H. BUCHWALTER, *Quelques curieuses topologies sur* $M_\sigma(T)$ *et* $M_\beta(T)$, Ann. Inst. Fourier, 27-2, (1977), à paraître.

[6] H. BUCHWALTER, *Espaces de mesures et partitions continues de l'unité*, Proceedings from the Paderborn Colloquium on Functional Analysis (November 18-20, 1976), à paraître chez North-Holland.

[7] J. DIESTEL, *Applications of weak compactness and bases to vector measures and vectorial integration*, Revue roum. Math. Pures et Appl., XVIII-2, (1973), p. 211-224.

[8] J. DIESTEL et B. FAIRES, *On vector measures*, Trans. Amer. Math. Soc., 198, (1974), p. 253-271.

[9] M. ROME, *L'espace* $M^\infty(T)$, Publ. Dép. Math. Lyon, 9-1, (1972), p. 37-60.

[10] H.P. ROSENTHAL, *On relatively disjoint families of measures, with some applications to Banach space theory*, Studia Math., 37, (1970), p. 13-36.

[11] D. SENTILLES et R.F. WHEELER, *Linear functionals and partitions of unity in* $C_b(X)$, Duke Math. J., 41, (1974), p. 483-496.

[12] E. THOMAS, *Intégration par rapport à une mesure de Radon vectorielle*, Ann. Inst. Fourier, 20-2, (1970), p. 55-191.

[13] V.S. VARADARAJAN, *Measures on topological spaces*, Amer. Math. Soc. Translations, (2), 48, (1965), p. 161-228.

TENSOR PRODUCT OF GAUSSIAN MEASURES (⋆)

by René CARMONA

Département de Mathématiques. U.E.R. MARSEILLE-LUMINY
70, Route L. Lachamp 13288 MARSEILLE CEDEX 2 - FRANCE

I - INTRODUCTION

We are concerned here with the study of Gaussian measures on Banach spaces : as is now well known, such measures can be interpreted as distributions of Gaussian processes and findings on Gaussian processes have naturally an application in this study.

In section II we give a sufficient condition for sample path continuity of two parameter Gaussian processes, the proof of which is based on a comparison lemma which generalises a result of M.B. MARCUS and L.A. SHEPP [21. Lemma 2.]. In section III we recall the definitions of a measurable norm on a Hilbert space and of an abstract Wiener space : these concepts were introduced by L. Gross [12, 13]. We sketch the proof of Gross' fundamental result on the countable additivity of the abstract Wiener measure and we clarify the proof given in [6] of the equivalence of the concepts of abstract Wiener space and of Banach space equipped with a Gaussian measure. We end this section with a short proof of S. Chevet 's result on the tensor product of abstract Wiener spaces [8]. It seems to us that this problem has been in the air for about ten years and we believe that our proof brings some new insight to the matter. Section IV is concerned with examples of Banach space valued Gaussian processes. The first two

(⋆) Talk given at the Conference "Vector Space Measures and Applications" Dublin. June 1977.

have been extensively studied (see for example [14, 17, 4, 10] for the Wiener process and [19, 20, 23, 24] for the Ornstein-Uhlenbeck process) and appear as particular cases of tensor products of abstract Wiener measures. The third one appears as an application of a sufficient condition (which we prove) of sample path continuity of Banach space valued Gaussian processes ; a complete study of the sample path behavior of this latter process has already been published in [6] where a quantum field theoretic motivation was given. S. Chevet's result defines in fact an operation on Gaussian measures on Banach spaces and in the last section we prove some properties of this operation : stability of the Markov property and of the equivalence of measures on the one hand, and on the other continuity with respect to the topology of the weak convergence of measures.

Finally we would like to thank Simone Chevet for numerous illuminating discussions on the subject of this paper.

II - GAUSSIAN PROCESSES

All the random variables to be considered in this paper will be assumed to be defined - unless the contrary is explicitely mentionned - on a single complete probability space $(\Omega, \mathcal{A}, Pr)$; the expectation with respect to Pr will be denoted by $E\{.\}$ and we will use the notation a.s. as an abbreviation for almost surely.

Let T be any set and let $X = \{X(t) ; t \in T\}$ be a collection of random variables ; X is said to be a Gaussian process if for any finite subset T_o of T, the collection $\{X(t) ; t \in T_o\}$ is a Gaussian vector in $\mathbb{R}^{T_o}$ (all the gaussian random variables we consider will be assumed to be centered). Two concepts are intrinsically associated to such a process : the covariance :

$$\Gamma_X(s,t) = E\{X(s)X(t)\} \qquad s,t \in T,$$

and the pseudo-distance :

$$d_X(s,t) = E\{|X(s) - X(t)|^2\}^{1/2} \qquad s,t \in T.$$

The first lemma is a generalization of [21-Lemma 2.1].

Lemma 1 :

Let T be a set and $Y = \{Y(t); t \in T\}$ a separable Gaussian process and let us assume that $X = \{X(t); t \in T\}$ is a Gaussian process which satisfies :

$$\forall (s,t) \in T \times T, \qquad d_X(s,t) \leq d_Y(s,t) \tag{1}$$

(i) - *If the sample paths of Y are a.s. bounded, then X admits a separable modification the sample paths of which are also a.s. bounded.*

(II) - *If d is a distance such that (T, d) is separable and the identity map from (T, d) onto (T, d_Y) is uniformly continuous, then, if the sample paths of Y are a.s. d-continuous, X admits a separable modification the sample paths of which are also d-continuous.*

Remarks :

1. For the definition of a separable Gaussian process see [11. Definition 3.2.1].
2. If the sample paths of Y are a.s. d-continuous then the identity map from (T, d) onto (T, d_Y) is continuous.

Proof :

X may be assumed separable because, as Y is separable, (T, d_Y) is separable and assumption (1) implies that (T, d_X) is separable, and thus X admits a separable modification (see for example [11. Théorème 3.2.2.]). Then (i) follows immediately from [11. Théorème 2.1.2]. To prove (ii) let us remark that (1) and the assumptions on d imply that the identity map from (T, d) onto (T, d_X) is uniformly continuous and thus, to prove (ii) it is sufficient to prove that the sample paths of X are d-continuous at each fixed point $t_o \in T$ (see [11. Section 3.3.3]). Because of the separability of X and Y and because of [11. Théorème 2.1.2], for each $\epsilon > 0$ and each $\delta > 0$ we have :

$$\Pr\left\{\sup_{d(t,t_o)<\delta} |X(t)-X(t_o)| > \varepsilon\right\} \le \frac{1}{\varepsilon} E\left\{\sup_{\substack{d(t,t_o)<\delta \\ d(s,t_o)<\delta}} |Y(t)-Y(s)|\right\}$$

which goes to zero as δ goes to zero ; indeed if $\alpha > 0$ is fixed, let $a > 0$ be such that:

$$a\left[1+\frac{6}{\operatorname{Log} 3}\right] < \alpha ,$$

and let $\delta_o > 0$ be such that for any $0 < \delta < \delta_o$ we have :

$$\Pr\left\{\sup_{\substack{d(t,t_o)<\delta \\ d(s,t_o)<\delta}} |Y(s)-Y(t)| \le a\right\} > \frac{3}{4} ;$$

using Fernique's integrability theorem [11. Théorème 1.3.2] we obtain :

$$E\left\{\sup_{\substack{d(t,t_o)<\delta \\ d(s,t_o)<\delta}} |Y(s)-Y(t)|\right\} = \int_0^{+\infty} \Pr\left\{\sup_{\substack{d(t,t_o)<\delta \\ d(s,t_o)<\delta}} |Y(t)-Y(s)| \ge t\right\} dt$$

$$= \int_0^a dt + \int_a^{+\infty} \exp\left[-\frac{t^2}{24a^2}\operatorname{Log} 3\right] dt$$

$$< \alpha .$$

Finally we have proved that for each $\varepsilon > 0$ we have :

$$\lim_{\delta\to 0} \Pr\left\{\sup_{d(t,t_o)<\delta} |X(t)-X(t_o)| > \varepsilon\right\} = 0 . \quad \square$$

If (S, d_S) and (T, d_T) are metric spaces we will denote $d_S x d_T$ the distance on SxT which is defined by :

$$\forall (s,t)\in S\times T, \quad \forall (s',t')\in S\times T, \qquad d_S\times d_T\Big((s,t),(s',t')\Big) = \max\left\{d_S(s,s'), d_T(t,t')\right\}$$

Proposition 1 :

Let (S, d_S) *and* (T, d_T) *be separable metric spaces and* $X = \{X(s,t) ; (s,t)\in S\times T\}$ *be a Gaussian process such that there exist separable Gaussian processes* $X_1 = \{X_1(s) ; s\in S\}$ *and* $X_2 = \{X_2(t) ; t\in T\}$ *the pseudo-*

distances of which, say d_1 and d_2, satisfy :

$$\forall (s, s') \in S \times S \ , \quad \forall t \in T \ , \quad d_X\Big((s, t), (s', t)\Big) \leq d_1(s, s') \tag{2}$$

$$\forall s \in S \ , \quad \forall (t', t) \in T \times T \ , \quad d_X\Big((s, t), (s, t')\Big) \leq d_2(t, t') \tag{3}$$

Then, if the sample paths of X_1 and X_2 are a. s. bounded X admits a separable modification the sample paths of which are also a. s. bounded. Now, if the identity maps from (S, d_S) onto (S, d_1) and from (T, d_T) onto (T, d_2) are uniformly continuous and if the sample paths of X_1 and X_2 are a. s. d_S and d_T continuous, then X admits a separable modification the sample paths of which are a. s. $d_S \times d_T$ continuous.

Proof :

We may assume X_1 and X_2 are independent. Let $Y = \{Y(s, t) ; (s, t) \in S \times T\}$ be defined by :

$$\forall (s, t) \in S \times T \qquad Y(s, t) = \sqrt{2}\, X_1(s) + \sqrt{2}\, X_2(t) \ . \tag{4}$$

Using (2), (3) and (4) we have, for each $(s, t) \in S \times T$ and $(s', t') \in S \times T$:

$$d_X\Big((s, t), (s', t')\Big) \leq d_Y\Big((s, t), (s', t')\Big) \ .$$

As X_1 and X_2 are separable, (S, d_1) and (T, d_2) are separable metric spaces and so is $(S \times T, d_1 \times d_2)$; as, by (4) d_Y and $d_1 \times d_2$ are equivalent, we may choose a separable modification of Y in order to use lemma 1 to conclude. □

Corollary :

Let (S, d_S) and (T, d_T) be separable metric spaces and let $Y = \{Y(s) ; s \in S\}$ und $Z = \{Z(t) ; t \in T\}$ be separable Gaussian processes the covariances of which are bounded and such that the identity maps from (S, d_S) onto (S, d_Y) and from (T, d_T) onto (T, d_Z) are uniformly continuous. Then, if the sample paths of Y and Z are a. s. d_S and d_T continuous there exists a separable Gaussian process $X = \{X(s, t) ; (s, t) \in S \times T\}$ the sample paths of which are a. s. $d_S \times d_T$ continuous and the covariance of which is given by :

$$\forall (s,t) \in S \times T\ ,\quad \forall (s',t') \in S \times T\ ,\quad \Gamma_X\Big((s,t),(s',t')\Big) = \Gamma_Y(s,s')\,\Gamma_Z(t,t') \tag{5}$$

Proof :

The fact that there exists a Gaussian process X the covariance of which is given by (5) is standard. We conclude using proposition 1 once we remarked we may choose for X_1 and X_2 suitable multiples of Y and Z because :

$$\forall s \in S\ ,\quad \forall (t,t') \in T \times T \qquad d_X\Big((s,t),(s,t')\Big) \leq [\sup_{s \in S} \Gamma_Y(s,s)^{1/2}]\ d_Z(t,t')$$

$$\forall (s,s') \in S\ ,\quad \forall t \in T\ , \qquad d_X\Big((s,t),(s',t)\Big) \leq [\sup_{t \in T} \Gamma_Z(t,t)^{1/2}]\ d_Y(s,s') \quad \square$$

III - ABSTRACT WIENER SPACES

The concept of abstract Wiener space has been introduced by L. Gross [13] and extensively studied since 1967 (see for example [14, 10, 2, 15, 16, 26, 25, 3, 8, 20]).

Definition 1 : ([12])

Let H be a real separable Hilbert space, the canonical cylindrical measure of which is denoted by ν ; a norm $\|\cdot\|$ on H is called measurable if for each $\varepsilon > 0$ there exists an orthogonal projection P_ε with finite dimensional range such that for any orthogonal projection P with finite dimensional range and which is orthogonal to P_ε we have :

$$\nu(\{x \in H ;\ \|(Px\| > \varepsilon\}) < \varepsilon \tag{6}$$

In fact to check a norm is measurable, it is necessary and sufficient to check (6) for P in a given sequence of projections ; precisely we have the following :

Lemma 2 :

Let H be a real separable Hilbert space, $\| . \|$ a norm on H and $\{P_n ; n \geq 1\}$ an increasing sequence of finite dimensional orthogonal projections, which converges to the identity operator I_H of H. Then, the norm $\| . \|$ is measurable if and only if for any $\varepsilon > 0$ there exists an integer $n(\varepsilon)$ such that for any integer $n \geq n(\varepsilon)$ we have :

$$\nu\left(\{x \in H ; \| (P_n - P_{n(\varepsilon)}) x \| > \varepsilon\}\right) < \varepsilon . \tag{7}$$

Proof :

Let us denote by $| . |$ the Hilbertian norm of H. The proof use the following fact [12] : if A and B are operators on H, if A is bounded, if the range of B is finite dimensional and if $\| . \|$ is a norm on H, then for any $\alpha > 0$ we have :

$$\nu(\{x \in H ; \| BAx \| > \alpha\}) \leq \nu(\{x \in H ; \| Bx \| > \alpha / | A |\}) \tag{8}$$

where $| A |$ denotes the norm of A as an operator on H. (8) is a consequence of a standard inequality for finite dimensional Gaussian measures (see [1. Corollary 3] or [12. Lemma 5. 2]).

Let us assume first that $\| . \|$ is measurable and let $\{\alpha_n ; n \geq 1\}$ be a sequence of positive real numbers which decrease to zero as n goes to infinity. By assumption there exists an increasing sequence, say $\{Q_n ; n \geq 1\}$ of finite dimensional orthogonal projections such that for each integer $n \geq 1$ and each finite dimensional orthogonal projection Q which is orthogonal to Q_n we have :

$$\nu(\{x \in H ; \| Qx \| > \alpha_n\}) < \alpha_n . \tag{9}$$

Without any loss of generality we may assume that for any integer $n \geq 1$ the range of P_n is contained in the range of Q_n. Moreover, using (8) it is easy to prove :

$$\forall \alpha > 0 , \qquad \lim_{n \to \infty} \nu\left(\{x \in H ; \| (Q_n - P_n) x \| > \alpha\}\right) = 0$$

Consequently, if $\varepsilon > 0$ is fixed, there exists an integer $n(\varepsilon)$ such that

$\alpha_{n(\varepsilon)} < \varepsilon/3$ and such that for any integer $n \geq n(\varepsilon)$ we have :

$$\nu\left(\{x \in H ; \|(Q_n - P_n)x\| > \varepsilon/3\}\right) < \varepsilon/3 . \tag{10}$$

Finally, if $n \geq n(\varepsilon)$,(10) implies :

$$\nu\left(\{x \in H ; \|(P_n - P_{n(\varepsilon)})x\| > \varepsilon\}\right) \leq 2\varepsilon/3 + \nu\left(\{x \in H ; \|(Q_n - Q_{n(\varepsilon)})x\| > \varepsilon/3\}\right)$$
$$< \varepsilon ,$$

because of (9). Thus the first part of the lemma is proved. Conversely let $\varepsilon > 0$ and let P be a finite dimensional orthogonal projection which is orthogonal to $P_{n(\varepsilon/2)}$; for any integer $n \geq n(\varepsilon/2)$ we have :

$$\nu(\{x \in H ; \|Px\| > \varepsilon\}) \leq \nu\left(\{x \in H ; \|(P_n - P_{n(\varepsilon/2)})Px\| > \varepsilon/2\}\right)$$
$$+ \nu\left(\{x \in H ; \|(I - P_n)Px\| > \varepsilon/2\}\right)$$

$$\leq \nu\left(\{x \in H ; \|(P_n - P_{n(\varepsilon/2)})x\| > \varepsilon/2\}\right)$$
$$+ \nu\left(\{x \in H ; |Px| > \varepsilon/2c|(I-P_n)P|\}\right), \tag{11}$$

where we used (8) and where c is a positive constant which satisfies :

$$\forall x \in H , \qquad \|x\| \leq c\,|x| .$$

(7) implies that the first term of the right hand side of (11) is bounded by $\varepsilon/2$; moreover, as :

$$\lim_{n \to \infty} |(I - P_n)P| = 0 ,$$

it is possible to choose n large enough to have the second term of the right hand side of (11) less than $\varepsilon/2$. This concludes the proof. □

This lemma seems to be useful to prove that given norms are measurable (see example below) and will be used in the proof of proposition 3.

Example 1 :

Let A be a one to one Hilbert-Schmidt operator on H. The formula:

$$\|x\| = |Ax| \qquad , x \in H$$

defines a measurable norm on H. Indeed replacing A by $(A^{\star}A)^{1/2}$ if necessary, we may assume A is positif ; let $\{e_j ; j \geq 1\}$ be a complete orthonormal set of eigenvectors and $\{\lambda_j ; j \geq 1\}$ the corresponding set of eigenvalues. If for each integer $n \geq 1$ P_n denotes the orthogonal projection on the subspace of H generated by $\{e_1, .., e_n\}$ and if for any $\varepsilon > 0$, $n(\varepsilon)$ is chosen in such a way that :

$$\sum_{j=n(\varepsilon)+1} \lambda_j^2 < \varepsilon^3 ,$$

then the conditions of lemma 2 are satisfied.

Definition 2 : ([13])

An abstract Wiener space is a triplet (i, H, B) where H is a real separable Hilbert space, B the completion of H with respect to a given measurable norm and i the natural inclusion map of H into B.

Proposition 2 ([13])

If (i, H, B) is an abstract Wiener space the cylindrical measure $i(\nu)$ is σ-additive (and thus extends in a measure to the Borel σ-field $\mathcal{B}_B$ of B).

Proof :

In addition to Gross' original proof [13] there is Kallianpur's simplified one [15]. Moreover a third one works as follows : $i^{\star}$ is a one to one continuous map from $B^{\star}$ into $H^{\star} = H$ with dense range, thus there exists a subset $\{e_j ; j \geq 1\}$ of $B^{\star}$ such that $\{i^{\star}(e_j) ; j \geq 1\}$ is a complete orthonormal system of H. For each integer $n \geq 1$ let μ_n be the i-image of the standard normal measure of the subspace of H generated by $\{i^\star(e_j); 1 \leq j \leq n\}$; lemma 2 and [5. Théorème 3.1] imply that μ_n converges weakly to a measure μ und it is clear that μ extends $i(\nu)$. □

The σ-additive extension of $i(\nu)$ is called the abstract Wiener measure and is Gaussian in the following sense :

Definition 3 :

Let B be a real separable Banach space ; a measure μ on the Borel σ-field $\mathcal{B}_B$ is said Gaussian if all the elements $x^\star$ of $B^\star$ are Gaussian random variables on the probability space $(B, \mathcal{B}_B, \mu)$.

Now let B be a real separable Banach space and μ a Gaussian measure on B. Replacing B by a closed subspace if necessary we may assume that B equals the topological support of μ. So there exists a one to one continuous, and even more weakly continuous, map from $B^\star$ into $L^2(B, \mathcal{B}_B, \mu)$ and thus there exists a real separable Hilbert space H_μ which is called the reproduction Hilbert space of μ and a one to one continuous map i from H_μ into B, the adjoint $i^\star$ of which is the embedding of $B^\star$ into $L^2(B, \mathcal{B}_B, \mu)$ mentionned above. If C is a cylinder set of B we have :

$$\mu(C) = \nu(C \cap H_\mu) ,$$

where ν denotes the canonical Gaussian cylindrical measure of H. These results are now well known (see for example [2, 3, 10, 15, 16, 26]) and the proofs are rather easy. On the other hand the proofs of the measurability of the B-norm on H_μ (see [2, 10, 26]) are longer than the latter and more difficult to read : they are based either on Gaussian processes techniques (such as those of [9]) or on properties of measurable norms (such as those of [12]). The proof of this fact which we give now was (modulo the use of lemma 2) given in [6].

Proposition 3 :

Let B be a real separable Banach space, μ a Gaussian measure on B, H_μ the reproducing Hilbert space of μ and i the natural embedding of H_μ into B ; then, the B-norm is measurable on H_μ.

Proof :

Let $\{e_j ; j \geq 1\}$ be as in the proof of proposition 2 and let us set :

$$P_n x = \sum_{j=1}^{n} \langle e_j, x \rangle \, i \, i^\star(e_j) \quad , \quad x \in B \, , \; n = 1, 2, \ldots$$

where $\langle \, , \, \rangle$ denotes the duality pairing $\langle B^\star, B \rangle$. For each integer $n \geq 1$, P_n is in fact an extension of the orthogonal projection Q_n of H onto the subspace generated by $\{i^\star(e_j) \, ; \, 1 \leq j \leq n\}$. If, for each integer $n \geq 1$, we denote by $\mathcal{F}_n$ the σ-field generated by the linear forms $e_1, \ldots, e_n$, $\{P_n, \mathcal{F}_n \, ; \, n \geq 1\}$ is a B-valued martingale. The integrability property of Gaussian vectors [11. Théorème 1.3.2] implies :

$$\int_B \| x \|^2 d\mu(x) < +\infty \quad ,$$

and thus we can use a martingale convergence theorem (see for example [7. Theorem 1]) to prove that for any $\varepsilon > 0$, there exists an integer $n(\varepsilon)$ such that for any integer $n \geq n(\varepsilon)$ we have :

$$\int_B \| (P_n - P_{n(\varepsilon)}) x \|^2 \, d\mu \, (x) < \varepsilon^3 \, .$$

Finally, if $n \geq n(\varepsilon)$ we have :

$$\nu\left(\{ x \in H ; \| (Q_n - Q_{n(\varepsilon)}) x \| > \varepsilon \}\right) = \mu\left(\{ x \in B ; \| (P_n - P_{n(\varepsilon)}) x \| > \varepsilon \}\right)$$

$$< \varepsilon \, ,$$

and if we use lemma 2 with the sequence $\{Q_n \, ; \, n \geq 1\}$, the proof is complete. □

Let (i, H, B) be an abstract Wiener space, let us denote by μ the abstract Wiener measure and by U the closed unit ball of $B^\star$; we will assume that U is endowed with the induced topology of the weak topology $\sigma(B^\star, B)$ of $B^\star$. If we set :

$$X(x^\star, x) = \langle x^\star, x \rangle \qquad , x^\star \in U \ , \ x \in B \ ,$$

it is clear that $X = \{X(x^\star) \ ; \ x^\star \in U\}$ is a Gaussian process on the probability space $(B, \mathcal{B}_B, \mu)$, the sample path of which are continuous (and possess a linear extension to $B^\star$) and we have :

$$\forall x^\star \in U \ , \ \forall y^\star \in U \ , \quad \Gamma_X(x^\star, y^\star) = (x^\star, y^\star)_{H^\star}$$

where we identify $B^\star$ and the subset $i^\star(B^\star)$ of $H^\star$.

Conversely let $X = \{X(x^\star) \ ; \ x^\star \in U\}$ be a Gaussian process on some probability space $(\Omega, \mathcal{G}, Pr)$, the sample paths of which are a.s. continuous. If $C(U)$ denotes the Banach space of real continuous functions on U for the supremum norm, the map :

$$\Omega \ni \omega \longrightarrow [U \ni x^\star \longrightarrow X(x^\star, \omega)] \in C(U)$$

is $(\mathcal{G}, \mathcal{B}_{C(U)})$ measurable and brings the probability measure P onto a Gaussian measure μ on $C(U)$. Now we note, first that B is isometrically siomorphic to the closed subspace of $C(U)$, the elements of which possess a linear extension to $B^\star$, and secondly that the topological support of μ equals the closure of the Hilbert space $H(X)$ which is the completion of the space $H_o(X)$ generated by the functions :

$$U \ni x^\star \longrightarrow \Gamma_X(x^\star, y^\star) \ ,$$

for $y^\star \in U$, equipped with the scalar product defined by :

$$\left(\Gamma_X(\cdot, y^\star) \ , \ \Gamma_X(\cdot, x^\star)\right)_{H(X)} = \Gamma_X(x^\star, y^\star) \ ,$$

and extended by linearity. These two facts imply that, if the sample paths of X possess a.s. a linear extension to $B^\star$ or if $B \supset H_o(X)$, the topological support of μ is contained in B and the restriction of μ to B defines a Gaussian measure on B (and thus an abstract Wiener space structure).

Thus, in order to define and study Gaussian measures on Banach spaces two approaches are possible : abstract Wiener spaces on one hand, and on the other, Gaussian process techniques. The equivalence of these two points of view is now standard (see for example [10] and [2]). We presented it here to introduce naturally the proof we give of S. Chevet's result on the tensor product of abstract Wiener spaces [8].

Proposition 4 :

If (i_1, H_1, B_1) *and* (i_2, H_2, B_2) *are abstract Wiener spaces, the triplet* $(i_1 \otimes i_2, H_1 \hat{\otimes}_2 H_2, B_1 \hat{\otimes}_\varepsilon B_2$ *is also an abstract Wiener space :*

Remarks :

3. If V_1 and V_2 are vector spaces $V_1 \otimes V_2$ denotes the algebraic tensor product of V_1 and V_2 ; if B_1 and B_2 are Banach spaces, $B_1 \otimes_\varepsilon B_2$ denotes the space $B_1 \otimes B_2$ endowed with the norm $\|.\|_\varepsilon$ defined by :

$$\| u \|_\varepsilon = \sup \{ |(x_1^\star \otimes x_2^\star)(u)| \; ; \; x_1^\star \in U_1 \; , \; x_2^\star \in U_2 \} \; , \qquad u \in B_1 \otimes B_2 \; ,$$

where U_1 and U_2 denote the closed unit balls of $B_1^\star$ and $B_2^\star$; $B_1 \hat{\otimes}_\varepsilon B_2$ will then denote the completion of $B_1 \otimes_\varepsilon B_2$.

4. $H_1 \hat{\otimes}_2 H_2$ denotes the completion of $H_1 \otimes H_2$ equipped with the scalar product defined by :

$$(h_1 \otimes h_2 \; , \; k_1 \otimes k_2)_2 = (h_1, k_1)_{H_1} \; (h_2, k_2)_{H_2} \quad ,$$

and extended by linearity.

5. $i_1 \otimes i_2$ denotes the extension, by continuity, of the algebraic tensor product of the maps i_1 and i_2 ; let us note that $i_1 \otimes i_2$ is one to one, continuous and its range is dense.

Proof :

Because of the corollary of proposition 1 and because of what we said before the statement of the proposition, there exists a separable Gaussian process $X = \{ X(x_1^\star, x_2^\star) \; ; \; (x_1^\star, x_2^\star) \in U_1 \times U_2 \}$ the sample paths of which are a. s. continuous and the covariance of which is given by :

$$\forall (x_1^\star, y_1^\star) \in U_1 \ , \quad \forall (x_2^\star, y_2^\star) \in U_2 \ , \quad \Gamma_X\Big((x_1^\star, x_2^\star), (y_1^\star, y_2^\star)\Big) = (x_1^\star, y_1^\star)_{H_1^\star} (x_2^\star, y_2^\star)_{H_2^\star} \ .$$

To conclude the proof it is sufficient to check that the closed subspace $B_1 \hat{\otimes}_\varepsilon B_2$ of $C(U_1 \times U_2)$ contains the topological support of the distribution of X , and this is true because $H_o(X)$ is clearly contained in $B_1 \hat{\otimes}_\varepsilon B_2$. □

IV - BANACH SPACE VALUED GAUSSIAN PROCESSES

Let B be a real separable Banach space ; a random variable with values in B is a measurable map from a probability space into $(B, \mathcal{B}_B)$. If X is such a random variable, the law of X will be denoted by $\mathcal{L}(X)$ and X will be called a Gaussian vector if $\mathcal{L}(X)$ is a Gaussian measure on B. If $X = \{X(t) ; t \in T\}$ is a collection of random variables, X will be called a Gaussian process in B if for any finite subset T_o of T the collection $\{X(t) ; t \in T_o\}$ is a Gaussian vector in B^{T_o}. In this section we exhibit three examples of such processes.

Example 2 :

Let $\mathcal{H}_1$ be the set of real valued functions which are absolutely continuous on $[0, 1]$, the almost sure derivatives of which belong to $L^2([0, 1], dt)$ and which are equal to zero at zero. For the scalar product :

$$(f, g)_1 = \int_0^1 f^\star(t) \, g^\star(t) \, dt \ ,$$

$\mathcal{H}_1$ is a real separable Hilbert space. $\mathcal{H}_1$ is also a dense subspace of the Banach space (for the supremum norm) $C_o([0, 1])$ of continuous real valued functions which are equal to zero at zero. In fact, if j denotes the naturel incluson map from $\mathcal{H}_1$ into $C_o([0, 1])$, the triplet $(j, \mathcal{H}_1, C_o([0, 1]))$ is an abstract Wiener space, the abstract Wiener measure of which will be denoted by μ (μ is the so-called classical Wiener measure). Now, if (i, H, B) is any abstract Wiener space, the abstract Wiener measure of which will be denoted by θ, $\left(j\otimes i, \mathcal{H}_1 \widehat{\otimes}_2 H, C_o([0,1];B) = C_o([0,1])\widehat{\otimes}_\varepsilon B\right)$ is an abstract Wiener space and the collection of coordinate-functions of $C_o([0,1];B)$ is a Gaussian process in B, the sample paths of which are continuous, the normalized increaments of which are independent and identically distributed with common law θ. This process is called Wiener process in B; it was introduced by L. Gross in 1967 and has been extensively been studied since [14] was published (see for example [17, 4, 18]).

Example 3 :

If s and t belong to $[0,1]$ let us set :

$$\Gamma(s,t) = e^{-|t-s|} .$$

Γ is the covariance of a stationnary, Markovian, Gaussian process the sample paths of which are continuous ; this process is usually called the velocity Ornstein-Uhlenbeck process. Its distribution is a Gaussian measure on $C([0,1])$ and thus it determines an bastract Wiener space $\left(j, \mathcal{H}, C([0,1])\right)$. Now if (i, H, B) is any abstract Wiener space, the abstract Wiener measure of which will be denoted by μ, $\left(j\otimes i, \mathcal{H}\widehat{\otimes}_2 H, C([0,1];B) = C([0,1])\widehat{\otimes}_\varepsilon B\right)$ is also an abstract Wiener space and the collection of coordinate-functions $X = \{X(t) ; t\in[0,1]\}$ is a stationnary, Markovian, Gaussian process in B, the sample path of which are continuous and the invariant measure of which is μ. If we define the process $\mathbf{W} = \{W(t) ; t\in T\}$ by:

$$\sqrt{2}\; W(t) = X(t) - X(0) - \int_0^t X(s)\, ds \quad , \tag{12}$$

it is easy to check that W is a Wiener process in B (in the sense of example 2). (12) shows that X is the process studied by H. H. Kuo and M. A. Piech under the name of Ornstein-Uhlenbeck process in B (see [18, 19, 20, 23, 24]). But, if $x^\star\in B^\star$, $y^\star\in B^\star$, $s\in[0,1]$ and $t\in[0,1]$, we have :

$$E\{ \langle x^\star, X(s)\rangle \langle y^\star, X(t)\rangle \} = e^{-|t-s|}\,(x^\star, y^\star)_{H^\star} \, ,$$

which shows that X is a particular case of processes which will be studied in example 4.

Proposition 5 :

Let (T, d) be a compact metric space, B a real separable Banach space and $\Gamma = \{\Gamma_{(s,t)}; (s,t) \in T \times T\}$ a collection of bilinear forms on $B^\star$ such that :

$$(T \times U) \times (T \times U) \ni \left((s, x^\star), (t, y^\star)\right) \longmapsto \Gamma_{(s,t)}(x^\star, y^\star) \tag{13}$$

is a symmetric kernel of positive type on $T \times U$. Furthermore let us assume that there are Gaussian processes $Y = \{Y(t); t \in T\}$ and $Z = \{Z(u); u \in U\}$ the sample paths of which are a. s. d-continuous and which satisfy :

$$\forall t \in T, \forall (u_1, u_2) \in U \times U, \quad \Gamma_{(t,t)}(u_1 - u_2, u_1 - u_2)^{1/2} \leq d_Z(u_1, u_2) \tag{14}$$

$$\forall (t_1, t_2) \in T \times T, \forall u \in U, \left[\Gamma_{(t_1,t_1)} - 2\Gamma_{(t_1,t_2)} + \Gamma_{(t_2,t_2)}\right](u, u)^{1/2} \leq d_Y(t_1, t_2) \tag{15}$$

Then there exists a Gaussian process $X = \{X(t); t \in T\}$ in B, the sample paths of which are d-continuous and which satisfies :

$$\forall (s,t) \in T \times T, \forall (x^\star, y^\star) \in B^\star \times B^\star, \quad E\{<x^\star, X(s)> <y^\star, X(t)>\} = \Gamma_{(s,t)}(x^\star, y^\star).$$

Proof :

As (13) is a symmetric kernel of positive type, there exists a Gaussian process $X = \{X(t,u); (t,u) \in T \times U\}$ which satisfies :

$$E\{X(t_1, u_1) X(t_2, u_2)\} = \Gamma_{(t_1, t_2)}(u_1, u_2)$$

for any elements (t_1, u_1) and (t_2, u_2) of $T \times U$. As (14) and (15) imply (2) and (3) on one hand and, on the other, as T and U are compact spaces all the assumptions of proposition 1 are satisfied and thus X admits a modification (which we will denote X also) the sample paths of which are a. s. continuous. To conclude we check that the law of X is supported by the closed subspace $C(T;B)$ of $C(T \times U)$. This is clear because $C(T;B)$ - Banach space for the supremum norm of bounded continuous B valued functions on T -contains $H_o(X)$. □

Example 4 :

Let H be a real separable Hilbert space, A a self-adjoint operator (non-necessarily everywhere defined) on $H^\star$ which satisfies :

$$A \geq m , \tag{16}$$

for some constant $m > 0$. Let i be a one to one continuous map from H into a real Banach space B in such a way that $i(H)$ is dense in B. We will identify H and the subset $i(H)$ of B on one hand and, on the other, $B^\star$ and the subset $i^\star(B^\star)$ of $H^\star$. Let now T be a closed bounded intervall of the real line, and let us set :

$$\Gamma_{(s,t)}(x^\star, y^\star) = \left(e^{-|t-s| A} x^\star, y^\star\right)_{H^\star} \qquad s, t \in T \ , \quad x^\star, y^\star \in B^\star. \tag{17}$$

In this case (13) follows from (16) and (17). Let us assume that (i, H, B) is an abstract Wiener space ; then there is a Gaussian vector in B, say Z, which satisfies :

$$\forall (x^\star, y^\star) \in B^\star \times B^\star \ , \qquad E\{ < x^\star, Z > < y^\star, Z > \} = (x^\star, y^\star)_{H^\star} \ , \tag{18}$$

and (17) and (18) imply that the Gaussian process $Z = \{Z(x^\star) ; x^\star \in U\}$ satisfies the assumption of proposition 5. Finally we assume that the domain of the operator $A^{1/2}$ contains $B^\star$. From the closed graph theorem it follows that :

$$\sup \{ \| A^{1/2} x^\star \|_{H^\star} ; x^\star \in U\} < +\infty \ ,$$

and by the spectral theorem and (16) it follows that for any $t \geq 0$ and any $x^\star \in U$ we have :

$$\| x^\star \|^2_{H^\star} - (x^\star, e^{-tA} x^\star)_{H^\star} \leq Kt \tag{19}$$

for some constant $K > 0$ which is independent of t and $x^\star$. Now (15) follows from (19) once we chose for Y a suitable multiple of the Wiener process in the abstract Wiener space (i, H, B).

The continuous sample path Gaussian process, which proposition 5 gives now, has been introduced and studied in [6] where a quantum field theoretic motivation was given.

V - TENSOR PRODUCT OF GAUSSIAN MEASURES

Let μ_1 and μ_2 be Gaussian measures on real separable Banach spaces B_1 and B_2. Replacing B_1 and B_2 by the topological supports of μ_1 and μ_2 and embedding the ε-tensor product of these supports in $B_1 \hat{\otimes}_\varepsilon B_2$ if necessary, proposition 4 implies the existence and the unicity of a Gaussian measure, say $\mu_1 \otimes_\varepsilon \mu_2$, on $B_1 \hat{\otimes}_\varepsilon B_2$ which satisfies :

$$\forall (x_1^\star, y_1^\star) \in B_1^\star \times B_1^\star , \quad \forall (x_2^\star, y_2^\star) \in B_2^\star \times B_2^\star ,$$

$$\int_{B_1 \hat{\otimes}_\varepsilon B_2} < x_1^\star \otimes x_2^\star, x > < y_1^\star \otimes y_2^\star , x > d[\mu_1 \otimes_\varepsilon \mu_2](x) =$$

$$\int_{B_1} < x_1^\star , x > < y_1^\star , x > d\mu_1(x) \int_{B_2} < x_2^\star , x > < y_2^\star , x > d\mu_2(x) \quad (20)$$

In this section we would like to gather some elementary properties of this tensor product of Gaussian measures. First we check that (20) is charasteristic.

Proposition 6 :

<u>Let B_1 and B_2 be real separable Banach spaces and let μ be a Gaussian measure on $B_1 \hat{\otimes}_\varepsilon B_2$; a necessary and sufficient condition for the existence of Gaussian measures μ_1 and μ_2 on B_1 and B_2 such that $\mu = \mu_1 \otimes_\varepsilon \mu_2$ is that there are quadratic forms Q_1 and Q_2 on $B_1^\star$ and $B_2^\star$, which satisfy</u> :

$$\forall (x_1^\star, x_2^\star) \in B_1^\star \times B_2^\star \qquad \int_{B_1 \hat{\otimes}_\varepsilon B_2} < x_1^\star \otimes x_2^\star , x >^2 d\mu(x) = Q_1(x_1^\star)\, Q_2(x_2^\star) \qquad (21)$$

Proof :

The necessity of (21) was already remarked and the sufficiency is clear if Q_1 or Q_2 is identically zero. Otherwise, there are $x_2^\star \in B_1^\star$ and $x_2^\star \in B_2^\star$ such that :

$$Q_1(x_1^\star) = 1 \qquad \text{and} \qquad Q_2(x_2^\star) = 1.$$

Finally, if we identify $B_1 \hat{\otimes}_\varepsilon \mathbb{R}$ with B_1 and $B_2 \hat{\otimes}_\varepsilon \mathbb{R}$ with B_2, we can look at $u_1 = I_{B_1} \otimes x_2^\star$ and $u_2 = x_1^\star \otimes I_{B_2}$ as maps from $B_1 \hat{\otimes}_\varepsilon B_2$ into B_1 on one hand, and on the other, from $B_1 \hat{\otimes}_\varepsilon B_2$ into B_2, and we have :

$$\mu = u_1(\mu) \otimes_\varepsilon u_2(\mu). \quad \square$$

Remark :

6. If μ is a Gaussian measure on a real separable Banach space B, for each $\alpha > 0$, μ^α will denote the Gaussian measure defined by :

$$\mu^\alpha(A) = \mu(\alpha^{-1} A) \qquad , A \in \mathcal{B}_B.$$

Now if μ_1 and μ_2 are Gaussian measures on real separable Banach spaces B_1 and B_2 and if $\alpha > 0$ is such that $\alpha \neq 1$, μ_1 and μ_1^α are orthogonal, μ_2 and $\mu_2^{1/\alpha}$ are orthogonal and nevertheless we have :

$$\mu_1 \otimes_\varepsilon \mu_2 = \mu_1^\alpha \otimes_\varepsilon \mu_2^{1/\alpha} ,$$

and thus the decomposition of proposition 6 is far from unique.

Proposition 7 :

For $j = 1, 2$ let B_j be a real separable Banach space and let μ_j and ν_j equivalent Gaussian measures on B_j. If $\mu_1 \neq \nu_1$ and $\mu_2 \neq \nu_2$,

<u>$\mu_1 \otimes_\varepsilon \mu_2$ and $\nu_1 \otimes_\varepsilon \nu_2$ are equivalent if and only if the topological supports of μ_1 and μ_2 are finite dimensional. If $\mu_1 = \nu_1$ and $\mu_2 \neq \nu_2$, $\mu_1 \otimes_\varepsilon \mu_2$ and $\nu_1 \otimes_\varepsilon \nu_2$ are equivalent if and only if the topological support of μ_1 is finite dimensional.</u>

<u>Proof</u> :

If μ is a Gaussian measure on a real Banach space B, $H(\mu)$ will denote the closed subspace of $L^2(B, \mu)$ generated by the elements of $B^\star$. We will use the now classical J. Feldman - J. Hajek's conditions of equivalence and orthogonality of Gaussian laws (see for example [22. Proposition 8.6]). As μ_j and ν_j are equivalent, there is a symmetric Hilbert-Schmidt operator, say u_j, on $H(\mu_j)$ such that, for any $x^\star$ and $y^\star$ in $B_j^\star$ we have :

$$(x^\star, y^\star)_{H(\nu_j)} - (x^\star, y^\star)_{H(\mu_j)} = (x^\star, u_j y^\star)_{H(\mu_j)} .$$

The spaces $H(\mu_1 \otimes_\varepsilon \mu_2)$ and $H(\nu_1 \otimes_\varepsilon \nu_2)$ can be identified with $H(\mu_1) \hat{\otimes}_2 H(\mu_2)$ and $H(\nu_1) \hat{\otimes}_2 H(\nu_2)$, and for any $(x_1^\star, y_1^\star)$ in $B_1^\star \times B_1^\star$ and any $(x_2^\star, y_2^\star)$ in $B_2^\star \times B_2^\star$ we have :

$$(x_1^\star \otimes x_2^\star, y_1^\star \otimes y_2^\star)_{H(\nu_1 \otimes_\varepsilon \nu_2)} - (x_1^\star \otimes x_2^\star, y_1^\star \otimes y_2^\star)_{H(\mu_1 \otimes_\varepsilon \mu_2)}$$

$$= (x_1^\star \otimes x_2^\star, u[y_1^\star \otimes y_2^\star])_{H(\mu_1 \otimes_\varepsilon \mu_2)}$$

where :

$$u = I_{H(\mu_1)} \otimes u_2 + u_1 \otimes I_{H(\mu_2)} + u_1 \otimes u_2 .$$

u is a symmetric operator on $H(\mu_1 \otimes_\varepsilon \mu_2)$ and $\mu_1 \otimes_\varepsilon \mu_2$ and $\nu_1 \otimes_\varepsilon \nu_2$ are equivalent if and only if u is of Hilbert-Schmidt type (indeed -1 cannot be an eigenvalue of u because -1 is an eigenvalue neither of u_1, nor of u_2). □

To remain in the Banach space context we state the next result for processes on a closed bounded intervall $[a, b]$, the sample paths of which are a.s. continuous even if the result is true for more general processes.

If B is a real Banach space, for each $t \in [a, b]$ let us set :

$$C([a,b];B) \ni \omega \longmapsto X(t,\omega) = \omega(t) \in B.$$

A probability measure on the Borel σ-field of $C([a,b];B)$ is said Markovian if for any $t \in [a,b]$ the σ-fields $\sigma\{X(s); a \leq s \leq t\}$ and $\sigma\{X(s); t \leq s \leq b\}$ generated by the maps $X(s)$ respectively for $a \leq s \leq t$ and for $t \leq s \leq b$ are conditionnally independent, the σ-field $\sigma\{X(t)\}$ generated by $X(t)$ being given.

Proposition 8 :

Let μ be a Gaussian measure on $C([a,b])$ and ν a Gaussian measure on a real separable Banach space B ; then the measure $\mu \otimes_\epsilon \nu$ on $C([a,b];B)$ is Markovian if and only if the measure μ on $C([a,b])$ is Markovian.

Proof :

As $\mu \otimes_\epsilon \nu$ is Gaussian, $\mu \otimes_\epsilon \nu$ is Markovian if and only if (see for example [22. Proposition 2.8]) for any $x^\star$ and $y^\star$ in $B^\star$ and $s \leq t \leq u$ in $[a,b]$ we have :

$$E\left\{<x^\star, X(s)><y^\star, X(u)>\right\} = E\left\{E\left\{<x^\star, X(s)> | \sigma\{X(t)\}\right\} E\left\{<y^\star, X(u)> | \sigma\{X(t)\}\right\}\right\} \tag{22}$$

where E denotes the expectation and the conditional expectation with respect to $\mu \otimes_\epsilon \nu$. But :

$$E\{<x^\star, X(s)><y^\star, X(u)>\} = \Gamma(s,u)\,\Gamma_\nu(x^\star, y^\star) \tag{23}$$

where Γ is the covariance of the coordinate Gaussian process the distribution of which is μ, and Γ_ν is the covariance of ν, that is :

$$\Gamma_\nu(x^\star, y^\star) = \int_B <x^\star, x><y^\star, x>\, d\nu(x) \qquad x^\star, y^\star \in B^\star.$$

Furthermore :

$$E\left\{E\left\{<x^\star, X(s)> \mid \sigma\{X(t)\}\right\} \quad E\left\{<y^\star, X(u)> \mid \sigma\{X(t)\}\right\}\right\}$$

$$= \Gamma(t,t)^{-1}\,\Gamma(s,t)\,\Gamma_\nu(x^\star, y^\star), \tag{24}$$

and the Markov property of μ is equivalent to :

$$\Gamma(s,u) = \Gamma(t,t)^{-1}\,\Gamma(s,t)\,\Gamma(t,u) \tag{25}$$

(see for example [22. Section 3.2]) ; the conclusion follows from the conjunction of (22), (23), (24) and (25). □

Proposition 8 applies to examples 2 and 3. We end this section with the study of the continuity of the tensor product of Gaussian measures with respect to the topology of weak convergence of measures. We will need two lemmas ; the proof of the first one follows a straightforward computation.

Lemma 3 :

If for $j = 1, 2$, A_j and B_j are real separable Banach spaces, if μ_j is a Gaussian measure on A_j and if u_j is a bounded linear map from A_j into B_j we have :

$$[u_1 \otimes u_2](\mu_1 \otimes_\varepsilon \mu_2) = [u_1(\mu_1)] \otimes_\varepsilon [u_2(\mu_2)] \tag{26}$$

If μ is a Gaussian measure on a real separable Banach space B, $\sigma(\mu)$ will denote the positive number which is defined by :

$$\sigma(\mu)^2 = \sup_{x^\star \in U} \int_B <x^\star, x>^2 \, d\mu(x) .$$

It is clear that :

$$\sigma(\mu)^2 \leq \int_B \|x\|^2 \, d\mu(x) . \tag{27}$$

Lemma 4 :

Let μ_1 and μ_2 be Gaussian measures on real separable Banach spaces B_1 and B_2, and let f be an increasing convex positive function on $\mathbb{R}_+$; then we have :

$$\int_{B_1 \hat{\otimes}_\varepsilon B_2} f(\|x\|) d[\mu_1 \otimes_\varepsilon \mu_2](x) \leq \frac{1}{2} \int_{B_1} f\left(2\sqrt{2}\sigma(\mu_2)\|x\|\right) d\mu_1(x) + \frac{1}{2} \int_{B_2} f\left(2\sqrt{2}\sigma(\mu_1)\|x\|\right) d\mu_2(x) \quad (28)$$

Proof :

We consider μ_1, μ_2 and $\mu_1 \otimes_\varepsilon \mu_2$ as Gaussian measures on $C(U_1)$, $C(U_2)$ and $C(U_1 \times U_2)$. On $\Omega = C(U_1) \times C(U_2) \times C(U_1 \times U_2)$ which is assumed to be endowed with the product σ-field of the Borel σ-fields of $C(U_1)$, $C(U_2)$ and $C(U_1 \times U_2)$, we define the probability measure P and the separable Gaussian processes X, X_1, X_2 and Y by the formulas :

$$P = \mu_1 \times \mu_2 \times (\mu_1 \otimes_\varepsilon \mu_2) ,$$

$$X\left((x_1^\star, x_2^\star), (\varphi_1, \varphi_2, \psi)\right) = \psi(x_1^\star, x_2^\star) ,$$

$$X_1\left(x_1^\star, (\varphi_1, \varphi_2, \psi)\right) = \sqrt{2}\sigma(\mu_2)\varphi_1(x_1^\star) ,$$

$$X_2\left(x_2^\star, (\varphi_1, \varphi_2, \psi)\right) = \sqrt{2}\sigma(\mu_1)\varphi_2(x_2^\star),$$

$$Y(x_1^\star, x_2^\star) = X_1(x_1^\star) + X_2(x_2^\star) ,$$

where $x_1^\star \in U_1$, $x_2^\star \in U_2$, $\varphi_1 \in C(U_1)$, $\varphi_2 \in C(U_2)$ and $\psi \in C(U_1 \times U_2)$. We have :

$$\forall (x_1^\star, x_2^\star) \in U_1 \times U_2 , \quad \forall (y_1^\star, y_2^\star) \in U_1 \times U_2 ,$$

$$d_X\left((x_1^\star, x_2^\star), (y_1^\star, y_2^\star)\right) \leq d_Y\left((x_1^\star, x_2^\star), (y_1^\star, y_2^\star)\right) ,$$

which implies, using [11. Théorème 2.1.2] :

$$\int_{B_1 \hat{\otimes}_\varepsilon B_2} f(\|x\|)\, d[\mu_1 \otimes_\varepsilon \mu_2](x)$$

$$= E\left\{ f\left(\frac{1}{2} \sup_{\substack{(x_1^\star, x_2^\star) \in U_1 \times U_2 \\ (y_1^\star, y_2^\star) \in U_1 \times U_2}} X(x_1^\star, x_2^\star) - X(y_1^\star, y_2^\star)\right)\right\}$$

$$\leq E\left\{ f\left(\frac{1}{2} \sup_{\substack{(x_1^\star, x_2^\star) \in U_1 \times U_2 \\ (y_1^\star, y_2^\star) \in U_1 \times U_2}} Y(x_1^\star, x_2^\star) - Y(y_1^\star, y_2^\star)\right)\right\}$$

$$\leq \frac{1}{2} E\left\{ f\left(\sqrt{2}\,\sigma(\mu_2) \sup_{(x_1^\star, y_1^\star) \in U_1 \times U_1} X_1(x_1^\star) - X_1(y_1^\star)\right)\right\}$$

$$+ \frac{1}{2} E\left\{ f\left(\sqrt{2}\,\sigma(\mu_1) \sup_{(x_2^\star, y_2^\star) \in U_2 \times U_2} X_2(x_2^\star) - X_2(y_2^\star)\right)\right\}$$

$$= \frac{1}{2} \int_{B_1} f\left(2\sqrt{2}\,\sigma(\mu_2)\|x\|\right) d\mu_1(x) + \frac{1}{2} \int_{B_2} f\left(2\sqrt{2}\,\sigma(\mu_1)\|x\|\right) d\mu_2(x). \quad \square$$

We state the following corollary because we will use the result of lemma 4 in this form. Moreover if, instead of choosing f equal to the square function we choose f equal to the identity map of $\mathbb{R}_+$ we obtain the result (a) of the lemma of [8] which was the key-tool in the proof of proposition 4 which was given in [8].

Corollary :

If μ_1 and μ_2 are Gaussian measures on real separable Banach spaces B_1 and B_2 we have :

$$\int_{B_1 \hat{\otimes}_\varepsilon B_2} \|x\|^2 d[\mu_1 \otimes_\varepsilon \mu_2](x) \leq 4\,\sigma(\mu_2)^2 \int_{B_1} \|x\|^2 d\mu_1(x) + 4\sigma(\mu_1)^2 \int_{B_2} \|x\|^2 d\mu_2(x)$$

Proposition 9 :

For $j = 1, 2$, let $\{\mu_n^{(j)}, n \geq 1\}$ be a sequence of Gaussian measures which converges weakly on a real separable Banach space B_j to a probability measure $\mu^{(j)}$; then the sequence $\{\mu_n^{(1)} \otimes_\varepsilon \mu_n^{(2)}; n \geq 1\}$ converges weakly on $B_1 \hat{\otimes}_\varepsilon B_2$ to $\mu^{(1)} \otimes_\varepsilon \mu^{(2)}$.

Proof :

For $j = 1, 2$, let S_j be the bounded operator from $B_j^\star$ into B_j which is defined by :

$$S_j x^\star = \int_{B_j} \langle x^\star, x \rangle x \, d\mu^{(j)}(x) , \qquad , x^\star \in B_j^\star.$$

Let H_j be the completion of $S_j B_j^\star$ with respect to the scalar product.

$$\left(S_j x^\star, S_j y^\star\right)_j = \int_{B_j} \langle x^\star, x \rangle \langle y^\star, x \rangle d\mu^{(j)}(x) , \; x^\star, y^\star \in B_j^\star .$$

Let $\{e_k^{(j)} ; k \geq 1\}$ be a subset of $B_j^\star$ such that $\{S_j e_k^{(j)} ; k \geq 1\}$ is a complete orthonormal system of H_j, and finally, for any integer $m \geq 1$ let $P_m^{(j)}$ and $Q_m^{(j)}$ be the projections in B_j which are defined by :

$$P_m^{(j)} x = \sum_{k=1}^{m} \langle e_k^{(j)}, x \rangle S_j e_k^{(j)} \quad , \quad x \in B_j,$$

and

$$Q_m^{(j)} = I_{B_j} - P_m^{(j)} .$$

Now let $\epsilon > 0$ be fixed. Using [5. Théorème 3. 1] we can find integers m_1, m_2 and n_o such that for any integer $n \geq n_o$ we have :

$$\int_{B_j} \| Q_{m_j}^{(j)} x \|^2 d\mu_n^{(j)}(x) < \sqrt{\epsilon/80} \qquad j = 1, 2 \tag{29}$$

But, because of [5. Lemma 3. 1] the number α which is defined by :

$$\alpha = \max_{j=1,2} \sup_{n \geq 1} \int_{B_j} \| P_{m_j}^{(j)} x \|^2 d\mu_n^{(j)}(x) \tag{30}$$

is finite, and thus, because of [5. Theorem 3. 1] we can find integers $m_1^\star \geq m_1$, $m_2^\star \geq m_2$ and $n_1 \geq n_o$ such that for any integer $n \geq n_1$ we have :

$$\int_{B_j} \| Q_{m_j^\star}^{(j)} x \|^2 d\mu_n^{(j)}(x) < \epsilon/(80\alpha). \qquad j = 1, 2. \tag{31}$$

Let us set :

$$IJ = \left\{(i, j) \in \mathbb{N}\times\mathbb{N} \; ; \; (1 \leq i \leq m_1 \text{ and } 1 \leq j \leq m_2^\star) \text{ or } (1 \leq i \leq m_1^\star \text{ and } 1 \leq j \leq m_2)\right\},$$

and let P_ε be the projection in $B_1 \hat{\otimes}_\varepsilon B_2$, which is defined by :

$$P_\varepsilon = \sum_{(i,j)\in IJ} < e_i^{(1)} \otimes e_j^{(2)} , . > (S_1 e_i^{(1)}) \otimes (S_2 e_j^{(2)}).$$

Because :

$$I_{B_1 \hat{\otimes}_\varepsilon B_2} - P_\varepsilon = P_{m_1}^{(1)} \otimes Q_{m_2^\star}^{(2)} + Q_{m_1^\star}^{(1)} \otimes P_{m_2}^{(2)} + Q_{m_1}^{(1)} \otimes Q_{m_2}^{(2)} ,$$

we have, for any integer $n \geq n_1$:

$$\int_{B_1 \hat{\otimes}_\varepsilon B_2} \| (I_{B_1 \hat{\otimes}_\varepsilon B_2} - P_\varepsilon) x \|^2 \, d[\mu_n^{(1)} \otimes_\varepsilon \mu_n^{(2)}](x)$$

$$\leq \frac{10}{3} \int_{B_1 \hat{\otimes}_\varepsilon B_2} \| (P_{m_1}^{(1)} \otimes Q_{m_2^\star}^{(2)}) x \|^2 \, d[\mu_n^{(1)} \otimes_\varepsilon \mu_n^{(2)}](x)$$

$$+ \frac{10}{3} \int_{B_1 \hat{\otimes}_\varepsilon B_2} \| (Q_{m_1^\star}^{(1)} \otimes P_{m_2}^{(2)}) x \|^2 \, d[\mu_n^{(1)} \otimes_\varepsilon \mu_n^{(2)}](x)$$

$$+ \frac{10}{3} \int_{B_1 \hat{\otimes}_\varepsilon B_2} \| (Q_{m_1}^{(1)} \otimes Q_{m_2}^{(2)}) x \|^2 \, d[\mu_n^{(1)} \otimes_\varepsilon \mu_n^{(2)}](x)$$

$$\leq \frac{40}{3} \sigma \left(Q_{m_2^\star}^{(2)} (\mu_n^{(2)}) \right)^2 \int_{B_1} \| P_{m_1}^{(1)} x \|^2 d\mu_n^{(1)}(x) + \frac{40}{3} \sigma \left(P_{m_1}^{(1)} (\mu_n^{(1)}) \right)^2 \int_{B_2} \| Q_{m_2^\star}^{(2)} x \|^2 d\mu_n^{(2)}(x)$$

$$+ \frac{40}{3} \sigma \left(P_{m_2}^{(2)} (\mu_n^{(2)}) \right)^2 \int_{B_1} \| Q_{m_1^\star}^{(1)} x \|^2 d\mu_n^{(1)}(x) + \frac{40}{3} \sigma \left(Q_{m_1^\star}^{(1)} (\mu_n^{(1)}) \right)^2 \int_{B_2} \| P_{m_2}^{(2)} x \|^2 d\mu_n^{(2)}(x)$$

$$+ \frac{40}{3} \sigma \left(Q_{m_2}^{(2)} (\mu_n^{(2)}) \right)^2 \int_{B_1} \| Q_{m_1}^{(1)} x \|^2 d\mu_n^{(1)}(x) + \frac{40}{3} \sigma \left(Q_{m_1}^{(1)} (\mu_n^{(1)}) \right)^2 \int_{B_2} \| Q_{m_2}^{(2)} x \|^2 d\mu_n^{(2)}(x)$$

$$\leq \varepsilon ,$$

where we succevely used, lemma 3, the corollary of lemma 4, the relation (27) and the conditions (29), (30) and (31). So, conditions (b1) and (b2) of [5. Théorème 3. 1] are satisfied. In order to check condition (a), an inspection of the proof of [5. Théorème 3. 1] shows that (a) is needed but to identify the limit, and thus, as B is separable, it is sufficient to check (a) for a total subset of B (with respect to the weak topology). Thus in our case it is sufficient to check (a) for the $x_1^\star \otimes x_2^\star$ with $x_1^\star \in B_1^\star$ and $x_2^\star \in B_2^\star$, and this is clear. □

REFERENCES

[1] T.W. ANDERSON - The integral of a symmetric unimodal function over a symmetric convex set and some probability inequalities. Proc. Amer. Math. Soc. 6 (1955) 170-176.

[2] A. BADRIKIAN - S. CHEVET - Mesures cylindriques, espaces de Wiener et fonctions aléatoires gaussiennes. Lecture Notes in Math. 379 (1974) Springer Verlag.

[3] P. BAXENDALE - Gaussian measures on function spaces - Amer. J. of Math. 98 (1976) 891-952.

[4] R. CARMONA - Module de continuité uniforme des mouvements browniens à valeurs dans un espace de Banach. C.R. Acad. Sci. Paris ser. A 281 (1975) 659-662.

[5] R. CARMONA - N. KÔNO - Convergence en loi et lois du logarithme itéré pour les vecteurs gaussiens. Z. Wahrscheinlichkeits theorie verw. Gebiete 36 (1976) 241-267.

[6] R. CARMONA - Measurable norms and some Banach space valued Gaussian processes. Duke Math. Journal 44 (1977) 109-127.

[7] S.D. CHATTERJI - A note on the convergence of Banach space valued martingales. Math. Ann. 153 (1964) 142-149.

[8] S. CHEVET - Un résultat sur les mesures gaussiennes. C.R. Acad. Sc. Paris Ser. A 284 (1977) 441-444.

[9] R.M. DUDLEY - The sizes of compact subsets of Hilbert space and continuity of Gaussian processes. J. Functional Analysis 1 (1967) 290-330.

[10] R.M. DUDLEY - J. FELDMAN - L. LE CAM - On semi-norms and probabilities and abstract Wiener spaces. Ann. of Math. 93 (1971) 390-408.

[11] X. FERNIQUE - Régularité des trajectoires des fonctions aléatoires gaussiennes. Lecture Notes in Math. 480 (1975) 1-96. Springer Verlag.

[12] L. GROSS - Measurable functions on Hilbert space. Trans. Amer. Math. Soc. 105 (1962) 372-390.

[13] L. GROSS - Abstract Wiener Spaces. Proc. Fifth Berkeley Symp. on Math. Stat. and Prob. 2 (1965) 31-42.

[14] L. GROSS - Potential theory on Hilbert Space. J. Functional Analysis 1 (1967) 123-181.

[15] G. KALLIANPUR - Abstract Wiener processes and their reproducing kernel Hilbert spaces. Z. Wahrscheinlichkeits theorie verw. Gebiete 17 (1971) 113-123.

[16] J. KUELBS - Gaussian measures on a Banach space. J. Functional Analysis 5 (1970) 354-367

[17] J. KUELBS - R.D. LE PAGE - The law of the iterated logarithm for Brownian motion in a Banach space. Trans. Amer. Math. Soc. 185 (1973) 253-264.

[18] H.H. KUO - Gaussian measures in Banach spaces. Lecture Notes in Math. 463 (1975) Springer Verlag.

[19] H.H. KUO - Potential theory associated with Uhlenbeck-Ornstein process J. Functional Analysis. 21 (1976) 63-75.

[20] H.H. KUO - Distribution theory on Banach space - Lecture Notes in Math. 526 (1976) 143-156.

[21] M.B. MARCUS - L.A. SHEPP - Sample behavior of Gaussian processes. Proc. Sixth Berkeley Symp. on Math. Stat. and Prob. 2 (1970) 423-442.

[22] J. NEVEU - Processus aléatoires gaussiens - Les Presses de l'Université de Montréal 1968.

[23] M.A. PIECH - Parabolic equations associated with the number operator. Trans. Amer. Math. Soc. 194 (1974) 213-222.

[24] M. A. PIECH - The Ornstein-Uhlenbeck Semi-Group in an infinite dimensional L^2 - setting. J. Functional Analysis 18 (1975) 271-285.

[25] B. S. RAJPUT - On abstract Wiener measure - Nagoya Math. j. 46 (1972) 155-160.

[26] H. SATO - Gaussian measure on a Banach space and abstract Wiener space. Nagoya Math. J. 36 (1969) 65-83.

QUELQUES NOUVEAUX RESULTATS SUR LES MESURES CYLINDRIQUES

Simone Chevet

Université de Clermont
Département de Mathématiques
63170 AUBIERE, France

Dans cet article, qui comporte trois parties, nous étudions les probabilités cylindriques scalairement quasi-invariantes, nous donnons quelques nouveaux résultats sur les probabilités cylindriques gaussiennes et les probabilités cylindriques quasi-invariantes (cf. théorèmes (I,3.2), (I,3.3), (II,6) et (III,2); Cor.(III.2)) et nous faisons quelques mises au points sur les translatées de mesures cylindriques (partie I, §2) et sur les mesures cylindriques ayant scalairement un moment d'ordre 2 (partie II). Plus précisément :

Dans la partie I, nous introduisons la notion de scalaire absolue continuité entre deux mesures cylindriques et présentons quelques propriétés élémentaires de la relation associée ; puis, une probabilité cylindrique μ sur un e.l.c. E étant fixée, nous étudions les propriétés du dual H_μ de E' muni de la topologie vectorielle $\mathcal{C}_\mu$ la moins fine sur E' rendant continue la fonction caractéristique $\hat{\mu}$ de μ. L'espace H_μ a été introduit par DUDLEY [14] et examiné par BORELL [5] dans le cas où μ est une probabilité de Radon (notez que, si μ est une probabilité cylindrique gaussienne, H_μ est à égal à l'espace auto-reproduisant (non centré) de μ). Enfin, en remarquant que H_μ contient E si et seulement si μ est de cotype 0 (au sens de [50]), nous en déduisons que toute probabilité cylindrique scalairement quasi-invariante sur un Banach est de cotype 0. Ce résultat généralise un théorème de LINDE [34].

Dans la partie II, nous faisons quelques remarques sur les probabilités cylindriques ayant scalairement des moments d'ordre 2. Puis nous caractérisons les Banach E pour lesquels toute probabilité cylindrique sur E', qui est de Radon sur $\sigma(E',E)$, est aussi de Radon sur E'. (Ce résultat a été montré par ailleurs par CHOBANJAN, LINDE et TARIELADZE). Enfin, nous proposons quelques nouveaux problèmes sur les probabilités gaussiennes ; une réponse partielle peut être donnée grâce aux résultats de [11].

Dans la partie III, nous définissons le ε-produit tensoriel $\mu_1 \otimes_\varepsilon \mu_2$ de deux probabilités cylindriques de Gauss μ_1 et μ_2 et nous donnons une condition nécessaire et suffisante pour que $\mu_1 \otimes_\varepsilon \mu_2$ soit de Radon (théorème (III , 2)). Comme application, nous obtenons : "le" produit tensoriel de deux espaces de Wiener abstraits est un espace de Wiener abstrait. Le lecteur intéressé pourra trouver des exemples et d'autres propriétés de $\mu_1 \otimes_\varepsilon \mu_2$ dans [6].

Dans tout cet exposé, nous adoptons la

Notation 0.- E désignera un espace localement convexe séparé, E' son dual, $\mathcal{B}_E$ sa tribu borélienne, $\mathcal{C}_E$ l'algèbre des cylindres de E, $\tilde{E}$ ou E'^* le dual algébrique de E' muni de la topologie $\sigma(E'^*,E')$ et $\tilde{\mathcal{L}}$ la tribu sur $\tilde{E}$ engendrée par les cylindres de $\tilde{E}$. Enfin, nous noterons $\check{\mathcal{P}}(E)$ la famille des probabilités cylindriques sur E et $\mu \to \tilde{\mu}$ la bijection canonique de $\check{\mathcal{P}}(E)$ sur $\check{\mathcal{P}}(\tilde{E})$ (qui est aussi une bijection de $\check{\mathcal{P}}(E)$ sur la famille des probabilités sur $\tilde{\mathcal{L}}$ [2]).

I. ABSOLUE CONTINUITE SCALAIRE ET ESPACE H_μ

1. Absolue continuité scalaire et cylindrique

Définition 1.- Soit X un ensemble et $\mathcal{A}$ une famille non vide de parties de X ; soit μ et ν deux applications de $\mathcal{A}$ dans $[0,1]$. Nous dirons que μ est absolument continue par rapport à ν sur $\mathcal{A}$ (et nous écrirons : $\mu \ll \nu$ sur $\mathcal{A}$ ou : $\mu \ll \nu(\mathcal{A})$) si, pour tout réel $\varepsilon > 0$, il existe un réel $\eta > 0$ tel que :

$$(A \in \mathcal{A}\ ,\ \nu(A) < \eta) \implies (\mu(A) \leq \varepsilon).$$

De plus, dans le cas où $\mathcal{A}$ est une tribu et μ et ν deux probabilités sur $\mathcal{A}$, nous dirons que μ et ν sont étrangères sur $\mathcal{A}$ (et nous écrirons $\mu \perp \nu$ $(\mathcal{A})$) s'il existe $A \in \mathcal{A}$ tel que $\mu(A) = 0$ et $\nu(A) = 1$.

Notons que si $\mathcal{A}$, $\mathcal{A}_1$ et $\mathcal{A}_2$ sont trois classes de parties de X avec $\{\emptyset\} \subset \mathcal{A}_1 \subset \mathcal{A}$ et $\{X\} \subset \mathcal{A}_2 \subset \mathcal{A}$, alors :

(1) $\mu \ll \nu$ $(\mathcal{H})$ implique

$$\mu_{*\mathcal{H}_1} \ll \nu_{*\mathcal{H}_1} \ (\mathcal{P}(X)) \quad \text{et} \quad \mu^*_{\mathcal{H}_2} \ll \nu^*_{\mathcal{H}_2} \ (\mathcal{P}(X))$$

où, pour tout $B \subset X$,

$$\mu_{*\mathcal{H}_1}(B) = \sup \{\mu(C_1) \ ; \ C_1 \subset B \ ; \ C_1 \in \mathcal{H}_1\}$$

$$\mu^*_{\mathcal{H}_2}(B) = \inf \{\mu(C_2) \ ; \ C_2 \supset B \ ; \ C_2 \in \mathcal{H}_2\} .$$

(2) Si, sur $\mathcal{H}$, (μ et ν sont croissantes et) $\nu = \nu^*_{\mathcal{H}_2}$, $\mu = \mu^*_{\mathcal{H}_2}$ (resp. $\nu = \nu_{*\mathcal{H}_1}$, $\mu = \mu_{*\mathcal{H}_1}$), on a :

$$\nu \ll \mu \ (\mathcal{H}) \iff \nu \ll \mu \ (\mathcal{H}_i) \quad \text{pour } i = 2 \ (\text{resp. } i = 1).$$

De plus :

(3) Si μ est une probabilité τ-régulière sur un e.l.c. séparé E et si $\mathcal{B}_\sigma$, $\mathcal{F}$ et $\mathcal{F}_\sigma$ désignent respectivement la tribu borélienne sur $\sigma(E,E')$, la classe des fermés de E et la classe des fermés faibles de E, alors :

$$\mu = \mu_{*\mathcal{F}} \text{ sur } \mathcal{B}_E , \ \mu = \mu^*_{\mathcal{B}_\sigma} \text{ sur } \mathcal{F}, \ \mu = \mu_{*\mathcal{F}_\sigma} \text{ sur } \mathcal{B}_\sigma, \ \mu = \mu^*_{\mathcal{C}_E} \text{ sur } \mathcal{F}_\sigma.$$

Par suite, grâce à (2), pour 2 probabilités τ-régulières μ et ν sur E :

$$\mu \ll \nu \ (\mathcal{B}_E) \iff \mu \ll \nu \ (\mathcal{C}_E) \ ;$$

$$\mu \perp \nu \ (\mathcal{B}_E) \iff \mu \perp \nu \ (\sigma(\mathcal{C}_E)) .$$

Définition 2.- Dans ce qui suit, μ et ν sont deux probabilités cylindriques sur un e.l.c.s. E. Nous dirons que *μ est cylindriquement* (*resp. scalairement*) *absolument continue par rapport à ν* si :

$$\mu \ll \nu \text{ sur } \mathcal{C}_E \quad (\text{resp. } \mu \ll \nu \text{ sur } \mathcal{C}^1_E) ,$$

où $\mathcal{C}_E$ est l'algèbre des cylindres de E et $\mathcal{C}^1_E$ la classe des cylindres de E avec un espace générateur 1-dimensionnel :

$$\mathcal{C}^1_E = \{x'^{-1}(C) \ ; \ C \in \mathcal{B}_{\mathbb{R}} \ ; \ x' \in E'\} .$$

Nous écrivons en abrégé

$$\mu \ll_c \nu \quad (\text{resp. } \mu \ll_s \nu) \ ;$$

de plus, nous écrirons $\mu \simeq_c \nu$ (resp. $\mu \simeq_s \nu$) si $\mu \ll_c \nu$ et $\nu \ll_c \mu$ (resp. si $\mu \ll_s \nu$ et $\nu \ll_s \mu$).

On peut avoir $\mu <<_s \nu$ sans avoir $\mu <<_c \nu$. Par exemple, soit $E = \mathbb{R}^2$, μ (resp. γ) la mesure gaussienne normale sur $\mathbb{R}^2$ (resp. $\mathbb{R}$) ; et soit ν la probabilité sur $\mathbb{R}^2$ définie par

$$\nu(A) = \frac{1}{2} (\gamma\{\lambda \ ; \ \lambda e_1 \in A\} + \gamma\{\lambda \ ; \ \lambda e_2 \in A\}) \quad (A \in \mathcal{B}_{\mathbb{R}^2})$$

avec (e_1, e_2) base canonique de $\mathbb{R}^2$; alors $\mu \perp \nu$ et $\mu <<_s \nu$.

D'autre part, l'étude de l'absolue continuité cylindrique se ramène à l'étude classique de l'absolue continuité de probabilités (σ-additives). Plus précisément :

(4) $\qquad \mu <<_c \nu \iff \tilde{\mu} <<_c \tilde{\nu} \iff \tilde{\mu} << \tilde{\nu} \ (\tilde{\mathcal{L}})$.

Donc $\mu <<_c \nu$ si et seulement si pour tout A de $\tilde{\mathcal{L}}$ tel que $\tilde{\mu}(A) = 0$, l'on a $\tilde{\nu}(A)=0$; de même si, pour toute partie S' de E', $\Pi_{S'}$, désigne l'opérateur canonique $x \to (x,x')_{x' \in S'}$, de E dans $\mathbb{R}^{S'}$, alors $\mu <<_c \nu$ si et seulement si, pour toute partie dénombrable S' de E', $\Pi_{S'}(\mu) <<_c \Pi_{S'}(\nu)$.

Définition 3.- Par analogie avec **(4)**, on dira que ν est cylindriquement étrangère à μ (et on écrira $\mu \perp_c \nu$) si les probabilités $\tilde{\nu}$ et $\tilde{\mu}$ sont étrangères sur $\tilde{\mathcal{L}}$: $\tilde{\mu} \perp \tilde{\nu}(\tilde{\mathcal{L}})$.

Donnons maintenant quelques propriétés élémentaires sur l'absolue continuité scalaire et cylindrique.

Proposition 1.- [56].- Supposons $\mu <<_c \nu$.

(1) Si ν est σ-additive, alors μ est σ-additive et $\mu << \nu$ sur la tribu $\mathcal{L}_E$ engendrée par les cylindres de E ;

(2) Si ν est τ-régulière sur E, alors μ est τ-régulière sur E et $\mu << \nu$ sur la tribu borélienne $\mathcal{B}_E$ de E ;

(3) Si ν est de Radon sur E, alors μ est de Radon sur E et $\mu << \nu$ sur $\mathcal{B}_E$.

Rappelons qu'une probabilité cylindrique μ sur E est dite σ-additive (resp. τ-régulière sur E, resp. de Radon sur E) si elle se prolonge à $\mathcal{L}_E$ (resp. $\mathcal{B}_E$) en une probabilité σ-additive (resp. τ-régulière sur E, resp. de Radon sur E). Ces prolongements, s'ils existent, sont d'ailleurs uniques [56].

Preuve.- (esquisse).- (1) est bien connu et n'utilise pas le caractère vectoriel de E. D'autre part, d'après (3), pour démontrer (2) (resp. (3)), il suffit de vérifier que μ est τ-régulière (resp. de Radon) sur E ; ce qui s'obtient facilement à l'aide des propriétés caractéristiques suivantes :

(i) μ est de Radon sur E si et seulement si il existe une suite (K_n) de compacts de E avec : $\mu^*_{\mathcal{C}_E}(K_n) \to 1$, si $n \to \infty$;

(ii) μ est τ-régulière sur $\sigma(E,E')$ si et seulement si [47], pour toute famille filtrante décroissante $(F_i)_i$ de cylindres fermés de E d'intersection vide, $\inf_i \mu(F_i) = 0$;

(iii) μ est τ-régulière sur E si et seulement si [56] μ est τ-régulière sur $\sigma(E,E')$ et si, pour toute famille filtrante décroissante $(F_i)_i$ d'éléments de $\mathcal{F} \cap \mathcal{B}_\sigma$, on a :

$$(F \in \mathcal{F} \cap \mathcal{B}_\sigma,\ F \supset \bigcap_i F_i) \implies (\mu(F) \geq \inf_i \mu(F_i))$$ ∎

Proposition 2. - Soit I un ensemble filtrant et $(\mu_i')_{i\in I}$ et $(\nu_i')_{i\in I}$ deux familles de probabilités cylindriques sur E, avec $(\mu_i')_i$ convergeant cylindriquement [49] vers $\mu' \in \check{\mathcal{P}}(E)$ et $(\nu_i')_i$ convergeant cylindriquement vers $\nu' \in \check{\mathcal{P}}(E)$.

Si pour tout $\varepsilon > 0$ il existe $\eta_\varepsilon > 0$ tel que, pour tout $i \in I$, on ait :

$$(*) \qquad (A \in \mathcal{C},\ \nu_i'(A) < \eta_\varepsilon) \implies (\mu_i'(A) \leq \varepsilon)$$

avec $\mathcal{C} = \mathcal{C}_E$ (resp. $\mathcal{C}_E^1$), alors $\mu' \ll_c \nu'$ (resp. $\mu' \ll_s \nu'$) avec les mêmes η_ε.

Preuve.- Elle est simple. Montrons par exemple $\mu' \ll_c \nu'$. Il suffit de vérifier que, pour tout $\varepsilon > 0$, toute partie finie S de E' et tout compact K de $\mathbb{R}^S$ vérifiant $\Pi_S(\nu')(K) < \eta_\varepsilon$, on a $\Pi_S(\mu')(K) \leq \varepsilon$:

Si $\Pi_S(\nu')(K) < \eta_\varepsilon$, alors il existe un voisinage ouvert U de 0 dans $\mathbb{R}^S$ tel que $\Pi_S(\nu')(\overline{K+U}) < \eta_\varepsilon$. Par suite, par convergence cylindrique des ν_i',

$$\overline{\lim_i}\ \Pi_S(\nu_i')(\overline{K+U}) < \eta_\varepsilon ;$$

d'où, par (*),

$$\overline{\lim_i}\ \Pi_S(\mu_i')(\overline{K+U}) \leq \varepsilon .$$

Et donc, par convergence cylindrique des μ_i ,

$$\Pi_S(\mu')(K) \leq \Pi_S(\mu')\ (K+U) \leq \underline{\lim}_i\ \Pi_S(\mu_i')\ (K+U) \leq \varepsilon.$$

D'où $\quad \mu' <<_c \nu'$ ∎

Nous avons besoin maintenant d'une nouvelle définition :

Définition 4.- Pour tout μ de $\check{\mathcal{P}}(E)$, désignons par $\mathcal{C}_\mu$ la topologie vectorielle sur E' la moins fine rendant continue la fonction caractéristique $\hat{\mu}$ de μ. Le dual de $(E',\mathcal{C}_\mu)$ sera noté H_μ (par définition même $H_\mu = H_{\tilde{\mu}} \subset \tilde{E}$).

D'après [2 , p. 21], $\mathcal{C}_\mu$ est la topologie vectorielle la moins fine sur E' rendant continue l'une quelconque des fonctions aléatoires $L : E' \to L^0(\Omega,\mathcal{F}, P)$ associées à μ. $\mathcal{C}_\mu$ est donc définie par la famille des jauges $J_\varepsilon(\mu)$, $\varepsilon > 0$ sur E' :

$$J_\varepsilon(\mu)\ (x') := \inf \{\alpha\ ;\ \alpha > 0\ ;\ \mu\{x\ ;\ x \in E\ ;\ |(x,x')| > \alpha\} \leq \varepsilon\ \}.$$

Il est facile de vérifier que $(E', \mathcal{C}_\mu)$ est un espace vectoriel topologique bornologique ($\mathcal{C}_\mu$ est séquentielle au sens de [26]). En outre, toujours par [2], si $\mathfrak{S}$ est une famille filtrante croissante de parties bornées équilibrées de E , invariante par homothétie, alors μ est $\mathfrak{S}$-scalairement concentrée sur E si et seulement si la $\mathfrak{S}$-topologie sur E' est plus fine que $\mathcal{C}_\mu$.

THEOREME 1. - Soit $\mathfrak{S}$ une famille de parties bornées sur E et $\mathcal{C}$ la $\mathfrak{S}$-topologie sur E'. Si D' est une partie de E' $\mathcal{C}$-partout dense dans E' et si $\mathcal{C}$ est plus fine que $\mathcal{C}_\mu$ et $\mathcal{C}_\nu$, alors : $\mu <<_c \nu$ (resp. $\mu <<_s \nu$) si et seulement si, pour toute partie dénombrable S de D', $\Pi_S(\mu) <<_c \Pi_S(\nu)$ (resp. $\Pi_S(\mu) <<_s \Pi_S(\nu)$).

Preuve.- Supposons $\Pi_S(\mu) <<_c \Pi_S(\nu)$ pour toute partie dénombrable S de D'. Par suite, pour tout réel $\varepsilon > 0$, il existe $\eta_\varepsilon > 0$ tel que, pour tout entier $n > 0$ et tout $(y_1,\ldots,y_n)$ de D'^n, l'on ait :

$$(A \in \mathcal{B}_{R^n},\ \Pi_{\{y_1,\ldots,y_n\}}(\nu)(A) < \eta_\varepsilon) \Longrightarrow \Pi_{\{y_1,\ldots,y_n\}}(\mu)(A) \leq \varepsilon.$$

Mais, d'après [3 , p. 62], pour $\lambda = \mu$, ν et pour tout entier n, l'opérateur $(y_1,\ldots,y_n) \to \Pi_{\{y_1,\ldots,y_n\}}(\lambda)$ est continu de $(E',\mathcal{C})^n$ dans l'espace $\mathcal{P}(\mathbf{R}^n)$ des probabilités de Radon (muni de la convergence étroite). Alors, grâce à la proposition 2 (appliquée à $E = \mathbb{R}^n$, $\nu' = \Pi_{\{y_1,\ldots,y_n\}}(\nu)$ et $\mu' = \Pi_{\{y_1,\ldots,y_n\}}(\mu)$, où $(y_1,\ldots,y_n) \in E'^n$), nous en déduisons que, pour tout $n \geq 1$ et tout $(y_1,\ldots,y_n) \in E'^n$, nous avons aussi :

$$(A \in \mathscr{B}_{\mathbb{R}^n}, \Pi_{\{y_1,\ldots,y_n\}}(\nu)(A) < \eta_\varepsilon) \Rightarrow \Pi_{\{y_1,\ldots,y_n\}}(\mu)(A) \leq \varepsilon .$$

c'est-à-dire $\mu \ll_c \nu$. ∎

<u>Proposition 3</u>.- <u>Si</u> $\mu \ll_s \nu$, <u>alors</u> $\mathscr{C}_\nu$ <u>est plus fine que</u> $\mathscr{C}_\mu$; <u>et donc, si</u> $\mu \simeq_s \nu$, H_μ <u>et</u> H_ν <u>coïncident</u>. (3)

<u>Preuve</u>.- Elle est triviale. ∎

<u>Proposition 4</u>.- <u>Soit</u> F <u>un autre e.l.c.s. et</u> $u : E \to F$ <u>linéaire continue. Alors</u> :

$$\mu \ll_s \nu \Rightarrow u(\mu) \ll_s u(\nu) ,$$

$$\mu \ll_c \nu \Rightarrow u(\mu) \ll_c u(\nu) \quad \underline{\text{et}} \quad u(\mu) \perp_c u(\nu) \Rightarrow \mu \perp_c \nu .$$

<u>De plus, si</u> u <u>est injective et si</u> $\mathscr{C}_\mu$ <u>et</u> $\mathscr{C}_\nu$ <u>sont moins fines que la topologie de Mackey</u> $\tau(E',E)$ <u>sur</u> E', <u>alors</u> :

$$\left(\mu \ll_c \nu \Leftrightarrow u(\mu) \ll_c u(\nu)\right) \underline{\text{et}} \left(\mu \ll_s \nu \Leftrightarrow u(\mu) \ll_s u(\nu)\right) .$$

<u>Preuve</u>.- La preuve de la 1ère partie est laissée au lecteur ; la seconde partie résulte du théorème ci-dessus puisque l'injectivité de u implique que $D' = u'(F')$ est partout dense dans $\tau(E',E)$. ∎

<u>Proposition 5</u>.- <u>On a les implications</u> :

(1) $\mu \ll_s \nu \Rightarrow \mu * \lambda \ll_s \nu * \lambda , \forall \lambda \in \check{\mathscr{P}}(E)$;

(2) $\mu \ll_c \nu \Rightarrow \mu * \lambda \ll_c \nu * \lambda , \forall \lambda \in \check{\mathscr{P}}(E)$.

<u>Et donc les relations</u> $\ll_c$ <u>et</u> $\ll_s$ <u>sur</u> $\check{\mathscr{P}}(E)$ <u>sont des relations de préordre</u>.

<u>Preuve</u>.- En se ramenant aux probabilités $\tilde{\mu}$, $\tilde{\nu}$, $\tilde{\lambda}$, l'implication (1) devient immédiate. Montrons (2) : Supposons que, pour tout $\varepsilon > 0$, il existe $\eta_\varepsilon > 0$ tel que :

(•) $(B \in \mathscr{C}_E^1 , \nu(B) < \eta_\varepsilon) \Rightarrow (\mu(B) \leq \varepsilon)$.

Soit alors A arbitraire dans $\mathscr{C}^1_{E'*}$ tel que $\tilde{\nu} * \tilde{\lambda}(A) < \eta_\varepsilon^2$. Mais, comme $x \to \tilde{\mu}(A - x)$

est $\tilde{\mathscr{L}}$-mesurable (et même $\mathscr{C}^1_{E',*}$-mesurable), on a :

$$\tilde{\nu} * \tilde{\lambda}(A) = \int \tilde{\nu}(A-x)\, d\tilde{\lambda}(x) \geq \eta_\varepsilon\, \tilde{\lambda}\{x \,;\, \tilde{\nu}(A-x) \geq \eta_\varepsilon\} .$$

D'où $\tilde{\lambda}\{x \,;\, \tilde{\nu}(A-x) \geq \eta_\varepsilon\} < \eta_\varepsilon$. Par suite, vu (•),

$$\tilde{\mu} * \tilde{\lambda}(A) = \int \tilde{\mu}(A-x) d\tilde{\lambda}(x) \leq \tilde{\lambda}\{x; \tilde{\nu}(A-x) \geq \eta_\varepsilon\} + \varepsilon \leq \eta_\varepsilon + \varepsilon = 2\varepsilon .$$

Par conséquent

$$\tilde{\mu} * \tilde{\lambda} <<_s \tilde{\nu} * \tilde{\lambda}, \text{ et donc } \mu * \lambda <<_s \nu * \lambda \quad \blacksquare$$

2. Quelques propriétés du dual H_μ de $(E', \mathscr{C}_\mu)$

Notation 1.- Pour tout a de E'^* et tout μ de $\check{\mathscr{P}}(E)$, $\tau_a(\mu)$ désignera la probabilité cylindrique sur E dont la transformée de Fourier est $x' \to \hat{\mu}(x') \exp(i(a,x'))$. Donc

$$\widetilde{\tau_a(\mu)} = \tilde{\mu} * \delta_a .$$

Explicitons tout d'abord l'espace H_μ dans quelques cas particuliers :

(1) Soit μ une mesure cylindrique sur E avec

$$\int (x,x')^2 \, d\mu(x) < +\infty, \quad \forall x' \in E' ;$$

alors l'espace autoreproduisant $\mathscr{H}_\mu$ associé au noyau

$$K(x', y') = \int (x,x')(x,y') d\mu(x) , \quad ((x',y') \in E' \times E')$$

contient H_μ. De plus, si μ est gaussienne (centrée), H_μ est égal à $\mathscr{H}_\mu$.

(2) Soit p un réel de $]0,2]$, F un Banach et ν une probabilité de Radon finie sur E avec $\int ||x||^p d\nu(x) < \infty$. Considérons la mesure cylindrique μ sur F définie par :

$$(*) \qquad \hat{\mu}(y') = \exp\left(- \int |(y',y)|^p d\nu(y)\right) \quad (y' \in F') ;$$

μ est donc une mesure cylindrique stable symétrique d'exposant p. Alors H_μ est le dual de $L^p(\nu)$; et donc :

$$H_\mu = \{0\} , \quad \text{si } 0 < p < 1 \text{ et } \nu \text{ sans atomes} ;$$
$$H_\mu = L^{p'}(\nu), \text{ si } 1 \leq p \leq 2 , \ \frac{1}{p} + \frac{1}{p'} = 1.$$

(Notez que, par [1], E est de type p-stable si et seulement si toute mesure cylindrique μ sur E de la forme (*) est de Radon sur E).

Maintenant, le lecteur pourra vérifier la

Proposition 1.- *Soit a dans E'^{*}. Alors a appartient à H_μ si et seulement si il existe deux réels $\eta > 0$ et $M > 0$ tels que*

$$J_{1/2}(\tau_a(\mu)) \leq M \, J_\eta(\mu) .$$

Le théorème suivant, bien que très simple, permettra de donner au § 3 une Condition Nécessaire d'existence d'une probabilité cylindrique quasi-invariante (au sens de LINDE [34]) améliorant un résultat de LINDE.

THEOREME 1.- *Les propriétés suivantes sont équivalentes :*

(1) E *est contenu dans* $H_\mu = (E', \mathcal{C}_\mu)'$;

(2) $\sigma(E', H_\mu)$ *est plus fine que* $\sigma(E',E)$;

(3) $\mathcal{C}_\mu$ *est plus fine que* $\sigma(E',E)$;

(4) $\mathcal{C}_\mu$ *est plus fine que la topologie de Mackey* $\tau(E',E)$ *sur* E'.

De plus, si E *est quasi-complet, ces propriétés sont aussi équivalentes à :*

(5) $\mathcal{C}_\mu$ *est plus fine que la topologie forte* $\beta(E',E)$ *sur* E'.

Preuve.- (1), (2) et (3) sont trivialement équivalents. (3) $\Rightarrow$ (4), car $\mathcal{C}_\mu$ est bornologique et les topologies $\sigma(E',E)$ et $\tau(E',E)$ ont les mêmes bornés [48, p. 132]. Enfin, si E est quasi-complet, (3) $\Rightarrow$ (5) pour la même raison puisque $\sigma(E',E)$ et $\beta(E',E)$ ont alors les mêmes bornés [48, p. 142]. D'où le théorème. ∎

Exprimé au moyen du cotype [50] d'une mesure cylindrique, ce théorème donne en particulier :

THEOREME 2.- *Soit* E *un Banach. Une mesure cylindrique* μ *sur* E *est de cotype* 0 *(i.e.* $\mathcal{C}_\mu$ *est plus fine que la topologie normée de* E'*) si et seulement si* H_μ *contient* E.

Remarque 1.- Sur un Banach E de dimension infinie, il n'existe pas de probabilités de Radon de cotype 0. Sinon, par un théorème de Schwartz [50], l'opérateur identique i de E' serait 0-sommant ; donc $i \circ i = i$ serait compact, ce qui est impossible puisque la dimension de E' est infinie.

Donnons une variante du théorème 1.

THEOREME 3.- Soit u un opérateur linéaire continu d'un e.v.t. métrisable non maigre F dans un e.l.c.s. E et μ une probabilité cylindrique sur E. Alors H_μ contient u(F) si et seulement si il existe deux réels $\varepsilon > 0$ et $C > 0$ et un voisinage V de 0 dans F tel que :

$$(**) \qquad \sup_{y \in V} |(x', u(y))| \leq C\, J_\varepsilon(\mu)\,(x') \ , \quad \forall\, x' \in E' .$$

Preuve.- Soit $(V_n)_n$ une suite fondamentale décroissante de voisinages de zéro dans F. Et supposons : $H_\mu \supset u(F)$; alors, pour tout $a \in E$, il existe deux réels $\delta(a) > 0$ et $M(a) > 0$ tels que

$$|(x', u(a))| \leq M(a)\, J_{\delta(a)}(\mu)\,(x') \ , \quad \forall\, x' \in E' .$$

Supposons (**) fausse : pour tout entier $n > 0$, il existe x'_n dans E' tel que

$$(\bullet) \qquad \sup_{y \in V_n} |(x'_n, u(y))| \geq n \quad \text{et } J_{1/n}(\mu)(x'_n) \leq 1 .$$

Par suite, pour tout a de F,

$$\sup_{n \geq 1/\delta(a)} |(x'_n, u(a)| \leq M(a) \sup_{n \geq 1/\delta(a)} J_{\delta(a)}(\mu)(x'_n) \leq M(a) < +\infty .$$

Ainsi $a \to \sup_n |(x'_n, u(a)|$ est une semi-norme <u>finie</u> et semi-continue inférieurement sur F. Comme F est métrisable non maigre, il existe donc un entier n_0 tel que

$$\sup_{a \in V_{n_0}} (\sup_n |(x'_n, u(a))|) < +\infty .$$

Ce qui est impossible par $(\bullet)$. D'où le théorème. ∎

Remarque 2.- Si F et E sont des Banach et si μ est de Radon, alors $u' : E' \to F'$ est 0-sommante car on peut supposer : $\int ||x|| d\mu(x) < \infty$ (puisque $H_\mu = H_\nu$ avec $\nu(A) = \alpha \int_A \exp(-||x||) d\mu(x)$, $(A \in \mathcal{B}_E)$).

Notez aussi que u' est compacte si E est séparable.

Maintenant, étudions les liens existant entre l'espace H_μ et les ensembles suivants:

$$A_\mu^s = \{a \,;\, a \in E'^* \,;\, \tau_a(\mu) <<_s \mu\}$$

$$A_\mu = \{a \,;\, a \in E'^* \,;\, \tau_a(\mu) <<_c \mu\}$$

$$S_\mu = \{a \,;\, a \in E'^* \,;\, \tau_a(\mu) \perp_c \mu\}.$$

Notons au préalable que :

(i) A_μ et $A_\mu^{(s)}$ sont des semi-groupes ;

(ii) $A_\mu + A_\nu \subset A_{\mu * \nu}$, si $\nu \in \check{\mathcal{P}}(E)$;

(iii) Si l'on remplace μ par $\tilde{\mu}$ ou par un translaté quelconque $\tau_b(\mu)$ de μ, les ensembles A_μ^s, A_μ et S_μ ne sont pas modifiés ;

(iv) Si μ est τ-régulière sur E, A_μ coïncide avec l'ensemble des a de E'^* pour lesquels $\tau_a(\mu)$ est τ-régulière sur E et $\tau_a(\mu) << \mu \, (\mathcal{B}_E)$; et $E \setminus S_\mu$ coïncide avec l'ensemble des a de E tels que $\tau_a(\mu) \perp \mu \, (\mathcal{B}_E)$.

THEOREME 4.- <u>Pour tout</u> μ <u>de</u> $\check{\mathcal{P}}(E)$, <u>on a</u> :

(1) $E \setminus S_\mu \subset H_\mu$ <u>et</u> (2) $A_\mu \subset A_\mu^s \subset H_\mu$.

<u>Preuve</u>.- (1) Soit a non dans H_μ : il existe une suite (x_n') d'éléments de E' tels que, pour tout $n \geq 1$,

$$(a,x_n') = 1 \ , \quad \mu\{x \,;\, |(x,x_n')| > 2^{-n}\} < 2^{-n} \ ;$$

alors

$$G = \{u \,;\, u \in E'^* \,;\, \sum_n |(u,\, x_n')| < \infty\}$$

est un sous-espace vectoriel de E'^* appartenant à $\tilde{\mathcal{L}}$, de $\tilde{\mu}$-mesure un et ne contenant pas a. Par suite

$$\delta_a * \tilde{\mu}\,(G) = \tilde{\mu}\,(G-a) = 0.$$

Et donc $\tilde{\mu}$ et $\tau_a(\tilde{\mu})$ sont étrangères. D'où $E \setminus S_\mu \subset H_\mu$.

(2) Soit a dans A_μ^s ; alors a appartient à H_μ grâce à la proposition (2,1).

D'où le théorème. ∎

<u>Remarque 3</u>.- D'après la preuve de (1) ci-dessus l'espace $\mathcal{E}_{\tilde{\mu}}$, intersection des sous-espaces vectoriels de E'^* appartenant à $\tilde{\mathcal{L}}$ et de $\tilde{\mu}$-mesure un, est contenu dans H_μ et contient $E \setminus S_\mu$.

De plus, notons que si ν et μ sont 2 probabilités cylindriques symétriques sur E (c.a.d. $\mu(A) = \mu(-A)$ et $\nu(A) = \nu(-A)$, pour tout cylindre A de E) et si $\mu * \delta_m <<_c \nu$ pour un certain $m \in E'^*$, alors m appartient à $\mathscr{E}_{\tilde{\nu}}$.

Dans le cas particulier des probabilités de Radon sur E, on a la proposition suivante (cf. aussi [24] et [60]) :

<u>Proposition 1</u>.- [5] .- <u>Si</u> μ <u>est une probabilité cylindrique sur</u> E <u>se prolongeant en une probabilité de Radon</u> μ <u>sur</u> E, <u>alors</u> :

(i) $E'^* \setminus S_\mu$ <u>et donc</u> A_μ <u>sont contenus dans</u> E ;

(ii) <u>si</u> E <u>est un Fréchet séparable</u>, A_μ <u>est un borélien de</u> E ;

(iii) <u>si</u> E <u>est quasi-complet</u>, H_μ <u>est contenu dans</u> E <u>et</u> H_μ <u>coïncide avec l'intersection de tous les sous-espaces vectoriels de</u> E <u>de</u> μ-<u>mesure un et</u> μ-<u>approchables par des compacts disqués de</u> E ;

(iv) <u>si</u> E <u>est quasi-complet et si</u> $\mathscr{C}_\mu$ <u>est localement convexe, l'adhérence de</u> H_μ <u>dans</u> E <u>coïncide avec l'intersection de tous les hyperplans fermés de</u> E <u>de</u> μ-<u>mesure un</u>.

<u>Preuve</u>.- Soit ν la probabilité de Radon sur $\tilde{E} = E'^*$ image de μ par l'opérateur canonique de E dans E'^* ; et soit a dans $\tilde{E} \setminus E$. Alors, comme E est ν-mesurable de ν-mesure un, on a :

$$\nu(E - a) = 0 \quad \text{et} \quad \nu(E) = 1.$$

Ainsi $\tau_a(\nu)$ et ν sont étrangères sur $\mathscr{B}_{\tilde{E}}$; donc par (1.(3)), $\tau_a(\mu)$ et μ sont cylindriquement étrangères. Par conséquent, $\tilde{E} \setminus E$ est contenu dans S_μ.

(2) est une conséquence d'un résultat de Dubins et Freedman [13] (cf. Zinn [59]).

(3) et (4) sont dus à BORELL [5] . Vérifions cependant que H_μ est contenu dans E : E étant quasi complet, μ est scalairement concentrée sur les parties disquées (faiblement) compactes de E. Donc $\tau(E',E)$ est plus fine que $\mathscr{C}_\mu$; par suite E contient H_μ . CQFD. ∎

Il est bien connu que, même dans le cas $E = \mathbb{R}^N$, l'étude des ensembles A_μ et S_μ s'avère souvent très difficile ; et on aimerait bien avoir des critères simples permettant d'affirmer que A_μ est un cône ; dans le cas où $\mu = \underset{n}{\otimes} \sigma$ avec σ probabilité sur $\mathbb{R}$ équivalente à la mesure de Lebesgue, on peut trouver dans [8] un exemple de σ tel que A_μ ne soit pas un cône et un critère pour que A_μ soit un cône.

Notons que dans le cas d'un e.l.c.s. E quelconque, l'étude des ensembles A_μ^s, A_μ et S_μ se ramène à l'étude des ensembles $A_{\mu'}^s$, , $A_{\mu'}$, et $S_{\mu'}$, pour des probabilités μ' sur $\mathbb{R}^{\mathbb{N}}$, car :

$$A_\mu^{(s)} = \bigcap_{\substack{S \subset E' \\ S \text{ dén.}}} \Pi_S^{-1}(A^s_{\Pi_S(\mu)}),\ A_\mu = \bigcap_{\substack{S \subset E' \\ S \text{ dén.}}} \Pi_S^{-1}(A_{\Pi_S(\mu)}),\ S_\mu = \bigcap_{\substack{S \subset E' \\ S \text{ dén.}}} \Pi_S^{-1}(S_{\Pi_S(\mu)})$$

Terminons ce paragraphe par quelques exemples classiques :

<u>Exemple 1</u>.- Soit μ une probabilité cylindrique gaussienne centrée sur E et soit $\mathcal{H}_\mu$ son espace autoreproduisant. Alors :

$$\mathcal{H}_\mu = H_\mu = A_\mu = A_\mu^{(s)} = \widetilde{E} \setminus S_\mu \ .$$

(Notez que, grâce à la proposition (1.3) et la remarque (2.3), on retrouve le résultat bien connu suivant : si μ et ν sont deux probabilités cylindriques gaussiennes équivalentes sur E, alors les noyaux autoreproduisants associés à μ et ν coïncident et la différence des moyennes de μ et ν appartient à $\mathcal{H}_\mu$).

<u>Exemple 2</u>.- Soit μ défini par (*). Alors :

(i) si $0 < p < 1$ et si ν est sans atomes, $E \setminus S_\mu = \{0\} = H_\mu = A_\mu$.

(ii) si $1 \leq p \leq 2$ et si E est de type p-stable, alors $L^{p'}(\nu) = H_\mu$ est contenu dans E ; et, pour tout a de $E \setminus L^{p'}(\nu)$, $\tau_a(\mu)$ et μ sont étrangères sur $\mathcal{B}_E$.

<u>Exemple 3</u>.- Soit μ une probabilité cylindrique "auto-décomposable" : c'est à dire pour tout $\alpha \in]0,1[$ il existe une probabilité cylindrique ν_α sur E telle que $\mu = \nu_\alpha * \mu^{(\alpha)}$, où

$$\mu^{(\alpha)}(C) = \mu\left(\frac{C}{\alpha}\right) \quad , \text{ si } \quad C \in \mathcal{C}_E \ .$$

Alors A_μ^s et A_μ sont des cônes : par exemple, si a est dans A_μ, on a a fortiori $\tau_{a\alpha}(\mu^{(\alpha)}) <<_c \mu^{(\alpha)}$; d'où, compte tenu de la proposition (1·5),

$$\tau_{a\alpha}(\mu) = \nu_\alpha * \tau_{a\alpha}(\mu^{(\alpha)}) <<_c \nu_\alpha * \mu^{(\alpha)} = \mu \ ;$$

et donc, pour tout $a \in A_\mu$ et tout $\alpha \in]0,1[$, αa appartient à A_μ ; ainsi A_μ est un cône.

<u>Exemple 3'</u>.- (ZINN [59]).- Il résulte de l'exemple 3 que, pour toute probabilité cylindrique stable μ sur E, A_μ est un cône [μ est stable si pour tout réel $\alpha, \beta > 0$, il existe un réel $\gamma > 0$ et a dans E'^* tels que $\mu^{(\alpha)} * \mu^{(\beta)} = \mu^{(\gamma)} * \delta_a$ [16]] .

<u>Exemple 4</u>.- (TORTRAT).- Soit μ une probabilité cylindrique mélange d'une probabilité cylindrique ν ; plus précisément, soit $\mu \in \check{\mathcal{P}}(E)$ définie par

$$\hat{\mu}(x') = \int \hat{\nu}(tx')d\sigma(t) \qquad (x' \in E') ,$$

avec σ probabilité sur $[0,\infty[$. Donc

$$\mu(A) = \int_{\mathbb{R}_*^+} \nu(\frac{A}{t})\, d\sigma(t) + \sigma\{0\}\, \delta_0(A) ,$$

pour tout A de $\mathcal{C}_E$ (notez que $t \to \nu(\frac{A}{t})$ est borélienne sur $]0,\infty[$). <u>Supposons $\mu(\{0\}) = 0$</u>. Alors : $\mathcal{C}_\mu$ et $\mathcal{C}_\nu$ <u>sont équivalentes</u> et donc $H_\mu = H_\nu$; de plus, si A_ν est un cône, A_μ contient A_ν ; et ainsi $A_\mu^s = A_\mu = E'^* \setminus S_\mu = H_\mu$ <u>dès que</u> $H_\nu = A_\nu$.

<u>Exemple 4'</u>.- (LINDE [34]).- Soit H un Hilbert de dimension infinie, γ la probabilité cylindrique gaussienne normale sur H et χ une probabilité cylindrique sur H invariante par isométries (au sens de [3]) et vérifiant, pour tout h de H, $\hat{\chi}(th) \to 0$, si $t \to \infty$. Donc, par [3], il existe une probabilité σ sur $]0,\infty[$ telle que :

$$\chi(x') = \int_{\mathbb{R}_*^+} \hat{\gamma}(tx')d\sigma(t) = \int_{\mathbb{R}_*^+} \exp(-\frac{1}{2}\,||tx||^2)d\sigma(t) \qquad (x' \in E') .$$

Alors, pour tout opérateur linéaire continu u de H dans un e.l.c.s. E, la mesure cylindrique $\mu = u(\chi)$ vérifie :

$$H_\nu = \tilde{E} \setminus S_\nu = A_\nu = A_\nu^s = A_{u(\gamma)} .$$

<u>Exemple 5</u>.- Bien entendu, on n'a pas toujours $A_\mu = H_\mu$ même si $E'^* \setminus S_\mu = A_\mu$; il suffit de prendre $E = \mathbb{R}^{\mathbb{N}}$ et μ la probabilité de Cauchy standard sur $\mathbb{R}^{\mathbb{N}}$: $\hat{\mu}((x_n)_n) = \exp(-\Sigma\, |x_n|)$ pour tout $x = (x_n)_n$ de $\mathbb{R}_0^{\mathbb{N}} = (\mathbb{R}^{\mathbb{N}})'$. Dans ce cas

$$H_\mu = \ell^\infty,\ A_\mu = \ell^2 \text{ et } S_\mu = E \setminus \ell^2 .$$

<u>Exemple 6</u>.- (SHEPP [51]).- Soit σ une probabilité sur $\mathbb{R}$ et $(\lambda_n)_n$ une suite de réels non nuls. Considérons la probabilité $\mu = \underset{n}{\otimes}\, \sigma^{(\lambda_n)}$ sur $\mathbb{R}^{\mathbb{N}}$. Alors :

(i) $\mathbb{R}^{\mathbb{N}} \setminus S_\mu \subset \{(a_n) \; ; \; (a_n) \in \mathbb{R}^{\mathbb{N}} \; ; \; \sum_n (a_n / \lambda_n)^2 < +\infty\}$; et

(ii) si σ a une information de Fischer finie (c.à.d. σ a une densité $p > 0$ localement absolument continue vérifiant $\int ((p'(x))^2/p(x))dx < \infty$), on a

$$A_\mu = \mathbb{R}^{\mathbb{N}} \setminus S_\mu = \{(a_n) \; ; \; (a_n) \in \mathbb{R}^{\mathbb{N}} \; ; \; \sum_n (a_n/\lambda_n)^2 < +\infty\} .$$

(Notez que la loi de Cauchy standard sur $\mathbb{R}$ a une information de Fischer finie). Cf. aussi [8], [29], [53], [60] et [7].

Enfin, nous remercions très sincèrement Monsieur le Professeur TORTRAT pour ses précieuses remarques.

3. Applications aux probabilités cylindriques quasi-invariantes

Définition.- On dit que $\mu \in \check{\mathcal{P}}(E)$ est cylindriquement (resp. scalairement) quasi-invariante si, pour tout $a \in E$, $\tau_a(\mu)$ et μ sont cylindriquement (resp. scalairement) équivalentes ; c'est à dire : $E \subset A_\mu$ (resp. $E \subset A_\mu^s$).

Plus généralement, si E_1 est un sous-espace vectoriel de E, on dit que μ est E_1-cylindriquement (resp. E_1-scalairement) quasi-invariante si E_1 est contenu dans A_μ (resp. dans A_μ^s).

LINDE [34] a introduit la notion de probabilité cylindrique quasi-invariante ; et on peut trouver dans [55] et [52] des résultats sur les mesures σ-additives E_1-quasi-invariantes.

Rappelons que, sur un Fréchet de dimension infinie, il n'existe pas de probabilité (ni de mesure ≥ 0 σ-finie) borélienne quasi-invariante [17]. Cependant, sur un Hilbert, la probabilité cylindrique gaussienne normale est cylindriquement quasi-invariante (cf. exemple (2.1) ou [34]). Par contre, d'après l'exemple (2.5), la mesure de Cauchy standard sur c_0 n'est pas cylindriquement quasi-invariante.

Notons maintenant que, grâce à la proposition (1.5), nous avons le

THEOREME 1.- Si E est un e.l.c.s. admettant une probabilité cylindrique cylindriquement (resp. scalairement) quasi-invariante μ, alors, pour toute probabilité cylindrique λ, $\mu * \lambda$ est aussi une probabilité cylindrique cylindriquement (resp. scalairement) quasi-invariante.

Ainsi :

(1) Il existe des probabilités cylindriques quasi-invariantes symétriques et indéfiniment divisibles ;

(2) Sur un Hilbert H de dimension infinie, il existe des probabilités cylindriques quasi-invariantes non de type 0 (c.à.d. avec $\mathcal{C}_\mu$ non moins fine que la topologie hilbertienne de H) ; ce qui donne une réponse négative aux problèmes 2 et 3 de LINDE [34].

Un problème encore ouvert est de caractériser les Banach possèdant des probabilités cylindriquement (resp. scalairement) quasi-invariantes. Cependant, nous avons le

THEOREME 2.- Si sur un Banach E il existe une probabilité cylindrique μ scalairement quasi-invariante, alors μ est de cotype 0 ; et donc E' est plongeable dans un $L^0(\Omega, \mathcal{F}, P)$ (et est a fortiori de cotype 2) dès que μ est de type 0.

Ce théorème améliore le théorème 1 de LINDE [34] et ne nécessite par que μ soit de type 0.

Preuve.- D'après le théorème (2.4), E, qui est contenu dans A_μ^s, est aussi contenu dans H_μ ; donc, par le théorème (2.1), μ est de cotype 0. ∎

Remarque 1.- Sur les espaces ℓ^p $(2 < p < \infty)$ - dont les duals sont plongeables dans $L^0(\Omega, \mathcal{F}, P)$ - nous ignorons s'il existe une probabilité cylindrique μ quasi-invariante. (Notez que si μ existait, elle vérifierait : $A_\mu^{(s)} = A_\mu = E'^* \setminus S_\mu = H_\mu$).

D'après MOUCHTARI [37], on obtient le

COROLLAIRE 1.- Si E est un Banach séparable ayant la propriété d'approximation métrique et sur lequel il existe une probabilité cylindrique scalairement quasi-invariante de type 0, alors il existe sur E une topologie de type Sazonov.

D'après [23, p. 349] ou [57], on obtient aussi le

COROLLAIRE 2.- Tout Fréchet nucléaire dénombrablement hilbertien E est plongeable dans un $L^0(\Omega, \mathcal{F}, P)$.

Achevons ce paragraphe 3 par une généralisation d'un théorème de KOSHI et TAKAHASHI [30]

THEOREME 3.- Soit u un opérateur linéaire continu d'un e.v.t. F métrisable et non maigre dans un e.l.c.s. E. S'il existe une probabilité cylindrique μ sur E scalairement u(F)-quasi-invariante, alors il existe deux réels $\varepsilon > 0$ et $C > 0$ et un voisinage V de zéro dans F tels que

$$\sup_{x \in V} |(u(x), x')| \leq C\, J_\varepsilon(\mu)\,(x'),$$

pour tout x' de E'.

Preuve.- Comme pour le théorème 1, le théorème 3 est une conséquence triviale des théorèmes (2.4) et (2.3). ∎

II. QUELQUES REMARQUES SUR LES PROBABILITES CYLINDRIQUES GAUSSIENNES

Dans toute la suite de l'exposé, H désignera un Hilbert (réel), γ_H la probabilité cylindrique gaussienne normale sur H et $(X_n)_n$ une suite de variables aléatoires (4) indépendantes de loi $\mathcal{N}(0,1)$ sur un certain $(\Omega, \mathcal{F}, P)$.

Dans cette partie, nous faisons quelques remarques sur les probabilités cylindriques de type 2 et plus particulièrement sur les probabilités cylindriques gaussiennes.

Nous adoptons la terminologie suivante : étant donnée une probabilité cylindrique μ sur un e.l.c.s. E,

. μ a scalairement des moments d'ordre 2 si, pour tout x' de E', $\int (x,x')^2 d\mu(x)$ est fini ; dans ce cas, on notera m_μ la moyenne de μ, $R_\mu : E' \to E'^*$ l'opérateur de covariance de μ:

$$m_\mu(x') = \int (x,x')d\mu(x) \quad (x' \in E')$$

$$(R_\mu x',y') = \int (x,x')(x,y')d\mu(x) - m_\mu(x')m_\mu(y') \quad ((x',y') \in E' \times E') ;$$

et $\mathcal{H}_\mu$ désignera l'espace autoreproduisant associé au noyau $(x',y') \to (R_\mu x',y')$ sur $E' \times E'$ [38, p. 36].

. μ est gaussienne (centrée) si, pour tout x' de E', $x'(\mu)$ est gaussienne (centrée). μ est de Gauss si elle est gaussienne centrée et si $\mathcal{H}_\mu$ est contenu dans E ; i_μ désignera alors l'injection canonique de $\mathcal{H}_\mu$ dans E.

. Si μ est de Radon sur E, μ est prégaussienne si elle a scalairement des moments d'ordre 2, si sa moyenne est nulle et si la probabilité cylindrique gaussienne centrée sur E associée à la covariance de μ est de Radon sur E.

. Si u est un opérateur linéaire continu de H dans E, u est γ radonifiante si la mesure cylindrique $u(\gamma_H)$ est de Radon sur E ; et, pour E Banach, $u : H \to E$ est γ-sommante [35] s'il existe un réel $C > 0$ tel que, pour toute famille finie $(x_1,\dots,x_n)$ d'éléments de E, on ait :

$$(*) \qquad \int \Big\|\sum_1^n u(x_i)\, X_i\Big\|_E^2 \, dP \le C^2 \sup\Big\{\sum_1^n (x_i,x)^2 \; ; \; \|x\|_H \le 1\Big\} \; ;$$

le plus petit des réels $C \ge 0$ vérifiant (*) est noté $\Pi_\gamma(u)$.

. Enfin, les autres définitions banachiques que l'on utilisera (opérateurs 2-sommants, espaces de type 2, de cotype 2...) sont données dans [43] (cf. aussi [33], [20], [49], [41], [40] , [45]).

Remarque.1.- Soit $R : E' \to E'^*$ linéaire et symétrique positive (i.e. pour tout (x',y') de $E' \times E'$, $(Rx',y') = (x',Ry')$ et $(Rx',x') \ge 0$) ; soit $\mathcal{H}_R$ l'espace autoreproduisant associé au noyau $(x',y') \to (Rx',y')$ sur $E' \times E'$. Alors :

(1) Il existe un Hilbert $\mathcal{H}$ et un opérateur linéaire u de E' dans $\mathcal{H}$ tel que $u^* \circ u = R$ (il suffit de prendre $\mathcal{H} = \mathcal{H}_R$ et $u = R$) ; et, pour tout couple $(u,\mathcal{H})$ tel que $u^* \circ u = R$, il existe une isométrie linéaire de $\mathcal{H}_R$ dans $\mathcal{H}$ [3 , p. 343].

(2) Pour que R soit la covariance d'une probabilité cylindrique de Gauss sur E

il est nécessaire que $R(E')$ soit contenu dans E ; et c'est suffisant si E est un Banach ou si $E = \sigma(F', F)$ avec F Banach.

Remarque 2.- Si F est un Banach, l'opérateur canonique i de F'_b dans $\sigma(F',F)$ induit une bijection $\check{I}$ de l'ensemble $\mathcal{G}(F')$ des probabilités cylindriques de Gauss sur F'_b sur l'ensemble $\mathcal{G}(F'_\sigma)$ des probabilités cylindriques de Gauss sur $\sigma(F',F)$; et

$$\mathcal{H}_{i(\nu)} = \mathcal{H}_\nu \ , \qquad \forall \quad \nu \in \mathcal{G}(F') .$$

Dans ce qui suit E et F sont des Banach. Tout d'abord, nous avons le

THEOREME 1.- Soit μ une probabilité de Radon sur E ayant scalairement des moments d'ordre 2 ; soit aussi $L : E' \to L^2(\Omega, \mathcal{F}, P)$ une fonction aléatoire linéaire associée à μ. Alors :

(1) L est continue, m_μ appartient à E et $\mathcal{H}_\mu$ est contenu dans E (et donc $R_\mu(E')$ est contenu dans E) ;

(2) Si μ a un moment d'ordre 2, L est 2-sommante, compacte et les opérateurs R_μ et $L' \circ L$ sont nucléaires de E' dans E (1) ($R_\mu = L' \circ L$ si $m_\mu = 0$).

Preuve.- (1) est due à WERON [58].

(2) : L est compacte par [21] ou [61] ; μ étant de Radon, alors, par [2, p. 213], il existe $\varphi : \Omega \to E$ Bochner mesurable décomposant L : pour tout $x' \in E'$, $(\varphi(.), x') \in L(x')$. Donc : $\mu = \varphi \circ P$ et $\int ||\varphi||^2 \, dP < \infty$. Maintenant la nucléarité de $L' \circ L$ est une conséquence triviale du lemme suivant. ∎

Lemme.- Soit $L^2(\Omega, \mathcal{F}, P ; E)$ l'espace des P-classes de fonctions Bochner mesurables de Ω dans E de puissance 2ième intégrable ; et soit A l'opérateur canonique de $L^2(\Omega, \mathcal{F}, P ; E)$ dans $\mathcal{L}(L^2(\Omega, \mathcal{F}, P), E)$. Alors, pour tout φ de $L^2(\Omega, \mathcal{F}, P ; E)$, $A'(\varphi)$ est 2-sommante et $B(\varphi) = A(\varphi) \circ A'(\varphi)$ est un opérateur nucléaire de E' dans E. ($A'(\varphi)$ étant le transposé de $A(\varphi) : L^2(\Omega,\mathcal{F},P) \to E$).

Preuve.- Soit tout d'abord φ fonction étagée : $\varphi = \sum_1^n x_i 1_{A_i}$ avec $x_1, \dots x_n$ n éléments non nuls de E et $A_1 \dots A_n$ n éléments de $\mathcal{F}$ disjoints 2 à 2. Alors

$$B(\varphi)(x') = \sum_1^n (x_i, x') P(A_i) x_i = \sum_1^n (x_i/||x_i||, x') P(A_i) ||x_i|| x_i .$$

Soit $\nu_1(B(\varphi))$ la norme nucléaire de $B(\varphi)$:

$$\nu_1(B(\varphi)) = \inf \{\sum_1^m ||a_i|| ; a_i \in E ; B(\varphi) = \sum_1^m b_i \otimes a_i ; b_i \in E" ; \sup_i ||b_i|| \leq 1\}.$$

On a donc

$$||B(\varphi)|| \leq \nu_1(B(\varphi)) \leq \sum_1^n ||x_i||^2 P(A_i) = \int ||\varphi||^2 dP .$$

Par suite, comme la classe des opérateurs nucléaires de E' dans E muni de la norme ν_1 est un Banach, on en déduit que pour tout φ de $L^2(\Omega, \mathcal{F}, P ; E)$ $B(\varphi)$ est nucléaire. A fortiori $A'(\varphi)$ est 2-sommante. ∎

Rappelons maintenant quelques propriétés sur les probabilités gaussiennes :

THEOREME 2.- [12].- Si μ est une probabilité cylindrique de Gauss sur $\sigma(F', F)$, alors $R_\mu(F)$ est contenu dans F' et : $\mathcal{H}_\mu$ est séparable si et seulement si $R_\mu(F)$ est une partie séparable du Banach F'.

THEOREME 3.- Soit $u : H \to F'$ linéaire continue avec $\mu = u(\gamma_H)$ de Radon sur $\sigma(F', F)$; alors $\mathcal{H}_\mu$ est séparable, u est compacte et sa transposée $u' : F \to H$ est 0-sommante.

Preuve.- (Rappel) u est compacte par [15] ; d'où, comme ($\mathcal{H}_\mu \subset F'$ et) $R_\mu = u \circ u'$, $\mathcal{H}_\mu$ est séparable par le théorème 2 ci-dessus (cf. aussi [4] et [44]). Enfin, u est 0-sommante par un théorème de dualité puisque γ_H est une probabilité cylindrique de cotype 0 (cf. [50] ou [20]). ∎

THEOREME 4.- (LINDE et PIETSCH [35]; et [47]).- Soit $u : H \to F'$ linéaire continue. Alors les propriétés suivantes sont équivalentes :

(1) u est γ-sommante ;

(2) $u(\gamma_H)$ est de Radon sur $\sigma(F', F)$;

(3) $u(\gamma_H)$ est σ-additive sur l'algèbre des cylindres de $\sigma(F', F)$.

THEOREME 5.- Soit $u : \ell^2 \to E$ linéaire continue et $(e_n)_n$ la base canonique de ℓ^2.

<u>Alors</u> u <u>est</u> γ-<u>radonifiante si et seulement si la série</u> $\sum_i u(e_i)X_i$ <u>converge presque sûrement</u>.

<u>Preuve</u>.- (Rappel) Cela se vérifie facilement à l'aide du théorème 4.1 de ITÔ-NISIO dans [27], après s'être ramené au cas où E est séparable en remplaçant E par le sous-espace $E_1 := \overline{u(\ell^2)}$ de E. ∎

Le lecteur est ainsi amené à se poser les trois problèmes suivants :

<u>PROBLEME 1</u>.- Il est bien connu [15] (cf. aussi [3, p. 236] ou [35]) que l'opérateur

$$L : (\alpha_n) \to (\alpha_n / \sqrt{\mathrm{Log}\ (n+2)}\ )_n$$

de ℓ^2 dans c_o est γ-sommant sans être γ-radonifiant. Quels sont donc les Banach E pour lesquels tout opérateur γ-sommant de ℓ^2 dans E est γ-radonifiant ?

Nous avons résolu ce problème et obtenu la caractérisation suivante :

<u>THEOREME 6</u>.- <u>Les assertions suivantes sont équivalentes</u> :

(1) <u>Tout opérateur</u> γ-<u>sommant de</u> ℓ^2 <u>dans</u> E <u>est</u> γ-<u>radonifiant</u> ;

(2) <u>Pour tout Hilbert</u> H, <u>tout opérateur</u> γ-<u>sommant de</u> H <u>dans</u> E <u>est</u> γ-<u>radonifiant</u>;

(3) E <u>n'a pas de sous-espace isomorphe à</u> c_o.

<u>Preuve</u>.- <u>(2) ⇒ (3)</u>, car E = c_o ne satisfait pas (2) et que tout sous-espace d'un Banach vérifiant (2) vérifie aussi (2).

<u>(3) ⇒ (1)</u> : Soit u : $\ell^2 \to E$ γ-sommant ; alors $\{\sum_1^n u(e_i)X_i,\ n \geq 1\}$ est borné en probabilité ; donc, si E $\not\supset c_o$, $\sum_n u(e_n)X_n$ converge presque sûrement (cf. [32]) et u est γ-radonifiant.

<u>(1) ⇒ (2)</u> : Soit j l'opérateur canonique de E dans E" et u : H → E un opérateur γ-sommant. Posons $\mu = u(\gamma_H)$; $j(\mu)$ est ainsi de Radon sur $\sigma(E",E')$ et $\mathcal{H}_\mu = \mathcal{H}_{j(\mu)}$ est séparable (par le théorème 3). Par suite, comme $\mathcal{H}_\mu \subset E$ et $\mu = i_\mu(\gamma_{\mathcal{H}_\mu})$, i_μ est un opérateur γ-sommant de $\mathcal{H}_\mu$ séparable dans E. Donc μ est de Radon sur E par (1).
C.Q.F.D. ∎

Les propriétés suivantes sur E sont équivalentes :

r toute probabilité cylindrique gaussienne centrée μ sur F', μ est de

F', F) si et seulement si μ est de Radon sur F' ;

(2) F' ne contient pas de sous-espace isomorphe à c_o.

Preuve.- C'est une simple conséquence des théorèmes 4 et 6, compte tenu qu'une probabilité cylindrique gaussienne μ sur F' avec μ de Radon sur $\sigma(F', F)$ est de Gauss (cf. [4, théorème 2.1] et Remarque 2). ∎

Signalons que CHOBANJAN, LINDE et TARIELADZE ont résolu indépendamment de nous le problème 1 et ont ainsi obtenu le

COROLLAIRE 2.- Les propriétés suivantes sur E sont équivalentes :

(1) E ne contient pas de sous-espace isomorphe à c_o ;

(2) Toute probabilité cylindrique de Gauss sur E qui est de Radon sur $\sigma(E'',E')$ est aussi de Radon sur E.

PROBLEME 2.- Il est bien connu que l'opérateur canonique i de ℓ^2 dans c_o n'est pas γ-sommant alors que son transposé i' : $\ell^1 \to \ell^2$ est 0-sommant. Quels sont les Banach pour lesquels tout u de $\mathcal{L}(\ell^2, E)$ avec u' 0-sommant est γ-sommant ? (Ces Banach seront dits de type (O)).

PROBLEME 3.- Il est aussi bien connu [35] que l'opérateur L cité dans le problème 1 est γ-sommant sans être r-sommant pour un réel quelconque r. Quels sont donc les Banach pour lesquels tout opérateur γ-sommant de ℓ^2 dans E est r-sommant pour un réel $r(\geq 2)$? (De tels Banach seront dits de type (γ)).

Nous n'avons pas résolu ces deux problèmes. Cependant, faisons les remarques suivantes:

(1) Tout sous-espace d'un Banach de type (O) (resp. de type (γ)) est aussi de type (O) (resp. de type (γ)) ;

(2) Les espaces de type (γ) et de type (O) ne peuvent contenir de sous-espaces isomorphes à c_o ;

(3) Pour qu'un Banach E soit de type (γ), il suffit qu'il existe un surespace E_1 de E vérifiant les conditions suivantes :

(a) pour tout opérateur γ-sommant u de ℓ^2 dans E, l'opérateur $i \circ u$ de ℓ^2 dans E_1 (avec i injection canonique de E_1 dans E) se factorise à travers un C(K) ;

(b) c_0 n'est pas finiment représentable dans E_1.

Car, d'après [43, p. 1004], si E_1 vérifie (b), tout opérateur linéaire de C(K) dans E_1 est r-sommant pour un réel $r \geq 2$.

(4) Si E est un Banach de type (0), alors :

(i) Tout u de $\mathscr{L}(\ell^2, E)$ avec u' 0-sommant est compact ; il en est ainsi si E' ne contient pas de sous-espace isomorphe à ℓ^1 (cf[39]). (Notez que si E est de type 1-stable ou si E" a la propriété de Radon-Nikodym, alors $E' \not\supset \ell^1$).

(ii) Pour tout u de $\mathscr{L}(\ell^2, E)$ avec u' 0-sommant, u' est 2-nucléaire à gauche (cf. [40]). Remarquez que si E" a R.N.P., tout opérateur 2-sommant de E' dans ℓ^2 est 2-nucléaire à gauche.

Donnons maintenant quelques exemples de Banach de type (0) et de type (γ) :

. Les Banach de type 2 sont de type (0) (cf. [11] ou théorème 7 ci-dessous).

. Les Banach de cotype 2 et les sous-espaces d'un $L^r(\Omega, \mathscr{F}, \mu)$, avec $r \geq 1$ et $(\Omega, \mathscr{F}, \mu)$ espace mesuré, sont de type (γ). Notez que $E_1 = L^r(\Omega, \mathscr{F}, \mu)$ vérifie les conditions (a) et (b) et qu'il est aussi de type (0) (cf. KWAPIEN [33]).

. Dans chacun des cas suivants, le Banach E est de type (0) et de type (γ) :

(1) c_0 n'est pas finiment représentable dans E et E a une base inconditionnelle.

(2) c_0 n'est pas finiment représentable dans E" et E' est un GL-espace au sens de [43] (par exemple E' est un Banach latticiel ou E' est à structure locale inconditionnelle).

D'ailleurs, dans ces deux cas, pour tout $u : \ell^2 \to E$ linéaire continu, on a équivalence des propriétés suivantes :

(i) u est γ-sommant ;

(ii) u' est 1-sommant ;

(iii) u' se factorise par un $L^1(\Omega, \mathscr{F}, \mu)$.

(cf. [11] pour l'exemple (1) et [43] pour l'exemple (2)).

Terminons ce paragraphe par des théorèmes de caractérisation connus des espaces de type 2 et de cotype 2 au moyen des probabilités gaussiennes.

THEOREME 7.- [25], [11].- Les propriétés suivantes sur E sont équivalentes :

(1) E est de type 2 ;

(2) pour tout Hilbert H, tout opérateur $u : H \to E$ avec u' 2-sommant est γ-radonifiant ;

(2') tout opérateur linéaire continu u de ℓ^2 dans E avec u' 2-sommant est γ-radonifiant ;

(3) toute probabilité cylindrique de Gauss μ sur E dont l'opérateur de covariance $R_\mu : E' \to E$ est nucléaire est de Radon sur E (1) ;

(4) toute probabilité de Radon sur E avec un moment d'ordre 2 et une moyenne nulle est prégaussienne.

Preuve.- (1) $\Rightarrow$ (2) par CHOBANJAN et TARIELADZE [11] (2); et (2) $\Rightarrow$ (2') trivialement.
(2') $\Rightarrow$ (3) : Soit μ probabilité cylindrique de Gauss avec $R_\mu : E' \to E$ nucléaire. Comme $R_\mu = i_\mu \circ i'_\mu$, i'_μ est 2-sommante ; et $\mathcal{H}_\mu$ est séparable par le théorème 2. Donc μ , qui est égale à $i_\mu(\gamma_{\mathcal{H}_\mu})$, est de Radon sur E.
(3) $\Rightarrow$ (4) résulte du théorème 1.
(4) $\Rightarrow$ (1) par la preuve de HOFFMANN-JORGENSEN [25, p. 95]. ∎

THEOREME 8.- [36], [28], [35], [42].- Les propriétés suivantes sur E sont équivalentes:

(1) E est de cotype 2 ;

(2) Pour tout Hilbert H, tout opérateur γ-sommant de H dans E est 2-sommant ;

(2') Pour tout Hilbert H, tout opérateur γ-sommant de H dans E est d'Hilbert-Schmidt (c.à.d. se factorise par un opérateur d'Hilbert-Schmidt entre espaces de Hilbert) ;

(3) Toute probabilité de Radon prégaussienne sur E a un moment d'ordre 2 .

[Dans (2) et (2'), on peut remplacer "pour tout Hilbert" par "pour $H = \ell^2$"].

Preuve.- (1) ⟹ (2) par définition même du cotype et des opérateurs 2-sommants.

(2) ⟹ (2') en utilisant le théorème de factorisation des opérateurs 2-sommants.

(2') ⟹ (3) : Soit μ de Radon prégaussienne sur E. Alors, si u est l'injection canonique de $\mathcal{H}_\mu$ dans E, la mesure cylindrique $\nu = u(\gamma_{\mathcal{H}_\mu})$ est de Radon sur E et il existe une isométrie j de $\mathcal{H}_\mu$ dans $L^2(E, \mu)$ telle que $j \circ u'$ soit un représentant linéaire de μ sur E' (cf. Remarque 1). Par suite, sous (2'), u est 2-nucléaire à gauche, c.à.d. admet la factorisation linéaire continue

$$\begin{array}{ccc} \mathcal{H}_\mu & \xrightarrow{u} & E \\ \searrow & & \nearrow \\ \ell^\infty & \xrightarrow[v]{} & \ell^2 \end{array}$$

avec v opérateur de multiplication par un $(\alpha_n) \in \ell^2$. A fortiori $j' \circ u : L^2(E,\mu) \to E$ est 2-nucléaire à gauche. Et donc, par [40] (cf. aussi [46] et [10]), il existe φ dans $L^2(\Omega, \mu; E)$ décomposant $j \circ u'$. Par suite, $\mu = \varphi \circ \mu$ et :

$$\int ||x||^2 \, d\mu(x) = \int || \varphi(x)||^2 \, d\mu(x) < + \infty .$$

(3) ⟹ (1) par la preuve de l'implication "(7) ⟹ (1)" du théorème(4.1) de [11] . Et le théorème est démontré. ∎

Bien entendu, les théorèmes 7 et 8 permettent de donner des théorèmes de caractérisation des Hilbert puisqu'un Banach est un Hilbert si et seulement si il est de type 2 et de cotype 2 [31].

III. ε - PRODUIT TENSORIEL DE PROBABILITES CYLINDRIQUES DE GAUSS

Dans ce qui suit, H_1 et H_2 sont deux Hilbert , E_1 et E_2 deux Banach ; et nous gardons la terminologie de la partie II. De plus :

. $H_1 \hat{\otimes}_2 H_2$ désignera l'Hilbert produit tensoriel des deux Hilberts H_1 et H_2 [38] ; i.e. le complété de $H_1 \otimes H_2$ muni du produit scalaire $< , >$ défini pour les éléments de la forme $x_1 \otimes x_2$ par la formule :

$$<x_1 \otimes x_2, y_1 \otimes y_2> = <x_1, y_1>_{H_1} <x_2, y_2>_{H_2} .$$

. $E_1 \hat{\otimes}_\varepsilon E_2$ désignera le complété du produit tensoriel injectif de E_1 et E_2 (i.e. le complété de $E_1 \otimes E_2$ muni de la norme ε induite de celle de $\mathcal{L}_b(E_1', E_2)$).

. En outre, si F_1 et F_2 sont deux autres Banach et $u_1 : E_1 \to F_1$ et $u_2 : E_2 \to F_2$ deux opérateurs linéaires continus, $u_1 \hat{\otimes}_\varepsilon u_2$ désignera l'opérateur linéaire continu de $E_1 \hat{\otimes}_\varepsilon E_2$ dans $F_1 \hat{\otimes}_\varepsilon F_2$ qui prolonge $u_1 \otimes u_2$.

THEOREME et DEFINITION 1.- Soit, pour $i = 1, 2$, μ_i une probabilité cylindrique de Gauss sur E_i. Alors il existe une probabilité cylindrique de Gauss et une seule ν sur $E_1 \hat{\otimes}_\varepsilon E_2$ telle que

(*) $$(R_\nu(x_1' \otimes x_2'), y_1' \otimes y_2') = (R_{\mu_1}(x_1'), y_1')\,(R_{\mu_2}(x_2'), y_2'),$$

pour tous (x_1', x_2') et (y_1', y_2') dans $E_1' \times E_2'$. Cette "probabilité" ν sera notée $\mu_1 \otimes_\varepsilon \mu_2$ et sera appelée ε-produit tensoriel de μ_1 et μ_2.

Remarque 1.- (*) est vérifiée si et seulement si $R_\nu = R_{\mu_1} \otimes R_{\mu_2}$ sur $E_1' \otimes E_2'$. Le lecteur pourra trouver des exemples de mesures $\mu_1 \otimes_\varepsilon \mu_2$ dans [6].

Preuve.- Existence : Posons $\mathcal{H} := \mathcal{H}_{\mu_1} \hat{\otimes}_2 \mathcal{H}_{\mu_2}$; et soit i l'opérateur linéaire continu de $\mathcal{H}$ dans $E_1 \hat{\otimes}_\varepsilon E_2$ prolongeant $i_{\mu_1} \otimes i_{\mu_2} : \mathcal{H}_{\mu_1} \otimes \mathcal{H}_{\mu_2} \to E_1 \hat{\otimes}_\varepsilon E_2$. Alors la mesure cylindrique image de $\gamma_{\mathcal{H}}$ par i vérifie (*).

Unicité : Soit ν_1 et ν_2 deux probabilités cylindriques de Gauss sur $E = E_1 \hat{\otimes}_\varepsilon E_2$ vérifiant (*). Donc $\hat{\nu}_1$ et $\hat{\nu}_2$ coïncident sur $E_1' \otimes E_2'$. Mais, comme $E_1' \otimes E_2'$ est partout dense dans $(E', \tau(E',E))$ et que la topologie $\tau(E', E)$ est plus fine que les topologies $\mathcal{C}_{\nu_1}$ et $\mathcal{C}_{\nu_2}$, on a aussi :

$$\hat{\nu}_1(u') = \hat{\nu}_2(u') , \quad \forall\ u' \in E'.$$

Par conséquent, ν_1 et ν_2 sont égales. ∎

Remarque 2.- On a $\mathcal{H}_{\mu_1 \otimes_\varepsilon \mu_2} = \mathcal{H}_{\mu_1} \hat{\otimes}_2 \mathcal{H}_{\mu_2}$ et $\delta_0 \otimes_\varepsilon \mu_2 = \delta_0$.

Remarque 3.- Si E_1 est de dimension finie n et si $(e_i, e_i')_{1 \le i \le n}$ est une base biorthogonale de E_1, alors $\mu_1 \otimes_\varepsilon \mu_2$ est la mesure cylindrique image de la mesure cylindrique

$(\mu_2)^{\otimes n}$ sur E_2^n par l'opérateur linéaire continu

$$u : (x_1,\ldots,x_n) \to \sum_{1\le i,j\le n} b_{ij}\, e_i \otimes x_j$$

de E_2^n dans $E_1 \hat{\otimes}_\varepsilon E_2 = E_1 \otimes_\varepsilon E_2$, où $(b_{ij})_{1\le i,j\le n}$ est la matrice semi-définie positive racine de la matrice $((R_{\mu_1}(e'_i), e'_j))_{1\le i,j\le n}$.

Remarque 4.- Si $\mu_2 \neq \delta_0$, alors il existe v_1 linéaire continu de $E_1 \hat{\otimes}_\varepsilon E_2$ dans E_1 tel que $v_1(\mu_1 \otimes_\varepsilon \mu_2) = \mu_1$. En effet, soit e'_2 dans E'_2 tel que $(R_{\mu_2} e'_2, e'_2) = 1$; il suffit alors de prendre pour v_1 le prolongement par continuité à $E_1 \hat{\otimes}_\varepsilon E_2$ de l'opérateur linéaire u_1 de $E_1 \otimes E_2$ dans E_1 défini par :

$$u_1(x_1 \otimes x_2) = x_1 \cdot (e'_2 , x_2) , \quad ((x_1, x_2) \in E_1 \times E_2) .$$

Remarque 5.- Si pour $i = 1,2$ F_i est un Banach et u_i un opérateur linéaire continu de E_i dans F_i, alors [6] :

$$u_1(\mu_1) \otimes_\varepsilon u_2(\mu_2) = (u_1 \hat{\otimes}_\varepsilon u_2)(\mu_1 \otimes_\varepsilon \mu_2) .$$

Remarque 6.- Le théorème 1 est encore vrai lorsqu'on remplace les Banach E_1 et E_2 par des e.l.c.s. quelconques. On obtient comme cas particulier le résultat bien connu suivant : si pour $i = 1,2$, T_i est un ensemble et X_i un processus gaussien réel centré sur T_i de covariance R_i, alors il existe un processus gaussien réel centré (et un seul) sur $T_1 \times T_2$ de covariance $R : ((t_1,t_2),(t'_1,t'_2)) \to R_1(t_1,t'_1)\, R_2(t_2,t'_2)$ (car $\mathbb{R}^{T_1} \hat{\otimes}_\varepsilon \mathbb{R}^{T_2} = \mathbb{R}^{T_1\times T_2}$ et toute probabilité cylindrique sur $\mathbb{R}^T$ est de Gauss).

Dans ce qui suit U'_1, U'_2 et U désigneront les boules unités respectives de E'_1, E'_2 et $(E_1 \otimes_\varepsilon E_2)'$ munies de la topologie faible.

Lemme.- *Soit pour $i = 1,2$ μ_i une probabilité cylindrique de Gauss sur E_i. Alors, pour tous (x'_1, x'_2) et (y'_1, y'_2) dans $U'_1 \times U'_2$, on a :*

$$\int |(x'_1 \otimes x'_2 - y'_1 \otimes y'_2, z)|^2 d\mu_1 \otimes_\varepsilon \mu_2(z) \le 2 \sup(\lambda_1,\lambda_2) \int |((x'_1,x'_2)-(y'_1,y'_2),z)|^2\, d\mu_1 \otimes \mu_2(z)$$

où, pour $k = 1,2$, λ_k est le nombre $\sup \{\int |(x',x)|^2 d\mu_k(x),\ x' \in U'_k\}$.

Preuve.- En posant $\mu := \mu_1 \otimes_\varepsilon \mu_2$, on a trivialement

$$\int (x_1'\otimes x_2'-y_1'\otimes y_2',z)^2 d\mu(z) \le 2[\int (x_1'\otimes(x_2'-y_2'),z)^2 d\mu(z)+\int((x_1'-y_1')\otimes y_2',z)^2 d\mu(z)]$$
$$= 2[\int (x_1',x)^2 d\mu_1(x).\int (x_2'-y_2',y)^2 d\mu_2(y)+\int (x_2',y)^2 d\mu_2(y).\int (x_1'-y_1',x)^2 d\mu_1(x)] .$$

Et le lemme s'en déduit immédiatement. ∎

THEOREME 2.- <u>Soit pour</u> $i = 1,2$, <u>une probabilité cylindrique de Gauss</u> μ_i <u>sur</u> E_i <u>avec</u> $\mu_i \neq \delta_0$. <u>Alors</u> :

(1) <u>Pour que</u> $\mu_1 \otimes_\varepsilon \mu_2$ <u>soit de Radon sur</u> $E_1 \hat{\otimes}_\varepsilon E_2$, <u>il faut et il suffit que, pour</u> $i = 1$ <u>et</u> 2, μ_i <u>soit de Radon sur</u> E_i.

(2) <u>Pour que</u> $\mu_1 \otimes_\varepsilon \mu_2$ <u>soit de Radon sur</u> $\sigma((E_1 \hat{\otimes}_\varepsilon E_2)'',(E_1 \hat{\otimes}_\varepsilon E_2)')$, <u>il faut et il suffit que, pour</u> $i = 1$ <u>et</u> 2, μ_i <u>soit de Radon sur</u> $\sigma(E_i'', E_i')$.

<u>Preuve</u>.- Posons $E := E_1 \hat{\otimes}_\varepsilon E_2$, $H := \mathcal{H}_{\mu_1} \hat{\otimes}_2 \mathcal{H}_{\mu_2}$ et $\mu := \mu_1 \otimes_\varepsilon \mu_2$; et notons i l'opérateur canonique de $E_1 \times E_2$ dans $E_1 \otimes E_2$. Soit aussi $\mathcal{L} : E' \to \mathcal{L}^0(\Omega, \mathcal{F}, P)$ (resp. $\mathcal{L}' : E_1' \times E_2' \to \mathcal{L}^0(\Omega', \mathcal{F}', P'))$ un représentant du processus linéaire associé à μ (resp. à $\mu_1 \otimes \mu_2$).

. Tout d'abord dans (1) (resp. (2)), la condition est nécessaire par la remarque 4.

. <u>La condition dans</u> (2) <u>est suffisante</u> : Supposons μ_i de Radon sur $\sigma(E_i'', E_i')$ pour $i = 1,2$; donc $\mu_1 \otimes \mu_2$ est de Radon sur $\sigma((E_1 \times E_2)'',(E_1 \times E_2)')$ et $\mathcal{L}'$ est p.s. à trajectoires bornées sur $U'_1 \times U'_2$. (Il est bien connu que si F est un Banach, ν une probabilité cylindrique sur $\sigma(F',F)$ et $\mathcal{S} : F \to \mathcal{L}^0(\Omega, \mathcal{F}, P)$ un représentant du processus linéaire sur F associé à ν, alors ν est de Radon sur $\sigma(F',F)$ si et seulement si $\mathcal{S}$ est presque sûrement (p.s.) à trajectoires bornées sur la boule unité de F). D'autre part, par le lemme 1, il existe un réel $C > 0$ tel que

$$(*) \qquad E\,|\mathcal{L}\circ i(t) - \mathcal{L}\circ i(s)|^2 \le C\,E\,|\mathcal{L}'(t) - \mathcal{L}'(s)|^2,\ \forall\, s \in U_1'\times U_2',\ \forall\, t \in U_1'\times U_2'.$$

Donc, par un résultat de SUDAKOV (cf. par exemple [19]), $\mathcal{L}$ est aussi p.s. à trajectoires bornées sur $U_1' \otimes U_2'$. Mais l'enveloppe convexe de $U_1' \otimes U_2'$ est $\tau(E',E)$-partout dense dans U' et la topologie $\tau(E',E)$ est plus fine que $\mathcal{C}_\mu$; donc $\mathcal{L}$ est aussi p.s. à trajectoires bornées sur U'. Par suite, $\mu_1 \otimes_\varepsilon \mu_2$ est de Radon sur $\sigma(E'',E')$.

. La condition dans (1) est suffisante : Supposons μ_i de Radon sur E_i pour i = 1,2. Alors $\mathcal{L}'$ est p.s. à trajectoires continues sur $U'_1 \times U'_2$ et $\mathcal{H}_{\mu_1}$ et $\mathcal{H}_{\mu_2}$ sont séparables ; on peut ainsi supposer E_1 et E_2 séparables. Alors, comme on a (*), il résulte du lemme 1 de CARMONA [6] qu'il existe une version $\mathcal{S}$ de $\mathcal{L} \circ i$ à trajectoires continues sur le compact métrisable $U'_1 \times U'_2$. Donc $\nu := \mathcal{S} \circ P$ est une probabilité de Radon sur $\mathcal{C}(U'_1 \times U'_2)$. Mais la probabilité cylindrique image de μ par l'isomorphisme canonique j de $E_1 \hat{\otimes}_\varepsilon E_2$ dans $\mathcal{C}(U'_1 \times U'_2)$ coïncide avec ν puisque $j(\mu)$ est scalairement concentrée sur les boules faiblement compactes de $\mathcal{C}(U'_1 \times U'_2)$. Par suite $j(\mu)$ est de Radon sur $\mathcal{C}(U'_1 \times U'_2)$; et a fortiori μ est de Radon sur $E_1 \hat{\otimes}_\varepsilon E_2$ (cf. [3, p. 16]). Et le théorème est démontré. ∎

Remarque 7.- On peut trouver dans [9] une preuve moins directe qui utilise la caractérisation des G.B. ensembles et des G.C. ensembles (au sens de DUDLEY [15]) au moyen de l'épaisseur mixte (au sens de SUDAKOV [54]).

Citons quelques applications du théorème 2 :

COROLLAIRE 1.- Soit pour i = 1,2 $u_i : H_i \to E_i$ linéaire continue avec $u_i \neq 0$. Soit $u : H_1 \hat{\otimes}_2 H_2 \to E_1 \hat{\otimes}_\varepsilon E_2$ le prolongement par continuité à $H_1 \hat{\otimes}_2 H_2$ de $u_1 \otimes u_2 : H_1 \otimes_2 H_2 \to E_1 \hat{\otimes}_\varepsilon E_2$. Alors :

(1) u est γ-radonifiante si et seulement si, pour i = 1 et 2, u_i est γ-radonifiante.

(2) u est γ-sommante si et seulement si, pour i = 1 et 2, u_i est γ-sommante.

De plus

(**) $$\sup(||u_1||\Pi_\gamma(u_2), ||u_2||\Pi_\gamma(u_1)) \le \Pi_\gamma(u) \le 2(||u_1||\Pi_\gamma(u_2) + ||u_2||\Pi_\gamma(u_1)).$$

Preuve.- (1) et (2) sont des conséquences triviales du théorème 2. D'autre part, avec les notations de la preuve du théorème 2, nous avons [34] :

$$\Pi_\gamma^2(u) = E\,(\bigvee_{t\in U'} |\mathcal{L}(t)|^2) = E\,(|\bigvee_{t\in U'_1\times U'_2} \mathcal{L}(t)|^2) ,$$

($\bigvee_{t\in U'} \mathcal{L}(t)$ désignant la borne supérieure des $\mathcal{L}(t)$, $t \in U'$ dans le lattice $L^0(\Omega, \mathcal{F}, P; \bar{\mathbb{R}})$). Par suite, l'inégalité de gauche de (**) est immédiate et l'inégalité de droite résulte du théorème (2.1.2) de [19] et de (*). (cf. aussi lemme 4 de [6]). ∎

COROLLAIRE 2.- <u>Soit</u> (H_1,E_1) <u>et</u> (H_2,E_2) <u>deux espaces de Wiener abstraits. Alors</u> $(H_1 \hat{\otimes}_2 H_2, E_1 \hat{\otimes}_\varepsilon E_2)$ <u>est aussi un espace de Wiener abstrait.</u>

Rappelons que (H_1, E_1) est un espace de Wiener abstrait (au sens de GROSS [22]) s'il existe une injection linéaire continue de H_1 dans E_1 à image partout dense i_1 telle que $i_1(\gamma_{H_1})$ soit de Radon sur E_1. D'après le théorème (II,3), cela exige que i_1 soit compacte et que H_1 et E_1 soient séparables.

<u>Remarque 8</u>.- Soit g_2 la norme sur $E_1 \otimes E_2$ définie par

$$u \to g_2(u) = \inf\{(\sum_k ||x_k^1||^2 . \sup_{y'\in U_2'} \sum_k |y'(x_k^2)|^2)^{1/2} ; u = \sum_k x_k^1 \otimes x_k^2 ; x_k^i \in E_i ; i=1,2\}$$

(cf. [45] ou [10]) ; et soit $E_1 \hat{\otimes} E_2$ le complété de $E_1 \otimes E_2$ muni de cette norme (si E_1 et E_2 sont des Hilbert , g_2 coïncide avec la norme préhilbertienne sur $E_1 \otimes_2 E_2$).

Il est facile de voir (cf. [9]) que, si E_1 et E_2 sont de cotype 2 et si (E_1,H_1) et (E_2,H_2) sont des espaces de Wiener, alors $(H_1 \hat{\otimes}_2 H_2, E_1 \hat{\otimes} E_2)$ est aussi un espace de Wiener.

On est ainsi amené à se poser le <u>problème</u> suivant : Si E_1 et E_2 sont de cotype 2, est-ce que $E_1 \hat{\otimes}_\varepsilon E_2$ est de cotype 2 ? ; et est-ce qu 'il existe une norme λ sur $E_1 \otimes E_2$ "formée" à partir de g_2 [45] et telle que le complété de $E_1 \otimes_\lambda E_2$ soit égal à $E_1 \hat{\otimes}_\varepsilon E_2$? (Notez que si E_1 est un espace de type L^1 et si E_2 est un espace de type L^p avec $1 \le p \le 2$, alors $g_2 = \varepsilon$ par [45]).

COROLLAIRE 3.- [9].- <u>Soit, pour</u> $i = 1,2$, K_i <u>une partie de</u> H_i <u>et soit</u> K <u>l'enveloppe disquée fermée de</u> $K_1 \otimes K_2$ <u>dans</u> $H_1 \hat{\otimes}_2 H_2$. <u>On a</u> :

(1) <u>Si, pour</u> $i = 1,2$, K_i <u>est un</u> G.B. <u>ensemble de</u> H_i, <u>alors</u> K <u>est un</u> G.B. <u>ensemble de</u> $H_1 \hat{\otimes}_2 H_2$.

(2) <u>Si, pour</u> $i = 1,2$, K_i <u>est un</u> G.C. <u>ensemble disqué borné (ou compact) de</u> H_i, <u>alors</u> K <u>est un</u> G.C. <u>ensemble de</u> $H_1 \hat{\otimes}_2 H_2$.

<u>Preuve</u>.- On peut remplacer K_i par son enveloppe disquée fermée grâce à [18]. Alors on obtient facilement le corollaire en appliquant le théorème 2 . ∎

BIBLIOGRAPHIE

[1] A. DE ACOSTA, Banach spaces of stable type and the generation of stables measures, (Preprint).

[2] A. BADRIKIAN, Séminaire sur les fonctions aléatoires linéaires et les mesures cylindriques, Lecture Notes in Math., n° 139, (1970), (Springer-Verlag).

[3] A. BADRIKIAN et S. CHEVET, Mesures cylindriques, espaces de Wiener et fonctions aléatoires gaussiennes, Lecture Notes in Math., n° 379, (1974),(Springer-Verlag).

[4] C. BORELL, Gaussian Radon measures on locally convex spaces, Math. Scand., 38, (1976), 265-284.

[5] C. BORELL, Random linear functionals and subspaces of probability one, Arkiv för matematik, 14, 1, 1976, 79-92.

[6] R. CARMONA, Produit tensoriel de mesures gaussiennes, (Preprint).

[7] S.D. CHATTERJI, Les martingales et leurs applications analytiques, Lecture Notes in Math., n° 307, 87-101, (Springer-Verlag).

[8] S.D. CHATTERJI et V. MANDREKAR, Quasi-invariance of measures under translation, Math. Z., 154, (1977), 19-29.

[9] S. CHEVET, Un résultat sur les mesures gaussiennes, C.R. Acad. Sc. Paris, Sér. A, t. 284, (1977), 441-444.

[10] S. CHEVET, Sur certains produits tensoriels topologiques d'espaces de Banach, Z. Wahrscheinlichkeitstheorie und Verw. Gebiete, 11, (1969), 120-138.

[11] S.A. CHOBANJAN et V.I. TARIELADZE, Gaussian characterizations of certain Banach spaces, J. Multivariate Anal., 7, (1977), 183-203.

[12] S.A. CHOBANJAN et A. WERON, Banach space-valued stationary processes and their linear prediction, Dissertationes Math., 125, (1975), 1-45.

[13] L.E. DUBINS et D. FREEDMAN, Measurables sets of measures, Pacific J. Math., 14 (n° 4), (1964), 1211-1222.

[14] R. DUDLEY, Singular translates of measures on linear spaces, Z. Wahrscheinlichkeitstheorie and Verw. Gebiete, 3, (1964), 128-137.

[15] R. DUDLEY, The sizes of compact subsets of Hilbert spaces and continuity of Gaussian processes, J. Functional Analysis, 1, (1967), 290-330.

[16] R. DUDLEY et M. KANTER, Zero-one laws for stable measures, Proc. Amer. Math. Soc., 45, (1974), 245-252.

[17] J. FELDMAN, Non existence of quasi-invariant measures on infinite dimensional linear spaces, Proc. Amer. Math. Soc., 17, (1966), 142-146.

[18] J. FELDMAN, Sets of boundedness and continuity for the canonical normal process, Proc. Sixth Berkeley Symp. Math. Statist. Prob., 2, (1972), 357-367, (University of California Press).

[19] X. FERNIQUE, Régularité des trajectoires des fonctions aléatoires gaussiennes, Lecture Notes in Math., 480, (1975), 1-96, (Springer-Verlag).

[20] D.J.H. GARLING, Lattice bounding, Radonifying and absolutely summing mappings, (Preprint).

[21] A. GLEIT et J. ZINN, Admissible and singular translates of measures on vector spaces, Trans. Amer. Math. Soc., 221 (1976), 199-211.

[22] L. GROSS, Abstract Wiener spaces, Proc. Fifth Berkeley Symp. Math. Statist., Prob., 2, (1965), p. 31-41, (University of California Press).

[23] I.M. GUELFAND et N.Y. VILENKIN, Les distributions, tome 4, (Dunod).

[24] J. HOFFMANN-JORGENSEN, Integrability of semi-norms, the 0-1 law and the affine kernel for product measures, Studia Math., (A paraître).

[25] J. HOFFMANN-JORGENSEN, The strong law of large numbers and the Central limit theorem in Banach spaces, Aarhus Universitet, Proc. Seminar on random series, convex sets and geometry of Banach spaces, Aarhus Universitet, (1974) 74-99.

[26] H. HOGBE NLEND, Théorie des bornologies et Applications, Lecture Notes in Math. n° 213, (Springer-Verlag).

[27] K. ITÔ et M. NISIO, On the convergence of sums of independant Banach spaces valued random variables, Osaka J. Math., 5, (1968), 35-48.

[28] N.C. JAIN, Central limit theorem in a Banach space, Lecture Notes in Math. n° 526, (1975), 113-130, (Springer-Verlag).

[29] S. KAKUTANI, On equivalence of infinite product measures, Annals Math., 49, (1948), 214-224.

[30] S. KOSHI et Y. TAKAHASHI, A remark on quasi-invariant measure, Proc. Japan Acad., 50, (1974), 50-51.

[31] S. KWAPIEN, Isomorphic characterizations of inner product spaces by orthogonal series with vector valued coefficients, Studia Math., 44, (1972), 583-595.

[32] S. KWAPIEN, On Banach spaces containing c_0, Studia Math., 52, (1974), 187-188.

[33] S. KWAPIEN, On a theorem of L. Schwartz and its applications to absolutely summing operators, Sudia Math. 38, (1970), 193-200.

[34] W. LINDE, Quasi-invariant cylindrical measures, (Preprint).

[35] W. LINDE et A. PIETSCH, Mappings of Gaussian cylindrical measures in Banach spaces, Theor. Probability Appl., 19, (1974), 445-460.

[36] B. MAUREY, Espace de cotype p(-stable), $0 < p \leqslant 2$, Séminaire Maurey-Schwartz 72-73, exposé 7, (Ecole Polytechnique, Paris).

[37] D. MOUCHTARI, Sur l'existence d'une topologie du type de Sazonov sur un espace de Banach, Séminaire Maurey-Schwartz 1975-76, exposé 17 (Ecole Polytechnique, Paris).

[38] J. NEVEU, Processus aléatoires gaussiens, Presses de l'Université de Montréal (1968).

[39] R.I. OSVEPIAN et A. PELCZYNSKI, The existence in every separable Banach space of a fundamental total and biorthogonal sequence and related constructions of uniformly bounded orthonormal systems in L^2, Séminaire Maurey-Schwartz 1973-1974, exposé 20, (Ecole Polytechnique, Paris).

[40] A. PERSSON, On some properties of p-nuclear and p-integral operators, Studia Math. 33, (1969), 213-222.

[41] A. PERSSON et A. PIETSCH, p-nukleare und p-integrale Abbildungen in Banachraümen, Studia Math., 33, (1969), 19-62.

[42] G. PISIER, Le théorème de la limite centrale et la loi du logarithme itéré dans les espaces de Banach, Séminaire Maurey-Schwartz 1975-1976, exposés 3 et 4, (Ecole Polytechnique, Paris).

[43] J.R. RETHERFORD, Applications of Banach ideals of operators, Bull. Amer. Math. Soc., 81, (1975), 978-1012.

[44] H. SATO et Y. OKASAKI, Separabilities of a Gaussian Radon measure, Ann. Inst. H. Poincaré, sect. B, 11 (1975), 287-298.

[45] P. SAPHAR, Produits tensoriels d'espaces de Banach et classes d'applications linéaires, Studia Math., 38, (1970), 71-100.

[46] P. SAPHAR, Applications p-décomposantes et p-absolument sommantes, Israël J. Math., 11, (1972), 164-179.

[47] W. SCHACHERMAYER, Mesures cylindriques sur les espaces de Banach qui ont la propriété de Radon-Nikodym, C.R. Acad. Sci. Paris, Sér. A, 282, (1976), 227-229.

[48] H.H. SCHAEFER, Topological vector spaces, Macmillan Series in Advanced Math. and Theoretical Physics.

[49] L. SCHWARTZ, Applications radonifiantes, Séminaire L. Schwartz 1969-1970, (Ecole Polytechnique, Paris).

[50] L. SCHWARTZ, Applications p-radonifiantes et théorème de dualité, Studia Math., 38, (1970), 203-213.

[51] L. SHEPP, Distinguishing a sequence of random variables from a translate of it-

self, Ann. Math. Statist., 36, (1965), 1107-1112.

[52] H. SHIMOMURA, Some new examples of quasi-invariant measures on a Hilbert space, Publ. RIMS, Kyoto Univ., 11, (1976), 635-649.

[53] A.V. SKOROKHOD, On admissible translations of measures in Hilbert space, Theor. Probability Appl., 15, (1970), 557-580.

[54] V.N. SUDAKOV, Gaussian random processes and measures of solid angles in Hilbert space, Soviet Math. Dokl., 12, (1971), 412-415.

[55] Y. TAKAHASHI, Quasi-invariant measures on linear topological spaces, Hokkaido Math. J., 4, (1975), 59-81.

[56] A. TORTRAT, Prolongements τ-réguliers, Applications aux Probabilités Gaussiennes, (Preprint).

[57] Y. UNEMURA, Measures on infinite dimensional vector spaces, Publ. Res. Inst. Math. Sci., Serie A, 1, (1965), 1-47.

[58] A. WERON, On weak second order and Gaussian random elements, Lecture Notes in Math., n° 526, (1975), p. 263-272, (Springer-Verlag).

[59] J. ZINN, Admissible translation of stable measures, Studia Math., 54, (1976), 245-257.

[60] J. ZINN, Zero-one law for non-Gaussian measures, Proc. Amer. Math. Soc., 44, (1974), 179-185.

[61] S.A. CHOBANJAN et V.I. TARIELADZE, On the compactness of a covariance operator, Bulletin of the Academy of Sciences of the Georgian SSR, 70,(1973), 273-276.

(1) Ce resultat nous a ete communique par LINDE (a paraitre dans un papier de CHOBANJAN, LINDE et TARIELADZE).

(2) Voir aussi le papier de V. MANDREKAR dans les Proceedings.

(3) Voir aussi le papier de C. BAKER dans les Proceedings.

(4) gaussiennes.

DIFFERENTIAL INVARIANTS OF MEASURES ON BANACH SPACES

K. D. Elworthy
Mathematics Institute, University of Warwick, England.

§0. Introduction

A measure μ on a Banach space E determines some obvious non-linear invariants on the space: for example the orbit of a point x under the group $\mathcal{G}$ of all measure preserving diffeomorphisms of E, or the invariant subspaces of E under the action of the group $\mathcal{D}\mathcal{G}_x$ of linear transformations of E which are derivatives at x of elements f of $\mathcal{G}$ with f(x) = x. We will show that for a wide class of measures on infinite dimensional spaces some of these invariants are non-trivial. This then raises the open problem of their precise description in special cases, especially in the case of Gaussian measures.

One easily stated consequence, Theorem 4C, is that for a wide class of measures on infinite dimensional spaces there are points x and y such that for all r > 0

$$\liminf_{s \to 0} \frac{\mu\{u \in E: \|u-x\| < s\}}{\mu\{u \in E: \|u-y\| < rs\}} = 0.$$

For classical Wiener measure this seems to depend (Theorem 3G) on the smoothness of the path x-y.

The work originated in attempts to find necessary conditions for a diffeomorphism to preserve sets of measure zero, again especially for Gaussian measures. It turns out that although the invariants defined here are invariant under a wider class of maps than just measure preserving maps nevertheless a stronger condition than just preserving sets of measure zero is needed (see §1C, especially Remarks (ii); also Appendix, Theorems A and B.)

Most of the principal results were stated in [6], (some corrections to [6] are made in §4E); the main exceptions being a more detailed discussion of the order in special cases, §§3E, 3F, 3G, and some constructions in the Appendix. The main results are Theorems 3E, 4B, 4D, 4E and Theorems A and B of the Appendix.

After some preliminary remarks about measures in §1 we introduce Peetre's interpolation functors in §2. These play a vital role in several places in estimating the size of our invariant sets. We introduce the "order" in §3: this is used to give a bound for the size of the orbits of the group $\mathcal{G}$. In §4 we define the tangent cone at a point to a measure: this is used not only to give bounds for the size of the invariant subspaces of $\mathcal{D}\mathcal{G}_x$ but also to prove the non-triviality of the order for convex measures. Its definition was chosen to make it sufficiently large to do these two jobs. In the Appendix we construct some measure class preserving maps with special properties: in particular to show that measure class preserving diffeomorphisms can behave rather unrestrainedly. Some open problems are stated in §5.

All the invariants defined here can be defined equally well for Radon measures on metrizable Banach manifolds of class C^2: in fact it would be especially interesting to have explicit descriptions of some differential invariants for measures defined on function spaces and infinite dimension Lie groups by means of diffusion processes e.g. see Elworthy [5].

§1. Radon, convex, and Gaussian measures

A. We shall restrict ourselves to considering only Radon measures defined on metrizable spaces. A Radon measure on the space X is a locally finite non-negative measure μ defined on the Borel field $\mathcal{B}(X)$ of X which satisfies the following inner regularity, or tightness, condition:

Let μ_* be the inner μ-measure on X:

$$\mu_*(A) = \sup \{\mu(K): K \subset A, K \text{ compact}\} \qquad A \subset X$$

Then μ is tight iff $\mu_*(B) = \mu(B)$ for all $B \in \mathcal{B}(X)$.
This follows automatically if X is separable and admits a complete metric (Schwarz [17], Parthasarathy [13])e.g. if X is a separable Banach space or a separable metrizable Banach manifold (Palais [12]).

Since we shall be working mainly in small neighbourhoods of points we will assume the measures to be finite, with no loss of generality. Sometimes we will require strict positivity at a point x: this means that $\mu(U) > 0$ for every neighbourhood U of x with $U \in \mathcal{B}(X)$.

B. The most satisfactory results will be for convex measures and especially for Gaussian measures. A measure μ on a Banach space E is convex (Borell [1]) if for all $0 \leq \lambda \leq 1$ and $A, B \in \mathcal{B}(E)$

$$\mu_*(\lambda A + (1-\lambda)B) \geq \min \{\mu(A), \mu(B)\}.$$

By a Gaussian measure γ on E we mean a strictly positive, mean zero, Gaussian measure. In [1] Borell shows that Gaussian measures are convex.

Associated to a Gaussian measure γ is a continuous linear injective map $i: H \to E$ of a Hilbert space H onto a dense subspace of E. The triple (i,H,E) is an abstract Wiener space as defined by Gross;see Kuo [11],also [9], [8].

We need to quote two results on quasi invariance for a Gaussian measure γ on E:

(i) translation, $T_z: E \to E$, by an element z of E preserves sets of measure zero, i.e. $T_z(\gamma) \approx \gamma$, iff z lies in the image of H. If so the Radon-Nikodym derivative $\frac{dT_z^{-1}(\gamma)}{d\gamma}: E \to \mathbb{R}$ is given by

$$x \mapsto \exp\{-\langle z,x\rangle - \tfrac{1}{2}|z|_H^2\}$$

where $x \mapsto \langle z,x\rangle$ can be interpreted as a possibly unbounded linear functional on E, whose domain has full measure.

(ii) (A weak form of Kuo's theorem, see also Ramer [15]). Let $j:E^* \to H$ be the adjoint of $i:H \to E$. Suppose $\phi:U \to V$ is a C^1 diffeomorphism of open subsets of E, with the form

$$\phi(x) = x + i\circ j\circ\alpha(x)$$

where $\alpha : U \to E^*$ is C^1

Then ϕ preserves sets of measure zero and $\frac{d\phi^{-1}(\gamma)}{d\gamma} : U \to \mathbb{R}$ is given by

$$x \mapsto |\det D\phi(x)| \exp\{-\alpha(x)(x) - \tfrac{1}{2}|j\circ\alpha(x)|_H^2\}$$

where the determinant refers to $D\phi(x)|H:H \to H$ and is proved to always exist.

C. As demonstrated in the Appendix our constructions depend on more than the measure class of the measures used. However they depend only on the <u>pointwise equivalence</u> class of the measures: Let $\mathcal{N}$ denote the open neighbourhood system of x at X directed under inclusion; if μ, ν are measures on X we say μ is pointwise equivalent to μ at x, $\mu \overset{p}{\approx} \nu$ at x, if

$$\liminf_{U\in\mathcal{N}} \frac{\mu(U\cap B)}{\nu(U\cap B)} > 0 \text{ and } \liminf_{U\in\mathcal{N}} \frac{\nu(U\cap B)}{\mu(U\cap B)} > 0$$

for all $B \in \mathcal{B}(X)$. [In the computation of the lower limits replace $\frac{0}{0}$ by 1 and $\frac{r}{0}$ by ∞ if $r > 0$.]

We write $\mu \overset{p}{\approx} \nu$ if $\mu \overset{p}{\approx} \nu$ at x for all $x \in X$.

<u>Proposition 1C</u> <u>Measures μ and ν on X are pointwise equivalent at a point x iff there is an open neighbourhood U of x with $\mu|U \approx \nu|U$ and both $\frac{d\mu}{d\nu}$ and $\frac{d\nu}{d\mu}$ essentially bounded on U.</u>

<u>Proof</u> Clearly the existence of such a set U implies pointwise equivalence at x. For the converse first suppose that there is a base $\{U_i\}_{i=1}^\infty$ of open neighbourhoods of x with $U_{i+1} \subset U_i$, and for each i a Borel set $B_i \subset U_i$ having

$$\mu(B_i) > 0 \text{ but } \nu(B_i) = 0.$$

Set $$B = \bigcup_i B_i.$$

Then for each i, $\mu(B\cap U_i) > 0$ but $\nu(B\cap U_i) = 0$ giving

$$\liminf_{U\in\mathcal{N}} \frac{\nu(U\cap B)}{\mu(U\cap B)} = 0.$$

Thus $\mu \overset{p}{\approx} \nu$ at x implies that $\mu|U \approx \nu|U$ for some $U \in \mathcal{N}$.

Next consider the case where $\mu|U_0 \approx \nu|U_0$ for some $U_0 \in \mathcal{N}$ but suppose $\frac{d\mu}{d\nu}$ is not essentially bounded in any neighbourhood of x. Take a nested base $\{U_r\}_{r=1}^\infty$ of open neighbourhoods of x in U_0. For each $r = 1,2,\ldots$ set

$$K_r = \{y \in U_r : \frac{d\mu}{d\nu}(y) \geq r\}$$

Write $N_r = K_r \cap (U_r - U_{r-1})$, $B = \bigcup_{r=1}^{\infty} N_r$.

By changing the base if necessary we may assume $\nu(N_r) > 0$.

Then $\mu(N_r) = \int_{N_r} \frac{d\mu}{d\nu}\, d\nu \geq r\, \nu(N_r)$

whence, for all j, $\mu(U_j \cap B) = \mu(\bigcup_{r=j}^{\infty} N_r) \geq \sum_{r=j}^{\infty} r.\nu(N_r)$

giving
$$\frac{\nu(U_j \cap B)}{\mu(U_j \cap B)} \leq \frac{\sum_{r=j}^{\infty} \mu(N_r)}{\sum_{r=j}^{\infty} r.\nu(N_r)} < \frac{1}{j}$$

Thus $\lim_{j\to\infty} \frac{\nu(U_j \cap B)}{\mu(U_j \cap B)} = 0$

and so μ and ν are not pointwise equivalent at x.//

Remarks (i) The Proposition together with the results in §B shows that the translations of a Gaussian measure γ on E which preserve γ up to pointwise equivalence are precisely the translations by elements in $i \circ j[E^*]$.

(ii) In measure theory and ergodic theory it is not usual to put conditions on Radon-Nikodym derivatives. However in analysis on finite dimensional manifolds, e.g. the construction of Sobolev spaces, the notion of a smooth volume element plays an essential role, and such an object only exists without restriction because $\frac{d\phi(\lambda)}{d\lambda}$ is C^∞ whenever ϕ is a C^∞ diffeomorphism and λ is Lebesgue measure. Similarly attempts to build analogous theories for infinite dimensional manifolds are likely to need regularity properties of Radon-Nikodym derivatives: at least continuity, even if only differentiability in a certain dense set of directions, [11].

§2. Interpolation functors and tangent cones.

A. We will give a brief discussion of some special cases of Peetre's K-functors. For more details see Peetre [14] and the references given there, especially Butzer-Berens [2].

Let $\{E, E_1\}$ denote a pair of Banach spaces with a continuous linear injection $T: E_1 \to E$. We will often identify elements of E_1 with their images under T. Let $\| \ \|$ and $\| \ \|_1$ denote the norms of E and E_1 respectively, with $B_r(x)$, $B_r^1(x)$ the corresponding open balls radius r about x.

For $v \in E$ and $t \geq 0$ set

$$K(t,v) = \inf \{ \|v - w_1\| + t\|w_1\|_1 : w_1 \in E_1\},$$

and for $0 < \theta < 1$ and $v \in E$ define

$$\|v\|_{\theta,\infty} = \sup \{ \frac{K(t,v)}{t^\theta} : t > 0\} \leq \infty$$

Write $\{E,E_1\}_{\theta,\infty} = \{v \in E: \|v\|_{\theta,\infty} < \infty\}$.

The following Proposition is well known:

Proposition 2A (a) $\{E,E_1\}_{\theta,\infty}$ with $\|\ \|_{\theta,\infty}$ is a Banach space with the natural inclusion maps $E_1 \xrightarrow{\alpha} \{E,E_1\}_{\theta,\alpha} \xrightarrow{\beta} E$ both continuous.

(b) If T is compact so are both α and β.

Proof. We will prove only (b). Assume therefore that T is compact, and to prove compactness of β suppose $\{v_i\}_{i=1}^{\infty}$ is a sequence with $\|v_i\|_{\theta,\infty} \le 1$. For n = 1,2,... take $w_i(n) \in E_1$ with

$$K(\tfrac{1}{n},v_i) \ge \tfrac{1}{2}\{\|v_i-w_i(n)\| + \tfrac{1}{n}\|w_i(n)\|_1\}.$$

Then $\|v_i-w_i(n)\| + \frac{1}{n}\|w_i(n)\|_1 \le 2n^{-\theta}$

giving (i) $\|v_i-w_i(n)\| \le 2n^{-\theta}$

and (ii) $\|w_i(n)\|_1 \le 2n^{1-\theta}$.

By (ii), and the compactness of T, $\{w_i(n)\}_i$ subconverges in E for each n. By a diagonal argument we can assume $\{w_i(n)\}_i$ converges in E for each n. But (i) then implies that $\{v_i\}_i$ is Cauchy in E and hence converges. Thus β is compact.

To prove the compactness of α let $\{u_i\}_{i=1}^{\infty}$ be a sequence in E_1 with $\|v_i\|_1 \le 1$. We can assume that $\{v_i\}_i$ converges in E. For $\varepsilon > 0$ choose $t_o > 0$ with

$$t^{1-\theta} < \tfrac{1}{2}\varepsilon \qquad \text{if } t \le t_o$$

and choose i_o with $\|v_i-v_j\| < t_o^{\theta}\varepsilon \qquad$ if $i,j > i_o$.

Then, for $i,j > i_o$,

$$\frac{K(t,v_i-v_j)}{t^{\theta}} \le \min\{t^{-\theta}\|v_i-v_j\|, t^{1-\theta}\|v_i-v_j\|_1\}$$

$$\le \begin{cases} \tfrac{1}{2}\varepsilon\,\|v_i-v_j\|_1 & \text{if } t \le t_o \\ t_o^{-\theta}\|v_i-v_j\| & \text{if } t > t_o \end{cases}$$

$$< \varepsilon \qquad \text{all } t > 0.$$

Thus $\{v_i\}_i$ converges in $E_{\theta,\infty}$ and so α is compact. //

B. We shall need a more geometrical characterization of $\{E,E_1\}_{\theta,\infty}$:

Proposition 2B Suppose $0 < \alpha < \infty$, $\theta = (1+\alpha)^{-1}$, and $v \in E$. Then $v \in \{E,E_1\}_{\theta,\infty}$ iff there exists $y:(0,1) \to E_1$ with

$$\|y(s)\|_1 \le s^{-\alpha} \text{ and } \|y(s)-v\| = O(s) \text{ as } s \to 0.$$

Proof Suppose $v \in \{E,E_1\}_{\theta,\infty}$ with $\|v\|_{\theta,\infty} = c > 0$. Then for all $t > 0$ we can write $v = w(t) + w_1(t)$ with $w_1(t)$ in E_1 and

$$\|w(t)\| + t\,\|w_1(t)\|_1 \le 2ct^{\theta}.$$

Then (i) $\|w_1(t)\|_1 \le 2ct^{\theta-1}$

and (ii) $\|w(t)\| \le 2ct^{\theta}$.

Taking $y(s) = w_1((2c)^{(1+\alpha)/\alpha} s^{1+\alpha}$ it is easy to check that (i) and

(ii) imply y behaves as required.

Conversely assume such a map y exists; suppose $\|y(s)-v\| \leq ks$ all $s > 0$. Then

$$\begin{aligned} K(t,v) &\leq \|y(t^\theta)-v\| + t\,\|y(t^\theta)\|_1 \\ &\leq kt^\theta + t\,t^{-\alpha\theta} \\ &= t^\theta\,(k+1) = O(t^\theta) \quad \text{as } t \to 0 \end{aligned}$$

Thus $v \in \{E,E_1\}_{\theta,\infty}$. //

C. Closely related to the above is the notion of "tangent cone" to a subset of a Banach space or manifold. One reason for the following definition is supplied by Lemma C of the Appendix.

<u>Definition</u> If A is a subset of the Banach space E and x is in the closure $\bar{A}$ of A, the <u>tangent cone</u>, TC_xA, to A at x is defined by

$$TC_xA = \{v \in E: d(x+sv,A) = O(s^2)\} \text{ as } s \to 0+$$

where d denotes the distance.

The tangent cone is a "cone" in the sense that

$$v \in TC_xA \Longrightarrow \lambda v \in TC_xA \qquad \text{all } \geq 0.$$

Its construction is not invariant under C^1 diffeomorphisms, which means we shall need a slight strengthening of the notion of differentiability: a map $f: U \to F$ of a neighbourhood U of x in E to the Banach space F will be said to be <u>rapidly differentiable</u> ("r.D.") at x if it is differentiable at x and

$$f(x+v) = f(x) + Df(x)v + O(\|v\|^2).$$

For example this will be true if f is twice differentiable at x.

It is easy to check that a composition of r.D maps is r.D.

<u>Lemma 2C</u>. If $x \in \bar{A}$ <u>then</u> TC_xA <u>consists of all tangent vectors at</u> 0 to <u>functions</u> $\sigma: [0,1] \to \bar{A}$ <u>which are</u> r.D. <u>on the right at</u> 0 <u>and have</u> $\sigma(0)=x$.

<u>Proof</u> If $v \in TC_xA$ there exists k with

$$d(x+sv,A) < ks^2 \qquad \text{all } s \in [0,1].$$

This means there exists $\sigma: [0,1] \to \bar{A}$ with

$$\|\sigma(s) - x - sv\| < ks^2 \quad \text{all } s.$$

But then $\|\sigma(s) - \sigma(0) - sv\| = \|\sigma(s)-x-sv\| = O(s^2)$

i.e. σ is r.D from the right at 0.

Conversely suppose $\sigma: [0,1] \to \bar{A}$ has $\sigma(0) = x$ and is r.D. from the right at 0 with $\sigma'(0) = v$. Then

$$d(x+sv,A) \leq \|x+sv - \sigma(s)\| = O(s^2)$$

so $v \in TC_xA$. //

<u>Proposition 2C</u> <u>Let</u> U <u>be a neighbourhood in</u> E <u>of the point</u> $x \in \bar{A}$. <u>Suppose</u> $f:U \to F$ <u>is r.D. at a then</u>

$$Df(x)\,[TC_xA] \subset TC_{f(x)}(f[A\cap U]).$$

<u>Proof</u>. This follows immediately from the lemma and the fact that a composition of r.D. maps is r.D. //

Proposition 2C shows that TC_xA only depends on the topological vector space structure of E; in fact it shows that TC_xA can be defined for A a subset of a C^2 Banach manifold M and $x \in \bar{A}$. In this case TC_xA has to be considered as a subset of the tangent space at x to M: $TC_xA \subset T_xM$.

D. Let $T:E_1 \to E$ be a continuous linear injection as before.

Set $\tau(E_1,E) = TC_O(B_1^1(O))$.

It is easy to check that this does not depend on the choice of norms in E_1 and E. It is related to Peetre's functors as follows:

<u>Proposition 2D</u>

<u>As subsets of E</u> $\qquad \tau(E_1,E) = \{E,E_1\}_{\frac{1}{2},\infty}$

<u>Proof</u> Suppose $y: (0,1) \to E_1$. Then $\|y(s)\|_1 \le \frac{1}{s}$ and $\|y(s)-v\| = O(s)$ iff $sy(s) \in B_1^1(O)$ and $\|sy(s)-sv\| = O(s^2)$. The proposition therefore follows from Proposition 2B and the definition of $TC_O(B_1^1(O))$. //

We shall say that a subset Z of E is <u>compactly included</u> in E if there is a compact linear map $S:F \to E$ of a Banach space F into E with $Z \subset S[F]$.

<u>Lemma 2D</u> <u>Every compact subset Z of E is compactly included in E</u>. <u>In fact there exists a compact linear map</u> $S:F \to E$ <u>with</u> $S^{-1}[Z]$ <u>bounded in F</u>.

<u>Proof</u> (see Schaeffer [16] p.111 for details). Let $\tilde{Z}$ be the closed convex symmetric hull of the subset Z of E. Then the support functional of $\tilde{Z}$ is a norm $\| \|_F$ on the linear span F of $\tilde{Z}$ in E. If Z is compact so is $\tilde{Z}$, and then it follows that $F, \| \|_F$ is a Banach space and $\tilde{Z}$ is its closed unit ball. The inclusion $S:F \to E$ is consequently compact. //

<u>Theorem 2D</u> <u>If</u> Z <u>is a compact subset of</u> E <u>and</u> $x \in Z$ <u>then</u> $TC_x(Z)$ <u>is compactly included in</u> E. <u>In particular if</u> E <u>is infinite dimensional</u> $TC_xZ \neq E$.

<u>Proof</u>. We can assume x = 0 by Proposition 2C. Take $S:F \to E$ as in the Lemma with S compact and Z contained in the image of the unit ball of F. Then

$$TC_OZ \subset \tau(F,E) = \{E,F\}_{\frac{1}{2},\infty}$$

by Proposition 2D. But the inclusion $\{E,F\}_{\frac{1}{2},\infty} \xrightarrow{\beta} E$ is compact by Proposition 2A. //

Lemma C of the Appendix shows that even the last statement of Theorem 2D would not be true if we had used $o(s)$ rather than $O(s^2)$ in the definition of tangent cones.

§3. <u>The order induced by a measure</u>

A. Consider a Radon measure μ on a metric space (X,d). (In fact the tightness of μ is mostly irrelevant in this section.) For $r > 0$ and $x \in X$ let $B_r(x)$ denote the open r-ball about x.

<u>Definition</u> If $x, y \in X$ write $x < y$ or $x \overset{\mu}{<} y$ if for all $r > 0$

$$\liminf_{s \to 0} \frac{\mu(B_s(y))}{\mu(B_{rs}(x))} = 0.$$

Write $x \sim y$ if neither $x < y$ nor $y < x$ is true and write $x \leq y$ if $y \nless x$.

<u>Proposition 3A</u> (i) $<$ <u>is transitive on</u> X

(ii) $\sim$ <u>is an equivalence relation on</u> X

(iii) $\leq$ <u>induces *a partial* ordering on the quotient</u> $X/\sim$.

<u>Proof</u> Taking $r = 1$ we see $x \sim x$. Clearly $x \sim y$ implies $y \sim x$; and the definition easily gives

$$x < y \text{ and } y \leq Z \Longrightarrow x < Z$$

$$x \leq y \text{ and } y < Z \Longrightarrow x < Z.$$

The proposition then follows formally. //

B. A continuous (or Lusin, or Borel, measurable) map $f:X \to Y$ of metric spaces (X,d), (Y,ρ) will be said to be <u>pointwise Lipshitz at the point</u> x of X if there exists $\alpha > 0$ and $\delta > 0$ with

$$f[B_s(x)] \subset B_{\alpha s}(f(x)) \qquad 0 \leq s < \delta .$$

Thus a continuous map of Banach spaces which is differentiable at x is pointwise Lipshitz at x.

<u>Proposition 3B</u> <u>Suppose</u> $f:X \to X$ <u>is pointwise Lipschitz at</u> x <u>and</u> $f(\mu) \overset{p}{\approx} \mu$ <u>at</u> $f(x)$. <u>Then</u> .

(i) $x \leq y \Longrightarrow f(x) \leq y$

and (ii) $x < y \Longrightarrow f(x) < y$

<u>Proof</u> Take $\alpha > 0$, $\delta > 0$ with $f[B_s(x)] \subset B_{\alpha s}(f(x))$ $0 \leq s < \delta$. Write $\mu(r,x)$ for $\mu(B_r(x))$ etc. Then the Lipshitz condition gives

$$f(\mu)(\alpha s, f(x)) \geq \mu(s,x) \qquad 0 \leq s < \delta$$

while $f(\mu) \overset{p}{\approx} \mu$ at $f(x)$ implies that there exist M and ε with

$$0 < \varepsilon < \frac{f(\mu)(t,f(x))}{\mu(t,f(x))} < M < \infty .$$

To prove (i): assume $x \leq y$, then there exists $r > 0$ with

$$\liminf_{s \to 0} \frac{\mu(s,x)}{\mu(rs,y)} > 0$$

whence

$$\frac{\mu(\alpha s,f(x))}{\mu(rs,y)} = \frac{f(\mu)(\alpha s,f(x))}{\mu(rs,y)} \cdot \frac{\mu(\alpha s,f(x))}{f(\mu)(\alpha s,f(x))}$$

$$\geq \frac{\mu(s,x)}{\mu(rs,y)} \cdot \frac{\mu(\alpha s,f(x))}{f(\mu)(\alpha s,f(x))}$$

which is bounded away from zero as $s \to 0$. Thus $f(x) \leq y$.

For (ii): Suppose $x < y$, then for all $r > 0$

$$\liminf_{s \to 0} \frac{\mu(s,y)}{\mu(rs,x)} = 0$$

whence $\liminf_{s \to 0} \dfrac{\mu(s, y)}{\mu(rs,f(x))} = \liminf \dfrac{\mu(s,y)}{f(\mu)(rs,f(x))} \dfrac{f(\mu)(rs,f(x))}{\mu(rs,f(x))}$

$$\leq \liminf \frac{\mu(s,y)}{\mu(\frac{r}{\alpha}s,f(x))} \frac{f(\mu)(rs,f(x))}{\mu(rs,f(x))}$$

$$= 0.$$

Thus $f(x) < y$. //

<u>Corollary 3B</u> <u>Suppose</u> $f:X \to X$ <u>is a homeomorphism with</u> f <u>and</u> f^{-1} <u>pointwise Lipshitz at</u> x <u>and</u> $f(x)$ <u>respectively</u>. <u>If also</u> $f(\mu) \overset{p}{\approx} \mu$ <u>at</u> x <u>and</u> $f(x)$ <u>then</u>

$$x \sim f(x).$$

<u>Proof</u>. By the proposition

$$x \leq x \Longrightarrow f(x) \leq x$$

and
$$f(x) \leq f(x) \Longrightarrow f^{-1}(f(x)) \leq f(x)$$

But
$$f(x) \leq x \text{ and } x \leq f(x) \Longrightarrow x \sim f(x). \quad //$$

One of our main aims is to prove the non-triviality of the ordering when X is infinite dimensional, at least for certain μ i.e. to show that $X/\sim$ consists of more than one point. This is done in §3E below and more generally in §4C. However before doing this we will examine the equivilence classes in some special cases.

C. For a Gaussian measure γ on E as in §1B, Corollary 3B ensures that $x \sim x+v$ for all $x \in E$ and $v \in E^*$. In fact more than this is true: recall from §2D that $\tau(E^*,H) = \{H,E^*\}_{\frac{1}{2},\infty}$ and so by Proposition 2A and the compactness of $j:E^* \to H$, $\tau(E^*,H) \neq E^*$ if E is infinite dimensional:

<u>Proposition 3C</u> <u>For a Gaussian measure</u> γ <u>on</u> E <u>with corresponding maps</u> $E^* \xrightarrow{j} H \xrightarrow{i} E$, <u>if</u> $z \in H$ <u>and</u> $v \in \tau(E^*,H)$ <u>then we have</u> $z \sim z+v$.

<u>Proof</u> Let $|\ |$ denote the norm of H. If $v \in \tau(E^*,H)$, by Proposition 2B there is a function $y: (0,1) \to E^*$ and a constant k with

$$|v-y(s)| < \tfrac{1}{2}s \qquad \text{and} \qquad \|y(s)\|_{E^*} \leq \frac{k}{s}$$

By the change of variable formula §1B writing y for $y(s) \in E^*$:

$$\gamma(B_s(z)) = \int_{B_s(z+y)} \exp(\langle y,x\rangle - \tfrac{1}{2}|y|^2)\, d\gamma(x)$$

$$= \exp\{\langle y,z\rangle + \tfrac{1}{2}|y|^2\} \int_{B_s(z+y)} \exp\{\langle y,x-y-z\rangle\}\, d\gamma(x)$$

$$\geq \exp\{\langle y,z\rangle + \tfrac{1}{2}|y|^2\} \exp(-s\|y\|_{E^*})\, \gamma(B_s(z+y))$$

$$\geq \exp\{\langle v,z\rangle - \langle v-y,z\rangle + \tfrac{1}{2}|y|^2 - k\}\, \gamma(B_s(z+y)).$$

Since $B_{\frac{1}{2}s}(z+v) \subset B_s(z+y(s))$ this gives

$$\liminf_{s \to 0} \frac{\gamma(B_s(z))}{\gamma(B_{\frac{1}{2}s}(z+v))} \geq \exp\{\langle v,z\rangle - k\}$$

whence
$$z \leq z+v.$$

Replacing z by $z+v$ and v by $-v$ yields

$$z+v \leq (z+v)-v.$$

Thus $$z \sim z+v. \qquad //$$

D. For convex measures, §1B, we can get some information about the geometric structure of the equivalence classes:

Proposition 3D: *Suppose the measure* μ *on* E *is convex, then*

(i) $x \leq z$ *and* $y \leq z \Longrightarrow \lambda x+(1-\lambda)y \leq z \quad 0 \leq \lambda \leq 1$

(ii) *if* μ *is symmetric* (i.e. $\mu(A) = \mu(-A)$ *all* $A \in \mathcal{B}(E)$) *then*

$$0 \leq x \qquad \text{all } x \in E$$

and the equivalence class of 0 *is convex*.

Proof (i) With $0 \leq \lambda \leq 1$ let $v = \lambda x + (1-\lambda)y$. Suppose $x \leq z$ and $y \leq z$, then there exists $r > 0$ with $r < 1$ and $\liminf_{s \to 0} \frac{\mu(s,x)}{\mu(rs,z)} > 0$ and

$$\liminf_{s \to 0} \frac{\mu(s,y)}{\mu(rs,z)} > 0$$

(Here we are continuing with the notation $\mu(s,x) = \mu(B_s(x))$ etc.)

But $$\frac{\mu(s,v)}{\mu(rs,z)} \geq \min\left\{ \frac{\mu(s,x)}{\mu(rs,z)} , \frac{\mu(s,y)}{\mu(rs,z)} \right\}$$

whence $v \leq z$.

(ii) If μ is symmetric then $x \sim -x$ for all $x \in E$; in particular $-x \leq x$. Since $0 = -\frac{1}{2}x + \frac{1}{2}x$ it follows by (i) that $0 \leq x$ for all $x \in E$. Convexity of the equivalence class of 0 now comes immediately from (i)./

E. For a measure on a Banach space E let $\mathcal{V}$ denote the equivalence class of 0. Here we consider the case of a Gaussian measure γ and give a method which in some special cases gives an upper bound to the size of $\mathcal{V}$. It is based on the following estimate of Fernique [7]; $\gamma(s,x) = \gamma(B_s(x))$ as usual:

Theorem (Fernique) *If* s *satisfies* $\gamma(s,0) > \frac{1}{2}$ *then for all* $R \geq s$

$$1 - \gamma(R,0) \leq \gamma(s,0) \exp \left\{- \frac{R^2}{24s^2} \log \left(\frac{\gamma(s,0)}{1-\gamma(s,0)}\right)\right\}. \qquad //$$

Given γ let $\mathcal{G}(\gamma)$ denote the set of $\{E,E_1\}$ with $T:E_1 \to E$ for which there is a factorization

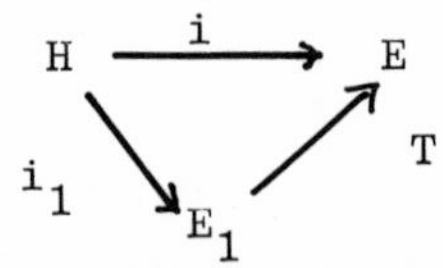

with $i_1: H \to E_1$ an abstract Wiener space. Gross [9] shows that such maps $T:E_1 \to E$ exist, and can even be taken to be compact. Since $i_1:H \to E_1$ is an abstract Wiener space $\gamma(T[E_1])=1$.

Lemma 3E *Suppose* $x \in E$ *but* $x \notin \{E,E_1\}_{\theta,\infty}$ *for some* $\{E,E_1\} \in \mathcal{G}(\gamma)$ *and some* $0 < \theta < 1$. *Then there exists* $c > 0$ *such that for all* $k > 0$

$$\liminf_{s \to 0} e^{c/s^{2\alpha}} \gamma(B_{ks}(x)) < 1 \qquad \theta = \frac{1}{1+\alpha}.$$

Proof Let γ^1 denote γ restricted to E_1 and set $\gamma^1(s,0) = \gamma^1(B_s^1(0))$. Choose s with $\gamma^1(s,0) > \frac{1}{2}$ and set $c = \frac{1}{24s^2} \log\left(\frac{\gamma^1(s,0)}{1-\gamma^1(s,0)}\right)$. If $\{E,E_1\} \in \mathfrak{J}(\gamma)$ and $x \notin \{E,E_1\}_{\theta,\infty}$, by Proposition 2B for all $k > 0$ there is a positive null sequence $\{s_i\}_{i=1}^{\infty}$ such that

$$B_{ks_i}(x) \cap B^1_{s_i^{-\alpha}}(0) = \emptyset.$$

Choosing $\{s_i\}_{i=1}^{\infty}$ to have $s_i^{-\alpha} \geq s$ for all i, Ferniques' theorem applied to γ^1 gives

$$\begin{aligned}\gamma(ks_i,x) &\leq \gamma^1\{ y \in E_1 : \|y\|_1 \geq s_i^{-\alpha}\} \\ &\leq \gamma^1(s,0) \exp(-cs_i^{-2\alpha}) \\ &< \exp(-cs_i^{-2\alpha}). \quad //\end{aligned}$$

Let $(E,\gamma)_\alpha = \bigcap\{\{E,E_1\}_{(1+\alpha)^{-1},\infty} : \{E,E_1\} \in \mathfrak{J}(\gamma)\}$,

then $H \subset \{E,H\}_{(1+\alpha)^{-1},\infty} \subset (E,\gamma)_\alpha \neq E$ if E is infinite dimensional:

Theorem 3E Let γ be a strictly positive Gaussian measure on the Banach space E. Suppose for some $k > 0$ and $\alpha > 0$

$$\liminf_{s \to 0} e^{k/s^{2\alpha}} \gamma(B_s(0)) > 0 \quad \ldots. \quad (1)$$

then if $x \notin (E,\gamma)_\alpha$

$$\liminf_{s \to 0} \frac{\gamma(B_s(x))}{\gamma(B_{rs}(0))} = 0 \qquad \text{all } r > 0$$

i.e. $\mathcal{J} \subset (E,\gamma)_\alpha$ if (1) holds.

Proof Suppose $x \notin \{E,E_1\}_{\theta,\infty}$ where $\{E,E_1\} \in \mathfrak{J}(\gamma)$ and $\theta = (1+\alpha)^{-1}$. Then by the lemma there exists $c > 0$ such that for all $\ell > 0$,

$\liminf_{s \to 0} e^{c/s^{2\alpha}} \gamma(B_{\ell s}(x)) < 1.$

Given $r > 0$ choose ℓ with $c > k(r\ell)^{-2\alpha}$, where k is given by (1).

$$\begin{aligned}\text{Then } \liminf_{s \to 0} \frac{\gamma(s,x)}{\gamma(rs,0)} &= \liminf_{s \to 0} \frac{\gamma(\ell s,x)}{\gamma(r\ell s,0)} \\ &= \liminf \left\{\frac{\exp(cs^{-2\alpha}).\gamma(\ell s,x)}{\exp(cs^{-2\alpha}).\gamma(r\ell s,0)}\right\} \\ &\leq \limsup \left\{\frac{1}{\exp(cs^{-2\alpha}).\gamma(r\ell s,0)}\right\} \\ &= \limsup \left\{\frac{\exp([k(r\ell)^{-2\alpha}-c]s^{-2\alpha})}{\exp(k(r\ell)^{-2\alpha}).\gamma(r\ell s,0)}\right\} \\ &= 0. \quad //\end{aligned}$$

Remark. Condition (1) is a definite restriction on the Gaussian measure. R. Dudley demonstrated at the 1974 Durham Symposium on Functional Analysis and Stochastic Processes that Gaussian measures γ can be constructed with $\gamma(s,0)$ decreasing to zero arbitrarily fast. See also Hoffman-Jørgensen [10].

F. The first concrete example we consider comes from Hoffman-Jørgensen [10] and is his example 4.1. Let $E = \ell_2$ and $H = \ell_2$ with $i: H \to E$ given by

$$\{x_n\}_{n=1}^{\infty} \longmapsto \{\frac{1}{n} x_n\}_{n=1}^{\infty} .$$

Then $\quad i[H] = \{x \in \ell_2: \sum_{n=1}^{\infty} (nx_n)^2 < \infty\}$

Let $M = \{x \in E: \sup_n n\,|x_n| < \infty\}$
and let q be the norm on M, $q(x) = \sup_n n\,|x_n|$. Clearly $H \subset M \subset E$.

We have the following estimates from Hoffman-Jørgensen:

a) If $x \in M$ there exists $B > 0$ and $k > 0$ with

$$\gamma(s,x) \geq Be^{-k/2s^2} \qquad \text{all } s > 0$$

b) There exists $C > 0$ with

$$\gamma(s,0) \leq C\,e^{-1/2s^2} \qquad \text{all } s > 0.$$

From (a) we see γ satisfies Condition (1) of Theorem 3E with $\alpha = 1$. Thus $\mathcal{Y} \subset (E,\gamma)_1$. On the other hand, by (a) and (b) if $x \in M$ and $r < \sqrt{\frac{1}{k}}$

$$\frac{\gamma(s,x)}{\gamma(rs,0)} \geq \frac{B}{C} \exp\{(\frac{1}{r^2} - k)\frac{1}{2s^2}\} \to \infty \text{ as } s \to 0.$$

whence $x \sim 0$.

Thus: there is a Gaussian measure on a Hilbert space for which

$$i(H) \not\subseteq \mathcal{Y} \subset (E,\gamma)_1 \neq E. \qquad //$$

G. We now take γ to be Classical Wiener measure. Then E is the space $C_o[0,1]$ of continuous maps $\sigma: [0,1] \to \mathbb{R}^n$ with $\sigma(0) = 0$ and with the supremum norm. Also $H = L_o^{2,1}[0,1]$ is the Hilbert space of absolutely continuous functions in E for which $|\sigma|_H = \sqrt{\int_o^1 |\dot\sigma(t)|^2\,dt} < \infty$. The map i is inclusion.

Good estimates for $\gamma(s,0)$ are rather complicated to use (Parthasarathy [13] Corollary 5.2 and 5.3) and it seems easier to estimate the measures of balls in certain Hölder norms. For $0 < a < 1$ let $\|\ \|_{o+a}$ denote the norm on H given by

$$\|\sigma\|_{o+a} = \sup_{0\leq t<s\leq 1} \frac{|\sigma(t)-\sigma(s)|}{|t-s|^a}$$

and let Λ_o^a be the completion of H in this norm considered as a subset of E. It is well known (e.g. [8]) that if $0 < a < \frac{1}{2}$ then $\{E,\Lambda_o^a\} \in \mathcal{J}(\gamma)$. The next proposition is also well known.

Proposition 3G For $0 < a < \frac{1}{2}$ there is an equivalent norm $\|\ \|^a$ on Λ_o^a such that for $t > 0$

$$\gamma\{\sigma : \|\sigma\|^a < t\} = \left(\int_{-t}^{t} \frac{e^{-u^2/2}}{\sqrt{(2\pi)}} du\right) \times \prod_{n=0}^{\infty} \prod_{k=1}^{2^n} \int_{-B(a,n,t)}^{B(a,n,t)} \frac{e^{-u^2/2}}{\sqrt{(2\pi)}} du$$

$$\geq (1-e^{-t^2/2}) \prod_{n=1}^{\infty} (1-\exp\{-2^{(n+1)(1-2a)}t^2\})^{2^n}$$

where $B(a,n,t) = \dfrac{2t\sqrt{2^n}}{2^{(n+1)a}}$.

Proof We use the results of Cieselski [3]. Let $\Lambda^a = \Lambda_o^a \oplus \mathbb{R}$ denote the space corresponding to Λ_o^a without the condition $\sigma(0) = 0$. Let $\{\chi_n\}_{n=1}^{\infty}$ denote the orthonormal set of Haar functions on $[0,1]$:

$$\chi_1(t) \equiv 1,\ \chi_{2^n+k}(t) = \begin{cases} \sqrt{2^n} & \text{for } t \in \left[\frac{2k-2}{2^{n+1}}, \frac{2k-1}{2^{n+1}}\right] \\ -\sqrt{2^n} & \text{for } t \in \left(\frac{2k-1}{2^{n+1}}, \frac{2k}{2^{n+1}}\right) \\ 0 & \text{otherwise} \end{cases}$$

for $k = 1,\dots,2^n$, $n = 0, 1,2,\dots$.

Set $\chi_1^a = \chi_1$ and $\chi_{2^n+k}^a = \dfrac{2^{(n+1)a}}{2\sqrt{2^n}} \chi_{2^n+k}$.

Cieselski showed that the map $S_a : \Lambda^a \to \mathbf{c}_o$, $\sigma \mapsto \{\xi_n(\sigma)\}_{n=1}^{\infty}$

where $\xi_n(\sigma) = \int_0^1 \chi_n^a(s)d\sigma(s)$

is an isomorphism.

Define $\|\ \|^a$ so that S_a is an isometry i.e.

$$\|\sigma\|^a = \sup_n |\xi_n(\sigma)|.$$

Now the orthonormality of the Haar functions imply that the sequence $\{\xi_n\}_{n=1}^{\infty}$ consists of independent Gaussian random variables on (Λ_o^a,γ) with mean zero and with the variance $(\sigma_{n,k})^2$ of ξ_{2^n+k} given by

$$\sigma_{n,k} = \frac{2^{(n+1)a}}{2\sqrt{2^n}}$$

and the variance of ξ_1 is just 1.

Thus if $\gamma^a(t,0) = \gamma\{\sigma: \|\sigma\|^a < t\}$

$$\gamma^a(t,0) = \gamma\{\sigma: |\xi_n(\sigma)| < t \text{ each } n\}$$

$$= \frac{1}{\sqrt{(2\pi)}} \int_{-t}^{t} \exp(-\frac{u^2}{2})du \prod_{n=0}^{\infty} \prod_{k=1}^{2^n} \int_{-t}^{t} \frac{1}{\sigma_{n,k}\sqrt{(2\pi)}} \exp(-\frac{u^2}{2\sigma_{n,k}^2})du$$

giving the first equality, since $B(a,n,t) = \dfrac{t}{\sigma_{n,k}}$.

Now, if $R > 0$, $\displaystyle\int_{-R}^{R} \frac{1}{\sqrt{(2\pi)}} e^{-\frac{x^2}{2}} dx \geq \int_{x^2+y^2\leq R^2} \frac{1}{2\pi} \exp(-\frac{x^2+y^2}{2})\, dxdy$

$$= \int_0^R r\, e^{-r^2/2} dr = 1 - e^{-R^2/2}$$

$$\text{whence } \gamma(t,0) \geq (1-e^{-t^2/2}) \prod_{n=0}^{\infty} (1-\exp\{-\frac{B(a,n,t)^2}{2}\})^{2^n}$$

$$= (1-e^{-t^2/2}) \prod_{n=0}^{\infty} (1-\exp\{-2^{(n+1)(1-2a)}t^2\})^{2^n}$$

as required. //

The following Lemma is used to verify condition (1) of Theorem 3E.

Lemma 3G For each $\beta > 0$ and $p \geq \frac{1}{\beta}$ there exists c with

$$\lim_{t\to 0} \exp(\frac{c}{t^{2p}}).\ (1-e^{-t^2/2}) \prod_{n=0}^{\infty} (1-\exp\{-2^{(n+1)\beta}t^2\})^{2^n} = \infty$$

Proof Taking logarithms we have to show, for $p \geq \frac{1}{\beta} > 0$, that there exist c with

$$\frac{c}{t^{2p}} + \log(1-e^{-t^2/2}) + \sum_{n=0}^{\infty} 2^n \log(1-\exp\{-2^{(n+1)\beta}t^2\}) \to \infty \quad \text{as } t \to 0$$

or equivalently that

$$\frac{c}{t^{2p}} + \sum_{n=0}^{\infty} 2^n \log(1-\exp\{-2^{(n+1)\beta}t^2\}) \to \infty \quad \text{as } t \to 0.$$

For this it suffices to show that

$$\sum_{n=0}^{\infty} 2^n \log(1-\exp\{-2^{(n+1)\beta}t^2\}) = O(\frac{1}{t^{2p}}) \quad \ldots.(*) \quad \text{as } t \to 0$$

We can therefore take $p = \frac{1}{\beta}$.

For a natural number m, if $2^{-m/2p} \leq t < 2^{-(\frac{m-1}{2p})}$, then

$$0 < -t^{2p} \sum_{n=1}^{\infty} 2^n \log(1-\exp\{-2^{n\beta}t^2\}) \leq E_m$$

where $E_m = -2^{1-m} \sum_{n=1}^{\infty} 2^n \log(1-\exp\{-2^{\frac{n-m}{p}}\})$

$$\text{so } \tfrac{1}{2}E_m = -\sum_{n=1}^{m} 2^{n-m} \log(1-\exp\{-2^{\frac{n-m}{p}}\}) - \sum_{n=m+1}^{\infty} 2^{n-m}\log(1-\exp\{-2^{\frac{n-m}{p}}\})$$

$$= -\sum_{s=0}^{m-1} \frac{1}{2^s} \log(1-\exp\{-\frac{1}{2^{s/p}}\}) - \sum_{s=1}^{\infty} 2^s \log(1-\exp\{-2^{s/p}\}),$$

by the Ratio test the infinite series converges; since its limit is independent of m it is enough to check the convergence of $\sum_{s=0}^{\infty} -\frac{1}{2^s}\log(1-\exp\{-\frac{1}{2^{s/p}}\})$ in order to prove that E_m is bounded uniformly in m. But if $0 < \alpha < 1$ and $0 < \theta < 1$ and $\alpha\theta < \frac{1}{2}$ then

$$0 < -\alpha\log(1-\theta) \leq -\log(1-\alpha\theta) \leq \frac{\alpha\theta}{1-\alpha\theta} < 2\alpha\theta.$$

$$\text{Thus } -\frac{1}{2^s}\log(1-\exp\{-\frac{1}{2^{s/p}}\}) < 2\frac{1}{2^s}\exp\{-\frac{1}{2^{s/p}}\} \qquad s \geq 2.$$

$$< \frac{1}{2^{s-1}}.$$

Therefore the series does converge and E_m is bounded. The estimate (*) follows, and the lemma is proved.//

Using the notation of §3G:

Theorem 3G Let γ^a denote Wiener measure restricted to Λ_o^a, $0 < a < \frac{1}{2}$. Then, for γ^a

$$\tilde{O} \subset (\Lambda_o^a, \gamma^a)_{\frac{1}{1-2a}} .$$

For classical Wiener measure γ on $C_o[0,1]$

$$\tilde{O} \subset \bigcap_{0<a<\frac{1}{2}} (C_o[0,1], \gamma)_{\frac{1}{1-2a}} .$$

Proof. For $0 < a < \frac{1}{2}$, by Proposition 3G and Lemma 3G we can apply Theorem 3E with $\alpha = \frac{1}{1-2a}$ to get the results for Λ_o^a.

Also for each a with $0 < a < \frac{1}{2}$ we could renorm $C_o[0,1]$ if necessary so that $\gamma(B_t(0)) \geq \gamma^a\{\sigma : ||\sigma||^a < t\}$. We can therefore apply Theorem 3E as before to get

$$\tilde{O} \subset (C_o[0,1], \gamma)_{\frac{1}{1-2a}}$$

for each $a \in (0,\frac{1}{2})$, as required.//

From Theorem 3G we see, for example, that for classical Wiener measure γ

$$\tilde{O} \subset \bigcap_{0<a<\frac{1}{2}} \bigcap_{0<b<\frac{1}{2}} \{C_o[0,1], \Lambda_o^b\}_{\frac{1-2a}{2(1-a)},\infty} .$$

§4 Infinitesimal properties of measures.

A. Consider a Radon measure μ on a Banach space E.

Definition. A Borel set Z of E will be said to support μ at the point x if μ is strictly positive at x and for all $r > 0$

$$\frac{\mu(B_s(x) - Z)}{\mu(B_{rs}(x))} \to 0 \quad \text{as} \quad s \to 0 .$$

Proposition 4A (i) If Z_1 and Z_2 support μ at x so does $Z_1 \cap Z_2$. In particular $\mu(Z_1 \cap Z_2) \neq \emptyset$

(ii) If $\mu \overset{p}{\approx} \nu$ at x and Z supports μ at x then Z supports ν at x.

(iii) If Z supports μ at x there is a compact set K, with $K \subset Z \cup \{x\}$, which also supports μ at x.

Proof. Part (i) is immediate. For part (ii) set $Y = E - Z$, and suppose $r > 0$. Then

$$\frac{\nu(B_s(x)-Z)}{\nu(rs,x)} = \frac{\nu(B_s(x)\cap Y)}{\mu(B_s(x)\cap Y)} \cdot \frac{\mu(B_s(x)-Z)}{\mu(rs,x)} \cdot \frac{\mu(rs,x)}{\nu(rs,x)}$$

$$\to 0 \text{ as } s \to 0$$

assuming Z supports μ at x and $\nu \overset{p}{\approx} \mu$ at x.

For (iii) we can assume $\mu(E) = 1$. Set

$$A_n = B_{\frac{1}{n}}(x) \qquad n = 1,2,\ldots$$

and take

$$K_n \subset A_n \cap Z$$

with
$$\mu(A_n \cap X-K_n) < \mu(A_{n^4})^2$$

and K_n compact.

Set $K = \{x\} \cup \bigcup_{n=1}^{\infty} K_n$.

Certainly K is compact. Also if the integer $n(t)$ is defined by

$$\frac{1}{n(t)+1} < t \leq \frac{1}{n(t)} \qquad 0 < t < 1$$

then
$$\mu(B_t(x)-K) \leq \mu(B_t(x)-Z)+\mu(A_{n(t)}\cap Z-K_{n(t)})$$

$$\leq \mu(B_t(x)-Z)+\mu(A_{n(t)^4})^2 .$$

Now suppose $r > 0$. Then for sufficiently small t, $rt^2 > n(t)^{-4}$ and

$$\mu(A_{n(t)^4})^2 \leq \mu(A_{n(t)^4}) \quad \mu(B_{rt^2}(x))$$

whence
$$\frac{\mu(B_t(x)-K)}{\mu(rt^2,x)} \leq \frac{\mu(B_t(x)-Z)}{\mu(rt^2,x)} + \mu(A_{n(t)^4})$$

$$\to 0 \text{ as } t \to 0 .$$

Thus K supports μ at x. //

Lemma 4A Let $f: U \to F$ be a homeomorphism of a neighbourhood U of x onto a neighbourhood of $f(x)$ in a Banach space F. Assume f and f^{-1} are pointwise Lipshitz at x and $f(x)$ respectively. Suppose Z supports μ at x then $f[Z\cap U]$ supports $f(\mu)$ at $f(x)$.

<u>Proof</u>. There exist $\delta > 0$ and $k > 1$ so that if $0 < s < \delta$ and $y = f(x)$:

$$f(B_s(x)) \subset B^F_{ks}(y)$$

and

$$f^{-1}(B^F_s(y) \subset B_{ks}(x) .$$

Therefore, if $0 < s < \delta$, $0 < r < 1$

$$\frac{f(\mu)(B^F_s(y)-f[Z])}{f(\mu)(rs^2,x)} = \frac{\mu(f^{-1}[B^F_s(y)]-Z)}{\mu(f^{-1}[B^F_{rs2}(y)])}$$

$$\leq \frac{\mu(B_{ks}(x)-Z)}{\mu(\frac{r}{k}s^2,x)} \to 0 \quad \text{as} \quad s \to 0 . \quad //$$

In particular the Lemma implies that the notion of support at a point is independent of the choice of norm of E ; also it can be defined for measures on differentiable Banach manifolds.

B. We can now define the <u>tangent cone</u> $\tau c_x(\mu)$ by

$$\tau c_x(\mu) = \bigcap\{TC_x(Z) : Z \text{ supports } \mu \text{ at } x\}$$

with the convention that $\tau c_x(\mu) = E$ if μ is not strictly positive at x .

As for tangent cones to subsets, $\tau c_x(\mu)$ has the property that

$$v \in \tau c_x(\mu) \Rightarrow \lambda v \in \tau c_x(\mu) \quad \text{all} \quad \lambda \geq 0 .$$

<u>Proposition 4B</u> (i) <u>Suppose</u> μ <u>is strictly positive at</u> x . <u>Then</u> $\tau c_x(\mu)$ <u>is compactly included in</u> E . <u>In particular if also</u> E <u>is infinite dimensional then</u>

$$\tau c_x(\mu) \neq E$$

(ii) <u>If</u> μ <u>is convex then for each</u> x <u>in</u> E

$$\{v : v \overset{\mu}{\leq} x\} \subset x + \tau c_x(\mu) \quad .$$

<u>Proof</u>. (i) By Proposition 4A(iii) there is a compact set K which supports μ at x . By Theorem 2D the tangent cone $TC_x(K)$ is compactly included in E . Part (i) follows since $\tau c_x(\mu) \subset TC_x(K)$.

(ii) Suppose μ is convex and strictly positive at x . If $v \leq x$ there exists $r > 0$ with

$$\liminf_{s \to 0} \frac{\mu(s,v)}{\mu(rs,x)} > 0$$

i.e. there exist $k > 0$, $\delta > 0$ with

$$\mu(s,v) \geq k\mu(rs,x) \qquad 0 < s < \delta .$$

We can take $r < 1$ and $k < 1$, also changing the norms if necessary we can assume $||v-x|| \leq 1$.

Suppose Z supports μ at x. We must show $v \in x + TC_x(Z)$. Assume not: then there is a sequence $\{s_i\}_{i=1}^{\infty}$ with

$$s_i < \min\{2^{-i}, \delta\}$$

and $$B(s_i v+(1-s_i)x ; 2^i s_i^2) \cap Z = \emptyset .$$

Whence
$$\begin{aligned}\mu(B_{2s_i}(x)-Z) &\geq \mu(2^i s_i^2, s_i v+(1-s_i)x) \\ &\geq \min\{\mu(2^i s_i^2, v), \mu(2^i s_i^2, x)\} \\ &\geq \min\{k\mu(r2^i s_i^2, x), \mu(2^i s_i^2, x)\} \\ &= k\mu(r2^i s_i^2, x) \\ &\geq k\mu(rs_i^2, x)\end{aligned}$$

Thus $$\frac{\mu(B(x,2s_i)-Z)}{\mu(rs_i^2,x)} \geq k > 0 \quad \text{for all } i$$

and this contradicts the assumption that Z supports μ at x. //

<u>Corollary 4B</u> (i) <u>If μ is convex and symmetric then</u> $-x \in \tau c_x(\mu)$ <u>for all</u> $x \in E$.

(ii) <u>For a Gaussian measure</u> γ <u>on</u> E

$$\tau(E^*, H) \subset x + \tau c_x(\gamma) \quad \text{all } x \in E .$$

<u>Proof</u>. For (i) note that $0 \leq x$ for all x by Proposition 3D. For (ii) use Proposition 3C which implies that $v \sim 0 \leq x$ if $v \in \tau(E^*,H)$. //

<u>Theorem 4B</u> <u>The ordering determined by a non-zero convex measure on an infinite dimensional Banach space</u> E <u>is non-trivial. In fact if the measure is strictly positive at a point</u> x <u>the equivalence class of</u> x <u>is compactly included in</u> E.

<u>Proof</u>. The Theorem follows immediately by combining both parts of Proposition 4B.//

C. Given a measure μ on a metric space X let $G(\mu)$ denote the group of all homeomorphisms $f: X \to X$ with

(i) both f and f^{-1} pointwise Lipshitz on X (see §3B)

and

(ii) $f(\mu) \overset{p}{\sim} \mu$ on X.

Recall that if G is a group of homeomorphisms of a space X and $x \in X$ the <u>orbit</u>, Gx, of x is the set $\{g(x): g \in G\}$. The group acts <u>transitively</u> if $Gx = X$ for all $x \in X$.

The proof of the next theorem is immediate from Theorem 4B and Corollary 3B:

Theorem 4C For a non-zero convex measure μ on an infinite dimensional Banach space E the group $G(\mu)$ does not act transitively on E. In fact if μ is strictly positive at x the orbit of x under $G(\mu)$ is compactly included in E.

In particular the group of diffeomorphisms preserving a Gaussian measure on an infinite dimensional Banach space E does not act transitively on E. //

D. Next we look at invariance properties of the tangent cone construction: from Proposition 2C and 4A (ii) using Lemma 4A we have

Proposition 4D Let μ and ν be measures on open sets U and V of Banach spaces. Suppose $x \in U$ and $f:U \to V$ is a diffeomorphism with $f(\mu) \overset{p}{\approx} \nu$ at $f(x)$. Assume f is r.D. at x, e.g. assume f is C^2. Then

$$Df(x)[\tau c_x(\mu)] \subset \tau c_{f(x)}(\nu) \text{ . } //$$

One consequence of Proposition 4D is that $\tau c_x(\mu)$ is defined for each point x of M when μ is a measure on a C^2 Banach manifold. In this situation $\tau c_x(\mu) \subset T_xM$ and Proposition 4B (i) shows that it is compactly included if μ is strictly positive at x.

If μ is a measure on an open set U of a Banach space E, for each point x of U let $\tilde{G}_x(\mu)$ denote the group (of germs) of homeomorphisms $f:U_f \to V_f$ of open neighbourhoods of x in U such that

(i) $f(x) = x$,

(ii) f and f^{-1} are r.D. at x, e.g. f a C^2 diffeomorphism

(iii) $f(\mu|U_f) \overset{p}{\approx} \mu$ at x, e.g. f measure preserving.

Let $D\tilde{G}_x(\mu) = \{Df(x): f \in \tilde{G}_x(\mu)\}$.

Then $D\tilde{G}_x(\mu)$ is a group of linear isomorphisms of E.

Theorem 4D Let μ be a symmetric convex measure on an infinite dimensional Banach space E. If μ is strictly positive at x there is a non-trivial linear subspace of E invariant by the elements of $D\tilde{G}_x(\mu)$.

The subspace will not be closed in general.

Proof. By Proposition 4B (i) and Corollary 4B(i) the span of $\tau c_x(\mu)$ is non-trivial if E is infinite dimensional. Proposition 4D shows it is invariant under $D\tilde{G}_x(\mu)$.//

E. Convexity and symmetry were needed in Theorem 4D to show that $\tau c_x(\mu) \neq \{0\}$. We next consider measure preserving flows and group actions and get a lower bound for $\tau c_x(\mu)$ with no convexity assumptions.

Lemma 4E Consider a measure μ on the Banach space E and a point v of E. Suppose there exist positive numbers ρ,α,δ,c such that if $0 \leq s \leq \rho$ $\mu(B_s(tv)) \geq \alpha\mu(B_{cs}(0))$ $0 < t \leq \delta$. Then $v \in \tau c_o(\mu)$.

Proof. The norm on E is irrelevant so, assuming $v \neq 0$, we can replace E by a product $E^1 \times \mathbb{R}$ with norm $||(x,s)|| = \max\{||x||_1, |s|\}$

and with $$v = (0,1) \in E^1 \times \mathbb{R}.$$

Suppose Z is compact and supports μ at 0. It will be enough to show that $v \in TC_o(Z)$. To do this first take k with $0 < k < 1$ and write Z as the disjoint union

$$Z = Z_1 \cup Z_2$$

where $$Z_1 = Z \cap \{(x,s): ||x||_1 \leq ks^2\}.$$

Suppose $\{t_i\}_{i=1}^{\infty}$ is a strictly decreasing null sequence in $\mathbb{R}(>0)$ such that

$$(t_i+E^1) \cap Z_1 = \emptyset \quad i = 1,2,\ldots .$$

(If no such sequence exists certainly $v \in TC_o(Z)$.) We can assume $t_1 < \min\{\delta,\frac{1}{k},\rho\}$.

Set $e_i = \sup\{s < t_i : (s+E^1) \cap Z_1 \neq \emptyset\}$.

Then $0 \leq e_i \leq t_i$ and $d(e_i,Z) \leq ke_i^2$.

Step 1 We show $\lim_{i\to\infty} \frac{e_i}{t_i} = 1$.

If not, taking a subsequence if necessary, we could choose $r \in (0,k)$ with $e_i < t_i\sqrt{\frac{r}{k}}$ so that $ke_i^2 < rt_i^2 < kt_i^2$.

Then $A \equiv \{(x,s): ||x||_1^2 \leq rt_i^2,\ rt_i^2 < ks^2 < kt_i^2\} \subset B_{t_i}(0)-Z$

and A contains at least n_i-1 disjoint translates of $B_{rt_i^2}(0)$ by small positive multiples of v, where n_i is the integral part of

$$(1-\sqrt{(\tfrac{r}{k})})(2rt_i)^{-1}.$$

This means $$\mu(B_{t_i}(0)-Z) \geq (n_i-1)\alpha\mu(crt_i^2,0).$$

But this is impossible if Z supports μ at 0 because $n_i \to \infty$ as $i \to \infty$.

Step 2 By step 1 we can assume $e_i > \frac{1}{2}t_i$ for all i.

We next show that $(t_i-e_i)t_i^{-2}$ is bounded.

Choose any r with $0 < 4r < k$; then

$$rt_i^2 \leq 4re_i^2 \leq ke_i^2 \quad .$$

Set $$B = \{(x,s): e_i \leq s \leq t_i, \ ||x||_1 < rt_i^2\} \ .$$

Then $$B \subset \{(x,s): e_i \leq s \leq t_i, \ ||x||_1 < ke_i^2\}$$

whence $$B \subset B_{t_i}(0) - Z \ .$$

However B contains at least $m_i - 1$ disjoint translates of $B_{rt_i^2}(0)$ by small positive multiples of v where m_i is the integral part of

$$(t_i - e_i)(2rt_i^2)^{-1} \quad .$$

Consequently

$$\mu(B_{t_i}(0) - Z) \geq (m_i - 1)\alpha\mu(crt_i^2, 0).$$

Since Z supports μ at 0 it follows that $\max\{m_i - 1, 0\} \to 0$ as $i \to \infty$, in particular $(t_i - e_i)t_i^{-2}$ is bounded.

Step 3 By definition of the norm and of $\{e_i\}_{i=1}^{\infty}$

$$d(t_i v, Z) \leq |t_i - e_i| + d(e_i v, Z)$$

giving $$\frac{d(t_i v, Z)}{t_i^2} \leq \frac{t_i - e_i}{t_i^2} + k\frac{e_i^2}{t_i^2} \quad .$$

Steps 1 and 2 therefore show that if $\{t_i\}_{i=1}^{\infty}$ is a null sequence in $\mathbb{R} > 0$ then $t_i^{-2}d(t_i v, Z)$ is bounded. It follows that

$$\limsup_{s \to 0+} \frac{d(sv, Z)}{s^2} < \infty$$

proving the lemma. //

Let μ be a measure on an open subset U of E, $x \in U$. We will say that v lies in $Q_x(\mu)$ if either $v = 0$ or $v \neq 0$ and there exists a C^1 vector field $X: U \to E$, with $X(x) = v$, for which there is a neighbourhood V of x and positive constants ε and α satisfying:

(i) the flow $\sigma: V \times (-\varepsilon, \varepsilon) \to U$ of X is defined and is r.D. at $(x, 0)$

(ii) if B is an open neighbourhood of x in V then

$$\mu(\sigma_t[B]) \geq \alpha\mu[B] \qquad 0 \leq t < \varepsilon \ .$$

Note that (i) holds for suitable V and $\varepsilon > 0$ if X is C^2 on U.

Theorem 4E *For all measures* μ *on the open set* U *of* E

$$Q_x(\mu) \subset \tau c_x(\mu) \quad .$$

<u>In particular if</u> E <u>is infinite dimensional and</u> μ <u>is strictly positive at</u> x <u>then</u> $Q_x(\mu) \neq E$, <u>and is even compactly included in</u> E .

<u>Proof</u>. Suppose $v \in Q_x(\mu)$ is non-zero and X,σ are as in the definition of $Q_x(\mu)$, with $X(x)=v$. Take a closed codimension one linear subspace E^1 in E transversal to $\mathbb{R}v$. Define $W \subset E$ and

$$Q:W \to E^1 \times \mathbb{R}$$

so that Q is the inverse of the local diffeomorphism determined near $(x,0)$ by

$$(y,t) \mapsto \sigma(y,t) .$$

In $E^1 \times \mathbb{R}$ the flow near x is then represented by translations in the direction $(0,1) \in E^1 \times \mathbb{R}$ and we can apply Lemma 4E, together with the diffeomorphism invariance, Proposition 4D, of tangent cones under the r-D map Q to see $v \in \tau c_x(\mu)$.

Proposition 4B gives the consequent non-triviality. //

<u>Remark</u>. In Elworthy [6], $Q_x(\mu)$ was defined with a rather weaker form of condition (ii) on the vector field X , and the corresponding result to theorem 4E using that definition was mistakenly claimed to have been proved. Also Corollary 4E below is a corrected version of §3C of [6].

The definition of $Q_x(\mu)$ could equally well have been made for a measure defined on a C^2 Banach manifold M . In this case $Q_x(\mu) \subset T_xM$ and Theorem 4E still holds. From this we have

<u>Corollary 4E</u> <u>Let</u> $G \times M \to M$ <u>be a</u> C^2 <u>action of a Banach Lie group</u> G <u>on a Banach manifold</u> M , <u>leaving quasi-invariant a Radon measure</u> μ <u>on</u> M . <u>Suppose</u> μ <u>is strictly positive at the point</u> x <u>of</u> M <u>and assume that for each 1-parameter subgroup</u> $\{g_t : t \in \mathbb{R}\}$ of G <u>the map</u>

$$\mathbb{R} \times M \to \mathbb{R} , \ (t,m) \mapsto \frac{dg_t(\mu)}{d\mu}(m)$$

<u>is essentially bounded away from</u> 0 <u>in a neighbourhood of</u> $(0,x)$. <u>Let</u> $\theta: T_eG \to T_xM$ <u>be the derivative at the identity of</u> $g \mapsto g.x$. <u>Then</u> θ <u>is compact</u>.

It should be possible to strengthen corollary 4E especially in the case of a subgroup G acting on its ambient group M: see Skorohod [18], Chapter 4, Theorem 1, for groups of translations of a Hilbert space. However Corollary B of the Appendix suggests caution for group actions which only preserve the measure class.

§5 Problems.

We have shown that a strictly positive measure on an infinite dimensional C^2 Banach manifold often determines some extra structure on the manifold: but in essentially no cases have we been able to determine the structure precisely. Gaussian measures furnish the main test test bed; for a Gaussian measure γ on E:

(i) What is the orbit of 0 under the group $\mathcal{G}$ of all measure preserving C^r diffeomorphisms, $r = 1,2,\ldots$? Possibly E^* ?

(ii) What are the subspaces of E invariant under the group of derivatives at x of those elements of $\mathcal{G}$ which fix x? Candidates include E^* and $\tau(E^*,H)$.

Questions (i) and (ii) are equally valid for diffeomorphisms preserving γ only up to pointwise equivalence. In this case Theorem C of the Appendix shows that for (ii), with $r = 1$, every invariant subspace includes H.

(iii) What is the equivalence class $\tilde{0}$ of 0 in E? Bigger than or equal to $\tau(E^*,H)$ by Proposition 3C; sometimes bigger than H by §3F.†

(iv) Does there exist a diffeomorphism f of E with $f(\gamma) \approx \gamma$ but with $f[H] \cap H = \emptyset$?

For general problems concerning a strictly positive measure μ on a Banach space or manifold M:

(v) Is the ordering determined by μ non-trivial if M is infinite dimensional? Is it non-trivial if M is just a metric space which is not σ-compact (μ Radon as always).

(vi) How far can Corollary 4E be strengthened?

Acknowledgements.

It is a great pleasure to be able to thank Professor R.M. Dudley for some very helpful conversations about the Gaussian measures of small balls, and also to thank Dr. C.J. Atkin for help with §G. Special thanks also go to Peta Finch, Terri Moss and Mavis Pilc for the typing.

†Added at the Conference:

One of the results announced by Professor Borell in his talk implies immediately that

$$H \subset \tilde{0}$$

for all Gaussian measures. This therefore supercedes Proposition 3C. The relevant reference is Theorem 2.2 of C. Borell: A note on Gauss measures which agree on small balls, Ann. Inst. Henri Poincare (Ser.B) to appear.

Appendix: Some Constructions

A. The proof of the following is essentially the same as that of Bessaga's theorem on the diffeomorphism of H and H-{0}, e.g. see [4] § 6A.

Lemma A Let $T : E_1 \to E$ be a continuous linear injective map of Banach spaces, with dense range. Then for any point v of E:

(i) There is a C^∞ curve $\rho:(-1,1) \to E$ with $\rho(0) = v$ and $\rho(t) \in T[E_1]$ for $t \neq 0$, and with $T^{-1} \circ \rho|(-1,0) \cup (0,1)$ a C^∞ map into E_1.

(ii) There is a C^∞ map $\alpha:E \to E$ with $\alpha(0) = v$ but with $\alpha(x) \in T[E_1]$ if $x \neq 0$ such that $x \mapsto x + \alpha(x)$ is a C^∞diffeomorphism of E onto itself and $T^{-1}\circ \alpha|E-\{0\}$ is a C^∞ map into E_1.

Proof We shall identify elements of E_1 with their images under T. Let $\{z_n\}_{n=1}^\infty$ be a sequence in E with $||z_n - v|| < e^{-n}$ each n. Take a C^∞ map $\psi : \mathbb{R} \to [0,1]$ with

$$\psi(t) = 0 \qquad t \le 0$$

and

$$\psi(t) = 1 \qquad t \ge 1$$

Define

$$\psi_n: \mathbb{R} \to [n,n + 1]$$

by

$$\psi_n(t) = n + \psi(n(n + 1)t - n)$$

so

$$\psi_n(t) = \begin{cases} n & \text{if } t \le \frac{1}{n+1} \\ n + 1 & \text{if } t \ge \frac{1}{n} \end{cases}$$

Define $\rho: [-1,1] \to E$ by

$$\rho(t) = [\psi_n(|t|) - n]z_n + [(n +1) -\psi_n(|t|)]z_{n+1} \qquad \frac{1}{n+1} \le |t| < \frac{1}{n}$$

and $\rho(0) = v$

Then $\rho(\pm \frac{1}{n}) = z_n$ each $n = 1,2,\ldots$.

Also

$$\frac{||\rho(t)-v||}{t} \le (n +)e^{-n} \qquad \text{if } \frac{1}{n+1} \le |t| < \frac{1}{n}$$

which shows that ρ is differentiable at 0 with $\rho'(0) = 0$. Writing down the expression for $\rho'(t)$ when $t > 0$ we see ρ is C', and inductively we find ρ is C^∞ and behaves as required.

To prove (ii) take a continuous linear map $S : E \to H$ into a Hilbert space H.

Let $\phi : E \to [0,1)$

be

$$\phi(x) = \frac{||Sx||_H^2}{1+||Sx||_H^2}$$

Then ϕ is C^∞ and $\phi^{-1}(0) = 0$.

Since the derivative of ρ was bounded on $[0,1)$ and $D\phi$ is also bounded the derivative of $\rho \circ \phi$ is bounded on E, say

$$||D\rho \circ \phi(x)|| \le M \qquad \text{all } x \in E.$$

Set

$$\alpha(x) = \frac{1}{2m} \rho(\phi(x)).$$

Then $\qquad ||D\alpha(x)|| \le \frac{1}{2} \qquad$ all $x \in E$.

From this, the inverse function theorem, and the contraction mapping theorem, it follows that $x \mapsto x + \alpha(x)$ is a C^∞ diffeomorphism of E onto itself. The other requirements for α are clearly true.//

Theorem A Let γ be a strictly positive Gaussian measure on a Banach space E. Suppose $\mathbf{v} \in E$ then there is a C^∞ diffeomorphism $f : E \to E$ with $f(\gamma) \approx \gamma$ and with $f(0) = \mathbf{v}$.

Proof Apply the lemma, part (ii), with $ij : E^* \to E$ as $T : E_1 \to E$. The resulting diffeomorphism $f : E \to E$, $f(x) = x + \alpha(x)$ satisfies the conditions of Kuo's theorem, §1, when restricted to be a map $E-\{0\} \to E-\{\mathbf{v}\}$. Since single points have measure zero it follows that $f(\gamma) \approx \gamma$.//

B. Theorem B For a strictly positive Gaussian measure γ on E and any two non-zero points $u, \mathbf{v}$ of E there are open neighbourhoods U,V of 0 in E and a C^∞ diffeomorphism $\theta : U \to V$ with $\theta(\gamma|U) \approx \theta(\gamma|V)$, $\theta(0) = 0$, and $D\theta(0)u = \mathbf{v}$.

Proof We can assume $u \in E^*$. Take $\lambda \in E^*$ with $\lambda(\mathbf{v}) \neq 0$ and $\lambda(u) = 1$. Set $w = \mathbf{v} - u$.

Take a C^∞ map $\phi : E \to (-1,1)$ with $\phi^{-1}(0) = 0$, for example as in the proof of Lemma A part (ii), and take $\rho : (-1,1) \to E$ as in Lemma A so that ρ is C^∞, $\rho(t) \in E^*$ if $t \neq 0$, $\rho(0) = w$.

Define $f : E \to E$ by $f(x) = x + \lambda(x)\,\rho(\phi(x))$.

Then $Df(x)h = h + \lambda(h)\,\rho(\phi(x)) + \lambda(x)D\rho(\phi(x))\,D\phi(x)h$

$\qquad Df(0)h = h + \lambda(h)w.$

Since $Df(0)$ is an isomorphism f restricts to a diffeomorphism $\theta : U \to V$ of open neighbourhoods of 0. As in the proof of Theorem A, $\theta(\gamma|U) \approx \theta(\gamma|V)$.

Also $D\theta(0)u = Df(0)u = u + \lambda(u)w = \mathbf{v}$.//

Corollary B For γ as in the theorem, given any $\mathbf{v}$ in E there is a neighbourhood V of 0 and a C^∞ vector field X on V with $X(0) = \mathbf{v}$ such that the local flow of X preserves sets of measure zero.

Proof Assuming $\mathbf{v} \neq 0$ choose u in E^* with $u \neq 0$ and take $\theta : U \to V$ as in the theorem in particular with $D\theta(0)u = \mathbf{v}$. For x in V set $X(x) = D\theta(\theta^{-1}(x)u$. Then the flow of X is given, when defined, by $(t,x) \mapsto \theta(\theta^{-1}(x) + tu)$. Since γ is quasi-invariant under translation by elements of E^* this shows X behaves as required.//

C. Theorems A and B, and Corollary B showed that a pointwise equivalence condition is needed in Theorems 4C, 4D and 4E respectively. Theorem C below considers the situation when the r.D. condition of Theorem 4D is relaxed: the construction as it stands cannot give an r.D. map. However it is not clear whether or not there exists some C^2 map f satisfying the conditions of the theorem.

The first part of Lemma C shows one reason why the condition $O(s^2)$ was used, rather than $o(s)$, for the definition of tangent cones in §2C.

Lemma C Let $T : E_1 \to E$ be as in Lemma A, and let B^1 denote the open unit ball of E_1, $B^1 = \{x : ||x||_1 < 1\}$. Then for all $v \in E$

$$d(B^1, sv) = o(s) \quad \text{as } s \to 0.$$

Moreover for each $v \in E$ there exists a C^1 path $\sigma : (-1,1) \to E$, $\sigma(0) = 0$ such that σ has image in B^1, is continuous as a map into E_1, and C^1 on $(-1,0) \cup (0,-1)$ as a map into E_1 but has $\sigma'(0) = v$. Furthermore $||\sigma'(t)|| \le ||v||$ for $0 \le t \le 1$.

Proof For $s \in (0,1]$ choose $y(s) \in B^1_{s^{-\frac{1}{2}}}(0)$ with $||y(s)|| \le ||v||$ and

$$d(v, y(s) \le d(x, B^1_{s^{-\frac{1}{2}}}(0)) + s.$$

Then $y(s) \to v$ in E as $s \to 0$. Also if we set $x(s) = sy(s)$ then

$$||x(s)||_1 \le \sqrt{s} \le 1$$

but

$$d(sv, x(s)) = s||v - y(s)|| = o(s) \quad \text{as } s \to 0.$$

Thus the first assertion is true.

Next, by the method of Lemma A define a map

$$\rho : (-1,1) \to E$$

such that

$$\rho(\pm \tfrac{1}{n}) = y(\tfrac{1}{n}) \quad , \quad ||\rho(t)|| \le ||v|| \quad \text{all } t$$

$$\rho(0) = v$$

and ρ maps $(-1,0) \cup (0,1)$ as a C^1, even C^∞, map into E_1. Then ρ is continuous on $(-1,1)$. Moreover

$$||\rho(t)||_1 \le \sqrt{n} \qquad \text{if } |t| \ge \frac{1}{n} \qquad \ldots\ldots \quad (1)$$

Define $\sigma : (-1,1) \to E$ by $\sigma(t) = \int_0^t \rho(s)ds$.

This is a C^1 map into E. Also if $\epsilon > 0$ and

$$\sigma_\epsilon(t) = \int_\epsilon^t \rho(s)\, ds$$

then

$$\sigma_\epsilon : [\epsilon, 1) \to E_1 \qquad \text{is } C^1.$$

Suppose $0 < \epsilon_1 < \epsilon_2 < 1$. Take n and p with $\frac{1}{n+p} \le \epsilon_1 < \epsilon_2 < \frac{1}{n}$.

Then

$$||\sigma_{\epsilon_1}(t) - \sigma_{\epsilon_2}(t)||_1 \le \int_{\frac{1}{n+p}}^{\frac{1}{n}} ||\sigma(s)||_1\, ds$$

$$= \sum_{i=1}^{p} \int_{\frac{1}{n+i}}^{\frac{1}{n+i-1}} ||\rho(s)||_1\, ds$$

$$\le \sum_{i=1}^{p} \left(\frac{1}{n+i-1} - \frac{1}{n+1}\right) \sqrt{(n+i)} \qquad \text{by (1)}$$

$$= \sum_{i=1}^{p} \frac{1}{(n+i-1)\sqrt{(n+i)}} \le \sum_{i=1}^{p} \frac{1}{(n+i-1)^{3/2}}.$$

Since the series $\sum_{j=1}^{\infty} j^{-3/2}$ converges it follows that $\sigma_\epsilon(t)$ converges in E_1 as $\epsilon \to 0$. However it converges in E to $\sigma(t)$. Thus $\sigma(t) \epsilon E_1$ all $t > 0$, and similarly for $t < 0$, and hence for all t.

Also σ is C^1 as map into E_1 except at 0 since $\sigma(t) = \sigma_\epsilon(t) + \sigma(\epsilon)$ if $t > \epsilon$ and σ_ϵ is C^1 into E_1. To check continuity at 0 note that

$$||\sigma(t)||_1 = \lim_{\epsilon \to 0} ||\sigma_\epsilon(t)||_1 \qquad t > 0$$

However the estimates above show that

$$\int_{\epsilon(t)}^{t} \rho(s)\, ds \to 0 \qquad \text{as} \quad t \to 0+$$

independently of $\epsilon(t) \in (0,t)$. Thus $\sigma(t) \to 0$ in E_1 as $t \to 0$, as required. It can now easily be modified to also have its image in B^1.//

Theorem C Let γ be a strictly positive Gaussian measure on a Banach space E. Given two non-zero elements u,v of E with $u - v \epsilon i[H]$ there is a C^1 diffeomorphism $f: E \to E$ with $f(\gamma) \overset{p}{\sim} \gamma$ on E such that $f(0) = 0$ and $Df(0)u = v$. In fact f can be chosen so that $\frac{df^{-1}(\gamma)}{d\gamma}$ is continuous and non-zero on E.

Proof Choose a norm on E so that the map $i: H \to E$ has $||i|| = 1$. Fix a coset H + w of H in E. Write uRv if there exists a map f as described with $Df(0)u = v$. This is certainly an equivalence relation on H + w and so it suffices to prove that the equivalence classes are open in the H-topology of H + w. In particular it will be enough to show uRv if $|u-v|_H < \frac{1}{2}||u||$.

With these assumptions take $\sigma: (-1,1) \to H$ as in Lemma C but with $j: E^* \to H$ playing the role of $T: E_1 \to E$ and with $\sigma'(0) = v - u$.

Choose $\ell \epsilon E^*$ with $\ell(u) = 1$ and $||\ell||_{E^*} = ||u||^{-1}$. Define

$$\phi : E \to (-1,1)$$

by

$$\phi(x) = \frac{\ell(x)}{1+\ell(x)^2}$$

and

$$f : E \to E$$

by

$$f(x) = x + i\,\sigma(\phi(x)).$$

Then

$$Df(x)e = e + i\,\sigma'(\phi(x))D\phi(x)e \qquad h \epsilon E,\ e \epsilon E$$

$$= e + \frac{1-\ell(x)^2}{(1+\ell(x)^2)^2}\,\ell(e)\, i\,\sigma'(\phi(x)).$$

Since

$$\left|\left|\frac{1-\ell(x)^2}{(1+\ell(x)^2)^2}\, i\,\sigma'(\phi(x))\right|\right| \le |\sigma'(\phi(x))|_H$$

$$\le |v-u|_H < \frac{1}{2}||u||$$

using the choice of σ' given in Lemma C, and since $||\ell||_{E^*} = ||u||^{-1}$ we see $||Df(x) - I|| < \frac{1}{2}$. In particular Df(x) is non-singular and as in the proof of Lemma A we see f is a C^1 diffeomorphism of E onto E.

Again we can apply Kuo's theorem to see that $f(\gamma) \sim \gamma$ and $\frac{df^{-1}(\gamma)}{d\gamma} : E \to \mathbb{R}$ is given by

$$x \mapsto |\det Df(x)| \exp \{ - \sigma(\phi(x)\ (x) - \frac{1}{2}|\sigma\ (\phi(x))|_H^2 \}$$

This is certainly non-vanishing and continuous in x.//

References

[1] Borell, C. Convex measures on locally convex spaces, Arkiv för Matematik 12 (1974), 239-252

[2] Butzer P.L. and Berens H. *Semigroups of Operators and Approximation*, Springer, Berlin, 1967.

[3] Cieselski Z. On the isomorphism of the spaces H^α and m, Bull. Acad. Polon. des Sci, ser. Math, Astr, Phys 8(4), (1960), 217-222.

[4] Eells J and Elworthy K.D. Open embeddings of certain Banach manifolds, Annals of Math. 91 (1970), 465-485.

[5] Elworthy K.D. Measures on infinite dimensional manifolds, *Functional Integration and its Applications*, (A.M. Arthurs, Ed.) Oxford University Press, (1975).

[6] Elworthy K.D. Nonlinear structures determined by measures on Banach spaces, Bull. Soc. math. France, Mémoire 46, 1976, 121-130.

[7] Fernique M.X. Intégrabilité des vecteurs gaussiens, C.R. Acad. Sci. Paris, Ser A, 270 (June 1970), 1698-99.

[8] Gross L. Measurable functions on Hilbert space, Trans. Amer. Maths. Soc. 105 (1962), 372-390.

[9] Gross L Abstract Wiener spaces, Proc. Fifth Berkeley Symp. in Math. Stat. and Probability, Vol II,1 (1965),31-42.

[10] Hoffman-Jørgensen J. Bounds for the Gaussian measure of a small ball in a Hilbert Space, Matematisk Institut, Aarhus Universitet, Preprint Series 1975/76 No. 18.

[11] Kuo H-H. *Gaussian measures in Banach spaces.* Lecture Notes in Math. 463, Springer-Verlag.

[12] Palais R.S. Homotopy theory of infinite dimensional manifolds, Topology 5 (1966),1-16.

[13] Parthasarathy K.R. *Probability measures on metric space*, Academic Press, 1967.

[14] Peetre J. Interpolation functors and Banach couples, Actes, Congres. Intern. Math., Nice 1970, Tome 2, 373-378

[15] Ramer R. On nonlinear transformations of Gaussian measures, J, Functional Analysis 15 (1974) 166-187.

[16] Schaeffer H.H. *Topological Vector Spaces* Springer-Verlag 1970

[17] Schwartz L. Radon measures on arbitrary topological spaces and cylindrical measures. Tata Inst. of Fund. Research Studies in Mathematics 6, Oxford University Press, 1973.

[18] Skorohod A.V. *Integration in Hilbert Space*, Springer-Verlag 1974.

Transition Probabilities for Vector-valued Brownian Motion with Boundaries

Victor Goodman

Mathematics Department
Indiana University
Bloomington, Indiana 47401 U.S.A.

Introduction. We consider estimates for the quantity

$$P_x(\tau \leq t) \tag{1}$$

where τ denotes the first exit time of a Brownian motion process from an open convex subset U of a real separable Banach space E. Here $x \in U$ is the initial point of any E-valued time-homogeneous independent increment mean zero Gaussian process, X_t, $t \geq 0$ with continuous sample paths. In Kuelbs [6], it is shown that such a process is included in the framework of Gross [4].

Although the expression (1) arises in quite specific situations, its value is unknown in several cases of special interest. Treatments by Kac [5] (for finite dimensional E), and Gross [4] have shown the relation of (1) to parabolic differential equations, but the theory for the infinite dimensional case is not sufficiently developed to yield much information. We are limited to discussing the behavior of (1) as t converges to zero, and our methods are entirely probabilistic.

Since the Brownian motion process X_t has the strong Markov property (Lemma 1.1 of [4]), the probability that X_t is in the complement of U at time t is given by

$$(2) \qquad P_x(X_t \in U') = E_x[P_{X_\tau}(X_{t-\tau} \in U') I_{\{\tau \le t\}}]$$

Here, $P_{X_\tau}(X_{t-\tau} \in U')$ is a measurable function of the hitting point $X_\tau \in \partial U$ and exit time τ. Now the increment $X_{t-\tau}$ has a symmetric distribution and the initial point is at the boundary of a convex set. Hence the inequality

$$P_{X_\tau}(X_{t-\tau} \in U') \ge \tfrac{1}{2}$$

holds for each X_τ, $\tau \le t$. We thus obtain as an immediate corollary of (2):

<u>Proposition 1</u>: For a convex open set U and $x \in U$,

$$\tfrac{1}{2} P_x(\tau \le t) \le P_x(X_t \in U') \quad .$$

Since the variance of the increment $X_{t-\tau}$ tends to 0 as $t \to 0$ one might expect that $P_{X_\tau}(X_{t-\tau} \in U')$ is near $\tfrac{1}{2}$ for t small, at least if ∂U is smooth. This suggests that the inequality of Proposition 1 is asymptotically an equality as $t \to 0$. This was shown for a class of R^n-valued diffusion processes and smooth $\partial U \subset R^n$ in Goodman [3]. However, it is not often the case that ∂U is smooth in a Banach space setting. Here, one is led to make arguments showing that the hitting distribution X_τ tends to avoid the rough points of ∂U. We carry this out in the following example, where

$$U = \{f \in C[0,1] : \sup_{0 \le s \le 1} f(s) < 1\}$$

and X_1 is distributed as the standard one-dimensional Brownian bridge process, $W^o(s)$. Our result is that

$$P_0(\tau \le t) \approx 2P_0(X_t \in U') \quad \text{as} \quad t \to 0 \quad .$$

Now the latter probability is easily computed since

$$P_0(X_t \in U') = P_0(X_1 \in t^{-\frac{1}{2}}U')$$

$$= P(\sup_{0\le s\le 1} W^o(s) \ge t^{-\frac{1}{2}})$$

$$= e^{-2/t} .$$

Hence, we have obtained an explicit asymptotic formula for $P_0(\tau \le t)$. It will be shown below that this probability is the tail distribution for the supremum of a two-parameter Gaussian process. Although more general methods could be applied to this estimation problem (Donsker-Varadhan, Theorem 6.2 [1]) the above method is the only one known to the author which yields the precise asymptotic behavior of the tail distribution.

Limit Distribution of the Maximum Error after n Observations of Uniformly Distributed Random Variables.

Müller [9] has shown that the empirical process, $F_n(s) - s$, generated by n i.i.d. random variables uniformly distributed on $[0,1]$ converges weakly to a two parameter mean zero Gaussian process, $X_t(s)$, when the empirical process is extended linearly to non-integral values of n and is normalized to

$$\sqrt{n}\, t(F_{nt}(s) - s) .$$

The covariance of the Gaussian limit $X_t(s)$ is given by

$$E[X_{t_1}(s_1)X_{t_2}(s)] = (t_1 \wedge t_2)s_1(1 - s_2) \quad \text{for } s_1 \le s_2 ,$$

and it is easily seen that the $C[0,1]$-valued Brownian motion such that X_1 is distributed as the Brownian bridge, $W^o(s)$, is equal in law to this process.

Theorem 1.

$$2^{-1}e^{2\lambda^2} P(\sup_{\substack{0\le t\le 1\\ 0\le s\le 1}} X_t(s) \ge \lambda) \le 1 \quad \text{for all } \lambda > 0 \quad \text{(Müller)}$$

Moreover, the above expression converges to 1 as $\lambda \to +\infty$.

Remark. The supremum of the normalized empirical process is referred to as the maximum error after n observations, and in view of Müller's weak convergence result, the functional $\sup_{\substack{0\le t\le 1\\ 0\le s\le 1}} X_t(s)$ gives the asymptotic distribution of the maximum error.

Proof: Since the process $cX_{c^2t}(s)$ is distributed as $X_t(s)$, we have

$$P(\sup_{\substack{0\le t\le 1\\ 0\le s\le 1}} X_t(s) > \lambda) = P(\sup_{\substack{0\le r\le \lambda^{-2}\\ 0\le s\le 1}} X_r(s) > 1)$$

$$= P(X_r \in U' \quad \text{for some} \quad r \le \lambda^{-2})$$

$$= P_0(\tau \le \lambda^{-2}) \quad .$$

Thus, by Proposition 1 and a calculation above,

$$P_0(\tau \le \lambda^{-2}) \le 2e^{-2\lambda^2} \quad .$$

It suffices to show that

$$P_0(\tau \le t) \approx 2P_0(X_t \in U')$$

as $t \to 0$. A crucial step in our argument is based on the following fact concerning the supremum of the one-dimensional Brownian bridge.

Lemma. For $\delta > 0$ and $\theta < 1$, let $L_{\delta,\theta} = \{f \in C[0,1]: \sup_{|s-\frac{1}{2}|>\delta} f(s) \le \theta\}$.

Then for $\delta > 0$ there exists θ such that

$$\lim_{\lambda\to+\infty} P(W^o \in \lambda L_{\delta,\theta} \mid \sup_{0\le s\le 1} W^o(s) \ge \lambda) = 1 \quad .$$

Proof. A result of Marcus and Shepp [8] states that the two-sided supremum, S , of a bounded Gaussian process satisfies

$$\lim_{\lambda \to +\infty} \lambda^{-2} \log P(S > \lambda) = -(2\sigma^2)^{-1}$$

where σ^2 is the supremum of the individual variances. Since the variance of $W^o(s)$ is $s(1-s)$, if we define a process X' over $[0,\frac{1}{2}-\delta] \cup [\frac{1}{2}+\delta,-1]$ by restricting the sample functions of W^o , then

$$\lim \lambda^{-2} \log P(\sup|X'| > \theta\lambda) = -(2(\tfrac{1}{2}-\delta)(\tfrac{1}{2}+\delta))^{-1}\theta^2 < -2$$

for θ sufficiently near one. Hence, for such θ ,

$$\lim e^{-2\lambda^2} P(W^o \notin \lambda L_{\delta,\theta} , \sup_{0 \le s \le 1} W^o(s) \ge \lambda) = 0 \quad .$$

On the other hand

$$P(\sup_{0 \le s \le 1} W^o(s) \ge \lambda) = e^{-2\lambda^2} .$$

Therefore,

$$\lim P(W^o \notin \lambda L \mid \sup_{0 \le s \le 1} W^o(s) \ge \lambda) = 0 \quad .$$

Proof of the Theorem: We set $t = \lambda^{-2}$. Since X_t is distributed as $\sqrt{t}\, W^o$, the above lemma may be stated as

$$\lim_{t \to 0} P(X_t \in L \mid X_t \in U') = 1 \quad .$$

Hence, the asymptotic equality follows if we show that

$$(\tfrac{1}{2} + \varepsilon) P(\tau \le t) \ge P(X_t \in L \cap U')$$

for t sufficiently small and for $\varepsilon > 0$ arbitrary. Now in equation (2), replace the event $X_t \in U'$ by $X_t \in U' \cap L$. Then the integrand in the right hand side of (2) becomes

$$P_{X_\tau}(X_{t-\tau} \in U' \cap L) \equiv I_{X_\tau}$$

We set $y = X_\tau$. Then $X_{t-\tau} - y$ is Gaussian with distribution equal to that of $\sqrt{t-\tau}\, W^o$. By a result of Lamperti [7], the sample paths of W^o satisfy a Hölder condition

$$\|W^o\|_\alpha \equiv \sup_{s_1 \neq s_2} |s_1 - s_2|^{-\alpha} |W^o(s_1) - W^o(s_2)| < +\infty$$

for $\alpha < \frac{1}{2}$. Hence, for $\epsilon > 0$ we may choose $N > 0$ such that

$$P(\|W^o\|_\alpha > N) < \epsilon \quad .$$

Then we obtain an upper bound for the integrand, I_y .

$$I_y \leq P_y(X_{t-\tau} \in U' \cap L \, , \; \|X_{t-\tau}\|_\alpha \leq \sqrt{t}\, N) + \epsilon \quad .$$

We set $z = X_{t-\tau}$. The Hölder condition may then be written as

$$|y(s_1) - z(s_1) - y(s_2) + z(s_2)| \leq \sqrt{t}\, N |s_1 - s_2|^\alpha \quad .$$

The choice $s_1 = 0$, $s_2 = s$ gives

$$\|y - z\|_\infty \leq \sqrt{t}\, N \quad .$$

Now if t is such that $\sqrt{t}\, N < 1 - \theta$, and s_1 is taken to be any point where $y(s_1) = 1$, then $|s_1 - \frac{1}{2}| \leq \delta$ since $z \in L$. Such a choice s_1 is of course possible since $y \in \partial U$. Now since $z \in U' \cap L$ there is a point s_2 for which $z(s_2) \geq 1$ and again $|s_2 - \frac{1}{2}| \leq \delta$. Substitution of these choices into the Hölder inequality yields

$$y(s_1) - z(s_1) \leq \sqrt{t}\, N(2\delta)^\alpha \quad .$$

Now since $y(s_1) - z(s_1)$ is distributed as $\sqrt{t}\, W^o(s_1)$, the desired event is contained in the event

$$\sqrt{t}\, W^o(s_1) \le \sqrt{t}\, N(2\ )^{\alpha} \quad .$$

Since $s_1 \ge \frac{1}{2} - \delta$, the probability of the above event is dominated by

$$P(W^o(\tfrac{1}{2} - \delta)) \le N(2\delta)^{\alpha}) \ .$$

Since $\delta > 0$ is arbitrary, this upper bound to I_y may be made uniformly near $\frac{1}{2}$. Thus, the modified equation (2) yields

$$P(\tau < t) \approx 2P(X_t \in L \cap U') \quad .$$

Remark. The above argument, with very slight modifications, handles the case $U = \{f \in C[0,1]: \|f\|_\infty \le 1\}$. The result is that

$$P(\sup_{\substack{0\le s\le 1\\ 0\le t\le 1}} |X_t(s)| \ge \lambda) \approx 4e^{-2\lambda^2} \quad .$$

The author wishes to thank M. Marcus for helpful discussions.

REFERENCES

1. Donsker M.D. and Varadhan, S.R.S. Asymptotic evaluations of certain Markov process expectations for large time - III, Comm. Pure Appl. Math., 1976, Vol. 29, 389 - 461.

2. Goodman, V., Distribution estimates for functionals of the two-parameter Wiener process, Ann. Probability, 1976, Vol. 4, 977 - 982.

3. __________., Probability laws of exit times near zero, (to appear).

4. Gross, L., Potential theory on Hilbert space, J. Functional Analysis, 1967, Vol, I, 123 - 181.

5. Kac, M., Can one hear the shape of a drum, Amer. Math. Mon., 1966, Vol. 72, 1 - 23.

6. Kuelbs, J., The invariance principle for Banach space valued random variables, J. Multivariate Anal., 1973, Vol. 3, 161 - 172.

7. Lamperti, J., On convergence of stochastic processes, T.A.M.S., 1962, Vol. 104, 130 - 435.

8. Marcus, M. B. and Shepp, L. A., Sample behavior of Gaussian processes, 1972, Proc. Sixth Berk. Symp. Prob. & Stat., Vol. II, 423 - 441.

9. Müller, D. W., On Glivenko-Cantelli convergence, Z. Wahr. verw. Geb., 1970, Vol 16, 195 - 210.

Logarithmic Sobolev Inequalities - A Survey.

Leonard Gross
Department of Mathematics
Cornell University

Although elliptic differential operators in infinitely many variables have been studied for some time (see for example [4,6,7,13,17] and their bibliographies), the techniques and results are usually associated with the use of Banach spaces of functions defined by supremum norms and Hölder norms rather than L^p norms. For example the Laplacian, $\Delta = \Sigma_{j=1}^{\infty} \partial^2/\partial x_j^2$, in infinitely many variables has a reasonable theory in various spaces of bounded uniformly continuous functions in the sense that the associated semigroup $e^{t\Delta}$ makes sense in these spaces and has many of the properties that one expects [13]. On the other hand the situation in L^p spaces is quite different. Note first that Lebesgue measure in infinite dimensions does not appear to have any precise meaning. Gauss measure ν (in the form of the normal distribution on a real Hilbert space), because of its rotation invariance, product property for orthogonal subspaces, and proven utility, seems at the present time to be the best infinite dimensional replacement. Unfortunately the Laplacian acts poorly in L^2 (Gauss measure). Thus if $x_1, x_2, \ldots$ are orthonormal coordinates in a real Hilbert space and $d\nu = \pi_{j=1}^{\infty}(2\pi)^{-1/2}e^{-x_j^2/2}dx_j$ on a product of real lines, and if we put $f_n(x) = (\sum_{j=1}^{n} j^{-1})^{-1}\exp[i\Sigma_{j=1}^{n} j^{-1}(x_j^2-1)]$, then the sequence f_n converges to zero in $L^2(\nu)$ while Δf_n converges to the nonzero function $\exp[i\Sigma_{j=1}^{\infty} j^{-1}(x_j^2-1)]$. Hence if we define the Laplacian first on cylinder functions with continuous square integrable first and second derivatives then this operator has no closed extension in L^2, and as an operator in $L^2(\nu)$ it is pathological. Thus for an $L^2(\nu)$ theory for elliptic operators the Laplacian seems destined not to play the central role that it does in finite dimensions.

Many of the important properties of the Laplacian in finite dimensions are attributable to the fact that it is the Dirichlet form operator for Lebesgue measure. That is,

$$(-\Delta f, g)_{L^2(R^k, dx)} = \int_{R^k} \operatorname{grad} f \cdot \operatorname{grad} \overline{g}\, dx \quad .$$

We consider then the Dirichlet form operator for Gauss measure. Denoting by ν_k Gauss measure on R^k, define N to be its Dirichlet form operator. Thus $d\nu_k = \pi_{j=1}^{k}(2\pi)^{-1/2}e^{-x_j^2/2}dx_j$ and

$$1) \qquad (Nf,g)_{L^2(\nu_k)} = \int_{R^k} \operatorname{grad} f \cdot \operatorname{grad} \bar{g} \, d\nu_k \, .$$

An integration by parts shows that

$$2) \qquad Nf(x) = -\Delta f(x) + x \cdot \operatorname{grad} f(x) \, .$$

It is clear from 2) that the operator N makes sense in infinite dimensions also, when f is, say, a twice continuously differentiable cylinder function with bounded first and second derivatives. Moreover from 1) it is clear that it is a symmetric operator in $L^2(\nu_k)$ $k=1,2,\ldots$ and in $L^2(\nu)$. The closure of this operator (which we also denote by N) is indeed self-adjoint both in finite and infinite dimensions. The operator N is in fact one of the most intensely studied operators in mathematical physics because it is the Hamiltonian for a system of harmonic oscillators (finitely or infinitely many) and has the interpretation of the number of particles operator in the quantum theory of a Boson field. (See e.g. [22].) Its spectrum is $\{0,1,2,\ldots\}$. In this lecture I wish to survey some results which extend some inequalities of Sobolev type to infinite dimensions and in which the number operator N figures prominently. These inequalities have arisen naturally in mathematical quantum field theory.

To begin with let us recall the classical Sobolev inequalities in the form of Nirenberg [16].

<u>Theorem</u> (Sobolev, Nirenberg, [16]). Let q be a real number in the interval $[1,\infty)$ and let n be a strictly positive integer. Let $p^{-1} = q^{-1} - n^{-1}$ and suppose that $1 < p < \infty$. If f and $\partial f/\partial x_j$ $j=1,\ldots,n$ are in $L^q(R^n;dx)$ then f is in $L^p(R^n,dx)$ and

$$3) \qquad \|f\|_p \leq \frac{q}{2}\,\frac{n-1}{n-q}\,\Pi_{j=1}^{n}\,\|\partial f/\partial x_j\|_q^{1/n} \, .$$

The important role of these inequalities in the study of partial differential equations in finitely many variables is well known. What analogs are there in infinite dimensions $(n=\infty)$? As a heuristic guide to what one may expect we may envision letting $n\to\infty$ in the preceding theorem. We see that only the following three things go wrong in the limit; 1. $p\to q$, so that we obtain no new information about f ;
2. The infinite product on the right is a product of zeros or ones;
3. Since Lebesgue measure in infinite dimensions is meaningless both sides of the inequality 3) are meaningless.

It is edifying therefore that the spirit of the classical Sobolev inequalities may nevertheless be captured in the following dimension independent inequalities.

Theorem 1. For any locally integrable complex valued function f on R^k there holds

$$\int_{R^k} |f|^2 \ln|f| \, d\nu_k \leq \int_{R^k} |\text{grad } f|^2 d\nu_k + \|f\|_2^2 \ln \|f\|_2 \quad . \tag{4}$$

Remarks. 1. $\|f\|_2$ refers to the L^2 norm of f with respect to ν_k. grad f is to be intepreted as a weak derivative. The first term on the right is infinite if grad f is not a function.

2. Since $x^2 \ln x$ is bounded below on $(0,\infty)$ the left side of 4) is well defined. It is either finite or $+\infty$.

3. The inequality 4) is more homogeneous than it may look. Replacing f by cf in 4) for any constant $c \neq 0$ yields the same inequality.

4. The inequality is in the spirit of Sobolev inequalities because it says that if f and $|\text{grad } f|$ are in $L^2(\nu_k)$ then f is actually in a slightly smaller space - the Orlicz space $L^2 \ln L$. Similar inequalities for $p \neq 2$ are known [10,12] but we shall not discuss them.

5. The inequality 4) is meaningful and correct in infinite dimensions. One simply replaces ν_k by ν. The meaning of $|\text{grad } f|^2$ is clear if f is a smooth tame function. For other functions it is more convenient to discuss the inequality in terms of the number operator, N.

6. Note that 4) may be written

$$\int_{R^k} |f|^2 \ln|f| \, d\nu_k \leq (Nf,f) + \|f\|_2^2 \ln\|f\|_2 \tag{5}$$

for f in the domain of N. Since $(Nf,f) = \|N^{1/2}f\|^2$ the inequality 5), written in terms of $\|N^{1/2}f\|$, extends to all f in the domain of $N^{1/2}$. Thus the familiar role of the Laplacian in defining Sobolev spaces associated with the Sobolev inequalities is played now by the number operator N. Higher (integer) order Sobolev inequalities have been investigated by G. Feissner [10]. These are of the form $\|f\|_{\text{Orlicz norm}} \leq C\|(N+1)^{\alpha/2}f\|_p$, $\alpha = 2,3,4,\ldots$. But the possible existence of interesting fractional order inequalities $(0 < \alpha < 1)$ has not been explored.

7. There now exist five essentially distinct proofs of Theorem 1. We shall discuss them later.

Connection with hypercontractivity. The following theorem was initially proved in a weaker form by E. Nelson [14]. Important improvements were made by Glimm [11] and Segal [19], and finally it was proved in its present strongest form by Nelson [15].

Theorem 2. (Nelson) Denoting by $\|A\|_{p,q}$ the norm of the operator A from $L^p(\nu)$ to $L^q(\nu)$ we have, for $1 < p,q < \infty$,

$$6) \qquad \|e^{-tN}\|_{p,q} = \begin{cases} 1 & \text{if } e^{-t} \leq ((p-1)/(q-1))^{1/2} \\ \infty & \text{otherwise} \end{cases} .$$

Remarks. 8. The theorem asserts in particular that $\|e^{-tN}f\|_q \leq \|f\|_p$ for f in $L^2(\nu) \cap L^p(\nu)$ if $q \leq q(t)$ where $q(t) = 1+(p-1)e^{2t}$. Since the identity map is a contraction from $L^{q(t)}(\nu)$ to $L^q(\nu)$ for $q \leq q(t)$ by Hölders inequality, the real content of the first line of 6) is the inequality

$$\|e^{-tN}f\|_{q(t)} \leq \|f\|_p \quad .$$

This becomes equality at $t=0$ and may consequently be differentiated there for suitable f. The resulting inequality, at $p=2$, is precisely 5). Hence Theorem 2 implies Theorem 1. But the differentiation procedure is easily reversed and the first line of 6) is actually equivalent to 3), [12]. Such inequalities as 6) were called hypercontractive in [21] and their consequences were explored in [21] and [19,20].

9. At the present time there are three essentially distinct direct proofs of Theorem 1 and two distinct proofs of the first line of 6), (Theorem 2) yielding five proofs of Theorem 1. The latter two proofs are to be found in [15] and [5]. We shall sketch briefly below one of the three direct proofs of Theorem 1, [9,12]. A second proof is based on the strong Hausdorf-Young inequality of W. Beckner [1,2], and a third proof, based on a strong version of the classical Sobolev inequalities has been found by R. Seneor (private communication).

Connection with semi-boundedness. We abstract the inequality 5) in the following definition.

Definition 1. Let μ be a probability measure on some space. A self-adjoint operator H in $L^2(\mu)$ is called a Sobolev generator if

$$7) \qquad \int |f|^2 \ln|f|\, d\mu \leq (Hf,f) + \|f\|_2^2 \ln\|f\|_2$$

for all f in the domain of H.

Theorem 3. [9,12]. Let $(\Omega, \mathcal{S}, \mu)$ be a probability measure space. Let H be a self-adjoint operator on $L^2(\mu)$. Then H is a Sobolev generator if and only if

$$8) \qquad H + V \geq -(\log \|e^{-V}\|_2) I$$

for all real measurable functions V on Ω.

The symbol V on the left side of 8) is to be interpreted, as is customary, as the operator of multiplication by the function V. Theorems of this type, asserting that an operator $H+V$ is bounded below, are very important in quantum mechanics. The interpretation of $H+V$ is that of the total energy operator of a quantum mechanical system. Indeed the original motive behind the proof of Theorem 2 was the application to semi-boundedness of a total energy operator in a model of quantum field theory [14]. In a quite different way the inequality 4) has also arisen as an energy semiboundedness inequality in nonlinear quantum mechanics [3].

Example. The simplest non-trivial example of a Sobolev generator is as follows. Let Ω be the two point set $\{-1,1\}$. Let $\mu(\{-1\}) = \mu(\{1\}) = 1/2$. Let B be the projection in $L^2(\mu)$ onto the orthogonal complement of the constants. Then B is a Sobolev generator. ([12]. See also [9] for a simpler proof.) The proof of this is elementary calculus.

With the help of this example we may deduce Theorem 1. Before sketching the proof we cite the following additivity property of Sobolev generators due to Faris [9].

Proposition. (Faris [9]). Let H_j be a Sobolev generator on $L^2(\mu_j)$, $j=1,2$, where μ_1 and μ_2 are probability measures on spaces Ω_1 and Ω_2 respectively. Then $H_1 \otimes I + I \otimes H_2$ is a Sobolev generator for the product measure $\mu_1 \times \mu_2$.

Sketch of proof of Theorem 1. By the preceding additivity property it suffices to prove 5) for $k=1$. Consider n copies of the previous example. Let x_j be the coordinate functions (values ± 1) on the product Ω_n of these n copies. Let $B^{(n)}$ be the independent sum of the n operators B given in the example - one for each factor. By the central limit theorem the random variables $y_n \equiv (x_1 + \ldots + x_n)/n^{1/2}$ converge in distribution to Gauss measure on the line. Now it happens that if f is an infinitely differentiable function on the line with compact support, then $B^{(n)}(f \circ y_n) = (D_n f) \circ y_n$ for some second order difference operator D_n. Moreover $D_n f \to Nf$. By the previous proposition $B^{(n)}$ is a Sobolev generator. Applying Definition 1 to $B^{(n)}$ and functions on Ω_n of the form $f \circ y_n$ one obtains an inequality which in the limit $n \to \infty$ is easily seen to be 5).

Remarks. 10. The preceding method of proof has been adapted and modified by W. Beckner [1,2] to prove a strong form of the Hausdorff-Young inequality. The connection between the number operator and Fourier analysis derives from the fact that the Fourier transform on R^k, when described in the space $L^2(\nu_k)$, is precisely the unitary operator i^N. As in the proof sketched above the desired inequality for i^N follows from the same inequality for i^B upon taking independent products $i^{B_1+\cdots+B_n}$ and using special techniques along with the central limit theorem. It is interesting that the development of this new result and new technique in Fourier analysis can be traced back in a clear cut manner to the original work of Nelson [14], whose objective was to prove the semi-boundedness of an energy operator in quantum field theory. It is a modern example of the influence of mathematical physics on pure mathematics.

11. Let μ be a probability measure on R^k. Suppose that the Dirichlet form operator, H, for μ, defined by

$$(Hf,g)_{L^2(\mu)} = \int_{R^k} \operatorname{grad} f \cdot \operatorname{grad} \overline{g} \, d\mu ,$$

is essentially self-adjoint on C_c^∞. A natural question in this context is this. For what probability measures μ on R^k is its Dirichlet form operator a Sobolev generator? A suitable answer to this question and related questions has potential ramifications in constructive quantum field theory. Although this question is still in a primitive state of understanding, important progress has been made by J.P. Eckmann [8] and J. Rosen [18].

12. Finally I would like to note that, quite aside from its role in physics, the number operator N has been the subject of many recent investigations in the context of the general theory of partial differential operators in infinitely many variables and in the context of a substitute for the Laplace-Beltrami operator on infinite dimensional manifolds. See, for example, the recent work of D. Elworthy, J. Eells, P. Krée, H.H. Kuo, B. Lascar, M.A. Piech, and R. Ramer.

Bibliography

[1] W. Beckner, Inequalities in Fourier analysis on R^n, Proc. Nat. Acad. Sci. U.S.A. 72(1975), 638-641.

[2] ________, Inequalities in Fourier Analysis, Ann. of Math. 102 (1975), 159-182.

[3] I.B. Birula and J. Mycielski, Uncertainty relations for information entropy in wave mechanics, Commun. in Math. Phys. 44(1975), 129-132.

[4] P.M. Bleher and M.I. Visik, On a class of pseudodifferential operators with an infinite number of variables, and applications. Mat. Sbornik Tom 86(128) (1971), No. 3.

[5] H.J. Brascamp and E.H. Lieb, Best constants in Young's inequality, its converse, and its generalization to more than three functions, Princeton preprint 1975.

[6] Yu. L. Daletzky, Differential Equations with functional derivatives and stochastic equations for generalized random processes, Dokl. Akad. Nauk SSSR 166 (1966), 1035-1038.

[7] ________, Infinite dimensional elliptic operators and the corresponding parabolic equations. Uspehi Math. Nauk Vol. 22 No. 4 (136), 3-54.

[8] J.P. Eckmann, Hypercontractivity for anharmonic oscillators, J. Funct. Anal. 16(1974), 388-406.

[9] W. Faris, Product spaces and Nelson's inequality, Helv. Phys. Acta, 48(1975) 721-730.

[10] G. Feissner, Hypercontractive semigroups and Sobolev's inequality, T.A.M.S. 210(1975), 51-62.

[11] J. Glimm, Boson fields with nonlinear self-interaction in two dimensions, Comm. Math. Phys. 8(1968), 12-25.

[12] L. Gross, Logarithmic Sobolev inequalities, Amer. J. of Math. 97(1975) 1061-1083.

[13] ________, Potential theory on Hilbert space, J. of Funct. Anal. 1(1967), 123-181.

[14] E. Nelson, A quartic interaction in two dimensions, in Mathematical Theory of Elementary Particles, 69-73. (R. Goodman and I. Segal, eds.) M.I.T. Press, Cambridge, Mass., 1966.

[15] ________, The free Markoff field, J. of Funct. Anal. 12(1973), 211-227.

[16] L. Nirenberg, On elliptic partial differential equations, Ann. Scuola Normale Superiore di Pisa, Ser. III, 13(1959), 1-47.

[17] M.A. Piech, Some regularity properties of diffusion processes on Abstract Wiener space, J. of Funct. Anal. 8(1971), 153-172.

[18] J. Rosen, Sobolev inequalities for weight spaces and supercontractivity, Trans. A.M.S. 222(1976), 367-376.

[19] I.E. Segal, Construction of nonlinear local quantum processes, I, Ann. of Math. 92(1970), 462-481.

[20] __________, Construction of nonlinear local quantum processes, II, Inventiones Math., 14(1971), 211-241.

[21] B. Simon and R. Hoegh-Krohn, Hypercontractive semi-groups and two dimensional self-coupled Bose Fields, J. Funct. Anal. 9(1972), 121-180.

[22] B. Simon, The $P(\phi)_2$ Euclidean (Quantum) field theory, Princeton Univ. Press, Princeton, N.J. (1974).

Juin 1977

QUELQUES REMARQUES RELATIVES AU THEOREME CENTRAL-LIMITE DANS C(S)

par

Bernard HEINKEL

Soient (S,d) un espace métrique compact et $C(S)$ l'espace des fonctions définies sur S, à valeurs réelles, continues, muni de la norme Sup.

Considérons un vecteur aléatoire X à valeurs dans $C(S)$, centré, tel que pour tout $s \in S$, $EX^2(s) < +\infty$. On rappelle qu'on dit que X satisfait au théorème central-limite si, étant donnée une suite $(X_n)_{n \in \mathbb{N}}$ de copies indépendantes de X, il existe une fonction aléatoire gaussienne $\{Y(t), t \in S\}$ à trajectoires continues, de même covariance que X, de loi μ, telle que les lois des vecteurs aléatoires $\frac{S_n}{\sqrt{n}} = \frac{X_1 + \dots + X_n}{\sqrt{n}}$ convergent étroitement vers μ.

Il est bien connu qu'en vertu du théorème central-limite en dimension finie, ceci est vérifié dès que :

$$(*) \quad \begin{array}{l} \forall \varepsilon > 0,\ \forall \eta > 0,\ \exists \delta > 0,\ \exists n_o \in \mathbb{N} \text{ tels que :} \\ \forall n \geq n_o,\ P\{\sup\limits_{d(s,t) \leq \delta} \left| \frac{S_n(s)}{\sqrt{n}} - \frac{S_n(t)}{\sqrt{n}} \right| \geq \varepsilon\} \leq \eta . \end{array}$$

Cette condition est souvent difficile à vérifier directement. Une idée naturelle pour tester si (*) est remplie est de majorer $\left| \frac{S_n(s)}{\sqrt{n}} - \frac{S_n(t)}{\sqrt{n}} \right|$ par une quantité plus maniable.

Un moyen qui permet de conclure dans certaines situations consiste à utiliser le théorème de continuité de A.M. Garsia [4] sous une forme affaiblie :

THEOREME. <u>On considère 2 fonctions</u> :

$p : [-1,+1] \to \mathbb{R}^+$ <u>paire, croissante, nulle en</u> 0,

$\psi : \mathbb{R} \to \mathbb{R}^+$ paire, convexe, croissante sur $\mathbb{R}^+$ avec $\lim_{t \to +\infty} \psi(t) = +\infty$.
Soit alors $f : [0,1] \to \mathbb{R}$, continue, telle qu'il existe une constante $B < +\infty$, vérifiant, pour tout intervalle fermé $I \subset [0,1]$:

$$\int_{I \times I} \psi\left(\frac{f(x) - f(y)}{p(e(I))}\right) dxdy \leq B$$

(où $e(I)$ désigne la longueur de I), alors :

$$\forall\, x,y \in [0,1]\ ,\ |f(x) - f(y)| \leq 8 \int_0^{|x-y|} \psi^{-1}\left(\frac{B}{u^2}\right) dp(u)\ .$$

A. de Araujo [1], s'est servi de cette méthode. Une autre méthode utilisée par exemple par N.C. Jain et M.B. Marcus [6] est basée sur la technique d'ε-entropie de R.M. Dudley.

Je me propose de donner ici un résultat de continuité dont la démonstration est basée sur la méthode des mesures majorantes introduite par X. Fernique [2] pour l'étude des fonctions aléatoires gaussiennes, et qui est efficace dans certaines situations pour vérifier si (*) est réalisée.

LEMME. Soient ρ un écart sur S, $\varphi : \mathbb{R}^+ \to \mathbb{R}^+$ une fonction de Young(1) et λ une mesure de probabilité sur S, muni de la tribu ρ-borélienne, vérifiant l'hypothèse :

$$\lim_{\varepsilon \downarrow 0} \sup_{x \in S} \int_0^{\varepsilon} \varphi^{-1}\left(\frac{1}{\lambda^2(y : \rho(x,y) < u)}\right) du = 0\ .$$

On désigne par $\mathcal{O}(\varphi, \lambda \otimes \lambda)$ l'espace d'Orlicz sur $(S \times S)$ défini par φ et $\lambda \otimes \lambda$, et on le supposera muni de la norme N :

$$N(f) = \inf\{\alpha > 0 : \int_{S \times S} \varphi\left(\frac{|f|}{\alpha}\right) d\lambda \otimes \lambda \leq 1\}\ .$$

---

(1) i.e. $\varphi(t) = \int_0^t \psi(s)ds$ où $\psi : \mathbb{R}^+ \to \mathbb{R}^+$, croissante, continue à gauche, nulle à l'origine telle que $\lim_{t \to +\infty} \psi(t) = +\infty$.
Il est clair que φ est convexe.

Si $f : S \to \mathbb{R}$ est une fonction ρ-continue telle que $\widetilde{f} \in \mathcal{O}(\varphi, \lambda\otimes\lambda)$ où :

$$\widetilde{f}(s,t) = \frac{f(s)-f(t)}{\rho(s,t)} I_{(\rho\neq 0)}(s,t)$$

alors, on a :

$$\forall\, x,y \in S \;,\; |f(x)-f(y)| \leq 20\, N(\widetilde{f}) \sup_{z\in S} \int_0^{\frac{\rho(x,y)}{2}} \varphi^{-1}\left(\frac{1}{\lambda^2(t : \rho(z,t) < u)}\right) du \,.$$

La démonstration de ce lemme est identique à celle de la Proposition 1 de [5] sous réserve d'y remplacer la fonction convexe $x \mapsto \exp x^2$ par φ. Un critère suffisant pour qu'un vecteur aléatoire X, à valeurs dans $C(S)$, vérifiant les hypothèses de moment rappelées au début, satisfasse au théorème central-limite est alors donné par l'énoncé suivant :

Critère :

Supposons que les conditions suivantes soient satisfaites :

a) il existe une fonction de Young φ, un écart ρ sur S, d-continu, tel que de plus X soit ρ-continu, et une mesure de probabilité λ sur (S, B_ρ) vérifiant :

$$\lim_{\varepsilon\downarrow 0} \sup_{x\in S} \int_0^{\varepsilon} \varphi^{-1}\left(\frac{1}{\lambda^2(y : \rho(x,y) < u)}\right) du = 0 \;;$$

b) $\widetilde{X} \in \mathcal{O}(\varphi, \lambda\otimes\lambda)$ presque sûrement;

c) si $(X_n)_{n\in\mathbb{N}}$ désigne une suite de copies indépendantes de X, la suite $\frac{\widetilde{S}_n}{\sqrt{n}} = \frac{\widetilde{X}_1+\ldots+\widetilde{X}_n}{\sqrt{n}}$ est bornée en probabilité, i.e. :

$$\forall\, \varepsilon > 0 \,,\; \exists\, M > 0 \,,\; \sup_n P\{N(\frac{\widetilde{S}_n}{\sqrt{n}}) > M\} < \varepsilon \,.$$

Sous ces hypothèses, X satisfait au théorème central-limite.

Donnons quelques exemples de situations entrant dans ce cadre :

Exemple 1 : S'il existe un écart ρ sur S , d-continu, tel que X soit ρ-continu, une mesure de probabilité λ sur S et $r \geq 2$, avec :

1) $E(\int_{S\times S} \widetilde{X}^r(s,t)d\lambda(s)d\lambda(t))^{2/r} < +\infty$

2) $\lim_{\varepsilon \downarrow 0} \sup_{x\in S} \int_0^\varepsilon (\frac{1}{\lambda(y:\rho(x,y)<u)})^{2/r} du < +\infty$.

Alors X satisfait au théorème central-limite.

(Il est clair que les hypothèses du critère sont remplies : le point c) découle du fait que si $r \geq 2$ alors $L^r(S\times S, \lambda\otimes\lambda)$ est de type 2).)

Exemple 2 : (qui généralise une situation considérée par N.C. Jain et M.B. Marcus [6]). S'il existe un écart ρ sur S , d-continu, une v.a.r. $M \geq 0$, de carré intégrable et une mesure de probabilité λ sur S , avec :

1) $\forall\, s,t\in S$, $\forall\, \omega\in\Omega$, $|X(\omega,s)-X(\omega,t)| \leq \rho(s,t)\, M(\omega)$

2) $\lim_{\varepsilon \downarrow 0} \sup_{x\in S} \int_0^\varepsilon \sqrt{\mathrm{Log}\, \frac{1}{\lambda(y:\rho(x,y)<u)}}\, du = 0$.

Alors X satisfait au théorème central-limite.

(Montrons tout d'abord que les hypothèses du critère sont remplies dans le cas où X est symétrique.

Considérons 2 espaces probabilisés distincts $(\Omega_1,\mathcal{F}_1,P_1)$ et $(\Omega_2,\mathcal{F}_2,P_2)$, et de plus distincts de (S,B_ρ,λ) . Sur le premier, on suppose construite une suite $(X_n)_{n\in\mathbb{N}}$ de copies indépendantes de X et sur le second une suite de Rademacher $(\varepsilon_n)_{n\in\mathbb{N}}$ (i.e. une suite de v.a.r. indépendantes, toutes de même loi que ε où $P\{\varepsilon=1\} = P\{\varepsilon=-1\} = \frac{1}{2}$).

Pour montrer que c) est vérifié, on munira $\mathcal{O}(\varphi,\lambda\otimes\lambda)$ (où $\varphi(x) = \int_0^x (e^{t^2}-1)dt$) de la norme suivante N' , équivalente à N , mais plus maniable :

$$N'(f) = \inf\{\beta>0 : \int \exp \frac{f^2}{\beta^2}\, d\lambda\otimes\lambda \leq 2\} .$$

Par symétrie, il est clair que $\frac{\widetilde{S}_n}{\sqrt{n}}$ et $\sum_{k=1}^n \frac{1}{\sqrt{n}} \widetilde{X}_k\, \varepsilon_k$ ont même loi pour tout $n\in\mathbb{N}$.

Si l'on désigne par $(M_k)_{k\in \mathbb{N}}$ une suite de copies indépendantes de M , on a (cf. [3], Corollaire 1.1.2) :

$$\int_{\Omega_1\times\Omega_2} N'\left(\sum_{k=1}^{n} \tilde{X}_k \frac{\varepsilon_k}{\sqrt{n}}\right) dP_1\otimes P_2$$

$$= \int_{\Omega_1} \left(\sum_{k=1}^{n} \frac{M_k^2(\omega_1)}{n}\right)^{\frac{1}{2}} \left(\int_{\Omega_2} N'\left(\sum_{k=1}^{n} \frac{\tilde{X}_k(\omega_1)\ \varepsilon_k(\omega_2)}{(\sum_{k=1}^{n} M_k^2(\omega_1))^{\frac{1}{2}}}\right) dP_2(\omega_2)\right) dP_1(\omega_1)$$

$$\leq 5 \int_{\Omega_1} \left(\sum_{k=1}^{n} \frac{M_k^2(\omega_1)}{n}\right)^{\frac{1}{2}} dP_1(\omega_1) \leq 5\sqrt{EM^2} .$$

Si X est symétrique, il satisfait donc au théorème central-limite.

Le cas non symétrique s'en déduit comme dans [6].)

<u>Exemple 3</u> : (qui généralise un autre résultat de N.C. Jain et M.B. Marcus [6]).

Supposons que :

1) $\exists\, A>0$ tel que $\forall\, s,t\in S$, $\forall\, \alpha\in\mathbb{R}$, $E\exp\alpha(X(s)-X(t)) \leq \exp A^2\alpha^2\tau^2(s,t)$ où $\tau(s,t)=\sqrt{E(X(s)-X(t))^2}$;

2) τ est d-continu et il existe une mesure de probabilité λ sur S vérifiant :

$$\lim_{\varepsilon\downarrow 0}\ \sup_{x\in S} \int_0^{\varepsilon} \sqrt{\operatorname{Log}\frac{1}{\lambda(y:\rho(x,y)<u)}}\, du = 0 .$$

Alors X satisfait au théorème central-limite.

(Les hypothèses du critère sont remplies pour $\rho = 3\sqrt{A}\,\sup(1,\sup_{s,t}\tau(s,t))\tau$; en effet X est τ-continu s'il satisfait aux hypothèses 1) et 2) (cf. [5], Lemme 4.1) et on a même beaucoup plus que b) et c), à savoir :

$$\sup_n E\int_{S\times S} \exp\frac{\tilde{S}_n^2}{n}\, d\lambda\otimes\lambda < +\infty) .$$

Le lemme de continuité cité au début a d'autres applications que le théorème central-limite pour des vecteurs aléatoires à valeurs dans $C(S)$: on peut par exemple s'en servir pour donner une démonstration directe très courte des lois du logarithme itéré de J. Kuelbs [8] sans se servir du théorème de G. Pisier [9] affirmant que si X satisfait au théorème central-limite et si $E\|X\|_\infty^2 < +\infty$, alors X satisfait aussi à la loi du logarithme itéré.

Une utilisation de la méthode des mesures majorantes ne se basant pas sur le lemme de continuité dont les hypothèses sont tout de même assez restrictives permet, dans certains cas, d'obtenir des conditions suffisantes pour la propriété de limite centrale dans des situations très générales.

En généralisant des arguments de convexité introduits par M.B. Marcus [7], X. Fernique [3] a obtenu ainsi un théorème central-limite remarquable pour les transformées de Fourier de mesures aléatoires du second ordre. On va l'énoncer après avoir rappelé le cadre dans lequel il se place :

On considère $\{X(t), t \in \mathbb{R}^n\}$ une fonction aléatoire d'espace d'épreuves $(\Omega, \mathfrak{F}, P)$, centrée, séparable, stationnaire du second ordre. Il existe alors une mesure aléatoire $m(\omega, dx)$ sur $\mathbb{R}^n$ à valeurs orthogonales sur les ensembles disjoints telle que dans $L^2(\Omega, \mathfrak{F}, P)$ on ait :

$$\forall\, t \in \mathbb{R}^n , \; X(\omega, t) = \int_{\mathbb{R}^n} \exp(2i < x,t >)\, m(\omega, dx) \; .$$

De plus, le moment du second ordre m de $m(\omega)$ est une mesure positive bornée sur $\mathbb{R}^n$ qui vérifie :

$$\forall\, (s,t) \in \mathbb{R}^n \times \mathbb{R}^n , \; E|X(s) - X(t)|^2 = 4 \int \sin^2 < t,x > dm(x) \; .$$

On dira que $m(\omega)$ est à valeurs symétriques si pour toute suite $(A_k)_{k \in \mathbb{N}}$ de parties mesurables et disjointes de $\mathbb{R}^n$ et toute suite $(\varepsilon_k)_{k \in \mathbb{N}}$ de Rademacher sur un espace probabilisé $(\Omega', \mathfrak{F}', P')$ indépendant de $(\Omega, \mathfrak{F}, P)$ la suite $(\varepsilon_k\, m(\omega, A_k))_{k \in \mathbb{N}}$ a même loi que la suite $(m(\omega, A_k))_{k \in \mathbb{N}}$.

X. Fernique a obtenu le résultat suivant :

THEOREME. _Soit_ X _une fonction aléatoire séparable sur_ $\mathbb{R}^n$, _stationnaire du second ordre, prégaussienne sur_ $C(\mathbb{R}^n)$ _(i.e. la fonction aléatoire gaussienne séparable_ G _de même covariance que_ X _est à trajectoires presque sûrement continues) dont la mesure spectrale_ $m(\omega, dx)$ _est à valeurs indépendantes ou symétriques. Alors pour_ _toute suite positive_ $(a_k)_{k \in \mathbb{N}}$ _croissant vers l'infini, les fonctions aléatoires_ :

$$X_k(\omega,t) = \int_{|x| \leq a_k} \exp(2i < x,t >)\, m(\omega,dx)$$

convergent presque sûrement vers X _uniformément sur tout compact de_ $\mathbb{R}^n$; _de plus_ X _a presque sûrement ses trajectoires continues et vérifie la propriété de la limite centrale dans_ $C(\mathbb{R}^n)$.

REFERENCES

[1] A. de ARAUJO — On the central-limit theorem in C[0,1] . Preprint (1974).

[2] X. FERNIQUE — Régularité des trajectoires des fonctions aléatoires gaussiennes. Ecole d'été de Probabilités de St Flour 4. Lecture Notes in Math. 480 (1975) Springer, p. 1-96.

[3] X. FERNIQUE — Continuité et théorème central-limite pour les transformées de Fourier de mesures aléatoires de second ordre. Preprint (1977).

[4] A.M. GARSIA — Continuity properties of gaussian processes with multi-dimensional time parameter. Proc. Sixth Berkeley Symp. Math. Stat. Prob. 2 (1971) Univ. of California Press, p. 369-374.

[5] B. HEINKEL — Mesures majorantes et théorème de la limite-centrale dans C(S) .
Z. Wahrscheinlichkeitstheorie Verw. Gebiete, 38, 4 (1977), p. 339-351.

[6] N.C. JAIN, M.B. MARCUS — Central-limit theorems for C(S)-valued random variables.
J. Functional Analysis 19 (1975), p. 216-231.

[7] M.B. MARCUS — Continuity and the central-limit theorem for random trigonometric series.
Preprint.

[8] J. KUELBS — The law of the iterated logarithm in C(S) .
Preprint.

[9] G. PISIER — Le théorème de la limite centrale et la loi du logarithme itéré dans les espaces de Banach.
Séminaire Maurey-Schwartz, 1975/76, exposés n° 3 et 4.

INSTITUT DE RECHERCHE MATHEMATIQUE AVANCEE
Laboratoire Associé au C.N.R.S.
Université Louis Pasteur
7, rue René Descartes
67084 STRASBOURG Cédex

METHODES HOLOMORPHES ET METHODES NUCLEAIRES

EN ANALYSE DE DIMENSION INFINIE ET EN

THEORIE QUANTIQUE DES CHAMPS.

par Paul Krée (Université de Paris VI)

Soit X un espace de Hilbert réel séparable et soit Z son complexifié. Soient respectivement $F(Z)$ et $F_a(Z)$ les espaces de Fock symétriques et antisymétriques construits sur Z. Le but des considérations qui suivent est de construire des triplets conucléaires centrés sur $F(Z)$ et $F_a(Z)$ respectivement afin de définir rigoureusement de larges classes d'opérateurs Q... du à Fock , et de définir le symbole de Wick Q^W (ou représentation normale) pour ces opérateurs, d'obtenir des théorèmes d'isomorphisme pour l'application symbole $Q \to Q^W$, d'exprimer la trace du composé de deux opérateurs en fonction de leurs symboles... Bref, il s'agit d'apporter des méthodes efficaces pour manier les opérateurs de la théorie quantique des champs (TQC). En termes d'analyse, comme ces opérateurs sont des opérateurs différentiels sur des e.l.c.s. où Z est dense, il se posait en particulier le problème de définir les symboles et les noyaux des opérateurs différentiels. En effet, comme ceci est explicité dans [24] exposé 1, les notions usuelles correspondantes sont adaptées à la mesure de Lebesgue et sont innapplicables en TQC.

1. PRELIMINAIRES GEOMETRIQUES ET PHYSIQUES.

Le but de ce paragraphe est d'indiquer en termes géométriques et physiques comment se pose le problème de la seconde quantification, du moins en ce qui concerne les bosons.

(1.1) La première quantification [46] est la mécanique quantique usuelle ; elle concerne les systèmes mécaniques ayant un nombre n degrés de liberté. Pour éviter les difficultés on examine seulement le cas plat : $X = X^\star = \mathbb{R}^n$. Le point générique de l'espace de phase $W = X \oplus X^\star$ est noté $\omega = (q,p)$ avec q = position et p = vitesse. L'espace Z est muni de la forme symplectique $\sigma = \sum dp_k \wedge dq_k$.

(1.2) <u>Un observable classique</u> f est une fonction numérique sur W.

Les observables fondamentaux sont l'hamiltonien H, les q_k et les p_k.

(1.3) Le crochet de Poisson de deux observables f et g est $\{f,g\} = \sigma(^{\#}df, {}^{\#}dg)$, où les champs de vecteurs $^{\#}df$ et $^{\#}dg$ sur W sont définis par

$$(1.4) \quad \forall\, \omega \in W \quad \forall\, v \in \tau_\omega(W) \qquad \sigma(^{\#}df, v) = \langle df(\omega), v\rangle$$

$$(1.5) \quad \text{Par exemple} \qquad {}^{\#}(dH) = \sum_{k=1}^{n} \left(\frac{\partial H}{\partial p_k}\frac{\partial}{\partial q_k} - \frac{\partial H}{\partial q_k}\frac{\partial}{\partial p_k}\right)$$

$$(1.6) \qquad \{p_k, p_\ell\} = 0 \qquad \{q_k, q_\ell\} = 0 \qquad \{p_k, q_\ell\} = \delta_{k\ell}$$

L'évolution du système classique est donnée par l'équation de Hamilton

$$(1.7) \qquad \frac{d}{dt}\,\omega(t) = \omega(t) = {}^{\#}dH(\omega(t))$$

à condition de connaître $\omega(0)$c'est-à-dire un point de l'espace de phase.

Pour quantifier un tel système, suivant Schrödinger, Heisenberg... on introduit l'espace de Hilbert complexe $K = L^2(X,dx)$. "En principe", à chaque observable classique f est associé un opérateur autoadjoint $\hat{f}$ de K, ou observable quantique. Les relations (1.6) sont transformées en

$$(\widehat{1.6}) \qquad [\hat{p}_k, \hat{p}_\ell] = 0 \qquad [\hat{q}_k, \hat{q}_\ell] = 0 \qquad [\hat{q}_k, \hat{p}_\ell] = i\,\delta_{k\ell}$$

L'état du système à l'instant t est décrit par une fonction $\psi(t) = \psi(t,.) = \psi(t,q) \in K$

$$(1.7) \qquad \psi(t) = \exp(it\,\hat{H})\,\psi(0)$$

Physiquement,en mesurant l'observable associé à f,on obtient un nombre valant en moyenne $(\hat{f}\,\psi, \psi)$.

Les états purs $\psi_o, \psi_1 \ldots$ correspondent aux valeurs propres $\lambda_o < \lambda_1 < \ldots$ de H car :

$$(1.8) \qquad \hat{H}\,\psi_k = \lambda_k\,\psi_k \implies \psi_k(t) = \exp(it\,\lambda_k).\,\psi_k(0)$$

et la densité de probabilité $|\psi_k(t,q)|^2$ est indépendante de t.

En pratique $\hat{H} = \hat{H}_o + \hat{H}_I$ où $H_o = -\Delta$ est l'hamiltonien libre et où l'opérateur $\hat{H}_I$ de K est défini en pratique par une intéraction. Pour être rigoureux, il faut montrer que $\hat{H}$ est autoadjoint positif de manière à donner un sens à (1.7). Pour les applications, il faut pouvoir calculer numériquement les valeurs propres (et parfois les fonctions propres) de $\hat{H}$. Nous allons voir qu'en dimension infinie, c'est-à-dire en théorie des champs, il y a des analogies et des différences avec la dimension finie.

(1.9) Champ classique. Problèmes préliminaires de la seconde quantification.

Soit $s = 1$, 2 ou 3. L'espace de Minkovski affine $M(s+1)$ à $s+1$ dimension peut être identifié moyennant le choix d'une origine à un espace vectoriel V, puis moyennant le choix d'une base à $\mathbb{R}^{s+1}$ muni de la forme quadratique

$$q(x) = x_o^2 - x'^2$$

avec

$$x = (x_o, x_1, x_2, x_3) = (x_o, x') \text{ et } x'^2 = \sum_1^s x_j^2$$

On introduit le cone positif de lumière

$$C^+ = \{x \,;\, x_o > 0,\ x_o^2 = x'^2\} \tag{1.10}$$

Le groupe de Lorentz L est le sous-groupe linéaire de V conservant q. Le groupe de Poincaré est le groupe des transformations affines de $M(s+1)$ dont la transformation linéaire tangente appartient à L. Le groupe de Lorentz restreint est le sous-groupe de L dont les éléments ont un déterminant unité, et n'inversent pas le temps $x_o = t$.

Soit m un nombre > 0 fixé. On se limite au champ le plus simple, c'est-à-dire celui décrit classiquement par toute solution réelle φ de l'équation de Klein Gordon

$$KG\,\varphi = 0 \tag{1.11}$$

où KG désigne l'opérateur différentiel

$$KG = \frac{\partial^2}{\partial x_o^2} - \sum_{j=1}^{s} \left(\frac{\partial}{\partial x_j}\right)^2 + m = m + \partial_{oo} - \sum_{j=1}^{s} \partial_{jj} \tag{1.12}$$

On notera que cette description du champ est purement ondulatoire et qu'elle ne permet pas d'introduire la notion de particule ou seulement de nombres de particules. Elle ne permet donc pas de faire la synthèse entre les notions d'onde et de particule. Par analogie avec (1.1) et (1.5), on pose

$$\varphi(t) = \varphi(t,o) \;;\; \psi(t) = \frac{\partial}{\partial x_o}\varphi(t),.) \;;\; \omega(t) = (\varphi(t), \psi(t)) \tag{1.13}$$

et l'on écrit l'équation de Klein Gordon sous la forme

(1.14) $$\frac{d}{dt}\begin{pmatrix}\varphi(t)\\ \psi(t)\end{pmatrix} = \begin{pmatrix}\psi(t)\\ (\Delta-m^2)\varphi(t)\end{pmatrix}$$

ou symboliquement

(1.15) $$\omega(t) = iB(\omega(t))$$

où B est un certain opérateur autoadjoint de

(1.16) $$W = \underline{X} \oplus \underline{Y} \qquad \text{avec} \qquad \underline{X} = H^1(\mathbb{R}^s) \ ; \ \underline{Y} = L^2(\mathbb{R}^s)$$

Donc, si la donnée initiale $z(0)$ appartient au domaine D de B, la solution correspondante de l'équation de Klein Gordon est donnée par

(1.17) $$\omega(t) = \exp(i\ Bt).\ \omega(0)$$

On obtient ainsi un espace D de solutions, chaque solution ω étant représentée par sa donnée initiale $\omega(0)$. On peut encore définir l'Hamiltonien et la forme σ :

(1.18) $$h(\omega) = \frac{1}{2}\,(\|\varphi(t)\|_o^2 + \|\psi(t)\|_1^2)$$

(1.19) $$\sigma(\omega,\omega') = \langle\psi'(t), \varphi(t)\rangle_o - \langle\varphi'(t), \psi(t)\rangle_o \ ; \ \omega' = (\psi', \varphi')$$

car les seconds membres sont indépendants de t. Il semble ainsi apparaître une analogie parfaite avec la dimension finie ; et l'on aurait envie de quantifier en introduisant la promesure normale canonique de $H^1(\mathbb{R}^s)$ ou $H^2(\mathbb{R}^s)$, et en prenant $K = L^2(H^1(\mathbb{R}^s))$... Ce serait imprudent car nous n'avons pas vérifié l'invariance relativiste des structures introduites. L'espace V tangent à $M(s+1)$ est identifié à son dual à l'aide de la forme quadratique q. Pour $x = (x_o, x')$ et $k = (k_o, k') \in V$, on pose $x\,k = x_o\,k_o - x'\,k'$. On introduit l'hyperboloide positif de masse m.

(1.20) $$C_m^+ = \{k \in V \ ; \ k_o = \omega(k') = \sqrt{k'^2 + m^2},\ k_o > 0\}$$

La projection $k \longrightarrow (0,k')$ de C_m^+ sur l'hyperplan $k_o = 0$ est appelée la carte canonique de C_m^+, et identifie C_m^+ à $\mathbb{R}^s$. La mesure μ sur C_m^+ qui s'écrit dans cette carte $dk'/2\omega(k')$ est invariante par le groupe de Lorentz restreint ; et l'on note $\underline{\mu}$ l'extension à V de cette mesure. Sur V, on utilise la transformation de Fourier (T.F.) :

(1.21) $$\varphi \longrightarrow \tilde{\varphi}(k) = (2\pi)^{-\frac{s+1}{2}} \int \varphi(x)\, e^{-ikx}\, dx$$

Pour simplifier l'écriture, les physiciens écrivent $\varphi(k)$ au lieu de $\widetilde{\varphi(k)}$.

Si $\varphi(x)$ est solution de KG, alors

$$(-k_o^2 + k'^2 + m^2)\ \varphi(k) = 0 \tag{1.22}$$

et la TF de φ est portée par la réunion de C_m^+ et $-C_m^+ = C_m^-$. Pour trouver la relation existant entre $\varphi(k)$ et les données initiales de φ, on effectue une transformation de Fourier partielle par rapport aux variables d'espace x'

$$\varphi \longrightarrow \varphi(x_o,k') = \varphi(t,k') = (2\pi)^{-\frac{s}{2}} \int \varphi(x_o,x')\ e^{ik'x'}\ dx' \tag{1.23}$$

et l'équation (1.11) est transformée en une équation différentielle ordinaire... que l'on résout explicitement. Si $\varphi(k')$ et $\psi(k')$ sont respectivement les transformées de Fourier de $\varphi(0,x')$ et $\dot\varphi(0,x') = \psi(x')$ on pose

$$z(k') = \varphi(k')\ \omega(k') + i\ \psi(k') \tag{1.24}$$

Vu que l'on s'intéresse aux solutions φ réelles, ceci entraine

$$\overline{z(k')} = \overline{\varphi(k')}\ \omega(k') - i\ \overline{\psi(k')} \tag{1.25}$$

Tous calculs faits on obtient la représentation suivante de toute solution φ de KG ; telle que p et $q \in S(\mathbb{R}^s)_r$:

$$\varphi(x) = \varphi(t,x') = (2\pi)^{-s/2} \int \left[e^{-ikx}\ z(k') + e^{+ikx}\ \overline{z(k')}\right] d\underline{\mu}(k') \tag{1.26}$$

(1.27) <u>On est ainsi amené à prendre comme espace de phases</u> Z <u>l'espace de Hilbert complexe</u> $L^2(C_m^+,\mu)$ <u>et pour</u> X <u>l'espace de Hilbert réel correspondant</u> $L^2(C_m^+,\mu)_r$. Cette décomposition n'est pas canonique : un facteur de phase s'introduit lorsqu'on change d'origine dans $M(s+1)$. Notons que la structure hilbertienne envisagée primitivement ne convenait pas car

$$H(z) = \frac{1}{2} \int |z(k')|^2\ \omega(k')\ d\mu(k') \tag{1.28}$$

(1.29) <u>Convention d'écriture.</u>

La convention des indices infinis ([32][21]) prolonge en dimension infinie la convention des multi-indices de L. Schwartz, mais cette convention nécessite le choix d'une base. On utilise systématiquement ci-après une autre convention d'écriture, permettant aussi de tout écrire comme en dimension un, mais ne nécessitant pas le choix d'une base. Elle consiste par exemple à noter z^k le tenseur $\otimes_k z$ du produit tensoriel symétrique hilbertien complété Z^k de k exemplaires de z, à noter $\bar{z}z'$ le produit scalaire de deux éléments z et z' de Z. Ceci ne prête pas à confusion car on emploie toujours la même antidualité. On notera e^z la fonction $z' \longrightarrow \exp(z\ \bar{z}')$ sur Z, ou plus généralement sur tout hilbertien.

On note aussi ω . L'opérateur de multiplication par la fonction $\omega(k')$. Ainsi les deux relations (1.24) (1.25) s'écrivent en dimension quelconque

(1.30) $$\boxed{z = (\omega.)\, q + i\, p \qquad \bar{z} = (\omega.)\, \bar{q} - i\, \bar{p}}$$

Se limitant à la dimension finie, on obtient des formules différentes de celles utilisées dans les modèles heuristiques de champ de dimension finie : voir formules (1) de [0] par exemple.

(1.31) Les observables scalaires classiques relativistes fondamentaux.

Un observable classique relativiste est une fonction numérique complexe sur Z, invariante par le groupe de Lorentz restreint. L'observable nombre de particules est

(1.32) $$\boxed{z \overset{\underline{n}}{\to} \bar{z}z} = \int_{c \in C_m^+} z(c)\, \bar{z}(c)\, d\underline{\mu}(c)$$

A toute $f \in X$, on associe les observables

(1.33) $$z \overset{a(f)}{\longrightarrow} fz = \int f(c)\, z(c)\, d\underline{\mu}(c)$$

$$\text{et} \quad z \overset{\bar{a}(f)}{\longmapsto} f\bar{z} = \int f(c)\, \overline{z(c)}\, d\underline{\mu}(c)$$

Ils vérifient les relations de commutation

(1.34) $$\{a(f),\ a(f')\} = \{\bar{a}(f),\ \bar{a}(f')\} = 0$$

$$\{a(f),\ \bar{a}(f')\} = iff' = i \int f(c)\, f'(c)\, d\underline{\mu}(c)$$

LES OBSERVABLES CLASSIQUES GALILEENS FONDAMENTAUX.

On a par exemple l'hamiltonien

(1.35) $$z \longrightarrow h(z) = \frac{1}{2}\,(\|\psi\|_o^2 + \|\varphi\|_1^2) = \frac{1}{2}\,(z,(\omega.)z)_Z$$

A toute $g \in \underline{Y}$, on peut associer des observables correspondant à la moyenne par g des positions et vitesses initiales de la solution

$$(\varphi\ ;\ \psi) \overset{q(g)}{\to} (\varphi,g)_o \quad \text{et} \quad (\varphi;\ \psi) \overset{p(g)}{\to} (\psi,g)_o$$

Ces observables vérifient

$$\{q(g),\ q(g')\} = \{p(g),\ p(g')\} = 0 \qquad \{q(f),\ f(g)\} = (f,g)_o$$

mais ils ne seront pas utilisés par la suite.

INTRODUCTION DE L'ESPACE DE HILBERT K.

Par "analogie" avec la première quantification, pour quantifier le champ on cherche d'abord un espace de Hilbert complexe K, et des familles d'opérateurs fermés $A(f)$ dépendant linéairement de $f \in X$ et vérifiant

$$[A(f), A(f')] = [A^{\star}(f), A^{\star}(f')] = 0 \ ; \ [A(f), A^{\star}(f')] = f\bar{f}$$

Le point de départ de la théorie a été le raisonnement suivant du à Fock (1933). Si Z correspond à une particule, alors pour décrire l'état de ℓ particules indiscernables, il faut utiliser le produit tensoriel hilbertien symétrique complété Z^{ℓ}. Pour $\ell = 0$, on prend $\mathbb{C}$. Comme à priori, le nombre entier positif ℓ de particules associé au champ est inconnu, il faut prendre l'espace de Hilbert

$$K = F(Z) = \bigoplus_{\ell=0} Z^{\ell} \qquad (1.36)$$

Comme $A(f)$ doit diminuer de un le nombre de particules, il a pu être déterminé ; puis $A^{\star}(f)$ est l'adjoint de $A(f)$. Et Cook (1952) a vérifié que tout ceci était mathématiquement correct. Or si R désigne l'espace reproduisant complexe du mouvement brownien, Wiener avait montré [49] qu'il existe une isométrie

$$L^2(\text{mouvement brownien}) \xrightarrow{W} F(R)$$

Le rapprochement des idées de Fock et Wiener a conduit I. Segal [42] à introduire la promesure normale canonique ν sur un espace de Hilbert réel séparable X. La reformulation du résultat de Wiener cité, donne alors une isométrie

$$L^2(X) \xrightarrow{WS} F(Z) \qquad (1.37)$$

où Z est le complexifié de X. C'est ainsi qu'a été obtenu l'analogue en dimension infinie de $L^2(\mathbb{R}^n, dx)$, le promesure ν remplaçant dx. Dans ce qui suit intervient aussi la promesure normale complexe canonique $\nu' = (\nu'_{\alpha})_{\alpha}$ de Z.

Pour fixer les idées, signalons que dans le cas particulier où $X = \mathbb{R}$, alors on a $Z = \mathbb{C}$ et

$$\nu = (2\pi)^{-1/2} \exp(-x^2/2)\,dx \ ; \ \nu' = \pi^{-1} \exp(-z\bar{z})\,dx\,dy.$$

REPRESENTATION HOLOMORPHE DE $F(Z)$ ET TRANSFORMATION θ.

En 1961, dans le cas où Z est de dimension finie, V. Bargmann [0] réalise $F(Z)$ comme un espace de fonctions holomorphes en donnant aussi d'autres résultats. Aussitot après trois auteurs [-1] [1] [46] ont proposé trois espaces différents de fonctions antiholomorphes, isométriques à $F(Z)$ en dimension quelconque, sans résoudre le problème de l'extension de la transformation de Bargmann. Pour tout

$\ell \geqslant 0$, Berezin [1] introduit l'espace $HSP_\ell(\bar{Z})$ des fonctions antipolynomiales du type Hilbert Schmidt sur Z, homogènes de degré ℓ ; cet espace est isométrique à Z^ℓ. Puis il introduit l'espace $H^2(\bar{Z})$ des fonctions antiholomorphes sur Z et s'écrivant (voir aussi [13])

$$(1.38) \qquad \varphi(\bar{z}) = \sum_{\ell=0}^{\infty} \varphi_\ell \cdot \bar{z}^\ell \ ; \ \varphi_\ell \in HSP_\ell(\bar{Z}) \ ; \ \sum_{\ell=0}^{\infty} \|\varphi_\ell\|^2 \, \ell! < \infty$$

D'où une isométrie naturelle B de $F(Z)$ sur $H^2(\bar{Z})$. D'une façon générale, notons $H_G(E)$ l'espace des fonctions Gateaux holomorphes sur un e.v.E ; et soit (Z_α) une famille filtrante croissante de sous-espace de dimension finie de Z, dont la réunion S est dense dans Z.

(1.39) Les résultats suivants ont été obtenus en 1974 [25] [28] (voir aussi [21] pour des résultats plus généraux et des preuves simplifiées) :

a/ Les trois espaces de fonctions antiholomorphes évoqués précédemment sont naturellement isométriques au sous-espace des $\phi \in H_G(\bar{S})$ vérifiant la condition très simple suivante

$$(1.40) \qquad \|\phi\|^2 = \sup_\alpha \int_{Z_\alpha} |\phi_\alpha(\bar{z})|^2 \, d\nu'_\alpha(z,\bar{z}) < \infty$$

où ϕ_α est la restriction de ϕ à Z_α.

b/ L'isométrie $\theta = B \circ WS$ est donnée par la formule <u>explicite</u> suivante

$$(1.41) \qquad \phi(\bar{z}) = (\theta\, \varphi)(z) = \int_Z e^{-\frac{1}{2}\bar{z}^2 + \bar{z}q} \, \varphi(q) \, d\nu'(q)$$

Pour signaler l'intérêt de ces résultats, rappelons que WS est défini <u>implicitement</u> par une procédure d'orthogonalisations successives, et que les résultats obtenus depuis 1974 montrent que θ <u>est un analogue en dimension infinie</u> de la transformation de Fourier : c'est la transformée de Fourier-Gauss.

c/ On a la propriété de noyau reproduisant

$$(1.42) \qquad \forall\, \phi \in H^2(\bar{Z}) \qquad \phi(\bar{z}) = (e^z, \phi)$$

où esp z désigne l'état cohérent $z' \longrightarrow \exp z\bar{z}'$.

d/ Ces résultats s'étendent aux Fock vectoriels. Par exemple, tensoriant θ avec l'application identique de Z^ℓ, on obtient une isométrie

$$(1.43) \qquad L^2(X,\ell) \xrightarrow{\theta_\ell} H^2(\bar{Z}, Z^\ell)$$

2. LES OUTILS MATHEMATIQUES.

Les physiciens théoriciens introduisent en général l'espace $S(C_m^+)_r$ des fonctions réelles sur C_m^+, espace qui s'identifie par la carte canonique de C_m^+, à l'espace de Schwartz $S(\mathbb{R}^s)_r$. D'où le triplet nucléaire réel

(2.1) $$S(C_m^+)_r \xrightarrow{j_r} X \xrightarrow{j_r'} S'(C_m^+)_r'$$

(2.2) et son complexifié $$S(C_m^+) \xrightarrow{j} Z \xrightarrow{j^\star} {}'S(C_m^+)$$

Les applications j_r' et $j^\star$ radonifient respectivement ν et ν'.

Introduisons le sous-espace Δ de $H^2(\bar{Z})$ formé par les fonctions φ anti-holomorphes sur $'S(C_m^+)$, à croissance exponentielle. Soit $\underline{\Delta}$ l'espace des restrictions à $S'(C_m^+)_r'$ des éléments φ de Δ. Ces espaces sont définis comme réunions d'espaces normés, leur structure naturelle est donc bornologique.

(2.3) THEOREME [29].

a/ La transformation θ envoie bicontinement et bijectivement $\underline{\Delta}$ sur Δ.

b/ Par conséquent l'adjointe de la restriction à Δ de θ^{-1}, fournit un prolongement de la transformation θ à $'\Delta$ et l'on a le schéma

(2.4) $$\begin{array}{ccc} '\underline{\Delta} & \xrightarrow{\theta\ \simeq} & '\Delta \\ \uparrow & & \uparrow \\ L^2(X) & \xrightarrow{\theta\ \simeq} & H^2(\bar{Z}) \\ \uparrow & & \uparrow \\ \underline{\Delta} & \longrightarrow & \Delta \end{array}$$

Remplaçant θ par la TF X par $\mathbb{R}^s$ et Δ par $S(\mathbb{R}^s)$ on retrouve un schéma très bien connu en dimension finie. On est ainsi tenté, d'appliquer la théorie des noyaux et des espaces nucléaires, pour étudier les opérateurs linéaires continus de Δ dans $'\Delta$. Ceci nous a amené à nous demander si l'espace des fonctions holomorphes sur $S(C_m^+)$, muni de la topologie de la convergence compacte est réflexif. Comme nous n'avons pas pu répondre à cette question, nous avons été conduit à utiliser la bornologie [26]. Une autre motivation de l'emploi de la bornologie en analyse de dimension infinie est le résultat [5] [48] montrant que l'espace des fonctions holomorphes sur un e.v. a une propriété si cet e.v. a la propriété bornologique correspondante. Pour la commodité du lecteur, et pour éviter toute confusion avec le langage de la théorie des espaces topologiques, on va utiliser systématiquement le préfixe co en bornologie, ce qui a été fait en particulier par L. Schwartz en ce qui concerne la nucléarité [41] .

(2.5) DEFINITIONS.

Pour tout disque d de l'e.v. X, d ne contenant pas de droite, le sous e.v. de X engendré par d est noté $X[d]$; il est normé par la jauge de $[d]$. Soit $D = \{d ; d \in D\}$ une famille de disques de l'e.v.X, qui est filtrante croissante ; X étant égal à la réunion des $X[d]$ pour $d \in D$; aucun élément de D ne contenant de droite. Une partie de X est dite bornée si elle est contenue dans un λd, pour un certain $\lambda > 0$ et pour un certain de D. On dit alors que X est muni d'une structure d'espace bornologique convexe coséparé (e.b.c.c.) et que D est une prébase disquée de sa bornologie, c'est-à-dire de la famille de ses bornés. Un e.b.c.c. X est systématiquement muni de la topologie localement convexe limite inductive des topologies des espaces normés $X[d]$. L'espace vectoriel X^{x} des formes linéaires bornées sur l'e.b.c.c. X est appelé codual de X ; il est muni de la topologie de la convergence bornée. L'e.b.c.c. X est dit cocomplet s'il existe une prébase disquée $d ; d \in D$ de sa bornologie telle que les e.v.n. $X[d]$ soient complets. Il est dit conucléaire si tout $d \in D$ est contenu dans $d' \in D$ tel que l'injection canonique de $X[d]$ dans $X[d']$ soit nucléaire. Il est dit co-Schwartz (resp infra-Schwartz) si tout $d \in D$ est contenu dans $d' \in D$ tel que l'image de d dans $X[d']$ soit une partie relativement compacte (resp. relativement faiblement compacte).

(2.6) Ces trois dernières définitions sont à rapprocher des propriétés correspondantes pour les e.l.c.s. :

a/ Soit E un e.l.c.s. et soit $v = \{V ; V \in v\}$ une famille filtrante décroissante de disques ouverts de E, dont les homothétiques forment un système fondamental de voisinages de l'origine. Par passage au quotient la jauve j_V de V définit une norme sur $E(V) = E/j_V^{-1}(0)$. Le complété de l'e.v.n. $E(V)$ est noté $\widehat{E(V)}$. Alors E est dit nucléaire (resp Schwartz ou infra Schwartz) si tout $V \in v$ en contient un autre V' tel que la surjection canonique $\widehat{E(V')} \to \widehat{E(V)}$ soit nucléaire (resp compacte, resp. faiblement compacte). Par la suite on notera P l'une des trois propriétés : nucléaire, Schwartz, ou infra Schwartz

b/ Soit E' le dual de l'e.l.c.s. E. Alors la famille $\{V^o ; V \in v\}$ des polaires absolus des éléments de v, forme une prébase disquée, filtrante croissante de la bornologie équicontinue ; c'est-à-dire de la bornologie formée par les parties équicontinues de E'. Il résulte de [17] et [38] :

- L'e.b.c.E a la propriété P si et seulement si l'e.b.c.c. E'_ε a la propriété co P.

- Comme V^o est faiblement compacte, $[V^o]$ est faiblement complète et $E'_\varepsilon[V^o]$ est complet. Donc l'e.b.c.c. E'_ε est toujours cocomplet.

(2.7) Un e.l.c.s. est dit complètement semi-réflexif si les espaces vectoriels E et E'^{x} coincident.

(2.8) Remarques.

a/ Un e.l.c.s. complètement semi-réflexif est toujours semi-réflexif car on a toujours $E \subset E'' \subset E'^{x}$.

b/ Si E est complètement semi-réflexif, la topologie de E coïcident avec la topologie de codual de E (argument de polarité) et E est complet (regarder les filtres de Cauchy).

c/ Soit E un e.l.c.s. complètement semi-réflexif. Alors sur E' les trois topologies suivantes coïncident ; la topologie forte b, la topologie de Mackey τ, la topologie localement convexe B canoniquement associée à la bornologie équicontinue. En effet $b \subset B$; et $b = \tau$ car E est semi-réflexif. Et comme B est compatible avec la dualité avec E, la théorie de Mackey montre que $B \supset \tau$.

(2.9) THEOREME [19] [40].

Soit E un e.l.c.s. infra-Schwartz et complet. Alors E est complètement semi-réflexif.

(2.10) Définition d'un triplet conucléaire [26].

Un triplet conucléaire $(S \overset{j}{\hookrightarrow} Z \overset{j^\star}{\hookrightarrow} {}'S)$ est la donnée d'un e.b.c.c. S conucléaire cocomplet, d'une injection bornée j de S dans un espace de Hilbert séparable Z, et de l'adjointe de j identifiant Z à un sous-espace dense de l'antidual $'S$ de S.

Un tel triplet avait été supposé complexe. S'il existe un triplet nucléaire réel, $\psi = (S_r \overset{j_r}{\hookrightarrow} X \overset{j'_r}{\hookrightarrow} S'_r)$ dont T est le complexifié, on écrit $T = U^c$. On rappelle que $'S$ est nucléaire complet : voir par exemple [19].

(2.11) Hypothèses sur le triplet $(S \hookrightarrow Z \subset {}'S)$.

Par la suite $U = (S_r \overset{j_r}{\hookrightarrow} X \overset{j'_r}{\hookrightarrow} S'_r)$ désigne toujours un triplet conucléaire réel tel que j_r et $j^\star$ transforment respectivement ν de ν' en des mesures de Radon sur les tribus faibles de S'_r et S' respectivement.

Le cas particulier où S_r est un sous-espace vectoriel <u>quelconque</u> dense dans X, muni de la famille des parties bornées contenues dans des sous-espaces de dimension finie de S_r correspond aux hypothèses de [29]. Et le cas particulier où S est un espace de Frechet nucléaire correspond aux hypothèses de [26]. Signalons que [7]... [11] généralisent une partie des résultats de [26] en faisant des hypohèses plus faibles que (2.11).

(2.12) <u>Les hypothèses (2.11) sont faites pour les raisons suivantes</u> :

a/ Nous voulons éviter le phénomène des types d'holomorphie [37] ; vu [3] [24] (2.15) ce phénomène disparaît sur un espace conucléaire cocomplet.

b/ En pratique S est un espace de l'analyse en dimension finie et "tous" ces espaces sont nucléaires complets.

c/ On veut utiliser [4] [5] [48] et le paragraphe suivant, pour construire des triplets conucléaires centrés sur $L^2(X)$ et $H^2(\bar{Z})$ respectivement ; et pour appliquer les résultats bien connus de [16], ce qui simplifie nettement la présentation.

(2.13) <u>Fonctions Silva-holomorphes</u>.

Soit E un e.b.c.c. et soit F un espace topologique. Une partie Ω de E est dite <u>co-ouverte</u> si pour tout disque borné d de E, l'e.v.n. E[d] est coupé par Ω suivant un ouvert. Une application $f : \Omega \longrightarrow F$ est dite co-continue si sa restriction à chaque $\Omega \cap (E[d])$ est continue pour la topologie induite par (E[d]).Une partie K de E est dite co-compacte si elle est contenue dans une e.v.n.(E[d]) et si elle y est compacte. L'espace $SH(\Omega,Y)$ des fonctions Silva-holomorphes sur Ω (ou co-holomorphes !) à valeurs dans l'e.l.c.s. complet Y est l'espace des fonctions f sur Ω, à valeurs dans Y, qui sont co-continues et Gateaux holomorphes ; c'est-à-dire que pour toute droite complexe d de E, la restriction de f à $d \cap \Omega$ est holomorphe. L'espace $SH(\Omega,Y)$ est muni de la topologie de la convergence compacte. Dans le cas particulier où E est un e.l.c.s. muni de la famille de ses parties bornées, la définition usuelle des fonctions holomorphes donne un espace plus petit :

(2.14) $$H_G(\Omega,Y) \cap C^o(\Omega,Y) \subset SH(\Omega,Y)$$

L'intérêt d'utiliser des fonctions Silva-holomorphes est que $H(\Omega,Y)$ est toujours complet. Par la suite E = S est conucléaire cocomplet. Donc il existe une prébase disquée (d_i) dans E tels que les $S[d_i]$ soient hilbertiens. Dans ce cas $SH(\Omega,Y)$ est le complété du sous-espace formé par les fonctions polynomiales cylindriques. Pour simplifier l'écriture, et comme on n'utilisera pas des fonctions holomorphes au sens usuel, on écrira ci-après $H(\Omega,Y)$ au lieu de $SH(\Omega,Y)$ et on n'écrira plus Silva.

(2.15) <u>THEOREME</u> [3] [26] [24] [8].

Soit S un e.b.c.c. conucléaire co-complet.

a/ Alors $H(S)$ est nucléaire complet, donc complètement semi-réflexif.

b/ Alors la transformation de Borel réalise deux isomorphismes topologiques adjointes l'un de l'autre

$$(2.16)\qquad H(S) \xleftarrow{\beta_1^\star} {}'\mathrm{Exp}({}'S) \qquad\qquad {}'H(S) \xrightarrow{\beta_1} \mathrm{Exp}({}'S)$$

Pour toute $T \in {}'H(S)$, sa transformée de Borel est la fonction suivante définie sur S

$$z \longrightarrow \{T\}\,(z) = (\beta_1\, T)(z) = T(\overline{e^z})$$

(2.17) <u>Rappel</u> (voir par exemple [24] exposé 5).

Soient E et F deux espaces nucléaires. Leurs duals E' et F', ainsi que l'espace $B(E,F)$ des formes bilinéaires continues sur $E \times F$, sont munis de la bornologie équicontinue. Si $(U_i)_i$ et (V_j) sont deux bases disquées de voisinages des origines de E et F, on note $E' \check{\otimes} F'$ la limite inductive des espaces normés $E'[U_j^o] \hat{\otimes} F'[V_j^o]$.

a/ Alors $B(E,F) \sim E' \check{\otimes} F'$ bornologiquement.

b/ Si l'on l'on suppose de plus E et F complets, alors le dual de l'espace complètement semi-réflexif $E \hat{\otimes} F$, muni de la bornologie équicontinue, est isomorphe à $E' \check{\otimes} F'$.

c/ Soient E et F deux e.l.c.s. complets, E de Schwartz ayant la propriété d'appproximation. L'e,v. des applications linéaires continues $E'_b \to F$ muni de la topologie de la convergence équicontinue, est isomorphe à $E \hat{\hat{\otimes}} F$.

(2.18) <u>Corollaires</u>.

a/ Dans (2.16), si S est remplacé par $\bar{S}$, on obtient au lieu de β_1 et $\beta_1^\star$, les isomomophismes

(2.18)

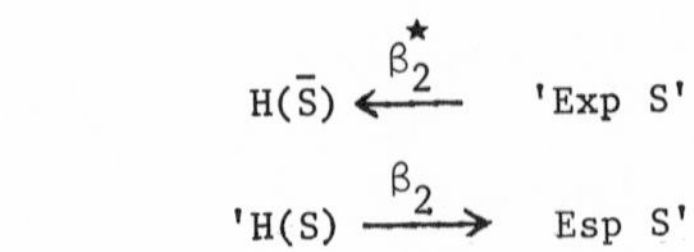

On a aussi un isomorphe topologique

(2.19) $$H(S)\ \hat{\otimes}\ H(\bar{S}) \simeq H(S \times \bar{S})$$

b/ Par conséquent, en tensorisant $\beta_1^\star$ et $\beta_2^\star$, puis en appliquant (2.17.b), on obtient

(2.20) $$H(S \times \bar{S}) \xleftarrow{\beta^\star} {}'Exp('S \times S') \simeq ('Exp'S)\ \hat{\otimes}\ ('Exp\ S')$$

$$H(S \times \bar{S}) \simeq {}'H(S) \underset{\vee}{\otimes} {}'H(\bar{S}) \xrightarrow{\beta} Exp('S \times S') \simeq (Esp\ 'S) \underset{\vee}{\otimes} (Exp\ S')$$

Le résultat de l'action de $T \in {}'Exp(S \times S')$ sur $\varphi \in Exp('S \times S')$ est noté

(2.21) $$(\varphi,T) = (\varphi(z,\bar{z}'),\ T(z,\bar{z}')) = \int \varphi(z,\bar{z}')\ dT(z,\bar{z}')$$

Par permutation des variables, on a un isomorphisme de $SH(S \times \bar{S})$ sur $SH(S \times \bar{S})$. Utilisant cet isomorphisme, $\beta^\star$ est une transformation de Borel qui s'écrit pour toute $T \in {}'Exp('S \times S')$

(2.22) $$\{T\}\ (\bar{z},z') = (\overline{e^{z'}} \otimes e^{z},\ T) = \int e^{\overline{\alpha\bar{z}'+\bar{z}\alpha'}}\ dT(\alpha,\bar{\alpha}')$$

c/ L'hypothèse de conucléarité de S permet aussi d'appliquer les techniques de produit tensoriels pour l'étude de la transformation de Borel pour les fonctionnelles analytiques vectorielles. Ainsi,

(2.23) $$H(S,S'^k) \simeq H(S)\ \hat{\hat{\otimes}}\ S'^k = H(S)\ \hat{\otimes}\ S'^k$$

Par application de (2.17.c), on obtient

(2.24) $${}'H(S,S'^k) \simeq {}'H(S) \underset{\vee}{\otimes} \bar{S}^k\ .$$

En tensorisant β_1 avec l'application identique de $\bar{S}^k$ puis en prenant l'adjoint on obtient deux isomorphismes adjoints l'un de l'autre

(2.25) $$H(S,S'^k) \xleftarrow{\beta^\star} {}'Esp('S,\bar{S}^k)$$

$${}'H(S,S'^k) \xrightarrow{\beta} Exp('S,\bar{S}^k) \simeq Exp'S \underset{\vee}{\otimes} \bar{S}^k$$

d'où une extension de (2.16) et de la transformation de Borel. Il existe une extension analogue de (2.20).

3. LA TECHNIQUE DES ESPACES COLLECTIVEMENT LOCALEMENT CONVEXES EN ANALYSE DE DIMENSION INFINIE.

Dans ce paragraphe précédent, on a en particulier rappelé les résultats connus d'holomorphie en dimension infinie, utilisés au paragraphe suivant pour formuler un calcul symbolique où les conoyaux des opérateurs considérés (ou noyaux de Bargmann) sont sesquiholomorphes sur $S \times S$.

Il a été noté dans [7]... [11] qu'une partie des résultats concernant ce calcul, symbolique s'étend à des opérateurs admettant des conoyaux sesquiholomorphes sur $\Omega \times \Omega$, où Ω est un disque co-ouvert de S. Comme en théorie de la diffusion, il intervient des opérateurs dont les conoyaux ne sont pas sesqui-holomorphes dans $\Omega \times \Omega$ pour tout disque co-ouvert de S, il faut encore étendre ces résultats. De plus, il faut aussi introduire des nouvelles techniques d'e.l.c.s., de manière à ne pas devoir tout recommencer le travail mathématique d'approche, dans l'étude d'autres champs quantiques, les champs de fermions et de Yang Mills par exemple. Tel est le but de ce paragraphe. On pourrait être étonné à priori de la nécessité de créer ces nouvelles techniques, la théorie des e.l.c.s. étant bien établie depuis longtemps. En fait la théorie des e.l.c.s. s'est développée <u>en vue</u> des applications à l'analyse en dimension finie, les espaces de suites numériques ayant dans cette théorie une assez grande importance vues par exemple la technique de développement en séries de Fourier ou celle du développement de Taylor. Il n'est donc pas étonnant que les besoins de l'analyse en dimension infinie conduise en théorie des e.l.c.s. à manier de nouvelles notions.

Dans tout ce qui suit l'ensemble d'indices J est fixé.

(3.1) <u>Familles collectivement filtrantes croissantes de semi-normes sur les espaces vectoriels E_j, $j \in J$.</u>

La donnée des familles $\pi_j = (p_{ju})_u$ collectivement filtrantes croissantes de semi-normes sur les E_j est la donnée d'un ensemble filtrant croissant U et pour tout $j \in J$ d'un ensemble $\pi_j = (p_{ju})_u$ filtrant croissant de semi-normes sur les E_j, les applications $u \longrightarrow p_{ju}$ étant croissantes pour tout j.

(3.2) On pose $(\pi_j)_j = ((p_{ju}))$

Autrement dit les e.v. E_j sont collectivement munis de structures localement convexes.

- On se donne de même des e.v. F_j indexés dans J munis de familles collectivement croissantes $v \rightarrow q_{jv}$ de semi-normes indexées dans un autres ensemble filtrant croissant V.

On dit que les applications linéaires $\ell_j : E_j \rightarrow F_j$ sont collectivement continues si pour tout $v \in U$ il existe $C > 0$ et $u \in U$ tels que

(3.3) $\qquad \forall_j \quad \forall\, e_j \in E_j \qquad q_{jv}(\ell_j\, e_j) \leqslant C p_{ju}(e_j)$

On pose $E. = (E_j)$ et $F. = (F_j)$. Si en particulier $E. = F.$, ℓ_j étant l'identité de E_j pour tout j, on dit que les familles $((p_{ju}))$ et $((q_{jv}))$ sont collectivement équivalentes. Par passage au quotient sur cette relation d'équivalence, on obtient la notion d'espaces collectivement convexes, qui se réduit à la notion (individualiste !) habituelle dans le cas particulier où J a un seul élément. Dans les considérations qui suivent il est commode d'utiliser une famille $((p_{ju}))$ définissant la structure collective sur les E_j ; quitte à s'assurer ensuite que tous les raisonnements effectués sont encore valables si l'on remplace $((p_{ju}))$ par une autre famille collectivement équivalente.

Ainsi on dit que E. est collectivement nucléaire si pour tout $u \in U$, il existe $u' \geqslant u$ tel que pour tout j l'application canonique :

$$\alpha_j(u',u) \text{ de } E_j(u') = E_j/p_{ju'}^{-1}(0) \text{ sur } E_j(u)$$

soit nucléaire. La famille E. est collectivement Schwartz (resp. infra. Schwartz) si dans les mêmes conditions les $\hat{\alpha}_j(u',u) : \widehat{E_j(u')} \rightarrow \widehat{E_j(u)}$ sont compactes (resp. faiblement compactes).

Un poids ϖ sur J est une famille $\varpi(j)$, $j \in J$ de nombres $\geqslant 0$. L'ensemble des poids ϖ sur J est naturellement muni d'une structure de cone ordonné. On dit qu'une famille P de poids sur J ne s'annule pas sur J si pour tout $j \in J$, il existe $\varpi \in P$ tel que $\varpi(j) \neq 0$.

(3.4) Définition de l'e.l.c.s. p(E.)

Soit p une famille de poids sur J qui est filtrante croissante et qui ne s'annule pas sur J. Soit $E. = (E_j)$ une famille d'espaces collectivement convexes dont la structure est définie par une famille (p_{ju}). On définit l'e.v. p(E.) comme l'espace des suites $e = (e_j)$, $e_j \in E_j$ telles que

$$\forall\, \varpi \in P \qquad \forall\, u \in U \qquad q_{\varpi u}(e) = |e|_{\varpi u} = \sum \varpi\,(j)\; p_{ju}(e_j) < \infty$$

La topologie de E étant définie par la famille filtrante croissante des semi-normes $q_{\varpi u}$, lorsque (ϖ,u) décrit $P \times U$.

- Notons que $p(E.)$ est complet (resp. quasi-complet) si les E_j sont complets, resp. quasi-complets.

- On voit que cette définition de l'e.v. $p(E.)$ ne dépend pas de $((p_{ju}))$ et que si cette famille est remplacée par la famille équivalente $((q_{jv}))$, alors la famille des semi-normes $q_{\overline{\omega},u}$ est remplacée par une famille équivalente.

(3.5) Exemples.

a/ On voit que les espaces $F(Z)$ et $F_a(Z)$ sont des espaces du type $p(E.)$ Voyons d'autres exemples.

b/ Soit D une prébase disquée de la bornologie de l'e.b.c.c. X. Soit Y un e.l.c.s. complet et $R = \{r \; ; \; r \in R\}$ une famille filtrante croissante de semi-normes définissant la topologie de Y. On pose $P_o(X,Y) = \mathbb{C}$. Pour tout $j \geqslant 1$, $P_j(X,Y)$ désigne l'espace des polynômes co-continus $Q : E \rightarrow Y$ homogènes. On prend $J = \mathbb{N}$. Les espaces $P_j(X,Y)$ sont collectivement munis des semi-normes

$$Q_j \rightarrow |Q_j|_{d,r} = p_{j,d,r}(Q_j) = \sup \{r(Q_j \, . \, x^j) \; ; \; x \in d\}$$

La famille $E. = C\,P.(X,Y)$ des espaces $E_j = P_j(X,Y)$ est donc collectivement localement convexe. Il en est en particulier de même pour la famille $CP.(X)$ des espaces $P_j(\;,\mathbb{C})$. Soit pol la famille des poids $\overline{\omega}(j) = n^j$ avec $n = 1,2,\ldots.$ Alors pol $(E.)$ est l'espace des suite $Q = (Q_j)$, $Q_j \in E_j$, telles que

$$\forall n = 1,2. \quad \forall u = (d,r) \in D \times R \qquad q_{n,u}(Q) \sum_{j=o}^{\infty} j^n \, p_{j,d,r}(Q_j) < \infty$$

Le rapport avec l'holomorphie est clair :

(3.6) PROPOSITION.

Soit S un e.b.c.c. co-Schwartz et soit Y un e.l.c.s. quasi-complet. Alors l'application suivante un isomorphisme d'e.l.c.s.

$$H(S,Y) \longrightarrow \mathrm{pol}(CP.(S,Y))$$

$$f \longmapsto \left(f(0), \frac{f'(0)}{1!}, \frac{f''(0)}{2!}, \ldots\right)$$

est un isomorphisme d'e.l.c.s.

La démonstration consiste a écrire le développement de Taylor de f, et à appliquer la formule de Cauchy :

$$f(x) = \sum_{j=o}^{\infty} f_j . x^j \quad \text{avec} \quad f_j \, . \, x^j = \frac{1}{2\pi i} \int_{|\zeta|=n} \frac{f(\zeta x)}{\zeta^{j+1}} \, d\zeta$$

Notons qu'on peut aussi introduire, en vue des applications aux champs de fermions l'espace $E_j = C\, A_j(S,Y)$ des applications j linéaires co-continues sur S à valeurs dans Y, puis l'espace $\text{pol}(E_j)$ associé. On peut aussi utiliser d'autres poids.

- Heuristiquement, on va vérifier maintenant deux règles d'hérédité :

a/ Si S a la propriété co-P et si Y a la propriété P, alors les espaces $E_j = C\, P_j(X,Y)$ ou $C\, A_j(X,Y)$ ont collectivement la propriété P.

b/ Pour une famille convenable p de poids ϖ, l'espace $p(E.)$ a alors la propriété P.

- La proposition suivante étend une proposition de [16] qui s'appliquait seulement aux suites numériques, et illustre la deuxième règle d'hérédité.

(3.7) PROPOSITION.

Soit $E = \{E_j, j \in J\}$ une famille collectivement nucléaire d'e.l.c.s. Soit p une famille filtrante croissante de poids sur J, sans zéros communs. On suppose qu'il existe une famille collectivement fondamentale $((p_{ju}))$ de semi-normes sur les E_j telle que pour tout $(u,\varpi) \in U \times p$, il existe $v \geqslant u$, $\varpi' \geqslant \omega$ tels que

$$\sum_{j \in J} \varpi'(j)^{-1} \; \varpi(j) \; M_{vu}(j) < \infty \qquad X$$

La surjection canonique $\alpha_{vu}(j)$ de $E_j(v)$ sur $E_j(u)$ ayant pour tout $j \in J$, une norme nucléaire majorée par $M_{vu}(j)$

$$M_{vu}(j) > \|\alpha_{vu}(j)\|_1$$

Alors l'e.l.c.s. $p(E.)$ est nucléaire.

Dans la sommation x, on convient qu'un terme d'indice j est nul dès que $\varpi'(j) = 0$.

D'ailleurs la condition $\varpi' \geqslant \omega$ entraine alors $\varpi(j) = 0$.

Signalons qu'il existe une proposition analogue concernant la propriété P de Schwartz.

DEMONSTRATION.

Comme $\alpha_{vu}(j)$ est nucléaire, cette application s'écrit

$$\alpha_{vu}(j) = \sum x'_{j,k_j} \otimes y_{j,k_j} \quad \sup_{k_j} \|x'_{j,k_j}\| \leq 1 \ ; \ \sum_{k_j} \|y_{j,k_j}\| \leq M_{vu}(j)$$

avec

$$x'_{j,k_j} \in E'_j[U^o] \ ; \ y_{j,k_j} \in E_j(U)$$

Posons

$$X = P(E.) \quad \text{et} \quad X_{\varpi',v} = X \ / \ (q_{\varpi',v}^{-1}(0))$$

Comme cet espace s'identifie à un espace de suites à valeurs dans les e.v.n $E_j(V)$, la surjection canonique $\beta : X \longrightarrow X_{\varpi',v}$ est définie par la collection des surjections $\beta_j : E_j \longrightarrow E_j(V)$. On a aussi une application canonique γ continue

$$X_{\varpi',v} \longrightarrow X_{\varpi,u} \quad \text{car pour tout} \quad \xi = (\xi_j)_j \in X_{\omega',v}$$

$$\|\gamma \ \xi\|_{X_{\varpi,u}} = \sum \varpi(j) \ p_{j,u}(\alpha_{vu}(j) \ \xi_j) \leq \sum \varpi'(j) \ p_{j,v}(\xi_j))$$

Soit ξ'_{j,k_j} la forme linéaire continue sur $X_{\varpi',v}$ qui associe à $(\xi_j)_j$ le nombre $<\xi_j, x'_{j,k_j}>$; sa norme est majorée par $\varpi'(j)^{-1}$. Soit η_{j,k_j} la suite $(f_j)_j \in X_{\varpi,u}$ sont tous les termes sont nuls, sauf le $j^{\underline{e}}$ égal à y_{j,k_j} ; sa norme est $\varpi(j) \ \|y_{j,k_j}\|$

Alors

$$\gamma = \sum_j \sum_{k_j} \xi'_{j,k_j} \otimes \eta_{j,k_j}$$

et

$$\|\gamma\|_1 \leq \sum_j \sum_{k_j} \varpi'(j)^{-1} \ \varpi(j) \ \|y_{j,k_j}\| \leq \sum \varpi'(j)^{-1} \ \varpi(j) \ M_{vu}(j)$$

(3.8) LEMME.

Soit $j \geq 1$ et soient quatre espaces normés E,F,G et H. Soient deux applications nucléaires $\alpha : E \rightarrow F$ et $\beta : G \rightarrow H$ dont les normes nucléaires sont majorées respectivement par des constantes C et $D > 0$.

Alors l'application θ

$$P_j(F,G) \xrightarrow{\theta} P_j(E,H)$$

$$Q \longmapsto (e \to \beta(Q.(\alpha\, e)^j))$$

est nucléaire et de norme majorée pour $\frac{j^j}{j!} D\, C^j$

DEMONSTRATION.

On a

$$\alpha = \sum e_j' \otimes f_i \qquad \text{avec} \qquad C = \sum \|e_i'\| \,.\, \|f_i\| < \infty$$

$$\beta = \sum g_\ell' \otimes h_\ell \qquad \text{avec} \qquad D = \sum \|g'\| \,.\, \|h_\ell\| < \infty$$

On a

$$\theta\, Q \,.\, e^j = \beta(Q(\alpha e, \ldots, \alpha e))$$

$$= \beta(Q(\sum_{i_1} < e_{i_1}', e> f_{i_1}, \ldots, \sum_{i_j} <e_{i_j}', e> f_{i_j}))$$

$$= \beta \sum_{i_1 \ldots i_j} <e_{i_1}', e> \ldots <e_{i_j}', e> Q(f_{i_1}, \ldots, f_{i_j})$$

$$= \sum_{\ell, i_1 \ldots i_j} < Q(f_{i_1}, \ldots, f_{i_j}), g_\ell'> <e_{i_1}', e> \ldots <e_{i_j}', e> h_\ell$$

★ Donc $$\theta\, Q = \sum_{\ell, i_1, \ldots, i_j} <Q(f_{i_1}, \ldots, f_{i_\ell}), g_\ell'> S(e_{i_1}' \otimes \ldots \otimes e_{i_j}') \otimes h_\ell$$

où S désigne l'opérateur de symétrisation des tenseurs d'ordre j. Notons que la forme linéaire $\alpha(i_1, \ldots i_j, \ell)$ sur $P(F,G)$ qui à Q associe le crochet de ★ est continue et que sa norme est majorée par

$$\|f_{i_1}'\| \times \ldots \times \|f_{i_\ell}\| \times \|g_\ell'\|\, j^j / j!$$

Donc

$$\theta = \sum \alpha(i_1, \ldots, i_j, \ell) \otimes \left[(e_{i_1}' \otimes \ldots \otimes e_{i_j}') \otimes h\right]$$

le polynôme entre crochets a une norme majorée par $\|h\| \,.\, \Pi \|e_i'\|$

D'où

$$|\theta|_1 \leqslant \frac{j^j}{j!} \sum \|f_{i_1}\| \times \ldots \times \|f_{i_j}\| \times \|g_\ell'\| \times \|e_{i_1}'\| \times \ldots \times \|e_{i_j}'\| \times \|h_\ell\|$$

$$\leqslant \frac{j^j}{j!}\, C^j\, D$$

(39) PROPOSITION.

Soit X un e.b.c.s. conucléaire et U un e.l.c.s. nucléaire. Alors la famille des e.l.c.s. $P_j = C\,P_j(X,Y)$ est collectivement nucléaire.

Plus précisément pour tout couple, $(d,r) \in D \times R$, l'espace $P_j(d,r) = P_j \,/\, p_{d,r}^{-1}(0)$ s'identifie à un espace de polynômes continus homogènes de degré j sur $X[d]$, à valeurs dans $Y(r)$ muni de la norme habituelle des polynômes. Il existe $d' \geq d$ et $r' \geq r$ tels que les applications canoniques

$$X[d] \xrightarrow{\alpha} Y[d'] \quad \text{et} \quad Y(r') \xrightarrow{\gamma} Y(r)$$

soient nucléaires. D'où une surjection canonique

$$\star \qquad P_j(X[d'],\, Y[d']) \longrightarrow P_j(X[d],\, Y[d])$$

$$Q \longmapsto (x \to \gamma(Q.(\beta x)^j))$$

dont la norme nucléaire est majorée par

$$\frac{j^j}{j!}\, D'\, C'^j \qquad \text{avec} \qquad D' > \|\gamma\|_1 \quad \text{et} \quad C' > \|\alpha\|_1$$

Donc la surjection $\star$ induit une surjection aussi nucléaire $P_j(d',r') \longrightarrow P_j(d,r)$ dont la norme quasi-nucléaire est majorée par $D((C_j^!)^j/j!$.
Comme la composée de deux applications quasi-nucléaires, est nucléaire, on peut donc prendre avec les notations de (3.7).

$$(3.10) \qquad M_{vu}(j) = \left(\frac{j^j}{j!}\right)^2 D\, C^j$$

où C et D sont des constantes indépendantes de j.

- On donne ci-après une nouvelle démonstration du résultat de nucléarité [5] [48] [9]..., sans utiliser la transformation de Borel, ni les produits tensoriels bornologiques.

(3.11) THEOREME.

Soit Ω une partie co-ouverte de l'e.b.c.c. conucléaire et soit Y un e.l.c.s. nucléaire complet. Alors $H(\Omega,Y)$ est nucléaire.

DEMONSTRATION.

Posons $E^{\Omega} = H(\Omega,Y)$ et $E = H(S,Y)$. Pour to co-compact K de S contenu dans Ω et tout $r \in R$ on pose $E^{\Omega}(K,r) = E^{\Omega}/j_{K,r}^{-1}(0)$, où $j_{K,r}$ est la semi-norme $\varphi \longrightarrow \sup_K r(\varphi(x))$. Ce quotient s'identifie à un espace de fonctions définies sur K à valeurs dans $Y(r)$. On définit de même $E(K,r)$.

Il s'agit de trouver une partie co-compacte K' de S telle que $K \subset K' \subset \Omega$ et $r' \leqslant r$ tels que la surjection canonique $s^{\Omega}(K',r' ; K,r)$ de $E^{\Omega}(K',r')$ sur $E^{\Omega}(K,r)$ soit quasi-nucléaire.

La surjection correspondante pour $\Omega = S$ est notée $s(K',r' ; K,r)$.

a/ Resolvons d'abord ce problème dans le cas particulier où $\Omega = S$. Il existe d et $d' \in D$, et $\lambda > 0$ tels que $K \subset \lambda\, d \subset \lambda\, d'$ $d \subset d'$, l'injection canonique $\alpha(d,d')$ de $S[d]$ dans $S[d']$ étant nucléaire. Comme K peut être supposé compact dans $S[d]$, il existe $\varepsilon > 0$ et une partie finie $x_1,\dots x_n$ de K telle que

$$K \subset K' \subset \Omega \qquad \text{avec} \quad K' = \bigcup_{i=1}^{n} (x_i + \varepsilon\, d')$$

Il existe $r' \leqslant r$, $r \in R$, tel que pour tout $i = 1,\dots n$, on a une surjection canonique nucléaire

$$E(x_i + \varepsilon\, d',r') \xrightarrow{\beta_i} E(x_i + \varepsilon\, d,\, r)$$

Ceci résulte de (3.7), (3.8) et (3.9). On a donc des applications

$$\begin{array}{ccccccc} E(K'',r'') & \xrightarrow{\alpha} & \prod_{i=1}^{n} E(x_i + \varepsilon\, d',r') & \xrightarrow{\beta} & \prod_{i=1}^{n} E(x_i + \varepsilon\, d,r) & \xrightarrow{\gamma} & \prod E((x_i + \varepsilon\, d) \cap K,r) \\ & & & \searrow^{\varphi'} & & & \uparrow \delta \\ & & & & & & E(K,r) \end{array}$$

où δ est une injection isométrique, les applications α et γ étant continues, l'application $\beta = \prod \beta_i$ étant nucléaire. Comme $\gamma\, \beta\, \alpha$ a son image contenue dans $E(K,r)$, la flèche oblique φ' peut être définie de manière à rendre le diagramme commutatif ; et φ' est quasi-nucléaire.

b/ On a le diagramme commutatif

$$\begin{array}{ccc} E^{\Omega}(K',r') & \xrightarrow{s^{\Omega}(K',r' ; K,r)} & E^{\Omega}(K,r) \\ \uparrow & & \uparrow \\ E(K',r') & \xrightarrow{s(K',r' ; K,r)} & E(K,r) \end{array}$$

où les flèches verticales sont des isométries. Alors vu [ ], la quasi-nucléarité de $s^{\Omega}(K',r' ; K,r)$ résulte de la quasi-nucléarité de $s(K',r' ; K,r)$.

(3.12) Remarques.

a/ Dans $p(E.)$, le sous-espace formé par les suites finies de vecteurs, est dense. On voit ainsi trivialement que $F(Z)$ est un sous-espace dense de $H(S)$.

b/ Tout ce qui précède peut être repris en remplaçant les e.l.c.s. par des e.b.c.c. D'où la notion d'espaces collectivement bornologiques convexes séparés. Les $E_j^!$ forment une telle famille. Cette notion est utile quand on cherche le dual de $p(E.)$. On peut aussi faire des produits tensoriels ε d'espaces $p(E.)$ pour étudier les opérateurs bornés de $p(E.)'$ dans $P(E.)$. Toutes ces études sont détaillées dans [29]'.

4. LA DEFINITION GENERALE DES OPERATEURS DE DERIVATION.

En dimension finie, très longtemps, les opérateurs différentiels ont été considérés comme des opérateurs non bornés de $L^2(\mathbb{R}^n,dx)$. Ceci permettait la mise en oeuvre des majorations à priori pour des opérateurs différentiels particuliers de la physique. La théorie générale des opérateurs différentiels n'a pu être élaborée que lorsque les opérateurs ont été définis de manière générale et que lorsque, des outils ont été créés pour manier les opérateurs ; d'où un des intérets de la théorie des distributions de Laurent Schwartz.

On présente ci-après une solution au problème de la définition des opérateurs différentiels en dimension infinie ; des outils pour manier ces définitions seront présentés au prochain paragraphe. Ce qui suit correspond simplement à la transcription au cas où les fonctions d'épreuves sont holomorphes, de ce qui avait été fait en théorie des prodistributions, avec des fonctions d'épreuve indéfiniment dérivables.

(4.1) Triplet conucléaire centré sur $H_k = H^2(Z,Z^k)$ pour $k = 0,1...$

Cet espace de Hilbert est naturellement plongé dans $H(S,'S^k)$, en prenant l'adjointe de cette injection et en tenant compte de (2.25), on est amené à introduite $\Delta_k = \mathrm{Exp}('S,S^k)$ et le triplet

$$(4.2)\qquad T_k = (\Delta_k \hookrightarrow H_k \hookrightarrow '\Delta_k)$$

ou ce qui revient au même

(43) $$H(S,'S^k) \hookrightarrow H_k \hookrightarrow H(S,'S^k)$$

(4.4) Classes de régularité d'opérateurs.

Etant donnés deux degrés k et ℓ (entiers ≥ 0) on définit sept classes d'opérateurs linéaires que l'on décrit en représentation corpusculaire.

a/ La grande classe $Op(k,\ell)$ formée par les opérateurs linéaires continus de Δ_k à valeurs dans $'\Delta_\ell$; cet espace est muni de la topologie de la convergence bornée. Cette classe joue un rôle analogue en dimension infinie à celui joué en dimension finie par les opérateurs linéaires continus de $\mathcal{D}$ dans $\mathcal{D}'$. Un élément Q de $Op(k,\ell)$ est appelé un opérateur. Pour simplifier on écrit Op au lieu de $Op(0,0)$.

b/ L'espace Op des opérateurs linéaires continus de Δ_k à valeurs dans H_k est muni de sa topologie naturelle.

c/ La classe $Oprd(k,\ell)$ des opérateurs linéaires continus de Δ_k à valeurs dans Δ_ℓ est muni de la topologie de la convergence bornée. Ces opérateurs sont réguliers dans le domaine dans le sens qu'ils le "conservent" ; dans le cas ou $k = \ell$ les opérateurs de cette classe peuvent être indéfiniment itérés, ce qui est très utile en physique.

d/ La classe $Oprg(k,\ell)$ des opérateurs linéaires $\Delta_k \longrightarrow \Delta_\ell$ admettant un prolongement continu $'\Delta_k \longrightarrow {}'\Delta_\ell$. Ces opérateurs sont réguliers dans les grands espaces.

e/ La classe des opérateurs réguliers :

$$Opr(k,\ell) = Oprg(k,\ell) \cap Oprd(k,\ell)$$

f/ La classe $Optr(k,\ell)$ des opérateurs très réguliers de bidegré (k,ℓ) ; est l'espace des opérateurs linéaires $\Delta_k \longrightarrow \Delta_\ell$ admettant un prolongement continu $Q\ '\Delta_k \longrightarrow {}'\Delta_\ell$. Cet espace est naturellement muni de la bornologie équicontinue pour les formes bilinéaires associées.

g/ La classe $L_2(B_k, B_\ell)$ des opérateurs de Hilbert Schmidt de B_k dans B_ℓ ; cette classe a une structure naturelle d'espace de Hilbert. Soit α un entier relatif. On note Op_α la famille des données pour tout $k \geq 0$ tel que $\alpha + k \geq 0$, d'un opérateur $Q_k \in Op(k,k+\alpha)$; et l'on dit alors que $Q = (Q_k)_k$ est de degré α.

(4.5) Adjoint.

On rappelle que si E et F sont deux e.l.c.s. complexes d'antiduals 'E et 'F, l'adjoint d'un opérateur linéaire continu $Q : E \longrightarrow F'$ est l'opérateur $Q^{\star} : 'F \longrightarrow 'E$ tel que

$$\forall e \in E \quad \forall f' \in 'F \quad (Qe, f') = (e, Q^{\star} f')$$

Ici, E et F sont des espaces du type hilbertien, ou Δ_k ou $'\Delta_\ell$.... Donc vus les résultats du paragraphe 3, on connait 'E et 'F. Il apparaît ainsi que l'opérateur d'adjonction réalise des isomorphismes ensemblistes

$$Op(k,\ell) \longrightarrow Op(\ell,k) \quad \text{et} \quad Oprd(k,\ell) \longrightarrow Oprg(\ell,k)$$

(4.6) Annihilateur A et créateur $A^{\star}$.

Ces opérateurs s'écrivent de la manière suivante en représentation ondulatoire et en représentation corpusculaire.

$$A \; ; \; \Delta_k \longrightarrow \Delta_{k+1}$$

$$\varphi(q) \longrightarrow D\,\varphi(q) = \varphi'(q) \quad \text{et} \quad \phi(\bar{z}) \longrightarrow \phi'(\bar{z})$$

$$A^{\star} : \Delta_{k+1} \longrightarrow \Delta_k$$

$$\varphi(q) \longrightarrow -\operatorname{div}\varphi = [D\,\varphi] \quad \text{et} \quad \psi(\bar{z}) \longrightarrow (z,\psi(\bar{z}))$$

Ces opérateurs sont continus et formellement adjoints l'un de l'autre

$$\forall \phi \; ; \; \forall \psi \; ; \; (A\,\phi,\psi) = (\phi, A^{\star}\,\psi)$$

Par conséquent ces opérateurs peuvent être étendus "à la Schwartz" aux grands espaces : l'opérateur $A : '\Delta_k \longrightarrow '\Delta_{k+1}$ est par exemple défini comme étant l'adjoint de $A^{\star} : \Delta_{k+1} \longrightarrow \Delta_k$. Comme ces opérateurs sont réguliers on peut les itérer et définir par exemple l'opérateur $A^k = A \circ A \ldots \circ A$ et l'opérateur $(A^{\star})^k$.

(4.7) Multiplicateur défini par un opérateur linéaire régulier $S^k \rightarrow S^\ell$.

Un opérateur linéaire α, $S^k \rightarrow S^\ell$ est dit régulier s'il est continu et s'il admet un prolongement linéaire continu $S^k \longrightarrow S'^\ell$. Le multiplicateur Q_α correspondant est par définition l'opérateur linéaire $\psi(z) \longrightarrow \alpha\,\psi(z)$ de Δ_k dans Δ_ℓ. Pour tout couple $(\phi,\psi) \in \Delta_k \times \Delta_\ell$, on a

$$(Q_\alpha\,\phi,\psi) = \int (\alpha\,\phi(z), \psi(z))\, d\nu'(z) = (\phi, Q_\alpha^{\star}\,\psi)$$

L'opérateur régulier Q_α peut donc être prolongé à $'\Delta_k$ en introduisant l'adjointe de $Q_\alpha^\star$.

(4.8) Annihilateurs et créateurs scalaires.

A toute f dans S, on peut associer les opérateurs linéaires continus suivant de Δ_o.

$$\phi \xrightarrow{Af} \phi'(z)\, f \qquad\qquad \phi \xrightarrow{A^\star f} \phi\,.(z,f)$$

En représentation ondulatoire, c'est-à-dire après transport par θ^{-1}, on obtient les opérateurs linéaires continus suivant de $\underline{\Delta}_o$:

$$\varphi \xrightarrow{Af} \varphi'(q)\, f \qquad\qquad \varphi \xrightarrow{A^\star f} -\varphi'(q)\, f + \varphi(q,f)$$

- Donc $af + A^\star f$ est l'opérateur de multiplication par la fonction $q \to (q,f)$.

- Les opérateurs Af et $A^\star \bar{f}$ sont continus dans les domaines et formellement adjoints l'un de l'autre. Ils peuvent donc être étendus par adjonction en des opérateurs linéaires continus opérant dans les antiduals. En particulier, on peut définir l'action de Af sur toute $\varphi \in L^2(X)$. De même pour $A^\star f$. Il n'y a donc pas lieu de faire des constructions particulières pour définir Af et $A^\star f$ comme opérateurs fermés.

(4.9) PROPOSITION.

Soit $\underline{A}$ l'opérateur non borné de H_o dans H_1 ayant pour domaine les $\phi \in H_o$ tels que $A\,\phi \in H_1$, et qui coïncide avec A sur ce domaine. On définit de même $\underline{A}^\star$. Alors ces opérateurs linéaires sont fermés, et $\underline{A}^\star$ est l'adjoint de $\underline{A}$.

La preuve est triviale dans le cadre mathématique choisi. Mais la preuve traditionnelle serait sans doute plus pénible. On prouverait de même l'analogue de (4.9), A étant remplacé par Af, ce dernier résultat ayant été déjà prouvé dans [12].

En composant et en additionnant les opérateurs (4.6) (4.7) et (4.8), on obtient les opérateurs usuels. Par exemple l'opérateur régulier $N = A^\star A$ et ses itérés N^2, N^3... qui ont été considérés depuis longtemps, pour tenter de définir des distributions en dimensions. La théorie des prodistributions a permis de montrer [20] que le domaine de N^n est l'espace de Sobolev $K^{2m}(X)$ et le dual de l'intersection de ces domaines est l'espace de Sobolev $K^{-\infty}(X)$, résultat qui est beaucoup plus général que [39].

5. CALCUL SYMBOLIQUE. LE THEOREME DES CONOYAUX.

On se propose d'associer à chaque opérateur $Q \in Op(k,\ell)$ d'autres grandeurs, telles que le conoyau ou noyau de Bargmann $Q(\bar{z},z') = \{Q^k\}(\bar{z},z')$, le noyau Q^k, le symbole de Wick Q^W. On cherche aussi des théorèmes d'isomorphismes pour les applications $Q \to Q(\bar{z},z')$... de manière par exemple à pouvoir reconnaître les propriétés d'un opérateur sur son conoyau.

(5.1) Méthode analogue à [26] ; on a un isomorphisme topologique et bornologique

(5.2) $$\Delta'_k = Exp'(S',S^k) \longrightarrow {}'Exp('S,S^k) = {}'(\bar{\Delta}_k)$$

$$T \longmapsto (f \longrightarrow T(\bar{f}))$$

D'où des isomorphismes topologiques

(5.3) $$Op(k,\ell) \simeq \Delta'_k \hat{\hat{\otimes}}\, {}'\Delta_\ell \simeq {}'\bar{\Delta}_k \hat{\hat{\otimes}}\, {}'\Delta_\ell \simeq {}'Exp('S \times S', S^{k+\ell})$$

où $S^{k+\ell}$ désigne $(\underset{k}{\hat{\odot}} S) \hat{\otimes} (\underset{\ell}{\hat{\odot}} S)$

(5.4) DEFINITIONS.

Pour tout $Q \in Op(k,\ell)$, l'image de Q par le composé de ces isomorphismes est noté Q^K, et est appelé le noyau de Q. Le conoyau $Q(\bar{z},z')$ de Q est défini comme étant la transformée de Borel de Q^K. C'est une fonction $S \times S \longrightarrow S^{k+\ell}$ qui est sesquiholomorphe, c'est-à-dire antiholomorphe par rapport à z et holomorphe par rapport à z'. Le symbole de Wick est défini par

(5.5) $$Q^W(\bar{z},z') = e^{-\bar{z}z'} .\ Q(\bar{z},z')$$

Pour résumer ces définitions on a des applications linéaires

(5.6) $$Op(k,\ell) \longrightarrow {}'Esp('S \times S, S^{k+\ell}) \longrightarrow H('S \times S', {}'S^{k+\ell}) \longrightarrow H(\bar{S} \times S', S^{k+\ell})$$

$$Q \longmapsto Q^K \longrightarrow Q(\bar{z},z') \longrightarrow Q^W(\bar{z},z')$$

où $'S^{k+\ell}$ désigne $'S^k \hat{\otimes} S'^{\ell}$.

(5.7) THEOREME.

Les trois applications précédentes sont des isomorphismes topologiques bijectifs.

Ceci résulte des résultats du paragraphe 3.

(5.5) Quelques relations.

a/ Pour φ et ψ dans Δ_o, $t_1 \in S^k$, $t_2 \in S^\ell$, on a

(5.9) $$(\psi\, t_2, Q(\varphi\, t_1)) = (\overline{\varphi\, t_1} \otimes \psi\, t_2, Q\,) = (t_1 \otimes t_2, (\bar{L}\, Q^K)(\bar{\varphi} \otimes \psi))$$

où $\bar{L}Q^K$ désigne l'opérateur antilinéaire continu de $\mathrm{Exp}'S \times S'$ à valeurs dans $S^{k+\ell} = S^k \hat{\otimes} S^\ell$, associé à Q^K par l'isomorphisme canonique (5.2)

b/ En faisant en particulier $\psi = e^z$, $\varphi = e^{z'}$, z et $z' \in S$:

(5.10) $$(t_1 \otimes t_2, Q(\bar{z},z')) = (e^z\, t_2, Q(e^{z'}\, t_1))$$

où l'antidualité du premier membre est entre $S^k \otimes S^\ell$ et $'S^{k+\ell}$, l'antidualité du second membre étant entre Δ_ℓ et $'\Delta_\ell$.

c/ Cette relation permet de voir la relation entre les symboles de Wick d'un opérateur Q et de son adjoint

(5.11) $$\forall\, t_1 \in S^k,\ t_2 \in S^\ell \qquad (t_2 \otimes t_1, Q^\star(\bar{z},z')) = \overline{(t_1 \otimes t_2, Q(\bar{z}',z)}$$

(5.12) Exemples.

a/ L'opérateur d'annihilation $A = D$ est de bidegré $(0,1)$. Son noyau apparent est défini par

$$\star \qquad \forall\, t \in S \qquad (t, A(\bar{z},z')) = (e^z\, t, A\, e^{z'})$$

Comme A transforme $e^{z'}$ en la fonction vectorielle $z \longrightarrow e^{z'}.\, z'$ à valeurs dans S, on a

$$(e^z\, t, A\, e^{z'}) = (t,z') \int e^{\bar{z}u}\, e^{z'\bar{u}}\, d\nu'(u,\bar{u}) = (t,z')\, e^{\bar{z}z'}$$

Rapprochant de $\star$, il vient

$$A(\bar{z},z') = e^{\bar{z}z'}\, z'$$

d'où

$$A^{w}(\bar{z},z') = z'$$

b/ L'opérateur de création $A^{\star}$ est de bidegré (1.0). Vu (5.8.c) son symbole de Wick est

$$A^{\star w}(\bar{z},z') = \bar{z}$$

(5.13) Ecriture de Q à l'aide de son noyau.

Vu (5.9) on a pour toute $f \in \Delta_k$

$$(e^{z}\, t_2,\ Q(f)) = (\overline{\varphi\, t_1} \otimes f\ ,\ Q^{K})$$

Le premier membre étant égal à $(t_2, \{Q\, f\}\, (\bar{z}))$, il vient

$$\{Q\, f\}\, (\bar{z}) = \int f(\bar{z}_1)\, e^{\bar{z}z'_1}\, d\, Q^{K}(z_1, \bar{z}_1) \tag{5.14}$$

C'est cette écriture qui sert en théorie des opérateurs pseudo-différentiels. Pour les classes particulières construites dans [32], on a $k = \ell = 0$, S est un espace hilbertien muni de la bornologie de dimension finie Q^K étant donné par Q^K étant donné par l'extension à $S'\times'S$ d'une mesure complexe sur l'antidiagonale de ce produit :

$$\{z,z') \in S' \times {}'S\ ;\ z = z'\}$$

cette mesure ayant une densité régulière par rapport à ν' ; mais l'on peut montrer qu'il existe des $Q \in Op$ tels que cette mesure n'existe pas.

(5.15) Ecriture de Q après transport par Borel.

L'application qui à tout opérateur $Q \in Op(k,\ell)$ associe l'opérateur $Q = \beta\, Q\, \beta$ est bijective de $Op(k,\ell)$ sur

$$\underline{Op}(k,\ell) = L('H(\bar{S},S^{k}),\ H(\bar{S},S^{\ell}))$$

Par application du théorème (2.25), il vient

$$\underline{Op}(k,\ell) \sim H(S,S^{k})\ \hat{\hat{\otimes}}\ H(\bar{S},S^{\ell}) \simeq H(S \times \bar{S},\ S^{k} \hat{\otimes} S^{\ell})$$

Après intervention des variables de S et $\bar{S}$, cet espace s'écrit $H(\bar{S} \times S,\ S^{k}\ \hat{\hat{\otimes}}\ S^{\ell})$. Le symbole apparent $Q(\bar{z},z')$ de Q appartient à cet espace. De plus, pour toute $T \in {}'H(\bar{S},S^{k}) \sim H'(S,S^{k})$, $\underline{Q}T$ est la fonction holomorphe vectorielle suivante $\bar{S}$:

(5.16) $$\bar{z} \longrightarrow (\underline{Q}\, T)\,(\bar{z}) = \int Q(\bar{z},z')\, dT(z')$$

On note la différence avec le noyau d'une application de $\mathcal{D}$ dans $\mathcal{D}'$, mesures et fonctions jouant des rôles inversés. C'est pourquoi on dit que $Q(\bar{z},z')$ est le conoyau de Q.

Vue la formule ( ) il vient en posant $f = \beta\, T$

$$\{Q\, f\}\,(\bar{z}) = (\underline{Q}T)\,(\bar{z}) = \sum_{\ell=o}^{\infty} \frac{<f_\ell\,,\, Q_{o\ell}(\bar{z},0)>}{\ell\,!}$$

avec

$$Q_{o\ell} = \left(\frac{\partial}{\partial z'}\right)^{\ell} Q \qquad \text{et} \qquad f_\ell = \left(\frac{\partial}{\partial z}\right)^{\ell} f(0)$$

Effectuant un développement de Taylor de $Q_{o\ell}(\bar{z},0)$ par rapport à $\bar{z}$, on obtient pour tout k la dérivée à l'origine d'ordre k de $\{Q\, f\}$:

(5.17) $$\{Q\, f\}_k = \sum_{\ell=o}^{\infty} \frac{<Q_{k\ell}\,,\, f_\ell>}{\ell!}$$

C'est en fait de cette formule qu'est parti Berezin [1].

On a encore pour tout $j \in S$

(5.18) $$\{Q\, f\}\,(\bar{h}) = \sum_{k=o}^{\infty} \frac{\{Q\, f\}_k\,.\, \bar{h}^k}{k!} = \sum_{k \text{ et } \ell=o}^{\infty} \frac{<Q_{k\ell}\,,\bar{h}^k \otimes f_\ell>}{k!\ \ell!}$$

(5.19) THEOREME.

Soit $Q \in Op$. Alors pour que $Q \in Oprd$, il faut et il suffit que pour tout z', l'application $Q(.,z')$ se prolonge par continuité à S' en une fonction de type exponentiel, et que l'application $z' \longrightarrow Q(.,z')$ transforme tout borné de S, en un borné de Exp S'. Ce théorème s'étend à $Op(k,\ell)$.

Par adjonction on en déduit un critère d'appartenance à $Oprg(\ell,k)$. Ce théorème décrit un phénomène spécifique à la dimension infinie : la régularité dans le petit espace de l'opérateur Q se traduit par le fait que son symbole se prolonge à S' en $\bar{z}$, et pour tout z' fixé.

DEMONSTRATION.

Pour simplifier l'écriture, on suppose $k = \ell = 0$.

a/ La condition est nécessaire car $Q(\bar{z},z') = \{Q\, e^{z'}\}\,(\bar{z})$ et parce que $e^{z'}$

décrit un borné de Exp S' lorsque z' décrit un borné de S.

b/ Réciproquement supposons la condition de l'énoncé satisfaite par le noyau apparent de Q et montrons que Q est régulier dans le petit espace. Pour tout disque borné L de S, il en existe un autre K et une constante C(K,L) telle que

$$z' \in L \quad \text{entraine} \quad |Q(\bar{z},z')| \leqslant C \exp j_{K^o}(\bar{z})$$

Or la formule de Cauchy donne pour tout couple $(h,k) \in S \times S$

$$Q_{mn} \cdot h^m k^n = \frac{m!\, n!}{(2\pi i)^2} \iint \frac{Q(\bar{z}k,\, z'h)}{\bar{z}^{m+1}\; z'^{n+1}}\, d\bar{z}\, dz'$$

l'intégrale étant étendue aux couples $(\bar{z},z')$ de nombres complexes tels que $|z| = \rho$, $|z'| = \rho'$... On en déduit

$$\star \qquad |Q_{mn} \cdot h^m k^n| \leqslant C\, m! (\tfrac{e}{m})^m \rho'^{-n}\, n!\, j_{K^o}(h)^m \quad \text{si} \quad k \in L$$

Supposant $f(u) = \sum \frac{f_n\, u^n}{n!}$ dans Exp S', il existe une constante C et un disque borné L de S tel que

$$\star\star \qquad |f_n \cdot u^n| \leqslant C\, n! (e/n)^n\, j_{L^o}(u)^n$$

Alors vu (5.17), $g = \{Q\, f\}$ est tel que

$$\frac{g_m \cdot \bar{h}^m}{m!} = \sum_{m=o}^{\infty} \frac{\langle Q_{mn},\, \bar{h}^m \otimes f_n \rangle}{m!\, n!}$$

Il suffit de montrer que $g \in$ Exp S' c'est-à-dire que les g_m donnent lieu à des majorations analogues à (★★). Or il résulte de (★★) et de l'identité de polarisation que f_n définit une forme multilinéaire continue sur $\prod_n S'$ et plus précisément sur $\prod_n S'(L^o)$, dont la norme est majorée par $C\, e^n$. Si L' est un disque contenant L tel que la surjection $S'(L'^o) \longrightarrow S'(L^o)$ soit nucléaire de norme nucléaire $\leqslant C'$, on sait [24] exposé 4 que $f_n \in \hat{\otimes}_n S(L')$ et y a une norme majorée par $CC'^n e^n$. Par conséquent f_n appartient à l'enveloppe disquée fermée de $C(C'e)^n \otimes_n L'$. Il résulte alors de ★ que $R_{mn} = Q_{mn} / m!n!$ vérifie les inégalités

$$|< R_{mn}, \bar{h}^m f_n >| \leqslant C(C'e)^n \left(\frac{e}{m}\right)^m \rho'^{-n} j_{K^o}(h)^m$$

D'où

$$\left|\frac{g_m \bar{h}^m}{m!}\right| = \left| \sum_{m=o} < R_{mn}, \bar{h}^m f_n >\right| \leqslant C'' \left(\frac{e}{m}\right)^m j_{K^o}(h)^m$$

Cette relation montre que $g = \{Q\ f\} \in \mathrm{Exp}\ S'$. De plus Q définit un opérateur linéaire borné, donc continu de $\mathrm{Exp}\ S'$.

- Le théorème suivant permet de reconnaître la régularité d'un opérateur, en examinant seulement son conoyau.

(5.20). THEOREME DES CONOYAUX.

Soit $Q \in \mathrm{Op}$; son conoyau $Q(\bar{z},z')$ appartient donc à $H(\bar{S} \times S)$. Alors on a les équivalences

a/ $Q \in \mathrm{Op}\ \phi \iff Q(\bar{z},z') \in H(S,H^2(\bar{Z}))$

b/ $Q \in \mathrm{Oprd} \iff Q(\bar{z},z')$ vérifie les hypothèses de (5.19)

c/ $Q \in \mathrm{Oprg} \iff \overline{Q(\bar{z}',z)}$ vérifie les hypothèses de (5.19)

d/ $Q \in \mathrm{Opr} \iff Q(\bar{z},z')$ et $\overline{Q(\bar{z}',z)}$ vérifient les hypothèses de (5.19)

e/ $Q \in \mathrm{Optr} \iff Q(\bar{z},z') \in \mathrm{Exp}(S' \times {}'S)$

(5.21) Seconde quantification des fonctions sesquiholomorphes.

L'application qui à toute fonction $\phi \in H(\bar{S} \times S,\ S^k \hat{\otimes} S^\ell)$ fait correspondre l'opérateur Q admettant ϕ comme symbole de Wick est appelé seconde quantification.

(5.22) Cas particulier.

Soit B un opérateur régulier de Z c'est-à-dire linéaire continu de S dans S, et de S' dans S'. Alors (z, Bz') est une fonction sesquiholomorphe scalaire sur $S \times S$. Vu (5.7), cette fonction est le symbole de Wick d'un opérateur de $\mathrm{Op}\ \phi$ noté $\Gamma(B)$. Dans le cas plus particulier où B est auto-adjoint, on retrouve une définition de I. Segal, E. Nelson.... D'ailleurs on peut préciser ce résultat car vu (5.20), $\Gamma(B)$ est un opérateur régulier

(5.23) Formule de dualité [26].

Considérons les deux triplets conucléaires

$$\begin{array}{lccccc} (5.24) & \mathrm{Exp}('S \times S') & \hookrightarrow & H^2(Z \times \bar{Z}) & \hookrightarrow & '\mathrm{Exp}('S \times S') \\ & \uparrow & & \updownarrow & & \uparrow \\ (5.25) & \mathrm{Optr} & \hookrightarrow & L_2(H^2(\bar{Z})) & \hookrightarrow & \mathrm{Op} \end{array}$$

Les trois flèches verticales représentent des isomorphismes fournis par l'application noyau. Ces deux triplets sont donc isomorphes. On obtient un autre triplet conucléaire isomorphe en employant le transport par Borel (5.15):

$$(5.26 \qquad 'H(S \times \bar{S}) \hookrightarrow H^2(Z \times \bar{Z}) \hookrightarrow H(S \times \bar{S})$$

On rappelle que le produit scalaire dans l'espace $L_2(H^2(\bar{Z}))$ des opérateurs de Hilbert Schmidt de $H^2(\bar{Z})$ est fourni par la forme bilinéaire de trace.

$$(R \; ; \; Q) \longmapsto \mathrm{Tr}(Q\, R^\star)$$

L'examen des triplets isomorphes (5.24), (5.25) et (5.26) montre que la forme sesquilinéaire de trace sur $L_2(H^2(\bar{Z}))$ est prolongée par la forme sesquilinéaire d'antidualité entre Optr et Op. Cette forme peut donc être notée Tr. Par conséquent pour tout couple $(Q \; ; \; R) \in \mathrm{Op} \times \mathrm{Optr}$, on peut écrire

$$(5.27) \qquad \boxed{\mathrm{tr}(Q\, R^\star) = (R(\bar{z},z'),\, Q^K(\bar{z},z')) = \overline{(Q(\bar{z},z'))\, R^K(\bar{z},z')})}$$

Ceci permet de justifier certains travaux de physiciens, (où les traces d'opérateurs non bornés du Fock sont identifiées à des distributions. En utilisant le théorème (5.19) on peut montrer la formule suivante, déjà donnée dans [32], puis [8] dans le cas scalaire, c'est-à-dire si $k = \ell = m = 0$.

(5.28) THEOREME.

Soit $L \in \mathrm{Oprd}(k\; \ell)$ et $Q \in \mathrm{Op}(\ell,m)$. Alors $QL \in \mathrm{Op}(k,m)$ a pour symbole de Wick :

$$(5.29) \qquad (QL)^W (\bar{z},z') = \sum_{j=o}^{\infty} j!^{-1} \left[\left(\frac{\partial}{\partial z'}\right)^j Q(\bar{z},z') \left(\frac{\partial}{\partial \bar{z}}\right)^j L(\bar{z},z') \right]$$

où les crochets indiquent la contraction tensorielle sur des espaces correspondant aux indices ℓ et j.

6. APPLICATIONS.

6.1. Principe de l'emploi en théorie des champs.

Intuitivement, un champ quantique ϕ sur $M(s+1)$ est une fonction ϕ sur $M(s+1)$ à valeurs dans l'espace $L_n(K)$ des opérateurs non bornés d'un certain espace de Hilbert complexe K. Pour le champ libre ϕ_o, $K = L^2(X,\nu) = H^2(Z)$. Pour le champ de Glimm et Jaffe [15], on a $s = 1$, $K = L^2(\mu)$, où μ est une mesure de probabilité sur l'espace de Schwartz S'_r, appelée mesure d'interaction.

Comme il est très difficile de manier ϕ, on doit trouver des artifices techniques. Par exemple, comme on ne sait pas définir $\phi(x)$, on définit classiquement ϕ [14] par l'application linéaire

$$\begin{array}{ccc} S(M(s+1)) & \longrightarrow & L_n(K) \\ f & \longrightarrow & \phi(f) \end{array}$$

et l'on écrit heuristiquement

$$\phi(f) = \int \phi(x)\, f(x)\, dx. \tag{6.1}$$

étant entendu que ni l'intégrale, ni $\phi(x)$ ont un sens.

On peut aussi définir ϕ par les distributions de Wightmann W_n sur $M(s+1)^n$ avec $n=1,2\ldots$, et l'on constate que les distributions se prolongent analytiquement lorsque le temps $t > 0$ est transformé en $it\ldots$

En fait, dans [26] [29] et dans le présent travail, on propose une technique nouvelle pour représenter mathématiquement certains opérateurs de champs sans connaître à priori K.

L'idée est la suivante. Si μ est la mesure inconnue d'interaction sur S'_r, on cherche un domaine $\underline{\Delta}_o$ de $L^2(X)$ tel que $\underline{\Delta}_o$ soit dense dans $L^2(X,\nu)$ et tel que d'autre part $L^2(X,\mu)$ soit contenu dans $'\Delta_o$. Dans ces conditions l'espace Op des opérateurs linéaires continus $\underline{\Delta}_o \longrightarrow {}'\underline{\Delta}_o$ contient "suffisamment" d'opérateurs non bornés de $K = L^2(X, \nu)$, opérateurs pour lesquels on dispose du calcul symbolique. On a étudié en détail le cas où $\underline{\Delta}_o$ est l'espace des restrictions au réel des éléments de $Exp'S$; mais les techniques exposé dans cette étude permettent d'autres choix.On voit que l'on peut ainsi travailler avec une classe Op d'opérateurs, qui est "plus grande" que la classe des opérateurs non bornés du Fock ; et d'autre part, il semble beaucoup plus facile de travailler sur une fonction sesquiholomorphe, que sur un opérateur non borné. Le théorème des conoyaux permettant justement de lire les propriétés de régularité des opérateurs, en examinant leurs conoyaux. Un autre intérêt de sortir du Fock est la possibilité qui va nous être donnée de définir certains champs ϕ en chaque point, ce qui nous semble indispensable pour la physique. Puis par une intégration par rapport à $f(x)\,dx$, on en déduira le champ moyenné $\phi(f)$

Examinons d'abord le cas du champ libre.

(6.2) Définitions mathématiques.

a/ Le champ libre quantique est défini comme la fonction indéfiniment dérivable ϕ_o sur $M(s+1)$ à valeurs dans Op, telle que pour tout $x \in M(s+1)$, le symbole de Wick de $\phi_o(x)$ soit donné par le champ libre classique (1.26). Autrement dit

$$\phi_o(x)^W(\bar{z},z') = \phi_o^W(x\ ;\ \bar{z},z') = (2\pi)^{-s/2} \int_{k\in C^+} \left[e^{-ikx}\ z(k') + e^{+ikx}\,\overline{z(k')}\right] d\underline{\mu}(k) \tag{6.3}$$

b/ De même si $g(\bar{z},z)$ est un observable classique du champ libre, l'observable $E_1 = \hat{\hat{g}}$ ayant pour symbole de Wick la fonction sesquiholomorphe $g(\bar{z},z')$.

On retrouve ainsi pour tout $f \in S$ les opérateurs. Af de symbole zf, les opérateurs $A^\star f$, de symbole $\bar{z}f$, l'opérateur N de symbole $\bar{z}z'$ mais l'on trouve aussi l'hamiltonien libre H_o de symbole de Wick.

$$H_o^W(\bar{z},z') = (\bar{z},(\omega)z') \tag{6.4}$$

La règle de composition des symboles (5.29) et le théorème de bijection (5.7) nous montre que H_o est le composé de trois opérateurs.

$$\Delta_o \xrightarrow{A} \Delta_1 \xrightarrow{(\omega.)} \Delta_1 \xrightarrow{A^\star} \Delta_o$$

où l'opérateur central a été défini en (4.7).

(6.5) PROPOSITION.

Le champ libre ϕ_o de [14] est tel que pour tout $f \in S(M(s+1))$, $\phi_o(f)$ est l'intégrale de Dunford-Bourbaki de la fonction $x \longrightarrow \phi(x)$ à valeurs dans l'espace complet Op, par rapport à la mesure $f(x)\,dx$

En effet comme l'application symbole est un isomorphisme vectoriel topologique de Op sur $H(\bar{S} \times S)$, il suffit de vérifier que pour tout f le symbole de Wick de $\phi_o(f)$ coïncide pour tout f avec la fonction sesquiholomorphe

$$\phi_o^W(x,\bar{z},z')\ f(x)\ dx \tag{6.6}$$

Utilisant (6.3) et introduisant la transformée de Fourier $f(k)$ $\tilde{f}(k)$ de f, on obtient

$$(2\pi)^{1/2}\ [(R\tilde{f},z) + (R(\tilde{f}^v),\bar{z})]$$

où R désigne l'opérateur de restriction à C_m^+ des fonctions définies sur $M(s+1)$ et où l'indice v indique le changement de k en $-k$. D'où

$$\int \phi_o(x)\ f(x)\ dx = (2\pi)^{1/2}\ [A(R\tilde{f}) + A^{\star}\ R(\tilde{f}^v)] \tag{6.7}$$

De la même manière on peut définir l'opérateur $A(x)$ en tout point de x, de manière à ce que Af soit l'intégrale de $A(x)$ par rapport à $f(x)\,dx$. Vu (4.8), il apparaît (sans calcul) que $\phi_o(f)$ est un représenté pas un opérateur de multiplication dans $L^2(X)$. La théorie des champs de bosons [15] fait intervenir des perturbations de l'hamiltonien. Dans cette théorie pour toute $g \in \mathfrak{D}(\mathbb{R}^s)$ on cherchait d'abord à définir un hamiltonien tronqué s'écrivant formellement avec $\lambda > 0$

$$H_g = H_o + H_I \qquad \text{avec} \qquad H_I = \frac{\lambda}{4}\int_{\mathbb{R}^s} :\phi_o(x)^4:\ g(x')\ dx' \tag{6.8}$$

6.2. PRODUITS DE WICK.

(6.9) DEFINITION :

Soient $Q \in Op(k,\ell)$ et $R \in Op(\ell,m)$. Alors leur produit de Wick : est défini comme l'opérateur $:RQ: \in Op(k,m)$, dont le symbole de Wick est la fonction sesquiholomorphe

$$\bar{z},z' \longrightarrow [R^W(\bar{z},z') \otimes Q^W(\bar{z},z')]$$

où le crochet symbolise la contraction tensorielle supposée possible correspondant à l'indice ℓ.

Dans le cas particulier des opérateurs scalaires [29] cette contraction est toujours définie. On a donc quels que soient Q et R

(6.10) $$: QR :^{W} (\bar{z},z') = Q^{W}(\bar{z},z')R^{W}(\bar{z},z')$$

Le cas encore plus particulier où $Q = R$ est le champ libre $\phi_o(x)$ a été étudié extensivement dans [45] par exemple. En fait la signification mathématique de (68) est évidenté dans notre formalisme, l'hamiltonien d'intéraction est l'opérateur $H_I \in Op$ ayant pour symbole [29]

(6.11) $$H_I(\bar{z},z') = \frac{\lambda}{4}\int_{\mathbb{R}^s} \phi_o(x',\bar{z},z')^4 g(x')\, dx'$$

On peut alors montrer facilement un résultat difficile à obtenir par les méthodes usuelles [15].

(6.12) PROPOSITION.

Pour $s = 1$, l'hamiltonien tronqué H_g est auto-adjoint dans l'espace de Fock.

DEMONSTRATION :

Il a été montré dans [29] que $H_g \in Op\,\phi$ si et seulement si $s = 1$. Considéré comme un opérateur linéaire continu de Δ dans $'\Delta$, H_g coïncide avec son adjoint d'après (5.11). Donc, considéré comme un opérateur linéaire continu de Δ dans H, H_g est prolongé par son adjoint $H_g^\star : H \longrightarrow {'\Delta}$. On obtient un prolongement auto-adjoint $\tilde{H}_g$ de H_g en posant

$$D(\tilde{H}_g) = \{\varphi \in H \ , \quad H_g^\star\, \varphi \in H\}$$

et

$$\tilde{H}_g\, \varphi = H_g^\star\, \varphi \ , \qquad \text{pour toute} \quad \varphi \in D(\tilde{H}_g).$$

6.3. ETATS IMPURS DE CHAMPS QUANTIQUES.

Jusqu'ici, les travaux de théorie constructive des champs concernent seulement les états purs de champs. représentés par une fonction d'onde $\psi \in K$. En fait, les champs quantiques observés sont des mélanges d'états purs, les moyennes d'observables ne s'exprimant plus par $< \psi \, |Q| \, \psi >$ mais par $Tr(LQ)$. Or (5.27) donne justement l'expression de cette trace.

6.4. EQUATIONS AUX DERIVEES PARTIELLES.

Soit G un e.l.c.s. réel. Il apparaît aujourd'hui qu'il y a trois types d'e.d.p. relatives à G :

- a/ Des e.d.p. relatives à des fonctions définies sur G.

- b/ Des e.d.p. relatives à des mesures ou des distributions sur G.

- c/ Des théories où l'on choisit une mesure μ sur G, un sous-espace $\mathcal{E}$ de fonctions sur G, dense dans $L^2(G,\mu)$ identifié à son antidual. En considérant l'adjointe de cette injection on obtient un triplet

$$\mathcal{E}\mu \hookrightarrow L^2(G,\mu)\,\mu \hookrightarrow {}'\mathcal{E}$$

où $\mathcal{E}\mu$ par exemple désigne l'espace des mesures sur G dont la densité par rapport à μ, appartient à $\mathcal{E}$.

En dimension finie ces trois théories sont confondues car μ est une mesure de Lebesgue. En dimension infinie, les trois théories sont très différentes. Dans le cas c) on prend pour μ une mesure gaussienne ; et l'expérience montre qu'il est commode de prendre des fonctions d'épreuve holomorphes, et non pas seulement C^∞ comme en dimension finie. Nous renvoyons aux travaux [31]... [36] de B. Lascar où sont étudiées des classes d'opérateurs différentiels, alors que jusqu'ici trois ou quatre opérateurs différentiels seulement avaient été étudiés. Dans le cas c), il se produit un phénomène intéressant car spécifique à la dimension infinie.

En effet, on peut distinguer a) les opérateurs $Q(A^\star,A)$ à symbole de Wick sesquipolynomial sur $S \times S$, b) les opérateurs Q tels que $Q^W(\bar{z},z')$ admette un prolongement continu à $'S \times S$ et c) les opérateurs tels que Q^W admette un prolongement continu à $'S \times 'S$. Les exemples d'opérateurs donnés en 6.1 montrent que la classe b) est importante ; le cadre nucléaire semblant alors mieux adapté que le cadre hilbertien habituel.

6.5. ANALYSE COMPLEXE.

Comme l'opérateur $\bar{\partial}$ est un opérateur différentiel particulier, les remarques de 6.4 s'étendent ici ; d'où trois types d'anlayse complexe. Dans le cas c) on prend pour μ une mesure gaussienne complexe ν'. La tranformation θ a son analogue complexe. C'est la transformation Θ qui fait passer du noyau $Q^K = \varphi\, \nu'$ d'un opérateur $Q \in$ Optr, au symbole de Wick $Q^W = \Theta\, \varphi$ [32] [24]. Les considérations du paragraphe 4 s'étend dans ce contexte, les opérateurs fondamentaux $A^{\star}$ et A étant remplacés par ∂, $\bar{\partial}$ et leurs adjoints : voir [36].

=-=-=-=-=-=-=-=-=-=-=-=

BIBLIOGRAPHIE

[-0] V. Bargmann - Remarks on a Hilbert space of analytic functions. Proc. Nat. Acad. Sciences U.S.A. t.48 (I962) pp. I99-204

[0] V. Bargmann- On a Hilbert space of analytic functions and an associated integral transform. Part I. Comm. pure and appl. math., t.I4, I96I, p.I87-2I4 , et II t. 20, I967, p. I-IOI

[1] F.A. Berezin - The method of second quantization. Academic Press I966

[2] F. A. Berezin - Wick and anti-Wick symbols. Math. USSR Sbornik, t. I5, I97I, p. 577-606 et (en russe) Math. Sbornik t. 86 (I28), I97I, p. 578-6IO.

[3] P.J. Boland - Malgrange theorem for entire functions on nuclear spaces. Proc. of the international conference on infinite dimensional holomorphy. (I973 Lexington) p.I35-I44 Berlin, Springer Verlag I974 (Lecture notes in Mathematics 364)

[4] P. J. Boland - Holomorphic functions on nuclear spaces. Trans. Amer. Math. Soc. t. 209, I975, p. 275-280

[5] P.J. Boland-An example of a nuclear space in infinite dimensional holomorphy. Arkiv för mathematik, 15, 1, p.87-91, 1977.

[7] J.F. Colombeau et B. Perrot - Théorèmes des noyaux analytiques en dimension infinie. C.R. Acad. Sc. Paris t. 284 (28 Mars I977) Série A. p. 759-762.

[8] J.F. Colombeau et B. Perrot - Transformation de Fourier Borel et noyaux en dimension infinie. C.R. Acad. Sc. Paris t. 284 (25 Avril I977) Série A p. 963-966.

[9] J.F. Colombeau et B. Perrot - Une caractérisation de la nucléarité des espaces de fonctions holomorphes en dimension infinie.

[IO] J.F. Colombeau et B. Perrot - Transformation de Fourier Borel et réflexivité dans les espaces de fonctions Silva analytiques à valeurs vectorielles. Comptes-Rendus à paraître.

[II] J. F. Colombeau et B. Perrot (Communication personnelle. Juin I977)

[I2] J.M. Cook - The mathematics of second quantization. Trans. Amer. Math. Soc. vol. 74. (1953) pp. 222-245.

[13] T.A.W. Dwyer - Partial differential equations in Fischer. Fock spaces for the Hilbert Schmidt holomorphy type. Bull. Amer. Math. Soc. t77 (1971) p.725.730.

[14] L. Garding et A. Wightman - Fields as operator valued distributions in relativistic quantum theory. Arkiv. för Fysik. 28 (1964) p.129.184

[15] J. Glimm and A. Jaffe - The $\lambda\phi^4$ quantum theory without cut offs I. Phys. Rev. 176 (1968) p.1945.1951. II The field operators and the approximate vacuum. Ann. of Math. 91 (1970), p.362.401. III The physical vacuum.

[16] A. Grothendieck - Produits tensoriels topologiques et espaces nucléaires. Providence. American Mathematical Society 1955 (Mémoirs of the A.M.S. n°16).

[17] A. Grothendieck - Espaces vectoriels topologiques - 3ème édition Sao Paulo. Sociedade de Matematica de Sao Paulo (1964).

[18] C.J. Henrich - Duke mathematical Journal 40-2 (1973) pp.279.306.

[19] Hogbe N' Lend - Techniques de bornologie en théorie des espaces vectoriels topologiques. "Summer school on topological vector spaces". p.84.182. Berlin Springer Verlag 1973. Lecture Notes in Mathematics 331.

[19'] R. Klauder et E.C.G. Sudarshass - Fundamentals of quantum optics New-York Benjamin 1966.

[20] M. Krée - Propriété de trace en dimension infinie d'espaces du type Sobolev. C.R. Acad. Sc. Paris t.179 (1974) série A. p.157.160.

[21] P. Krée - Calcul d'intégrales et de dérivées en dimension infinie (manuscrit transmis à I. Segal en sept 1977 proposé pour publication au Journal of Functional Analysis).

[22] P. Krée - Introduction aux théories des distributions en dim. infinie Journées Géom. dim. inf. (1975- Lyon) Mémoire n°46 de la Société Math. de France (1976) pp.143.162.

[23] P. Krée - Séminaire sur les équations aux dérivées partielles en dim. in finie. (1974-1975); publié par le secrétariat math. de l'institut H. Poincaré - Paris.

[24] P. Krée - Séminaire sur les équations aux dérivées partielles en dim. infinie (1975-1976) publié par le secrétariat de math. de l'institut H. Poincaré - Paris.

[25] P. Krée - Publications de la R.C.P. 25 Université de Strasbourg (sept. 1975)

[26] P. Krée - Calcul cymbolique et seconde quantification des fonctions sesquiholomorphes - Comptes rendus A. t.284 (1977), p.25.28.

[27] P. Krée -Calcul symbolique vectoriel. Exposé en décembre 1976 au sémin. P. Krée (à paraître).

[28] P. Krée - Solutions faibles d'équations aux dérivées fonctionnelles II. Séminaire P. Lelong 1973-74 p.16.47. Berlin Springer Verlag (1975). Lecture Notes in Mathematics n°473.

[29] P. Krée et R. Raczka - Kernels and symbols of operators in quantum field theory (to appear. Annales de l'Institut H. Poincaré série B).

[29'] P. Krée - Exposé en février 1977 au Sémianire P. Lelong : à paraître dans les lectures notes.

[30] P. Krée - Théorie des distributions et holomorphie en dimension infinie. Proc. of the Symp. of infinite dimensional holomorphy (1975 - Campinas) à paraître.

[31] B. Lascar - Propriétés d'espaces de Sobolev en dimension infinie Comm. in Part. Diff. Equation 1 (6) p.561.584 (1976).

[32] B. Lascar - Une C.N.S. d'ellipticité en dimension infinie Comm. in Part. Diff. Equations 2 (1) p.31.67 (1977).

[33] B. Lascar - Exposé 11 dans la référence 24.

[34] B. Lascar - Operateurs pseudo différentiels en dimension infinie. Comptes Rendus t.284 série A (28 mars 1977) p.767.769.

[35] B. Lascar - Problèmes de Cauchy hyperboliques en dimension infinie. Séminaire Pierre Lelong 1975-76 (à paraître).

[36] M. Marias - Thèse de troisième cycle (en préparation).

[37] L. Nachbin - Topology on spaces of holomorphic mappings. Berlin Springer Verlag (1969) (Ergebnisse der mathematik 47).

[38] A. Pietsch - Nuclear locally convex spaces . Berlin Heidelberg - New-York Springer Verlag (1972) - Ergebnisse der Mathematik 66.

[39] M. Ann. Piech - Journal of Functional Analysis 18 (1975).

[40] L. Schwartz - Théorie des distributions vectorielles Ann. Inst. Fourier tomes VII et VIII.

[41] L. Schwartz - Radon measures on arbitrary topological vector spaces. Oxford University Press.

[42] I. Segal - Tensor algebras over Hilbert spaces I. Trans. Amer. Math. Soc. t.81, 1956, p.106.134.

[43] I. Segal - Mathematical characterization of the Physical vaccum for a linear Bose Einstein field . Ill. J. of Math. t.6 (1962) pp.500.523.

[44] I. Segal - La variété des solutions d'une équation hyperbolique non linéaire d'ordre deux. Collège de France 1964.1965. Publié dans le sémianire J. Leray.

[45] I. Segal - Non linear functions of weak processes. Journal of Functional analysis I. 4, p.404.456 (1969) et II vol. 6 n°1, août 1970, p.29.75.

[46] I. Segal - Illinois Journal of math. 6 (1962) p.500.523.

[47] J.M. Souriau - Structure des systèmes dynamiques. Collection Dunod Université Dunot Paris (1970).

[48] L. Walbroeck - (oeuvre non publiée).

[49] N. Wiener - The homogeneous chaos. Amer. J. Math. vol.60 (1939) p.897.936.

Universite de Paris VI,
Place Jussieu, Paris 5o,
France.

SOME EXPONENTIAL MOMENTS WITH APPLICATIONS TO DENSITY ESTIMATION, THE EMPIRICAL DISTRIBUTION FUNCTION, AND LACUNARY SERIES.

by J. Kuelbs
Mathematics Department
University of Wisconsin
Madison, WI 53706

1. Introduction. If $\{Y_j\}$ is a sequence of vector valued random variables, $\{a_j\}$ a sequence of positive constants, and

$$M = \sup_n \left\| \frac{Y_1 + \cdots + Y_n}{a_n} \right\| ,$$

then in [7] we examined when $E(\Phi(M)) < \infty$ under various conditions on Φ, $\{Y_j\}$, and $\{a_j\}$. In particular, when $\Phi(u) = \exp(Au^2)$ for $A > 0$ and $a_n = \sqrt{2n \log \log n}$ $(n \geq 3)$ the integrability of $\Phi(M)$ is a delicate question which has a number of applications to rates of convergence results in density estimation and to the empirical distribution function. In fact, we will see that a number of such results are really theorems about the relationship between the law of the iterated logarithm (LIL) and the strong law of large numbers (SLLN) for bounded stochastic processes. Of course, the interpretation of the LIL as a rate of convergence for the SLLN is implicit in much of probability theory, but several obvious questions related to these matters involve the maximal random variable M and in the setting of vector valued random variables the results of [7] are the first available.

For the applications we have in mind we need the concept of a linear measurable space. That is, let B denote a real vector space, $\mathcal{B}$ a sigma-algebra of subsets of B, and $\|\cdot\|$ a semi-norm on B. We say the triple $(B, \mathcal{B}, \|\cdot\|)$ is a linear measurable space if

(i) addition and scalar multiplication are $\mathcal{B}$ measurable operations on B,

(ii) for all $t \geq 0$ we have $\{x \in B : \|x\| \leq t\}$ $\mathcal{B}$ measurable, and

(iii) there exists a subset F of the $\mathcal{B}$ measurable linear functionals on B such that

$$\|x\| = \sup_{f \in F} |f(x)| \qquad (x \in B) . \tag{1.1}$$

Examples of linear measurable spaces are readily available in probability theory and, of course, include the situation where B is a real separable Banach space, $\mathcal{B}$ denotes the Borel subsets of B, and $\|\cdot\|$ is the norm on B. Another important example consists of $B = D(\mathbb{R}^1)$ where $D(\mathbb{R}^1)$ denotes the real valued functions on $\mathbb{R}^1$ which are right continuous and have left-hand limits throughout $\mathbb{R}^1$. In this case $\mathcal{B}$ consists of the minimal sigma-algebra making the maps $x \to x(t)$, $t \in \mathbb{R}^1$, measurable, and we can use any of the semi-norms

$$\|x\|_T = \sup_{|t| \leq T} |x(t)|$$

where $0 \leq T \leq \infty$.

That $(D(\mathbb{R}^1), \mathcal{B}, \|\cdot\|_T)$ is actually a measurable linear space follows easily from the fact that an element in $D(\mathbb{R}^1)$ is uniquely determined by its values on any fixed countable dense subset of $\mathbb{R}^1$. Similarly, the D-spaces of functions of several variables are also linear measurable spaces.

Now assume $(B, \mathcal{B}, \|\cdot\|)$ is a linear measurable space, and $\{Y_j : j \geq 1\}$ is a sequence of independent $(B, \mathcal{B})$ valued random variables. We say $\{Y_j\}$ satisfies the bounded law of the iterated logarithm (LIL) if

$$(1.2) \qquad P(\overline{\lim_n} \|\frac{S_n}{a_n}\| < \infty) = 1$$

where $S_n = Y_1 + \cdots + Y_n$ $(n \geq 1)$, $a_n = \sqrt{2nLLn}$, and $Lx = \log x$ for $x \geq e$ and one otherwise.

If $\{Y_j : j \geq 1\}$ satisfies the LIL and we define

$$(1.3) \qquad M = \sup_n \|\frac{S_n}{a_n}\| ,$$

then we have

$$(1.4) \qquad P(M < \infty) = 1 .$$

Using (1.3) and (1.4) we see that the LIL is easily interpretable as a rate of convergence result for the strong law of large numbers. That is, if (1.4) holds then

$$(1.5) \qquad P(\lim_n \|\frac{S_n}{n}\| = 0) = 1 ,$$

and

$$(1.6) \qquad \|\frac{Y_1(\omega) + \cdots + Y_n(\omega)}{n}\| = O\left(\sqrt{\frac{2LLn}{n}}\right)$$

However, the bounding constant in (1.6) is a random variable and for (1.6) to hold uniformly in n we can only assert

$$(1.7) \qquad \|\frac{Y_1(\omega) + \cdots + Y_n(\omega)}{n}\| \leq M(\omega) \left(\sqrt{\frac{2LLn}{n}}\right)$$

For practical purposes we would like $M(\omega)$ to be a uniformly bounded quantity but, of course, that is not the case. Hence a natural question to ask is how many moments does M have?

One answer to this question is the following theorem which appears in [7].

Theorem A [7]. Let $(B, \mathcal{B}, \|\cdot\|)$ be a linear measurable space and assume $W_1, W_2, \cdots$ are independent $(B, \mathcal{B})$ valued random variables such that

a) $E(f(W_j)) = 0$ for all $f \in F$ and $j \geq 1$.

(1.8) b) $\sup_{j \geq 1} E(\exp(\beta \| W_j \|^2)) < \infty$ for some $\beta > 0$, and

c) for some sequence of positive constants $\{b_j\}$ we have

(i) $\sigma_n^2 \equiv b_1^2 + \cdots + b_n^2 \to \infty$ as $n \to \infty$,

(ii) $b_n^2 / \sigma_n^2 \to 0$ as $n \to \infty$, and

(iii) $\left\{ \sum_{j=1}^{n} b_j W_j / \sigma_n : n \geq 1 \right\}$ is bounded in probability.

If $a_n = \sqrt{2\sigma_n^2 LL\sigma_n^2}$, then there exists $\beta_0 > 0$ such that $\beta \leq \beta_0$ implies

$$E(\exp\{\beta \sup_n \| \sum_{j=1}^{n} b_j W_j / a_n \|^2\}) < \infty . \tag{1.9}$$

Furthermore, if (1.8-b) holds for all $\beta > 0$, then (1.9) holds for all $\beta > 0$.

Remark. If (1.9) holds for all $\beta > 0$, then it is obvious that (1.8-b) holds for all $\beta > 0$. The interesting thing is that the converse is also true under the reasonable assumption that $\left\{ \sum_{j=1}^{n} b_j W_j / \sigma_n : n \geq 1 \right\}$ is bounded in probability with respect to the semi-norm $\|\cdot\|$. This, for example, is always the case if the semi-norm has the type 2 property. Recall that $\|\cdot\|$ has the type 2 property on $(B, \mathcal{B})$ if for all independent centered $(B, \mathcal{B})$ valued random variables $Z_1, Z_2, \cdots$ there exists an absolute constant A such that

$$E\| \sum_{j=1}^{n} Z_j \|^2 \leq A \sum_{j=1}^{n} E\| Z_j \|^2 \quad (n \geq 1) .$$

We now turn to applications of Theorem A dealing with lacunary series and two basic estimation problems in statistics. There are other applications as well, but the potential uses of Theorem A can readily be seen from what we present here.

2. The empirical distribution function in $\mathbb{R}^1$. If $X_1, X_2, \cdots$ are independent real valued random variables with common distribution function

$$F(x) = P(X_1 \leq x) \qquad (x \in \mathbb{R}^1),$$

then the empirical distribution function based on the sample $X_1(\omega), \cdots, X_n(\omega)$ is defined by

$$\mathcal{E}_n(x, \omega) = \sum_{j=1}^{n} 1_{(-\infty, x]}(X_j(\omega))/n \qquad (x \in \mathbb{R}^1, \quad n \geq 1). \tag{2.1}$$

Of course, $\{\mathcal{E}_n(x)\}$ is a sequence of stochastic processes indexed by $\mathbb{R}^1$ and for each $x \in \mathbb{R}^1$

$$E(\mathcal{E}_n(x)) = F(x).$$

Hence by the law of large numbers $\{\mathcal{E}_n(x) : n \geq 1\}$ is a pointwise estimate of $F(x)$, i.e. with probability one we have that

$$\lim_n |\mathcal{E}_n(x) - F(x)| = 0 \qquad (x \in \mathbb{R}^1).$$

Furthermore, if F is continuous it is easy to see that we actually have with probability one that

$$\lim_n \sup_x |\mathcal{E}_n(x) - F(x)| = 0.$$

A result of Chung [3] gives us a rate of convergence of $\mathcal{E}_n$ to F when F is continuous as it asserts that if

$$D_n = \sup_x |\mathcal{E}_n(x) - F(x)|, \tag{2.2}$$

then

$$P\left\{\overline{\lim_n} \sqrt{\frac{n}{2 \log \log n}}\, D_n = \frac{1}{2}\right\} = 1.$$

Hence we have with probability one that

$$D_n = O\left(\sqrt{\frac{\log \log n}{n}}\right). \tag{2.3}$$

Now the bounding random variable which yields (2.3) uniformly in n is precisely M as given in (1.3) provided

259

$$(2.4) \qquad Y_j(x,\omega) = 1_{(-\infty,x]}(X_j(\omega)) - F(x) \qquad (j \geq 1,\ x \in \mathbb{R}^1).$$

That is, then

$$(2.5) \qquad M = \sup_n \sqrt{\frac{n}{2 \log \log n}}\, D_n ,$$

and it is known [6] that $\sum_{j=1}^{n} Y_j/\sqrt{n}$ is stochastically bounded in $(D(\mathbb{R}^1), \mathcal{B}, \|\cdot\|_\infty)$ so an easy application of Theorem A with $W_j = Y_j$ and $b_j \equiv 1$ gives:

<u>Theorem B</u> [7]. Let $X_1, X_2, \cdots$ be independent real valued random variables with common distribution function F. Then, for all $\beta > 0$ we have

$$(2.6) \qquad E(\exp\{\beta M^2\}) < \infty$$

where M is defined as above.

<u>Remark</u>. Theorem B has an exact analogue when $X_1, X_2, \cdots$ are i.i.d. $\mathbb{R}^d$ valued random variables, which is stated in [7]. Of course, its proof is an immediate result of Theorem A.

3. <u>Density estimation</u>.

Suppose $X_1, X_2, \cdots$ is an i.i.d. sequence of real valued random variables with common probability density function $f(x)$ $(x \in \mathbb{R}^1)$, and distribution function F. A problem of considerable practical importance and also of theoretical interest is the estimation of $f(x)$ through some statistic based, of course, on the observed sequence $\{X_k\}$. Such statistics are frequently called empirical density functions and we will also use this terminology.

There is a great deal of literature on this subject and we urge the reader to examine [1], [10], [11], [13], and [16] for background as well as further references. The paper [1] and some recent work by P. Révész in [12] deals with the problem of determining limit theorems for the empirical density function, but this paper considers only the more classical problem of obtaining a uniform estimate for the density.

The uniform estimates we obtain are as good, or, in most cases, better than those available in the literature, and our method of proof also yields the additional new fact that the estimates when centered at their mean have exponential moments. Moreover, we can also handle the situation where there is some "noise" in the observations $\{X_k\}$. In addition we point out that these results have immediate analogues when $X_1, X_2, \cdots$ are i.i.d. $\mathbb{R}^d$ valued random variables. For details on the multi-dimensional results see [8].

The estimates we form to approximate $f(x)$ follow those used extensively in regard to this problem. That is, given a weight function K and $\{h_n\}$ a sequence of positive numbers such that $\lim_n h_n = 0$ we define

$$(3.1) \qquad f_n(x) = \frac{1}{nh_n} \sum_{j=1}^{n} K\left(\frac{x - X_j}{h_n}\right) \qquad (x \in \mathbb{R}^1) .$$

Then $\{f_n : n \geq 1\}$ is a sequence of stochastic processes (statistics) on $\mathbb{R}^1$ depending on the observed sequence $\{X_j\}$, and we use them to estimate the probability density function $f(x)$.

Later we will assume the observed sequence $\{X_j\}$ is of the form $X_j = Z_j + N_j$ where $\{Z_j\}$ is an i.i.d. sequence and $\{N_j\}$ is an independent "noise process". Under certain conditions we can use the sequence $\{X_j\}$ to estimate the common probability density of the $\{Z_j\}$, but first we consider the i.i.d. case where $X_j = Z_j$ and $N_j \equiv 0$.

If $h(x)$ is any real valued function on $\mathbb{R}^1$ we define the bounded Lipschitz norm of h to be

$$(3.2) \qquad \|h\|_{BL} = \sup_{x \in \mathbb{R}^1} |h(x)| + \sup_{x \neq y} \frac{|h(x) - h(y)|}{|x - y|}$$

To simplify the statements of our theorems we label some assumptions as follows:

(A1) $\{h_n\}$ is a sequence of positive numbers converging to zero.

(A2) the kernel K is a probability density function defined on $\mathbb{R}^1$ such that

a) K is right continuous and of bounded variation on $\mathbb{R}^1$, and

b) $\int_{\mathbb{R}^1} |u| K(u)du < \infty$.

(A3) the kernel K satisfies (A2), $\int_{\mathbb{R}^1} uK(u)du = 0$, and $\int_{\mathbb{R}^1} u^2 K(u)du < \infty$.

<u>Theorem C</u>. Let $\{X_j\}$ be an i.i.d. sequence of $\mathbb{R}^1$ valued random variables having probability density function f such that $\|f\|_{BL} < \infty$. Let $\{f_n\}$ be the sequence of estimators defined in (3.1) and assume (A1) and (A2) hold. Then

$$\text{(i)} \qquad \sup_{x \in \mathbb{R}^1} |f_n(x) - Ef_n(x)| = O\left(\sqrt{\frac{\log \log n}{n}} \Big/ h_n\right) .$$

(ii) $$M \equiv \sup_n \sup_{x \in \mathbb{R}^1} |f_n(x) - Ef_n(x)| \sqrt{\frac{n}{\log \log n}}\ h_n$$

is a random variable such that for all $\beta > 0$

$$E(\exp\{\beta M^2\}) < \infty .$$

(iii) for $h_n = n^{-1/4}$ we have

$$\sup_{x \in \mathbb{R}^1} |f_n(x) - f(x)| = O(n^{-1/4}\sqrt{\log \log n}) .$$

(iv) for every $\beta > 0$ we have

$$\lim_n E(\exp\{\beta \sup_{x \in \mathbb{R}^1} |f_n(x) - f(x)|^2\}) = 1$$

provided $\{h_n\}$ is such that $\sqrt{\frac{\log \log n}{n}} / h_n \to 0$ as $n \to \infty$.

Proof. Given $f_n(x)$ as in (3.1) we have

$$Ef_n(x) = \int_{\mathbb{R}^1} K\left(\frac{x-v}{h_n}\right) f(v)dv/h_n \quad . \tag{3.3}$$

Setting $u = (x - v)/h_n$ we have by applying (A2) that

$$\begin{aligned} \sup_{x \in \mathbb{R}^1} |Ef_n(x) - f(x)| &= \sup_{x \in \mathbb{R}^1} \left| \int_{\mathbb{R}^1} K(u)[f(x - h_n u) - f(x)]du \right| \\ &\le \|f\|_{BL} h_n \int_{\mathbb{R}^1} |u| K(u)du = O(h_n) . \end{aligned} \tag{3.4}$$

Setting $h_n = n^{-1/4}$ we have from (3.4) that (iii) holds as soon as we establish (i) . Furthermore, once (i) is established, then (3.4) and (ii) immediately yield (iv) .

If $\mathcal{E}_n$ denotes the empirical distribution function of $X_1, \cdots, X_n$ as in (2.1) , then

$$\begin{aligned} \sup_{x \in \mathbb{R}^1} |f_n(x) - Ef_n(x)| &= \sup_{x \in \mathbb{R}^1} \frac{1}{h_n} \left| \int_{\mathbb{R}^1} K\left(\frac{x-y}{h_n}\right) d(\mathcal{E}_n - F)(y) \right| \\ &\le \sup_{y \in \mathbb{R}^1} |\mathcal{E}_n(y) - F(y)| \operatorname{Var}(K)/h_n \end{aligned} \tag{3.5}$$

where $\operatorname{Var}(K)$ denotes the variation of K and the above inequality is the result of an integration by parts and that $\lim_{|u| \to \infty} K(u) = 0$.

$$= O(n^{-\frac{1}{2}}(\log \log n)^{\frac{1}{2}}/h_n)$$

where the last equality follows from Theorem B . Thus (i) holds, and (ii) also follows directly from (3.5) and Theorem B . Hence the proof is complete.

Theorem D. Let $\{X_j\}$ be an i.i.d. sequence of $\mathbb{R}^1$ valued random variables having probability density function f such that f(x) , f'(x) , and f''(x) are uniformly bounded on $\mathbb{R}^1$. If (A1) and (A3) hold, then with $h_n = n^{-1/6}$ we have

$$\sup_{x \in \mathbb{R}^1} |f_n(x) - f(x)| = O(n^{-1/3} \cdot (\log\log n)^{1/2}) .$$

The proof of Theorem D follows immediately from (i) of Theorem C and a standard application of Taylor's expansion. For details see [8].

Now let $\{Z_k\}$ and $\{N_k\}$ be independent sequences of independent $\mathbb{R}^1$ valued random variables such that $\{Z_k\}$ is i.i.d., Z_k has probability density function g(x) , and N_k has distribution function $H_k(x)$, $x \in \mathbb{R}^1$, $k \geq 1$. Assume $\{X_k = Z_k + N_k\}$ is the sequence of independent $\mathbb{R}^1$-valued random variables which we can observe and use to estimate g(x) in the presence of the "noise" $\{N_k : k \geq 1\}$.

The estimates we form to approximate g(x) are of the form

$$g_n(x) = \frac{1}{nh_n} \sum_{j=1}^{n} K\left(\frac{x - X_j}{h_n}\right) \qquad (x \in \mathbb{R}^1) \tag{3.6}$$

where $\{h_n\}$ is a sequence of positive numbers converging to zero and K is a weight function. Naturally, we must make some assumption on the behavior of the "noise process" $\{N_j\}$, since otherwise there is no reason to believe that the values of $\{X_j\}$, when used in (3.6) , will tell us much about g(x). Of course, if $N_j \equiv 0$ for $j \geq 1$, then $X_j \equiv Z_j$ and our problem is the classical one considered above.

Therefore, an assumption regarding the smallness of the noise process is in order, and it takes the form:

(A4) If $H_j(x)$ is the distribution function of N_j for $j \geq 1$, then

$$c_n \equiv \sup_{\|f\|_{BL} \leq 1} \left| \frac{1}{n} \cdot \sum_{j=1}^{n} \int_{\mathbb{R}^1} f(u) dH_j(u) - f(0) \right| \to 0$$

as $n \to \infty$.

Remark. If μ is a finite Borel measure on $\mathbb{R}^1$ and

$$\|\mu\|^*_{BL} = \sup_{\|f\|_{BL} \leq 1} \left| \int_{\mathbb{R}^1} f d\mu \right| ,$$

then

$$c_n = \| \mu_n - \delta_0 \|_{BL}^*$$

where μ_n denotes the measure induced by the distribution function $\sum_{j=1}^{n} H_j/n$ and δ_0 assigns probability one to zero. For a comparison of the distance $\| \cdot \|_{BL}^*$ and the Levy-Prohorov distance between measures consider [4].

Theorem E. Let $\|g\|_{BL} < \infty$, and assume $\{g_n\}$ is the sequence of estimators defined in (3.6) with (A1), (A2), and (A4) holding. Further, assume the kernel K vanishes off some bounded subset of $\mathbb{R}^1$. Then, for each $T > 0$, we have

(i) $\sup_{|x| \leq T} |g_n(x) - Eg_n(x)| = O(n^{-1/2}(\log\log n)^{1/2} \frac{1}{h_n})$.

(ii) $M_T \equiv \sup_n \sup_{|x| \leq T} |g_n(x) - Eg_n(x)| \sqrt{\frac{n}{\log \log n}}\, h_n$

is such that for all $\beta > 0$

$$E(\exp\{\beta M_T^2\}) < \infty . \tag{3.7}$$

(iii) $\sup_{|x| \leq T} |g_n(x) - g(x)| = O(\max(c_n, h_n, \sqrt{\frac{\log \log n}{n}} / h_n))$.

(iv) for every $\beta > 0$ we have

$$\lim_n E(\exp\{\beta \sup_{|x| \leq T} |g_n(x) - g(x)|^2\}) = 1$$

provided $\{h_n\}$ is such that $\sqrt{\frac{\log \log n}{n}} / h_n \to 0$ as $n \to \infty$.

Proof. Given $g_n(x)$ as in (3.6) we have

$$Eg_n(x) = \frac{1}{nh_n} \sum_{j=1}^{n} \int_{\mathbb{R}^1} K\left(\frac{x - v}{h_n}\right) \rho_j(v)dv \tag{3.8}$$

where $\rho_j(v) = \int_{\mathbb{R}^1} g(v - \lambda)dH_j(\lambda)$ is the probability density of $X_j = Z_j + N_j$.

Hence with $u = (x - v)/h_n$ we have

$$\sup_{x \in \mathbb{R}^1} |Eg_n(x) - g(x)| = \sup_{x \in \mathbb{R}^1} \left|\frac{1}{n} \sum_{j=1}^{n} \int_{\mathbb{R}^1} K(u)\, \rho_j(x - h_n u)du - g(x)\right|$$

$$= \sup_{x \in \mathbb{R}^1} \left| \int_{\mathbb{R}^1} K(u) \left[\sum_{j=1}^{n} \frac{\rho_j(x - h_n u)}{n} - g(x) \right] du \right| \tag{3.9}$$

since $\int_{\mathbb{R}^1} K(u)du = 1$. Now uniformly for $y \in \mathbb{R}^1$ we have from (A4) that

$$\sum_{j=1}^{n} \rho_j(y)/n = g(y) + O(c_n) . \tag{3.10}$$

Inserting (3.10) into (3.9) we have

$$\begin{aligned} \sup_{x \in \mathbb{R}^1} |Eg_n(x) - g(x)| &= O(c_n) + \sup_{x \in \mathbb{R}^1} \left| \int_{\mathbb{R}^1} K(u)[g(x - h_n u) - g(x)]du \right| \\ &= O(c_n) + \|g\|_{BL} h_n \int_{\mathbb{R}^1} |u| K(u)du \\ &= O(\max(c_n, h_n)) . \end{aligned} \tag{3.11}$$

From (3.11) we will immediately have (3.7 - iii) as soon as we establish (3.7 - i). Furthermore, once (3.7 - i) is established, then (3.7 - ii) and (3.11) immediately yield (iv).

Let $\tilde{F}_n$ denote the empirical distribution function of $X_1, \cdots, X_n$. Then

$$\tilde{F}_n(s) = \sum_{j=1}^{n} 1_{(-\infty, s]}(X_j)/n \qquad (-\infty < s < \infty)$$

and for all $T > 0$ we have

$$\sup_{|x| \le T} |g_n(x) - Eg_n(x)| = \sup_{|x| \le T} \frac{1}{h_n} \left| \int_{\mathbb{R}^1} K\left(\frac{x-y}{h_n}\right) d(\tilde{F}_n(y) - \bar{F}_n(y)) \right| \tag{3.12}$$

where $\bar{F}_n(y) = \sum_{j=1}^{n} G_j(y)/n$ and $G_j(y) = P(X_j \le y)$ for $j = 1, \cdots, n$ and $y \in \mathbb{R}^1$. Integrating the right hand side by parts and taking Γ sufficiently large so that $|x| \ge \Gamma$ implies $K(x) = 0$ we have

$$\sup_{|x| \le T} |g_n(x) - Eg_n(x)| \le \frac{C}{h_n} \sup_{|y| \le T + \Gamma} |\tilde{F}_n(y) - \bar{F}(y)| \, \mathrm{Var}(K) \tag{3.13}$$

where $\mathrm{Var}(K)$ denotes the variation of K. Applying Theorem A we have that

$$\sup_{|y| \le T + \Gamma} |\tilde{F}_n(y) - \bar{F}(y)| = O(n^{-1/2}(\log\log n)^{1/2}) \tag{3.14}$$

provided

$$\left\{ \sum_{j=1}^{n} [1_{(-\infty, y]}(X_j) - G_j(y)]/\sqrt{n} : n \ge 1 \right\} \tag{3.15}$$

is bounded in probability in the linear measurable space $(D(\mathbb{R}^1), \mathcal{B}, \|\cdot\|_T)$.

Here $D(\mathbb{R}^1)$ is the space of real-valued functions defined on $\mathbb{R}^1$ which are right continuous and have left-hand limits, $\mathcal{B}$ is the minimal sigma-algebra making all the maps $f \to f(t)$ measurable, and $\|\cdot\|_T$ is the semi-norm

$$(3.16) \qquad \|f\|_T = \sup_{|t| \leq T+\Gamma} |f(t)| .$$

That the sequence of random variables in (3.10) is bounded in probability in $(D(\mathbb{R}^1), \mathcal{B}, \|\cdot\|_T)$ means that

$$(3.17) \qquad \lim_{\lambda \to \infty} \sup_n P(\| \sum_{j=1}^{n} 1_{(-\infty, y]}(X_j) - G_j(y)\|_T \geq \lambda \sqrt{n}) = 0 ,$$

and to demonstrate (3.17) we use the techniques of Theorem 15.4 and Theorem 15.6 in [2].

That is, applying these techniques on the interval $[-T - \Gamma, T + \Gamma]$ instead of $[0, 1]$ we have (3.17) if we prove that

$$(3.18) \qquad \sup_n E\{|Z_n(t) - Z_n(t_1)|^2 |Z_n(t_2) - Z_n(t)|^2\} \leq \Lambda(t_2 - t_1)^2$$

for all $t_1 \leq t \leq t_2$, and some fixed constant $\Lambda < \infty$ where

$$(3.19) \qquad Z_n(t) = \sum_{j=1}^{n} [1_{(-\infty, t]}(X_j) - G_j(t)]/\sqrt{n} \qquad (-\infty < t < \infty) .$$

Using the ideas of [2] we fix $t_1 \leq t \leq t_2$ and let

$$(3.20) \qquad \begin{aligned} P_{j1} &= G_j(t) - G_j(t_1) \qquad (1 \leq j \leq n) , \\ P_{j2} &= G_j(t_2) - G_j(t) \qquad (1 \leq j \leq n) . \end{aligned}$$

Furthermore, let α_j be $1 - P_{j1}$ or $-P_{j1}$ according as X_j is in $(t_1, t]$ or not, and let β_j be $1 - P_{j2}$ or $-P_{j2}$ according as X_j is in $(t, t_2]$ or not. Then (3.20) follows by proving

$$(3.21) \qquad E\{(\sum_{j=1}^{n} \alpha_j)^2 (\sum_{j=1}^{n} \beta_j)^2\} \leq \Lambda n^2 (t_2 - t_1)^2 .$$

Since $X_1, X_2, \cdots$ are independent, the pairs (α_j, β_j) are independent vectors. Further (α_j, β_j) takes the values $(1 - P_{j1}, -P_{j2})$, $(-P_{j1}, 1 - P_{j2})$, and $(-P_{j1}, -P_{j2})$ with corresponding probabilities P_{j1}, P_{j2}, and $1 - P_{j1} - P_{j2}$.

Now $E\alpha_j = 0$ and $E\beta_j = 0$ so we have

$$(3.22) \qquad E\{(\sum_{j=1}^{n} \alpha_j)^2 (\sum_{j=1}^{n} \beta_j)^2\} = \sum_{j=1}^{n} E(\alpha_j^2 \beta_j^2) + \sum_{1\le i \ne j \le n} E(\alpha_i^2)E(\beta_j^2)$$

$$+ \sum_{1 \le i \ne j \le n} 4E(\alpha_i\beta_i)E(\alpha_j\beta_j) .$$

Further, $G_j(s) = \int_{-\infty}^{s} \rho_j(v)dv$ where

$$\rho_j(v) = \int_{\mathbb{R}^1} g(v - \lambda)dH_j(\lambda) ,$$

and since $\|g\|_{BL} < \infty$ we have $C > 0$ such that

$$|G_j(s_2) - G_j(s_1)| \le C|s_2 - s_1|$$

for all $s_1, s_2 \in \mathbb{R}_1$. Hence

$$(3.23) \qquad P_{j1} \le C(t_2 - t_1) \qquad (1 \le j \le n)$$

and

$$(3.24) \qquad P_{j2} \le C(t_2 - t_1) \qquad (1 \le j \le n) .$$

Now

$$E(\alpha_j^2\beta_j^2) = P_{j1}(1 - P_{j1})^2 P_{j2}^2 + P_{j2}P_{j1}^2(1 - P_{j2})^2 + P_{j1}^2P_{j2}^2(1 - P_{j1} - P_{j2})$$

$$(3.25) \qquad \le 3P_{j1}P_{j2} ,$$

$$E(\alpha_i^2)E(\beta_i^2) = P_{i1}(1 - P_{i1})P_{j2}(1 - P_{j2}) \le P_{i1}P_{j2} ,$$

and

$$E(\alpha_i\beta_i)E(\alpha_j\beta_j) = P_{i1}P_{j1}P_{i2}P_{j2} \le P_{i1}P_{j2} .$$

Combining (3.22), (3.23), (3.24) and (3.25) we have (3.21) with $\Lambda = 6C^2$. Thus (3.18) holds, and the proof of (3.14) is complete.

Inserting (3.14) into (3.13) we immediately have (3.7 - i) and, furthermore, by Theorem A we also have (3.7 - ii). Thus the proof is complete as (iii) and (iv) follow easily from what we have proved.

<u>Theorem F</u>. Let $g(x)$, $g'(x)$, and $g''(x)$ be uniformly bounded on $\mathbb{R}^1$. Further, assume (A1), (A3), (A4), and that the kernel K vanishes off some bounded

subset of $\mathbb{R}^1$. If $h_n = n^{-1/6}$ then

$$\sup_{|x| \leq T} |g_n(x) - g(x)| = O(\max(c_n, (\log\log n)^{1/2} n^{-1/3})) \tag{3.26}$$

for each $T > 0$.

Using (3.11) the proof of Theorem F is exactly as that for Theorem C, and [8] can be consulted for details.

4. Some results for lacunary series. Probabilistic independence and various group theoretic notions of lacunarity have often been interchangeable conditions in certain theorems in probability theory and harmonic analysis. There are many such examples of this and in [9] we explored two recent results involving the Rademacher functions $\{r_j(t) : j \geq 1\}$ — which are independent random variables — and their analogues for lacunary variables.

A sample of these results are the exponential moments obtained in the next theorem. First, however, we need some notation.

In what follows B will denote a complex Banach space, G a compact abelian group, and $\{r_j(t) : j \geq 1\}$ the Rademacher functions on $[0,1]$. The characters on G will be denoted by χ and the dual group itself by X. dg stands for the normalized Haar measure on G.

The subset $\Delta \subseteq X$ is said to be a Sidon set if every bounded complex valued function on Δ is the restriction to Δ of the Fourier transform of a complex measure on G with finite total variation.

Since G is a compact abelian group we know X is a discrete locally compact abelian group and further that X has an abundance of Sidon sets. For example, each Hadamard lacunary sequence of exponential functions $\{\exp(\pm i n_k t) : n_{k+1}/n_k \geq q > 1\}$ is an example of a Sidon set when G is the circle group.

For more facts on Sidon sets consult either [5] or [14] as well as other basic monographs on abstract harmonic analysis.

Theorem G. Let $\Delta = \{\chi_j : j \geq 1\} \subset X$ be a Sidon set and assume $\{x_j\}$ is a fixed bounded sequence in B. If $\{c_j : j \geq 1\}$ is a sequence of non-negative numbers such that

$$\text{(4.1)}\qquad \begin{aligned}&\text{(i)}\quad \sigma_n^2 \equiv c_1^2 + \cdots + c_n^2 \to \infty \quad \text{as} \quad n \to \infty,\\ &\text{(ii)}\quad c_n^2/\sigma_n^2 \to 0 \quad \text{as} \quad n \to \infty, \quad \text{and}\\ &\text{(iii)}\quad \{\sum_{j=1}^{n} c_j r_j(t) x_j/\sigma_n : n \geq 1\} \text{ is bounded in probability,}\end{aligned}$$

then for all complex sequences $\{\alpha_j\}$ with $\sup_j |\alpha_j| < \infty$ we have

$$\text{(4.2)}\qquad \int_G \exp\{\beta \sup_n \| S_n(g)/a_n \|^2\} dg < \infty$$

where $a_n = \sqrt{2\sigma_n^2 LL\sigma_n^2}$, $n \geq 1$, and

$$\text{(4.3)}\qquad S_n(g) = \sum_{j=1}^{n} \alpha_j c_j \chi_j(g) x_j \qquad (n \geq 1) .$$

The next result is an immediate corollary of Theorem G and gives us additional information beyond that given in the classical result of Salem and Zygmund [15].

Corollary. Let $\{x_j : j \geq 1\}$ be a fixed bounded sequence in B and $\{c_j : j \geq 1\}$ a sequence of non-negative constants such that (4.1 - i, ii, iii) hold. If $\{n_j : j \geq 1\}$ is a sequence of positive integers which is a Sidon set, and $\{a_j\}$ and $\{b_j\}$ are complex sequences such that

$$\text{(4.4)}\qquad c_j^2 = |a_j|^2 + |b_j|^2 \qquad (j \geq 1) ,$$

then for all $\beta > 0$

$$\text{(4.5)}\qquad \int_0^{2\pi} \exp\{\beta \sup_n \| S_n(u)/d_n \|^2 du < \infty$$

where $d_n = \sqrt{2\sigma_n^2 LL\sigma_n^2}$ and

$$\text{(4.6)}\qquad S_n(u) = \sum_{j=1}^{n} [a_j \cos n_j u + b_j \sin n_j u] x_j \qquad (n \geq 1) .$$

Further results involving lacunary series and proofs can be found in [9].

Bibliography

[1] Bickel, P. J. and Rosenblatt, M. (1973), On some global measures of the deviations of density function estimates, Annals of Statistics, Vol. 1, 1071-1095.

[2] Billingsley, P. (1968), Convergence of probability measures, John Wiley & Sons, New York.

[3] Chung, K. L. (1949), An estimate concerning the Kolmogorov limit distribution, Trans. Amer. Math. Soc., Vol. 67, 36-50.

[4] Dudley, R. M. (1968), Distances of probability measures and random variables, Annals of Mathematical Statistics, Vol. 39, 1563-1572.

[5] E. Hewitt and K. A. Ross, Abstract Harmonic Analysis II, Springer-Verlag, Berlin-Heidelberg-New York, 1967.

[6] Kiefer, J. (1961), On large deviations of the empiric distribution function of vector chance variables and a law of the iterated logarithm, Pacific J. of Math., Vol. 11, 649-660.

[7] J. Kuelbs, Some exponential moments of sums of independent random variables, Trans. Amer. Math. Soc. (to appear).

[8] Kuelbs, J. (1976), Estimation of the multi-dimensional probability density function; Mathematics Research Center Technical Report #1646, University of Wisconsin, Madison.

[9] Kuelbs, J. and Woyczynski, W., Lacunary series and exponential moments, submitted for publication.

[10] Nadaraya, É. A. (1965), On non-parametric estimates of density functions and regression curves, Theory of Probability and Its Applications, Vol. 10, 186-190.

[11] Parzen, E. (1962), On estimation of a probability density and mode, Ann. Math. Statistics, Vol. 33, 1065-1076.

[12] Révész, P. (1976), On multivariate empirical density functions, preprint.

[13] Rosenblatt, M. (1971), Curve estimates, Annals of Mathematical Statistics, Vol. 42, 1815-1842.

[14] W. Rudin, Fourier Analysis on Groups, Interscience Tracts in Pure and Appl. Math., no. 12, New York, 1962.

[15] R. Salem and A. Zygmund, La loi du logarithme itéré pour les séries trigonométriques lacunaires, Bull. Sci. Math. 74 (1950), 209-224.

[16] Schuster, E. F. (1969), Estimation of a probability density function and its derivatives, Annals of Mathematical Statistics, Vol. 40, 1187-1195.

Differential Calculus for Measures on Banach Spaces

Hui-Hsiung Kuo

Department of Mathematics
Wayne State University
Detroit, Mi. 48202, U.S.A.
and
Department of Mathematics
Louisiana State University
Baton Rouge, La. 70803, U.S.A.

1. Introduction.

The study of differential equations for functions of infinitely many variables leads naturally to distribution theory on infinite dimensional spaces. Several kinds of test functions and the corresponding distributions have been introduced by Alvarez [1], Berezanskii and Samoilenko [4], Dudin [7, 8], Elson [10], Fomin [12], Krée [30] and Kuo [18]. In the infinite dimensional case there is no natural way to regard bounded measurable functions as distributions because the Lebesgue measure does not exist. Thus one cannot expect to represent certain distributions, e.g. harmonic distributions, by smooth functions. However, finite Borel measures can be regarded as distributions in the natural way. It is then desirable to develop differential calculus for measures so that, in particular, harmonic distributions can be represented by smooth measures. The notion of differentiable measures was first introduced by Fomin [11, 13] and studied in details by Averbuh, Smoljanov and Fomin [2, 3]. Differentiable measures and differential equations for them have also been studied by Daleckii and Fomin [6], Kuo [16, 21] and Uglanov [26, 27, 28, 29].

Formally, the derivative of a Borel measure μ on a topological vector space V can be defined by considering the limit $\lim_{\epsilon \to 0} \epsilon^{-1}\{\mu(A + \epsilon v) - \mu(A)\}$ for v in V and a Borel subset A of V. Denote the limit by $\mu'(A)(v)$ if it exists. Thus μ' is a V*-valued Borel measure. If $V = \mathbb{R}^n$ then μ is differentiable iff μ is absolutely continuous with respect to Lebesgue measure and its density is a.e. differentiable. Thus in the finite dimensional case, differential calculus for measures reduces to ordinary calculus for functions. However, if V is an infinite dimensional locally convex Polish space then there is no nonzero Borel measure which is differentiable in all directions [2, Proposition 5. 1. 3.]. Thus in the infinite dimensional case we have to consider differentiation in certain directions. Moreover, there are examples showing that two measures are differentiable in the same directions and yet singular to each other. Hence in the infinte dimensional case, differential calculus for measures has to be studied for its own sake.

In this expository lecture we will give a brief survey of this topic and prove a new result for differential operators associated with differentiable measures with logarithmic derivatives. We will consider only the Borel measures on an abstract Wiener space [14, 17]. This is justified by the facts that an abstract Wiener space (H, B) carries a family $\{p_t\ ;\ t > 0\}$ of probability measures which generate a Brownian motion on B and that any real separable Banach space can be regarded as an abstract Wiener space.

2. H-differentiable measures.

A real-valued function g defined on an open subset G of B is said to be k-th H-differentiable at a point x in G if the function $f(h) = g(x + h)$, $h \in (G - x) \cap H$, is k-th Frechet differentiable at the origin. g is said to be k-th H-differentiable on G if it is k-th H-differentiable at every point in G. The j-th $(1 \le j \le k)$ H-derviative $g^{(j)}(x)$ of g at x is defined to be the j-th Frechet derivative of f at the origin. It is shown in [18, Theorem 1] that a bounded uniformly continuous function on B can be approximated uniformly by infinitely H-differentiable functions g such that for each $n \ge 0$, $g^{(n)}$ is bounded and Lip-1 from B into the space $L^n_{(2)}(H)$ of n-linear maps of Hilbert-Schmidt type on H. (See also [23, 31]).

Let U be an open subset of B. A subset A of U is said to be properly bounded in U if A is bounded and in case $U \neq B$, dist $(A, U^c) > 0$. $\mathcal{B}_0(U)$ will denote the collection of properly bounded Borel subsets of U. A local measure on U is defined to be a set function μ from $\mathcal{B}_0(U)$ into $\mathbb{R}$ such that the restriction of μ to any properly bounded open subset of U is a Borel measure. Obviously, any real Borel measure on U is a local measure on U.

Definition 2.1. A local measure μ on U is said to be k-th H-differentiable if (i) for any bounded uniformly continuous function f with support properly bounded in U, $\mu f(x) = \int_U f(x+y)\,\mu(dy)$ is k-th H-differentiable at the origin and (ii) for any sequence $\{f_n\}$ of uniformly continuous functions converging to zero pointwise and boundedly with $\bigcup_n \operatorname{supp} f_n$ properly bounded in U, $\lim_{n\to\infty} (\mu f_n)^{(j)}(0)(h_1,\cdots,h_j) = 0$ for all $h_1,\cdots, h_j \in H$ and $1 \le j \le k$.

It is shown in [16 Theorem 1] that a local measure μ on U is k-th H-differentiable if and only if for each $1 \le j \le k$ there exists a unique set function $\mu^{(j)}$ from $\mathcal{B}_0(U)$ into the space $L_s^j(H)$ of symmetric j-linear continuous maps of H such that for any $h_1,\cdots, h_j$ in H, $\mu^{(j)}(\cdot)(h_1, \cdots, h_j)$ is a local measure on U and for any A in $\mathcal{B}_0(U)$,

$$\mu(A+h) = \mu(A) + \sum_{j=1}^{k} \frac{1}{j!}\,\mu^{(j)}(A)(h, \cdots, h) + o(|h|^k), \quad h \in H.$$

$\mu^{(j)}$ is called the j-th derivative of μ. It is finitely additive from $\mathcal{B}_0(U)$ into $L_s^j(H)$. For example, the Wiener measure p_t is infinitely H-differentiable with $p_t'(A)(h) = -t^{-1}\int_A (h, x)\, p_t\,(dx)$ and $p_t''(A)(h_1, h_2) =$

$$t^{-1}\int_A [t^{-1}(h_1, x)(h_2, x) - \langle h_1, h_2\rangle]\; p_t\,(dx).$$

Definition 2.2. A local measure μ on U is said to be H-continuous if $\lim_{h\to 0} \mu(A+h) = \mu(A)$, $h \in H$, for any $A \in \mathcal{B}_0(U)$. μ is said to be k-th H-continuously H-differentiable if it is k-th H-differentiable and $\lim_{h\to 0} \mu^{(k)}(A+h) = \mu^{(k)}(A)$, $h \in H$, for any $A \in \mathcal{B}_0(U)$, where limit is taken in $L^k(H)$-norm.

Suppose μ is an H-continuously H-differentiable local measure on U. Then for any $A \in \mathcal{B}_0(U)$ and $h \in H$ such that $A + \lambda h \in \mathcal{B}_0(U)$ for all $0 \le \lambda \le 1$,

$$\mu(A+h) - \mu(A) = \int_0^1 \mu'(A+\lambda h)(h)\, d\lambda .$$

Therefore, we have the following mean value theorem for μ :

$$|\mu(A+h) - \mu(A)| \leq |h| \sup_{0 \leq \lambda \leq 1} |\mu'(A+\lambda h)| .$$

Moreover, when $U = B$,

$$\|\mu(\cdot + h) - \mu(\cdot)\| (B) \leq \|\mu'(\cdot)(h)\| (B),$$

where $\|\nu\|$ denotes the total variation of ν.

3. Some elementary properties.

It is proved in [16, Theorem 2] that for any bounded continuous function f on U which is H-differentiable with bounded continuous H-derivative and supp f properly bounded in U,

$$\int_U f'(x)(h)\, \mu(dx) = - \int_U f(x)\, \mu'(dx)(h), \qquad h \in H.$$

By using the truncation method and [18, Theorem 3], we can generalize this result to the following theorem. The special case for $\mu = p_t$ (the Wiener measure) and an application to Fourier-Wiener transform have appeared in [15].

Theorem 3.1. (Integration by parts). (a). Let μ be an H-differentiable local measure on U. Suppose f is an H-differentiable, measurable function vanishing outside a properly bounded subset of U and is $\mu'(\cdot)(h)$ - integrable for some h in H. Then $f'(\cdot)(h)$ is μ-integrable and

$$\int_U f'(x)(h)\, \mu(dx) = - \int_U f(x)\, \mu'(dx)(h).$$

(b). Let μ be an H-differentiable measure on U. Suppose f is $\mu'(\cdot)(h)$-integrable and H-differentiable on U. Then $f'(\cdot)(h)$ is μ-integrable and

$$\int_U f'(x)(h)\, \mu(dx) = - \int_U f(x)\, \mu'(dx)(h).$$

Next, we discuss the chain rule for differentiable measures [21]. It is motivated by the following consideration. Let W be a differentiable manifold modelled on (H, B). Let m be a real Borel measure on W. Naturally, one defines m to be differentiable if for any chart (φ, C), $m_\varphi = m \circ \varphi^{-1}$ is H-differentiable on $\varphi(C)$. But what is the relation between the H-derivatives m_φ' and m_ψ' for another chart map ψ ? This leads to the following problem: Suppose θ is an H-differentiable homeomorphism from U onto V and ν is an H-differentiable local measure on V, is then $\mu = \nu \circ \theta$ H-differentiable? And what is the relation between μ' and ν' ?

In order for μ to be H-differentiable, we have to assume that θ is a twice H-differentiable homeomorphism and satisfies the following conditions: (i) for each x in U, $\theta'(x) \in L(H;H)$ and is invertible, and θ' is Borel measurable, (ii) for each x in U, $\theta''(x) \in L^2(H; H)$ and the bilinear map $(h, k) \longmapsto \langle \theta''(x)(h, \cdot), k\rangle$ from $H \times H$ into H is trace class type, and θ'' is measurable. For $x \in U$ and $h \in H$, define a bilinear form $J_\theta(x)(h)$ on H by $J_\theta(x)(h)(k_1, k_2) = \langle \theta''(x)(\theta'(x)^{-1}k_1, h), k_2\rangle$, $k_1, k_2 \in H$. We will use $\hat{J}_\theta(x)(h)$ to denote the bounded linear operator of H associated with $J_\theta(x)(h)$. Let $\mathcal{T}(H)$ denote the Banach space of trace class operators of H.

<u>Theorem 3.2</u>. (The chain rule). Let θ be a twice H-differentiable homeomorphism from U onto V satisfying the above conditions (i) and (ii). Let ν be an H-differentiable local meassure on V and $\mu = \nu \circ \theta$. Assume that θ satisfies also the following conditions: (iii) $\theta(A) \in \mathcal{B}_0(V)$ for all $A \in \mathcal{B}_0(U)$, (iv) over every properly bounded subset of U; θ' and $(\theta')^{-1}$ are bounded in operator norm, θ' is Bartle $\nu' \circ \theta$-integrable and $\hat{J}_\theta$ taking values in $L(H; \mathcal{T}(H))$ is Bochner μ-integrable. Then μ is an H-differentiable local measure on U and its H-derivative is given by

$$\mu'(dx)(h) = \nu' \circ \theta(dx)(\theta'(x)h) + (\text{trace } \hat{J}_\theta(x)(h))\mu(dx), \quad h \in H.$$

<u>Remarks</u>:

(1). If we identify the dual space L(H) of H with H, then it follows from Pettis' theorem [9, p.318] that μ' is an H-valued local measure on U. Therefore, the above formula can be rewritten as

$$\mu'(dx) = \theta'(x)^* \nu' \circ \theta(dx) + (\text{TRACE } J_\theta(x))\, \mu(dx),$$

where * denotes the adjoint and TRACE $J_\theta(x) = \sum_n \langle \theta''(x)(\theta'(x)^{-1} e_n, \cdot), e_n \rangle$ for any orthonormal basis $\{e_n\}$ of H.

(2). Let $d\mu'/d\mu$ denote the logarithmic derivative of μ (see Section 6 below for the definition). Then we have

$$\frac{d\mu'}{d\mu}(x) = (\theta'(x)^*)^{\sim} \frac{d\nu'}{d\nu}(\theta(x)) + \text{TRACE } J_\theta(x),$$

where ~ denotes the extension by continuity of an operator of H to an operator of B if it exists. This formula gives the transformation rule for the logarithmic derivative of a differentiable measure m on the manifold W and is used in [20] to construct a diffusion process on W associated with m.

Convolution can be defined for a measurable function f and a measure μ and for two measures μ and ν formally as follows:

$$f * \mu(x) = \int_B f(x - y)\, \mu(dy), \qquad x \in B,$$

$$\mu * \nu(A) = \int_B \mu(A - x)\, \nu(dx), \qquad A \in \mathcal{B}(B).$$

It can be proved easily that if f is bounded and μ is H-differentiable then $f * \mu$ is H-differentiable and

$$(f * \mu)'(x)(h) = \int_B f(x - y)\, \mu'(dy)(h), \qquad h \in H.$$

When $\mu = p_t$, the Wiener measure, $\mu'(dy)(h) = -t^{-1}(h, y)\, p_t(dy)$ and the above formula becomes

$$(f * p_t)'(x)(h) = -t^{-1} \int_B f(x - y)(h, y)\, p_t\,(dy), \qquad h \in H.$$

In fact, this equality is proved in [19, Theorem 1] to hold for any function f such that $f(x - \cdot) \in L^2\,(p_t)$, $x \in B$. For the convolution of two measures, suppose μ and ν are two real Borel measures on B and μ is H-differentiable. Then $\mu * \nu$ is H-differentiable and

$$(\mu * \nu)'(dx)(h) = (\mu'(\cdot)(h) * \nu(\cdot))(dx), \qquad h \in H.$$

Other elementary properties of differentiable measures and the Fourier transform have been studied in [2, 16].

4. Weyl's lemma.

In this section we present infinite dimensional extensions of Weyl's lemma for the Laplacian [10, Theorem (2. 7)] and for the number operator [18, Theorem 8]. Let U be an open subset of B. We consider the following two classes of test functions: (a) $\mathcal{D}(U)$ consists of all infinitely H-differentiable functions f on U such that supp$f$ is properly bounded in U and for each $k \geq 0$, $f^{(k)}: U \to L^k(H)$ is bounded and continuous, and (b) $\mathcal{J}(U)$ consists of all infinitely H-differentiable functions f on U such that supp f is properly bounded in U and for each $k \geq 0$, $f^{(k)}: U \to L^k(H)$ is bounded and Lip-1. Obviously, $\mathcal{J}(U) \subset \mathcal{D}(U)$. We define a topology on $\mathcal{D}(U)$ as follows : A sequence $\{f_n\}$ is said to converge to $f \in \mathcal{D}(U)$ if $\bigcup_n$ **supp** f_n is properly bounded in U and for each $k \geq 0$, $f_n^{(k)}$ converges to $f^{(k)}$ in $L^k\,(H)$ pointwise and boundedly on U. We endow $\mathcal{J}(U)$ with the induced topology from $\mathcal{D}(U)$. Thus we have two spaces $\mathcal{D}'(U)$ and $\mathcal{J}'(U)$ of distributions consisting of continuous linear functionals on $\mathcal{D}(U)$ and $\mathcal{J}(U)$, respectively. Obviously, $\mathcal{D}'(U) \subset \mathcal{J}'(U)$. We use $\langle \varphi, f \rangle$ to denote the value of a distribution φ at a test function f.

Let π_ϵ be the hitting measure on the sphere $\{x \in B;\ \|x\| = \epsilon\}$ of a Wiener process $W(t)$ in B starting at the origin [17, p.170]. It can be shown that if

f is a test function on U then $\pi_\epsilon f(x) = \int_{\|y\| = \epsilon} f(x+y) \; \pi_\epsilon(dy)$ is also a test function on U for all small $\epsilon > 0$.

A distribution φ in $\mathcal{J}'(U)$ is said to have Laplacian if there is a distribution ψ in $\mathcal{J}'(U)$ such that the following limit exists for each $f \in \mathcal{J}(U)$ and

$$\langle \psi, f \rangle = 2\, c^{-1} \lim_{\epsilon \downarrow 0} \epsilon^{-2} \{ \langle \varphi , \pi_\epsilon f \rangle - \langle \varphi , f \rangle \} ,$$

where c is the expectation of the first exit time from the unit ball for the Wiener process $W(t)$. ψ is unique and will be denoted by $\Delta^* \varphi$.

Theorem 4.1. (Elson [10]). If $\varphi \in \mathcal{J}'(U)$ is Δ-harmonic, i.e. $\Delta^*\varphi = 0$, then there exists a unique local measure μ on U such that

$$\langle \varphi, f \rangle = \int_U f(x)\, \mu(dx), \qquad f \in \mathcal{J}(U).$$

Moreover, μ is infinitely H-differentiable.

From quantum field point of view, the differential operator N defined formally by $Nf(x) = -\operatorname{trace} f''(x) + (f'(x), x)$ is more relevant. It is well-known that $L^2(p_1)$ is unitary isomorphic to the real Fock space and that the differential operator N corresponds to the number operator (see, e.g. [22 Lecture 5 or 24]). For the precise definition of N acting on $L^2(p_1)$, see [23]. Our concern here is to define $N^*\varphi$ for a distribution φ .

Note that if $f \in \mathcal{J}(U)$ then $f'(x) \in B^*$ for all x in U. Here B^* is embedded in H via restriction and the Riesz representation theorem. Therefore, the natural pairing $(f'(x), x)$ makes sense. In fact, the differential operator d given by $df(x) = (f'(x), x)$ is continuous from $\mathcal{J}(U)$ into $\mathcal{D}(U)$. Hence we have $d^* : \mathcal{D}'(U) \to \mathcal{J}'(U)$. Define $N^* : \mathcal{D}'(U) \to \mathcal{J}'(U)$ by $N^*\varphi = -\Delta^*\varphi + d^*\varphi$ if φ has Laplacian.

Theorem 4.2. (Kuo [18]). If $\varphi \in \mathcal{D}'(U)$ is N-harmonic, i.e. $N^*\varphi = 0$, then there exists a unique local measure μ on U such that

$$\langle \varphi, f \rangle = \int_U f(x)\, \mu(dx), \qquad f \in \mathcal{D}(U).$$

Moreover, μ is infinitely H-differentiable.

5. Differential equations for differentiable measures.

Differential equations for measures have been studied mostly by Russian mathematicians [3, 6, 8, 13, 26, 27, 28]. Consider the following simple Cauchy problem

$$\begin{cases} \partial\mu(t)/\partial t = \frac{1}{2} \text{ trace } \mu''(t) \\ \mu(0) = \nu , \end{cases}$$

where for each t, $\mu(t)$ is a real measure on B and $\mu''(t)$ is the second H-derivative of $\mu(t)$. By taking Fourier transform to both sides of the above equation, it can be checked easily that $\mu(t)$ must be $p_t * \nu$ (cf. [16, pp. 197-198]), where p_t is the Wiener measure of variance t. However, as mentioned in Section 2 that p_t'' is given by

$$p_t''(A)(h_1, h_2) = t^{-1} \int_A [t^{-1}(h_1,x)(h_2, x) - \langle h_1, h_2 \rangle] \quad p_t(dx).$$

Obviously, $p_t''(A)$ is not a trace class bilinear form (dim H= ∞). Therefore, it is not appropriate to consider the above Cauchy problem in the strong sense. Instead, one should consider it in the distribution sense. In general, this is the case when one studies differential operators acting on measures. We shall discuss a particular example, i.e. infinite dimensional Kolmogorov's forward equation (cf. [6]).

Consider the differential operator D and the corresponding stochastic differential equation

$$Df(x) = \text{trace } A(s, x) f''(x) + \langle \sigma(s, x), f'(x) \rangle ,$$

$$dX(t) = \{2 A(t, X(t))\}^{\frac{1}{2}} dW(t) + \sigma(t, X(t)) dt,$$

where $A(s, x)$ is a positive definite linear operator of H and $\sigma(s, x)$ is a vector in H. For the technical assumptions on A and σ, see [17, p. 202]. Let $q(s, x, t, dy)$ be the transition probability of the solution $X(t)$ of the above stochastic differential equation. The formulation of Kolmogorov's backward equation is similar to the finite dimensional case. However, the finite dimensional forward equation uses the transition density which does not exist in infinite dimensional spaces. Thus we have to formulate Kolmogorov's forward equation differently.

For each t, $A(t, \cdot)$ is an $L(H; H)$-valued function. We will assume that $A(t, \cdot)$ is twice H-differentiable so that $A'(t, \cdot)$ and $A''(t, \cdot)$ take values in $L(H; L(H; H))$ and $L(L(H; H); L(H; H))$, respectively. Let $L_{(1)}(K)$ and $L_{(2)}(K)$ denote the trace class operators and the Hilbert-Schmidt operators of K, respectively. Assume that $A'(t, y) \in L(H; L_{(1)}(H))$ and $A''(t, y) \in L_{(1)}(L_{(2)}(H))$. We assume also that for each t, $\sigma(t, \cdot)$ is H-differentiable and $\sigma'(t, y) \in L_{(1)}(H)$. Under these assumptions, we have the well-defined measure derivatives **$[A(t,y)q(s,x,t,dy]''$ and $[\sigma(t,y)q(s,x,t,dy)]'$ provided that $q(s,x,t,\cdot)$ is twice H-differentiable.**

<u>Theorem 5.1</u>. Suppose the above assumptions hold and for each $f \in \mathcal{J}(B)$, $\int_B A(t, y) f(z + y) q(s, x, t, dy)$ is a twice H-differentiable function of z in B with second H-derivative in the trace class operators of H. Then the following holds as distributions in $\mathcal{J}'(B)$

$$\partial q(s, x, t, dy)/\partial t = \text{Tr}[A(t, y) q(s, x, t, dy)]'' - \text{tr} [\sigma(t, y) q(s,x,t,dy)]',$$

where Tr and tr denote the trace of operators in $L_{(1)}(L_{(2)}(H))$ and $L_{(1)}(H)$, respectively.

The Dirichlet problem for differentiable measures can be formulated as follows. Let U be a bounded open subset of B with boundary ∂U. Let ν be a given Borel measure on ∂U. The problem is to find a Δ-harmonic (or N-harmonic) measure μ on U such that ν is the surface measure on ∂U induced by μ. For the definition of surface measure on ∂U induced by a measure on U, see [25, § 27].

6. Differential operators arising from measures.

Let μ be a local measure on an open subset U of B. Let $Q_n = \{x \in U;$ dist $(x, U^c) > \frac{1}{n}$ and $\|x\| < n\}$. Then $Q_n \in \mathcal{B}_0(U)$ for all n and if $C \in \mathcal{B}_0(U)$ then $C \subset Q_n$ for some n. We can apply the Jordan-Hahn decomposition theorem to the restriction μ_n of μ to Q_n, i.e. there exists $A_n \subset Q_n$ such that $\mu_n^+(C) = \mu_n(A_n \cap C)$ and $\mu_n^-(C) = -\mu_n(A_n^c \cap C)$ for $C \in \mathcal{B}(Q_n)$. It is easy to see that we can arrange the A_n's so that $A_n = A_{n+1} \cap Q_n$. Let $A = \bigcup_n A_n$. Then $A_n = A \cap Q_n$. For $C \in \mathcal{B}_0(U)$, we define $\mu^+(C) = \mu_n^+(C)$ and $\mu^-(C) = \mu_n^-(C)$ when $C \subset Q_n$. Obviously, μ^+ and μ^- are well-defined local measures on U such that $\mu^+(C) = \mu(A \cap C)$ and $\mu^-(C) = -\mu(A^c \cap C)$ for $C \in \mathcal{B}_0(U)$. This is the Jordan-Hahn decomposition theorem for a local measure. It is easy to prove (see [2, p. 159]) that if μ is H-differentiable then μ^+ and μ^- are also H-differentiable. Hence the total variation $\|\mu\| = \mu^+ + \mu^-$ is also an H-differentiable local measure on U.

Let μ be an H-differentiable local measure on U. The same argument as in the proof of [2, p. 160 Theorem 2.6.5.] shows that for any h in H, $\mu'(\cdot)(h)$ is absolutely continuous with respect to the total variation $\|\mu\|$ of μ. Hence there exists a Borel measurable function $\alpha(h)$ on U such that $\mu'(dx)(h) = \alpha(h)(x) \|\mu\|(dx)$, $h \in H$. But by the same consideration as in the previous paragraph we can show that $\mu(dx) = \lambda(x) \|\mu\|(dx)$, $\lambda = \pm 1$ a.e. $\|\mu\|$. Hence $\|\mu\|(dx) = \lambda(x)\mu(dx)$, and so $\mu'(dx)(h) = \alpha(h)(x)\lambda(x)\mu(dx)$. μ is said to have logarithmic derivative if there exists a Borel measurable function θ from U into B such that $\alpha(h)(x)\,\lambda(x) = (\theta(x), h)$ a.e. $\|\mu\|$ for all $h \in B^*$. Here $B^* \subset H \subset B$ and $(\ ,\ )$ denotes the natural pairing of B^* and B. θ is uniquely determined a.e. $\|\mu\|$. It is called the logarithmic derivative [25, p. 121] and denoted by $d\mu'/d\mu$, or by θ_μ below. For example, $dp_1'/dp_1\,(x) = -x$.

In the rest of this section μ will denote a positive H-differentiable local measure on B with H-differentiable logarithmic derivative θ_μ and $|\theta_\mu'|$ is bounded. We want to define a differential operator D_μ acting on $L^2(\mu)$:

$$D_\mu f(x) = -\operatorname{tr} f''(x) - (\theta_\mu(x), f'(x)).$$

Note that $(\theta_\mu(x), f'(x))$ makes sense when $f'(x) \in B^*$. But, in general, $f'(x) \in H$ for an H-differentiable function. In fact, we will not interpret the two terms for D_μ separately. We will define $D_\mu f$ as the $L^2(\mu)$- limit of a Cauchy sequence in $L^2(\mu)$. In the following we will use $|T|$ and $\|T\|$ to denote the uniform operator norm and the Hilbert-Schmidt operator norm of T, respectively.

<u>Lemma 6.1</u>. Let ν be a positive, differentiable local measure on $\mathbb{R}^n$ with differentiable logarithmic derivative θ_ν and $|\theta_\nu'|$ is bounded. Let $f \in L^2(\nu)$ have derivatives f' and f'' a.e. with $|f'|$ and $\|f''\|$ in $L^2(\nu)$. Then

$$\int_{\mathbb{R}^n} [\operatorname{tr} f''(x) + \langle \theta_\nu(x), f'(x)\rangle]^2\, \nu(dx) =$$

$$\int_{\mathbb{R}^n} (\|f''(x)\|^2 - \langle \theta_\nu'(x) f'(x), f'(x)\rangle)\, \nu(dx).$$

To define $D_\mu f$, first we assume that μ has the following decomposition property: there exists a sequence $\{P_n\}$ of finite dimensional orthogonal projections of H with range in B^* converging strongly to the identity in H such that for each n, $\mu = \mu_n \times \nu_n$, where μ_n and ν_n are local measures on $(I - P_n)B$ and P_nB, respectively. It is easy to see that ν_n is differentiable and $\theta_{\nu_n}(y) = P_n \theta_\mu(y)$ for $y \in P_n B$. Let $f \in L^2(\mu)$ have H-derivatives f' and f'' a.e. with $\|f''\|$ and $|f'|$ in $L^2(\mu)$. Define a sequence $\{\xi_n\}$ of measurable functions on B by

$$\xi_n(x) = - \operatorname{tr} P_n f''(x) - (\theta_\mu(x), P_n f'(x)).$$

Using the decomposition property of μ and the above lemma for ν_n, we can show that for $n \geq m \geq 1$,

$$\int_B [\xi_m(x) - \xi_n(x)]^2 \mu(dx)$$

$$= \int_B \{\|(P_m - P_n)f''(x)\|^2 - \langle \theta_\mu'(x)(P_m - P_n)f'(x), (P_m - P_n)f'(x)\rangle\} \mu(dx)$$

and

$$\int_B \xi_n(x)^2 \mu(dx) = \int_B \{\|P_n f''(x)\|^2 - \langle \theta_\mu'(x) P_n f'(x), P_n f'(x)\rangle\} \mu(dx).$$

The first equality shows that $\{\xi_n\}$ is a Cauchy sequence in $L^2(\mu)$. We define $D_\mu f$ to be the $L^2(\mu)$-limit of $\{\xi_n\}$. The second equality above shows that as $n \to \infty$,

$$\int_B (D_\mu f(x))^2 \mu(dx) = \int_B \{\|f'(x)\|^2 - \langle \theta_\mu'(x) f'(x), f'(x)\rangle\} \mu(dx).$$

Thus we have proved the following theorem.

Theorem 6.1. Let μ be a positive H-differentiable local measure on B with H-differentiable logarithmic derivative θ_μ and $|\theta_\mu'|$ is bounded. Assume that μ has the decomposition property with projections $\{P_n\}$ stated above. Let $\mathcal{D} = \{f \in L^2(\mu);\ f'$ and f'' exist a.e. with $|f'|$ and $\|f''\|$ in $L^2(\mu)\}$. Then for each $f \in \mathcal{D}$, the sequence

$$\xi_n(x) = - \operatorname{tr} P_n f''(x) - (\theta_\mu(x), P_n f'(x))$$

is Cauchy in $L^2(\mu)$. If $D_\mu f$ denotes the $L^2(\mu)$- limit of $\{\xi_n\}$, then

$$\int_B (D_\mu f(x))^2 \mu(dx) = \int_B \{\|f''(x)\|^2 - \langle\theta_\mu'(x)f'(x), f'(x)\rangle\} \mu(dx).$$

Finally, we make two remarks : (1) The Wiener measure p_1 satisfies the hypothesis of the above theorem and $\theta_{p_1}(x) = - x$ so that $\theta_{p_1}'(x) = - I$. The corresponding differential operator is called the number operator N and we have

$$\int_B (N f(x))^2 p_1(dx) = \int_B \{\|f''(x)\|^2 + |f'(x)|^2\} p_1(dx).$$

(2) The same computation in the proof of the above theorem works equally well for a measure $\tilde{\mu}(dx) = e^{\varphi(x)} \mu(dx)$, where μ is as in the theorem and φ is twice H-differentiable with $|\varphi''|$ bounded and e^φ is μ-integrable on any bounded subset of B. Therefore, Theorem 6.1 holds for $\tilde{\mu}$. In general, $\tilde{\mu}$ does not have the decomposition property.

References

1. J.I. Alvarez, The Riesz decomposition theorem for distributions on a Wiener space, Ph. D. Thesis, Cornell University, Ithaca, N. Y. (1973)

2. V. I. Averbuh, O.G. Smoljanov and S. V. Fomin, Generalized functions and differential equations in linear spaces, I. differentiable measures, Trans. Moscow Math. Soc. 24 (1971), 140-184.

3. V. I. Averbuh, O.G. Smoljanov and S. V. Fomin, Generalized functions and differential equations in linear spaces, II. differential operators and their Fourier transforms, Trans. Moscow Math. Soc. 27 (1972), 255-270.

4. Yu. M. Berezanskii and Yu. S. Samoilenko, Nuclear spaces of functions of

infinitely many variables, Ukrainian Math. J. 25 (1973), 599-609.

5. Ju. L. Daleckiĭ, Infinite-dimensional elliptic operators and the corresponding parabolic equations, Russian Math. Surveys 22 (1967), no. 4, 1-53.

6. Ju. L. Daleckiĭ and S. V. Fomin, Generalized measures in Hilbert space and Kolmogorov's forward equation, Soviet Math. Dokl. 13 (1972), no. 4, 993-997.

7. D. N. Dudin, Theory of distributions on Hilbert space, Uspehi Mat. Nauk 27 (1972), no.2, 169-170.

8. D. N. Dudin, Generalized measures or distributions on Hilbert space, Trans. Moscow Math. Soc. 28 (1973), 133-157.

9. N. Dunford and J. T. Schwartz, Linear operators, I. General theory, Interscience, N. Y. 1958.

10. C.M. Elson, An extension of Weyl's lemma to infinite dimensions, Trans. Amer. Math. Soc. 194 (1974), 301-324.

11. S. V. Fomin, Differentiable measures in linear spaces, Uspehi Mat. Nauk 23 (1968), no. 1, 221-222.

12. S. V. Fomin, Generalized functions of infinitely many variables and their Fourier transform, Uspehi Mat. Nauk 23 (1968) no. 2, 215-216.

13. S. V. Fomin, A Fourier transform method for functional differential equations, Soviet Math. Dokl. 9 (1968), 951-953.

14. L. Gross, Abstract Wiener spaces, Proc. Fifth Berkeley Sympos. Math. Statist. and Probability, vol. II , part 1 (1965), 31-42.

15. H. - H. Kuo, Integration by parts for abstract Wiener measures, Duke Math J. 41 (1974), 373-379.

16. H. - H. Kuo, Differentiable measures, Chinese J. Math. 2 (1974), 188-198.

17. H. - H. Kuo, Gaussian measures in Banach spaces, Lecture Notes in Math. Vol. 463, Springer-Verlag (1975).

18. H. - H. Kuo, Distribution theory on Banach space, Proc. First International Conference on Probability in Banach Spaces, Oberwolfach (1975), Lecture Notes in Math. Vol. 526 (1976), 143-156, Springer-Verlag.

19. H. - H. Kuo, On Gross differentiation on Banach spaces, Pacific J. Math. 59 (1975), 135-145.

20. H. - H. Kuo, Uhlenbeck-Ornstein process on a Riemann-Wiener manifold, Proc. International Sympos. on Stochastic Differential Equations, Kyoto (1976), (to appear).

21. H. - H. Kuo, The chain rule for differentiable measures, Studia Math. (to appear).

22. H. - H. Kuo, Integration in Banach space, Lecture notes delivered in Math. Dept. Univ. Texas at Austin (1977).

23. M. Ann Piech, The Ornstein-Uhlenbeck semigroup in an infinite dimensional L^2 setting, J. Functional Analysis 18 (1975), 271-285.

24. I. E. Segal, Tensor algebras over Hilbert spaces, Trans, Amer. Math. Soc. 81 (1956), 106-134.

25. A. V. Skorohod, Integration in Hilbert space, English transl., Springer-Verlag, 1974.

26. A. V. Uglanov, The heat equation for measures in a rigged Hilbert space, Moscow Univ. Math. Bulletin, 26 (1971), no.1-2, 42-48.

27. A. V. Uglanov, Differentiable measures in a rigged Hilbert space, Moscow Univ. Math. Bulletin, 27 (1972), no. 5-6, 10-18.

28. A. V. Uglanov, Differential equations with constant coefficients for generalized measures on Hilbert space, Math. USSR Izv. 9 (1975), no.2, 414-440.

29. A. V. Uglanov, Second-order differential equations for functions of an infinite-dimensional argument, Soviet Math. Dokl. 17 (1976), no. 5, 1264-1267.

30. P. Krée, Théories des Distributions et Calculs Différentiels sur un Espace de Banach, Seminaire P. Lelong (Analyse), 15e année, 1974/75.

31. B. Lascar, Propriétés d'espaces de Sobolev en dimension infinie, C. R. Acad. Sc. Paris, t. 280 (1975), Série A, 1587-1590.

ÉQUATIONS AUX DÉRIVÉES PARTIELLES EN DIMENSION INFINIE

par Bernard L A S C A R*
Universite de Paris VI, Place Jussieu, Paris 5°, France.

Le but de cet exposé est de donner au lecteur des idées sur les problèmes et les méthodes d'équations aux dérivées partielles sur un espace de Hilbert.

Les équations aux dérivées partielles en dimension finie sont étroitement liées à la mesure de Lebesgue (identification de la fonction f avec la distribution fdx);et d'ailleurs du point de vue technique elles font très largement appel à la dimension de l'espace (l'intégration par parties jusqu'à la dimension de l'espace est par exemple une technique de base dans la théorie des opérateurs pseudo-différentiels et Fourier-Intégraux).

Le problème, en dimension infinie, se pose donc sur deux plans: le premier est de définir des objets (distributions ou fonctions) qui sont les solutions des équations aux dérivées partielles; l'autre est de mettre au point des techniques qui donnent par exemple des constantes indépendantes de la dimension dans les diverses inégalités dont est faite la théorie. Ceci peut conduire à des méthodes nouvelles en dimension finie.

Pour le premier problème les travaux de P. Krée [15] ... [18] nous ont été d'une grande utilité.

Nous avons choisi le cadre hilbertien car il met en évidence les problèmes spécifiques de la dimension infinie sans que l'on soit gêné par des topologies compliquées.

On peut envisager 3 aspects qui sont usuellement confondus en dimension finie :

1) équations pour des fonctions

2) équations pour des mesures ou des mesures généralisées.

*Centre de Math.,Ecole Polytechnique, 91128-PALAISEAU France

Ces deux théories sont en dualité.

3) Lorsqu'on équipe l'espace E d'une mesure ν , si $\mathcal{E}$ désigne un espace de fonctions d'épreuves on a $\mathcal{E}\nu \subset L^2_\nu(E)\nu \subset \mathcal{E}'$, ce qui permet de considérer une fonction comme une mesure et d'identifier 1) et 2). L'inconvénient est qu'alors la théorie que l'on développe dépend de cette mesure. La puissance des méthodes L^2 nous a amené à developper l'aspect 3) au paragraphe II) où l'on obtient des résultats généraux pour des problèmes elliptiques ou hyperboliques (le cas parabolique doit se traiter de même) par des méthodes qui utilisent à la fois des paramétrix et des inégalités à priori.

Au paragraphe III) on s'intéresse à l'aspect 1), 2) et l'on construit des paramétrix pour des opérateurs elliptiques qui donnent des résultats d'hypoellipticité et de résolubilité dans des espaces C^α et dans des espaces de distributions. Ces résultats là peuvent être reliés à ceux de L. Gross [10] , M. Visik [2] [26]. Nous avons enfin mentionné le cas de théorèmes d'existence et d'unicité pour des opérateurs à coefficients analytiques, les méthodes se réferent à l'un ou l'autre des aspects précédents.

Il semble que malheureusement certains opérateurs, comme le Laplacien Δ, ne puissent être raisonnablement considérés comme auto-adjoints non bornés dans L^2 et soient donc seulement justifiables de méthodes C^α .

Nous exposons ici les résultats de [20]... [25] obtenus par l'auteur.

I) Notations.

Le cadre est celui d'un triplet $E' \overset{i'}{\hookrightarrow} X' \simeq X \overset{i}{\hookrightarrow} E$ d'espaces hilbertiens réels séparables, dont les normes sont $\| \|'$, $| |$, $\| \|$; i est injective de Hilbert Schmidt et à image dense. $(x|y)$ est le produit scalaire dans X. On notera ν_t la mesure de Radon sur E image de la mesure cylindrique gaussienne de variance t de X (ν si $t=1$). On utilisera également le triplet complexifié : $E'^c \overset{i'^c}{\hookrightarrow} X'^c \simeq X^c \overset{i^c}{\hookrightarrow} E^c$, on notera Z la variable de E^c. $\nu_c(Z)$ (ou $\nu(Z)$...) lorsqu'il n'y a pas d'ambiguïtés) la mesure image dans E^c de la mesure gaussienne de variance $1/2$ de X^c.

Nous noterons $(e_n)_{n \in \mathbb{N}}$ une base hilbertienne de X telle que $j(e_n) = 1/a_n \, e_n$ avec $\sum_n 1/a_n^2 = 1$, où j est un opérateur de Hilbert Schmidt dans X symétrique et positif tel que $i = \ell o j$ où ℓ est isométrique $X \mapsto E$; on note que $e_n \in E'$ et que $\|e_n\| = 1/a_n$.

On notera $E \hat{\otimes} F$ le complété pour la norme hilbertienne de $E \hat{\otimes} F$ lorsque E et F sont des hilberts; $E \hat{\otimes}_\pi F$ sera le complété projectif. On notera $\hat{\odot}_j E$ les tenseurs de Hilbert Schmidt de E symétriques d'ordre j.

On désigne par $\mathcal{J}$ l'espace des multi-indices $\alpha = (\alpha_1, \ldots \alpha_n \ldots)$ où les α_j sont nuls sauf un nombre fini d'entre eux et $|\alpha| = \alpha_1 + \alpha_2 \ldots$.

Si $x \in E$ on écrit $x^\alpha = x_1^{\alpha_1} \ldots x_n^{\alpha_n} \ldots$ si $x = \sum_{i=1}^{\infty} x_i e_i$. On écrit

$$e_\alpha = \frac{\alpha!}{j!} \sum_{(i_1, \ldots i_j) \in I_\alpha} e_{i_1} \otimes \ldots \otimes e_{i_j} = \mathrm{sym}\,(e_1^{\alpha_1} \otimes \ldots \otimes e_n^{\alpha_n})$$

pour $|\alpha| = j$, $\alpha \in \mathcal{J}$; avec

$$I_\alpha = \left\{ (i_1, \ldots, i_j) \in \mathbb{N}^j \,\middle|\, \text{tels que } \alpha_1 \text{ d'entre eux valent } 1, \ldots ; \alpha_n \text{ valent } n, \ldots \right\}.$$

De sorte que $(e_\alpha | x) = x^\alpha$; $\| e_\alpha \|^2_{\hat{\odot}_j E} = \frac{\alpha!}{j!} \frac{1}{a^{2\alpha}}$.

Nous noterons $C_b^{\infty}(E,F)$ l'espace des fonctions C^{∞} Fréchet differentiables dont toutes les dérivées sont uniformément bornées sur E, lorsque E et F sont des espaces de Banach. On utilisera la notion de fonction X differentiable sur E (voir L. Gross[10])(c'est à dire differentiable dans les directions de X en chaque point de E).

II) Méthodes L^2 en dimension infinie.

1) Espaces $K^s(X)$.

Le point de départ est constitué par les espaces de Sobolev $K^s(X)$ (voir [14], [16] et [20]) dont l'intérêt essentiel est qu'ils constituent le domaine des opérateurs N^S où $N = \Delta - x\,\mathrm{grad}$ est l'opérateur nombre de particules .

Définition 1 .

$$F^s(X^c)=\left\{\emptyset(z)\in\mathcal{H}(X^c) \mid \emptyset(z)=\sum_{j=o}^{\infty}\frac{D^j\emptyset(0).z^j}{j!} \text{ tel } \|\emptyset\|_s^2=\sum_{j=o}^{\infty}(1+j)^s\frac{|D^j\emptyset(0)|_j^2}{j!}<+\infty\right\}$$

où $\mathcal{H}(X^c)$, est l'espace fonctions entières sur X^c, $|\ |_j$ désigne la norme de $\hat{\otimes}_j X^c$. Pour s=o on obtient l'espace Fock .

$$F(X^c)=\left\{\emptyset\in\mathcal{H}(X^c) \mid \sup_i\int_{X_i^c}|\emptyset(z)|^2\,d\nu_i(z)=\|\emptyset\|_0^2<+\infty\right\}$$ qui s'identifie à un sous espace vectoriel fermé de $L^2_{\nu_c}(E^c)$.

Définition 2. L'espace $K^S(X)\nu$ est alors l'espace des distributions cylindriques T sur X telles que $\hat{T}(\xi)\, e^{+1/2\,\xi^2}\in F^s(X^c)$. $K^s(X)$ est un espace hilbertien.

Pour $s\geqslant 0$ $K^S(X)\nu$ s'identifie à un sous espace vectoriel de $L^2_\nu(E)\nu$.

On notera ainsi pour $s\in\mathbb{R}$ $T=u\nu$ $u\in K^S(X)$ est ainsi une fonction généralisée.

On prendra en fait l'habitude de confondre $K^S(X)$ et $K^S(X)\nu$.

Dans [14] il est prouvé que $u\in K^s(X)$ entraîne que

$s_i(u\nu) = u_i\,\nu_i \in K^S(X_i)$ si s_i est une projection orthogonale

$X \to Xi$ sous espace de dimension finie de X, et que $\|u\|_s^2 = \sup_i \|u_i\|_s^2$.

Si (e_i) est une base orthonormée de X, $e_i \in E'$, $\gamma \in \mathcal{J}$

$H_\gamma(x) = (-1)^{|\gamma|} \left((\frac{\partial}{\partial x})^\gamma e^{-1/2|x|^2} \right) e^{1/2|x|^2}$ est un polynome d'Hermite. Les

$\mathcal{H}_\gamma(x) = \frac{H_\gamma(x)}{\gamma!^{1/2}}$ forment une base orthonormée de $L^2_\nu(E)$, tout élément u de $K^s(X)$ s'écrit ainsi $u = \sum_{\gamma \in \mathcal{J}} c_\gamma \mathcal{H}_\gamma$ où la convergence a lieu dans $K^s(X)$ avec $\sum_\gamma |c_\gamma|^2 (1+|\gamma|)^s = \|u\|_s^2$. Une conséquente évidente est alors que la dualité $L^2(E)$ $L^2_\nu(E)_\nu$ identifie le dual de $K^s(X)$ à $K^{-s}(X)_\nu$.

Dans [14] il est prouvé une propriété de trace et l'interpolation linéaire. Nous renvoyons le lecteur à [14] pour plus de détails.

On prouve d'abord quelques résultats qui permettent de localiser dans $K^{-\infty}(X)$.

<u>Définition 3</u>. On désigne par $HSC^\infty(E)$ l'espace des fonctions indéfiniment X différentiables $E \mapsto \mathbb{C}$, telles que $\forall j \in \mathbb{N}$

$D^j f : E \to \hat{\otimes}_j X'$ est ν Lusin mesurable

- $HSC^\infty_b(E)$ est le sous espace des f telles que $\sup_{x \in E} |D^j f(x)|_j < +\infty$

- $HSC^{\infty'}_b(E)$ est le sous espace des fonctions de $HSC^\infty_b(E)$ qui verifient : $D^j f \in C^0_b(E, \hat{\otimes}_j X')$ $\forall j \in \mathbb{N}$.

- $HSC^\infty_o(E)$ est le sous espace de $HSC^\infty_b(E)$ formé par des fonctions à support compact dans E.

<u>Proposition. 1.1</u>.

1) Soit f universellement mesurable et bornée sur E alors la fonction $\varphi_t(x) = \int f(x+y) \, d\nu_t(y)$ appartient à $HSC^\infty_b(E)$, de plus

si f est lipschitzienne sur E , $\varphi_t \in HSC_b^{\infty'}(E)$ et φ_t converge uniformément vers f quand $t \to 0$.

2) Il existe une suite $g_n \in HSC_0^{\infty}(E)$ telles que $g_n \to 1$ ν presque partout. $D^j g_n \to 0$ presque partout , $\sup_n |D^j g_n|_j \leq M_j$ $\forall j \in \mathbb{N}$.

Corollaire

1) cette proposition fournit des résultats d'approximation et prouve l'existence de partitions de l'unité formée de fonctions de $HSC^{\infty'}(E)$ (même si E est un Banach).

2) On en déduit que l'application qui à f $HSC_0^{\infty}(E)$ associe l'élément $f\nu$ de $K^s(X)$ a une image dense dans $K^s(X)$ $\forall s \in \mathbb{R}$.

Définition 4. On dit que $u \in K^{-\infty}(X)$ est nulle sur un ouvert $\mathcal{O}$ de E si $(u, \varphi) = 0$ $\forall \varphi \in HSC_0^{\infty}(\mathcal{O}) = \left\{\varphi \in HSC_0^{\infty}(E) \text{ , } \operatorname{supp}\varphi \subset \mathcal{O}\right\}$. On montre alors qu'on peut définir supp u comme le complémentaire du plus grand ouvert où u est nulle. On montre également que lorsque $u = g\nu$ où $g \in L^2_\nu(E)$ le support que l'on a défini est bien le support de la mesure de Radon $g\nu$.

On note que $\operatorname{supp}(Zu) \subset \operatorname{supp} u \cap \operatorname{supp} Z$ si $Z \in HSC_b^{\infty}(E)$;

$\operatorname{supp} u \cap \operatorname{supp} v = \emptyset$ entraîne $(u,v) = 0$ pour $u \in K^s(X)$ $v \in K^{-s}(X)$. On prouve :

Théorème 1.1. (Paley-Wiener) Soit $u \in K^{-\infty}(X)$, $\widehat{u\nu}(Z)$ est la transformée de Fourier Laplace de $u\nu$. Si K est un convexe fermé de E d'indicatrice α_K . Pour que le support de u soit contenu dans K il faut et il suffit que $\exists C > 0$ $\exists m > 0$ tels que :

$$|\widehat{u\nu}(Z)| \leq C\,(1 + \|Z\|')^m \exp(\alpha_K(I_m Z)) \qquad \forall Z \in E'^c .$$

On va maintenant définir des opérateurs différentiels opérant dans $K^s(X)$.

Proposition 1.2. Soit $\mathcal{L}_{lk} = \mathcal{L}(\hat{\Theta}_l X, \hat{\Theta}_k X)$ l, k ∈ ℕ muni de sa topologie d'espace de Banach. Soit a(x) une fonction indéfiniment X différentiable $E \mapsto \mathcal{L}_{lk}$ telles que : $\forall p \in \mathbb{N}$

$$D^p a(x) \in C_b^o (E, \mathcal{L}(\hat{\Theta}_l X, \hat{\Theta}_p X \hat{\otimes} \hat{\Theta}_k X)) \text{ et } D^p a(x) \in C_b^o(E, \mathcal{L}(\hat{\Theta}_p X \hat{\otimes} \hat{\Theta}_l X, \hat{\Theta}_k X))$$

alors $U(x) \longmapsto a(x).U(x)$

est continue $K^s \hat{\otimes} \hat{\Theta}_l X \to K^s \hat{\otimes} \hat{\Theta}_k X$.

Proposition 1.3. Soit j∈ℕ l'opérateur $u \mapsto D^j u$ (dérivée de densité d'ordre j) est continu $K^s(X) \mapsto K^{s-j}(X) \hat{\otimes} \hat{\Theta}_j X$. Le transposé de cet opérateur est $(-1)^j \operatorname{div}_j$, il est continu $K^s \hat{\otimes} \hat{\Theta}_j X \to K^{s-j}(X)$.

Il faut noter que l'écriture correcte pour le transposé de D^j est en fait $(-1)^j \quad \nu^{-1} \operatorname{div}_j \nu$ où div_j est alors l'opérateur usuel de divergence des tenseurs de distributions. Par souci de simplicité nous conservons cependant la notation.

En particulier on a des opérateurs différentiels

$P(x,D) = \sum_{0 \leq l+k \leq m} \operatorname{div}_k a_{kl}(x) D^l$ de $K^s(X) \mapsto K^{s-m}(X)$ qui vérifient supp Pu ⊂ supp u $\forall u \in K^{-\infty}$.

On voit très facilement :

Proposition 1.4. Si div D = Δ-x grad = $\mathcal{N}$ $\mathcal{N}$ est autoadjoint et $1-\mathcal{N}$ est un isomorphisme $K^s(X) \mapsto K^{s-2}(X)$.

Proposition 1.5. L'injection $K^s(X) \to K^t(X)$ $t<s$ n'est compacte que si dim $X < +\infty$.

Donc en dimension infinie le problème du spectre des opérateurs elliptiques semble se poser en des termes differents de ceux de la dimension finie .

Utilisant l'application $(\Theta u)(z)=\widehat{u\nu}(z)\ e^{+1/2z^2}$ (voir 15) (transformation de Fourier Gauss)qui réalise un isomorphisme $L^2_\nu(E)$ sur $F(X^c)$ (de $K^s(X)$ sur $F^s(X^c)$) on note que les opérateurs $u \mapsto \mathrm{div}_j(a_j u)$ où $a_j \in \hat{\Theta}_j X$ et $u \mapsto a_j . D^j u$ se représentent sur le Fock par les opérateurs : $\emptyset(z) \mapsto i^j\ (a_j, \otimes_j z)\ \emptyset(z)$ et $\emptyset(z) \mapsto i^j\ a_j .\ D^j_z\ \emptyset(z)$.

Comme à l'aide du lemme 3.4.1. de L. Hörmander [12] on peut prouver une inégalité comme : $\int |\emptyset(z)|^2\ d\nu(z) \leqslant C \int |P(z)\emptyset(z)|^2\ d\nu(z)$ $\forall \emptyset(z)$ polynomiale et cylindrique si P est un polynome de Hilbert Schmidt de degré m sur X . On en déduit

<u>Théorème 1.2.</u> Soit $P(D) = \sum_{j=0}^{m} a_j . D^j$ avec $a_j \in \hat{\Theta}_j X$ un opérateur à coéfficients constants de type Hilbert Schmidt, $P(D)$ est surjectif dans $L^2_\nu . (E)$.

On a ainsi retrouvé par une méthode tout à fait différente un résultat de Th. Dwyer. Poursuivant l'étude des espaces $K^s(X)$ on va définir un espace $K^s(\mathcal{O})$ pour un ouvert de X , puis ayant défini l'espace K^s d'une variété à bord régulière on pourra étudier le problème de Dirichlet pour l'opérateur $\mathcal{N}$.

<u>Définition 2.5.</u> Si $\mathcal{O}$ est un ouvert on définit $K^s(\mathcal{O})=K^s(X)/_{\mathcal{N}}$ où $\mathcal{N}=\left\{ v \in K^s(X) \mid \ \mathrm{supp}\ v \subset \mathcal{O}^c \right\}$. $K^s(\mathcal{O})$ est ainsi un hilbert.

Par passage au quotient on définit les opérations précédentes dans $K^s(\mathcal{O})$. Pour $s \in \mathbb{N}$ on définit $\mathcal{H}^s(\mathcal{O})$ comme les $u \in L^2_\nu(\mathcal{O})$ telles que $D^j u \in L^2_\nu\ (\mathcal{O}, \hat{\Theta}_j X)$ (que l'on peut définir, voir [23]). On montrera que si $\overline{\mathcal{O}}$ est une variété à bord régulière $K^s(\mathcal{O}) = \mathcal{H}^s(\mathcal{O})$. Pour ce faire on prouve qu'un diffeomorphisme $\alpha : V \mapsto \tilde{V}$ de la forme $\alpha(x)=Id + k(x)$ où $\mathrm{Im}\ k(x)$ est de dimension finie dans E' et où et où $k(x)$ est X-C^∞ à dérivées de type Hilbert Schmidt (voir [23] pour une description plus précise des hypothèses) applique l'espace $\check{K}^s(\check{V}) \mapsto \check{K}^s(V)$ où $\check{K}^s(V)$ = dual de $\hat{K}^{-s}(V)$ et $\hat{K}^s(V) = \left\{ u \in K^s(X),\ d(\text{supp } u, V^c) > 0 \right\}$ muni de la topologie limite inductive. $\check{K}^s(V)$ est en quelque sorte $K^s_{loc}(V)$. Ceci permet de définir l'espace $K^s(S)$ où S est une variété differentiable X-C^∞ modelée sur E (les diffeomorphismes de transition devant être convenables), on suppose en particulier que S possède un atlas fini on donne ainsi une structure hilbertienne à l'espace $K^s(S)$. On renvoit à [23] pour le détail de ces résultats dont les preuves sont assez techniques. Ceci permet de définir des conditions dans lesquelles un ouvert $\overline{\mathcal{O}}$ est une variété à bord regulier. On montre ainsi par exemple :

Proposition 1.6.

1) Si $\overline{\mathcal{O}}$ est une variété à bord regulier, $\Gamma = \partial\mathcal{O}$ est une X_1-C^∞ variété au sens de V.Goodman [8] et $K^0(\Gamma) \simeq L^2(\Gamma, d\sigma)$ (σ est alors finie).

2) Si $s > 1/2$ on a une application de trace continue $K^s(\mathcal{O}) \mapsto K^{s-1/2}(\Gamma)$.

3) $K^1_0(\mathcal{O}) = \left\{ u \in K^s(X),\ \text{supp } u \subset \overline{\mathcal{O}} \right\} = \left\{ u \in K^1(\mathcal{O}),\ u|_\Gamma = 0 \right\}$

prouvant ensuite une extension de la formule de divergence de V. Goodman on peut montrer :

Théorème 1.3. Problème de Dirichlet et régularité locale. Soit $\overline{\mathcal{O}}$ une variété à bord régulier. $-(\Delta - x\ \text{grad}) + 1$ réalise un isomorphisme de $K^1_0(\mathcal{O}) \cap \check{K}^{s+2}(\mathcal{O}) \mapsto K^{-1}(\mathcal{O}) \cap \check{K}^s(\mathcal{O})$.

Pour la méthode de Nirenberg on peut d'ailleurs prouver également la régularité jusqu'au bord pour le problème de Dirichlet.

Pour obtenir des résultats plus généraux il est apparu nécessaire d'avoir pour travailler dans ces espaces de Sobolev des méthodes plus puissantes que celles des séries de Taylor (sur l'espace de Fock,ou de polynomes d'Hermite dans l'autre représentation). Si de telles méthodes conviennent pour l'holomorphie en dimension infinie, il n'en est pas de même pour les équations aux dérivées partielles.

② Espaces $\mathcal{L}^s(X,E)$.

Définition 5. Soit $s\in\mathbb{R}$. On définit :

$\Lambda^s(X,E) = \{ g \in L^2_{(1+\|Z\|^2)^s\nu_c}(E^c) \mid \exists \phi(Z) \in \mathcal{H}(X^c)$ (analytique entière sur X^c) avec $\mathcal{E}(g|s_q^c)=\phi|_{X_q^c}$ ν_q presque partout, $\forall X_q$ sous espace vectoriel de dimension finie de $X \}$. $\mathcal{E}(g|s_q^c)$ est l'espérance conditionnelle ; s_q^c est l'extension continue si $X_q\subset E'$, ν_c mesurable si $X_q\subset X$ de la projection hermitienne $X^c \xrightarrow{s_q^c} X_q^c$.

On prouve que l'application $g\mapsto\phi$ est injective et par la suite on notera g par ϕ . On a d'ailleurs $\phi(z)=\int g(Z)e^{z.\bar{Z}}\, d\nu_c(Z)$ $\forall z\in X^c$

Si $s=0$ $\Lambda^s(X,E) = F(X^c)$. On posera

$$\|\phi\|_s^2 = \int |\phi(Z)|^2 (1+\|Z\|^2)^s\, d\nu(Z) .$$

Définition 6. On définit $\mathcal{L}^s(X,E)$ comme l'espace des distributions cylindriques T sur E telles que $\hat{T}(\xi)\, e^{1/2\,\xi^2} \in \Lambda^s(X,E)$. On notera en fait $T = u\nu$ de sorte que $\theta(u)(\xi)=\widehat{u\nu}(\xi)\, e^{+1/2\,\xi^2} \in \Lambda^s(X,E)$. On posera $\|u\|_s^2 = \|\phi\|_s^2$ si $\phi=\theta(u)$. On dira que ϕ est la transformée de Fourier-Gauss de u .

Proposition 1.5.

1) $\mathcal{L}^s(X,E)=\{ u\in L^2_\nu(E),\ D^j u\in L^2_\nu(E, \hat{\otimes}_j E)\ 0\leqslant j\leqslant s \}$ pour $s\in\mathbb{N}$ et la

norme $\|u\|_s^2$ est l'équivalente à $\sum_{j=0}^{s} \int \|D^j u(x)\|_j^2 \, d\nu(x)$

2) Si $s \in \mathbb{N}$ $u = \sum_{\gamma \in J} c_\gamma \mathcal{H}_\gamma$, $\sum_\gamma |c_\gamma|^2 \sum_{0 \leq |\alpha| \leq s} \frac{|\alpha|!}{\alpha!} \frac{\gamma!}{(\gamma-\alpha)!} \frac{1}{a^{2a}} < +\infty$

si et seulement si $u \in \mathcal{L}^s$.

Proposition 1.6

1) l'espace Λ^s est un espace de hilbert muni de la norme $\|\phi\|_s$

2) l'opérateur $(\pi f)(z) = \int e^{z.\bar{Z}} f(Z,\bar{Z}) \, d\nu(Z)$ est continu de

$L^2_{(1+\|Z\|^2)^s \nu_c} \mapsto \Lambda^s(X,E)$ autoadjoint dans $L^2_{\nu_c}$, identique sur $\Lambda^s(X,E)$.

Corollaires

1) La dualité entre (L^2_ν , L^2_ν) identifie le dual de $\mathcal{L}^s(X,E)$ à $\mathcal{L}^{-s}(X,E)$.

2) Si $s \geq 0$ $K^s \subsetneq \mathcal{L}^s$, donc $\mathcal{L}^{-\infty} \subset K^{-\infty}$; $HSC_b^\infty(E)$ a une image

dense dans $\mathcal{L}^s$ $\forall s$; on peut donc définir le support d'un élément u

de $\mathcal{L}^s$

3) Si $s \in \mathbb{Z}^-$ $u \in \mathcal{L}^s$ s'écrit comme $u\nu = \sum_{k=0}^{s} \mathrm{div}_k(g_k \nu)$ avec

$g_k \in L^2(E, \hat{\otimes}_k E')$.

Proposition 1.7. Soit $y \in X^c$ $y = y' + iy''$ on définit pour une $u \in L^2_\nu$

une translation :

$\tau_y u(x) = u(x + 2y') \, e^{-x\bar{y} - 1/2\bar{y}^2 - |y|^2}$ on vérifie alors que :

1) $\|\tau_y u\|_0 = e^{-|y|^2/2} \|u\|_0$ si $\Theta(\tau y u) = \tau y \phi$ on note que

$\tau y \phi = \pi(e^{i(\bar{y}.Z + y.\bar{Z})} \phi)$ et que $\tau_y \circ \tau_z = \tau_{y+z} \, e^{\bar{y}z}$

2) si T^s $0 < s < 1$ est la distribution cylindrique de transformée de Fourier $\|Z\|^{2s}$. $\|u\|_s^2 \simeq (T^s, \|\tau_y u - u\|_0^2) + \|u\|_0^2$.

Comme $\|\tau_y u - u\|_s^2$ n'est pas une fonction cylindrique de y ; il faut donner un sens à $(T^s, \|\tau_y u - u\|_s^2)$, voir [21]).

Cette proposition nous servira ulterieurement à composer des opérateurs pseudo-differentiels.

Proposition 1.8. On a des opérateurs differentiels :

1) $u \mapsto D^j u$ de $\mathcal{L}^s \mapsto \mathcal{L}^{s-j} \hat{\otimes} \hat{\underset{j}{\odot}} E$

2) $U \mapsto \text{div}_j U$ de $\mathcal{L}^s \hat{\otimes} \hat{\underset{j}{\odot}} E' \to \mathcal{L}^{s-j}$

3) $P(x,D) = \sum_{0 \leqslant l+k \leqslant m} \text{div}_k \; a_{kl}(x) \; D^l$ de $\mathcal{L}^s \longmapsto \mathcal{L}^{s-m}$

$a_{kl}(x) \in C_b^{\infty}(E, \mathcal{L}_{lk})$ où $\mathcal{L}_{lk} = \mathcal{L}(\hat{\underset{l}{\odot}} E . \hat{\underset{k}{\odot}} E')$

Ce sont présisement ces opérateurs differentiels que l'on va étudier.

Définition 7 .

1) Soit $\overset{o}{A}(\bar{w},w)$ $L^2_{\nu_c}(E^c)$ on associe à $\overset{o}{A}$ un opérateur noté A de $\text{Exp}_{cyl}(E^c) \longmapsto \mathcal{H}(X^c)$ par $z \in X^c$

$$(A\phi)(z) = \int \overset{o}{A}(\bar{w},w) \; e^{z.\bar{w}} \; \phi(w) \; d\nu_c(w)$$

$\overset{o}{A}(\bar{w},w)$ est appelé le symbole d'anti-wick de A .

2) Dans ces conditions on appelle symbole de Wick la fonction $A(z,\bar{Z}) = e^{-z.\bar{Z}} \; A(e^{\bar{Z}.})(z)$ pour $(z,Z) \in X^c$.

On a :

Proposition 1.9. L'application $\overset{o}{A}(\bar{w},w) \in L^2_{\nu_c}(E^c) \longmapsto A(z,\bar{Z})$ réalise un isomorphisme de $L^2_{\nu_c}(E^c)$ sur $F(X^c \times \bar{X}^c)$. Soit

$$P_{\lambda\mu}(z,\bar{z}) = (-1)^{\lambda+\mu} \; e^{z\bar{z}} \; \partial_z^{\lambda} \partial_z^{\mu} (e^{-z\bar{z}}) \; .$$

$\overset{o}{A}(\bar{w},w) \in L^2_{\nu_c}(E^c)$ s'écrit $\overset{o}{A} = \sum_{\lambda,\mu} c_{\lambda\mu} P_{\lambda\mu}$ avec $\sum_{\lambda,\mu} |c_{\lambda\mu}|^2 \; \lambda! \; \mu! < +\infty$

alors $A(z,\bar{Z}) = \sum_{\lambda,\mu} c_{\lambda\mu} \; z^{\lambda} Z^{\mu}$

L'idée consiste à représenter les opérateurs differentiels introduits plus haut, comme opérateurs sur l'espace de Fock.

Proposition 1.10 La conjugaison par θ transforme l'opérateur

$P = \sum_{jk} \operatorname{div}_j a_{jk} D^k \quad a_{jk} \in \mathcal{L}(\widehat{\Theta E}_k, \widehat{\Theta E'}_1)$ en l'opérateur de symbole

de Wick $A(z,\bar{Z}) = \sum_{j.k} (a_{jk}(i\bar{Z})^k , (iz)^j)$. On posera donc :

Définition 8. Soit $P(x,D) = \sum_{0 \leqslant 1+k \leqslant m} \operatorname{div}_k a_{k1}(x) D^1$ on définit

le symbole de P comme $P_m(x,\bar{Z},Z) = \sum_{1+k=m} (a_{k1}(x)(i\bar{Z})^1 , (iZ)^k)$.

On va construire des pseudo-inverses aux opérateurs différentiels et obtenir ainsi des opérateurs pseudo-differentiels. On a besoin de :

Définition 9. On définit

$$S^m(E) = \left\{ \mathring{A}(\bar{w},w) \in C^\infty(E^c) \quad \forall j \in \mathbb{N} \ \| D^j \mathring{A} \ (\bar{w},w) \| \leqslant C(1+ \|w\|^2)^{m/2-j/2} \right\}$$

$C^\infty(E^c)$ désigne C^∞ pour la structure réelle, $\| \ \|$ est la norme de Fréchet.

On définit L^m comme la classe des opérateurs $A\phi = \pi(\mathring{A}.\phi)$ où $\mathring{A} \in S^m(E)$ .On note qu'un opérateur differentiel $P = \sum \operatorname{div}_j a_{jk} D^k$ a_{jk} constants $\in L^m$, mais que ce n'est apparemment pas le cas de l'opérateur $u \longmapsto \varphi(x)\ u(x)$ où φ est quelconque; cela va compliquer considérablement la théorie.

Proposition 1.11

$A \in L^m$ est continu $\Lambda^s \longrightarrow \Lambda^{s-m}$ avec une norme $\leqslant C \sup_Z \left| \frac{\mathring{A}(\bar{Z},Z)}{(1+\|Z\|)^m} \right|$

Proposition 1.12

Soit $B = op(\mathring{B}) \in L^{m'}$ $A = op(\mathring{A}) \in L^m$ on suppose que $\mathring{B}$ ou $\mathring{A}$ est un polynome alors $C = BoA = op(\mathring{C}) \in L^{m+m'}$ et

$$\mathring{C}(\bar{w},w) = \sum_\lambda \frac{(-1)^{|\lambda|}}{\lambda !} \partial^\lambda_w \mathring{B}(\bar{w},w) \quad \partial^\lambda_{\bar{w}} \mathring{A}(\bar{w},w) \ .$$

On remarque que la somme est convergente car $\mathring{A} \in S^m$ entraîne $D_Z^j \mathring{A} \in \widehat{\Theta}X_j$. On est alors en mesure de prouver les théorèmes suivants qui donnent une CNS d'ellipticité.

Théorème 1.4. Soit $P = \sum_{0 \leq l+k \leq m} \text{div}_k \, a_{kl} D^l$, les a_{kl} sont constants dans $\mathcal{L}(\widehat{\Theta}E_l, \widehat{\Theta}E'_k)$ les assertions suivantes sont équivalentes :

(i) $\forall s \in \mathbb{R}$, $\exists C > 0$, $\forall u \in \mathcal{L}^{s+m}$ on a : $\|u\|^2_{s+m} \leq C(\|Pu\|^2_s + \|u\|^2_{s+m-1})$

(ii) $\exists C > 0$, $\forall Z \in E^c$ $|P_m(\bar{Z}, Z)| \geq C \|Z\|^m$

(iii) $\exists$ Q et R opérateurs linéaires continus $Q : \mathcal{L}^s \mapsto \mathcal{L}^{s+m}$ $s \in \mathbb{R}$ et R $\mathcal{L}^s \mapsto \mathcal{L}^{s+N}$ $\forall s$, $\forall N$; tels que $QoP = I+R$ (il existe également Q' et R' analogues avec $PoQ' = I+R'$)

(iv) $u \in \mathcal{L}^{-\infty}$, $Pu \in \mathcal{L}^s \Rightarrow u \in \mathcal{L}^{s+m}$.

Ce résultat est à rapprocher, en dimension finie, d'un résultat de M.I. Visik et V.V. Grusin concernant des opérateurs " elliptiques en x, ξ " à coefficients polynomiaux; il s'agit d'un résultat global. On a également un résultat local qui correspond au cas habituel.

Théorème 1.5. On suppose maintenant que les $a_{kl}(x) \subset C_b^\infty(E, \mathcal{L}(\widehat{\Theta}E_l, \widehat{\Theta}E'_k))$ il est équivalent de dire :

(i) $\forall s \in \mathbb{R}$, $\forall K \subset\subset E$ (compact fort de E), $\exists C > 0$ tel que $\text{supp}\, u \subset K$, $u \in \mathcal{L}^{s+m}$ implique : $\|u\|^2_{s+m} \leq C(\|Pu\|^2_s + \|u\|^2_{s+m-1})$

ii) $\forall K \subset\subset E$, $\exists C > 0$ tel que $\forall \xi \in E$, $\forall x \in K$ $|P_m(x, \xi, \xi)| \geq C \|\xi\|^m$

iii) $u \in \mathcal{L}^{-\infty}$, $Pu \in \mathcal{L}^s_{loc} \Rightarrow u \in \mathcal{L}^{s+m}_{loc}$.

On définit $\mathcal{L}^s_{loc} = \left\{ u \in \mathcal{L}^{-\infty}, \ \forall x_0 \in E \ \exists \omega_{x_0} \text{ voisinage de } x_0 \text{ tel que } \varphi \in HSC_b^\infty(E) \ \text{supp}\varphi \subset \omega_{x_0} \text{ impliquent } \varphi u \in \mathcal{L}^s \right\}$

La démonstration de ces théorèmes utilise tout ce qui précède et mentionnons que le th. 2 utilise après une localisation par partition de l'unité la reduction aux coefficients " constants " , une paramétrix approchée (on fait décroître le degré en ξ seulement), enfin une technique de passage de l'inégalité de $s = 0$ à s quelconque , puis une technique de regularisation. On utilise ainsi la proposition suivante qui montre que le comportement en Imz peut être négligé, moyennant une condition de support.

Proposition 1.13 Posant $\mathcal{L}_b^s = \bigcup_{R>0} \mathcal{L}_R^s$ où $\mathcal{L}_R^s = \{u \in \mathcal{L}^s \text{ , supp} u \subset B(0,R)\}$ et $\Lambda_R^s = \{ \Theta(u) \mid u \in \mathcal{L}_R^s \}$. Soit $0 \leqslant \varepsilon < 1$, $s \in \mathbb{N}$, $R>0$ alors $u \in \mathcal{L}_R^s$ entraine $\emptyset = \Theta(u) \in L^2_{\nu(1+\|z\|^2)^s \exp(\varepsilon\|y\|^2)}$ $y = \text{Im} z$ et $\exists C_R > 0$ telle que

$$\int |\emptyset|^2 (1+\|z\|^2)^s d\nu(z) \leqslant \int |\emptyset|^2 (1+\|z\|^2)^s \exp(\varepsilon\|y\|^2)\, d\nu(z) \leqslant C_R \int |\emptyset|^2 (1+\|z\|^2)^s\, d\nu(z)$$

$\forall \emptyset \in \Lambda_R^s$.

Les théorèmes résultent également de la proposition suivante :

Proposition 1.14

1) Soit $\Pi_s = \text{op}((1+\|z\|^2)^{s/2})$, $a(x) \in C_b^\infty(E, \mathcal{L}(F,G))$, F et G sont des espaces de Hilbert. $[\Pi_s, a]$ applique continument $\mathcal{L}^\sigma \hat{\otimes} F \longmapsto \mathcal{L}^{\sigma-s+1} \hat{\otimes} G$ $\forall (\sigma, s) \in \mathbb{R}^2$.

2) soient s et $s' \in \mathbb{R}$, $\Pi_{s'} \circ \Pi_s = \Pi_{s+s'} + R_{s,s'}$ où $R_{s,s'}$ applique $\mathcal{L}^\sigma \longmapsto \mathcal{L}^{\sigma-(s+s')+1}$ $\forall \sigma \in \mathbb{R}$.

3) soit $A_\varepsilon = \text{op}(\exp(-\varepsilon^2\|z\|^2))$, $a(x) \in C_b^\infty(E, \mathcal{L}(F,G))$; les $[a(x), A_\varepsilon]$ forment un ensemble borné d'opérateurs $\mathcal{L}^\sigma \hat{\otimes} F \mapsto \mathcal{L}^{\sigma+1} \hat{\otimes} G$ $\forall \sigma \in \mathbb{R}$ .L'idée commune à la preuve de ces trois points est l'écri-

ture intégrale

$\Pi_{-s} = \int_0^{+\infty} e^{-t^{-1+s/2}} \frac{dt}{\Gamma(s/_2)}) \int \tau y \, d\nu'_t(y)$ $(s>0)$ (où ν'_t est la mesure de Radon sur X^c image de la mesure cylindrique gaussienne de variance $t/2$ de E'^c) et l'utilisation de la Prop.1.7.Ceci nous a amené dans un travail ulterieur, à considerer une classe d'opérateurs pseudo differentiels dont le noyau s'explicite en fonction des opérateurs τy . On pourra ainsi donner un calcul symbolique plus complet que celui de 1.12.

Définition 10. On définit $T^{m,\delta} = \{ \mathring{A}(\bar{z},z) \in C^\infty(E^c) \mid \forall j \in \mathbb{N} \quad \forall h \in E^c$ $D^j \mathring{A}(\bar{z},z).h \quad (1+\|z\|^2)^{-m/2+\delta j/2}$ est la transformée d'une mesure cylindrique $\mu = (\mu_i)_{i\in I}$ sur E'^c , les masses les μ_i étant **bornées** par $N_j(\mathring{A}) \ \|h\|^j \}$. $m \in \mathbb{R}$ $0<\delta\leqslant 1$.

On montre alors que pour $m\leqslant 0$ l'opérateur $A = op(\mathring{A})$ $\mathring{A} \in T^{m,\delta}$ s'écrit $Au = \int_{X'^c} \tau_\alpha u \quad d\mu(\alpha,\bar{\alpha})$ où μ est de Radon sur X'^c .On prouve alors le resultat :

Théorème 1.6.

Soit $A \in T^{m,\delta}$ $B \in T^{m',\delta}$, il existe $R \in \mathcal{R}^{-\infty}$ tel que $C = BoA - R \in T^{m+m',\delta}$ et en outre : 1) $\mathring{C}(\bar{w},w) = \sum_{|\lambda|<N} \frac{(-1)}{\lambda!} \partial_w^\lambda \mathring{B} \ \ \partial_{\bar{w}} \mathring{A} + R_N(\bar{w},w)$ où $R_N(\bar{w},w) \in T^{m+m'-\delta N,\delta}$ ($\mathcal{R}^{-\infty}$ désigne une algèbre d'opérateurs regularisants).

2) Si $\mathring{A}(w,w)$ $T^{m,\delta}$ $A(z,\bar{z})$(symbole de Wick de A)$\in T^{m,\delta}$

et on a : $\mathring{A}(\bar{w},w) - \sum_{|\lambda|<N} \frac{(-1)^\lambda}{\lambda!} \partial_w^\lambda \partial_{\bar{w}}^\lambda A(w,\bar{w}) \in T^{m-2\delta N,\delta} \ \forall N \in \mathbb{N}$

3) le symbole de Wick de $C = BoA - R$ est donné par :

$$C(z,\bar{z}) = \sum_{|\lambda|\leq N} \frac{1}{\lambda!} \partial_z^{\lambda} B(z,\bar{z}) \; \partial_{\bar{z}}^{\lambda} A(z,\bar{z}) + R_N'(z,\bar{z}) \qquad R_N' \in T^{m+m'-\delta N}$$

On se sert de la description explicite du noyau de l'opérateur pour donner des resultats qui ne peuvent être obtenus par l'intermédiaire de la transformée de Fourier-Gauss(ou de Fourier en dimension finie). On introduit ainsi un espace pour $R>0$ fixé(qui joue seulement un rôle technique), $C^{k+\rho}(X,E)$ $k\in\mathbb{N}$, $0\leq\rho<1$, défini par :

$$C^{k+\rho} = \left\{ f \in \mathcal{L}^k \mid 0\leq j\leq k \quad D^j f \in C_j \quad \text{et} \quad D^k f \in C_k^{\rho} \right\} \quad \text{où}$$

$$C_j = \tilde{C}_j / \tilde{C}_j \cap N_j \qquad \text{avec} \qquad \tilde{C}_j = \left\{ f : E \mapsto \hat{\otimes}_j E \mid \text{pour } \nu \text{ presque} \right.$$

tout x $h \mapsto f(x+h)$ est continue et bornée sur $\{|h|\leq R\} = B_R$ avec

$$\left. \int^{*} (\sup_{|h|\leq R} \|f(x+h)\|)^2 \, d\nu(x) < +\infty \right\} \quad N_j = \left\{ f \; E \longmapsto \hat{\otimes}_j E, \text{ nulles presque partout} \right\}.$$

$$\text{enfin} \quad C_k^{\rho} = \tilde{C}_k^{\rho} / \tilde{C}_k^{\rho} \cap N_k \quad \text{avec} \quad \tilde{C}_k^{\rho} = \left\{ f \in \tilde{C}_k , \int^{*} \Big(\sup_{\substack{\|h\|\leq 1 \\ |t|\leq R-1}} \Big\| \frac{f(x+t+h)-f(x+t)}{\|h\|^{\rho}} \Big\| \Big)^2 d\nu(x) < +\infty \right\}$$

On peut prouver que $C^{k+\rho}$ est un ensemble de classes de fonctions où pour ν presque tout x de E $h \mapsto f(x+h)$ est k fois E' differentiable. On introduit $C'^{k+\rho}$ qui est $C^{k+\rho}$ à ceci près que la condition de Lipschitz est prise sur X (au lieu de E'). Ceci permet de prouver :

Théorème 1.7. Soit $A \in T^{m,\delta}$ $(m\leq 0)$ A opère de $C'^{\alpha} \to C^{\alpha+m}$ pour $\alpha\in\mathbb{R}^+$ si $\alpha+m\notin\mathbb{N}$.

Ceci a pour conséquence des résultats de regularité C^{α} pour des opérateurs elliptiques de $T^{m,\rho}$. On renvoit à [22] pour les énoncés précis, on montre également dans [22] que la régularité obtenue est, en un sens, optimale.

Dans un travail ulterieur on s'interesse au problème de Cauchy pour des opérateurs differentiels strictement hyperboliques à coefficients

C^{∞}. La formulation de ce problème dans le cadre de la théorie L^2 est justifiée, car un opérateur strictement hyperbolique se réduit essentiellement à une perturbation de $\frac{1}{i}\left(\frac{\partial}{\partial t}\right) + A(x,t,D_x)$ où A est réel c'est à dire autoadjoint dans $L^2(\mathbb{R}^n, dx)$. Par ailleurs l'expression de solutions de problèmes hyperboliques en termes de mesure et de fonctions (voir II plus loin) contrairement au cas de certains problèmes elliptiques ou paraboliques, ne semble pas apparaître clairement car l'ordre en tant que distribution des solutions élémentaires que l'on obtient croît avec la dimension de l'espace. On étudie ainsi des opérateurs sur $\mathbb{R} \times E$ de la forme :

$$P(x,t,D_x^*,D_x,D_t) = \sum_{j=0}^{m} A_j(x,t,D_x^*,D_x) D_t^{m-j} + R(x,t,D_x^*,D_x,D_t) \quad \text{avec}$$

$$A_j(x,t,D_x^*,D_x) = \sum_{p+q=j} (i)^{-(p+q)} \operatorname{div}_p a_{pq}(x,t)\, D_x^q \quad ; \; A_0 = 1 \; ;$$ (R est analogue à P_m mais de degré $\leqslant m-1$)

$a_{pq}(x,t) \in C_b^{\infty}(E \times \mathbb{R}, \mathcal{L}(\hat{\odot}_p E, \hat{\odot}_q E'))$; $D_t = {}^1\!/_i \frac{\partial}{\partial t}$; div est la divergence en x .

L'hypothèse que P est strictement hyperbolique s'exprime par :

(H)
$$\begin{cases} \text{L'équation } P(x,t,\xi,\lambda) = \sum_{j=0}^{m} \lambda^{m-j} A_j(x,t,\xi,\xi) = 0 \text{ où} \\ \qquad A_j(x,t,\xi,\xi) = \sum_{p+q=j} (a_{pq}(x,t)\xi^q, \xi^p) \\ \text{a pour tout } (x,t,\xi) \in E \times \mathbb{R} \times E \setminus \{0\} \text{ des racines réelles } \lambda_j(x,t,\xi) \text{ qui} \\ \text{satisfont à : } \forall (x,t)\ \exists C_0 \text{ et } C_1 > 0 \text{ tels que} \\ \begin{cases} |\lambda_j(x,t,\xi) - \lambda_k(x,t,\xi)| \geqslant C_0 \|\xi\| & j \neq k \quad \xi \in E \setminus \{0\} \\ |\lambda_j(x,t,\xi)| \leqslant C_1 \|\xi\| \end{cases} \end{cases}$$

On note qu'en dimension finie la compacité de la sphère unité suffit à assurer notre condition si les $\lambda_j(x,t,\xi)$ sont réels et distincts.

Nous prouvons des résultats d'existence et d'unicité à l'aide d'estimations de Carleman.

Théorème 1.8. Soit I_o un intervalle compact de $[0,\infty[$,K un compact de E , il existe I' et $\mathcal{U}$ des voisinages de I_o et K , $\tau_o>0$, $C>0$ tel que :

$u\in HSC^{\infty}_{o,b}(\mathbb{R}\times E)$, supp $u\subset I'\times\mathcal{U}$, $\tau\geq\tau_o$ entrainent :

$$\sum_{0\leq j+k\leq m-1} \tau^{2(m-j-k)-1} \int_0^{+\infty} \|D_t^k u\|_j^2 \, e^{2\tau t} \, dt \leq C \iint_0^{+\infty} |Pu|^2 \, e^{2\tau t} \, d\nu(x)\, dt \quad .$$

La méthode[25] utilise quatre étapes : la réduction à une forme quadratique differentielle,la réduction au cas où les a_{pq} sont constants, une estimation pour une forme quadratique, et enfin le passage à une inégalité globale. En dimension infinie,il faut évidemment considerer avec soin les problèmes que posent les differents termes provenant des integrations parties.

Comme [25] on introduit un espace $\mathcal{H}_{m,s}(\mathbb{R}\times E)$ $m,s\in\mathbb{R}$ pour formuler d'une façon optimale les résultats d'existence et d'unicité du problème de Cauchy. Mentionnons seulement

$\mathcal{H}_{m,s}(\mathbb{R}\times E)=\Big\{u\in\mathcal{L}(\mathcal{S}(\mathbb{R}),\mathcal{L}^{-\infty}) \mid \hat{u}(\tau)$ est une fonction localement intégrable à valeurs dans $\mathcal{L}^{s+m}$ telle que $\phi(\tau,z)=\theta(\hat{u}(\tau))(z)$ vérifie $\|u\|^2_{m,s}=\iint|\phi(\tau,z)|^2(1+\tau^2+\|z\|^2)^m(1+\|z\|^2)^s \, d\nu(z)\, d\tau<+\infty\Big\}$

On obtient ainsi :

Théorème 1.9.

Soit I_o un intervalle compact de $[0,\infty[$, K un compact de E , il existe I' et $\mathcal{U}$ des voisinages de I_o et K tels que :

$\forall s\in\mathbb{R}$, $\forall k\in\mathbb{N}$ $\exists$ $C>0$ avec :

$u\in HSC^{\infty}_{o,b}(\mathbb{R}\times E)$ supp $u\subset I'\times\mathcal{U}$ entraine $\|u\|_{k+m-1,s}\leqslant C\|Pu\|_{k,s}$

Théorème 1.10

Soit I_o in intervalle compact de $[0,\infty[$, K un compact de E , il existe un voisinage $I'\times\mathcal{U}$ de $I_o\times K$ tel que pour $s\in\mathbb{R}$, $k\in\mathbb{N}$ et $f\in\overset{o}{\mathcal{H}}_{k,s}(\bar{\mathbb{R}}^+\times E)$ $\exists\, w\in\overset{o}{\mathcal{H}}_{k+m-1,s}(\bar{\mathbb{R}}\times E)$ avec $Pw=f$ sur $I'\times\mathcal{U}$.

$$\overset{o}{\mathcal{H}}_{k,s}(\bar{\mathbb{R}}^+\times E)=\left\{u\in\mathcal{H}_{k,s}(\mathbb{R}\times E)\ ,\ \text{supp}\ u\subset\bar{\mathbb{R}}^+\times E\right\}$$

Après avoir montré que notre classe d'opérateurs est stable par des changements de variables convenables, une " méthode de convexification " donne le résultat d'unicité :

Théorème 1.11

Soit $(t_o,x_o)\in\mathbb{R}\times E$, $u\in\mathcal{H}_{\sigma,\tau}(\mathbb{R}\times E)$ $(\sigma,\tau\in\mathbb{R})$ tel que $Pu=0$ au voisinage de (t_o,x_o) et $u=0$ pour $t<t_o$ au voisinage de (t_o,x_o). Il existe un voisinage de (t_o,x_o) dans lequel $u=0$.

Dans une seconde partie, on construit dans le cas où l'opérateur P est de la forme :

$P(t,D^*_x,D_x,D_t)=\sum_{j=0}^{m} A_j(t,D^*_x,D_x)D_t^{m-j}+R(t,D^*_x,D_x,D_t)$ une paramétrix pour le problème de Cauchy et pour l'équation. On peut approximativement décrire ces paramétrix sous la forme :

$\phi\longmapsto(E\,\phi)(z,t)=\pi\left(e^{i\varphi(\xi,t)}\,C(t,\xi,y)\,\phi(\xi+iy)\right)(z)$ $C(t,\xi,y)$ étant un symbole en ξ dont on contrôle également la croissance en y , $\varphi(\xi,t)$ étant une fonction phase associée aux bicaracteristiques de P , $C(t,\xi,y)$ étant determinée par la resolution d'équations de transport. Le principe de Duhamel (voir[4]) fournit alors une paramétrix de l'équation. On obtient alors :

Théorème 1.12

Soit $(t_o, x_o) \in \mathbb{R}\times E$, $I_o \subset\subset \mathbb{R}$, $t_o \in I_o$, il existe un voisinage $I_1 \times \mathcal{U}$ de (t_o, x_o) sur lequel

$\forall \sigma \in \mathbb{R}$, $\forall (\sigma_j) \in \mathbb{R}^m$, $\forall k \in \mathbb{N}$ le problème de Cauchy :

$$\begin{cases} Pu = f \\ D_t^j u|_{t=t_o} = g_j \quad 0 \leq j \leq m-1 \end{cases}$$

a une unique solution $u \in \mathcal{H}_{\tau,\tau'}$ pour $f \in C^o(I_o, \mathcal{L}^\sigma) \cap \mathcal{H}_{k,s}(I\times E), g_j \in \mathcal{L}^{\sigma_j}$ donnée par :

$$u = E(\varphi f) + \sum_{j=0}^{m-1} \tilde{E}_j(\varphi g_j) - E'\Big(\psi R(\varphi f) + \sum_{j=0}^{m-1} \psi R_j'(\varphi g_j)\Big) \quad \text{sur} \quad I_1 \times \mathcal{U} .$$

$\varphi(x)$ et $\psi(x)$ ont leurs supports aux voisinages de x_o. Les opérateurs E, $\tilde{E}_j$, E' sont décrits explicitement, R et R_j' sont des régularisants.

III) Opérateurs pseudo-differentiels dans des espaces de fonctions ou de distributions.

① Opérateurs pseudo-differentiels en dimension infinie.

Dans cette partie on n'associe pas automatiquement à une fonction f la mesure $f\nu$, On sera donc amené à developper à l'aide des travaux de M. Visik [2] ou de L. Gross [10] (sur le Laplacien) une classe d'opérateurs pseudo-differentiels dont les noyaux sont essentiellement des dérivées de mesure bornées. Ces opérateurs agissent donc bien sur les fonctions, par " transposition " on obtiendra des théorèmes concernant les distributions. Ainsi contrairement aux résultats de II) , le calcul symbolique obtenu sur les pseudo-differentiels sera une extension des formules connues en dimension finie. Nous reprenons donc la classe d'opérateurs pseudo-differentiels de M.I. Visik [2] , avec une modification sur la dépendance en x des symboles. Dans [2] on supposait que les séries $\partial_x^\alpha p(x,\xi)$ (dérivées partielles dans une certaine base) était absolument convergentes, nous rem-

çons cette hypothèse par $x \mapsto p(x,\xi)$ est C^{∞} Fréchet dérivable sur E . Cette modification provoque en fait d'importantes complications concernant la composition de tels opérateurs. Par ailleurs on supprime des hypothèses restrictives d'approximations sur les boules de E par des fonctions cylindriques. Enfin, on montre des résultats optima de régularité C^{α} (c.à.d. l'extension des résultats connus en dimension finie) en introduisant à l'aide de L. Gross [10] la notion de fonction X dérivable, étendant ainsi des résultats de [10] pour le Laplacien.

Dans une seconde partie utilisant des classes de distributions et mesures sur un ouvert $\mathcal{U}$, on généralise sur plusieurs plans un résultat de C. Elson [7] sur le Laplacien.

<u>définition 2.1</u>.

Soit $m \in \mathbb{R}$ $0 < \delta \leq 1$ une fonction $p(x,\xi) \in C^{\infty}(E \times X)$ est dans Σ_{δ}^{m} si

$$\forall j,l \in \mathbb{N} \quad N_{j,l}^{m,\delta}(p) = \sup_{x \in E} \sup_{\substack{\|h\| \leq 1 \\ |k| \leq 1}} \left\| D_x^j D_{\xi}^l p(x,\xi).(h^{(j)},k^{(l)})(1+|\xi|^2)^{-m/2+\delta l/2} \right\|_o < +\infty$$

On note encore $\|f\|_o = \sup_{i \in I} \|\mu_i\|$ pour une fonction $f(\xi)$ sur X' qui est la transformée de Fourier d'une mesure cylindrique $\mu = (\mu_i)_{i \in I}$.

A $p \in \Sigma_{\delta}^{m}$ on associe un opérateur pseudo-differentiel agissant sur les fonctions cylindriques par $\langle T_x, u(x-y) \rangle$ si $T_x = \mathcal{F}_{\xi}^{-1}(p(x,\xi))$; on prouve que cet opérateur se prolonge de $C_b^{\infty}(E) \mapsto C_b^{\infty}(E)$. On étudie donc le problème de la composition de tels opérateurs. On notera P l'opérateur associé à $p(x,\xi)$.

<u>Théorème 2.1</u>.

Soit $P \in \Sigma_{\delta}^{m}$, $Q \in \Sigma_{\delta}^{m'}$ $(\delta < 1)$, $QoP \in \Sigma_{\delta}^{m+m'}$ et de plus

1) $\forall j \in \mathbb{N}$ $\quad r_j(q,p) = \sum_{|\alpha|=j} \frac{1}{\alpha!}\left(\frac{1}{i}\frac{\partial}{\partial \xi}\right)^{\alpha} q \left(\frac{\partial}{\partial x}\right)^{\alpha} p \in \sum_{\delta}^{m+m'-\delta' j}$ si $\delta' < \delta$

2) $(q \circ p)(x,\xi) - \sum_{|\alpha|<N} \frac{1}{\alpha!}\left(\frac{1}{i}\frac{\partial}{\partial \xi}\right)^{\alpha} q \left(\frac{\partial}{\partial x}\right)^{\alpha} p \in \sum_{\delta}^{m+m'-\delta' N}$ si $\delta' < \delta$

La preuve du point 1) est la plus délicate. Disons seulement que l'hypothèse $q \in \sum_{\delta}^{m'}$ implique que $\forall (x,\xi) \in E \times X$ $\quad D_{\xi}^{j} q(x,\xi)$ appartient en fait à $\hat{\otimes}_{j}^{\pi} E$ (complété π) ; comme par définition $D_x^j p(x,\xi) \in (\hat{\otimes}_{j}^{\pi} E)'$ $\quad r_j(q,p) = (-i)^j/_{j!} \langle D_{\xi}^{j} q \, , \, D_x^j p \rangle$ est bien défini.

Corollaire. Nous dirons que P est elliptique dans $\sum_{\delta}^{m}$ si $\exists q \in \sum_{\delta}^{-m}$ tel que $p(x,\xi)\, q(x,\xi) - 1 \in \sum_{\delta}^{r}$ $r<0$. Ceci est équivalent à dire que $\forall N \in \mathbb{N}$ P possède une paramétrix à droite ou(à gauche) à l'ordre N dans $\sum_{\delta}^{-m}$.

Donnons quelques exemples $\varphi(x) \in C_b^{\infty}(E)$ appartient à $\sum_{\delta}^{0}$. Soit $a(x) \in C_b^{\infty}(E)$ $\quad \mathrm{Re}\, a(x) \geq a_0 > 0$, $(a(x) + |\xi|^2)^{s/2} \in \sum_{\delta}^{0}$ $(\delta<1)$ et est elliptique de degré s .De même $|\xi|^{2k} \in \sum_{\delta}^{2k}$ $(\delta<1)$ est elliptique de degré $2k$. De plus si $a_j(x) \in C_b^{\infty}(E, \hat{\otimes}_j X)$ $\quad (a_j(x), \otimes_j \xi) \in \sum_{\delta}^{m}$ si $m > j$. On peut trouver d'autres exemples dans [2] .

On fait opérer les opérateurs de $\sum_{\delta}^{m}$ dans des espaces B^{α} .

Soit $k \in \mathbb{N}$ $\quad 0 \leq \rho < 1$. On définit :

définition 2.2.

$B^{k+\rho}(X,E) = \Big\{ f : E \longmapsto \mathbb{C} \;\big|\; f$ est k fois X dérivable, à dérivées de Hilbert Schmidt, $0 \leq j \leq k$ $\quad D^j f$ est continue et bornée $E \mapsto \hat{\otimes}_j X'$ et

$$\|f\|_{k+\rho} = \sum_{j=0}^{k} \sup_{x\in E} \|D^j f\|_{\hat{\otimes}_j X'} + \sup_{x\in E} \sup_{h \in X} \frac{\|D^j f(x+h) - D^j f(x)\|_{\hat{\otimes}_j X'}}{h} < +\infty \Big\}$$

On définit également

$$B'^{k+\rho}(X,E) \; \Big\{ f \in B^{k+\rho} \;\Big|\; \sup_{x\in E} \sup_{h\in E} \frac{\|D^k f(x+h) - D^k f(x)\|_{\hat{\otimes}_j X'}}{\|h\|^{\rho}} + \|f\|_k = \|f\|'_{k+\rho} < +\infty \Big\}$$

La condition de Lipschitz est prise sur E cette fois. On montre :

Proposition 2.1. Soit $m \in \mathbb{R}^+$, $\alpha \in \mathbb{R}^+$, $\alpha + m \notin \mathbb{N}$, $A \in \Sigma_\delta^{-m}$ est continu $B'^{\alpha} \longmapsto B^{\alpha+m}$.

On définit un espace $\mathcal{B}$ de fonctions généralisées (heuristiquement l'espace des $(1-\Delta)^{m/2}\, B^o$ $m \in \mathbb{R}$) dans lequel les opérateurs de Σ_δ^m opèrent continument. On prouve qu'on peut définir dans $\mathcal{B}$ un support et un support singulier. Cet espace permet de définir pour $P \in \Sigma_\delta^m$ un domaine dans B^o plus grand que celui obtenu par fermeture du graphe. On peut prouver les résultats suivants :

Théorème 2.2. Soit $u \in \mathcal{B}$ tel que $Pu = f \in B'^{\alpha}$ où $\alpha \in \mathbb{R}^+$, P est un opérateur de Σ_δ^m $(m \in \mathbb{R}^+)$ elliptique de degré m. Si $\alpha + m \notin \mathbb{N}$ on obtient $u \in B^{\alpha+m}$. (On a également un résultat de régularité locale).

Théorème 2.3. Soit P un opérateur elliptique de degré $m \in \mathbb{R}^+$ de Σ_δ^m, soit $f \in B^o(E)$. $\forall x_o \in E$ il existe V voisinage de x_o et $u \in D(P)$ telle que $Pu = f$ sur V, de plus si $f \in B'^{\alpha}_{loc}$ au voisinage de x_o alors $u \in B^{\alpha+m}_{loc}$ au voisinage de x_o si $\alpha + m \notin \mathbb{N}$.

Dans une dernière partie on définit relativement à un ouvert $\mathcal{U}$ de E des classes de distributions et de mesures (non bornées). Soit

$$\mathcal{R}(\mathcal{U}) = \left\{ A \text{ fermée dans } E \mid A \subset \mathcal{U} \quad \text{et} \quad d(A, \mathcal{U}^c) > 0 \right\}$$

On désigne par $D_A^k = \left\{ f \in B^k(E) \mid \text{supp } f \subset A \right\}$ pour $A \in \mathcal{R}$. On munit l'espace D_A^k de la topologie τ_A^k qui est la topologie localement convexe la plus fine qui coïncide sur

$$\beta_{k,A} = \left\{ f \in D_A^k \, , \ \sup_{0 \leq j \leq k} \ \sup_{x \in E} \| D^j f \|_{\hat{\otimes}_j X'} \leq 1 \right\}$$ avec

la topologie de la convergence compacte à l'ordre k . On pose

$(D^k(\mathcal{U}),\tau^k) = \lim\limits_{\to A\in\mathcal{R}(\mathcal{U})} (D^k_A,\tau^k_A)$. $(D^k(\mathcal{U}),\tau^k)'$ est l'espace des distributions d'ordre k $\mathcal{R}$ bornées sur $\mathcal{U}$, pour k=0 l'espace de Radon $\mathcal{R}$ bornées sur $\mathcal{U}$. Soit

$$D^{\infty}_A = \bigcap_k D^k_A = \left\{ f\in B^{\infty}(E),\ \mathrm{supp}\ f \subset A \right\}$$

$(D^{\infty}_A,\breve{\tau}_A) = \lim\limits_{\leftarrow k} (D^k_A,\tau^k_A)$. Enfin $(D^{\infty}(\mathcal{U}),\theta) = \lim\limits_{\to A} (D^{\infty}_A,\breve{\tau}_A)$. On définit alors $D'(\mathcal{U}) = (D^{\infty}(\mathcal{U}),\theta)'$.

On prouve des propriétés de continuité des opérateurs de Σ^m_δ $m\leq 0$ relativement aux topologies introduites. On dit que P est proprement supporté dans $\mathcal{U}$ si $\forall A\in\mathcal{R}(\mathcal{U})$ $\exists A'\in\mathcal{R}(\mathcal{U})$ tel que $\mathrm{supp}\,u\subset A \Rightarrow \mathrm{supp}\,Pu\subset A'$ pour $u\in C^{\infty}_b(E)$. Utilisant une paramétrix qui transforme convenablement les supports on prouve :

<u>Théorème 2.4.</u> Soit $\mathcal{U}$ un ouvert de E , $P\in\Sigma^m_\delta$ $(m\geq 0)$ un opérateur pseudo-differentiel elliptique de degré m proprement supporté dans $\mathcal{U}$, $T\in D'(\mathcal{U})$, $1\in\mathbb{N}$. Si pour $0\leq j\leq 1$ $D^j(P^*(x,D)T)$ est une mesure de Radon $\mathcal{R}$ bornée à valeurs dans $\hat{\otimes}_j X'$, alors pour $0\leq j\leq 1$ D^jT est également une mesure de Radon $\mathcal{R}$ bornée à valeurs dans $\hat{\otimes}_j X'$. Ce résultat étend celui de C. Elson [7] concernant le lemme de Weyl et les mesures dérivables.

(2) <u>Théorèmes de Cauchy Kovalewsky et d' Holmgren en dimension infinie</u>

La première partie, à savoir le théorème de Cauchy Kovalewsky est à situer dans le cadre de III) 1) ; le théorème d'Holmgren utilisant une transposition par rapport à ν est relié aux méthodes L^2_ν . On utilise la notion usuelle de fonction réelle analytique sur un espace de Banach E à savoir la propriété de s'exprimer sous la forme d'une somme d'une série de polynomes continus qui converge uniformément localement, on note par $\mathcal{A}$ cet espace :

Soit $P(x,D)=\sum_{j=0}^{m} a_j(x).D^j$ où $a_j(x)\ \mathcal{A}(\mathcal{U},(P_j(E))')$; $\mathcal{U}$ est un ouvert de E , $P_j(E)$ est l'espace de polynomes continus homogènes de degré j sur E muni de sa norme. Ainsi $P(x,D)$ est un opérateur differentiel à coefficients analytiques.

<u>Théorème 2.5.</u> Soit S une hypersurface analytique de E , soit $x_o \in S$ et $\mathcal{U}$ un voisinage de x_o on suppose que $P(x,D)$ est un opérateur differentiel de degré m à coefficients analytiques. S est non caractéristique pour P en x_o . Alors le problème de Cauchy

$P(x,D)u=f$

$(\partial/\partial\nu)^j u = \varphi^j$ sur S $0\leqslant j\leqslant m-1$ a une solution analytique unique dans un voisinage de x_o lorsque $f\in\mathcal{A}(\mathcal{U})$, $\varphi^j\in \mathcal{A}(\mathcal{U}\cap S)$; $\partial/\partial\nu$ désigne un champ de vecteur analytique transverse à s .

La démonstration est simple. Pour le théorème d'Holmgren par contre, on a besoin de transposer l'opérateur et d'utiliser le th. 2.5. pour le transposé. On se place donc dans le cadre défini par I). On prouve alors que sous l'hypothèse supplémentaire que $P(x,D)=\sum_{j=0}^{m} a_j(x).D^j u$

avec $a_j(x)\in\mathcal{A}(\mathcal{U},(P_j(E'))')$, son transposé relativement à la mesure de Gauss P^* s'écrit encore $P^*(x,D) = \sum_{j=0}^{m} b_j(x).D^j$ avec

$b_j(x)\in \mathcal{A}(\mathcal{U},(P_j(E'))')$. On obtient alors :

<u>Théorème 2.6.</u> Soit $P(x,D) = \sum_{j=0}^{m} a_j(x).D^j$ avec

$a_j(x)\in \mathcal{A}(\mathcal{U},(P_j(E'))')$, S une hypersurface C^1 de E non caractéristique en $x_o\in S\cap\mathcal{U}$; soit $u\in K^m(\mathcal{U})$ avec $Pu = 0$ dans $\mathcal{U}$ et $u=0$ dans $s^-\cap\mathcal{U}$ alors u est nulle dans un voisinage de x_o . Ce théorème s'applique en particulier aux fonctions $u\in C^m(\mathcal{U})$.

Bibliographie

[1] V. Bargmann. Part.(II) Comm. pure and applied Maths 20 (1967)

[2] P. Bleher. M.I. Visik. Une classe d'o.p.d. d'une infinité de variables. Mat. Sbornik 86 128- 1971

[3] F.A. Berezin. Wick and anti-Wick operators symbols. Mat. Sbornik 86. 1971.

[4] J.J. Duistermaat . Cours professé au Courant Institute- 1973.

[5] J.J. Duistermaat . L.Hörmander. Fourier integral operators.II. Acta Math. 128. 1972 .

[6] D.J.H. Garling . Proc. London Math. Soc. 1964 p.1-28

[7] C. Elson Lemme de Weyl en dim. infinie. Trans A.M.S. 194-1974

[8] V. Goodmann. A divergence theorem for a hilbert space. Trans. A.M.S. 164-1972

[9] C. Goulaouic. Cours professé à l'Ecole Polytechnique. 1973/1974

[10] L. Gross . Potential theory of Hilbert spaces. J. of Functional analysis. 1. 1967

[11] V.V. Grusin. On a class of hypoelliptic operators. Mat. Sbornik 83 (125) 1970 .

[12] L. Hörmander.Linear partial diff. operators. Berlin Springer Verlag 1963 .

[13] L. Hörmander. Fourier integral operators I . Acta Math. 12. 1971.

[14] M. Krée . Propriété de trace en dim. infinie d'espace de Sobolev. C.R. Acad. Sc. Paris t. 279 - 1974. p. 157-160.

[15] P. Krée . Introduction aux théories de distributions en dim. infinie. Journées. Géométrie differentielle(1975-Lyon). Mémoire n° 46 S.M.F. p. 143-162.

[16] P. Krée .Solutions faibles d'équations aux dérivées fonctionnelles Séminaire Lelong 73-74. Lecture Note Springer Verlag n°473.

[17] P. Krée. Mesures de Radon vectorielles sur des espaces complètement reguliers. C.R. Acad. Sc. Paris t.282. 1976.

[18] P.Krée,R.Raczka. Kernels and symbols of operators in quantum field theory, à paraître Annals Inst. H. Poincaré- Serie B.

[19] B. Lascar. Théorème de Cauchy-Kovalewsky et d'Holmgren en dim. infinie. C.R. Acad. Sc. Paris t. 282. 1976 .

[20] B. Lascar. Propriétés locales d'espaces de type Sobolev en dim. infinie. Comm. in Partial Diff. Eq. 1-6- 1976 .

[21] B. Lascar. Une C.N.S. d'ellipticité en dim. infinie. Comm. in Partial. Eq. 2.1. 1977

[22] B. Lascar . Un classe d'o.p.d. sur l'espace de Fock. A paraître. Sem. sur les e.d.p. en dimension infinie. 1976-1977.

[23] B. Lascar. Invariance par difféomorphisme d'espace de Sobolev. C.R. Acad. Sc. t.280. 1975 et séminaire e.d.p. en dim. infinie 1975/76.

[24] B. Lascar.Opérateurs pseudo-differentiels en dim. infinie. Hypoellipticité et resolubilité locale dans des classes de fonctions holderiennes et de distributions. C.R. Acad. Sc. t. 284; 1977 et article à paraître.

[25] B. Lascar. Problème de Cauchy hyperbolique en dim. infinie. Preprint Centre de Math. Ecole Polytechnique. 1977.

[26] A. Martchenko. M.I. Visik. Mat. Sbornik 1972.

[27] L. Schwartz. Radon measure on arbitrary topo. spaces and cylindrical measures . Oxford University Press. 1973

[28] Séminaire Schwartz. Applications radonifiantes 1969-1970. Centre de Math. Ecole Polytechnique.

[29] E. Stein. Singular Integrals. Princeton. University Press.

[30] F. Trèves. Linear Partial Diff. operators. New-York Gordon and Breach. 1966.

[31] f. Trèves. Topo. vector spaces distributions and Kernels- Academic Press. New-York.

CHARACTERIZATION OF BANACH SPACE THROUGH VALIDITY OF BOCHNER THEOREM

V. Mandrekar
Michigan State University, East Lansing, Michigan

0. Introduction: This paper deals with the review of methods and results, achieved on the following problems:

(1) Let E be a real separable Banach space with (topological) dual E'. Let $\varphi: E' \to C$, the complex numbers, be a positive definite function in the sense that for each integer n, $\sum_{i,j=1}^{n} c_i \overline{c_j}\, \varphi(e_i' - e_j')$ is non-negative for $c_i \in C$ and $e_i' \in E'$ satisfying $\varphi(0) = 1$. What is a necessary condition on the structure of E in order that continuity of φ in some topology on E' is necessary and sufficient for φ to be Fourier-Steiltzes transform or characteristic functional (for short c.f.) of a probability measure on $(E,\mathcal{B}(E))$.

(2) Suppose φ is a positive definite function on E' having the form exactly analogous to that of the characteristic functional of Gaussian, Symmetric Stable or infinitely divisible probability measures on Hilbert spaces. What are necessary and sufficient conditions on the structure of E in order that each of these functionals are c.f.'s of probability measures.

In case E is a Hilbert-space, it was shown by Sazanov and Gross ([38], [11]) that the continuity of φ in the topology given by quadratic forms corresponding to non-negative trace class operators is a necessary and sufficient condition for φ to be a c.f. of a probability measure. An isomorphic characterization of Hilbert space ([21]) is that $\Sigma\|x_i\|^2$ is finite iff $\Sigma\varepsilon_i x_i$ converges a.e. where $\{\varepsilon_i, i = 1,2,\ldots\}$ are independent Bernoulli random variables and $\{x_i\}_{i=1}^{\infty} \subset E$. Using this it is shown that analogue of Sazanov-Gross theorem holds in E iff it is isomorphic to a Hilbert space.

Recently, Maurey and Pisier [28], studied relation between the finite factorability of a space and convergence of random series. Our conditions on the Banach space solving problems (1) and (2) will be expressed in terms of the convergence of random series. These along with the work [28] will give some information about the geometry of the spaces E in which problems (1) and (2) have solutions.

1. Notation and Preliminaries. Let E be a real separable Banach space and $\mathcal{B}(E)$ the σ-field generated by all open subsets of E. We denote by E^a the algebraic dual and by E' the topological dual of E. By a probability measure μ on E we mean a countably additive non-negative function on $\mathcal{B}(E)$ with $\mu(E) = 1$. For each $y \in E'$ we note that $\langle y,\cdot\rangle$ is a real-valued measurable function. The minimum σ-algebra with respect to which $\{\langle y,\cdot\rangle, y \in E'\}$ is measurable is called the σ-algebra of cylinder sets. Since E is separable we get $\mathcal{B}(E)$ coincides with the σ-algebra of cylinder sets.

The functional φ on E' defined by $\varphi(y) = \int \exp(i\langle y,x\rangle)\mu(dx)$ is called the characteristic functional of the measure μ. Preceding remark implies that φ determines μ uniquely.

The following properties of the c.f. can be obtained as in the finite-dimensional case.

$$(1.1)\quad \begin{cases} \text{(a)} & \varphi \text{ is positive-definite} \\ \text{(b)} & \varphi(0) = \mu(E) \\ \text{(c)} & \varphi \text{ is continuous in the strong topology on } E'. \end{cases}$$

The functional $\varphi(y) = \exp(-\frac{1}{2}\|y\|^2)$ satisfies (1.1) in case E is a separable Hilbert-space. But it is clearly not c.f. of a probability measure as, in that case putting $y = e_n$ $(n = 1,2,\ldots)$ we get $e^{-\frac{1}{2}} = \int_E \exp i\langle e_n,x\rangle\mu(dx)$ $(\forall n)$ if $\{e_n\}$ is an orthonormal basis in E'. This shows that continuity in strong topology on E' is sufficient condition only if E is finite-dimensional.

A sequence of finite measures $\{\mu_n\}$ on $\mathcal{B}(E)$ is said to converge weakly (vaguely) to a measure μ if for every bounded continuous function f on E, $\int f(x)\mu_n(dx) \to \int f(x)\mu(dx)$. A family $\{\mu_\alpha\}_{\alpha\in A}$ of finite measures on $\mathcal{B}(E)$ is said to be tight if $\sup_\alpha \mu_\alpha(E)$ is finite and for each $\varepsilon > 0$, there exists a compact subset $K(\varepsilon)$ of E such that $\mu_\alpha(\ K(\varepsilon)) < \varepsilon$ for all α. It is known ([35]) that a tight sequence of probability measures is weakly (conditionally) compact (for short, weakly compact).

The following theorem on convergence of infinite series will be used repeatedly and hence is stated below.

1.2 Theorem ([16], Theorem 3.1 and 4.1 and [41]). Let $\{X_k\}_{k=1,2,\ldots}$ be E-valued independent random variables with $S_n = \Sigma_1^n X_k$ and μ_n distribution of S_n. Then the following are equivalent.

(a) S_n converges a.s.

(b) S_n converges in probabilitv

(d) μ_n converges weakly.

If further $\{X_k\}$ are symmetrically distributed then (a), (b), (c) are equivalent to

(d) $\{\mu_n\}$ is tight

(e) There exists an E-valued random variable S such that $\langle y,S_n\rangle \to \langle y,S\rangle$ for every $y \in E'$

(f) there exists a probability measure μ on E such that $\varphi_{\mu_n}(y) \to \varphi_\mu(y)$ for all $y \in E'$.

We conclude this section by giving the following definitions and known facts regarding types and cotypes of spaces.

1.3 Definition. (a) A Banach space E is said to be of type p-Radmacher if for every sequence $\{x_i\}_{i=1}^\infty \subset E$ satisfying $\Sigma_{i=1}^\infty \|x_i\|^p$ we have $\Sigma x_i\varepsilon_i$ converges a.e. where ε_i are independent identically distributed (i.i.d. for short) symmetric Bernoulli random variables, i.e. $P(\varepsilon_i = +1) = P(\varepsilon_i = -1) = \frac{1}{2}$.

(b) A Banach space E is said to be of stable type p if for every sequence $\{x_j\}_{i=1}^\infty \subset E$ satisfying $\Sigma\|x_i\|^p < \infty$ implies $\Sigma x_j\eta_j$ converges a.e. where η_j are i.i.d. symmetric stable random variables of index p, i.e. $E[\exp(i<t,\eta_j>)] = \exp(-|t|^p)$ for all t real.

1.4 Remark. We note that all Banach spaces are of Radmacher type 1 and only interesting cases are when $p \geq 1$. Since the space of real numbers is of type 2 (stable as well as Radmacher) and type is a hereditrary property we get that only values of p of interest are for $p \leq 2$. Hence in case of Radmacher type p we assume $1 \leq p \leq 2$ and for stable type p, $0 < p \leq 2$.

We note that [34], a Banach space is of stable type p $(1 \leq p \leq 2)$ implies p is of Radmacher type p. The space ℓ_p $(1 \leq p < 2)$ is of Radmacher type p but is not stable type p. For $p = 2$ however the two concepts coincide and we refer in this case the space as of type 2.

1.5 Definition. A Banach space E is of cotype q (Radmacher) if for every sequence $\{x_i\} \subset E$ satisfying $\Sigma x_i \varepsilon_i$ converges a.e. we have $\Sigma \|x_i\|^q$ is finite.

With reasoning as in Remark 1.4, we get $q \geq 2$.

We note that if a Banach space E is of type 2 and cotype 2 then it is isomorphic to Hilbert-space (Kwapien [21]). For geometric structure of spaces of type p $(p < 2)$ and cotype q $(q > 2)$ we refer the reader to ([28], Theorems 1.1, 2.1).

2. Topological Solutions to General Bochner Problem. In this section we study problem (1) of the Introduction. As noted in Section 1 although conditions (1.1) do not guarantee a countabley additive measure on E, Bochner proved the following version by using classical Kolmogorov Theorem.

2.1 Theorem ([6], [8], [36]). Let E be a separable Banach space with (topological) dual E'. Then a positive-definite function φ on E' with $\varphi(0) = 1$ is a c.f. of a probability measure μ on cylinder sets of E'^a induced by the duality (E'^a, E) iff restriction of φ to every finite-dimensional subspace of E' is continuous at zero.

On the other end of the spectrum is the following result which shows that continuity of φ in $\sigma(E',E)$ topology [i.e. topology of weak convergence on E' induced by duality (E',E) with the duality function given by evaluation map] is too stringent a condition. We state this result for the sake of completeness.

2.2 Theorem ([8], Theorem 3.1, [1], Theorem 1.2(a)). Let E be a locally convex Hausdorff topological vector space with dual E'. A positive definite function φ on E' with $\varphi(0) = 1$ is $\sigma(E',E)$ continuous iff φ is a c.f. of a probability measure μ on cylinder σ-algebra of E satisfying the condition for every $\varepsilon > 0$ there exists a finite-dimensional M_ε of E such that $\mu(M_\varepsilon) > 1-\varepsilon$.

In fact ([1], p. 276), if further, the distribution induced by y under μ is degenerate or continuous then there exists a finite-dimensional subspace M of E with $\mu(M) = 1$. In short, continuity in $\sigma(E',E)$ reduces the problem to the study of locally compact or σ-compact case.

The first result regarding non-trivial solution to problem (1) is due to Mustari[1)] [29]. We present it below with a simpler proof.

2.3 Theorem. Let E be a real separable Banach space and φ be a positive-definite functional on E' with $\varphi(0) = 1$. Suppose a topology τ on E' such that continuity of φ in τ is necessary and sufficient for φ to be c.f. of a measure on E. Then E is of cotype 2.

Proof: Assume that there exists a sequence $\{x_k\}_{k=1}^{\infty}$ such that $\Sigma x_k \varepsilon_k$ is convergent a.e. with $\{\varepsilon_k\}_{k=1}^{\infty}$ i.i.d. symmetric Bernoulli random variable, but $\Sigma \|x_k\|^2 = \infty$. Let $a_k = \Sigma_1^k \|x_i\|^2$. Then $a_k \to \infty$ and $\Sigma_{k=1}^{n} \|x_k\|^2/a_k^2$ not being Cauchy, $\Sigma_{k=1}^{\infty} \|x_k\|^2/a_k^2 = $. Define E-valued independent random variable $\{Y_k\}_{k=1}^{\infty}$ with distribution μ_k such that

$$P(Y_k = -a_k x_k/\|x_k\|) = P(Y_k = a_k x_k/\|x_k\|) = \tfrac{1}{4} \|x_k\|^2/a_k^2, \ P(Y_k = 0) = 1 - \tfrac{1}{2} \|x_k\|^2/a_k^2.$$

Then by Bovell-Cantelli lemma $Y_k \not\to 0$ a.e.

$$\sum_{k=1}^{\infty} Y_k \text{ diverges a.s.} \tag{2.4}$$

Now, the assumption $\Sigma x_k \varepsilon_k$ converges a.e. implies

$$\varphi_1(y) = \prod_{k=1}^{\infty} \cos\langle y, x_k\rangle$$

is a c.f. of a measure and hence is continuous in the topology τ under the assumption of the theorem. Take $\delta > 0$ such that for $|t| \leq \pi/2, \cos t \geq 1-\delta$ implies that $1 - t^2/2 \leq \cos t \leq 1 - t^2/4$. If $\varphi_1(\lambda y) > 1-\delta$ for $|\lambda| \leq 1$ then using the fact $\langle y, x_k\rangle = \|x_k\|/a_k \cdot a_k/\|x_k\| \langle y, x_k\rangle$

$$\varphi_1(y) \leq \prod_k (1 - \tfrac{1}{4}\langle y, x_k\rangle^2) \leq \prod_{k=1}^{\infty} [1 - \tfrac{1}{2} \|x_k\|^2/a_k^2(1 - \cos\langle y, a_k x_k/\|x_k\|\rangle)]. \tag{2.5}$$

Since φ_1 is continuous at zero in τ, we have

$$\varphi_2(y) = \prod_{k=1}^{\infty} [1 - \tfrac{1}{2} \|x_k\|^2/a_k^2(1 - \cos\langle y, a_k x_k/\|x_k\|\rangle)]$$

is continuous at zero. But φ_2 is positive definite as

$$\varphi_2(y) = \lim_n \prod_{k=1}^{n} \varphi_{\mu_k}(y) \qquad (y \in E'). \tag{2.6}$$

Hence $\exists$ a probability measure ν on E such that $\varphi_2(y) = \varphi_\nu(y)$. This, (2.6) and Theorem 1.2(e) imply that $\Sigma_k Y_k$ converges a.e. contradicting (2.4) and completing the proof.

If we further assume that the topology τ of Theorem 2.3 is given by bilinear forms then we get in fact that E is also of type 2. This result was proved in [30]. The proof given below is direct and elementary.

2.7 Theorem. Let E be a real separable Banach space and φ be a positive definite functional on E' with $\varphi(0) = 1$. Suppose a topology τ on E' such that

(a) τ is generated by a family of bilinear forms;

(b) The continuity of φ in τ is necessary and sufficient for φ to be c.f. of a measure on E. Then E is isomorphic to a Hilbert-space.

Proof: In view of Theorem 2.3 and celebrated result of S. Kwapien ([21]), it remains to prove that E is of type 2. Let $\{x_j\}_{j=1}^{\infty}$ be a sequence in E such that $x_j \neq 0$ and $\Sigma_{j=1}^{\infty} \|x_j\|^2 = 1$. Let $x_j' = x_j/\|x_j\|$ and define a probability measure μ on E by

$$\mu = \sum_{j=1}^{\infty} \|x_j\|^2 (\tfrac{1}{2}\, \delta_{x_j'} + \tfrac{1}{2}\, \delta_{-x_j'}) .$$

Then for $\varepsilon > 0$, a bilinear form B such that $B(y,y) \leq 1 \Rightarrow 1 - \varphi_\mu(y) < \varepsilon$ or equivalently

$$(2.8) \qquad 1 - \varphi_\mu(y) < (By,y) + \varepsilon$$

under the assumption of the theorem. But $1 - \varphi_\mu(y) = \sum_{j=1}^{\infty} \|x_j\|^2 (1 - \cos\langle y,x_j'\rangle)$ and by classical Bochner theorem ([31], p. 76)

$$(2.9) \qquad 1 - \varphi_\mu(ty) = \lim_n \sum_{j=1}^{n} \|x_j\|^2 (1 - \cos\langle ty,x_j'\rangle)$$

uniformly in t for $0 < t < 1$. Now

$$\sum_{j=1}^{\infty} \|x_j\|^2 (1 - \sin\langle y,x_j\rangle/\langle y,x_j\rangle) = \int_0^1 (1 - \varphi_\mu(ty))dt .$$

Hence by (2.8) and (2.9) we get using inequality $1 - \sin\langle y,x_j'\rangle/\langle y,x_j'\rangle \geq \frac{1}{c} \langle y,x_j'\rangle^2$ with c constant that

$$\sum_{j=1}^{\infty} \langle y,x_j\rangle^2 \leq \frac{c}{3} B(y,y) + \varepsilon.$$

From the fact that for $x \geq 0$, $1 - \exp(-x) \leq x$, we get

$$1 - \exp(-\tfrac{1}{2} \sum_{j=1}^{\infty} \langle y,x_j\rangle^2) \leq \frac{c}{6} B(y,y) + \varepsilon$$

i.e. $\exp(-\frac{1}{2} \Sigma_{j=1}^{\infty} \langle y,x_j\rangle^2)$ is continuous at zero in topology τ. This implies under the assumption of the theorem that $\exp(-\frac{1}{2} \Sigma_{j=1}^{\infty} \langle y,x_j\rangle^2)$ is c.f. of a measure μ. But $\varphi_\mu(y) = \lim_n \Pi_{j=1}^{n} E(\exp i\langle y,\gamma_j x_j\rangle)$ where $\{\gamma_j\}_{j=1}^{\infty}$ are i.i.d. standard Gaussian variables. Hence by Theorem 1.2 we get $\Sigma_{j=1}^{\infty} \gamma_j x_j$ converges a.e., i.e. the space is of type 2.

3. Characteristic Functionals of Gaussian Measure. A probability measure μ on a separable Banach space E is said to be Gaussian if for each $y \in E'$ the distribution of y is Gaussian. In case E is a Hilbert space we know that ([35]) c.f. of a (symmetric) Gaussian measure μ is of the form $\exp(-\frac{1}{2} \langle Sy,y\rangle)$, $y \in E'$, where S is a non-negative symmetric operator of finite trace or equivalently, $S^{\frac{1}{2}}$ is Hilbert-Schmidt. Conversely, every c.f. of the above form is c.f. of a symmetric Gaussian random variable. In order to set up the general problem in this context we need some terminology.

3.1 Definition. An operator S on $E' \to E$ is called non-negative if for each $y \in E'$, $\langle y,Sy\rangle \geq 0$ and is symmetric if $\langle y,Sz\rangle = \langle z,Sy\rangle$ for all $y,z \in E'$.

Given a non-negative S, it is known ([43]) that there exists a Hilbert space H and a continuous linear operator $T: E' \to H$ such that $S = T^*T$. In order to make this work self-contained we present here a simple proof of this fact due to P. Baxendale [5].

3.2 <u>Proposition</u>. Suppose S is a non-negative definite symmetric operator on $E' \to E$ then there exists a separable Hilbert space H and an injection j, $H \hookrightarrow E$ such that $S = jj^*$.

<u>Proof</u>: Let R = range of S and on R define inner product $\langle Sy_1, Sy_2\rangle = \langle y_1, Sy_2\rangle$ for $y_1, y_2 \in E$. Since $Sy_1 = Sy_2$ implies $\langle y_1, Sz\rangle = \langle z, Sy_1\rangle = \langle z, Sy_2\rangle = \langle y_2, Sz\rangle$ it is well defined. Clearly, it is symmetric and bilinear. Now $\langle Sy, Sy\rangle = 0 \Rightarrow \langle y, Sy\rangle = 0 \Rightarrow \langle z, Sy\rangle = 0$ i.e. $Sy = 0$. Let $|\ |$ be the corresponding norm on R. Then $|\langle y, Sz\rangle| \leq |Sz|\,|y|_E\ \|S\|^{\frac{1}{2}}$. Hence $\|Sy\| \leq \|S\|^{\frac{1}{2}}|Sy|$, i.e. $\|\ \|$ is continuous with respect to $|\ |$ on R. Let H be the completion of R under $|\ |$ and $i: R \hookrightarrow H$. Hence there exists a bounded operator j on H to E such that $j \circ i: R \hookrightarrow E$. Define $S_1 = i \circ S$ on $E' \to H$. Then by simple calculation $S_1 = j^*$ and $S = jiS = jS_1 = jj^*$. Since j^* has dense range in H, j is an injection and hence can be taken to be inclusion.

3,3 <u>Remark</u>. Let $j^* = T$ then we get $j^{**} = j = T^*$ and $S = T^*T$. We note that by the proof $H \hookrightarrow E$ and $\|h\|_E \leq c\|h\|_H$.

We call T satisfying the above conditions the square root of S. The analogue of Hilbert-Schmidt operators are the so-called 2-summing operator of Pietsch [32] which are limits of finite rank operators.

3.4 <u>Definition</u>. Let E and F be two Banach spaces then an operator A on E to F is called absolutely p-summing if for any integer n and $x_1, x_2, \ldots, x_n \in E$

$$\sum_{i=1}^{n} \|Ax_i\|^p \leq \sup_{\|y\|=1} \sum_{i=1}^{n} |\langle y, x_i\rangle|^p .$$

If μ is a (symmetric) Gaussian measure on E then by Fernique's Theorem ([9]) $\int\|x\|^p\mu(dx)$ is finite for all p and by Landau and Shepp [22] there exist constant c_1, c_2 positive and finite such that $c_1(\int\|x\|^2\mu(dx))^{\frac{1}{2}} \leq (\int\|x\|^p\mu(dx))^{1/p} \leq c_2(\int\|x\|^2\mu(dx))^{\frac{1}{2}}$. Hence the significant fact is $\int\|x\|^2\mu(dx) < \infty$. The c.f. of μ is by definition $E(\exp i\langle y,x\rangle) = \exp(-\frac{1}{2}\int\langle y,x\rangle^2\mu(dx))$. Hence $\varphi_\mu(y) = \exp(-\frac{1}{2}\langle y, Sy\rangle)$ where the operator S is given by the Bochner integral $Sy = \int\langle y,x\rangle x\mu(dx)$. Let $\tilde{H}$ denote the subspace of $L_2(E, \mathcal{B}(E), \mu)$ generated by $\{\langle y,\cdot\rangle;\ y \in E'\}$ and $\tilde{T}y = \langle y,\cdot\rangle$ then $S = \tilde{T}^*\tilde{T}$ and $\tilde{T}$ is 2-summing ([24]) since

$$\sum_{i=1}^{n} \|\tilde{T}y_i\|_{\tilde{H}}^2 = \sum_{i=1}^{n} \int\langle y_i, x\rangle^2\mu(dx) = \sum_{i=1}^{n} \int\langle y_i, x/\|x\|\rangle^2\|x\|^2\mu(dx)$$

$$\leq (\int\|x\|^2\mu(dx)) \sup_{\|x\|=1} \sum_{i=1}^{n} \langle y_i, x\rangle^2 .$$

Furthermore, let ψ_n be E-valued simple functions such that $\int\|x-\psi_n(x)\|^2\mu(dx) \to 0$ as $n \to \infty$. Define $\tilde{T}_n y = \langle y, \psi_n(\cdot)\rangle$. Then $\tilde{T}_n$ is of finite rank for each n and calculations similar to above give

$$\sum_{i=1}^{n} \|\tilde{T}y_i - \tilde{T}_n y_i\|_H^2 \leq \int \|x - \psi_n(x)\|^2 \mu(dx) \sup_{\|x\|=1} \sum_{i=1}^{n} \langle y_i, x\rangle^2$$

giving $\tilde{T}$, Hilbert-Schmidt in the sense of [33]. Thus on any separable Banach space c.f. of a (symmetric) Gaussian measure μ is $\varphi_\mu(y) = \exp(-\frac{1}{2}\langle y, Sy\rangle)$, $y \in E'$ where $S = \tilde{T}^*T$ with $\tilde{T}: E' \to \tilde{H}$ (a Hilbert space) being 2-summing. We now want to know on what Banach spaces does the functional $\varphi(y) = \exp(-\frac{1}{2}\langle y, Sy\rangle)$ with S satisfying above conditions is a c.f. of a symmetric (necessarily Gaussian) probability measure. Before this we identify S with the square-root. Define $H = \{\int f(x) x d\mu;\ f \in \tilde{H}\}$ where the integral is in the sense of Bochner. On H define inner product $\langle \int f(x) x d\mu, \int g(x) x d\mu\rangle = \int f(x) g(x) d\mu$. Let i be the isometry on $\tilde{H} \to H$ given by $f \to \int f(x) x d\mu$ and $T = i \circ \tilde{T}$ we then get T is the square root of S in the sense of Remark 3.3.

3.6 <u>Theorem.</u>[2)] The following are equivalent

(a) The space E is of type 2.

(b) For every non-negative operator $S: E' \to E$ $\exp[-\frac{1}{2}\langle y, Sy\rangle]$ $(y \in E')$, is the c.f. of a (necessarily symmetric Gaussian) measure on E iff the square root of S is 2-summing on $E' \to H$.

<u>Proof:</u> (a) $\Rightarrow$ (b) As shown before the "only if" part of (b) is true in any Banach space. Assume now $S = T^*T$ with T the square-root of S. Since T is two summing, by a theorem of Pietch ([32]) there exists a (symmetric) probability measure λ on the unit ball U of H such that $\|Ty\|_H^2 \leq c_1 \int_U \langle y, h\rangle^2 \lambda(dh)$. Since H and E are separable, U is a measurable subset of E and $U = \{h\colon \|h\|_H \leq 1\} \subset \{h \in E;\ \|h\|_E \leq c\}$ where c is the constant as in Remark 3.3. Hence λ is a probability measure on E such that $\int \|x\|^2 \nu(dx) < \infty$. Now by ([15], Theorem 3.5), $\exp(-\frac{1}{2} c_1 \int \langle y, x\rangle^2 \lambda(dx))$ is a c.f. of a Gaussian measure under condition (a). By ([15], Corollary 2.7) we get $\exp(-\frac{1}{2}\langle Sy, y\rangle)$ is c.f. of a Gaussian measure.

(b) $\Rightarrow$ (a) Let $\{x_j\}_{j=1}^{\infty}$, $x_j \neq 0$ be a sequence in E such that $\Sigma_{j=1}^{\infty} \|x_j\|^2 < \infty$. For $y \in E'$ let $Sy = \Sigma_j \langle y, x_j\rangle x_j$. Since $\|\Sigma_{j=m}^{n} \langle y, x_j\rangle x_j\| \leq \|y\| \Sigma_{j=m}^{n} \|x_j\|^2$ we get that the series converges in E and hence $Sy \in E$. It is clear that S is bounded symmetric non-negative. Let $\{e_k\}$ be the orthonormal basis in the Hilbert space H associated with S. Then it is easy to check that $Ty = \Sigma_k \langle y, x_k\rangle e_k$ is the square-root of S. Furthermore,

$$\sum_{i=1}^{n} \|Ty_i\|_H^2 = \sum_{i=1}^{n} \sum_k \langle y_i, x_k\rangle^2 = \sum_k \|x_k\|^2 \sum_{i=1}^{n} \langle y_i, x_k/\|x_k\|\rangle^2$$

$$\leq \sum_k \|x_k\|^2 \sup_{\|x\|_E=1} \sum_{1}^{n} \langle y_i, x\rangle^2$$

i.e. T is 2-summing. Hence by (b)

$$\varphi(y) = \exp(-\tfrac{1}{2}\langle y, Sy\rangle) = \exp(-\tfrac{1}{2} \sum_k \langle y, x_k\rangle^2) \qquad (y \in E')$$

is c.f. of a measure on E. By Theorem 1.2 this implies $\Sigma_k x_k \gamma_k$ converges a.e. where $\{\gamma_k\}_{k=1}^{\infty}$ are i.i.d. standard Gaussian.

4. Characteristic Functionals of non-Gaussian Infnitely Divisible Measures. A probability measure μ on $\mathcal{B}(E)$ is said to be infinitely divisible (for short i.d.) measure if for each integer n, there exists a probability measure μ_n on E, so that $\mu = \mu_n^{*n}$.[3)] It is known ([31], [39], [40]) that i.d. measure can be decomposed in the form $\mu = \gamma * \nu * \delta_x$ where γ is Gaussian, ν is non-Gaussian i.d. and δ_x the point mass at x. In finite-dimensional case, we have

A. The function $\psi(y)$ given by

$$\psi(y) = \exp\left[\int K(y,x)F(dx)\right] \tag{4.1}$$

where

$$(4.2)\quad \begin{cases} \text{(a)} & K(y,x) = \exp[i\langle y,x\rangle] - 1 - i\langle y,x\rangle/1 + \|x\|^2; \\ \text{(b)} & F \text{ is a } \sigma\text{-finite measure on } E \text{ with } F\{0\} = 0 \text{ and } F \text{ finite outside} \\ & \text{every neighborhood of zero} \\ \text{(c)} & \int_{\|x\|\le 1} \|x\|^p F(dx) \quad (0 < p \le 2) \end{cases}$$

is a c.f. of a non-Gaussian i.d. measure. Recently, [4], [27], [13], the class of Banach spaces for which the Problem A above has a solution have been characterized. We present below the proof essentially from [27] and derive in case of stable law, results of ([2])[4)] for the case $0 < p < 2$.

For a finite measure G on E define the probability measure $e(G) = \exp(-G(E))\{\delta_0 + \Sigma_{n=1}^{\infty} G^{*n}/n!\}$. Throughout E is a real separable Banach space.

4.3 Lemma ([27], [31]). Let G be a symmetric finite measure on $(E,\mathcal{B}(E))$ and E be of Radmacher type p. Then $\int\|x\|^p de(G) \le \text{const} \int\|x\|^p dG$.

Proof: We note that ([28], §2) E is of Radmacher type p iff for any independent symmetric random variables $X_1, X_2, \ldots, X_n$, a constant C so that

$$E\|\sum_1^n X_i\|^p \le C \sum_1^n E\|X_i\|^p. \tag{4.4}$$

Now with $X_1, \ldots, X_n$ i.i.d. with distribution $\nu = G/G(E)$

$$\int\|x\|^p de(G) = e^{-G(E)} \sum_{n=1}^{\infty} [G(E)]^n/n!\, E\|X_1 + \ldots + X_n\|^p$$

$$\le e^{-G(E)} \sum_{n=1}^{\infty} [G(E)]^{n-1}/(n-1)!\, c \int\|x\|^p dG \quad \text{by (4.4)}$$

noting $G(E)\,\nu = G$. Summing up the series we get the result.

Assume that E is of Radmacher type p.

We note that since F is finite outside the neighborhood of zero we get

$$\exp\left[\int_{\|x\|>1} K(y,x)F(dx)\right] = \varphi_{e(F|\|x\|>1)*\delta_z}(y)$$

where $z = \int_{\|x\|>1} x/1+\|x\|^2 F(dx)$ where the integral is in the sense of Bochner. It therefore suffices to prove problem A for the case $F = 0$ outside the unit ball of E. In order to prove that the function in (4.1) satisfying (4.2) is a c.f. of a probability measure, it suffices to prove with $F_n = F| \|x\| > 1/n$, $e(F_n) * \delta_{z_n}$, where $z_n = \int_{\|x\|>1/n} x/1+\|x\|^2 F(dx)$ is weakly shift-compact ([31], p. 58). This can be seen in view of the fact that Theorem 4.7 ([31], p. 176) and Theorem 4.5 ([31], p. 171) are valid on E. Now $\{e(F_n) * \delta_{z_n}\}$ is weakly shift-compact iff $\{e(F_n + \overline{F}_n)\}$ is weakly compact ([31], p. 58-59). Since $\int \|x\|^p F(dx) < \infty$ we get for every $\varepsilon > 0, \exists$ simple function ψ such that $\int \|x - \psi(x)\|^p F(dx) < \varepsilon^{p+1}/2C$ with C as in (4.4). Hence by Chebychev's inequality, (4.2) and Lemma 4.3

$$(4.5) \qquad \sup_n e(F_n + \overline{F}_n)\{x| \|x - \psi(x)\| \geq \varepsilon\} \leq 1/\varepsilon^p \, c \, 2\varepsilon^{p+1}/2c = \varepsilon .$$

Let M be the linear subspace of E generated by range of ψ. Then M is finite dimensional and (4.5) implies $\sup_n e(F_n + \overline{F}_n)\{x| \|x - M\| \geq \varepsilon\} < \varepsilon$. Also $\{\lambda_n = (e(F_n) * \delta_{z_n}) \circ y^{-1}\}$ is weakly compact since $\varphi_{\lambda_n}(y)$ are equicontinuous ([23]). Hence we get $\{e(F_n + \overline{F}_n) \circ y^{-1}\}$ is weakly compact. Using Theorem 2.3 of [1] we get the part (a) $\Rightarrow$ (b) of the following theorem.

4.6 <u>Theorem</u>. Let E be a real separable Banach space. Then the following are equivalent:

(a) E is of Radmacher type p.

(b) Problem A has solution.

<u>Proof</u>: It remains to prove (b) $\Rightarrow$ (a). Let $\{x_j\}$ be a sequence in E satisfying $\Sigma_j \|x_j\|^p < \infty$. Denote by $F = \lim_n \Sigma_{j=1}^{\infty} \tfrac{1}{2}(\delta_{x_j} + \delta_{-x_j})$. The F satisfies conditions in (4.2), giving by (b), (4.1) is c.f. of a measure ν on E. But

$$\varphi_{\nu * \overline{\nu}}(y) = \exp[2 \, \Sigma_j (\cos\langle y, x_j\rangle - 1)] .$$

By Theorem 1.2, $\Sigma \pi_j x_j$ converges a.e. where π_j are i.i.d. symmetric Poisson with parameter 2. By ([14]) we get $\Sigma_j \varepsilon_j x_j$ converges a.e.

Let μ be a symmetric stable probability of order α on E, i.e., $T_a\mu * T_b\mu = T_{(a^\alpha + b^\alpha)^{1/\alpha}}\mu$ where $T_a\mu(A) = \mu(A/a)$. Then it is known ([20]) that μ is i.d. Furthermore, the c.f. of μ is given by $\varphi_\mu(y) = \exp[-\int_\Gamma |\langle y,u\rangle|^p \lambda(du)]$ where λ is a finite measure on the boundary Γ of the unit ball of E ([42]). We now characterize the Banach spaces E for which $\exp[-\int_\Gamma |\langle y,u\rangle|^p \lambda(du)]$ with λ and Γ as above is a c.f. of a measure. Originally this result was proved in [2] by a different method.

4.7 <u>Theorem</u>. Let E be a separable Banach space and Γ the boundary of its unit ball. Then the following are equivalent: (Assume $0 < p < 2$.)

(a) E is of stable type p;

(b) Every function of the form $\varphi(y) = \exp[-\int_\Gamma |\langle y,u\rangle|^p \lambda(du)]$ for a finite measure λ on Γ, is the c.f. of a (necessarily stable) probability measure on E.

Proof: (a) $\Rightarrow$ (b). Since $\int(\cos ts - 1) \, c_p/s^{1+p} \, ds = -|t|^p$ for a constant c_p

$(0 < c_p < \infty)$ ([7]) we get

$$\varphi(y) = \exp[\int_\Gamma \int_0^\infty (\cos s\langle y,u\rangle - 1)c_p/s^{1+p}\, ds\lambda(du)] .$$

Identify $E = \Gamma \times [0,\infty)$ and define measure on $\mathcal{B}(E)$ by ([18], p. 261)

$$F_1(A) = \int_\Gamma \int_0^\infty 1_A(u,s)c_p ds/s^{1+p}\, \lambda(du) \quad \text{and} \quad F_2(A) = \int_\Gamma \int_{-\infty}^0 1_A(u,-s)c_p ds/|s|^{p+1}\lambda(du).$$

Let $F = \frac{1}{2}(F_1 + F_2)$, then F is finite outside every neighborhood of zero, $\int_{\|x\|\leq 1} \|x\|^{p'} F(dx) < \infty$ for all $p' > p$ and $\varphi(y) = \exp \int_E K(y,x)F(dx)$. Since E is of stable type p, it is of stable type $p' > p$ for some $p' > p$ ([28], Proposition 2.2). Hence of Radmacher type p' for $p' > p$. Therefore by Theorem 4.6 we get that φ is c.f. of a (necessarily stable) ([20]) measure on E. To prove the converse we use ideas as in ([15]). Let $\{x_j\}_{j=1}^\infty$ $(x_j \neq 0)$ be a sequence so that $\Sigma_j \|x_j\|^p = 1$. Let $\lambda = \Sigma_j \|x_j\|^p \frac{1}{2}(\delta_{x_j}/\|x_j\| + \delta_{-x_j}/\|x_j\|)$. Then $\lambda(\Gamma) = 1$. Hence under (b) there exists a measure ν on E such that $\varphi_\nu(y) = \lim_n \Pi_{j=1}^n \exp(-|\langle y,x_j\rangle|^p)$ $= \lim_n \Pi_{j=1}^n \mathcal{E}[\exp i\eta_j\langle y,x_j\rangle]$ where η_j are stable of order p. Hence by Theorem 1.2, $\Sigma_{j=1}^\infty \eta_j x_j$ converges a.e. giving (a). The proof of the part (b) $\Rightarrow$ (a) does not depend on the fact $(1 \leq p < 2)$.

Final Remarks. 1) It should be noted that although in general it is known ([31]) that every non-Gaussian i.d. measure is limit of shifts of measure of the form $e(F_n)$ ($\{F_n\}$ increasing sequence of finite measures) one does not know the general form of its c.f. unlike Gaussian or stable law. Recently, de Acosta and Samur [3] proved that cotype 2 spaces can be characterized by the statement that "every i.d. law has c.f. of the form (4.1) with (4.2) satisfied for $p = 2$." If F satisfies norm integrability condition of order $p > 2$, (4.1) need not be a c.f. ([13]). Let F_n be as in the beginning of this remark and $F = \lim_n F_n$ then order of integrability of the norm w.r.t. F can be used to characterize cotype p-spaces ([4], [13]). As this does not relate to the question of Bochner problem, we have not presented it here.
2) Another approach to Bochner and Lévy problem can be carried out by probabilistic methods by using spaces having continuous injection into embeddible spaces ([10]). An exposition giving very general results by this method was presented in [25]. Although the conditions there are not topological, they can be used in the theory of limit laws ([19], [26], [12]).

Footnotes

1) The first in connecting topological solution to Bochner problem and characterization of spaces is [37].

2) I thank Professor G.H. Hamedani for pointing out that in a recent paper by Chobanjan and Taricladze (J. Mult. Anal. 7 (1977) 183-203) this result and a dual result on cotype 2 spaces in terms of j of Proposition 3.2 being 2-summing have been established by different methods.

3) * denotes convolution.

4) At the meeting of American Math. Society at Evanston (April 1977), Professor

Woyszynski informed me that this result was originally proved by Mustari in Seminaire Maurey-Schwartz 1975/76. A proof of this result adapting the method [15] has been given by Marcus and Woyczynski (personal communication).

References

1. de Acosta, A. (1970). Existence and convergence of probability measures in Banach spaces. Trans. Amer. Math. Soc. 152 273-298.

2. _______. (1975). Banach spaces of stable type and the generation of stable measures. Preprint.

3. de Acosta, A. and Samur, J. (1977). Infinitely divisible probability measures and converse Kolmogorov inequality. Preprint.

4. Araujo, A. and Giné, E. (1977). Type, cotype and Lévy measures in Banach spaces. Preprint.

5. Baxendale, P. (1976). Gaussian measures on function spaces. Amer. J. Math. 98 891-952.

6. Bochner, S. (1955). Harmonic analysis and probability theory. University of California Press, Berkeley and L.A.

7. Breiman, L. (1968). Probability. Addison-Wesley, Reading.

8. Dudley, R.M. (1969). Random linear functionals. Trans. Amer. Math. Soc. 136 1-24.

9. Fernique, X. (1971). Integrabilité des vecteurs Gaussien. C.R. Acad. Sc. Paris, Série, A, 270 1698-1699.

10. Garling, D.J.H. (1973). Random measures and embedding theorems. Lecture Notes, Cambridge University.

11. Gross, L. (1963). Harmonic analysis on Hilbert space. Mem. Amer. Math. Soc. 46.

12. Hamedani, G.H. and Mandrekar, V. (1976). Central limit problem on L_p $(p \geq 2)$ II. Compactness of infinitely divisible laws. Preprint (to appear in J. Mult. Analysis, 1977).

13. _______. (1977). Lévy-Khinchine representation and Banach spaces of type and cotype. Preprint.

14. Hoffman-Jørgensen, J. (1974). Sums of independent Banach space valued random variables. Studia Math. 52 159-186.

15. Hoffman-Jørgensen, J. and Pisier, G. (1976). The law of large numbers and the central limit theorem in Banach spaces. Ann. Prob. 4 587-599.

16. Ito, K. and Nisio, M. (1968). Sums of independent Banach space valued random variables. Osaka J. Math. 5 35-48.

17. Jain, N. (1976). Central limit theorem in a Banach space. Lectures Notes #526, Springer-Verlag 114-130.

18. Kuelbs, J. (1973). A representation theorem for symmetric stable processes and stable measures on H. Z. Wahrscheinlichkeitstheorie 26 259-271.

19. Kuelbs, J. and Mandrekar, V. (1972). Harmonic analysis on F-spaces with a basis. Trans. Amer. Math. Soc. 169 113-152.

20. Kumar, A. and Mandrekar, V. (1972). Stable probability measures on Banach spaces. Studia Math. 42 133-144.

21. Kwapien, S. (1972). Isomorphic characterizations of inner-product spaces by orthogonal series with vector valued coefficients. Studia Math 44 583-595.

22. Landau, H.J. and Shepp, L.A. (1971). On the supremum of a Gaussian process. Sankhyā, Series A, 369-378.

23. Loéve, M. (1963). Probability Theory. 3rd Ed., Van Nostrand, Princeton.

24. Mandrekar, V. (1974). Multiparameter Gaussian processes and their Markov property. Lecture Notes, EPF, Lausanne.

25. _______. (1975). On Bochner and Lévy theorems on Orlicz spaces. Proc. Conf. on Prob. Theo. on Groups and Vector Space, Rome (to appear Symposia Mathematica, Academic Press).

26. _______. (1976). Central limit problem on L_p $(p \geq 2)$ I: Lévy-Khinchine representation. Lecture Notes #526, Springer-Verlag.

27. _______. (1977). Lévy-Kninchine representation and Banach space type. Preprint.

28. Maurey, B. and Pisier, G. (1974). Series de variables aleatories vectorielles independentes et proprietes geometriques des espaces de Banach. Preprint (to appear Studia Math.).

29. Mustari, D.K.H. (1973). Certain general questions in the theory of probability measures in linear spaces. Theor. Prob. Appl. (SIAM translation) 18 64-75.

30. _______. (1976). On a probabilistic characterization of Hilbert space. Theor. Prob. Appl. (SIAM translation) 21 410-412.

31. Parthasarathy, K.R. (1967). Probability measures on metric spaces. Academic Press, New York.

32. Pietsch, A. (1967). Absolut p-summierende abbilidungen in normierten Raumen. Studia Math. 28 333-353.

33. _______. (1968). Hilbert-Schmidt-Abbilidungen in Banach Raumen. Math. Nachr. 37 237-245.

34. Pisier, G. (1973). Type des espaces normes. C.R. Acad. Sc. Paris 276 1673-1676.

35. Prohorov, Yu. V. (1956). Convergence of random processes and limit theorems in probability theory. Theor. Prob. Appl. (SIAM translation) 1 157-214.

36. _______. (1961). The method of characteristic functionals. Proc. 4th Berkeley Sympos. Math. Stat. and Prob. II, U. of California Press, Berkeley, 403-419.

37. Prohorov, Yu. V. and Sazanov, V. (1961). Some results related to Bochner's theorem. Theor. Prob. Appl. (SIAM translation) 6 87-93.

38. Sazanov, V. (1958). On characteristic functionals. Theor. Prob. Appl. (SIAM translation) 3 201-205.

39. Tortrat, A. (1967). Structure de lois infinitement divisibles dans un espace vectoriel topologique. Lecture Notes #31, Springer-Verlag 299-328.

40. _______. (1969). Sur la structure des lois infinitement divisible dans les espace vectoriels. Z. Wahrscheinlichkeitstheorie 11 311-326.

41. Tortrat, A. (1965). Lois de probabilité sur un espace topologique complétement régulier et produits infinis à terms indépendants dans un groupe topologique. Ann. Inst. Henri Poincaré 1 217-237.

42. ________. (1975). Sur les lois e(λ) dans les espaces vectoriels. Applications aux lois stables. Preprint. Lab de Prob., Univ. of Paris.

43. Vahaniya, N. (1971). Probability distributions in linear spaces. Metzierba, Tbilisi.

A Necessary Condition for the Central Limit Theorem on Spaces of Stable Type

by

Michael B. Marcus

and

Wojbor A. Woyczynski

Northwestern University, Evanston, Illinois 60201

1. Introduction and statement of results.

Let X be a symmetric random variable with values in a quasi-normed linear space E and assume that E^* separates the points of E. We say that X satisfies a central limit theorem on E if for some $0 < p \leq 2$, $\frac{X_1 + \cdots + X_n}{n^{1/p}}$ converges weakly to some measure, say ν, on E. Here $X_1, X_2, \ldots$ are independent copies of X. It is known (see e.g. [3], Th. 2) that such limiting measures must be stable. When X satisfies such a limit law it is said to be in the domain of normal attraction of ν. We use the term "normal" to stress that the norming numbers are of the form $n^{-1/p}$. In the case $p = 2$ Hoffman-Jørgensen and Pisier [4] have shown that there is a special relationship between the central limit theorem and spaces of Rademacher type 2. That is, certain simple conditions on an E valued random variable X, analagous to conditions that pertain even when E is the real line, are necessary and sufficient for X to satisfy the central limit theorem (with $p = 2$) if and only if E is of Rademacher type 2. A space is of Rademacher type 2 if and only if it is of stable type 2. This led us to pose the following question: Do spaces of stable type p have a special role in relation to the central limit theorem for $0 < p < 2$, analagous to the role spaces of Rademacher type 2 play for the central limit theorem when $p = 2$? In [5] we showed that the answer to this question is yes. Note that in considering spaces of stable type p for

$0 < p < 1$ it is natural to consider quasi-normed linear spaces such as ℓ^q, $0 < q < 1$, and thus we can not restrict our attention only to Banach spaces.

In [5] for technical reasons we restrict our attention to stable measures of the form $\Sigma\, \theta_i x_i$, where $\theta_1, \theta_2, \ldots$ are independent copies of a real valued stable random variable θ which has characteristic function $e^{-|t|^p}$, $-\infty < t < \infty$, and $x_1, x_2, \ldots$ are elements of E. Our major result in [5] is the following theorem:

Theorem 1.1: (Theorem 5.1, [5]). Let E be a quasi-normed linear space. For the following properties of E:

(i) E is of Rademacher type $p + \epsilon$, $0 < p < 2$, for some $\epsilon > 0$;

(ii) For all random vectors X with values in E

$$(1.1) \qquad \lim_{a\to\infty} a^p P(\|X\| > a) = 0 \text{ iff } \mathscr{L}\left(\frac{X_1 + \cdots + X_n}{n^{1/p}}\right) \to \delta_0$$

weakly as $n \to \infty$, where $X_1, X_2, \ldots$ are independent copies of X and δ_0 is the probability measure concentrated at the origin;

(iii) Let $\eta_1, \eta_2, \ldots$ be independent, symmetric, real valued random variables, θ a real valued stable random variable with characteristic function $\exp(-|t|^p)$ and $\theta_1, \theta_2, \ldots$ independent copies of θ. Then given any sequence $x_1, x_2, \ldots$ of elements of E such that $Y = \sum_{i=1}^{\infty} \eta_i x_i$ exists,

$$(1.2) \qquad \lim_{a\to\infty} a^p P[\|\sum_{i\in A} \eta_i x_i\| > a] = 2 \sum_{i\in A} \|x_i\|^p < \infty$$

for all subsets A of the positive integers, if and only if $Z = \sum_{i=1}^{\infty} \theta_i x_i$ exists, and Y satisfies

(1.3) $$\mathscr{L}\left(\frac{Y_1 + \cdots + Y_n}{n^{1/p}}\right) \to \mathscr{L}(Z)$$

weakly as $n \to \infty$, where $Y_1, Y_2, \ldots$ are independent copies of Y.

(iv) E is stable type p, $0 < p < 2$;

we have the following implications, (i) $\Longrightarrow$ (ii) $\Longrightarrow$ (iii) $\Longrightarrow$ (iv). Furthermore if E is a Banach space, or if $E = \ell_r$, $0 < r < 1$, then (iv) $\Longrightarrow$ (i), i.e. all of the above properties are equivalent.

The degenerate case of the central limit theorem is the weak law of large numbers, i.e. $\frac{X_1 + \cdots + X_n}{n^{1/p}}$ converges weakly to δ_0. Property (ii) associates the weak law with spaces of stable type. Note that (ii) is not restricted to random vectors that are sums as in (iii). The next step in our research is to replace the sums in (iii) by general, E-valued random vectors and to formulate the proper replacement for (1.2). In this paper we present one step in this direction. We prove the analogue of the necessary condition in (iii) for general random vectors with values in a quasi-normed space E which is of stable type p, $0 < p < 2$. In order to present this result we have to review some results on stable measures.

Since E^* separates points in E the characteristic functional of any stable random E-valued vector X has the representation [7],

(1.4) $$E \exp ix^*X = \exp\left(-\int_{S_E} |x^*x|^p \sigma(dx)\right)$$

where $x^* \in E^*$, $S_E = \{x \in E, \|x\| = 1\}$ and σ is a finite positive measure on S_E called the spectral measure of X. Furthermore, by [6], if E is of stable type p then an expression of the type (1.4) is always the characteristic functional of a stable E-valued random vector. Also in [5] we show that if E is of stable type p, $0 < p \leq 2$, then the following condition holds:

(1.5) If $\sigma_1, \sigma_2, \dots$ are spectral measures such that σ_i converges weakly to σ on S_E and if $X_1, X_2, \dots$ are the stable E-valued random vectors with characteristic functionals

$$\exp(- \int_{S_E} |x^*x|^p \sigma_i(dx)), \tag{1.6}$$

then the stable E-valued random vector X with characteristic functional

$$\exp(- \int_{S_E} |x^*x|^p \sigma(dx)) \tag{1.7}$$

exists and $\mathscr{L}(X_i)$ converges weakly to $\mathscr{L}(X)$ as $n \to \infty$.

In Section 2 we prove the following theorem:

Theorem 1.2. Let E be of stable type p, $0 < p < 2$. Let Y be an E-valued random vector such that

$$\mathscr{L}\left(\frac{Y_1 + \dots + Y_n}{n^{1/p}}\right) \to \mathscr{L}(X) \tag{1.8}$$

weakly, as $n \to \infty$, where $Y_1, Y_2, \dots$ are independent copies of Y and X is a stable, E-valued random vector with characteristic functional given by (1.7). Then

$$\lim_{a \to \infty} a^p P(\|Y\| > a) = 2\sigma(S_E). \tag{1.9}$$

Note: Since (1.8) is satisfied with Y replaced by X, (1.9) gives a characterisation of the distribution of $\|X\|$ for stable E-valued random vectors X. In this context see also [1], [2].

For definitions and some background of the terms and concepts discussed in this Section see [5] and further references mentioned there.

2. Proof of Theorem 1.2.

We assume that E is a real, separable, quasi-normed complete linear space equipped with a quasi-norm $\| \ \|$, i.e. a function from E to the positive real numbers such that $\|x\| = 0$ iff $x = 0$; $\|\alpha x\| = |\alpha| \|x\|$, $\alpha \in R$, $x \in E$; $\|x + y\| \leq A(\|x\| + \|y\|)$ where $x, y \in E$ and A is a positive real number. Such a space is pseudo-convex and consequently it also admits an r-homogeneous norm $\| \ \|_r$, $0 < r \leq 1$, which is equivalent (topologically) to the quasi-norm $\| \ \|$. Therefore, without any loss of generality, we shall assume that there exists an r, $0 < r \leq 1$, such that $\| \ \|_r \equiv \| \ \|^r$ satisfies the triangle inequality, i.e. $\|x + y\|_r \leq \|x\|_r + \|y\|_r$, $x, y \in E$. E^* will denote the topological dual of E and we shall always assume that E^* separates the points of E.

Throughout this section θ will denote a real valued stable random variable with characteristic function $E \exp it\theta = \exp -|t|^p$.

Before proving Theorem 1.2 we obtain two basic lemmas. The first is a straight forward extension of a well known Banach space result to r-homogeneous spaces, i.e. spaces equipped with an r-homogeneous norm.

Lemma 2.1. Let X and Y be independent symmetric random vectors with values in an r-homogeneous space E. Then

$$P(\|Y\| > a) \leq 2P(\|X + Y\| > 2^{1-1/r}a). \tag{2.1}$$

Proof: By symmetry $\|X + Y\|_r$ and $\|X - Y\|_r$ are identically distributed. We have

$$2^r\|Y\|_r \leq \|X + Y\|_r + \|X - Y\|_r .$$

Therefore for $b > 0$

$$P(\|X + Y\|_r > b/2) \geq \tfrac{1}{2}P(2^r\|Y\|_r > b).$$

The lemma now follows by setting $b = 2^r a^r$.

The next lemma is a generalization of useful symmetry type arguments.

Lemma 2.2. Let $Y_1, Y_2, \ldots$ be independent, symmetric random vectors with values in an r-homogeneous space E. Let $S = \sum_{i=1}^{\infty} Y_i$ exist, in the sense that the sum converges a.s. Then for all $0 < \delta < \delta_0$, for some $\delta_0 > 0$,

$$\lim_{a\to\infty} \frac{P(\|S\| > \frac{a}{1+\delta})}{\sum_{i=1}^{\infty} P(\|Y_i\| > a)} \geq 1. \tag{2.2}$$

Clearly if a is a continuity point of $\mathscr{L}(\|S\|)$. Then

$$\lim_{a\to\infty} \frac{P(\|S\| > a)}{\sum_{i=1}^{\infty} P(\|Y_i\| > a)} \geq 1. \tag{2.3}$$

Proof: We have

$$P(\|S\|_r > a^r) \geq \sum_{i=1}^{\infty} P(\|Y_i\|_r > a^r(1+\delta)^r) \times$$

$$P[\|S^i\|_r < a^r r\delta,\ \sup_{j\neq i}\|Y_j\|_r < a^r(1+\delta)^r]$$

where $S^i = \sum_{j\neq i} Y_j$. Continuing, we get

$$P(\|S\| > a) \geq \sum_i P(\|Y_i\| > a(1+\delta)) \times \tag{2.4}$$

$$[P(\|S^i\|_r < a^r r\delta) - P(\sup_{j\neq i}\|Y_j\| > a(1+\delta))].$$

By a slight extension of the arguments used in Lemma 2.1 we get

$$(2.5) \qquad P(\sup_{j\neq i}\|Y_j\| > a) \le 2P(\|S^i\| > 2^{1-1/r}a)$$

$$\le 4P(\|S\| > 2^{2-2/r}a)$$

where at the last step we use Lemma 2.1 again applied to $S = S^i + Y_i$. A similar argument shows that

$$(2.6) \qquad P(\|S^i\| < a(r\delta)^{1/r}) \ge 1 - 2P(\|S\| > 2^{1-1/r}(r\delta)^{1/r}a).$$

Combining (2.5) and (2.6) we get (2.2).

Proof of Theorem 1.2. We first show that if X is a stable E-valued random vector then (1.9) holds with Y replaced by X. We can obtain a sequence of discrete measures σ_n on S_E which converge weakly to σ as $n \to \infty$. In particular, σ_n is concentrated at the points $\frac{x_i^n}{\|x_i^n\|}$; $i = 1,2,\ldots$ such that $\sigma_n(\{\frac{x_i^n}{\|x_i^n\|}\}) = \|x_i^n\|^p$, $i = 1,2,\ldots$ and $\sum_{i=1}^{\infty} \|x_i^n\|^p \to \sigma(S_E)$ as $n \to \infty$. We have

$$(2.7) \qquad \exp\{-\int_{S_E} |x^*x|^p \sigma_n(dx)\} = \exp\{-\sum_{i=1}^{\infty} |x^*x_i^n|^p\}.$$

Since E is of stable type p the characteristic functional in (2.7) is the characteristic functional of the stable random vector $X_n = \sum_{i=1}^{\infty} \theta_i x_i^n$, where $\theta_1, \theta_2, \ldots$ are independent copies of θ. Furthermore, by (1.5) and what follows, $\mathcal{L}(X_n) \to \mathcal{L}(X)$ weakly as $n \to \infty$. We will show that for any $\epsilon > 0$, there exists an integer $n_0(\epsilon)$ and real number $a_0(\epsilon)$ such that for $n \ge n_0(\epsilon)$, $a \ge a_0(\epsilon)$ we have

$$(2.8) \qquad (1-\epsilon)\frac{2\sigma(S_E)}{a^p} \le H_n(a) \le (1+\epsilon)\frac{2\sigma(S_E)}{a^p}$$

where $H_n(a) = P(\|X_n\| > a)$. Since X_n converges weakly to X this immediately implies (1.9), with Y replaced by X.

The following argument follows the proof of Lemma 2. We can not use Lemma 2 outright because we want to be concerned about the uniformity of some estimates with respect to n. For all $0 < \delta < \delta_0$, for some $\delta_0 > 0$

$$(2.9) \qquad P[\|\sum_i \theta_i x_i^n\|_r > a^r] \geq \sum_i P[|\theta_i|^r \|x_i^n\|_r > a^r(1+\delta)^r] \times$$

$$\{P(\|\sum_{j \neq i} \theta_j x_j^n\|_r < r\delta a^r) - \sum_{i \neq j} P(|\theta_i|^r \|x_i^n\|_r < a^r(1+\delta)^r\}$$

As in (2.6)

$$P(\|\sum_{j \neq i} \theta_j x_j^n\| < a(r\delta)^{1/r}) \geq 1 - 2P(\|x_n\| > 2^{1-1/r}(r\delta)^{1/r}a)$$

and by direct calculation

$$\sum_{i \neq j} P(|\theta_i|^r \|x_i^n\|_r > a^r(1+\delta)^r) \leq \frac{2 \sum_{i=1}^{\infty} \|x_i^n\|^p}{a^p(1+\delta)^p} .$$

It follows from the weak convergence of X_n to X that given $\epsilon > 0$ we can find $a_0'(\epsilon)$ and $n_0'(\epsilon)$ such that for $a > a_0'$, $n > n_0'$ we have

$$(2.10) \qquad H_n(a) = P[\|\sum_i \theta_i x_i^n\| > a] \geq \frac{2(1-\epsilon)\sigma(S_E)}{a^p} .$$

Since E is of stable type p, for each $q < p$,

$$E\|X_n\|^q \leq C \sum_{i=1}^{\infty} \|X_i^n\|^p$$

where C is a constant depending only on q. We take $q = \frac{2p}{3}$. By Chebysev's inequality, for n sufficiently large, we have

$$(2.11)\qquad H_n(a) \le \frac{C \sum_{i=1}^{\infty} \|X_i^n\|^p}{a^q} \le \frac{C' \sigma(S_E)}{a^q}.$$

By (2.10) for $a > a_0'$, $n > n_0'$, $k > 1$

$$H_n((k^r + 2)^{1/r} a) \ge \frac{2(1-\epsilon)\sigma(S_E)}{(k^r+2)^{p/2} a^p}\,.$$

Therefore for each k we can find an $a_0(k)$ such that for $a > a_0(k)$

$$(2.12)\qquad 4H_n^2(a) \le \frac{\epsilon}{4} H_n((k^r + 2)^{1/r} a)$$

We now employ a generalization of Hoffman-Jørgensen's lemma, Lemma 4.1 [5], adapted to r-homogeneous spaces. Let $S = \sum_{i=1}^{\infty} X_i$ where $X_1, X_2, \ldots$ are symmetric random vectors with values in an r-homogeneous space E and assume that the sum converges a.s. Define, for $a > 0$, $N(a) = P(\sup_i \|X\|_r > a)$ and $F(a) = P(\|S\|_r > a)$. Then, for $s,t > 0$, $F(2t + s) \le N(s) + 4F^2(t)$. Thus, if we define $M_n(ka) = P(\sup_i |\theta_i|\, \|x_i^n\| > ka)$ we get

$$(2.13)\qquad H_n((k^r + 2)^{1/r} a) \le M_n(ka) + 4H_n^2(a).$$

Using (2.12) and (2.13) we get

$$(2.14)\qquad H_n((1 + 2/k^r)^{1/r} ka) \le \frac{2(1 + \epsilon/2) \sum_{i=1}^{\infty} \|x_i^n\|^p}{k^p a^p}\,.$$

This is valid for all k and $a > a_0(k)$. Extrapolating, (2.14) yields the right side of (2.8). Combining this with (2.10) we obtain that for all stable random vectors X with values in E of stable type p

$$(2.15)\qquad \lim_{a\to\infty} a^p P(\|X\| > a) = 2\sigma(S_E).$$

Now let Y be in the domain of normal attraction of X, i.e. (1.8). Let $S_n = Y_1 + \cdots + Y_n$. Following the arguments used in Lemma 2.2 and (2.9) we get that for $a > a_0'(\epsilon)$, $n > n_0'(\epsilon)$

$$(1 + \epsilon/2) P(\|\frac{S_n}{n^{1/p}}\| > \frac{a}{1+\delta}) \geq nP(\|Y\| > a\, n^{1/p})$$

and since $S_n/n^{1/p}$ converges weakly to X, we have for $a > a_0(\epsilon)$, $n > n_0(\epsilon)$

$$nP(\|Y\| > a\, n^{1/p}) \leq (1 + \epsilon) P(\|X\| > \frac{a}{1+\delta}). \tag{2.16}$$

For $s > s_0(\epsilon)$ for s_0 sufficiently large we can find admissible a and n such that $a\, n^{1/p} = s$. Using this in (2.16) along with (2.15) we have that for $s > s_0(\epsilon)$

$$s^p P(\|Y\| > s) \leq (1 + 2\epsilon)(1 + \delta)^p 2\sigma(S_E).$$

Since this can be done for all sufficiently small ϵ and δ we have

$$\lim_{s\to\infty} s^p P(\|Y\| > s) \leq 2\sigma(S_E). \tag{2.17}$$

Given $\epsilon > 0$ and an integer $k > 0$ choose t_0 such that

$$P(\|X\| > (k^r + 2)^{1/r} t_0) > \frac{2(1-\epsilon)\sigma(S_E)}{(k^r + 2)^{p/r} t_0^p} \tag{2.18}$$

and

$$\frac{100\sigma^2(S_E)}{t_0^{2p}} \leq \frac{\epsilon \quad \sigma(S_E)}{8(k^r + 2)^{p/r} t_0}.$$

Next choose $\delta > 0$ such that $\delta < \dfrac{\sigma(S_E)}{4(k^r + 2)^{p/r} t_0^p}$. Let

$G_n(t_0) = P(\|\frac{S_n}{n^{1/p}}\| > t_0)$. Since $\mathscr{L}(\frac{S_n}{n^{1/p}}) \to \mathscr{L}(X)$ weakly as $n \to \infty$ we can find an $n_0 = n_0(k,\delta,\epsilon)$ such that for $n > n_0$

$$|G_n(t_0) - P(\|X\| > t_0)| < \delta$$

$$|G_n((k^r + 2)^{1/r}t_0) < P(\|X\| > (k^r + 2)^{1/r}t_0)| < \delta.$$

It follows that

$$4G_n^2(t_0) \leq \frac{\epsilon}{4} G_n((k^r + 2)^{1/r}t_0). \tag{2.19}$$

Compare (2.19) to (2.12). Again using the extension of Hoffman-Jørgensen's lemma we get

$$P(\|\frac{S_n}{n^{1/p}}\| > (k^r + 2)^{1/r}t_0) \leq (1 + \epsilon)P(\sup_i\|\frac{Y_i}{n^{1/p}}\| > k\, t_0)$$

for $n \geq n_0(k,\delta,\epsilon)$. Therefore, by (1.8) for $n \geq n_0'(k,\delta,\epsilon)$ we have

$$n\, P(\|Y\| > n^{1/p}k\, t_0) \geq (1 - 4\epsilon)P(\|X\| > (k^r + 2)^{1/r}t_0)$$

and by (2.18)

$$n\, P(\|Y\| > n^{1/p}k\, t_0) \geq \frac{(1-6\epsilon)2\sigma(S_E)}{(1 + 2/k^r)^{1/r}(k\, t_0)^p}$$

For each $s \geq s_0(\epsilon,\delta,k,t_0)$ sufficiently large we can set $n = [\frac{s}{k\, t_0}]^p + 1$ and get

$$(\frac{s}{k\, t_0})^p(1 + (\frac{k\, t_0}{s})^p)P(\|Y\| > s) \geq \frac{(1-6\epsilon)2\sigma(S_E)}{(1 + 2/k^r)^{1/r}(k\, t_0)^p}.$$

Thus we see that

$$\lim_{s\to\infty} s^p P(\|Y\| > s) \geq \frac{(1-6\epsilon)2\sigma(S_E)}{(1 + 2/k^r)^{1/r}}$$

and since we can do this for all $\epsilon > 0$ sufficiently small and all integers k sufficiently large we obtain

$$\lim_{s\to\infty} s^p P(\|Y\| > s) \geq 2\sigma(S_E)$$

Combining this with (2.17) we get (1.9). This completes the proof of Theorem 2.1.

Remark: The condition that E is of stable type p was used to obtain (2.15). It seems likely that these methods can be used to show that for E a quasi-normed space we have

$$\lim_{a\to\infty} \frac{P(\|Y\| > a)}{P(\|X\| > a)} = 1.$$

References

[1] A. De Acosta, Stable measures and seminorms, Ann. Prob. 3(1975), 865-875.

[2] A. de Acosta, Asymptotic behavior of stable measures, Ann. Prob. 5(1977), 494-499.

[3] I. Csiszar and B. S. Rajput, A convergence of types theorem for probability measures on topological vector spaces with application to stable laws, Z. Wahrscheinlichkeitstheorie verw. Gebiete 36(1976), 1-7.

[4] J. Hoffmann-Jørgensen and G. Pisier, The law of large numbers and the central limit theorem in Banach spaces, Ann. Prob. 4(1976), 587-599.

[5] M. B. Marcus and W. A. Woyczynski, Stable measures and central limit theorems in spaces of stable type (submitted for publications).

[6] D. Mouchtari, Sur l'existence d'une topologie de Sazonov sur une espace de Banach, Seminaire Maurey-Schwartz, 1975-1976, Exposé XVII.

[7] A. Tortrat, Sur les lois e(λ) dans les espaces vectorielles; Applications aux lois stables, Z. Wahrscheinlichkeitstheorie verw. Gebiete 37(1976), 175-182.

Lecture Notes in Math.
Proc. Conf. Dublin 1977

On the Radon-Nikodym Theorem

B. J. Pettis

University of North Carolina, Chapel Hill

(Dedicated to William Conrad Randels, whose good guidance years ago included the firm advice to read Radon's paper)

I am much obliged to the organizers of this conference for their kindness in inviting me, especially since I am so clearly a relic from the past, when vector measures, integration, and series were not even a cottage industry but rather a cabin, or even a cave, craft -- gleams in a few mental eyes. I shall therefore confine myself to some mathematical archaeology -- a little history, some delving into implications inherent in a proof that appeared in 1940, and to some very limited comments on developments since 1960. Much modern work of considerable interest will unfortunately be neglected; to those interested, [7] and its bibliography are strongly recommended, as well as Professor Uhl's excellent lecture yesterday.

Radon-Nikodym can be taken to have started when Lebesgue established the following: (A) if ϕ is Lebesgue integrable on $[0,1]$ and $\Psi(t) = \int_0^t \phi$ then Ψ is absolutely continuous and is differentiable a.e. to ϕ; (B) if Ψ on $[0,1]$ to $\mathbb{R}$ is absolutely continuous it is differentiable a.e. to a Lebesgue integrable function ϕ, and $\Psi(t) = \Psi(0) + \int_0^t \phi$ for all t in $[0,1]$. A standard version in present day texts is this: (C) if (S,Σ,α) is a σ-finite measure space then Ψ on Σ to $\mathbb{R}$ is countably additive and absolutely continuous with respect to α iff there is a function ϕ on S to $\mathbb{R}$ that is (Σ,α)-integrable and has $\int_E \phi d\alpha$ equal to Ψ_E for every E in Σ. The major step from (A) and (B) to (C) was done by Radon [20]; he took S to be a figure in $\mathbb{R}^n$, Σ to be the Borel subsets of S, but α to be any finite measure, and constructed what in my generation was called the Lebesgue-Stieltjes integral, and established (C) for such (S,Σ,α). Integration in the case in which S was abstract and Σ a σ-algebra was initiated by Fréchct in 1915; (C) for this setting was provided by Nikodym in 1930 [17]. It may be of interest however to be reminded of the integration theory developed in 1917-20 by P. J. Daniell. His little known resumé paper in 1921 [6] ended as follows: "This suggests the further problem of generalized derivatives. If $m(C)$ is an additive function of sets C and if $M(C)$ is additive and positive, if also $m(C) = 0$ whenever $M(C)$ is 0, then we may expect to find a function $D(p)$ summable with respect to $M(C)$ such that $m(C) = \int D(p)\,dM(C)$. At the same time it is to be expected that if $f(p)$ is summable with respect to $M(C)$ then $\int f(p)\,dm(C) = \int f(p)D(p)\,dM(C)$. All this, however, is without rigorous justification." (This paper, and what is probably his first, done jointly with L. Föppl in the Göttingen Nachrichten of 1913, should be added to the list on p. 80 of volume 22 of the Jour. Lon. Math. Soc.) Nikodym provided the justification but in the Lebesgue-Stieltjes setting rather than the Daniell.

From a general view, a Radon-Nikodym theorem involves a choice of integral, a choice of a class of set functions that includes the indefinite integrals arising from the integral, and a statement that the map $\phi \longrightarrow \int_E \phi$ sending integrable functions into their indefinite integrals is surjective. (Since the map is between linear spaces it would be sufficient to choose linear topologies that make the mapping open; this approach, however will not be attempted here.) We shall ignore integrals considered as defined by linear operators, and consider only those developed from measure theory. This still leaves a wide range of choice in S, Σ, α, the method of integration, the class of set functions, and the method used to establish surjectivity. The last is usually along the following obvious lines; given any set function Ψ of the class, somehow constructing or determining a likely point function ϕ, then showing it is integrable, and then that it integrates to Ψ. It is determining ϕ that is the most difficult and interesting; the standard device, when it's available, is differentiation. When not at hand, it is replaced by some modern abstraction thereof or substitution therefor.

Of integrals of functions with values in a Banach space there have been, as we all know [11], a multiplicity; the first came from people trained in E. H. Moore's school of general analysis at Chicago (Graves, Hildebrandt, Dunford (several eventually)), then from Europeans (Bochner, Gelfand, Gowurin), from students of Hildebrandt (Phillips, Rickart), and from others (G. Birkhoff, Pettis, Price, Bartle chronologically), to name some between 1927 and 1955. (In recent years there have been sufficiently many more to cause one referee to cry to heaven in anguish "Ye gods, is there no end to the making of integrals?") In the first papers concerning these integrals there were almost no Radon-Nikodym theorems as such, the chief exception being Rickart's excellent paper [21]. There were, however, differentiation results. These form a useful and instructive background to Radon-Nikodym theory and in fact are a more concrete version of the latter. The motivations for these were, I think, composites of the desire to find out how much of real function theory -- integration, differentiation, convergence of sequences and series, etc. -- carried over to Banach-space-valued functions, pure simian curiosity, and the wish to represent linear operators by integrals after the prime example due to F. Riesz. In this last aspect, as they did in many, Dunford and Gelfand led.

From here on (S,Σ,α) is a σ-finite measure space, called "euclidean" in case S is a figure in $\mathbb{R}^n, \Sigma$ the measurable subsets of S, and α Lebesgue measure λ. Our range spaces will be Banach spaces, our integral Bochner's; these restrictions are here convenient but not entirely necessary [7, p.8]. For functions on Σ to a Banach space (i.e., set functions) we abbreviate "countably additive" to "CA", "absolutely continuous with respect to α" to "AC-α", and "of bounded variation" to "BV".

The catalytic agent in differentiation was Bochner's example of a badly non-differentiable CA, AC, BV Banach-space-valued function on euclidean figures [3]. Clarkson [5] supplied the simpler example defined on $[0,1]$ to L^1 by $f(t)$ being the indicator function of $[0,t]$; at no point are the difference quotients a Cauchy net. When X is a Banach space consider the following analogues to (A) and (B): (A') _if ϕ is integrable on a euclidean measure space to X and Ψ is its indefinite integral over euclidean figures, then Ψ is CA, AC-λ, BV, and differentiable a.e. to ϕ_; (B') _if Ψ on euclidean figures to X is CA, AC-λ, and BV then Ψ is differentiable a.e. to some function ϕ on S to X_

that is integrable and integrates back to Ψ. Bochner [2] showed (A') to be true for every X and, by his example, that (B') failed for some X. Clarkson invented uniformly convex spaces to exhibit a class for which (B') was true; to do this, first he proved (C') if Ψ is any additive function of bounded variation (ABV, for short) on euclidean figures to any Banach space that has a derivative a.e. then the derivative is integrable, and if Ψ is AC-λ the derivative integrates back to Ψ, and then showed that any ABV function to a uniformly convex space is differentiable a.e. Thus (B') is not only true for uniformly convex X, it is true for any X that has property (DBV) [18] any ABV function to X is differentiable a.e. (this remains true if "differentiable" is replaced by "weakly differentiable" in (DBV); [18].) The following were also shown to have (DBV); L^2 (G. Birkhoff [1]), separable dual spaces (Gelfand [12], when $S \subset \mathbb{R}$; for $\mathbb{R}^n$ see [19]), reflexive (Gelfand [12], Pettis [18, 19]) spaces with a certain kind of Schauder base (Dunford and A. P. Morse [9]), and certain function spaces (Bochner and Taylor [4]). A paper in 1939 subsumed these results by presenting necessary and sufficient conditions that an individual ABV Ψ have a derivative a.e. [19]. It is clear from (C') that each of these differentiation results is really a Radon-Nikodym theorem for functions on euclidean spaces. (The carry over from figure functions to set functions is straightforward).

When (S,Σ,α) is abstract (A') and (B') are rephrased as follows: (A") if ϕ on S to X is integrable and Ψ is its indefinite integral then Ψ is CA, AC-α, and BV; and if (S,Σ,α) is euclidean, Ψ is differentiable to ϕ a.e.; (B") if Ψ on Σ to X is CA, AC-α, and BV then there exists an integrable ϕ on S to X whose indefinite integral is Ψ. Bochner showed (A") to be true for every X, and we have seen from (C') that (B") is true if (S,Σ,α) is euclidean and X has (DBV). Dunford in [8] seems to have been the first to recognize this latter fact, and the first to state (B") for an abstract measure space and an infinite dimensional X (the type he and Morse introduced in [9]). This is a "Radon-Nikodym theorem," ϕ is a "RN derivative of Ψ", and when (B") is true for every Ψ defined to X we say that "X has the Radon-Nikodym property, or RNP". It is well known that (B") holds iff it holds when α is replaced by the total variation function ν of Ψ; this results from (C) and simple integration techniques. Thus in (B") we need only consider additive Lipschitzean functions on finite measure spaces.

To find a ϕ giving a positive answer to (B") there are two general approaches: either combine known (B") propositions for special X (e.g., $\mathbb{R}$), or for special Ψ, with other means (differentiation, Schauder bases, whatever), or build from scratch. Before 1945 the first view held sway, except for Rickart's result; after 1960, the second.

The rest of this paper is in two parts; a discussion of a 1940 example of the first method, and a resumé of some obtained by the second. As was said earlier, a large number of interesting results are omitted.

We shall burrow into the 1940 paper [10] at a theorem, 2.1.0, that has played some part in the development of RN theory. It deals with certain kinds of Ψ defined to duals of separable spaces and obtains what is almost a RN derivative. This was conjectured and first proved by Dunford, using a lemma of Doob's and a kernel function to build ϕ; also included was a proof that generated ϕ by using the moment theorem. These two devices, plus convexity arguments, were our replacements for differentiation. The result implied that every separable dual space has RNP. I should like to look now at the second proof to see what, given the knowledge of that time, we might have proved that was stronger than what we did; it is, to some extent, an ex post facto exercise in extraction of information.

The cast of characters is as follows: (S,Σ,α) is a σ-finite measure space, with $\mathcal{N} = \{N : N \in \Sigma, \alpha(N) = 0\}$ and $\mathcal{F} = \{F : F \in \Sigma, 0 < \alpha(F) < \infty\}$; X and Y are Banach spaces, with L the space of all continuous linear maps on X to Y; ϕ denotes a function on S to L, Ψ one on Σ to L; and given Ψ we write Q for the average range set $\{\Psi(F)/\alpha(F) : F \in \mathcal{F}\}$ of Ψ, and ν for the total variation function of Ψ. For any set M in X, Y, or L we write C(M) for the norm-closed convex cover of M, and, for $M \subset L$, $\sigma(M)$ for the closure of the convex cover of M in the strong operator topology. The proof of Th. 2.1.0 and the content of Th.1.2.7 of [10] will be used to establish the next two propositions.

Proposition 1. If X is separable and Ψ is BV and for some countable linearly dense set $\{x_n\}$ in X there is for each n a RN derivative of $\Psi_{\cdot}(x_n)$, then there is a function ϕ on S to L such that $\phi_{\cdot}(x)$ is a RN derivative of $\Psi_{\cdot}(x)$ for each x.

By assumption $\Psi_E(x_n) = \int_E \phi(x_n,s)\,d\alpha$, where $\phi(x_n,\cdot)$ is integrable, for each n and each E. For any finite linear combination $\Sigma\lambda_i x_i, \Psi_E(\Sigma\lambda_i x_i) = \Sigma\lambda_i\Psi_E(x_i) = \int_E(\Sigma\lambda_i\phi(x_i,s))\,d\alpha$ and so

$$(\mathrm{Var}\,\Psi_{\cdot}(\Sigma\lambda_i x_i))\,(E) = \int_E ||\Sigma\lambda_i\phi(x_i,s)||\,d\alpha\ .$$

Since, for $N \in \mathcal{N}$, $\Psi_N(x_n) = 0_Y$, by continuity $\Psi_N = 0_L$, and hence $\nu_N = 0$. By (C) ν has a RN derivative p; and if $x = \Sigma\lambda_i x_i$ then,

$$\int_E ||x||\,p(s)\,d\alpha = ||x|| \cdot \nu(E) \geq (\mathrm{Var}\,\Psi_{\cdot}(x))\,(E) = \int_E ||\Sigma\lambda_i\phi(x_i,s)||\,d\alpha,$$

so $||x||\,p(s) \geq ||\Sigma\lambda_i\phi(x_i,s)||$ a.e. for each such x. Considering only combinations with rational coefficients, there is some $N_1 \in \mathcal{N}$ such that $||\Sigma\lambda_i x_i||\,p(s) \geq ||\Sigma\lambda_i\phi(x_i,s)||$ for all $s \notin N_1$ and all finite combinations with rational λ_i. By continuity this extends, for each $s \notin N_1$, to all with real λ_i's. Since such combinations are dense, there is by the moment theorem an element ϕ_s of L such that $\phi_s(\Sigma\lambda_i x_i) = \Sigma\lambda_i\phi(x_i,s)$ for all finite linear combinations of x_i's; moreover, $p(s) \geq ||\phi_s||$. This is true for $s \notin N_1$; defining ϕ_s to be 0_L for $s \in N_1$ we have $||\phi_s(x)|| \leq ||x|| \cdot p(s)$ for all x and s, and $\int_E \phi_{\cdot}(z)\,d\alpha = \Psi_E(z)$ for every finite linear combination z of the x_i's and every E in Σ. Since ϕ_s is continuous for each s and such z's are dense, it follows from the dominated convergence theorem that $\phi_{\cdot}(x)$ is integrable for each x, and $\int_E \phi_{\cdot}(x)\,d\alpha = \Psi_E(x)$ for every x and E.

For any function ϕ on S to a Banach space Z we shall, for each N in N, write $\phi\backslash N$ for the set $\{\phi_s : s \in S\backslash N\}$. The following simple observations will be useful when ϕ is on S to Z and Ψ is on Σ to Z. For ϕ to be a RND (Radon-Nikodym derivative) of Ψ it is sufficient that ϕ be integrable and that (1) $\delta(\phi)$ be a RND of $\delta(\Psi)$ for every δ in some subset Δ of Z* that is separating for Z, for then $\delta(\Psi_E) = \int_E \delta(\phi)\,d\alpha = \delta(\int_E \phi\,d\alpha)$ and so $\Psi_E = \int_E \phi\,d\alpha$ for every E; it is necessary that ϕ be integrable, Ψ be CA, AC-α, and BV, and that $j(\phi)$ be a RND of $j(\Psi)$ for each j in Z*. Concerning ϕ, it is integrable iff it is measurable and $||\phi||$ is dominated a.e. by an integrable function; it is measurable if [19, pp. 257-8] it is essentially separably-valued (i.e., $\phi\backslash N$ is separable for some N in N) and (2) $\delta(\phi)$ is measurable for every δ in some subset Δ of Z* that is norming for $A \cup (A-A)$, where $A = \phi\backslash N_1$ for some N_1 in N; and if it is measurable it is the limit a.e. of a sequence of Σ-simple functions, is essentially separably-valued, and forces $g(\phi)$ to be measurable for every g continuous on Z to a Banach space. When Ψ is BV its variation function ν is CA, by an old standard argument [10, p. 339], and if Ψ vanishes for null sets, as it does when (1) above is true, then so does ν and hence, by (C), it has a RND, p. If also (3) there is some countable set $\{j_n\}$ in the unit ball of Z* that is norming for $\phi\backslash N_2$ for some N_2 in N, and such that $j_n(\phi)$ is a RND for $j_n(\Psi)$ for each n, then $||\phi||$ is dominated a.e. by integrable p. For

$$\int_E ||j_n||\, p\,d\alpha = ||j_n|| \int_E p\,d\alpha = ||j_n|| \cdot \nu_E \geq (\mathrm{Var}\; j_n(\Psi))(E) = \int_E |j_n(\phi)|\,d\alpha$$

for every E, so $p \geq ||j_n||p \geq |j_n(\phi)|$ a.e. for each n, and hence a.e. for all n, so $p(s) \geq \sup_n |j_n(\phi_s)| = ||\phi_s||$ is true for almost all s.

The above easily yields this Lemma. Ψ has ϕ for a RND iff Ψ is BV, ϕ is essentially separably-valued, and $z^*(\phi)$ is a RND of $z^*(\Psi)$ for every z^* in Z*.

The necessity is obvious; for the sufficiency, the hypotheses supply Z* as the set Δ in (1), and given any separable set M in Z there is in the unit ball of Z^* a countable norming set for M, so (3) and (2) are true.

When ϕ and Ψ are defined to L and $\phi_{.}(x)$ is a RND for $\Psi_{.}(x)$ for every x in X, we call ϕ a RN semi-derivative of Ψ (RNSD); by the lemma this holds iff, for each x, $\Psi_{.}(x)$ is BV, $\phi_{.}(x)$ is essentially separably-valued, and $y^*(\phi_{.}(x))$ is a RND of $y^*(\Psi_{.}(x))$ for each y^* in Y^*.

A set of conditions sufficient that ϕ be a RNSD of Ψ is that Ψ be BV and for each x in a set linearly dense in X it is true that $\phi_{.}(x)$ is essentially separably-valued and $y^*(\phi_{.}(x))$ is a RND for $y^*(\Psi_{.}(x))$ for every y^* in Y^*. For if D is the set of all such x clearly D is linear and hence dense by assumption. It follows that ν vanishes for null sets and so has a RND, p; repeating a type of argument used above, p can be shown to be sufficiently dominant for the dominated convergence theorem to apply to prove that D is closed. We shall use this to help establish

Proposition 2. _If X is separable, ϕ is a RND of Ψ iff Ψ is BV, ϕ is essentially separably-valued, and for each x_n in a countable linearly dense set in X $y^*(\phi_{.}(x_n))$ is a RND of $y^*(\Psi_{.}(x_n))$ for every y^* in Y._

Since ϕ being essentially separably-valued to L implies that $\phi_{.}(x)$ is essentially separably-valued for each x in X, the remark just above, together with the fact that $\Psi_{.}(x)$ is BV for each x, show, for each x, that $\phi_{.}(x)$ and $\Psi_{.}(x)$ satisfy the hypotheses of the lemma above so that $\phi_{.}(x)$ is a RND for $\Psi_{.}(x)$ for each x, i.e., ϕ is a RNSD for Ψ. We now argue that since ϕ is also essentially separably-valued it must be a RND for Ψ. Choosing $\{u_n\}$ dense in the unit ball of X we have $||\phi_s|| = \sup_n ||\phi_s(u_n)||$ where each $\phi_{.}(u_n)$ is integrable and $\int_E p\,d\alpha = \nu_E \geq (\mathrm{Var}\ \Psi_{.}(u_n))\ (E) = \int_E ||\phi_{.}(u_n)||\,d\alpha$, so $p \geq ||\phi_{.}(u_n)||$ a.e. We then have $p \geq \sup_n ||\phi_{.}(u_n)|| = ||\phi_{.}||$, so $||\phi||$ is measurable and integrable. The proof will be finished if we establish (1) and (2) above. Since functionals on L of the form $\delta(T) = y^*(T(x))$ for fixed y^*,x form a separating set and since $\delta(\phi)$ is obviously a RND of $\delta(\Psi)$ for each such δ, (1) is true. Since ϕ is essentially separably-valued ther are an N_3 in $\mathcal{N}$ and a separable closed subspace M of Y such that $\phi_s(u_n) \in M$ for every n and for every s in $S\backslash N_3$. Choosing $\{j_m\}$ in the unit ball of Y^* to be norming for M, we have $||\phi_s|| = \sup_n ||\phi_s(u_n)|| = \sup_n \sup_m |j_m(\phi_s(u_n))|$ and $||\phi_s - \phi_t|| = \sup_n \sup_m |j_m((\phi_s - \phi_t)(u_n))|$ when $s, t \in S\backslash N_3$. Then the double sequence $\{\delta_{mn}\}$ in L^* defined by $\delta_{mn}(T) = j_m(T(u_n))$ is norming for $A \cup (A - A)$ where $A = \phi\backslash N_3$. Thus (2) is also satisfied.

Apropos of ϕ being essentially separably-valued we note the following: if X is separable and Q is bounded in L and for each x_n in a countable linearly dense set in X $\phi_{\cdot}(x_n)$ is essentially separably-valued and $y^*(\phi_{\cdot}(x_n))$ is a RND of $y^*(\Psi_{\cdot}(x_n))$ for all y^* in Y^*, then almost all values of ϕ lie in $P = L \cap \prod_{x \in X} C(Q(x))$. For by Th. 1.2.7 of [10], for each x_n we have almost all values of $\phi_{\cdot}(x_n)$ lying in $C(Q(x_n))$, and we may at the start assume $\{x_n\}$ to be dense. There is then some N_4 in $\mathcal{N}$ such that $\phi_s(x_n) \in C(Q(x_n))$ for every n and every $s \notin N_4$. Since $\{x_n\}$ is dense and Q norm bounded and $\phi_s(x)$ is continuous in x, it follows that $\phi_s(x) \in C(Q(x))$ for all x and all $s \notin N_4$. Hence if also P is norm separable in L then ϕ is essentially separably-valued.

Combining this with Propositions 1 and 2 yields

<u>Proposition 3</u>. If X is separable and Ψ is BV, if Q is bounded and P is norm separable, and if (4) $\Psi_{\cdot}(x)$ has a RND for each x in some linearly dense subset of X, then Ψ has a RND.

Since X is separable, (4) must be true for some countable dense set of x; from Proposition 1 Ψ has a RNSD ϕ. From the argument above, ϕ is essentially separably-valued, and so by Proposition 2 is a RND of Ψ.

<u>Corollary 1</u>. If L is separalbe and Ψ is BV and (4) is true then Ψ has a RND.

For ν vanishes for null sets, by (4), and so has a RND; hence Ψ has a RND with respect to α iff it has one with respect to ν. But X and Q are separable since L is: Q for ν is bounded; and (4) carries over from α to ν. Proposition 3 yields a RND with respect to ν, so there is also one with respect to α.

Corollary 2. Separable L has RNP iff Y does.

L contains isometric copies of X* and Y; hence X*, X, and Y are separable, and Y has RNP if L does. Choose $\{x_n\}$ countable and dense in X; if Y has RNP then $\Psi_{\cdot}(x_n)$ has a RND for each n, so (4) above is true, and by Corollary 1 above any BV Ψ to L has a RND.

From this it follows that if Y has RNP and every separable subspace of L is isomorphic to a subspace of a separable $L(X^1, Y)$ for some X^1, then every separable subspace of L has RNP and so by Uhl's theorem L has RNP. That the converse holds seems a plausible but problematical conjecture.

When $Y = \mathbb{R}$ a simple argument using the separation theorem shows that P is the weak*-closed convex cover of Q. Writing Q_α for $\{\frac{\Psi(F)}{\alpha(F)} : 0 < \alpha(F) < \infty\}$ and Q_ν for $\{\frac{\Psi(G)}{\nu(G)} : 0 < \nu(G) < \infty\}$, if ν vanishes for α-null sets then when $0 < \nu(G) < \infty$ we have $0 < \alpha(G) \le \nu(G) < \infty$ and $\frac{\Psi(G)}{\nu(G)} = \frac{\Psi(G)}{\alpha(G)} \cdot \frac{\alpha(G)}{\nu(G)}$ so $Q_\nu \subset (0,1) \cdot Q_\alpha$. Then the convex cover of Q_ν is contained in $[0,1] \cdot$ convex cover of Q_α, and so $C(Q_\nu) \subset [0,1] \cdot C(Q_\alpha)$, "C" denoting weak*-closed convex cover. Thus if $C(Q_\alpha)$ is norm separable so is $C(Q_\nu)$; and Q_ν is always bounded. If (4) of Proposition 3 is true then ν vanishes precisely when α does, so in the next Corollary the hypotheses imply that Ψ satisfies the hypotheses of Proposition 3 in terms of ν and so has a RND with respect to ν; since ν has a RND with respect to α, so does Ψ. Thus we have

Corollary 3. If Ψ is BV on Σ to the dual of a separable space X and the weak*-closed convex cover of Q is norm separable, and if, for every x in a dense set of $X, \Psi_{\cdot}(x)$ is CA and AC-α, then Ψ has RND.

From either Corollary 2 or Corollary 3 any separable dual space has RNP [10].

Suppose now that Ψ is BV on Σ to a separable X and that among the countable subsets of X* that are norming for X there is one, Γ, such that $j(\Psi)$ is CA and AC-α for each j in Γ. Letting Z be the separable closed linear span of Γ in X* there is a natural linear isometric "flip over" imbedding of X in Z*. Considering Ψ as defined to Z*, it will have a RND in X iff it has one in the image of X in Z*. Suppose Q as a subset of X has its weak closure weakly compact; then C(Q) in X will be weakly compact. Since $Z \subset X^*$, the weak* topology in Z* is weaker, on subsets of X as imbedded in Z*, than the weak topology of X. The weak* being Hausdorff, and C(Q) being weakly compact, it follows that the image of C(Q) in Z* is exactly the weak* closed convex cover of the image of Q. Since X is separable so is C(Q), and since the map of X into Z* is an isometry, the image of C(Q) in Z* is separable in the Z*-norm. Thus from Corollary 3 we draw

Corollary 4. If Ψ is BV to separable X and Q is relatively weakly compact and $j(\Psi)$ is CA and AC-α for every j in some countable X-norming subset of X*, then Ψ has a RND.

Everything used through Corollary 4, except for the form of $(X^*, wk^*)^*$ and the separation theorem for (X^*, wk^*), was already at hand in 1939.

Turning now to the developments of the 1960's and 1970's, we shall deal with only two themes. First is the essential rôle of the Exhaustion Principle, a mathematical divide-and-conquer device, useful for condensing and, in Radon-Nikodym theory, for approximating. Since the space of those Ψ which have a RND is complete under the total variation norm, it is sufficient, given Ψ, to approximate it in variation by Ψ having derivatives. The use of the principle in measure theory goes back a long way; its rôle in RN theory was made at least semi-explicit by Rieffel [22, 23], and bought out fully by Maynard [16]. To exhibit it let Σ be a σ-ring of subsets of S and μ be additive on Σ to $[0, \infty]$. Let $\mathcal{F} = \{F : F \in \Sigma, 0 < \mu(F) < \infty\}$, and call a subclass $\mathcal{H}$ of $\mathcal{F}$ hereditary if whenever $F \in \mathcal{F}$ and $F \subset H$ for some H in $\mathcal{H}$ then F is in $\mathcal{H}$.

Lemma (Exhaustion Principle) *Let $\mathcal{H} \subset \mathcal{F}$ and $\mathcal{G} \subset \mathcal{F}$, where $\mathcal{H}$ is hereditary as a subclass of $\mathcal{F}$. Suppose each H in $\mathcal{H}$ contains some G in $\mathcal{G}$. Then each H in $\mathcal{H}$ contains some U in Σ such that U is the union of countably many pairwise disjoint elements of $\mathcal{G}$, $\mu(H\backslash U) = 0$, and $\mu(H) = \mu(U)$.*

Fix H in $\mathcal{H}$; by hypothesis, $\{G : G \varepsilon \mathcal{G}, G \subset H\}$ is not empty, and so contains a maximal pairwise disjoint subcollection $\mathcal{M}$. Since $0 < \mu(M) \leq \mu(H) < \infty$ for each M in $\mathcal{M}$, we have $\mu(M) \geq \frac{1}{n}$ for only finitely many M's, for each n; $\mathcal{M}$ consists only of such M and therefore is countable. If $U = \cup\{M: M \varepsilon \mathcal{M}\}$ then $U \varepsilon \Sigma$, $U \subset H$; and from the maximality of $\mathcal{M}$ and the properties of $\mathcal{H}$ it follows that $\mu(H\backslash U) = 0$ and so $\mu(H) = \mu(0)$.

Among useful consequences we mention only this.

Corollary. Let $\mathcal{H}$ be a hereditary subclass of $\mathcal{F}$ (e.g., $\mathcal{H} = \mathcal{F}$). Let $\mathcal{G}_P = \{G : G \varepsilon \mathcal{F}, G$ has property $P\}$. Suppose each H in $\mathcal{H}$ contains some G in $\mathcal{G}_P$. Then each H in $\mathcal{H}$ is the union of countably many pairwise disjoint elements of Σ, one of which has μ-measure 0 and the rest of which are elements of $\mathcal{G}_P$.

Given Ψ on Σ to a Banach space X and $B \varepsilon \mathcal{F}$, let $Q(B) = \{\frac{\Psi(F)}{\alpha(F)} : 0 < \alpha(F) < \infty, F \subset B\}$.

Theorem 1. If Ψ is on Σ to a Banach space X these are equivalent:

(1) Ψ has a RND,

(2) Ψ is CA, AC-α, and BV and satisfies any one of the following equivalent conditions:

(a) $A \varepsilon \mathcal{F}$, $\epsilon > 0$ imply A contains some B in $\mathcal{F}$ such that diam $Q(B) < \epsilon$;

(b) $A \varepsilon \mathcal{F}$, $\epsilon > 0$ imply A contains some B in $\mathcal{F}$ such that for some b in X the closed convex cover of $Q(B)\backslash S(b,\epsilon)$ does not contain $Q(B)$, where $S(b,\epsilon)$ is the ϵ-ball about b;

(c) $A \varepsilon \mathcal{F}$, $\epsilon > 0$ imply A contains some B in $\mathcal{F}$ such that for some b in X the σ-convex cover of $Q(B)\backslash S(b,\epsilon)$ does not contain $Q(B)$.

To get (b) from (a) choose b so that $S(b,\epsilon) \supset Q(B)$, where B is given by (a). Since closed convex cover contains σ-convex cover, (b) implies (c). To get (a) from (c) an argument of Maynard's [15] using a corollary to the exhaustion principle, works.

The equivalence of (1) with (2)(a) is due to Rieffel [22,23]; of (1) with (2)(b) to the dentable school; and of (1) with (2)(c) to Maynard. A short proof, after the manner of Rieffel, of the equivalence of (1) with (2)(a) by approximation is in [14].

The second theme is the great variety, still increasing, of conditions equivalent to RNP. The following is only a partial listing.

Theorem 2. For any Banach space X conditions (2)-(12) are all equivalent and all are implied by (1).

(1) X has DBV,

(2) every BV point function on $[0,1]$ to X is differentiable a.e.,

(3) Every Lipschitzean point function on $[0,1]$ to X is differentiable a.e,

(4) (3) is true with "differentiable" replaced by "weakly differentiable"

(5) Every Lipschitzean function on Borel subsets of $[0,1]$ to X has a RND,

(6) every closed bounded convex set in X is dentable,

(7) for every Lipschitzean Ψ on an abstract space and for every A in $\mathcal{F}$, $Q(A)$ is dentable,

(8) (7) is true with "dentable" replaced by "σ- dentable",

(9) for every Lipschitzean Ψ on an abstract space, every A in $\mathcal{F}$, and every $\epsilon > 0$, A contains some B in $\mathcal{F}$ such that diam $Q(B) < \epsilon$,

(10) X has RNP

(11) every Lipschitzean function on an abstract space to X has a RND

(12) every separable closed subspace of X has RNP.

Clearly (1) implies (2). Dunford and Morse [9], using a device of Lebesgue's, showed that (2) <--> (3). That (3) <--> (5) follows from each Lipschitzean point function generating a unique Lipschitzean function on the Borel sets. The implication (5) <--> (6) is an elegant result of Huff's [13]; and if (6) holds then, in (7),

$C(Q(A))$ must be dentable and so, by a result of Rieffel's [23], $Q(A)$ must be dentable. Since dentable clearly implies σ-dentable, (7) obviously implies (8). That (8) $\Longrightarrow$ (9) $\Longrightarrow$ (10) results from part of Theorem 1 above. And clearly (10) $\Longrightarrow$ (11) $\Longrightarrow$ (2) . Finally, obviously (10) $\Longrightarrow$ (12) and (12) $\Longrightarrow$ (3), since any Lipschitzean point function on $[0,1]$ has a relatively compact and separable range set, and the equivalence of (3) and (4) is in [18].

It is not hard to see that additional conditions known to be equivalent could be tacked on; but now is not the time. I hope these remarks, and the length of them, have not driven you to cry inwardly "Ye gods, is there no end to the talking about Radon-Nikodym theory?"

REFERENCES

1. G. Birkhoff; Integration of functions with values in a Banach space, Trans. Amer. Math. Soc. 38 (1935), 357-378.

2. S. Bochner; Integration von Funktionen, deren Werte die Elemente eines Vektorraumes sind, Fund. Math. 20 (1933), 262-276.

3. _________; Absolut-additive abstrakte Mengenfunktionen, Fund. Math. 21 (1933), 211-213.

4. S. Bochner and A. E. Taylor; Linear functionals on certain spaces of abstractly-valued functions, Annals of Math. 39 (1938), 913-944.

5. J. A. Clarkson; Uniformly convex spaces, Trans. Amer. Math. Soc. 40 (1936), 396-414.

6. P. J. Daniell; The integral and its generalizations, Rice Institute Pamphlets VIII (1921), No. 1, 34-62.

7. J. Diestel and J. J. Uhl, Jr.; The Radon-Nikodym theorem for Banach space valued measures, Rocky Mtn. J. of Math. 6 (1976), 1-46.

8. N. Dunford; Integration and linear operations, Trans. Amer. Math. Soc. 40 (1936), 474-494.

9. N. Dunford and A. P. Morse; Remarks on the preceding paper of James A. Clarkson, Trans. Amer. Math. Soc. 40 (1936), 415-420.

10. N. Dunford and B. J. Pettis; Operations on summable functions, Trans. Amer. Math. Soc. 47 (1940), 323-392.

11. N. Dunford and J. T. Schwartz; Linear Operators, Part I, New York, Interscience, 1958.

12. I. Gelfand; Abstrakte Funktionen und lineare Operatoren, Recueil Math., new series, 4 (1938), 235-284.

13. R. E. Huff; Dentability and the Radon-Nikodym property, Duke Math. J. 41 (1974), 111-114.

14. J. L. Kelley and T. P. Srinivasan; On the Bochner integral, in Vector and Operator-valued Measures and Applications, Academic Press, New York and London, 1973; pp. 165-174.

15. H. Maynard; A geometrical characterization of Banach spaces with the Radon-Nikodym property, Trans. Amer. Math. Soc. 185 (1973), 493-500.

16. _________; A general Radon-Nikodym theorem, in Vector and Operator-valued Measures and Applications, Academic Press, New York and London, 1973; pp. 233-246.

17. O. Nikodym; Sur une generalization des intégrales de M. J. Radon, Fund. Math. 15 (1930), 131-179.

18. B. J. Pettis; A note on regular Banach spaces, Bull. Amer. Math. Soc. 44 (1938), 420-428.

19. ___________; Differentiation in Banach spaces, Duke Math. J. 5 (1939), 254-269.

20. J. Radon; Theorie und Anwendugen der absolut additiven Mengenfunktionen, S.-B. Akad. Wiss. Wien 122 (1913), 1295-1438.

21. C. E. Rickart; An abstract Radon-Nikodym theorem, Trans. Amer. Math. Soc. 56 (1944), 50-66.

22. M. A. Rieffel; The Radon-Nikodym theorem for the Bochner integral, Trans. Amer. Math. Soc. 131 (1968), 466-487.

23. __________; Dentable subsets of Banach spaces with applications to a Radon-Nikodym theorem, Functional Analysis, Thompson Book Co., Washington, 1967; pp. 71-77.

24. J. J. Uhl, Jr.; A note on the Radon-Nikodym property for Banach spaces, Revue Roum. Math. 17 (1972), 113-115.

APPLICATION DE LA THEORIE DE LA MESURE EN DIMENSION INFINIE

A LA RESOLUTION DE L'EQUATION $\bar{\partial}$ SUR UN ESPACE DE HILBERT.

RABOIN Pierre
Université de Nancy I - UER Mathématiques
Case Officielle 140 - 54037 - NANCY Cédex (FRANCE)

§ 1 - Introduction.

Le premier résultat concernant le problème du $\bar{\partial}$ en dimension infinie a été obtenu par C.J. Henrich dans un article [5] qui fait apparaître un phénomène nouveau par rapport à la dimension finie, phénomène qui avait d'ailleurs été mis en évidence à propos de la théorie du potentiel par L. Gross [3], à savoir la possibilité de résoudre l'équation $\bar{\partial}f = F$ seulement sur un sous-espace (partout dense et de dimension infinie) de l'espace sur lequel est donné le second membre F. On améliore ici le résultat en résolvant le problème sur un ouvert pseudo-convexe et sans condition de croissance sur F, alors que Henrich supposait F à croissance polynomiale sur tout l'espace, mais sans échapper cependant à la contrainte précédente : la solution obtenue n'est régulière que sur l'image d'un opérateur compact (auto-adjoint et injectif). Cette restriction limite évidemment la portée du résultat quant à son application à l'Analyse Complexe en dimension infinie ; il permet toutefois de donner une réponse partielle au premier problème de Cousin sur un espace de Fréchet nucléaire à base, problème qui était demeuré ouvert. D'autre part, le procédé de construction employé permet d'obtenir une solution sur tout l'espace, au sens des distributions.

§ 2 - Notations.

On se donne un espace de Hilbert complexe séparable (de dimension infinie) H et un opérateur de type Hilbert-Schmidt autoadjoint et injectif T.

Une base orthonormale de H est alors formée de vecteurs propres $\{e_j\}$ de T associés au système de valeurs propres $\{\lambda_j\}$ tel que la série de terme général λ_j^2 soit convergente, de somme égale au carré de la norme de Hilbert-Schmidt de T, que l'on notera $||T||$. On sait que la mesure gaussienne centrée

μ_T d'opérateur de corrélation T^2 est une mesure de Radon sur H.

Pour tout entier positif n, on désigne par H_n le sous-espace propre $\bigoplus_{j=1}^{j=n} \mathbb{C}.e_j$ et par P_n la projection orthogonale de H sur H_n.

C.J. Henrich avait utilisé une technique proche de celle développée par H. Skoda [13] en dimension finie. Dans une première tentative, on avait appliqué les techniques hilbertiennes de L. Hörmander [7], l'idée étant de faire jouer à la mesure μ_T le rôle que tenait la mesure de Lebesgue dans $\mathbb{C}^N$. Cela nous avait amené à définir un espace de distributions "adapté au problème du $\bar{\partial}$", en ce sens qu'il était possible d'y prolonger l'opérateur $\bar{\partial}$ en un opérateur fermé, à domaine partout dense sur l'espace des formes différentielles de carré sommable sur H. On a pu alors établir les estimations à priori en faisant appel aux polynômes de Hermite. Le résultat ainsi obtenu a été annoncé et établi dans ses grandes lignes dans [10], et a fait l'objet d'un exposé au Séminaire P. Lelong de l'année 1975-76 : on parvient à résoudre l'équation $\bar{\partial}f = F$, au sens des distributions, si F est de carré sommable par rapport à la mesure μ_T (par exemple si F est à croissance exponentielle).

L'étape suivante consistait naturellement à mettre un poids. En dimension infinie, il y a deux façons d'opérer : ou bien on radonifie une mesure cylindrique pondérée, ou bien on affecte directement un poids à la mesure de Radon μ_T. Le premier point de vue a conduit au résultat exposé au paragraphe suivant.

§ 3 - Résolution de l'équation $\bar{\partial}f = F$ au sens des distributions dans tout l'espace

Les résultats qui suivent étant publiés en détail par ailleurs [11], on se contente de résumer ce qui sera utile pour la suite.

3.1. - Prolongement de l'opérateur $\bar{\partial}$

Si φ est une fonction numérique définie sur $[0,+\infty[$, à valeurs positives, et telle que :

(1) $$\int_{-\infty}^{+\infty} e^{-\varphi(t^2)} dt = 1$$

(2) $$\int_{-\infty}^{+\infty} t^2.e^{-\varphi(t^2)} dt < +\infty$$

alors, la promesure μ_φ définie par :

$$\mu_{\emptyset}(\{x = \sum_{j\geq 1} x_j e_j / x_j \in A_j \quad j = 1,2,\dots,N\}) = \prod_{j=1}^{N} \int_{A_j} e^{-\emptyset(t^2)}\, dt$$

où A_j $j = 1,2,\dots,N$ sont des boréliens de la droite réelle, est continue sur H, et si de plus $\emptyset$ satisfait la condition :

$$(3) \qquad \int_{-\infty}^{+\infty} t^2(\emptyset'(t^2))\, e^{-\emptyset(t^2)}\, dt < +\infty$$

on peut alors montrer que l'image TH de l'opérateur T n'est autre que l'ensemble des directions de translations admissibles de la mesure $\mu_{\emptyset,T}$ radonifiée de $\mu_{\emptyset}$ par T [12]. Il est en outre possible, grâce à la notion de dérivée logarithmique introduite par [14], d'établir la formule d'intégration par parties suivante, valable pour toute fonction ψ de classe C^1, à support borné et pour toute fonction f de classe C^1 à dérivée de type borné sur H :

$$(4) \qquad \int_H \psi(z).d_z f(h) d\mu_{\emptyset,T}(z) = -\int_H \delta_z\psi(h).f(z) d\mu_{\emptyset,T}(z)$$

avec, pour tout h dans le sous-espace TH :

$$\delta_z\psi(h) = d_z\psi(h) - 2\,\mathrm{Re} \sum_{j\geq 1} \frac{z_j h_j}{\lambda_j^2} . \emptyset'((\frac{z_j}{\lambda_j})^2).\psi(z), \quad z \in H$$

(la série du membre de droite convergeant $\mu_{\emptyset,T}(z)$-presque partout sur H). On remarque que pour $\emptyset(t) = t/2 - \mathrm{Log}\sqrt{2\pi}$ i.e. pour la mesure de Gauss, (4) est une formule dûe à R.H. Cameron [2] et qui a été étendu au cas des espaces de Wiener abstrait dans [8].

En notant alors par $\mathcal{D}^1$ l'espace des fonctions de classe C^1, à support borné dans H, muni comme en dimension finie de la topologie limite inductive des topologies des espaces de fonctions à support dans un borné donné, on constate que pour toute f dans l'espace $L^2(\mu_{T,\emptyset})$ des fonctions de carré $\mu_{\emptyset,T}$-intégrables, l'application antilinéaire :

$$\langle \bar\partial_{\emptyset,T} f, \psi \rangle : h \in TH \to -\int_H f(z).\bar\delta_z\psi(h).d\mu_{\emptyset,T}(z) \qquad \text{avec :}$$

$$\bar\delta_z\psi(h) = \frac{1}{2}\left[\delta_z\psi(h) + i\delta_z\psi(ih)\right]$$

est continue sur TH, ce qui permet, en notant par A le complété de $\overline{TH}'$ dans l'espace des fonctions de carré sommable pour une mesure gaussienne sur TH de définir un opérateur $\bar\partial_{\emptyset,T}$ de $L^2(\mu_{\emptyset,T})$ dans $\mathcal{L}(\mathcal{D}^1, A)$, qui possède la propriété remarquable suivante :

Si (f_n) est une suite qui converge faiblement dans l'espace $L^2(\mu_{\varphi,T})$ vers f, alors, la suite $(\bar{\partial}_{\varphi,T} f_n)$ converge simplement vers $\bar{\partial}_{\varphi,T} f$ dans $\mathcal{L}(\mathcal{D}^1, A)$. (En effet, pour tout ψ dans $\mathcal{D}^1$, la suite $<\bar{\partial}_{\varphi,T} f_n, \psi>$ converge vers $<\bar{\partial}_{\varphi,T} f, \psi>$ simplement sur TH, et il y a convergence dominée d'après le théorème de Banach-Steinhaus).

3.2.- Construction d'une solution à l'aide d'une suite de solutions cylindriques approchées.

Soit F une forme différentielle de classe C^∞, de type $(0,1)$, fermée et de type borné sur H.

On peut tout d'abord construire une fonction numérique φ à valeurs dans $[0,+\infty[$ de classe C^2, convexe, telle que $\varphi'(0)$ soit strictement positive, satisfaisant les conditions de 3.1 et qui soit enfin telle que la suite des intégrales :

$$I_n = \int_H ||F(P_n z)||^2 . d\mu_{\varphi,T}(z)$$

soit bornée.

On tronque alors F à l'ordre n, en posant :

$$F_n(z) = \sum_{j=1}^{n} F(P_n z)(e_j).\bar{e}_j \quad \text{où} \quad \bar{e}_j(z) = e_j . z$$

et, pour trouver une solution approchée convenable f_n, on prend l'image de F_n par l'application linéaire T_n où :

$$T_n(z_1,\dots,z_n) = \sum_{j=1}^{n} \lambda_j z_j e_j$$

soit :
$$\tilde{F}_n(z) = \sum_{j=1}^{n} \lambda_j . F(\sum_{k=1}^{n} \lambda_k z_k e_k)(e_j).d\bar{z}_j$$

F_n est une forme différentielle sur $\mathbb{C}^n$ fermée, de type $(0,1)$, de classe C^∞, et telle que :

$$\int_{\mathbb{C}^n} ||\tilde{F}_n||^2 \exp - \sum_{j=1}^{n} \varphi(|z_j|^2). \, d\sigma_{2n} \leqslant C$$

avec :
$$C = (\sup_j \lambda_j) . (\sup_n I_n)$$

D'après le lemme 4.4.1. de [7], il existe alors sur $\mathbb{C}^n$ une fonction $\tilde{f}_n$ telle que :

$$\begin{cases} \bar{\partial}\tilde{f}_n = \tilde{F}_n \\ \int_{\mathbb{C}^n} |\tilde{f}_n|^2 . \exp - \sum_{j=1}^{n} \varphi(|z_j|^2) . d\sigma_{2n} \leqslant \frac{2C}{\varphi'(0)} \end{cases}$$

La fonction f_n définie sur H par :

$$f_n(\sum_{j\geqslant 1} z_j e_j) = \tilde{f}_n(\frac{z_1}{\lambda_1}, \dots, \frac{z_n}{\lambda_n})$$

satisfait alors les conditions suivantes :

$$\begin{cases} \bar{\partial} f_n = F_n \\ \int_H |f_n|^2 . d\mu_{\varphi,T} \leqslant \frac{2C}{\varphi'(0)} \end{cases}$$

En particulier, la suite (f_n) possède une sous-suite qui converge faiblement dans $L^2(\mu_{\varphi,T})$ vers une fonction f, qui d'après la propriété de l'opérateur $\bar{\partial}_{\varphi,T}$ énoncée à la fin du § précédent, est solution de l'équation : $\bar{\partial}_{\varphi,T} f = F$.

En conclusion, on a le :

<u>Théorème 1</u> : Etant donnée une forme différentielle F sur H, fermée, de type (0,1) et de type borné, il existe une fonction φ de $[0,+\infty[$ dans lui-même, et une fonction f de carré $\mu_{\varphi,T}$-sommable telle que : $\bar{\partial}_{\varphi,T} f = F$.

<u>Remarque</u> : Cette solution "au sens des distributions" ne présente que peu d'intérêt pour ce qui concerne les applications éventuelles à l'Analyse Complexe. Ainsi, la suite de formes linéaires u_n définies par :

$$u_n(z) = \sum_{i=1}^{n} z_i$$

converge, dans $L^2(\mu_T)$, vers une fonction u qui est dans le noyau de l'opérateur $\bar{\partial}_T$, mais qui n'est pas continue (d'après un théorème de martingale, il existe cependant un sous-espace vectoriel de H, de mesure valant 1, et sur lequel u est continue). Par conséquent, le noyau de l'opérateur $\bar{\partial}_T$ ne coïncide pas avec l'espace des fonctions analytiques au sens de Fréchet (pour la définition, voir par exemple [6]). Ceci justifie donc l'étude qui suit des solutions "au sens classique" du problème du $\bar{\partial}$.

§ 4 - Résolution du problème du $\bar{\partial}$ sur un ouvert pseudoconvexe.

4.1. - Notations (suite)

Soit Ω un ouvert pseudoconvexe de H. Une propriété sera dite vraie localement, si elle est vérifiée sur toute boule de Ω située à une distance strictement positive du bord de Ω.

Pour tout z dans H, on désigne par $\mu_{T,z}$ la mesure translatée de la mesure μ_T du vecteur z ; on sait que si z est dans le sous-espace TH, les mesures $\mu_{T,z}$ et μ_T sont équivalentes, et que la densité de Radon-Nikodym :

$$\frac{d\mu_{T,z}}{d\mu_T}(x) = \rho_T(x;z) = \exp - \frac{1}{2}\{||T^{-1}z||^2 - 2\text{Re}\sum_{j\geq 1}\frac{z_j x_j}{\lambda_j^2}\}$$

où la série $\sum_{j\geq 1}\frac{z_j x_j}{\lambda_j^2}$ converge $\mu_T(x)$-presque partout, est de carré sommable, avec :

$$\int_H (\rho_T(x;z))^2\, d\mu_T(x) = \exp - ||T^{-1}z||^2$$

Les espaces de fonctions intégrables sont toujours relatifs à la mesure μ_T. Si f est μ_T-mesurable, la fonction : $x \mapsto f(x+z)$ est aussi μ_T-mesurable, elle sera noté $_z f$.

Enfin, pour tout entier positif p, on désigne par H_{T^p} le sous-espace image T^pH, muni de la topologie image.

4.2. - Deux lemmes de différentiabilité.

Lemme 1.- Si g est une fonction localement de carré sommable sur H, la fonction G définie sur H par :

$$G(z) = \int_B g(x) \,.\, \exp(z,T^{-1}x).d\mu_T(x)$$

où B est un borné dans H, est différentiable, et sa différentielle, définie par :

$$d_zG = \int_B g(x) \,.\, \exp(z,T^{-1}x).T^{-1}x.d\mu_T(x)$$

est de type borné sur H.

On montre en effet que g possède une dérivée faible continue sur H (pour un résultat analogue, voir [8]).

Lemme 2.- Pour toute fonction φ localement bornée et localement uniformément continue sur H, la fonction ϕ définie sur H par :

$$\phi(z) = \int_{B(z,R)} \varphi(x).d\mu_T(x)$$

est différentiable en tout point de H dans la direction du sous-espace TH, et :

(i) $$d_z\phi = \int_{S(z,R)} \varphi(x)n_x d\mu_T^S(x)$$

où μ_T^S est la mesure de surface de la sphère $S(z,R)$ et où n_x est le vecteur normal extérieur unitaire à cette sphère en x,

(ii) $||d_z\phi||_{H_T}$ est localement bornée sur H,

(iii) pour tout h dans TH, la fonction : $z \mapsto d_z\phi(h)$ est continue sur H.

Principe de la démonstration : D'après un résultat de [14], on peut décomposer la mesure μ_T en un produit de deux mesures, suivant les directions de h, où h est dans TH, et d'un hyperplan orthogonal, ce qui permet de reproduire un raisonnement classique en dimension finie. On signale d'ailleurs une autre expression de la différentielle, obtenue dans une situation analogue par [1], à partir d'un résultat de [2].

4.3.- Enoncé du théorème principal

Théorème 2.- Soit F une forme différentielle fermée, de type (0,1), de classe C^∞ et de type borné sur un ouvert pseudoconvexe Ω de H. Il existe alors une fonction f de classe C^1 sur H_{T^3}, solution de l'équation : $\bar\partial f = F$.

4.4.- Plan de la démonstration :

La forme F étant de type borné sur Ω, on peut trouver une fonction φ de la forme $\chi(-\text{Log } d(., \partial\Omega))$ avec χ convexe croissant assez vite, qui soit plurisousharmonique sur Ω, et telle que : $||F|| \leq e^{\varphi}$ sur Ω.

Par un procédé analogue à celui utilisé en 3.2., on construit une suite de fonctions (f_n) satisfaisant les conditions suivantes : chaque f_n est cylindrique, de classe C^∞, sur l'ouvert $P_n^{-1}(\Omega \cap H_n)$, et satisfait sur Ω à l'équation : $\bar\partial f_n = F_n$. De plus, la suite f_n converge faiblement vers une fonction f dans l'espace des fonctions localement de carré sommables sur Ω.

Pour tout z dans $\Omega \cap TH$, en intégrant la formule intégrale de Cauchy à une variable complexe par rapport à la mesure μ_T, on obtient pour tout nombre ε positif assez petit :

(5) $$f_n(z).\mu_T(B_\varepsilon) = \int_{B_\varepsilon+z} f_n(x).\rho_T(x;z)d\mu_T(x)+2\int_0^1\int_B \bar{\partial} f_n(z+rx)(x)dr\ d\mu_T(x)$$

pour tout entier n.

De la représentation intégrale (5), et du fait que la densité $\rho_T(.;z)$ est de carré sommable, il découle que la suite (f_n) converge simplement sur le sous-espace TH, vers la fonction $\tilde{f}$, telle que :

(6) $$\tilde{f}(z).\mu_T(B_\varepsilon) = \int_{B_\varepsilon+z} f(x).\rho_T(x;z)d\mu_T(x)+2\int_0^1\int_{B_\varepsilon} F(z+rx)(x)dr\ d\mu_T(x)$$

(le membre de droite ne dépendant pas de ε assez petit).

On montre que, pour toute fonction k dans l'espace des fonctions localement de carré sommable, l'application : $z \mapsto {}_zk$ est localement uniformément de H_T dans l'espace des fonctions localement sommable et que, de plus, pour toute boule B dans Ω :

$$\int_{B+z} k(x).\rho_T(x;z)d\mu_T(x) = \int_B k(x+z)d\mu_T(x)$$

La fonction $\tilde{f}$ est donc localement uniformément continue sur $\Omega \cap H_T$, et :

(7) $$\tilde{f}(z).\mu_T(B_\varepsilon) = \int_{B_\varepsilon} f(x+z)\ .\ d\mu_T(x) + 2\int_0^1\int_{B_\varepsilon} F(z+rx)\ (x)\ dr\ d\mu_T(x)$$

On écrit alors les formules (6) et (7), en se plaçant sur H_T, et on applique les lemmes énoncés en 4.2. pour conclure à la différentiabilité de f sur H_{T^2}. On montre enfin que f est solution $\bar{\partial} f = F$ de la même façon qu'en 3.

§ 5 - Une application au problème de Cousin en dimension infinie

On énonce sans démonstration le résultat suivant :

Théorème 3.- Soit Ω un ouvert pseudoconvexe dans un espace de Fréchet nucléaire à base E et soit $\{g_{ij} \in A(\Omega_i \cap \Omega_j)\}$ une donnée de Cousin subordonnée au recouvrement $\{\Omega_i\}_{i\in I}$ de Ω. Alors, pour toute partie convexe compacte équilibrée K de E, il existe une famille $\{f_i\}_{i\in I}$ telle que :

$$\begin{cases} f_i \in A(\Omega_i \quad E_K), \text{ en désignant par } E_K \text{ l'espace de Banach engendré par } K \\ g_{ij} = f_j - f_i \quad \text{sur} \quad \Omega_i \cap \Omega_j \end{cases}$$

pour tout couple (i,j).

§ 6 - Remarque.

Le défaut de cette résolution, à savoir l'obtention d'une solution de classe C^1 sur un sous-espace propre (de dimension infinie, partout dense) de H, est naturellement dû à l'absence, en dimension infinie, de mesure invariante par translation. D'autre part, la nécessité de recourir à la théorie de la mesure est liée à l'exploitation des estimations de type L^2 de L. Hörmander dans $\mathbb{C}^N$. Mais on connaît sur les ouverts strictement pseudoconvexes de $\mathbb{C}^N$ d'autres types d'estimations : les estimations L^p de Ovrelid, hölderiennes de Kerzman et Henkin-Romanov, et uniformes de Henkin-Lieb. On peut en particulier se demander si les estimations uniformes ne permettent pas d'obtenir, sans faire appel à la théorie de la mesure, des résultats analogues. On se contente de montrer ici sur un exemple que le résultat obtenu par cette méthode est dans l'immédiat moins bon que celui du théorème 2.

On considère un ellipsoïde :

$$\mathcal{E} : \{z \in H / \sum_{j\geq 1} |\frac{z_j}{\alpha_j}|^2 \leq 1\} ,$$

où les longueurs des demi-axes (α_j) seront précisés dans la suite.

En reprenant les notations des § précédents, on considère la forme différentielle définie sur H par :

$$\Delta F(z) = \sum_{j=1}^{n-1} (F(P_{n-1}z)-F(P_{n-1}z))(e_j).\bar{e}_j + F(P_n z)(e_n).\bar{e}_n$$

On introduit l'isomorphisme $S_n : z = (z_j) \in \mathbb{C}^n \simeq H_n \to (\alpha_j z_j)$, qui transforme la boule unité B_n de $\mathbb{C}^n$ en l'ellipsoïde $\mathcal{E}_n$, et on note $\mathcal{E}^n = P_n(\mathcal{E}_n)$ le cylindre correspondant dans H. On suppose enfin que F possède une dérivée seconde de type borné.

D'après [4] et [9], la fonction Δf_n définie sur $\mathcal{E}^n$ par :

$$\Delta f_n(z) = g_n(P_n z) + h_n(P_n z)$$

où :

$$g_n(z) = \frac{(n-1)!}{(2i\pi)^n}\int_{B_n} S_n^{*}\Delta F_n(\zeta)\wedge \Omega_n(\zeta,T_n^{-1}z) = (n-1)!\int_{B_n} \frac{(\Delta F_n(S_n\zeta),S_n\zeta - z)_{\mathbb{C}^n}}{|\zeta - S_n^{-1}z|^{2n}_{\mathbb{C}^n}}\, dV(\zeta)$$

(Ω_n est le noyau de Bochner-Martinelli)

et où : $$h_n(z) = \frac{1}{(2i\pi)^n}\int_{B_n} S_n^{*}\Delta F_n(\zeta)\quad \theta_n(\zeta,T_n^{-1}z)\wedge w(\zeta)$$

$$= \frac{(n-1)!}{(2i\pi)^n}\int_{\partial B_n}\left[\sum_{p=1}^{p=n-1}\left(\frac{|\zeta - S^{-1}z|^2}{1-S_n^{-1}z.\,\zeta}\right)^p\right]\frac{[\Delta F_n(S_n\zeta),S_n\zeta - z)w'(\overline{S_n\zeta}) - (\Delta F_n S_n\zeta),\overline{S_n\zeta})w'(\overline{S_n\zeta - z})]\wedge w(\zeta)}{|\zeta - S_n^{-1}z|^{2n}}$$

avec : $$w(\zeta) = \bigwedge_{1\leq j\leq n} d\zeta_j \ , \ w'(\bar\zeta) = \sum_{j=1}^{n}(-1)^{j-1}\bar\zeta_j \bigwedge_{\substack{k\neq j\\ 1\leq k\leq n}} d\bar\zeta_k$$

(θ_n est le noyau de Henkin-Ramirez)

est solution de l'équation :

$$\bar\partial \Delta f_n = \Delta F_n \quad \text{sur } \mathcal{E}_n$$

Les expressions intégrales précédentes permettent les estimations uniformes suivantes :

$$|g_n(z)| \leq \frac{(n-1)!}{(2\pi)^n}\cdot \sum_{p=1}^{n}\int_{B_n}\frac{|\zeta_p - \frac{z_p}{p}|}{|\zeta - T_n^{-1}z|^{2n}}\, dV(\zeta)\ .\ \sum_{p=1}^{n}\alpha_p ||F^p||_{\mathcal{E}^n}$$

si : $\Delta F_n = \sum_{p=1}^{n} F^p.\bar e_p$

mais, par symétrie et à l'aide d'un passage en sphérique :

$$\int_B \frac{|\zeta_p - \frac{z_p}{\alpha_p}|}{-T^{-1}z^{\;2n}}\, dV(\zeta) \leq \int_0^{1+|T_n^{-1}z|} d\rho \int_0^{\pi}|\cos\theta_1|\sin^{2n-2}\theta_1 d\theta_1\ |S_{2n-1}|$$

$$\leq (1+|T_n^{-1}z|).2^{2n+2}\,\pi^{n-1}\ .\ \frac{n!}{(2n)!}$$

d'où, pour tout z dans $\mathcal{E}_n$:

$|g_n(z)| \leq C_F\ .\ \frac{\pi^n}{\sqrt{n}}\ .\ \alpha_n$, où C_F est un nombre positif ne dépendant que de F.

D'autre part, compte-tenu de la relation :

$$2\ \mathrm{Re}(1-T_n^{-1}z,\zeta) = |\zeta - T_n^{-1}z|^2 + 1-|T_n^{-1}z|^2$$

il vient :

$$|h_n(z)| \leqslant \frac{(n-1)!}{(2\pi)^n} \cdot 2^n.2\int_{S_n} \frac{dS(\zeta)}{|\zeta-T^{-1}z|^{2n-1}} ||\Delta F_n||_{\mathcal{E}^n}$$

$$\leqslant 2^{2n+1}\alpha_n.C'_F \text{ , pour tout } z \text{ dans } \frac{1}{2}\mathcal{E}\text{, et où } C'_F \text{ ne dépend}$$

que de F.

En outre, en écrivant g_n sous la forme suivante, obtenue après le changement de variable $\zeta = T_n^{-1}z+\xi$:

$$g_n(z) = (n-1)! \int_{B_n-T_n^{-1}z} \frac{(\Delta F_n(z+T_n\xi),T_n\xi)}{|\xi|^{2n}} dV(\xi)$$

on peut obtenir une estimation analogue sur la dérivée de g_n. En opérant de même pour h_n, on obtient finalement pour Δf_n et sa dérivée des estimés de la forme :

(8) $$|\Delta f_n(z)| \leqslant C_F.2^{2n}\alpha_n \text{ , pour tout } z \text{ dans } \frac{1}{2}\mathcal{E}$$

En choisissant alors les longueurs de demi-axes (α_n) telles que :

$$\sum_n 2^{2n}.\alpha_n < +\infty$$

la suite de fonctions cylindriques (f_n) définie par la relation de récurrence $f_n = f_{n-1} + \Delta f_n$ et en prenant pour f_1 une solution de l'équation $\bar{\partial}f_1 = F_1$, converge uniformément sur $\frac{1}{2}\mathcal{E}$, ainsi que la suite des dérivées, vers une solution de l'équation :

$$\bar{\partial}f = F$$

On a ainsi obtenu un résultat analogue à celui énoncé au § 4.

B I B L I O G R A P H I E.

[1] V.I. AVERBUKH, O.G. SMOLYANOV, The theory of differentiation in linear topological spaces, Russian Math. Surveys 22 (1967) n° 6, 201-258.

[2] R.H. CAMERON, The first variation of an indefinite Wiener integral, Proc. of AMS, 2, (1951), 914-924.

[3] L. GROSS, Potential theory on Hilbert space, Journal funct. Analysis I, 1967, 123-181.

[4] G.M. HENKIN, Integral representations of functions in sticly pseudo-convex domains and application to the $\bar{\partial}$-problem, Math USSR Sbornik 11 (1970), 273-282.

[5] C.J. HENRICH, The $\bar{\partial}$ equation with polynomial growth on a Hilbert space, Duke Math. Journal, vol. 40, n° 2, 1973, 279-306.

[6] M. HERVE, Analytic and plurisubharmonic functions in finite an infinite dimensional spaces, Lecture Notes in Mathematics, n° 198 (1970), Springer-Verlag.

[7] L. HORMANDER, Introduction to complex Analysis in several variables, North Holland Publ. comp. (1973).

[8] H.H. KUO, Integration by parts for abstract Wiener measures, Duke Math. Journal, 1974, 373-379.

[9] I. LIEB, Die Cauchy Riemannschen Differentialgleichungen auf streng pseudokonvexen Gebieten, Math. Annalen 190 (1970), 6-44.

[10] P. RABOIN, Etude de l'équation $\bar{\partial} f = g$ sur un espace de Hilbert, Note aux comptes Rendus A.S., t 282 (Mars 1976).

[11] P. RABOIN, Résolution de l'équation $\bar{\partial}$ sur un espace de Hilbert, Exposé Journées de fonctions analytiques, Toulouse (mai 1976), Springer Verlag, à paraître.

[12] H. SHIMOMURA, An aspect of quasi-invariant measures on R, Publ. RIMS, Kyoto University 11 (1976), 749-773.

[13] H. SKODA, d"-cohomologie à croissance lente dans $\mathbb{C}^n$, Ann. Sci. Ecole N.S., Série 4, Vol 4 (1971), 97-120.

[14] A.V. SKOHOROD, Integration in Hilbert space, Springer Verlag 1974.

SPACES OF VECTOR-VALUED CONTINUOUS FUNCTIONS

Jean SCHMETS

Université de Liège
Institut de Mathématique
Avenue des Tilleuls, 15
B-4000 LIEGE (Belgium)

Abstract

Let $C(X;E)$ be the space of the continuous functions on the completely regular and Hausdorff space X, with values in the locally convex topological vector space E. We introduce locally convex topologies on $C(X;E)$ by means of uniform convergence on subsets of X or of the repletion of X. A generalization of a result of Singer gives a representation of the continuous linear functionals on these spaces by means of vector-valued measures which admit a kind of support. This allows a study of the bounded subsets of the dual, comparable to the one of the scalar case. We also give some results stating when these spaces are ultrabornological or bornological.

I. THE SPACES $C_P(X;E)$

Throughout we shall use the following notations :

a) X is a completely regular and Hausdorff space. Its elements are denoted by x or y and $C(X)$ is the space of the continuous functions on X, which are denoted by f or g.

b) E is a locally convex topological vector space (in short : l.c. space) which system of semi-norms is P. The letter e is used for the elements of E.

c) $C(X;E)$ is the linear space of the continuous functions on X with values in E; its elements are denoted by ϕ or ψ. In particular, $C(X)$ means either $C(X;\mathbb{R})$ or $C(X;\mathbb{C})$, according to the context.

We shall deal with the following way to endow $C(X;E)$ with locally convex topologies.

Let us recall that a subset B of X is bounding if every $f \in C(X)$ is bounded on B. If p belongs to P and ϕ to $C(X;E)$, then $p[\phi(.)]$ is a continuous positive function on X and has therefore a unique continuous extension to the repletion (or realcompactification) υX of X, which we denote again $p[\phi(.)]$. In this way, for every bounding subset B of υX, $||.||_{p,B}$ defined by

$$||\phi||_{p,B} = \sup_{x\in B} p[\phi(x)], \ \forall\phi \in C(X;E),$$

is a semi-norm on $C(X;E)$. If $\mathcal{P}$ is a family of bounding subsets of υX, it is easy to check that

$$\{||.||_{p,B} : p \in P, \ B \in \mathcal{P}\}$$

is a system of semi-norms on $C(X;E)$ if and only if

α) $\cup\{B : B \in \mathcal{P}\}$ is dense in υX.

β) for every $B_1, B_2 \in \mathcal{P}$, there is $B \in \mathcal{P}$ such that $B_1 \cup B_2 \subset \overline{B}^{\upsilon X}$.

Of course, if Y is a dense subset of υX, the families $K(Y)$ of the relatively compact subsets of Y and $\mathcal{A}(Y)$ of the finite subsets of Y are good examples for such families $\mathcal{P}$.

DEFINITION I.1. The notation $C_{\mathcal{P}}(X;E)$ designates the space $C(X;E)$ endowed with such a system of semi-norms. Let us remark that we may always suppose that $\mathcal{P}$ contains the closure in υX as well as the finite unions of its elements : this makes no difference as far as the l.c. space $C_{\mathcal{P}}(X;E)$ is concerned since for instance one has $||.||_{p,B} = ||.||_{p,\overline{B}^{\upsilon X}}$ for every $p \in P$ and $B \in \mathcal{P}$.

In particular, we have $C_c(X;E) = C_{K(X)}(X;E)$ and $C_s(X;E) = C_{\mathcal{A}(X)}(X;E)$.

There is another way to endow $C(X;E)$ with locally convex topologies that we like to mention here.

Let P' be a system of semi-norms on E, finer than P. If p' belongs to P' and ϕ to $C(X;E)$, then $p'[\phi(.)]$ is a function on X which needs no longer be continuous and the preceding procedure is no longer valid. However if B is a subset of X where $p'[\phi(.)]$ is bounded for every $\phi \in C(X;E)$, then $||.||_{p',B}$ defined by

$$||\phi||_{p',B} = \sup_{x\in B} p'[\phi(x)], \ \forall\phi \in C(X;E),$$

is of course a semi-norm on $C(X;E)$. Such sets B exist : for instance, it is the case for every finite subset of X. Then, if $\mathcal{P}$ is a family of subsets of X such that $||.||_{p',B}$ is defined on $C(X;E)$ for every $p' \in P'$ and $B \in \mathcal{P}$, it is easy to check that

$$\{||\cdot||_{p',B} : p' \in P', B \in \mathcal{P}\}$$

is a system of semi-norms on $C(X;E)$ if

α) $\cup\{B : B \in \mathcal{P}\}$ is dense in X,

β) for every $B_1, B_2 \in \mathcal{P}$, there is $B \in \mathcal{P}$ such that $B_1 \cup B_2 \subset B$.

DEFINITION I.2. The notation $C_{P',\mathcal{P}}(X;E)$ designates the space $C(X;E)$ endowed with such a system of semi-norms.

Of course when P' is equivalent to P, these two notions coincide.

In [4], we have solved almost completely the following problem : when is the space $C_{P',\mathcal{A}(X)}(X;E) = C_{P',s}(X;E)$ ultrabornological, bornological, barreled or evaluable ? and we also determined in most cases the corresponding associated spaces. These results can be extended in much the same way to $C_{P',\mathcal{A}(Y)}(X;E)$, [6].

In [5] and [6], we study the analogous problem posed by the spaces $C_{\mathcal{P}}(X;E)$ and $C_{P',\mathcal{P}}(X;E)$.

Here, in parallel with what has been done for the scalar case, we study the dual of $C_{\mathcal{P}}(X;E)$ to get more properties about this space. We see in particular that the continuous linear functionals on $C_{\mathcal{P}}(X;E)$ admit a representation by vector-valued measures which admit a kind of support, and this gives a characterization of the equicontinuous subsets of the dual. Finally we give the answer we know so far to the question we ask.

II. CONTINUOUS LINEAR FUNCTIONALS ON $C_c(X;E)$

It is possible to adapt to our situation Singer's result [7] concerning the characterization of the dual of C(K;E) when K is compact and E a Banach space.

DEFINITIONS II.1. We denote by $\mathcal{B}(X)$ the set of the Borel subsets of X. The concept of a countably additive Borel measure on X with values in the weak* dual E'_σ of E is clear. Such a measure m is regular if, for every $e \in E$, the (scalar) Borel measure μ_e is regular where μ_e is defined by $\mu_e(b) = m(b)(e)$ for every $b \in \mathcal{B}(X)$. Let p belong to P; m has a p-variation if

$$V_p\, m(b) = \sup_{\mathcal{B}\in\mathcal{P}(b)} \sum_{b'\in\mathcal{B}} ||m(b')||_p$$

is finite for every $b \in \mathcal{B}(X)$, where $\mathcal{P}(b)$ is the set of the finite Borel partitions of b and where we set

$$||m(b')||_p = \sup\{|m(b')(e)| : p(e) \leq 1\}.$$

If p belongs to P, we use the notation $b_p = \{e \in E : p(e) \leq 1\}$.

PROPOSITION II.2. *Let m be a countably additive regular Borel measure on X with values in* E'_σ . *If there are* $p \in P$, $C > 0$ *and a compact subset K of X such that* $m(b)$ *belongs to* Cb_p^o *for every* $b \in \mathcal{B}(X)$, *that* $V_p\, m(X)$ *is finite and that* $m(b)$ *is equal to 0 for every* $b \in \mathcal{B}(X)$ *disjoint from K, then*

a) *m has a p-variation and* $V_p\, m$ *is a countably additive positive Borel measure on X such that* $V_p\, m(X) = V_p\, m(K)$.

b) *every* $\phi \in \mathcal{C}(X;E)$ *is m-integrable and one has*

$$|\int \phi\, dm| \leq \int_X p[\phi(x)] d\, V_p\, m \leq V_p\, m(K).||\phi||_{p,K} .$$

c) *every* $f \in \mathcal{C}(X)$ *is m-integrable and one has*

$$||\int f\, dm||_p \leq \int_X |f(x)| d\, V_p\, m \leq V_p\, m(K).||f||_K$$

and

$$(\int f\, dm)(e) = \int f\, e\, dm,\ \forall e \in E.$$

Proof. All this is well known or easy to establish. We just stated it for the sake of completeness and easy reference.#

SINGER THEOREM II.3. *Let* τ *be a linear functional on* $\mathcal{C}(X;E)$. *Then* $p \in P$, $C > 0$ *and the compact subset K of X are such that*

$$|\tau(\phi)| \leq C||\phi||_{p,K},\ \forall\phi \in \mathcal{C}(X;E),$$

if and only if there is a countably additive regular Borel measure m_τ *on X with values in the subset* Cb_p^o *of* E'_σ, *such that* $V_p\, m_\tau(X) \leq C$, $m_\tau(b) = 0$ *for every* $b \in \mathcal{B}(X)$ *disjoint from K and* $\tau(\phi) = \int \phi\, dm_\tau$ *for every* $\phi \in \mathcal{C}(X;E)$.

Moreover the representation of τ *by such a measure* m_τ *is unique*.

Proof. The sufficiency of the condition is an obvious consequence of part b of the previous proposition. Let us show its necessity.

For every $e \in E$, define the functional τ_e on $\mathcal{C}(K)$ by

$$\tau_e(f) = \tau(\tilde{f}\, e),\ \forall f \in \mathcal{C}(K),$$

where $\tilde{f}$ is any continuous extension of f from K to X. It is easy to check that this definition is valid and that τ_e is a continuous linear functional on the Banach space C(K). So there is a countably additive regular Borel measure $\mu_{\tau,e}$ on K such that

$$\tau(f\, e) = \tau_e(f|_K) = \int f|_K\, d\mu_{\tau,e},\ \forall f \in \mathcal{C}(X).$$

Now for $b \in \mathcal{B}(X)$, define $m_\tau(b)$ on E by $m_\tau(b)(e) = \mu_{\tau,e}(b \cap K)$. It is standard to show that m_τ is a countably additive regular Borel measure on X with values in the subset $Cb_p^{o\tau}$ of E'_σ.

To prove $V_p\, m_\tau(X) \leq C$, it is enough to show that, for every finite Borel partition $\{b_1,\ldots,b_N\}$ of X, one has $\Sigma_{n=1}^N ||m_\tau(b_n)||_p \leq C$.

Fix $\varepsilon > 0$. For every $n \leq N$, there is $e_n \in E$ such that

$$p(e_n) = 1 \text{ and } ||m_\tau(b_n)||_p \leq |m_\tau(b_n)(e_n)| + \varepsilon/(3N);$$

there is then a compact subset K_n of b_n such that

$$|\mu_{\tau,e_n}(b_n \cap K) - \mu_{\tau,e_n}(K_n)| \leq \varepsilon/(3N);$$

there is finally $f_n \in \mathcal{C}(X)$ such that

$$f_n(X) \subset [0,1] \text{ and } |\mu_{\tau,e_n}(K_n) - \int f_{n|K}\, d\mu_{\tau,e_n}| \leq \varepsilon/(3N)$$

and, since the compact subsets K_n of K are disjoint, we may suppose that the f_n's have disjoint supports. So we get

$$\sum_{n=1}^{N} ||m_\tau(b_n)||_p \leq \sum_{n=1}^{N} |\int f_{n|K}\, d\mu_{\tau,e_n}| + \varepsilon = |\tau(\sum_{n=1}^{N} c_n f_n e_n)| + \varepsilon$$
$$\leq C||\sum_{n=1}^{N} c_n f_n e_n||_p + \varepsilon = C + \varepsilon$$

for a suitable choice of $c_n \in \mathbb{C}$ $(n \leq N)$. Hence the conclusion.

Part b of the previous proposition says then that $\int .dm_\tau$ is a linear functional on $\mathcal{C}(X;E)$ which is continuous for the semi-norm $C||.||_{p,K}$. Since part c of the same proposition shows that it coincides with τ on the $||.||_{p,K}$ -dense subspace $\mathcal{C}(X)\otimes E$ of $\mathcal{C}(X;E)$, we get the representation of τ and the uniqueness of m_τ.#

With K-D. Bierstedt and R. Meise, let us say that the inductive limit E of the l.c. spaces $E_i (i \in I)$ is <u>compactly regular</u> if every compact subset of E is contained and compact in some E_i.

Using Singer's result, J. Mujica [2] has proved that if K is compact and if the inductive limit E of an increasing sequence of Banach spaces $E_n (n \in \mathbb{N})$ is compactly regular, then $C_c(K;E)$ is the inductive limit of the spaces $C_c(K;E_n)$ and therefore is ultrabornological.

In fact, Mujica's argument can be directly adapted to a more general setting if one uses theorem II.3.

MUJICA THEOREM II.4. *If K is compact and if the inductive limit E of an increasing sequence of l.c. spaces $E_n (n \in \mathbb{N})$ is compactly regular, then $C_c(K;E)$ is the inductive limit of the spaces $C_c(K;E_n)$.*#

Of course this result gives immediately corollaries of the following type :

under the same hypothesis and if moreover each E_n $(n \in \mathbb{N})$ *is a Fréchet (resp. metrizable) space, then* $C_c(K;E)$ *is ultrabornological (resp. bornological)*. Indeed, each $C_c(K;E_n)$ is a Fréchet (resp. metrizable) space.

III. ABSOLUTELY CONVEX SUBSETS OF $\mathcal{C}(X;E)$

Let us denote by βX the Stone-Čech compactification of X and by ϕ^β the unique continuous extension of $\phi \in \mathcal{C}(X;E)$ from βX into βE. Hence for $p \in P$ and $\phi \in \mathcal{C}(X;E)$, $p(\phi)^\beta$ is the unique continuous extension of $p(\phi)$ from βX into $\beta\mathbb{C}$. With these notations in mind, let us now recall the following result : the scalar case is due to Nachbin [3]; for the vector-valued case, we refer to [5] and [6] where some more information is available.

THEOREM III.1. *Let* T *be an absolutely convex subset of* $\mathcal{C}(X;E)$.
a) *There is a smallest compact subset* K(T) *of* βX *such that* $\phi \in \mathcal{C}(X;E)$ *belongs to* T *if* ϕ^β *is equal to* 0 *on a neighborhood of* K(T) *in* βX.
b) *If there are* $p \in P$ *and* $r > 0$ *such that*

$$T \supset \{\phi \in \mathcal{C}(X;E) \ : \ p[\phi(x)] \leq r, \ \forall x \in X\},$$

then K(T) *is the smallest compact subset of* βX *such that* $\phi \in \mathcal{C}(X;E)$ *belongs to* T *if* ϕ^β *is equal to* 0 *on* K(T). *Moreover one has then*

$$T \supset \{\phi \in \mathcal{C}(X;E) \ : \ p(\phi)^\beta(x) \in [0,r[, \ \forall x \in K(T)\}.\#$$

IV. SUPPORT OF $\tau \in C_c(X;E)'$

It is possible to associate a kind of support to every element τ of the dual of $C_c(X;E)$.

THEOREM IV.1. *For every* $\tau \in C_c(X;E)'$, *the compact subset*

$$\text{supp } \tau = K(\{\phi \in \mathcal{C}(X;E) \ : \ |\tau(\phi)| \leq 1\})$$

of X *is such that* $x \in X$ *belongs to* supp τ *if and only if every neighborhood* V *of* x *in* X *contains some* $b \in \mathcal{B}(X)$ *such that* $m_\tau(b) \neq 0$.

Proof. Let us set

$$T = \{\phi \in \mathcal{C}(X;E) \ : \ |\tau(\phi)| \leq 1\}.$$

Since τ belongs to $C_c(X;E)'$, there are $p \in P$, $C > 0$ and a compact subset K of X such that $|\tau(.)| \leq C||.||_{p,K}$. Therefore part b of theorem III.1 tells us that K(T) is the smallest compact subset of βX such that $\phi \in \mathcal{C}(X;E)$ belongs to T if ϕ^β is equal to 0 on K(T). Since K is such a compact subset of βX, we get

$$K(T) \subset K \subset X \text{ and } T \supset \{\phi \in \mathcal{C}(X;E) \ : \ ||\phi||_{p,K(T)} < 1/C\}.$$

We even get $|\tau(.)| \leq C||.||_{p,K(T)}$ because T is a closed subset of $C_c(X;E)$.

Every element $x \in X \setminus K(T)$ has an open neighborhood $V = X \setminus K(T)$ such that $m_\tau(b) = 0$ for every $b \in \mathcal{B}(X)$ contained in V.

Now let $x \in X$ belong to K(T) and V be an open neighborhood of x in X. To show the existence of $b \in \mathcal{B}(X)$ such that $b \subset V$ and $m_\tau(b) \neq 0$, it is of course sufficient to prove that there is $\phi \in \mathcal{C}(X;E)$ such that supp $\phi \subset V$ and $\tau(\phi) \neq 0$. This can easily be done by contradiction : suppose that if $\phi \in \mathcal{C}(X;E)$ is such that supp $\phi \subset V$, then $\tau(\phi)$ is equal to 0, which implies $\phi \in T$. Let now $\psi \in \mathcal{C}(X;E)$ be equal to 0 on an open neighborhood W of $K(T) \setminus V$. There is then $f \in \mathcal{C}(X)$ such that $f[K(T) \setminus W] = \{1\}$ and supp $f \subset V$. Therefore $2f\psi$ and $2(1-f)\psi$ belong to T, hence ψ itself belongs to the absolutely convex set T. Hence a contradiction with the basic property of K(T).#

DEFINITION IV.2. For every $\tau \in C_c(X;E)'$, the compact subset supp τ of X is called the <u>support of</u> τ. Let us recall that there are $p \in P$ and $C > P$ such that $|\tau(.)| \leq C||.||_{p,\text{supp }\tau}$.

For any subset $\mathcal{B}$ of $C_c(X;E)'$, we set

$$\text{supp } \mathcal{B} = \cup \{\text{supp } \tau : \tau \in \mathcal{B}\}.$$

We shall show now that, for bounded subsets $\mathcal{B}$ of $C_c(X;E)'$, this set supp $\mathcal{B}$ enjoys properties analogous to the ones of the similar sets in the scalar case.

PROPOSITION IV.3. <u>If</u> $\mathcal{B}$ <u>is a bounded subset of</u> $C_c(X;E)'_\sigma$, <u>then</u> supp $\mathcal{B}$ <u>is a bounding subset of</u> X.

<u>Proof</u>. If supp $\mathcal{B}$ is not a bounding subset of X, there exist $f \in \mathcal{C}(X)$ and a sequence $x_n \in \text{supp } \mathcal{B}$ such that

$$|f(x_{n+1})| > |f(x_n)|+1, \forall n \in \mathbb{N}.$$

Deleting some of the x_n's and recalling x_n the elements of the remaining subsequence if necessary, there is also a sequence $\tau_n \in \mathcal{B}$ such that

$$x_n \in \text{supp } \tau_n \text{ and } x_n \notin \bigcup_{j<n} \text{supp } \tau_j, \forall n \in \mathbb{N}.$$

The previous theorem affords then a sequence $b_n \in \mathcal{B}(X)$ such that

$$b_n \subset \{x \in X : |f(x)-f(x_n)| \leq 1/4\} \cap \text{supp } \tau_n \cap [\complement \bigcup_{j<n} \text{supp } \tau_j]$$

and $m_{\tau_n}(b_n) \neq 0$ for every $n \in \mathbb{N}$. Let then $e_n \in E$ be a sequence such that $m_{\tau_n}(b_n)(e_n) \neq 0$ for every $n \in \mathbb{N}$. There is finally a sequence $f_n \in \mathcal{C}(X)$ such that

$$\text{supp } f_n \subset \{x \in X : |f(x)-f(x_n)| \leq 1/2\} \setminus \bigcup_{j<n} \text{supp } \tau_j$$

and

$$|\int f_n \, d\mu_{\tau_n,e_n}| = |\tau_n(f_n e_n)| \geq \sum_{j<n} |\tau_n(f_j e_j)|+n$$

for every $n \in \mathbb{N}$. Since the sets supp $f_n (n \in \mathbb{N})$ are locally disjoint, the series $\Sigma_{n=1}^{\infty} f_n e_n = \phi$ is well defined and belongs to $C(X;E)$. Hence a contradiction since we have

$$|\tau_n(\phi)| = |\tau_n(\sum_{j=1}^{n} f_j e_j)| \geq n, \forall n \in \mathbb{N}.\#$$

PROPOSITION IV.4. If P is a subset of $K(X)$ and B a bounded subset of $C_P(X;E)'_\beta$, then the following conditions are satisfied :

a) if the open subsets $G_n (n \in \mathbb{N})$ of X are such that $\{n : G_n \cap B \neq \emptyset\}$ is finite for every $B \in P$, then $\{n : G_n \cap \text{supp } B \neq \emptyset\}$ is finite.

b) $\{m_\tau(b) : \tau \in B, b \in B(X)\}$ is a bounded subset of E'_β.

Proof. a) Suppose on the contrary the existence of such a sequence G_n for which $G_n \cap \text{supp } B$ is not void for every $n \in \mathbb{N}$. Of course, there is then a sequence $\tau_n \in B$ such that $G_n \cap \text{supp } \tau_n \neq \emptyset$ for every $n \in \mathbb{N}$ and therefore sets $b_n \in B(X)$ such that $\overline{b}_n \subset G_n \cap \text{supp } \tau_n$ and $m_{\tau_n}(b_n) \neq 0$ for every $n \in \mathbb{N}$. So, for every $n \in \mathbb{N}$, we can find $e_n \in E$ such that $|m_{\tau_n}(b_n)(e_n)| \geq n+1$ and hence $f_n \in C(X)$ such that $|\tau(f_n e_n)| \geq n$, supp $f_n \subset G_n$ and $f_n(X) \subset [0,1]$. It is then easy to check that $\{f_n e_n : n \in \mathbb{N}\}$ is a bounded subset of $C_c(X;E)$. Hence a contradiction.

b) Suppose there are sequences $\tau_n \in B$ and $b_n \in B(X)$, and a bounded sequence $e_n \in E$ such that $|m_{\tau_n}(b_n)(e_n)| \geq n+1$. So there is also a sequence $f_n \in C(X)$ such that $f_n(X) \subset [0,1]$ and $|\tau_n^n(f_n e_n)| \geq n$ for every $n \in \mathbb{N}$. Hence a contradiction since the sequence $f_n e_n$ is obviously bounded in $C_{P,P}(X;E)$.#

PROPOSITION IV.5. If P is a subset of $K(X)$, a subset B of $C_P(X;E)'$ is equicontinuous if and only if the following two conditions are satisfied :

a) supp B belongs to P.

b) there are $p \in P$ and $C > 0$ such that, for every $\tau \in B$, m_τ has a p-variation bounded by C.

Proof. This is a direct consequence of II.2 and II.3.#

V. COMMENTS AND REMARKS

What precedes outgrew from an attempt to give an answer to the following general question.

QUESTION V.1. What are the ultrabornological, bornological, barreled and evaluable spaces associated to $C_P(X;E)$? In particular, when is $C_P(X;E)$ ultrabornological, bornological, barreled or evaluable ?

Let us gather here the results we know so far.

Of course there are some well known and immediate results :

a) if K is compact and E a Banach (resp. normed) space, then $C_c(K;E)$ is a Banach (resp. normed) space.

b) if K is compact and E a Fréchet (resp. metrizable) space, then $C_c(X;E)$ is a Fréchet (resp. metrizable) space.

c) similar results with X locally compact and σ-compact.

There is also theorem II.4 and its immediate corollaries.

Let us now recall the following results.

PROPOSITION V.2.

a) [5] If X is replete and if E is metrizable, then the space $C_c(X;E)$ is bornological.

b) [6] If X is replete and if E is a Fréchet space, then $C_c(X;E)$ is the ultrabornological space associated to $C_{A(X)}(X;E)$. In particular, the space $C_c(X;E)$ is ultrabornological.#

As far as the evaluable and barreled cases are concerned, there is the following necessary condition.

PROPOSITION V.3. If P is a subset of $K(X)$ and if $C_P(X;E)$ is evaluable (resp. barreled), then the spaces E and $C_P(X)$ are evaluable (resp. barreled).

Proof. Let us establish the evaluable case, the barreled one goes on similarly.

a) The space E is evaluable. Let B be bounded in E'_B and x belong to some $B \in P$. It is easy to check that $\{\tau[.(x)] : \tau \in B\}$ is bounded in $C_P(X;E)'_\beta$, hence equicontinuous. So there are $p \in P$, $C > 0$ and $B' \in P$ such that $|\tau[.(x)]| \leq C||.||_{p,B'}$ for every $\tau \in B$, which implies of course $|\tau(.)| \leq C\, p(.)$ for every $\tau \in B$.

b) The space $C_P(X)$ is evaluable. By theorem III.3.13 of [4], it is sufficient to show that a bounding subset B of $Y_{\overline{P}}$ is contained in an element of P if every bounded subset of $C_P(X)$ is uniformly bounded on B. If $\tau \in E'$ differs from 0, the set $\{\tau[.(x)] : x \in B\}$ is bounded in $C_P(X;E)'_\beta$, hence equicontinuous. So there are $p \in P$, $C > 0$ and $B' \in P$ such that $|\tau[.(x)]| \leq C||.||_{p,B'}$ for every $x \in B$, which implies $B \subset \overline{B'}$.#

PROPOSITION V.4. If X is locally compact, if $P \subset K(X)$ is such that $C_P(X)$ is evaluable and if E is metrizable, then $C_P(X;E)$ is evaluable.

Proof. Let B be a bounded subset of $C_P(X;E)'_\beta$. Part a) of proposition IV.4 combined with theorem III.3.13 of [4] tells us that supp B belongs to P. So to conclude it is sufficient to prove the existence of $p \in P$ and $C > 0$ such that

$$\sup_{\tau \in B} |\tau(\phi)| \leq C||\phi||_{p,\text{supp } B}, \quad \forall \phi \in C(X;E).$$

Suppose this is false and let P be equivalent to $\{p_n : n \in \mathbb{N}\}$ and G be an open neighborhood of supp B in X with compact closure. There are then sequences $\phi_n \in C(X;E)$ and $\tau_n \in B$ such that

$$|\tau_n(\phi_n)| \geq n||\phi_n||_{p_n,G}.$$

If $f \in C(X)$ is such that $f(\text{supp } B) = \{1\}$ and supp $f \subset G$, it is easy to check that

$$\{\phi'_n = f\,\phi_n/||\phi_n||_{p_n,G} : n \in \mathbb{N}\}$$

is a bounded subset of $C_P(X;E)$ although

$$|\tau_n(\phi_n')| = |\tau_n(\phi_n/||\phi_n||_{p_n,\text{supp } B})| \geq n.$$

Hence a contradiction.#

We thank our colleague M. Münster for valuable discussions.

REFERENCES

[1] KATSARAS A.K., On the space C(X;E) with the topology of simple convergence. Math. Ann. 223 (1976), 105-117.

[2] MUJICA J., Representation of analytic functionals by vector measures. (to appear).

[3] NACHBIN L., Topological vector spaces of continuous functions. Proc. Nat. Acad. U.S.A. 40 (1954), 471-474.

[4] SCHMETS J., Espaces de fonctions continues. Lecture Notes in Mathematics 519, Springer Verlag (1976).

[5] SCHMETS J., Bornological and ultrabornological C(X;E) spaces. Manuscripta Math., (to appear).

[6] SCHMETS J., Spaces of continuous functions. Proc. of the Paderborner 1976 Mathematiktagung, Notas de Mathematica, North Holland, (to appear).

[7] SINGER I., Sur les applications linéaires intégrales des espaces de fonctions continues, I. Rev. Math. Pures Appl. 4 (1959, 391-401.

QUASI-INVARIANT MEASURES ON R^∞ AND THEIR ERGODIC DECOMPOSITION

Hiroaki Shimomura

Department of Mathematics, Fukui University, Fukui, 910, Japan.

Introduction

The study of translationally quasi-invariant measures (simply written, quasi-invariant measures) is one of the topics of infinite-dimensional measure theory. Simply speaking, it may be said that the notion of quasi-invariant measure is an extension of the notion of Lebesgue measure. However the study of quasi-invariant measure μ on an infinite-dimensional vector space X is quite different from the same study on finite-dimensional space R^n. In the case of R^n, we can characterize μ as a measure equivalent with Lebesgue measure. On the other hand, in the case of X, the situation is more complicated and difficult owing to the fact that there exist many ergodic measures which are mutually singular with each other. In this report, we shall survey some results obtained for quasi-invariant measures on R^∞, especially for their ergodic decomposition, and shall present some unsolved problems.

§ 1. Preliminary discussions and general description for quasi-invariant measures

1° Let X be a real topological vector space, $\mathcal{B}$ be a σ-field on X which is stable with all translations by the elements of X, and μ be a σ-finite measure on $\mathcal{B}$. For $t \in X$, we define the transformed measure μ_t as $\mu_t(B) = \mu(B - t)$ for all $B \in \mathcal{B}$.

Definition 1.1.

(a) μ is said to be t-quasi-invariant or t is said to be admissible for μ, if and only if μ_t is equivalent with μ . ($\mu_t \simeq \mu$) The set of all such t will be denoted by T_μ.

(b) For a subset Φ of X, μ is said to be Φ-quasi-invariant (or strictly- Φ-quasi-invariant) if $T_\mu \supset \Phi$ (or $T_\mu = \Phi$) respectively.

(c) Let μ be Φ-quasi-invariant. We say that μ is Φ-ergodic if the following condition is satisfied.

For any Φ-quasi-invariant measure μ', the relation $\mu' \lesssim \mu$ implies $\mu' = 0$ or $\mu' \simeq \mu$. (Here, the symbol $\lesssim$ means the relation of absolute continuity.)

It is natural to ask if translationally invariant measures exist on an infinite-dimensional space X analogously to Lebesgue measure on finite-dimensional spaces. However Weil's theorem implies non existence of such measures due to the lack of local compactness. Even for the quasi-invariant measures, there does not exist any measure μ which satisfies $T_\mu = X$, this was first proved by Sudakov. The proof is somewhat complicated, but for a Polish space X, the fact $T_\mu \neq X$ is explained immediately with the help of the following well-known lemma.

Lemma 1.1. Let X be a Polish space and μ be a Borel measure on X which is σ-finite. Then there exists a σ-compact set Y such that $\mu(Y^c) = 0$.

Admitting this lemma, if X is also an infinite-dimensional topological vector space, the above lemma shows that the support of μ is a Baire first category set, and therefore we can easily show the existence of $t \in X$ such that $\mu(Y - t) = 0$.

In any infinite-dimensional topological vector space, there is a proper gap between T_μ and X. For example, in the category of real separable

Hilbert spaces, we can settle this gap as a nuclear extension. Namely,

Theorem 1.1. Let H and Φ be real separable Hilbert spaces, and Φ be continuously imbedded in H. Then in order that there exists a σ-finite Borel measure $\mu \neq 0$ on H with $T_\mu \supset \Phi$, it is necessary and sufficient that the imbedding map is a Hilbert-Schmidt operator.

A key point of the proof is that there exists some Hilbert-Schmidt operator on H such that $T_\mu \subset SH$.

The canonical Gauss cylindrical measures on Φ (which are regarded as Borel measures on H by Minlos-Sazanov) are examples of the above.

Roughly speaking, there are two directions in which to study quasi-invariant measures. One direction is the analysis of T_μ for a given μ and for some measures related with μ . The other direction is to consider all μ which satisfy $T_\mu \supset \Phi$ for a given Φ . These directions are closely connected with each other, and the study has been developed through two directions.

2° Kakutani's metric on T_μ

From now on the basic linear space X is R^∞ and the σ-field $\mathcal{B}$ is the usual Borel σ-field $\mathcal{B}(R^\infty)$ on R^∞. Since any σ-finite measure on $\mathcal{B}(R^\infty)$ is equivalent with some probability measure, we shall only consider probability measures. The set of all probability measures on $\mathcal{B}(R^\infty)$ will be denoted by $M(R^\infty)$. We define a metric d (called Kakutani's metric) on $M(R^\infty)$ as follows.

$$d(\mu^1, \mu^2) = \int_{R^\infty} \left| \frac{d\,\mu^1}{d\,\lambda}(x) - \frac{d\mu^2}{d\lambda}(x) \right| d\lambda(x) \qquad \text{for } \mu^1, \mu^2 \in M(R^\infty),$$

where $\lambda \in M(R^\infty)$ is taken so that $\lambda \gtrsim \mu_j$ (j = 1,2). d does not depend on a particular choice of λ, because $d(\mu^1, \mu^2)$ coincides with the total variation of the signed measure $\mu^1 - \mu^2$. For a fixed $\mu \in M(R^\infty)$, using the one-to-one correspondence, $t \in R^\infty \longmapsto \mu_t \in M(R^\infty)$, we define the metric d on the set T_μ by $d(t_1, t_2) = d(\mu_{t_1}, \mu_{t_2})$ for $t_1, t_2 \in T_\mu$.

Proposition 1.1. For $\mu \in M(R^\infty)$, (T_μ, d) is a complete separable metric space and the injection $T_\mu \longrightarrow R^\infty$ is continuous.

The proof is easily derived from the properties of $L^1_\mu(R^\infty)$.

Generally speaking, it is not true that T_μ is a vector space, although T_μ forms an additive group. We remark that for a fixed $t \in R^\infty$, if $\alpha t \in T_\mu$ for all $\alpha \in R^1$, then $d(\alpha t, 0)$ is a continuous function of $\alpha \in R^1$. Let T^o_μ be the maximal linear space of T_μ, and we shall define a metric δ on T^o_μ as follows.

$$\delta(t_1, t_2) = \int_0^\infty d(\alpha t_1, \alpha t_2) \exp(-|\alpha|) d\alpha \qquad \text{for all } t_1, t_2 \in T^o_\mu.$$

Proposition 1.2. For $\mu \in M(R^\infty)$, (T^o_μ, δ) is a complete separable metric linear topological space and the injection $(T^o_\mu, \delta) \longrightarrow (T_\mu, d)$ is continuous. More explicitly, $\delta(t_n, 0) \longrightarrow 0$ $(n \longrightarrow \infty)$ if and only if $d(\alpha t_n, 0) \longrightarrow 0$ $(n \longrightarrow \infty)$ for each fixed $\alpha \in R^1$.

Most parts of the proof are easily derived from Proposition 1.1, but additional arguments are required for the separability. One way to assert it is to check the $\mathcal{B}(R^1) \times \mathcal{B}(R^\infty)$-measurability of the function $\frac{d\mu_{\alpha t}}{d\mu}(x)$ regarding (α, x) as the variable for each fixed $t \in T^o_\mu$.

Theorem 1.2. Let $\mu \in M(R^\infty)$ and let Φ be a complete metric linear subspace of R^∞, whose topology is stronger than the induced topology of R^∞. Then $\Phi \subset T^o_\mu$ ($\Phi = T^o_\mu$) implies that the natural injection $\Phi \longrightarrow T^o_\mu$ is continuous (a homeomorphism) respectively.

Proof. By virtue of the closed graph theorem, it will be sufficient that $x_n \longrightarrow x$ in Φ and $x_n \longrightarrow y$ in T_μ^0 implies $x = y$. But this is immediate from the fact that both topologies on Φ and T_μ^0 are stronger than the natural topology on R^∞ respectively.

Therefore if there exists some $\mu \in M(R^\infty)$ such that $T_\mu^0 = \Phi$, then the topology on Φ must satisfy

(S) Φ is a complete separable metric linear topological space and it is continuously imbedded in R^∞.

We remark that the topologies on Φ which satisfy (S) (Here, the separability condition is unnecessary) are uniquely determined up to isomorphism, this will also be assured by the closed graph theorem. In particular since ℓ^∞ (the totality of bounded sequences) is not separable with the usual topology, there does not exist any $\mu \in M(R^\infty)$ such that $T_\mu^0 = \ell^\infty$.

3^0 R_0^∞-quasi-invariant measures

Let R_0^∞ be the set of all $x = (x_1, x_2, \cdots, x_n, \cdot) \in R^\infty$ whose n^{th} component $x_n = 0$ except for finite numbers of n. R_0^∞-quasi-invariant measures are fundamental for the study of quasi-invariant measures on R^∞. We shall denote the set of all R_0^∞-quasi-invariant probability measures on $\mathcal{B}(R^\infty)$ by $M_0(R^\infty)$. Let $\mu \in M_0(R^\infty)$ and $t \in R_0^\infty$. Then $\int \sqrt{\frac{d\mu_t}{d\mu}(x)}\, d\mu(x)$ is a positive-definite function of t and it is continuous with the inductive limit topology on R_0^∞. Therefore there exist a unique $\nu \in M(R^\infty)$ such that

$$\int \sqrt{\frac{d\mu_t}{d\mu}(x)}\, d\mu(x) = \int \exp(ix(t))\, d\nu(x) \equiv \hat{\nu}(t) \qquad \text{for all } t \in R_0^\infty.$$

($x(t) = \Sigma_{j=1}^\infty t_j x_j$ denotes the duality.) We shall call ν an adjoint measure of μ. Roughly speaking, the investigation of T_μ for a given μ is equivalent to investigating the continuity of $\hat{\nu}(t)$. That is,

<u>Proposition 1.3</u>. Let $\mu \in M_o(R^\infty)$ and ν be its adjoint measure. Assume that Φ $(\subset R^\infty)$ satisfy (S) and contain R_o^∞ densely. Then in order that $T_\mu \supset \Phi$, it is necessary and sufficient that $\hat{\nu}(t)$ is a continuous function of $t \in R_o^\infty$ with the induced topology from Φ.

The proof follows from Theorem 1.2.

For any $\mu^1 \in M(R^\infty)$, there exists some positive sequence $a = (a_1, \cdots, a_n, \cdots)$ such that $\mu^1(H_a) = 1$, where $H_a = \{ x \in R^\infty | \Sigma_{j=1}^\infty a_j^2 x_j^2 < \infty\}$. Therefore $\widehat{\mu^1}(t)$ is continuous with the norm $\|t\| = \{\Sigma_{j=1}^\infty a_j^{-2} t_j^2\}^{1/2}$. Combining it with Proposition 1.3, it follows that for $\mu \in M_o(R^\infty)$ there exists some positive sequence $b = (b_1, \cdots, b_n, \cdots)$ such that $T_\mu \supset H_b$. Now consider a transformation S on R^∞ defined as S; $(x_1, \cdots, x_n, \cdots) \longmapsto (b_1^{-1} x_1, \cdot, b_n^{-1} x_n, \cdot)$ and put $m = S\mu$. Then it follows that $T_m \supset \ell^2$. Therefore ℓ^2-quasi-invariant measures arise naturally from R_o^∞-quasi-invariant measures. In the case of product-measures of 1-dimensional Borel measures on R^1, we can characterize ℓ^2-quasi-invariant measures in terms of the variances of the adjoint measures. But here we do not discuss it. For details, see [9].

<u>Theorem 1.3</u>. For $2 < p \leq \infty$, there does not exist any $\mu \in M(R^\infty)$ such that $T_\mu^o = \ell^p$, while for $0 < p \leq 2$, there actually exists $\mu \in M(R^\infty)$ such that $T_\mu = T_\mu^o = \ell^p$.

<u>Proof</u>. For the example of $T_\mu = \ell^p$ in the case of $o < p \leq 2$, we refer [9]. Now let $2 < p < \infty$. (The case $p = \infty$ was considered before.) The non-existence of such measures will be proved if we show that $T_\mu \supset \ell^p$ implies $T_\mu^o \neq \ell^p$. Using Theorem 1.2, first we can show that if $T_\mu \supset \ell^p$, then $\nu(\{ x \in R^\infty | \Sigma_{j=1}^\infty a_j^2 \ x_j^2 < \infty \}) = 1$ for all $\{a_j\} \in \ell^p$. Then we form a measure $\nu^a \in M(R^\infty)$ for each $a = (a_1, \cdots, a_n, \cdot) \in \ell^p$ such as $d\nu^a(x) = \gamma_a \exp(- \Sigma_{j=1}^\infty a_j^2 x_j^2) d\nu(x)$, where γ_a is a normalizing constant. ν^a is

equivalent with ν and satisfies $\Sigma_{j=1}^{\infty} a_j^2 \int x_j^2 \, d\nu^a(x) < \infty$. Taking $a = (a_1, \cdots, a_n, \cdots) \in \ell^p \setminus \ell^2$ such that $a_n \neq 0$ for all n, we find that $\inf_j \int x_j^2 \, d\nu^a(x) = 0$. Therefore there exists a sequence $\{j_n\}$ such that $\Sigma_{n=1}^{\infty} n^2 \int x_{j_n}^2 \, d\nu^a(x) < \infty$, and it follows that $\nu(\{x \in R^{\infty} | \Sigma_{n=1}^{\infty} n^2 x_{j_n}^2 < \infty\}) = 1$. By virtue of Proposition 1.3, it follows that an element $(0,\cdots,0,\underset{j_1}{1},\cdot,0,\underset{j_n}{1},\cdot$ belongs to T_μ^o.

For a fixed n, let $\mathcal{B}_n$ ($\mathcal{B}^n$) be the minimal σ-field for which all the functions $x_1, x_2, \cdots, x_n$ ($x_{n+1}, \cdots, x_m, \cdot$) are measurable respectively. We put $\mathcal{B}_\infty = \bigcap_{n=1}^{\infty} \mathcal{B}^n$. The tail σ-field $\mathcal{B}_\infty$ plays a fundamental role among R_o^∞-quasi-invariant measures.

Proposition 1.4. Let $\mu^1, \mu^2 \in M_o(R^\infty)$. Then
(a) $\mu^1 \lesssim \mu^2$ if and only if $\mu^1 \lesssim \mu^2$ on $\mathcal{B}_\infty$.
(b) μ^1 is R_o^∞-ergodic if and only if μ^1 takes only the values 1 or 0 on $\mathcal{B}_\infty$.

Proof. We take a positive sequence $a = (a_1, \cdots, a_n, \cdots)$ such that $T_{\mu_j} \supset H_a$ for j = 1,2, and take a $\sigma \in M(R^\infty)$ which satisfies $\sigma(H_a) = 1$ (these σ actually exist). Then we have $\mu_j * \sigma \simeq \mu_j$ for j = 1,2 ($*$ is a symbol of convolution). Now $\mu^1 \lesssim \mu^2$ on $\mathcal{B}_\infty$ and $\mu^2(B) = 0$ for some $B \in \mathcal{B}(R^\infty)$ imply that $\sigma(B - y) = 0$ for μ^2-a.e.y. Since the set $\{y \in R^\infty | \sigma(B - y) = 0\} \in \mathcal{B}_\infty$, so $\sigma(B - y) = 0$ for μ^1-a.e.y. This shows that $\mu^1(B) = 0$ and therefore $\mu^1 \lesssim \mu^2$. (b) is an immediate consequence of (a).

§ 2. Ergodic decomposition of quasi-invariant measures

Let $\mu \in M_o(R^\infty)$. If μ is not R_o^∞-ergodic, then there exists some $A \in \mathcal{B}_\infty$ such that $o < \mu(A) < 1$ by Proposition 1.4. Put

$$\mu^1(B) = \frac{\mu(A \cap B)}{\mu(A)} \quad \text{and} \quad \mu^2(B) = \frac{\mu(A^c \cap B)}{\mu(A^c)} \quad \text{for all } B \in \mathcal{B}(R^\infty).$$

Then μ^j ($j = 1,2$) are R_o^∞-quasi-invariant and they are mutually singular. μ is the convex sum of μ^1 and μ^2. If at least, one of μ^j is not R_o^∞- ergodic, then we proceed in the same manner and decompose it into two measures. So the following problems arise naturally.

(P_1) Let $\mu \in M_o(R^\infty)$. Then can μ be represented as a suitable sum of R_o^∞-quasi-invariant and R_o^∞-ergodic measures which are mutually singular ?

The problem (P_1) was first considered by Skorohod, [8]. He obtained a decomposition of $\mu \in M_o(R^\infty)$ using a family of conditional probability measures $\{\mu(x, \mathcal{B}_\infty, \cdot)\}_{x \in R^\infty}$ with respect to the σ-field $\mathcal{B}_\infty$. Factor measures $\mu(x, \mathcal{B}_\infty, \cdot)$ are R_o^∞-quasi-invariant and R_o^∞-ergodic. But $\mu(x, \mathcal{B}_\infty, \cdot)$ are not mutually singular with each other. However investigating his results in more detail, we obtain a satisfactory answer to problem (P_1) in Theorem 2.3. Roughly speaking, it turns out (in Theorem 2.3) that changing the parameter space from R^∞ to R^1, we can choose factor measures $\{\mu^\tau\}_{\tau \in R^1}$ to be mutually singular. Moreover Theorem 2.3 proves that not only the R_o^∞-quasi-invariant measures but also general $\mu \in M(R^\infty)$ can be represented as a superposition of mutually singular tail-trivial measures. This decomposition will be called the canonical decomposition of μ . As we have seen in §1, we always have $R_o^\infty \subsetneq T_\mu^o$ for any $\mu \in M_o(R^\infty)$. Therefore it is intereting to investigate the following problems.

(P_2) Let $\mu \in M_o(R^\infty)$. Then for the factor measures $\{\mu^\tau\}_{\tau\in R^1} \subset M_o(R^\infty)$ of a canonical decomposition of μ, does $T^o_{\mu^\tau} \supset T^o_\mu$ hold for all $\tau \in R^1$? More generally,

(P_3) Let $R^\infty_o \subset \Phi \subset R^\infty$ and Φ be a complete separable metric linear topological space, whose topology is stronger than the induced topology from R^∞. Let $\mu \in M(R^\infty)$ be Φ-quasi-invariant. Then does $T^o_{\mu^\tau} \supset \Phi$ hold for all $\tau \in R^1$?

(P_3) will be discussed in the later part of this section. A Φ-quasi-invariant measure $\mu \in M(R^\infty)$ is said to be Φ-decomposable if and only if problem (P_3) is affirmative for μ. In general, Φ-quasi-invariant measures are not necessarily Φ-decomposable. However under the assumption that Φ contains R^∞_o densely, we do not yet know whether problem (P_3) is always affirmative or not. But we will obtain an equivalent condition (in Theorem 2.5) for the Φ-decomposability, by introducing a notion of strong Φ-quasi-invariance.

Before discussing problem (P_1) by probabilistic method, we shall look again at this problem by means of the theory of Von Neumann algebra. Let U_e ($e \in R^\infty_o$) and V_t ($t \in R^\infty_o$) be unitary operators on $L^2_\mu(R^\infty)$ acting for each $F \in L^2_\mu(R^\infty)$ as follows ;

$$U_e \; ; \; F(x) \longmapsto \exp(ix(e)) \cdot F(x), \qquad V_t \; ; \; F(x) \mapsto \sqrt{\frac{d\mu_t}{d\mu}(x)} \cdot F(x-t).$$

Let M_μ be the Von Neumann algebra generated by $\{U_e\}_{e\in R^\infty_o}$ and $\{V_t\}_{t\in R^\infty_o}$ and M'_μ be its commutant.

<u>Proposition 2.1</u>. Let $\mu \in M_o(R^\infty)$. Then (a) $M'_\mu = M_\mu \cap M'_\mu$ and (b) μ is R^∞_o-ergodic if and only if M_μ is a factor.

The proof of (a) is not difficult and (b) is an immediate consequence of (a).

Proposition 2.1 implies that an ergodic decomposition of μ may be derived from the factor decomposition of M_μ. (See, [5].) However we shall not discuss problem (P_1) directly using the theory of Von Neumann algebra.

1° Problem (P_1)

The following theorem is well-known, but we shall list it for reference.

Theorem 2.1. Let X be a Polish space, $\mathcal{B}$ be the σ-field generated by open subsets of X, and μ be a probability measure on $\mathcal{B}$. Consider a sub-σ-field $\mathcal{O}\!\mathcal{L}$ of $\mathcal{B}$. Then there exists a family $\{\mu(x,\mathcal{O}\!\mathcal{L},\cdot)\}_{x\in X}$ which satisfies ;

(a) For any fixed $x\in X$, $\mu(x,\mathcal{O}\!\mathcal{L},\cdot)$ is a probability measure on $\mathcal{B}$,

(b) For any fixed $B\in\mathcal{B}$, $\mu(x,\mathcal{O}\!\mathcal{L},B)$ is an $\mathcal{O}\!\mathcal{L}$-measurable function of $x\in X$,

(c) $\mu(A\cap B) = \int_A \mu(x,\mathcal{O}\!\mathcal{L},B)d\mu(x)$ for all $A\in\mathcal{O}\!\mathcal{L}$ and for all $B\in\mathcal{B}$.

If another family $\{\mu^\circ(x,\mathcal{O}\!\mathcal{L},\cdot)\}_{x\in X}$ exists and satisfies the above three conditions for the same μ, then $\mu(x,\mathcal{O}\!\mathcal{L},\cdot) = \mu^\circ(x,\mathcal{O}\!\mathcal{L},\cdot)$ for μ-a.e.x.

Let ν be another probability measure on $\mathcal{B}$. Then $\nu \precsim \mu$ implies $\nu(x,\mathcal{O}\!\mathcal{L},\cdot) \precsim \mu(x,\mathcal{O}\!\mathcal{L},\cdot)$ for ν-a.e.x.

Applying this theorem to the present case, $X = R^\infty$ and $\mathcal{O}\!\mathcal{L} = \mathcal{B}_\infty$, we obtain

Theorem 2.2. Let $\mu\in M(R^\infty)$. Then there exists a family $\{\mu(x,\mathcal{B}_\infty,\cdot)\}_{x\in R^\infty}$ which satisfies ;

(a) For any fixed $x\in R^\infty$, $\mu(x,\mathcal{B}_\infty,\cdot)$ is a probability measure on $\mathcal{B}(R^\infty)$,

(b) For any fixed $B\in\mathcal{B}(R^\infty)$, $\mu(x,\mathcal{B}_\infty,B)$ is a $\mathcal{B}_\infty$-measurable function of $x\in R^\infty$,

(c) $\mu(A\cap B) = \int_A \mu(x,\mathcal{B}_\infty,B)d\mu(x)$ for all $A\in\mathcal{B}_\infty$ and for all $B\in\mathcal{B}(R^\infty)$,

(d) For μ-a.e.x, $\mu(x,\mathcal{B}_\infty,\cdot)$ is a tail-trivial measure. That is, $\mu(x,\mathcal{B}_\infty,\cdot)$ takes only the value 1 or 0 on $\mathcal{B}_\infty$,

(e) If μ is R_0^∞-quasi-invariant, then for μ-a.e.x, $\mu(x,\mathcal{B}_\infty,\cdot)$ is R_0^∞-quasi-invariant, and therefore from (d) $\mu(x,\mathcal{B}_\infty,\cdot)$ is R_0^∞-ergodic.

The assertion (d) is somewhat complicated, because $\mathcal{B}_\infty$ is not countably generated. Nevertheless, since $\mathcal{B}_\infty = \bigcap_{n=1}^\infty \mathcal{B}^n$ and $\mathcal{B}^n$ is countably generated, we can prove it with a help of the martingale convergence theorem. (For details, see [8] or [11].)

The assertion (e) will be derived from the fact that $A + t = A$ for all $A \in \mathcal{B}_\infty$ and for all $t \in R_0^\infty$. But it requires an additional argument with a $\mathcal{B}(R^1) \times \mathcal{B}(R^\infty)$-measurability of both functions $\mu(x,\mathcal{B}_\infty,B-\alpha t)$ and $\int_B \frac{d\mu_{\alpha t}}{d\mu}(y)\mu(x,\mathcal{B}_\infty,dy)$ of (α , x) for any fixed $t \in R_0^\infty$ and for any fixed $B \in \mathcal{B}(R^\infty)$. (For another proof, see [11].)

Since $L_\mu^2(R^\infty)$ is separable, there exists a σ-field $\widehat{\mathcal{B}} \subset \mathcal{B}_\infty$ such that (a) $\widehat{\mathcal{B}}$ is countably generated, and (b) $\widehat{\mathcal{B}} = \mathcal{B}_\infty$ mod μ. By virtue of (a) there exists a measurable map from R^∞ to R^1 such that $p^{-1}(\mathcal{B}(R^1)) = \widehat{\mathcal{B}}$. Now consider the conditional probability measures $\{\mu(x,\widehat{\mathcal{B}},\cdot)\}_{x\in R^\infty}$ of μ with respect to σ-field $\widehat{\mathcal{B}}$. Then from (b) it follows that $\mu(x,\widehat{\mathcal{B}},\cdot) = \mu(x,\mathcal{B}_\infty,\cdot)$ for μ-a.e.x. So if $\mu \in M_0(R^\infty)$, then $\mu(x,\widehat{\mathcal{B}},\cdot)$ is R_0^∞-quasi-invariant and R_0^∞-ergodic for μ-a.e.x. Moreover we can show the existence of $N \in \mathcal{B}_\infty$ with $\mu(N) = 0$ such that

(*) $x \in N^c \Longleftrightarrow \mu(x,\widehat{\mathcal{B}},E) = \chi_E(p(x))$ for all $E \in \mathcal{B}(R^1) \Longleftrightarrow \mu(x,\widehat{\mathcal{B}},p^{-1}(p(x))) = 1$.

Thus, it is easily checked that if $x,y \in N^c$ and $p(x) \neq p(y)$, then $\mu(x,\widehat{\mathcal{B}},\cdot)$ and $\mu(y,\widehat{\mathcal{B}},\cdot)$ are mutually singular. Define a Borel measure ω on R^1 by $\omega(E) = \mu(p^{-1}(E))$ for all $E \in \mathcal{B}(R^1)$. It is well-known that there exists a family $\{\mu^\tau\}_{\tau\in R^1} \subset M(R^\infty)$ such that,

(**) For any fixed $B \in \mathcal{B}(R^\infty)$, $\mu^\tau(B)$ is a $\mathcal{B}(R^1)$-measurable function, and

(***) $\mu(B \cap p^{-1}(E)) = \int_E \mu^\tau(B)d\omega(\tau)$ for all $E \in \mathcal{B}(R^1)$ and for all $B \in \mathcal{B}(R^\infty)$.

Now the uniqueness part of Theorem 2.1 shows that $\mu^{p(x)}(\cdot) = \mu(x, \hat{\mathcal{B}}, \cdot)$ for μ-a.e.x. Modifying μ^τ on a ω-null set, we have

Theorem 2.3. Let $\mu \in M(R^\infty)$. Then there exists a family $\{\mu^\tau\}_{\tau \in R^1} \subset M(R^\infty)$ and a map p from R^∞ to R^1 which satisfy;

(a) $\mu^\tau(B)$ is a $\mathcal{B}(R^1)$-measurable function of τ for any fixed $B \in \mathcal{B}(R^\infty)$,

(b) μ^τ is a tail-trivial measure for all $\tau \in R^1$,

(c) $p^{-1}(\mathcal{B}(R^1)) \subset \mathcal{B}_\infty$,

(d) Putting $\omega = p\mu$, $\mu(B \cap p^{-1}(E)) = \int_E \mu^\tau(B)d\omega(\tau)$ for all $E \in \mathcal{B}(R^1)$ and for all $B \in \mathcal{B}(R^\infty)$,

(e) There exists a set $E_o \in \mathcal{B}(R^1)$ with $\omega(E_o) = 1$ such that μ^{τ_1} and μ^{τ_2} are mutually singular for all $\tau_1, \tau_2 \in E_o$ ($\tau_1 \neq \tau_2$),

(f) Moreover, if μ is R_o^∞-quasi-invariant, then μ^τ is R_o^∞-quasi-invariant and R_o^∞-ergodic for all $\tau \in R^1$.

(We shall call the above fact the canonical decomposition of μ and symbolically write $\mu = [\{\mu^\tau\}_{\tau \in R^1}, p]$.)

For the uniqueness,

Theorem 2.4. Let $\mu \in M(R^\infty)$. Consider two canonical decompositions of μ, $[\{\mu_1^\tau\}_{\tau \in R^1}, p_1]$ and $[\{\mu_2^\tau\}_{\tau \in R^1}, p_2]$ which satisfy (a), (b), (c) and (d) in Theorem 2.3. Then there exist $M_j \in \mathcal{B}(R^1)$ ($j = 1,2$) and a $\mathcal{B}(R^1)$-measurable map $s(\tau)$ on R^1 such that

(a) $\omega_j(M_j) = 1$ ($\omega_j = p_j\mu$) for $j = 1,2$,

(b) $s(M_1) = M_2$ and s is one to one on M_1,

(c) $\mu_1^\tau = \mu_2^{s(\tau)}$ for all $\tau \in M_1$,

(d) $s o p_1(x) = p_2(x)$ for μ-a.e.$x \in R^\infty$.

The proof is long but it is not difficult.

2° Problem (P_2)

Let $\Phi \subset R^\infty$. From now on we shall impose the following condition (S_o) on Φ.

(S_o) Φ is a complete separable metric linear topological space whose topology is stronger than the induced topology from R^∞ and Φ contains R_o^∞.

Definition 2.1. Let Φ satisfy the condition (S_o) and let $\mu \in M_o(R^\infty)$ be Φ-quasi-invariant. Consider a canonical decomposition of μ, $[\{\mu^\tau\}_{\tau\in R^1}, p]$. We say that μ is Φ-decomposable if and only if all μ^τ are Φ-quasi-invariant except for a ω-null set ($\omega = p\mu$).

Clearly the definition does not depend on a particular choice of canonical decomposition due to Theorem 2.4. If R_o^∞ is not a dense subset of Φ, then there exists some Φ-quasi-invariant measure $\mu \in M_o(R^\infty)$ which is not Φ-decomposable.

Example. Set $e = (1,1,\cdots,1,\cdots) \in R^\infty$ and let $G \in M(R^\infty)$ be the product-measure of the 1-dimensional Gaussian measure with mean 0 and variance 1. We define $\lambda \in M(R^\infty)$ such that $\lambda(B) = \int_{R^1} G(B - \tau e)dm(\tau)$ for all $B \in \mathcal{B}(R^\infty)$, where m is a definite probability measure on $\mathcal{B}(R^1)$ which is equivalent with Lebesgue measure. It is easily checked that $\tau e \in T_\lambda$ for all $\tau \in R^1$. Moreover, from the ℓ^2-quasi-invariance of G, we understand that λ is Φ-quasi-invariant, $\Phi = \{ h + \tau e \mid h \in \ell^2 \text{ and } \tau \in R^1\}$. Φ becomes a separable Hilbert space with a norm defined by $|||h + \tau e||| = \sqrt{\|h\|^2 + \tau^2}$ ($\|\cdot\|$ is the ℓ^2-norm.), and the injection from Φ to R^∞ is continuous. (But R_o^∞ is not a dense subset of Φ.) Let n(x) be a function defined on R^∞ such that

$$n(x) = \begin{cases} \lim\limits_{n\to\infty} \dfrac{1}{n} \Sigma_{j=1}^n x_j & \text{, if it exists} \\ 0 & \text{elsewhere} \end{cases}$$

Then for any $a \in R^1$ and for any $B \in \mathcal{B}(R^\infty)$, $\lambda(B \cap \{x \in R^\infty | n(x) \leq a\}) = \int_{-\infty}^{a} G(B - \tau e)dm(\tau)$. It follows that $\{G_{\tau e}\}_{\tau \in R^1}$ and $n(x)$ satisfy the condition of Theorem 2.3. Therefore $[\{G_{\tau e}\}_{\tau \in R^1}, n(x)]$ is a canonical decomposition of μ However $G_{\tau e}$ is strictly-ℓ^2-quasi-invariant for all $\tau \in R^1$. So λ is not Φ-decomposable.

Let Φ satisfy (S_o). We shall denote by $\mathcal{B}(\Phi)$ the Borel σ-field on Φ generated by open subsets of Φ. Consider a transformation T on R^∞ which is represented by, $T(x) = x + \phi(x)$ for all $x \in R^\infty$, where $\phi(x)$ is a measurable map from $(R^\infty, \mathcal{B}_\infty)$ to $(\Phi, \mathcal{B}(\Phi))$. The set of all such T will be denoted by $\mathcal{T}(\Phi)$.

Definition 2.2. Let Φ satisfy (S_o) and let $\mu \in M(R^\infty)$. We say that μ is strongly-Φ-quasi-invariant, if and only if $T\mu \gtrsim \mu$ for all $T \in \mathcal{T}(\Phi)$.

Clearly strong-Φ-quasi-invariance implies the usual Φ-quasi-invariance. But we do not yet know if these two notions coincide or not, under the assumption that R_o^∞ is a dense subset of Φ.

Proposition 2.2. Let Φ satisfy (S_o) and $\mu \in M(R^\infty)$ be Φ-quasi-invariant. If μ is R_o^∞-ergodic ($\Longrightarrow$ Φ-ergodic), then μ is strongly-Φ-quasi-invariant.

Proof. Let $T(x) = x + \phi(x) \in \mathcal{T}(\Phi)$. Since $\phi(x)$ is $\mathcal{B}_\infty$-measurable the ergodicity of μ assures an existence of $\phi_o \in \Phi$, such that $\phi(x) = \phi_o$ for μ-a.e.x. It follows that T may be regarded as the translation map by ϕ_o, therefore from the Φ-quasi-invariance, we have $T\mu \simeq \mu$.

Proposition 2.3. Let Φ satisfy (S_o) and $\mu \in M(R^\infty)$ be a strongly-Φ-quasi-invariant measure. For any $A_o \in \mathcal{B}(R^\infty)$ with $\mu(A_o) > 0$, we define

$\mu_{A_o} \in M(R^\infty)$ by $\mu_{A_o}(B) = \dfrac{\mu(B \cap A_o)}{\mu(A_o)}$ for all $B \in \mathcal{B}(R^\infty)$.

Then, if $A_o \in \mathcal{B}_\infty$, μ_{A_o} is also a strongly-Φ-quasi-invariant measure.

Proof. Let $T \in \mathcal{J}(\Phi)$, $T(x) = x + \phi(x)$, and $T\mu_{A_o}(B) = 0$ for some $B \in \mathcal{B}(R^\infty)$. We put $\phi_1(x) = \chi_{A_o}(x) \cdot \phi(x)$ for all $x \in R^\infty$ and define $T_1 \in \mathcal{J}(\Phi)$ as $T_1(x) = x + \phi_1(x)$. Then $T_1^{-1}(B \cap A_o) \subset T^{-1}(B) \cap A_o$, so $T_1\mu(B \cap A_o) = 0$. Hence $T\mu_{A_o} \gtrsim \mu_{A_o}$ for all $T \in \mathcal{J}(\Phi)$.

Proposition 2.4. Let Φ satisfy (S_o). Then the following conditions are all equivalent for $\mu \in M(R^\infty)$;

(a) μ is strongly-Φ-quasi-invariant,

(b) μ is R_o^∞-quasi-invariant and $\mu(T^{-1}(A) \ominus A) = 0$ for all $A \in \mathcal{B}_\infty$ and for all $T \in \mathcal{J}(\Phi)$,

(c) μ is R_o^∞-quasi-invariant and $T\mu = \mu$ on $\mathcal{B}_\infty$, for all $T \in \mathcal{J}(\Phi)$,

(d) $T\mu \simeq \mu$ for all $T \in \mathcal{J}(\Phi)$.

Proof. (a)$\Longrightarrow$(b) follows from Proposition 2.3. (c)$\Longrightarrow$(d) is a consequence of Proposition 1.4. The other implications are obvious.

Proposition 2.5. Let Φ satisfy (S_o) and $(X, \mathcal{B}, \lambda)$ be a measure space. Suppose that a family $\{\mu^\alpha\}_{\alpha \in X} \subset M(R^\infty)$ is given such that $\mu^\alpha(B)$ is a $\mathcal{B}$-measurable function of α for any fixed $B \in \mathcal{B}(R^\infty)$. If μ^α is strongly-Φ-quasi-invariant for λ-a.e.$\alpha \in X$, then the measure defined by $\mu(B) = \int_X \mu^\alpha(B)d\lambda(\alpha)$ for all $B \in \mathcal{B}(R^\infty)$ is also strongly-Φ-quasi-invariant.

Proof. It follows easily from (b) of Proposition 2.4.

Theorem 2.5. Let Φ satisfy (S_o) and let $\mu \in M(R^\infty)$ be Φ-quasi-invariant. Then in order that μ is Φ-decomposable, it is necessary and sufficient that μ is strongly-Φ- quasi-invariant.

Proof The necessity is derived from Proposition 2.2 and from Proposition 2.5.

The sufficiency is somewhat complicated. Let $[\{\mu^\tau\}_{\tau \in R^1}, p]$ be a canonical decomposition of μ. After some considerations, we can show that the set $\{(\tau, \phi) \in R^1 \times \Phi \mid \mu^\tau_\phi \perp \mu^\tau\} \equiv \hat{S}_\mu$ is $\mathcal{B}(R^1) \times \mathcal{B}(\Phi)$-measurable. Let q be the projection from $R^1 \times \Phi$ to R^1, and put $q\,\hat{S}_\mu = S_\mu$. The set S_μ is an analytic set and therefore it is a universally-measurable set. Now if $\omega(S_\mu) = 0$ $(\omega = p\mu)$, then the proof will be complete. So we shall assume that $\omega(S_\mu) > 0$ and shall derive a contradiction. According to Von Neumann [5] in pp.448-449, we can show the existence of a measurable map $\phi(\tau)$ from $(R^1, \mathcal{B}(R^1))$ to $(\Phi, \mathcal{B}(\Phi))$ such that $(\tau, \phi(\tau)) \in \hat{S}_\mu$ for all $\tau \in F_o$, where $F_o \subset S_\mu$ is a Borel set of R^1 such that $\omega(S_\mu \setminus F_o) = 0$. Now we put $T(x) = x + \phi(p(x))$. Then $T \in \mathcal{J}(\Phi)$. From (✱) in the proof of Theorem 2.3, we have

(✱) for ω-a.e.τ, $p(x) = \tau$ for μ^τ-a.e.x.

Therefore $T\mu^\tau = \mu^\tau_{\phi(\tau)}$ for ω-a.e.τ. Since μ is strongly-Φ-quasi-invariant, $\mu(T^{-1}(p^{-1}(E)) \ominus p^{-1}(E)) = 0$ for all $E \in \mathcal{B}(R^1)$, so that

$$T\mu(p^{-1}(E) \cap B) = \int_E T\mu^\tau(B)\,d\omega(\tau) = \int_E \mu^\tau_{\phi(\tau)}(B)\,d\omega(\tau).$$

Since $T\mu = \mu$ on $\mathcal{B}_\infty$, it follows that $[\{\mu^\tau_{\phi(\tau)}\}_{\tau \in R^1}, p]$ is a canonical decomposition of $T\mu$. Therefore from Theorem 2.1, $T\mu \simeq \mu$ implies $\mu^\tau_{\phi(\tau)} \simeq \mu^\tau$ for ω-a.e.τ. This is a contradiction.

Finally, we shall present the following problem concerning ergodic decomposition.

(P_4) Let Φ satisfy (S_o) and contain R_o^∞ densely. Let $\mu \in M(R^\infty)$ be Φ-quasi-invariant. Then for any $A_o \in \mathcal{B}_\infty$, does there exist a μ-measurable set A which satisfies (a) $A + \phi = A$ for all $\phi \in \Phi$, and (b)$\mu(A \ominus A_o) = 0$?

Again we do not yet know whether problem (P_4) is true for all Φ-quasi-invariant measures or not. Without proof (See, [11].), we remark that under the assumption that Φ satisfies (S_o) and R_o^∞ is a dense subset of Φ, if problem (P_4) is affirmative for all Φ-quasi-invariant measures, then any Φ-quasi-invariant measure is always Φ-decomposable. (Consequently, strong and usual Φ-quasi-invariance coincide.)

References

[1]. Dao-Xing, Xia., Measure and integration on infinite-dimensional spaces, Academic Press, New York, (1972).

[2]. Gelfand, I.M., and Vilenkin, N.Ya., Generalized functions 4, (English trans. Academic Press), (1961).

[3]. Meyer, P.A., Probability and potentials, Waltham Mass., Blaisdell Publ.Co., (1966).

[4]. Murray, F.J., and Neumann, J.Von., On rings of operators, Ann. of Math., 37, (1936).

[5]. Neumann, J.Von., Reduction theory, ibid. 50, (1949).

[6]. Parthasarathy, K.R., Probability measures on metric spaces, Academic Press, (1967).

[7]. Skorohod, A.V., On admissible translations of measures in Hilbert spaces, Theory of Prob. and Appl. 15, (1970).

[8]. ——————., Integration in Hilbert space, Springer, (1974).

[9]. Shimomura, H., An aspect of quasi-invariant measures on R^∞, Publ. RIMS, Kyoto Univ., 11, (1976).

[10]. ——————., Linear transformation of quasi-invariant measure, ibid., 12, (1977).

[11]. ——————., Ergodic decomposition of quasi-invariant measures, ibid., (to appear).

[12]. Umemura, Y., Rotationally invariant measures in the dual space of a nuclear space, Proc. Japan Acad., 38, (1962).

[13]. __________., Measures on infinite dimensional vector spaces, Publ. RIMS, Kyoto Univ., 1, (1965).

COMMUTATIVE WICK ALGEBRAS

I. THE BARGMANN, WIENER AND FOCK ALGEBRAS

W. Słowikowski
Institute of Mathematics
University of Aarhus
Aarhus, Denmark

Introduction

The concept of Wick algebra was first introduced and thoroughly discussed in [6]. The main goal of this paper is to prove a canonical representation of a commutative Wick algebra*) as a Bargmann algebra, an algebra of complex polynomials with pointwise multiplication additionally provided with a special scalar product (cf. [1]). In the third section we discuss the dependence between the Bargmann and the Wiener polynomial chaos algebra with the same base space and we establish the canonical isomorphism of the Bargmann algebra onto the Wiener algebra. I am indebted to Alan Gleit for his help in finding the explicit form of this isomorphism. In the last section we introduce the so-called commutative Fock algebra and derive some results due to Ito [2] concerning the multiple Wiener integral. The case of the Ito stochastic integral is treated in [7].

1. The category of commutative Wick algebras

We define a commutative Wick algebra A as a commutative algebra with identity, defined over the complex field and provided with a scalar product $\langle\cdot,\cdot\rangle$ and with a distinguished linear subspace H called the <u>base space</u> of A, such that

a) A is the linear span of the spaces H^n, $n=0,1,2,\dots,$ where H^0 is the one-dimensional subspace of A generated by the identity vector; H^1 coincides with H and H^n, $n>1$, is the closure in $(A,\langle\cdot,\cdot\rangle)$ of the linear space H_0^n generated by all the n-fold products of elements of H.

b) Each H^n is a Hilbert space, i.e. it is complete while provided with the scalar product of A, and all H^n, $n=0,1,\dots,$ are mutually orthogonal.

c) Given $a_1,\dots,a_n b_1,\dots,b_n \in H$, we have

---

*) We use here the term "commutative Wick algebra" instead of "symmetric Wick algebra" as we did in [5]

$$<a_1 \dots a_b, b_1 \dots b_n> = \Sigma_\pi <a_1, b_{\pi_1}> \dots <a_n, b_{\pi_n}>,$$

where the sum is extended over all permutations π of the numbers $1,2,\dots,n$.

A mapping of one Wick algebra into another is said to be a <u>morphism</u> if it is a morphism in the algebraic sense and if it is a contraction This way we have defined <u>the category of commutative Wick algebras</u>.

Due to the connection with physics, the identity of any commutative Wick algebra shall be called the <u>vacuum vector</u>. We shall denote it by $\emptyset$ (crossed o). We require $<\emptyset,\emptyset> = 1$.

By taking the direct sum of symmetric n-fold products of a given Hilbert space and providing it with an appropriate scalar product, we construct a commutative Wick algebra with any a priori given Hilbert space H as its base space.

Following the idea of Nelson [4], we define the functor Γ from the category of Hilbert spaces with linear constractions as isomorphisms to the category of commutative Wick algebras. First, to a given Hilbert space H we assign the commutative Wick algebra $\Gamma_w H$ with base H and subsequently we observe that given any pair of Hilbert spaces H_1, H_2 and a morphism T of H_1 into H_2, the morphism T extends uniquely to a morphism ΓT of the commutative Wick algebra $\Gamma_w H_1$ into the commutative Wick algebra $\Gamma_w H_2$. Still following Nelson [4], we call Γ <u>the second quantization functor</u>*).

Write $\Gamma_{0,w}H$ for the linear span of the spaces H_0^n, $n=0,1,\dots$. It is easy to verify that c) is equivalent to the following condition

c') The adjoint a^* of the operator of multiplication by $a \in H$ acting on $\Gamma_{0,w}H$, i.e. the operator a^* defined on $\Gamma_{0,w}H$ be the relation $<a^*(c),d> = <c,ad>$ for $c,d \in \Gamma_{0,w}H$, acts according to the formula

$$a^*(b_1 \dots b_n) = \sum_{i=1}^{n} a^*(b_i) b_{(i)} ,$$

where $b_1,\dots,b_n$ are arbitrary elements of H, $b_{(i)} = b_1 \dots b_{i-1} b_{i+1} \dots b_n$ and $a^*(b_i) = <b_i, a>\emptyset$.

The operators of multiplication by elements of H are called the

---

*) Any linear densely defined closed T in a Hilbert space H can be uniquely extended to a derivation $d\Gamma T$ in the Wick algebra $\Gamma_w H$ usually called the second quantization of T (cf. [5]). Hence we shall abandon calling ΓT the second quantization of T as we did in [6].

creation operators and their adjoints are called the annihilation (or destruction) operators.

Write $|x|$ for $<x,x>^{\frac{1}{2}}$ and ΓH for the completion of $\Gamma_w H$ with respect to $|\cdot|$. From c) it easily follows that

$$|a_1 \dots a_k| \leqq n!^{\frac{1}{2}}(r_1! \dots r_k!)^{-\frac{1}{2}}|a_1| \dots |a_k|$$

for $a_i \in H^{r_i}$, $i = 1,\dots,k$, and $n = r_1 + \dots + r_k$. In particular, if $e_1,\dots,e_k \in H$ are mutually orthogonal and $a_i = e_i^{r_i}$, the above estimate becomes an equality. Hence, the multiplication in Wick algebras, though continuous from every $H^{r_1} \times \dots \times H^{r_k}$ into H^n, cannot be continuously extended over the whole of ΓH.

Given a Wick algebra $\Gamma_w H$, we define the exponential mapping exp,

$$H \ni a \rightarrow \exp a \in \Gamma H$$

setting

$$\exp a = \sum_{n=0}^{\infty} n!^{-1} a^n .$$

We easily find that the series converges for each $a \in H$ and that

$$<\exp a , \exp b> = \exp<a,b>.$$

Every pair of elements $a,b \in \Gamma_w H$ can be uniquely written in the form

$$a = \sum_{n=0}^{\infty} a_n , \qquad b = \sum_{n=0}^{\infty} b_n ,$$

where a_n and b_n belong to H^n for $n = 0,1,\dots$ We shall say that the Wick product ab of the above a and b exists if

$$\sum_{n=0}^{\infty} \left| \sum_{i=0}^{n} a_i b_{n-1} \right|^2 < \infty .$$

Then we define

$$ab = \sum_{n=0}^{\infty} \sum_{i=0}^{n} a_i b_{n-i} .$$

It is easy to see that for any $a,b \in H$, the product of exp a and exp b exists and

$$(\exp a)(\exp b) = \exp(a+b) .$$

Hence the image *Exp* H of H in ΓH by the function exp constitutes a group with respect to the Wick multiplication and exp constitutes the isomorphism of the additive group of H onto $Exp\, H$.

To every $a \in \Gamma_w H$ and every $x \in H$ we assign <u>the evaluation</u> $a[x]$ of a in x setting

$$a[x] = \langle a, \exp x \rangle.$$

Since

$$\langle a_1 \ldots a_n, x^n \rangle = n! \langle a_1, x \rangle \ldots \langle a_n, x \rangle,$$

for $a_1, \ldots, a_n, x \in H$ we have

$$ab[x] = a[x] b[x]$$

for every $a, b \in \Gamma_w H$ and every $x \in H$.

<u>Proposition 1.1</u>. Consider Hilbert spaces H_1, H_2 and a morphism $T: H_1 \to H_2$. For every $a \in \Gamma_w H_1$, the superposition of the function $a[\cdot]$ defined on H_1 with the adjoint $T^*: H_2 \to H_1$ coincides with the function $((\Gamma T)a)[\cdot]$ defined on H.

<u>Proof</u>. The proposition states that

$$((\Gamma T)a)[x] = a[T^* x]$$

for every $x \in H_2$ which is trivial to verify. □

<u>Theorem 1.1</u>. Take an arbitrary Hilbert space H. To every $x \in H$ corresponds a homomorphism

$$\Gamma_w H \ni a \to a[x] \in C$$

of $\Gamma_w H$ onto the complex field C which we shall call <u>the evaluation functional</u>. Conversely, given a maximal ideal M in $\Gamma_w H$ such that all $M \cap H^n$ are closed, there exists an $x \in H$ such that M is the kernel of the evaluation functional at x, i.e. $M = \{a \in H: a[x] = 0\}$.

<u>Proof</u>. It has already been proved that the evaluation functionals are homomorphisms. Take a maximal ideal M. There always exists an $x \in H$ such that $M \cap H = \{a \in H: a[x] = 0\}$. Indeed, if $M \cap H = H$, then we set $x = 0$. If $M \cap H \neq H$, then the orthogonal complement of $M \cap H$ in H is exactly one-dimensionsl. Suppose $x_1 \neq 0$ and $x_2 \neq 0$ are mutually orthogonal and both orthogonal to $M \cap H$. Then

$$M^{\sim} = \{z + y x_1 : z \in M,\ y \in \Gamma_w H\}$$

does not contain x_2 and constitutes an ideal containing M as a proper subset which contradicts the maximality of M. Hence there exists an $x \in H$ such that

$$M \cap H = \{a \in H: \langle a,x\rangle = 0\} = \{a \in H: a[x] = 0\}.$$

In the next step we observe that

$$x - \langle x,x\rangle\emptyset \in M.$$

Indeed, $N = \{z + y(x - \langle x,x\rangle\emptyset): z \in M, y \in \Gamma_w H\}$ constitutes an ideal containing M and since it does not contain x, we have by maximality that $M = N$.

Given an orthonormal basis e_n, $n = 0,1,2....$ in H such that $e_0 = x$, we find that elements of the form

$$e_{i_1}^{r_1} \dots e_{i_k}^{r_k},$$

where all $i_1,\dots,i_k$ are different, are orthogonal and form a basis in $\Gamma_w H$. Hence, given an element $a \in \Gamma_w H$, we can expand it with respect to this basis and obtain

$$a = a_1 + \sum_{i=1}^{n} t_i x^i,$$

where $a_1 \in M$ and $a_1[x] = 0$. Now, writing the polynomial in x as the product of n terms of the form $x - t\emptyset$, it follows that if $a[x] = 0$, the evaluation on x of one of the terms must be zero and thus the term is of the form $x - \langle x,x\rangle\emptyset$ and must belong to M. Hence the whole polynomial belongs to M. It means that an element of $\Gamma_w H$ belongs to M if its evaluation on x is zero. □

2. The Bargmann algebra of complex polynomials

Given a complex (resp. real) Hilbert space X, an H-S enlargement $X^\sim$ of X is a complex (resp. real) Hilbert space such that X is a dense linear subset of $X^\sim$ and such that the identical injection X into $X^\sim$ constitutes a Hilbert-Schmidt contraction. Given two H-S enlargements $X_1^\sim$ and $X_2^\sim$, we say that $X_1^\sim$ is finer than $X_2^\sim$ if the identity on the part X of $X_1^\sim$ extends to a continuous injection of $X_1^\sim$ into $X_2^\sim$.

Proposition 2.1. To every countable family of H-S enlargements of X one can find an H-S enlargement of X finer than all the enlargements of the family.

The proof of this statement is given in [6].

It is known that every cylinder set measure which have X as its pre-support extends uniquely to a measure over any given H-S enlargement of X and any continuous linear functional on X extends to a continuous linear functional on a suitably chosen H-S enlargement of X (cf. [6]).

Let us fix a complex Hilbert space H provided with conjugation $^{-}$. It is easy to see that Γ of this conjugation extends it to a conjugation in the whole of $\Gamma_W H$. We shall denote this extension by the same symbol. Let $F = \{x = \bar{x}: x \in H\}$ denote the real part of H. By $\Phi(H)$ we denote the family of all finite dimensional subspaces of H which are invariant under the conjugation and by $\Phi(F)$ the family of all finite dimensional subspaces of F. Given $K \in \Phi(X)$, where $X = H$ or F, we denote by p_K the orthogonal projection of X onto K and by $\tilde{p}_K$ its continuous extensions to suitably fine H-S enlargements of X. In what follows, we shall need two Gaussian measures presupported by H and F respectively. In this section we use the Gaussian measure γ_H sitting on the H-S enlargements of H and in the next section the Gaussian measure γ_F sitting on H-S enlargements of F. Taknig $K \in \Phi(X)$, where $X = H$ or F, and a Borel set $C \subset K$, we set

$$\gamma_X(\tilde{p}_K^{-1}C) = \pi^{-\frac{1}{2}\dim K} \int_C \exp -|z|^2 d_K z.$$

In the case of $X = F$, $d_K z$ denotes the integration with respect to the Lebesgue measure on K compatible with the scalar product. In the case of $X = H$, we first consider $\dim K$ as the real space dimension and then $d_K z = d_M x d_N y$, where M and N are respectively the real and complex part of K and $d_M x$, $d_N y$ denote the corresponding compatible Lebesgue integration. On appropriately identified H and $F \times F$, γ_H corresponds to the product of γ_F by itself.

Consider $L^2(\gamma_H)$. By $\mathcal{B}a^n(H)$ we denote the closure in $L^2(\gamma_H)$ of the space of all linear combinations of pointwise products of n functions of the form $\langle\cdot,a\rangle^{\sim}$, where the elements a are taken from H and $\sim$ denotes the continuous extension to an H-S enlargement of H. The space $\mathcal{B}a^0(H)$ consists of all the constant functions.

We denote by $\mathcal{B}a(H)$ the linear span in $L^2(\gamma_H)$ of all $\mathcal{B}a^n(H)$.

<u>Proposition 2.2</u>. Provided with the pointwise multiplication and the scalar product from $L^2(\gamma_H)$, the algebra $\mathcal{B}a(H)$ constitutes a realization of the Wick algebra with the base $\mathcal{B}a^1(H)$. The Wick algebra $\mathcal{B}a(H)$ shall be called the <u>Bargmann algebra</u> over H.

<u>Proof</u>. Observe that for $z = s + it$ we have

$$\int_{-\infty}^{+\infty}\int_{-\infty}^{+\infty} z^m |z|^{2n} \exp - |z|^2 dtds = \begin{cases} n! & \text{for } m=0 \\ 0 & \text{otherwise} \end{cases}$$

Then, given any orthonormal system $e_1,\dots,e_n \in F$, we set $z_i = \langle x,e_i\rangle$ and find that for different sets $(i_1,r_1),\dots,(i_k,r_k)$ of pairs of natural numbers, where $1 \leq i_j \leq n$ are all different, the functions

$$\langle \cdot,e_{i_1}\rangle^{\sim r_1} \cdots \langle \cdot,e_{i_k}\rangle^{\sim r_k}$$

are mutually orthogonal. Furthermore

$$\int |\langle x,e_{i_1}\rangle^{\sim r_1} \cdots \langle x,e_{i_k}\rangle^{\sim r_k}|^2 \, \gamma_H(dx) = |e_{i_1}^{r_1} \cdots e_{i_k}^{r_k}|^2 ,$$

and the proposition follows. □

Given an H-S enlargement $H^\sim$ of H, we shall identify points of ΓH with points of $\Gamma H^\sim$ which correspond to each other by Γ of the identical injection of H into $H^\sim$. Hence ΓH shall be considered as a linear subset of $\Gamma H^\sim$ and it is easy to see that every H^n is a dense linear subset of $H^{\sim n}$.

It is clear that the function exp defined on H with values in ΓH is defined as well on every H-S enlargement $H^\sim$ of H and then it admits its values in $\Gamma H^\sim$, being the unique extension of its restriction to the original function exp acting from H to ΓH. We shall use the same symbol exp to denote the exponential function on H and on any of its H-S enlargements.

Consider an element $a \in \Gamma_{0,w}H$. Write $a[\bar{\ }]$ for the function attaining value $a[\bar{x}]$ on $x \in H$. Since $a[\bar{\ }]$ is a polynomial of finitely many functions of the form $\langle \cdot,c\rangle$, there exists an H-S enlargement $H^\sim$ of H such that $a[\bar{\ }]$ admits a continuous extension $a^\sim[\bar{\ }]$ over $H^\sim$. For $H^\sim$ it is sufficient to take the enlargement on which all the concerned $\langle \cdot,c\rangle$ are continuous. Clearly $a^\sim[\bar{\ }]$ belongs to $\mathcal{B}a(H)$.

<u>Theorem 2.1</u>. The Γ of the unitary mapping

$$H \ni a \to \langle \cdot,\bar{a}\rangle \in {}^\sim\mathcal{B}a(H)$$

coincides on $\Gamma_{0,w}H$ with the mapping

$$\Gamma_{0,w}H \ni a \to a^\sim[\bar{\ }] \in \mathcal{B}a(H).$$

<u>Proof</u>. It is contained in the proof of Proposition 2.2. □

Observe that any H of dimension $N < \infty$ identifies with the N-fold Cartesian product of the complex plane so that algebraically $\mathcal{B}a(H)$ constitutes the algebra of polynomials of N complex variables and Theorem 1.2 identifies with the Hilbert "Nullstellensatz". For infinite dimensional H, the Bargmann algebra can be considered as an algebra of polynomials of infinitely many complex variables and in this case, Theorem 1.2 can be considered as an infinite dimensional version of the "Nullstellensatz".

However, already in the finite dimensional case we obtain a new interesting proof of the "Nullstellensatz".

3. The Wiener polynomial chaos algebra.

In order to define the Wiener polynomial chaos algebra over F (cf. [3]) we shall need some additional notions.

Given $K \in \Phi(F)$, denote by $S(K)$ the space of infinitely often differentiable, rapidly decreasing complex-valued functions on K and denote by $Z(K)$ the space of all functions f, $f(x) = h(x)\exp|x|^2$, where $H \in S(K)$. We represent $Z(K)$ as a subspace Z_K of $L^2(\gamma_F)$ setting

$$Z_K = \{f(\tilde{p}_K \cdot) : \quad f \in Z(K)\}.$$

It is clear that $Z_K \subset Z_M$ for $K \subset M$.

Given $f \in Z_K$ and $a \in K + iK$, we define

$$a\nabla f = 2^{-\frac{1}{2}} \sum_{j=1}^{k} a_j \frac{\partial f}{\partial x_j},$$

where for any choice of an orthonormal basis $e_1, \ldots, e_k$ in K we put $a_j = \langle a, e_j \rangle$ and $x_j = \langle x, e_j \rangle$ for $j = 1, \ldots, k$. Subsequently we define

$$(a\nabla)^* f = -\bar{a}\nabla f + 2^{\frac{1}{2}} \langle \cdot, a \rangle f. \tag{3.1}$$

It is easy to establish that the definitions do not depend on the choice of the basis and that given $M \supset K$, the $a\nabla f$ computed in Z_M for $a \in K + iK$ and $f \in Z_K$ coincides with that computed in Z_K.

It is easily verified that for given $K \in \Phi(F)$ and $a \in K + iK$, the operators $a\nabla$ and $(a\nabla)^*$ keep Z_K invariant and are adjoint to each other on Z_K, i.e.

$$\langle\langle a\nabla f, g \rangle\rangle = \langle\langle f, (a\nabla)^* g \rangle\rangle$$

for $f, g \in Z_K$, where $\langle\langle \cdot, \circ \rangle\rangle$ denotes the scalar product in $L^2(\gamma_F)$.

We shall consider operators $a\nabla$ and $(a\nabla)^*$, $a \in H$, on the domain $Z_F \subset L^2(\gamma_F)$ which is the union of all Z_K for K running through $\Phi(F)$. It is easy to compute the commutator

$$[a\nabla,(b\nabla)^*] = \langle a,b\rangle I.$$

Clearly, $a\nabla$ commute for different a and $(a\nabla)^*$ commute for different a as well.

Given $a = a_1 \dots a_n \in H^n$, $a_1,\dots,a_n \in H$, we define the operator $(a\nabla)^*$ on Z_F as the superposition of $(a_1\nabla)^*,\dots,(a_n\nabla)^*$. Given an arbitrary $a \in \Gamma_{0,w}H$, we represent it as a sum of products and then define $(a\nabla)^*$ as the sum of the operators corresponding to the products. Later on it will be clear that the definition does not depend on the way we write a as the sum of products.

We evaluate $a \in \Gamma_{0,w}H$ in $x \in F$ setting

$$:a:(x) = ((\bar{a}\nabla)^*1)(x), \tag{3.2}$$

where we write 1 for the function identically equal to one. We shall write $:a:$ for the function $:a:(\cdot)$.

Lemma 3.1. For every $a,b \in \Gamma_{0,w}H$,

$$\langle\langle :a:, :b: \rangle\rangle = \langle a,b\rangle.$$

Proof. Observe that every $a \in \Gamma_{0,w}H$ can be rewritten by a finite algebraic procedure in the form of a linear combination of elements $e_{\underline{i}}^{\underline{r}}$, where $e_1,\dots,e_n \in F$ are orthogonal, $\underline{r} = (r_1,\dots,r_k)$ is a tuple of natural numbers, $\underline{i} = (i_1,\dots,i_k)$ is an increasing sequence of numbers out of $1,2,\dots,n$ and

$$e_{\underline{i}}^{\underline{r}} = e_{i_1}^{r_1} \dots e_{i_k}^{r_k}.$$

It can be done by way of the Hilbert-Schmidt orthonormalization of all the real and complex parts of the elements of H involved in the expansion of the considered $a \in \Gamma_{0,w}H$. Hence, to verify the Lemma, it is sufficient to prove that for any two $e_{\underline{i}}^{\underline{r}}$, $e_{\underline{j}}^{\underline{s}}$, writing $\underline{r} = r_1! \dots r_k!$, we have for $|e_i| = 1$

$$\langle\langle :e_{\underline{i}}^{\underline{r}}:, :e_{\underline{j}}^{\underline{s}}: \rangle\rangle = \begin{cases} \underline{r}! & \text{if } \underline{s} = \underline{r} \text{ and } \underline{j} = \underline{i} \\ 0 & \text{otherwise} \end{cases}$$

This, however, can be computed by way of passing from $(e_i\nabla)^*$ to its adjoint $e_i\nabla$ and using the commutation rule $[e_i\nabla,(e_j\nabla)^*] = \delta_{i,j}I$. □

We are now ready to define the Wiener polynomial chaos algebra $\mathcal{W}(F)$ over F. First, for each $n = 0,1,\dots$ we define the subspace $\mathcal{W}_0^n(F)$ of $L^2(\gamma_F)$ consisting of all the functions $:a:$, where a runs over H_0^n. Then, by $\mathcal{W}^n(F)$ we denote the closure in $L^2(\gamma_F)$ of $\mathcal{W}_0^n(F)$ and by $\mathcal{W}(F)$ the linear span in $L^2(\gamma_F)$ of all $\mathcal{W}^n(F)$. Hence $\mathcal{W}^0(F)$ consists of the constant functions, $\mathcal{W}_0^1(F)$ consists of linear functionals, and for $n > 1$ $\mathcal{W}_0^n(F)$ consists of polynomials of degree exactly n.

Write $\mathcal{W}_0(F)$ for the linear span of all $\mathcal{W}_0^n(F)$. We introduce the multiplication: first in $\mathcal{W}_0(F)$ setting $f{:}g = {:}ab{:}$ for any $f,g \in \mathcal{W}_0(F)$, $f = {:}a{:}$, $g = {:}b{:}$

Theorem 3.1. The multiplication $:$ extends uniquely to a multiplication in $\mathcal{W}(F)$ which is continuous from $\mathcal{W}^n(F) \times \mathcal{W}^m(F)$ into $\mathcal{W}^{n+m}(F)$ for all non-negative integers n,m making out of $\mathcal{W}(F)$ a realization of the Wick algebra with base $\mathcal{W}^1(F)$. Moreover, the transformation assigning the function ${:}a{:}$ to $a \in \Gamma_{0,w}H$ extends uniquely to an isomorphism

$$\Gamma_w H \ni a \to {:}a{:} \in \mathcal{W}(F)$$

of the concerned Wick algebras.

Proof. The very definition of the multiplication within $\mathcal{W}_0(F)$ guarantees that the mapping is an algebraic morphism, and from Lemma 3.1 it follows that it is also an isometry. Since every $\mathcal{W}_0^n(F)$ is dense in $\mathcal{W}^n(F)$, the theorem follows. □

Define

$$:a:\{x\} = \int a^{\sim}[2^{\frac{1}{2}}(x-iy)]\gamma_F(dy).$$

Theorem 3.2. The functions ${:}a{:}$ and ${:}a{:}\{\cdot\}$ are identical.

The proof of Theorem 3.2 is based on the following two lemmas.

Lemma 3.2. For mutually orthogonal $e_1,\dots,e_k \in F$ we have

$$:e_1^{n_1}:\{x\}\dots:e_k^{n_k}:\{x\} = (:e_1^{n_1}\dots e_k^{n_k}:)\{x\},$$

where the multiplication on the left side is pointwise and x runs through any H-S enlargement on which all $\langle e_i,\cdot\rangle$ are continuous.

Proof. Since for $a,b_1,\dots,b_n \in H$ we have $\langle a^n, b_1\dots b_n\rangle = n!\langle a,b_1\rangle\dots\langle a,b_n\rangle$, by introducing coordinates $x_j = \langle e_j,x\rangle^{\sim}$, $y_j = \langle e_j,y\rangle^{\sim}$, $x,y \in F$, we obtain

$$\langle e_1^{n_1}\dots e_k^{n_k}, \exp 2^{\frac{1}{2}}(x-iy)\rangle^{\sim} = 2^{\frac{1}{2}n}(x_1+iy_1)^{n_1}\dots(x_k+iy_k)^{n_k}$$

and since, assuming that all $|e_j| = 1$, we have

$$\int f(y_1,\ldots,y_k)\gamma_F(dy) = \int f(y_1,\ldots,y_k)\pi^{-\frac{1}{2}k}\exp-(y_1^2+\ldots+y_k^2)\,dy_1\ldots,dy_k,$$

the Lemma follows. □

Lemma 3.3. For $e \in F$ we have

$$(e\nabla)^*:e^n:\{x\} = :e^{n+1}:\{x\}$$

and

$$(e\nabla)\ :e^n:\{x\} = n:e^{n-1}:\{x\}$$

for $x \in F^{\sim}$.

Proof. As in the previous case, we can assume that $|e| = 1$ and introduce the coordinates $x_1 = \langle x,e\rangle^{\sim}$ and $y_1 = \langle y,e\rangle^{\sim}$ so that $e^{n\sim}[\bar{x}] = (x_1+iy_1)^n$ and $e\nabla = d/dx_1$. Differentiating $\int(x_1+iy_1)^n\exp-y_1^2dy_1$ and then integrating by parts, we arrive to the formula

$$e\nabla:e^n:\{x\} = 2^{\frac{1}{2}}n:e^{n-1}:\{x\} = -2^{\frac{1}{2}}:e^{n+1}:\{x\} + 2\langle x,e\rangle:e^n:\{x\},$$

and the Lemma follows. □

Proof of Theorem 3.2. From Lemma 3.2 it follows that it is sufficient to verify $:e^n:(x) = :e^n:\{x\}$ for each $e \in F$. We check directly that it holds for $n = 1$. Assuming that it holds for an arbitrary n, we conclude from Lemma 3.3 that it holds for $n+1$ as well, and the Theorem follows. □

The Wiener polynomial chaos algebra is a real variable correspondent of the complex polynomials' algebra with a scalar product which makes powers of variables orthogonal. In the case of the algebra of real variables polynomials, such a scalar product cannot exist or the "Nullstellensatz" would be valid for the real case. This fact throws some extra light on the algebraic role of the Hermite polynomials $:e^n:$, $e \in H$.

4. Commutative Fock algebras and the combined multiple Wiener stochastic integration.

Let $(S,\mathcal{B})$ be a measurable space. We shall denote by S^n the family of all cardinality n sets of elements of S, hence $S^1 = S$. We regard S^n as the symmetrized n-fold Cartesian product of S obtained from the usual Cartesian product by identifying every two points whose coordinates are different permutations of the same set of elements of S.

Write $\otimes^n\mathcal{B}$ for the σ-field in the n-fold Cartesian product of S and let $\mathcal{B}^n$ denote the family of all symmetric sets from $\otimes^n\mathcal{B}$. Each element of $\mathcal{B}^n$ shall be identified with the corresponding subset of S^n. Let us additionally write S^0 for a one element set, and $\mathcal{B}^0$ for the field of subsets of S^0. Write ΓS for the union of all S^n, $n = 0,1,\ldots$ treated as disjoint sets, and $\Gamma\mathcal{B}$ for the smallest σ-field containing all $\mathcal{B}^n$, $n = 0,1,\ldots$ Given a complex valued function f, we write $f \in \mathcal{B}^n$ to indicate that f is defined on S^n and $\mathcal{B}^n$-measurable (then automatically f is to be symmetric). For a complex valued function f we shall write $f \in \Gamma\mathcal{B}$ to indicate that f is defined on ΓS and $\Gamma\mathcal{B}$-measurable. Given $f \in \Gamma\mathcal{B}$, write $f_{|n}$ for the function equal to f on S^n and zero otherwise. We shall identify such a function with its restriction to S^n so that $f_{|n} \in \mathcal{B}^n$ and

$$f = \sum_{n=0}^{\infty} f_{|n}.$$

Take $f \in \mathcal{B}^m$ and $g \in \mathcal{B}^n$ and a permutation π of numbers $1,2,\ldots,$ $n+m$. Consider the function

$$h_\pi(t_1,\ldots,t_{m+n}) = f(t_{\pi_1},\ldots,t_{\pi_m})g(t_{\pi_{m+1}},\ldots,t_{\pi_{m+n}}).$$

Due to the symmetry of f and g there exists a set Π of exactly $\binom{m+n}{m}$ permutations such that for different π from Π, the functions h_π are different, and such that using elements of Π we exhaust all different h. Define $f{:}g \in \mathcal{B}^{n+m}$ setting

$$f{:}g = \binom{n+m}{n}^{-\frac{1}{2}} \sum_{\pi\in\Pi} h_\pi.$$

Observe that writing $f^{:n}$ for the n-fold :-product of f and writing $f^n(t_1,\ldots,t_n) = f(t_1)\ldots f(t_n)$, we have $f^{:n} = n!^{\frac{1}{2}} f^n$.

Given $f,g \in \Gamma\mathcal{B}$, define $f{:}g \in \Gamma\mathcal{B}$ setting

$$f{:}g = \sum_{n=0}^{\infty} \sum_{i=0}^{n} f_{|i} : g_{|n-i}.$$

If the considered measurable space $(S,\mathcal{B})$ admits a measure ν on $\mathcal{B}$, then we shall write ν^n for the usual completed n-fold product of ν defined on $\otimes^n\mathcal{B}$. Subsequently, we define the measure $\Gamma\nu$ on $\Gamma\mathcal{B}$ setting

$$\Gamma\nu\left(\bigcup_{n=0}^{\infty} B_n\right) = \sum_{n=0}^{\infty} \nu^n(B_n), \quad B_n \in \mathcal{B}^n, \quad n = 0,1,\ldots,$$

where $\nu^0(S^0) = 1$.

Let $\mathcal{F}(S,\mathcal{B},\nu)$ consist of all $f \in L^2(\Gamma S,\Gamma\mathcal{B},\Gamma\nu)$ for which almost all $f_{|n}$ are identically equal to zero. Out of $\mathcal{F}(S,\mathcal{B},\nu)$ we make a commutative Wick algebra providing it with the scalar product from $L^2(\Gamma S,\Gamma\mathcal{B},\Gamma\nu)$ and the multiplication $:$ as defined above. The algebra $\mathcal{F}(S,\mathcal{B},\nu)$ shall be called the <u>commutative</u> <u>Fock</u> <u>algebra</u> over the measure space (S,Γ,ν). By $\mathcal{F}^n(S,\mathcal{B},\nu)$ we shall denote the closure in $L^2(\Gamma S,\Gamma\mathcal{B},\Gamma\nu)$ of the linear span of all n-fold products of the elements of the base space $\mathcal{F}^1(S,\mathcal{B},\nu) = L^2(S,\mathcal{B},\nu)$ of $\mathcal{F}(S,\mathcal{B},\nu)$.

Given a measurable space $(S,\mathcal{B})$ and a Hilbert space H, an additive set function $\mu(\cdot)$ defined on a subring $\mathcal{B}_0 \subset \mathcal{B}$ with values in H is said to be an H-valued <u>orthogonal</u> <u>measure</u> if

(i) Given disjoint $A,B \in \mathcal{B}_0$, $\mu(A)$, $\mu(B)$ are orthogonal.

(ii) There exists an ascending sequence $\{B_j\} \subset \mathcal{B}_0$ such that

$$S = \bigcup_{j=1}^{\infty} B_j.$$

(iii) For any $C \in \mathcal{B}_0$, the family $C \cap \mathcal{B} = \{B \cap C\colon B \in \mathcal{B}\}$ constitutes a σ-field contained in $\mathcal{B}_0$ and $\mu(\cdot)$ is σ-additive on $C \cap \mathcal{B}$.

We assign to μ a real positive measure $\langle\mu^2\rangle$ setting for $B \in \mathcal{B}$

$$\langle\mu^2\rangle(B) = \sup_j |\mu(B \cap B_j)|^2.$$

where $|\cdot|$ denotes the norm in H.

With every H-valued orthogonal measure $\mu(\cdot)$ on $\mathcal{B}_0$ we associate an isometry $\int \cdot d\mu$,

$$L^2(S,\mathcal{B},\langle\mu^2\rangle) \ni f \rightarrow \int f d\mu \in H,$$

of $L^2(S,\mathcal{B},\langle\mu^2\rangle)$ onto H which is uniquely determined by the relation

$$\mu(B) = \int 1_B d\mu \qquad \text{for } B \in \mathcal{B}_0.$$

The existence of such an isometry and its uniqueness is trivial to verify. The value $\int f d\mu$ of the isometry $\int \cdot d\mu$ on $f \in L^2(S,\mathcal{B},\langle\mu^2\rangle)$ shall be called the integral of f with respect to μ.

It is easy to see that given a σ-finite measure space $(S,\mathcal{B},\nu)$ and an isometry J of $L^2(S,\mathcal{B},\nu)$ onto H, we have

$$J = \int \cdot d\mu$$

for $f \in L^2(S,\mathcal{B},\nu)$, where $\mathcal{B}_0 = \{B \in \mathcal{B}\colon 1_B \in L^2(S,\mathcal{B},\nu)\}$, $\nu = \langle\mu^2\rangle$ and $\mu(B) = J(1_B)$.

Let H be a Hilbert space, let $(S,\mathcal{B})$ be a measurable space and finally, let μ be a H-valued orthogonal measure defined on $\mathcal{B}_0 \subset \mathcal{B}$.

To μ we assign a ΓH-valued orthogonal measure $\Gamma\mu$ defined on $\Gamma\mathcal{B}_0 = \{B \in \Gamma\mathcal{B}: 1_B \in F(S,\mathcal{B},<\mu^2>)\}$ by setting

$$\Gamma\mu(B) = \Gamma\int 1_B d\mu$$

for $B \in \Gamma\mathcal{B}_0$. It is easily seen that

$$\Gamma\int \cdot\mu = \int \cdot d\Gamma\mu. \tag{4.1}$$

Notice that the measure $\Gamma\mu$ is the sum of mutually orthogonal measures μ^n,

$$\Gamma\mu = \sum_{n=0}^{\infty} \mu^n,$$

where $\mu^n(B) = \Gamma\mu(B \cap S^n)$.

<u>Theorem 4.1</u>. Given mutually orthogonal $f_1,\ldots,f_n \in L^2(S,\mathcal{B},<\mu^2>)$ natural numbers $k_1,\ldots,k_n$, we have

$$\int f_1^{:k_1:}\ldots :f_k^{:k_n:} d\Gamma\mu = \left(\int f_1 d\mu\right)^{k_1}\ldots\left(\int f_n d\mu\right)^{k_n}, \tag{4.2}$$

$$\left|\int f_1^{:k_1:}\ldots :f_n^{:k_n:} d\Gamma\mu\right| = k_1!^{\frac{1}{2}}\ldots k_n!^{\frac{1}{2}} |f_1|_{L^2}^{k_1}\ldots |f|_{L^2}^{k_n}, \tag{4.3}$$

where $|\cdot|$ denotes the norm in $\Gamma_W H$ and $|\cdot|_{L^2}$ the norm in $L^2(S,\mathcal{B},<\mu^2>)$

If $\Gamma_W H = \mathcal{B}a(H)$, the multiplication of the complex Gaussian random variables $\int f_i d\mu$ is pointwise. If $\Gamma_W H = \mathcal{W}(F)$, $F = {}^{re}H$, then only the multiplication among the powers $(\int f_i d\mu)^{k_i}$ is pointwise. But in the case of real normalized f_i, each power $(\int f_i d\mu)^{k_i}$ is itself the Hermite polynomial of degree k_i of the real random variable $\int f_i d\mu$.

<u>Proof</u>. By 4.1, $\int \cdot d\Gamma\mu$ is an isomorphism of Wick algebras and 4.2 and 4.3 hold trivially. Since the multiplication in $\mathcal{B}a(H)$ is pointwise, for $\Gamma_W H = \mathcal{B}a(H)$ the multiplication of $\int f_i d\mu$ in 4.2 is pointwise. From Lemma 3.2 it follows that in $\mathcal{W}(F)$ the multiplication of powers $(\int f_i d\mu)^{k_i}$ is pointwise. Finally, from the evaluation 3.2 it follows that the power $\int f_i d\mu$ in $\mathcal{W}(F)$ is just the appropriate Hermite polynomial of $\int f_i d\mu$. □

For $\Gamma_W H = \mathcal{W}(F)$, the equalities of Theorem 4.1 were obtained by Ito in [2]. As far as the author is informed, the case of $\Gamma_W H = \mathcal{B}a(H)$ has never been considered.

REFERENCES

1. V. Bargmann, On Hilbert space of analytic functions and an associated integral transform, Pure Appl. Math. 14 (1961), 187-214. Remarks on a Hilbert space of analytic functions, Proc. Nat. Acad. Sci. USA 48 (1942), 199-204.

2. K. Ito, Multiple Wiener integral, J. Math. Soc. Japan 3 (1951), 157-169. Complex multiple Wiener integral, Japan J. Math. 22 (1952), 63-86.

3. G. Kallianpur, The role of reproducing Kernel Hilbert spaces in the study of Gaussian processes, Advances in Prob. and Related Topics 2 (1970), 49-83.

4. E. Nelson, The free Markow field, J. Funct. Anal. 12 (1973), 211-227.

5. B. Simon, The $P(\Phi)_2$ Euclidean (quantum) field theory, Princeton University Press, 1947

6. W. Słowikowski, The second quantization, the stochastic integration and measures in linear spaces, Mat. Inst. Aarhus Univ., Preprint Series No. 5, 1976/77

7. W. Słowikowski, Commutative Wick algebras. II Square integrable martingale algebras and Ito algebras, Proceedings to the Conference on Measure Theory - Applications to Stochastic Filtering and Control, Math. Forschungsinst. Oberwolfach, July 1977. To appear in Springer Lecture Notes Series.

SOME WEAK LAWS OF LARGE NUMBERS FOR PROBABILITY MEASURES ON VECTOR SPACES

by R. L. Taylor and P. Z. Daffer
University of South Carolina

1. Introduction and Preliminaries. Let D[0,1] denote the space of real-valued functions on [0,1] having only discontinuities of the first kind and let d and $|| \ ||_\infty$ denote respectively the Skorohod metric and the uniform norm on D[0,1] (see Billingsley (1968), pp. 109-153 for detailed geometric and probabilistic properties of the space). For a sequence of convex tight random elements $\{X_k\}$ in D[0,1] such that $\int ||X_k||_\infty^r \, dP \le \Gamma$ for all k where r > 1 and Γ is a constant, it is shown that pointwise Cesaro convergence in measure is sufficient for $d(n^{-1}\sum_{k=1}^n X_k, \ n^{-1}\sum_{k=1}^n EX_k)$ to converge to 0 in measure. This weak law of large numbers is also shown to be valid for identically distributed random elements with only a first moment condition. For a Banach space the concepts of convex tightness and tightness coincide. Thus, for random elements taking their values in C[0,1] (a subspace of D[0,1]) or even C[S] (where S is a compact metric space), these result apply with more general hypotheses than the dual space hypotheses of the weak laws of large numbers in Taylor (1972) and Taylor and Wei (1977).

For $x \in D[0,1] = D$, it will be assumed that $x(t^+) = x(t)$ and $x(t^-)$ exists for each t. Let Λ denote the class of strictly increasing, continuous functions of [0,1] onto itself. Then, for x,y $\in$ D the Skorohod metric is defined by

$$d(x,y) = \inf\{\varepsilon > 0: \sup_t |x(\lambda(t)) - y(t)| \le \varepsilon \text{ and } \sup_t |\lambda(t) - t| \le \varepsilon \text{ for some } \lambda \in \Lambda\}. \quad (1.1)$$

With the Skorohod metric, D is a complete, separable metrizable space but is not a topological vector space (addition is not continuous) and is not locally convex. For $||x||_\infty = \sup_{0\le t\le 1} |x(t)|$, the uniform norm, the following easily verified properties are listed for later reference:

$$d(x,y) \le ||x-y||_\infty \quad (1.2)$$

$$d(x+u, \ y+v) \le d(x,y) + ||u||_\infty + ||v||_\infty \quad (1.3)$$

for all x,y,u,v $\in$ D.

A function X from a probability space (Ω,A,P) into D is called a <u>random element</u> if $X^{-1}(B) \in A$ for each Skorohod Borel set B in D, and $X: \Omega \to D$ is a random element if and only if X(t) is a random variable $[X^{-1}(B) \in A$ for each Borel set B in R] for each $t \in [0,1]$ (Billingsley (1968) p. 128). If $\int ||X||_\infty < \infty$, then $EX \in D$ where EX is defined pointwise by

$$EX(t) = \int X(t)dP \quad \text{for each } t \in [0,1].$$

A sequence of random elements $\{X_k\}$ is said to be <u>identically distributed</u> if the induced probabilities on D, P_{X_k}, are all the same and is said to <u>convex tight</u> if for each $\varepsilon > 0$ there exists a convex, compact set K such that $P[X_k \in K_\varepsilon] > 1-\varepsilon$ for all k.

For each positive integer m, define the linear function T_m from D into D by

$$T_m(x) = \sum_{i=0}^{2^m} x(\frac{i}{2^m}) I_{[\frac{i}{2^m}, \frac{i+1}{2^m})}(t) \tag{1.4}$$

where $[\frac{2^m}{2^m}, \frac{2^m+1}{2^m})$ is taken to be {1}. For each $x \in D$

$$d(x, T_m x) < w'_x(\frac{1}{2^m}) + \frac{1}{2^m} \tag{1.5}$$

where $w'_x(\delta)$ plays the role of the modulus of continuity defined in Billingsley (1968). Recall that for $\delta > 0$

$$w'_x(\delta) = \inf_{\{t_j\}} \max_{0 \le j \le r} \sup_{s,t \in [t_{j-1}, t_j)} |x(t) - x(s)| \tag{1.6}$$

where $0 = t_0 < t_1 < \cdots < t_r = 1$ with $t_j - t_{j-1} > \delta$ and that

$$\lim_{\delta \to 0} w'_x(\delta) = 0 \quad \text{for each } x \in D. \tag{1.7}$$

2. <u>Weak Laws of Large Numbers for D[0,1]</u>. From (1.5) and (1.7), it follows that $d(x, T_m(x))$ converges uniformly on compact sets. Since the convex hull of $K \cup \{0\}$ is compact and convex in D[0,1] when K is compact and convex, it will be assumed that $0 \in K$ in the proof of Theorem 1.

<u>Theorem 1</u>: Let $\{X_k\}$ be a sequence of convex tight random elements in D[0,1] such that

$$\int ||X_k||_\infty^r \, dP \le \Gamma \quad \text{for all } k \tag{2.1}$$

where $r > 1$ and $\Gamma > 0$. If

$$n^{-1}\sum_{k=1}^{n}(X_k(t) - EX_k(t)) \to 0 \quad \text{in measure} \tag{2.2}$$

for each dyadic rational in [0,1], then

$$d(n^{-1}\sum_{k=1}^{n} X_k, n^{-1}\sum_{k=1}^{n} EX_k) \to 0 \quad \text{in measure.}$$

<u>Proof</u>: Let $0 < \varepsilon < 1$ and $0 < \delta < 1$ be given. Pick K convex, compact such that $0 \in K$ and

$$P[X_k \notin K] < (\varepsilon\delta/24)^{\frac{r}{r-1}}/\Gamma^{\frac{1}{r-1}} \tag{2.3}$$

for all k. Thus,

$$\int ||X_k I_{[X_k \notin K]}||_\infty \, dP \le (\int ||X_k||^r)^{\frac{1}{r}} P[X_k \notin K]^{\frac{r-1}{r}} \le \varepsilon\delta/24 \tag{2.4}$$

Next, pick m such that $d(x, T_m(x)) < \varepsilon/6$ for all $x \in K$. For each n

$$\begin{aligned} &P[d(n^{-1}\sum_{k=1}^{n} X_k, n^{-1}\sum_{k=1}^{n} EX_k) > \varepsilon] \\ &\le P[d(n^{-1}\sum_{k=1}^{n} X_k, n^{-1}\sum_{k=1}^{n} T_m(X_k)) > \varepsilon/3] \\ &+ P[d(n^{-1}\sum_{k=1}^{n} T_m(X_k), n^{-1}\sum_{k=1}^{n} T_m(EX_k)) > \varepsilon/3] \\ &+ P[d(n^{-1}\sum_{k=1}^{n} T_m(EX_k), n^{-1}\sum_{k=1}^{n} EX_k) > \varepsilon/3]. \end{aligned} \tag{2.5}$$

Using (1.3) and (2.4), the first term of (2.5) can be expressed as

$$\begin{aligned} &P[d(n^{-1}\sum_{k=1}^{n} X_k, n^{-1}\sum_{k=1}^{n} T_m(X_k)) > \varepsilon/3] \\ &\le P[||n^{-1}\sum_{k=1}^{n} X_k I_{[X_k \notin K]}||_\infty + ||n^{-1}\sum_{k=1}^{n} X_k I_{[X_k \notin K]}||_\infty > \varepsilon/6] \\ &\le (12/\varepsilon n)\sum_{k=1}^{n} \int ||X_k I_{[X_k \notin K]}||_\infty dP \le (12/\varepsilon)(\varepsilon\delta/24) = \delta/2. \end{aligned} \tag{2.6}$$

Since K is convex, compact, and $0 \in K$, then

$$E(X_k I_{[X_k \in K]}) \in K \quad \text{and} \quad n^{-1}\sum_{k=1}^{n} E(X_k I_{[X_k \in K]}) \in K.$$

Moreover, $d(n^{-1}\sum_{k=1}^{n} E(X_k I_{[X_k \in K]}), T_m(n^{-1}\sum_{k=1}^{n} E(X_k I_{[X_k \in K]}))) < \varepsilon/6$ (2.7) for each n. Thus, the third term of (2.5) can be expressed as

$$P[d(n^{-1}\sum_{k=1}^{n} T_m(EX_k),\ n^{-1}\sum_{k=1}^{n} EX_k) > \varepsilon/3]$$

$$\leq P[||n^{-1}\sum_{k=1}^{n} T_m(EX_k I_{[X_k \notin K]}||_\infty + ||n^{-1}\sum_{k=1}^{n} EX_k I_{[X_k \notin K]}||_\infty > \varepsilon/6].$$

But, $||T_m x||_\infty \leq ||x||_\infty$, and

$$||n^{-1}\sum_{k=1}^{n} EX_k I_{[X_k \notin K]}||_\infty \leq n^{-1}\sum_{k=1}^{n} ||EX_k I_{[X_k \notin K]}||_\infty$$

$$\leq n^{-1}\sum_{k=1}^{n} \int ||X_k I_{[X_k \notin K]}||_\infty dP < \varepsilon\delta/24.$$

Thus, the third term of (2.5) has probability zero. For the second term of (2.5),

$$P[d(n^{-1}\sum_{k=1}^{n} T_m(X_k), n^{-1}\sum_{k=1}^{n} T_m(EX_k) > \varepsilon/3]$$

$$\leq P[||n^{-1}\sum_{k=1}^{n} (T_m(X_k) - T_m(EX_k))||_\infty > \varepsilon/3]$$

$$\leq \sum_{i=0}^{2^m} P[|n^{-1}\sum_{k=1}^{n} (X_k(\tfrac{i}{2^m}) - EX_k(\tfrac{i}{2^m}))| > \varepsilon/3(2^m + 1)]$$

$$< \delta/2 \quad \text{for } n \geq N \text{ from (2.2)} \tag{2.8}$$

From (2.5), (2.6), and (2.8) it follows that

$$P[d(n^{-1}\sum_{k=1}^{n} X_k,\ n^{-1}\sum_{k=1}^{n} EX_k) > \varepsilon] < \delta$$

for all $n \geq N$.

Remark: If $n^{-1}\sum_{k=1}^{n} EX_k$ converges to a constant, then Theorem 1 is if and only if since convergence in measure implies weak convergence (in distribution) and hence pointwise convergence in distribution to a constant which yields pointwise convergence in measure.

The bounded r^{th} $(r>1)$ moments condition can not be reduced to bounded first moments condition even for tight (hence convex tight) random elements in Banach spaces. However, by requiring identical distributions, a first moment weak law of large numbers can be obtained in a similar proof to Theorem 1. Since convex compact sets, K_n, can be chosen so that $P[X_1 \in K_n] > 1 - \frac{1}{n^2}$, $X_1 I_{[X_1 \notin K_n]} \xrightarrow{a.e.} 0$. Thus, corresponding to (2.4) there exists a convex compact K such that $0 \in K$ and

$$\int ||X_k I_{[X_k \notin K]}||_\infty dP = \int ||X_1 I_{[X_1 \notin K]}||_\infty dP < \varepsilon\delta/24 \text{ for all } k.$$

Hence, the proof of the following theorem is mutatis mutandis as the proof of Theorem 1.

<u>Theorem 2</u>: Let $\{X_k\}$ be a sequence of identically distributed, convex tight random elements in D[0,1] such that $\int ||X_1||dP < \infty$. For each dyadic rational $t \in [0,1]$ $n^{-1}\sum_{k=1}^n X_k(t) \to EX_1(t)$ in measure if and only if $d(n^{-1}\sum_{k=1}^n X_k, EX_1) \to 0$ in measure.

If EX_1 is continuous (for example, the mean function for a Poisson process on [0,1]), then

$$||n^{-1}\sum_{k=1}^n X_k - EX_1||_\infty = \sup_t |n^{-1}\sum_{k=1}^n X_k(t) - EX_1(t)| \to 0$$

in measure.

Before proceeding to the discussion of these results for the Banach spaces C[0,1] and C[S], the following corollary illustrates the pointwise condition by providing a sufficient condition for the hypotheses of Theorem 1.

<u>Corollary</u>: Let $\{X_k\}$ be a sequence of convex tight random elements in D such that $\int ||X_k||_\infty^r \, dP \le \Gamma$ for all k, where $r > 1$ and Γ is a constant. If

(i) $\mathrm{Cov}(X_\ell(t), X_k(t)) = 0$ for each $k \neq \ell$ and each $t \in [0,1]$

and

(ii) $\sum_{k=1}^n \mathrm{Var}(X_k(t)) = o(n^2)$ for each t,

then

$$d(n^{-1}\sum_{k=1}^n X_k, n^{-1}\sum_{k=1}^n EX_k) \to 0 \quad \text{in measure.}$$

<u>Proof</u>: For each t, $\{X_k(t)\}$ is a sequence of uncorrelated random variables by (i). Next, (ii) is sufficient for the weak law of large numbers to hold for the random variables $\{X_k(t)\}$.

3. <u>Convex Tightness and Results for C[0,1] and C[S]</u>. If the random element X has $||\cdot||_\infty$ - separable support, then X is convex tight since P_X is basically a probability measure on a complete, separable normed linear space. However, Daffer

and Taylor (1977) have shown that not every random element in D[0,1] is convex tight. In particular, let the probability space be the interval [0,1] with the Borel subsets and the uniform (interval length) probability measure. The random element defined by $X(\omega) = I_{[\omega,1]}(t)$ for each $\omega \in [0,1]$ is not convex tight and, interestingly, not Borel measurable with respect to the uniform topology on D[0,1]. However, the strong law of large numbers holds (with convergence in the $|| \; ||_\infty$ -norm topology) for independent, identically distributed random elements defined in this manner by a proof similar to that of the Glivenko - Cantelli Theorem.

On the subspace $C[0,1] \subset D[0,1]$, the Skorohod metric and the uniform norm are equivalent. Moreover, each probability measure on a complete, separable, metric space is tight (Billingsley p. 10), and the concepts of convex tight and tight coincide for Banach spaces since the convex hull of a compact set is again compact. Thus, Theorems 1 and 2 provide more applicable results for C[0,1] than the earlier results of Taylor (1972) and Taylor and Wei (1977) since only pointwise conditions must be verified (such as pointwise uncorrelation or pointwise independence).

Let C[S] denote the space of continuous, real-valued functions with domain S, a compact metric space. Let $||x(s)|| = \sup_{s\in S}|x(s)|$ be the sup norm on C[S]. In obtaining weak laws of large numbers for C[0,1] of the form of Theorems 1 and 2, the linear, Borel approximating function T_m is the key development. Let $\{s_1, s_2, s_3, \ldots\}$ denote a countable dense subset of S, and let $N(s_i, \varepsilon) = \{s \in S: \; d(s_i, s) < \varepsilon\}$. For each positive integer m there exists t_m such that

$$S = \bigcup_{i=1}^{t_m} N(s_i, \tfrac{1}{m}). \tag{3.1}$$

Let $\{f_i: i = 1, \ldots, t_m\} \subset C[S]$ be a locally finite partition of unity on S subordinate to the open covering in (3.1) [see Willard (1968), p. 152]. For each m define

$$T_m(x) = \sum_{i=1}^{t_m} x(s_i) f_i \tag{3.2}$$

It then follows that each T_m is linear and continuous and $||T_m(x) - x|| \to 0$ for each $x \in C[S]$. Moreover, since $\sum_{i=1}^{t_m} f_i(s) = 1$ for each $s \in S$,

$$||T_m(x)|| \leq ||x|| \qquad \text{for each } x \in C[S].$$

Thus, $||T_m(x) - x|| \to 0$ uniformly for x in a compact set, and versions of Theorems 1 and 2 (assuming only tightness or (not both) identical distributions) follow for C[S].

REFERENCES

Billingsley, P. (1968). Convergence of Probability Measures, Wiley, New York

Daffer, P. and Taylor, R. L. (1977). Laws of Large Numbers for D[0,1], USC Technical Report #60B10. University of South Carolina.

Rudin, W. (1973). Functional Analysis, McGraw-Hill, New York.

Taylor, R. L. (1972). Weak Laws of Large Numbers in Normed Linear Spaces, Ann. Math. Statist., 43, 1267-1274.

Taylor, R. L. and Wei, D. (1977). Laws of Large Numbers for Tight Random Elements in Normed Linear Spaces, (submitted).

Willard, S. (1968). General Topology, Addison-Wesley, Reading, Mass.

Department of Mathematics & Computer Science
University of South Carolina
Columbia, South Carolina 29208
USA

SOME APPLICATIONS OF VECTOR SPACE MEASURES TO NON-RELATIVISTIC QUANTUM MECHANICS.

Aubrey Truman,
Mathematics Department,
Heriot-Watt University,
Edinburgh, Scotland.

ABSTRACT

We give a new definition of the Feynman path integral in non-relativistic quantum mechanics - the Feynman map $\mathcal{F}$. We show how, in fairly general circumstances, the Cauchy problem for the Schrödinger equation can be solved in terms of a Feynman-Itô formula for this Feynman map $\mathcal{F}$. Exploiting the translational invariance of $\mathcal{F}$, we obtain the so-called quasiclassical representation for the solution of the above Cauchy problem. This leads to a formal power series in $\hbar$ for the solution of the Cauchy problem for the Schrödinger equation. We prove that the lowest order term in this formal power series corresponds precisely to that given by the physically correct classical mechanical flow. This leads eventually to new rigorous results for the Schrödinger equation and for the diffusion (heat) equation, encapsuling the result quantum mechanics $\rightarrow$ classical mechanics as $\hbar \rightarrow 0$.

1. INTRODUCTION

This paper is intended as an introduction to some of the ideas in references 1,2,3,4,5,6. We shall be concerned with some applications of vector space measures to non-relativistic quantum mechanics. Our primary aim is to motivate a new definition of the Feynman path integral in non-relativistic quantum mechanics - the Feynman map $\mathcal{F}$. This Feynman map $\mathcal{F}$ is easier to use than previous definitions of the Feynman integral and yet it has the virtue that one can establish for $\mathcal{F}$ a number of physically interesting rigorous results in non-relativistic quantum mechanics. We do not give all the details of the arguments here, but we give sufficient detail to enable any competent student to complete the proofs.

To make our exposition as simple as possible we initially restrict our attention to the case of a single spinless non-relativistic quantum mechanical particle moving in the potential V in one space dimension. Generalisation of our results to a finite number of particles in a finite dimensional Euclidean space is straightforward.

One of the problems we shall be most concerned with is the connection between classical mechanics and quantum mechanics. In this paper we prove two results in this direction. First of all we prove the Feynman-Dirac conjecture expressing the quantum mechanical amplitude as 'a sum over paths γ' of $\exp\{i\, S[\gamma]/\hbar\}$, where $S[\gamma]$ is the classical action corresponding to the path γ and $\hbar$ is Planck's constant divided by 2π. The proof of this conjecture follows as a consequence of some of the rigorous properties of $\mathcal{F}$. As we explain later, we believe our result is the first attempt to deal with the exact Feynman-Dirac conjecture. Previous results all seem to deal with approximate versions of this conjecture. In point of fact the exact Feynman-Dirac conjecture leads almost directly to our definition of $\mathcal{F}$.

Secondly we obtain a new representation for the wave-function solution of the Cauchy problem for the Schrödinger equation - the so-called quasiclassical representation. This gives the wave-function solution of the Schrödinger equation as a formal power series in $\hbar$. By evaluating a certain Feynman integral we show that the first term in this formal power series in $\hbar$ corresponds to the correct classical mechanical limit of quantum mechanics obtained by letting $\hbar \to 0$. This leads eventually to the rigorous result quantum mechanics $\to$ classical mechanics as $\hbar \to 0$ summarised in Theorem 8. It also leads by a corresponding quasiclassical representation to some new results for the diffusion (heat) equation. These are given in Theorem 7.

In the next section we give a concrete realisation of the Hilbert space of paths H for a single spinless non-relativistic quantum mechanical particle in one dimension and prove that H is a reproducing kernel Hilbert space. We then introduce the De Witt, Albeverio and Høegh-Krohn definition of the Feynman integral $\mathcal{F}_{DAH}$ and in Section 4 we establish one of its most important properties - the Feynman-Itô formula. For certain technical reasons this Feynman-Itô formula is only valid for interaction potentials V which are the Fourier transforms of measures of bounded absolute variation. This excludes the physically important (an) harmonic oscillator potentials $V = Ax^2 + Bx + C$, $A \geq 0$. In Section 5, considering the original Feynman-Dirac conjecture, we are led to our new definition of the Feynman map $\mathcal{F}$. Exploiting the reproducing kernel property of H, we prove that $\mathcal{F}$ is, in fact, simply an extension of $\mathcal{F}_{DAH}$. For the Feynman map $\mathcal{F}$ we then prove the validity of the Feynman-Itô formula for (an) harmonic potentials V, as well as for potentials V which are the Fourier transforms of measures of bounded absolute variation. This proves the Feynman-Dirac conjecture for these potentials. Finally in Section 6, utilising the translational invariance of $\mathcal{F}$, we obtain the quasi-classical representation for the wave-function solution of the Schrödinger equation. This quasiclassical representation leads eventually in Section 7 to new results for the Schrödinger equation and the diffusion (heat) equation, embodying the result quantum mechanics $\to$ classical mechanics as $\hbar \to 0$.

2. HILBERT SPACE OF PATHS H

In this section we give a mathematical characterisation of the space of paths H for a spinless non-relativistic quantum mechanical particle in one dimension. We think of these paths as the paths a quantum mechanical particle might actually describe in a physical experiment.

The space of paths H is the space of continuous functions $\gamma(\tau)$ defined on $(0,t)$, normalised so that $\gamma(t) = 0$, with weak derivative $\frac{d\gamma}{d\tau} \in L^2(0, t)$ and with inner product $(\; , \;)$ given by

$$(\gamma', \gamma) = \int_0^t \frac{d\gamma'}{d\tau} \frac{d\gamma}{d\tau} d\tau. \qquad (1)$$

Any continuous function γ on $(0, t)$ vanishing at one end is uniquely determined by its weak derivative $\frac{d\gamma}{d\tau}$. However, $\frac{d\gamma}{d\tau} \in L^2(0, t)$ can be written as an a.e. convergent Fourier series

$$\frac{d\gamma}{d\tau}(\tau) = \alpha_o + \sum_1^\infty \alpha_n \cos\left(\frac{2\pi n\tau}{t}\right) + \sum_1^\infty \beta_n \sin\left(\frac{2\pi n\tau}{t}\right), \qquad (2)$$

$\alpha_o, \alpha_n, \beta_n \in \mathbb{R}$ being the usual Fourier coefficients with $\sum_1^\infty (\alpha_n^2 + \beta_n^2) < \infty$.

We have

$$\gamma(\tau) = \alpha_o(\tau - t) + \sum_1^\infty \frac{t\alpha_n}{2\pi n} \sin \frac{2\pi n\tau}{t} + \sum_1^\infty \frac{t}{2\pi n} \beta_n \left[1 - \cos\left(\frac{2\pi n\tau}{t}\right)\right], \qquad (3)$$

for $\tau \in (0, t)$ with a similar formula for $\gamma'(\tau)$.

In the above equation the Cauchy-Schwarz inequality can be used to show that r.h.s. is absolutely and uniformly convergent for $\tau \in (0, t)$ and $\gamma(\tau)$ is necessarily continuous. It is not difficult to show that γ is the unique continuous function on $(0, t)$ with $\gamma(t) = 0$ and with weak derivative $\frac{d\gamma}{d\tau}$.

From the above expression for γ and a similar identity for γ' it follows that

$$(\gamma', \gamma) = \frac{t}{2} \alpha_o' \alpha_o + t \sum_{n=1}^\infty (\alpha_n' \alpha_n + \beta_n' \beta_n). \qquad (4)$$

Thus H is a real separable Hilbert space.

H is also a reproducing kernel Hilbert space i.e. $G(\sigma, \cdot) \in H$, where $\forall \gamma \in H$, $\forall \sigma \in [0, t]$,

$$(G(\sigma, \cdot), \gamma(\cdot)) = \gamma(\sigma). \qquad (5)$$

In fact $G(\sigma,\tau) = t - \sigma \vee \tau$, where $\sigma \vee \tau = \sup\{\sigma, \tau\}$. $G(\sigma, \tau)$ is merely the Green's function of the Sturm-Liouville differential operator $-\frac{d^2}{d\tau^2}$ on the interval $(0, t)$ with boundary conditions $\frac{dG}{d\tau}(\sigma, 0) = 0$, $G(\sigma, t) = 0$. The weak derivative of G is given by

$$\frac{dG}{d\tau}(\sigma, \tau) = -\theta(\tau - \sigma), \tag{6}$$

θ being the Heaviside function.

The reproducing kernel property now follows from

$$(G(\sigma, \cdot), \gamma(\cdot)) = -\int_{\tau}^{t} \frac{d\gamma}{d\tau'} d\tau' = \gamma(\sigma), \tag{7}$$

the last step being obtained by integrating the a.e. convergent Fourier series for $\frac{d\gamma}{d\tau}$ term by term. The last equation expresses γ as an integral. It follows that $\gamma \in H$ is necessarily absolutely continuous. This gives an equivalent characterisation of H as the space of absolutely continuous functions γ on $(0, t)$, with $\gamma(t) = 0$, with a.e. derivative in $L^2(0, t)$.

3. DE WITT, ALBEVERIO, HØEGH-KROHN, FEYNMAN PATH INTEGRAL.

We now give an account of the Feynman path integral as formulated by Albeverio and Høegh-Krohn in reference 1. Their definition owes something to Cécile de Witt's earlier definition in that the Feynman 'pseudo-measure' is defined in terms of its Fourier transform [De Witt 7, 8]. We, therefore, refer to this definition as the Feynman path integral $\mathcal{f}_{DAH}$.

To set up the definition of $\mathcal{f}_{DAH}$ we require the space of measures $M(H)$ and the space of functionals $\mathcal{f}(H)$. We choose the σ-field on H to be the Borel σ-field on H generated by the subsets of H open in the inner product topology.

Definition

$M(H)$ is the space of complex-valued measures of bounded absolute variation on H. $\mu \in M(H)$ iff $||\mu|| = \int |d\mu| < \infty$. $||\ ||$ is a norm on $M(H)$.

Definition

The functional $f \in \mathcal{f}(H)$, $f : H \to \mathbb{C}$, iff $f[\gamma] = \int \exp\{i\ (\gamma', \gamma)\}\, d\mu(\gamma')$, for some measure $\mu \in M(H)$.

Definition

Let $f \in \mathcal{f}(H)$, $f[\gamma] = \int \exp\{i\ (\gamma', \gamma)\} d\mu(\gamma')$, with $\mu \in M(H)$. Then $\mathcal{f}_{DAH} : \mathcal{f}(H) \to \mathbb{C}$ is defined by

$$\mathcal{f}_{DAH}[f] = \int \exp \left\{\frac{-i}{2}\ (\gamma', \gamma')\right\} d\mu(\gamma'). \tag{8}$$

The last equation defines by a Parseval identity what we might write formally as $\int_{\gamma\in H} f[\gamma]\, dw\,(\gamma)$. Here w is the so-called Feynman 'pseudo-measure' and $\exp\left\{\frac{-i}{2}\ ||\gamma'||^2\right\}$ can be thought of as the Fourier transform of dw.

$\mathcal{f}_{DAH}$ is well-defined because the bounded function $\exp\left\{\frac{-i}{2}||\gamma'||^2\right\}$ is continuous and therefore Borel measurable. What is more the separability of H implies that if $\mu \in M(H)$ and $f[\gamma] = \int \exp\{i(\gamma', \gamma)\}\ d\mu(\gamma')$ then μ is uniquely determined by f. For, if $f \equiv 0$, then $\forall\ a \in \mathbb{R}, \forall\ \gamma' \in H$,

$$\mu\ \{\gamma\in H |\ (\gamma', \gamma) > a\} = 0 \tag{9}$$

and separability implies $\mu \equiv 0$.

Defining $||\ ||_o$ by

$$||f||_o = \int |d\mu| = ||\mu|| < \infty, \tag{10}$$

$f \in \mathcal{f}(H)$, $f[\gamma] = \int \exp\{i(\gamma', \gamma)\}\ d\mu(\gamma')$, $\mu \in M(H)$, $||\ ||_o$ is a norm on $\mathcal{f}(H)$.

The most important properties of $\mathcal{f}(H)$ are summarised in Theorem 1.

Theorem 1 (Albeverio and Høegh-Krohn)

$\mathcal{F}(H)$ is a Banach function algebra in $|| \ ||_o$, closed under addition, multiplication and composition with entire functions. $\mathcal{F}_{DAH} : \mathcal{F}(H) \to \mathbb{C}$ is a continuous linear map normalised so that for the functional 1 $\mathcal{F}_{DAH}(1) = 1$.

Proof

Let $*$ denote convolution of measures in M(H). Firstly M(H) is a commutative Banach algebra in absolute variation norm under $*$. For by Fubini's theorem for any bounded continuous functional f

$$\int f[\gamma] \, d(\mu * \nu)(\gamma) = \int f[\gamma + \gamma'] \, d\mu(\gamma) \, d\nu(\gamma'). \tag{11}$$

Hence, we have

$$\mu * \nu = \nu * \mu, \ ||\mu * \nu|| \leq ||\mu|| \, ||\nu||. \tag{12}$$

The associativity of $*$ follows from Fubini's theorem. Completeness follows by standard arguments. We now put $f[\gamma] = \exp\{-i(\gamma, \delta)\}$ in equation (11) to obtain

$$\int \exp\{i(\gamma, \delta)\} \, d(\mu * \nu)(\gamma) = \int \exp\{i(\gamma, \delta)\} \, d\mu(\gamma) \int \exp\{i(\gamma', \delta)\} \, d\nu(\gamma'). \tag{13}$$

If the entire function $E(z) = \sum_{n=1}^{\infty} a_n z^n$ then $E(f) = \sum_{n=0}^{\infty} a_n f^n$ is the Fourier transform of $\sum_{n=0}^{\infty} a_n(\mu * \mu * \dots * \mu) \in M(H)$ if f is the Fourier transform of $\mu \in M(H)$. Since $\mathcal{F}(H)$ is the isometric isomorphic image of M(H), $\mathcal{F}(H)$ is necessarily complete. The continuity of $\mathcal{F}_{DAH}$ follows from

$$|\mathcal{F}_{DAH}(f)| \leq \int |d\mu(\gamma')| = ||f||_o \ . \tag{14}$$

Finally the normalisation of $\mathcal{F}_{DAH}$ follows from the fact that $1 \in \mathcal{F}(H)$ is the Fourier transform of $\delta_o \in M(H)$, where, for Borel $A \subset H$,

$$\delta_o(A) = 1 \text{ if } 0 \in A$$
$$= 0, \text{ otherwise} \tag{15}$$

Needless to say the first term of $\sum_{n=0}^{\infty} a_n(\mu * \mu * \dots * \mu)$ is understood to be $(a_o \delta_o)$. δ_o is just the identity in the Banach algebra M(H) and 1 is the corresponding identity in the Banach algebra $\mathcal{F}(H)$. □

4. THE FEYNMAN-ITÔ FORMULA

We now give the most important application of the Feynman integral $\mathcal{f}_{DAH}$ - the Feynman-Itô formula. Before deriving the Feynman-Itô formula we calculate an important Feynman integral. This we do in the next lemma.

Lemma 1

Let $f[\gamma] = \left[\int_0^t V[\gamma(\tau) + x]\, d\tau\right]^n \phi[\gamma(0) + x]$, where $V[x] = \int \exp(i\alpha x)\, d\mu(\alpha)$ and $\phi[x] = \int \exp(i\alpha x)\, d\nu(\alpha)$, μ and ν being complex measures of bounded absolute variation on $\mathbb{R}^1$. Then $f \in \mathcal{F}(H)$ and

$$\mathcal{f}_{DAH}[f] = \int_0^t dt_1 \ldots \int_0^t dt_n \exp\left\{\frac{-i}{2} \sum_{j,k=0}^{n} \alpha_j \alpha_k G(t_j, t_k)\right\}$$
$$\exp\left\{i \sum_{j=0}^{n} \alpha_j x\right\} d\mu(\alpha_n)\, d\mu(\alpha_{n-1}) \ldots$$
$$\ldots d\nu(\alpha_0), \qquad (16)$$

where $t_0 = 0$.

Proof

Introducing the Fourier transforms of V and ϕ, we obtain

$$f[\gamma] = \int_0^t dt_1 \int_0^t dt_2 \ldots \int_0^t dt_n \int \ldots \int \exp\{i \sum_{j=0}^{n} \alpha_j \gamma(t_j)\}$$
$$\exp\{i \sum_{j=0}^{n} \alpha_j x\}\, d\mu(\alpha_n) \ldots d\nu(\alpha_0), \qquad (17)$$

where $t_0 = 0$. However, using the reproducing kernel $G(\sigma, \cdot)$, we see that

$$f[\gamma] = \int_0^t dt_1 \ldots \int_0^t dt_n \int \ldots \int \exp\{i \left(\sum_{j=0}^{n} \alpha_j G(t_j, \cdot), \gamma(\cdot)\right)\}$$
$$\exp\{i \sum_{j=0}^{n} \alpha_j x\}\, d\mu(\alpha_n) \ldots d\nu(\alpha_0). \qquad (18)$$

Define the measure $\tilde{\mu}$ on $[0, t]^n \times \mathbb{R}^{n+1}$ by

$$d\tilde{\mu}(t_1, \ldots, t_n, \alpha_0, \ldots, \alpha_n) = \exp\{i \sum_{j=0}^{n} \alpha_j x\}\, dt_1 \ldots dt_n\, d\nu(\alpha_0) \ldots d\mu(\alpha_n). \qquad (19)$$

Then, if μ_H is defined by

$$\mu_H(A) = \tilde{\mu}\{(t_1, \ldots, t_n, \alpha_0, \ldots, \alpha_n) \mid \sum_{j=0}^{n} \alpha_j G(t_j, \cdot) \in A\} \qquad (20)$$

for each Borel $A \subset H$,

$$f[\gamma] = \int \exp\{i (\gamma', \gamma)\}\, d\mu_H(\gamma')$$

and $\mu_H \in M(H)$.

The result now follows from the definition of $\mathcal{f}_{DAH}$. □

The Feynman-Itô formula is the content of Theorem 2.

Theorem 2.

The solution of the Schrödinger equation

$$i \frac{\partial \psi}{\partial t} = -\frac{1}{2} \frac{\partial^2 \psi}{\partial X^2} + V[X]\psi \tag{22}$$

with Cauchy data $\psi(X, 0) = \phi[X] = \int \exp(i\alpha X)\, d\nu(\alpha) \;\varepsilon\; L^2(\mathbb{R}^1)$ with a real-valued potential $V[X] = \int \exp(i\alpha X)\, d\mu(\alpha)$; μ, ν being of bounded absolute variation on $\mathbb{R}^1$, is

$$\psi(X, t) = \mathcal{F}_{DAH} \left[\exp\{-i \int_0^t V[\gamma(\tau) + X]\, d\tau\}\, \phi[\gamma(0) + X]\right], \tag{23}$$

$$\exp\{-i \int_0^t V[\gamma(\tau) + X]\, d\tau\}\, \phi[\gamma(0) + X] \;\varepsilon\; \mathcal{F}(H).$$

Proof

Arguing as in Lemma 1 above, $\int_0^t V[\gamma(\tau) + X] d\tau \;\varepsilon\; \mathcal{F}(H)$ and $\phi[\gamma(0) + X] \;\varepsilon\; \mathcal{F}(H)$. Since $\mathcal{F}(H)$ is closed under composition with entire functions and multiplication, it follows that $g[\gamma] = \exp\{-i \int_0^t V[\gamma(\tau) + X] d\tau\}$ $\times\, \phi\, [\gamma(0) + X] \;\varepsilon\; \mathcal{F}(H)$. Using the continuity of $\mathcal{F}_{DAH}$, we can evaluate $\mathcal{F}_{DAH}[g]$ by writing

$$\exp\{-i \int_0^t V[\gamma(\tau) + X] d\tau\} = \sum_{n=0}^{\infty} \frac{(-i)^n}{n!} \left[\int_0^t V[\gamma(\tau) + X]\right]^n \tag{24}$$

and using Lemma 1.

It is not difficult to show that the resulting series is just the Dyson series for $[\exp(-itH)\phi](X)$, where $H = -\frac{1}{2}\frac{\partial^2}{\partial X^2} + V[X]$ is known to be self-adjoint on the natural domain of $\left(-\frac{\partial^2}{\partial X^2}\right)$ because V is real and bounded. The boundedness of V ensures that this series is norm-convergent for $\phi \;\varepsilon\; L^2(\mathbb{R}^1)$. □

The above Feynman-Itô formula is not valid for potentials V which are unbounded. This excludes for instance the physically interesting harmonic oscillator potentials $V = AX^2 + BX + C$, $A \geq 0$. To deal with potentials such as this Albeverio and Høegh-Krohn redefine their Feynman path integral by introducing Fresnel integrals relative to non-singular quadratic forms. This procedure seems to us unnecessarily complicated. In the next section we give an alternative definition of the Feynman path integral $\mathcal{F}$, which is closer in spirit to Feynman's original ideas. We show that this Feynman map $\mathcal{F}$ is an extension of $\mathcal{F}_{DAH}$ and explain how to derive the Feynman-Itô formula for a wider class of potentials including the harmonic oscillator ones. For these potentials this gives an exact correspondence between classical mechanics and quantum mechanics first conjectured by Dirac and Feynman more than forty years ago. Approximate versions of this conjecture have been derived before. We believe our result is the first proof of the precise version of the Feynman-Dirac conjecture. [Feynman 10, Dirac 11.]

5. THE FEYNMAN MAP.

We begin by discussing the Feynman-Dirac conjecture. We choose units so that particle mass $m = 1$ and Planck's constant divided by 2π, $\hbar = 1$.

Let $(P_n\gamma)$ denote the polygonal path defined for $\tau \in (0, t)$

$$(P_n\gamma)(\tau) = \gamma_j + \left(\tau - \frac{jt}{n}\right)\left(\gamma_{j+1} - \gamma_j\right)\frac{n}{t}, \quad \frac{jt}{n} \leq \tau < \frac{(j+1)t}{n}, \tag{25}$$

$j = 0, 1, 2, \ldots, n-1$, where initially γ_j are fixed and arbitrary, save for γ_n, and $\gamma_n = 0$.

We denote by $(P_n\gamma + X)$ the polygonal path

$$(P_n\gamma + X)(\tau) = (P_n\gamma)(\tau) + X, \qquad \tau \in (0, t), \tag{26}$$

for a constant X and $S_{cl}[P_n\gamma + X]$ denotes the classical action of a particle of mass unity in a potential V

$$S_{cl}[P_n\gamma + X] = \sum_{j=0}^{n-1} \frac{(\gamma_{j+1} - \gamma_j)^2}{2\Delta t} - \int_0^t V[P_n\gamma + X]\,d\tau, \tag{27}$$

where $\Delta t = t/n$.

Now let $\psi(X, t)$ be the amplitude for the quantum mechanical particle of mass unity to be at X at time t, when moving in the potential V. Then, using earlier work of Dirac, Feynman conjectured

$$\psi(X, t) = \lim_{n\to\infty} N_n \int d^n\gamma \ \exp\{i\, S_{cl}[P_n\gamma + X]\}\psi(\gamma_0 + X, 0), \tag{28}$$

where $N_n = (2\pi i\,\Delta t)^{-n/2}$ is a normalisation constant and $d^n\gamma = d\gamma_0\, d\gamma_1 \ldots d\gamma_{n-1}$, each integration being from $-\infty$ to $+\infty$. We refer to the above conjecture as the Feynman-Dirac conjecture. To prove it we introduce our new definition of the Feynman path integral.

We define the linear map $P_n : H \to H$ by identifying γ_j with $\gamma\left(\frac{jt}{n}\right)$, $\gamma \in H$, so that for $j = 0, 1, 2, \ldots, n-1$

$$(P_n\gamma)(\tau) = \gamma\left(\frac{jt}{n}\right) + \left(\tau - \frac{jt}{n}\right)\left[\gamma\left(\frac{j+1}{n}t\right) - \gamma\left(\frac{jt}{n}\right)\right]\Delta t^{-1}, \quad \frac{jt}{n} \leq \tau < \frac{(j+1)t}{n}. \tag{29}$$

Let $f[\gamma]$ be a cylinder functional $f: H \to \mathbb{C}$, $f[\gamma]$ depending upon $\gamma(\sigma_j)$ for only a finite number of times $\sigma_j = \frac{jt}{n}$, $j = 0, 1, 2, \ldots, n-1$; $f[\gamma] = f[\gamma_0, \gamma_1, \ldots, \gamma_{n-1}]$. For such a cylinder functional we use the shorthand

$$\mathcal{f}_n[f] = N_n \int d^n\gamma \ \exp\left\{\frac{i}{2}\sum_{j=0}^{n-1} \frac{(\gamma_{j+1} - \gamma_j)^2}{\Delta t}\right\} f[\gamma_0, \gamma_1, \ldots, \gamma_{n-1}], \tag{30}$$

whenever the integral exists.

Definition

Let $f: H \to \mathbb{C}$ be a functional with domain H and let $(f \circ P_n)$ be the composition with P_n. Then we define the Feynman map $\mathcal{F}$ by

$$\mathcal{F}[f] = \lim_{n \to \infty} \mathcal{F}_n [f \circ P_n], \tag{31}$$

whenever this limit exists. We say $f \in \mathcal{F}(P_\infty H)$ iff above limit exists.

We observe that the Feynman-Dirac conjecture reduces to

$$\psi(X, t) = \mathcal{F}\left[\exp\{-i \int_0^t V[\gamma(\tau) + X] d\tau\} \ \phi[\gamma(0) + X]\right], \tag{32}$$

where $\psi(X, 0) = \phi(X)$.

If we make the Riemann sum approximation,

$$\int_0^t V[\gamma(\tau) + X] d\tau \to \sum_{j=0}^{n-1} V[\gamma_j + X] \Delta t, \tag{33}$$

we obtain the approximate version of the Feynman-Dirac conjecture. With this approximation the Feynman-Dirac conjecture was first proved by Nelson using the Lie-Kato-Trotter product formula [Nelson 9]. Here we make no such replacement. The proof of the conjecture depends upon the lemmas below.

Lemma 2.

$P_n : H \to H$ is a projection and if $I : H \to H$ denotes the identity then $P_n \overset{s}{\to} I$ in the strong operator topology of $\mathcal{L}(H, H)$.

Proof

From the definition of P_n it follows easily that $P_n^2 = P_n$. To prove that P_n is a projection it remains to show that

$$(\gamma', P_n\gamma) = (P_n\gamma', \gamma), \quad \forall \ \gamma, \gamma' \in H. \tag{34}$$

This follows from the important identity

$$(P_n\gamma)(\tau) = \sum_{j=0}^{n-1} \left[G\left(\frac{j+1}{n} t, \tau\right) - G\left(\frac{jt}{n}, \tau\right)\right][\gamma_{j+1} - \gamma_j] \ \Delta t^{-1}, \tag{35}$$

where $\gamma_j = \gamma\left(\frac{jt}{n}\right)$, $j = 0, 1, 2, \ldots, n$ and $G(\sigma, \tau) = t - \sigma \vee \tau$ is the reproducing kernel.

Let $V = \{\gamma \in H \,|\, \|P_n\gamma - \gamma\| \to 0$ as $n \to \infty\}$. It is not difficult to show that V is a closed linear subspace of H containing the trigonometric basis functions. Hence, $V = H$ and $P_n \overset{s}{\to} I$. [see Truman 3,4]. □

Lemma 3

For real $a, b > 0$, $\exists$ a finite constant $C(b)$ such that

$$\left|\int_0^a \exp(ibt^2) dt\right| \leq C(b), \tag{36}$$

uniformly $a \in (0, \infty)$.

Proof

Consider the closed contour C in the complex t plane.

$$C = \{t \mid \arg t = 0, 0 \leq |t| \leq a;\ 0 \leq \arg t \leq \frac{\pi}{4},\ |t| = a;\ \arg t = \frac{\pi}{4},\ 0 \leq |t| \leq a\}$$

Then $\oint_C \exp(ibt^2)dt = 0$ and the inequality $\frac{\sin u}{u} \geq \frac{2}{\pi}$, $0 \leq u \leq \frac{\pi}{2}$, imply that $C(b) = \left(\frac{\pi}{4b}\right)^{\frac{1}{2}} + \left(\frac{\pi}{4} \vee \frac{\pi}{4b}\right)$, where $\vee$ is the maximum. □

We are now in a position to prove Theorem 3.

Theorem 3.

$$\mathcal{F}(H) \subset \mathcal{F}(P_\infty H) \text{ and } \mathcal{F} \text{ is an extension of } \mathcal{F}_{DAH}.$$

Proof

Let $f \in \mathcal{F}(H)$ be given by $f[\gamma] = \int \exp\{i(\gamma', \gamma)\}\, d\mu(\gamma')$, $\mu \in M(H)$. Then, using equation (35) for P_n and Fubini's theorem in conjunction with Lemma 2 to change orders of integration, we obtain

$$\mathcal{F}_n[f \circ P_n] = \int \exp\left\{\frac{-i}{2}(\gamma, P_n\gamma)\right\} d\mu(\gamma). \quad (37)$$

From Lemma 1, $\forall\, \gamma \in H$, $||P_n\gamma - \gamma||^2 = |(\gamma, \gamma) - (\gamma, P_n\gamma)| \to 0$, as $n \to \infty$.

Hence,

$$\forall\, \gamma \in H,\ \left|\exp\left\{\frac{-i}{2}(\gamma, P_n\gamma)\right\} - \exp\left\{\frac{-i}{2}(\gamma, \gamma)\right\}\right| \to 0, \text{ as } n \to \infty.$$

Since $\left|\exp\left\{\frac{-i}{2}(\gamma, P_n\gamma)\right\} - \exp\left\{\frac{-i}{2}(\gamma, \gamma)\right\}\right| \leq 2$, applying the dominated convergence theorem for the measure μ yields, for $f \in \mathcal{F}(H)$,

$$\mathcal{F}_n[f \circ P_n] \to \int \exp\left\{\frac{-i}{2}(\gamma, \gamma)\right\} d\mu(\gamma) = \mathcal{F}_{DAH}[f], \quad (38)$$

as $n \to \infty$ □

Combining Theorems 2 and 3 proves the Feynman-Dirac conjecture for potentials V and initial wave-functions ϕ which are the Fourier transforms of measures of bounded absolute variation. The question arises as to the validity of the Feynman-Dirac conjecture for other potentials such as the (an) harmonic oscillator potential $V = AX^2 + BX + C$. The proof of the Feynman-Dirac conjecture for potentials V of this kind can be made to depend upon the following result.

Theorem 4.

Let $G(X, \xi, t)$ be the Green's function for the Schrödinger equation

$$i\frac{\partial\psi}{\partial t} = -\frac{1}{2}\frac{\partial^2\psi}{\partial x^2} + V[X]\psi, \quad (39)$$

with initial conditions $\psi(X, 0) = \delta(X - \xi)$ and define

$\hat{G}(X, \alpha, t) = \lim_{\varepsilon \to 0+} \int \exp\{i\alpha\xi - \varepsilon\xi^2\}\, G(X, \xi, t)\, d\xi$. Then, if the potential V is either (an) harmonic, or if V is the Fourier transform of a measure of bounded absolute variation, we have

$$\hat{G}(X, \alpha, t) = \mathcal{F}\left[\exp\{-i \int_0^t V[\gamma(\tau) + X] d\tau\} \exp\{i\alpha(\gamma(0) + X)\}\right]. \quad (40)$$

Proof

For (an) harmonic oscillator potentials the result follows by explicit evaluation of the Feynman integral. When the potential is the Fourier transform of a measure of bounded absolute variation, we put $\phi = \phi_\varepsilon$ in Theorem 2, where $\phi_\varepsilon(X) = \exp(i\alpha X - \varepsilon X^2)$, $\varepsilon \geq 0$. Using Theorems 1, 2 and 3, the result follows by virtue of the fact that $||\phi_\varepsilon[\gamma(0) + X] - \phi_0[\gamma(0) + X]||_0 \to 0$ as $\varepsilon \to 0+$.

It is not difficult to show that Theorem 2 can now be extended to potentials of the form $V = AX^2 + BX + C$, $A \geq 0$. This proves the exact Feynman-Dirac conjecture for these potentials and those which are the Fourier transforms of measures of bounded absolute variation.

In the next section we derive the quasiclassical representation for the wave-function solution of the Schrödinger equation. This expresses the wave-function as a formal power series in $\hbar$. The integrand of the first term, t_0, in this formal power series does not belong to $\mathcal{F}(H)$. However, it does belong to $\mathcal{F}(P_\infty H)$. An evaluation of t_0 gives the correct classical mechanical limit of quantum mechanics.

6. THE QUASICLASSICAL REPRESENTATION.

The quasiclassical representation is the content of the next theorem.

Theorem 5.

Let $\psi(x, t)$ be the solution of the Schrödinger equation

$$i\hbar \frac{\partial \psi}{\partial t} = \frac{-\hbar^2}{2m} \frac{\partial^2 \psi}{\partial x^2} + V(x)\psi , \tag{41}$$

with Cauchy data $\psi(x, 0) = \phi(x) \varepsilon L^2(R)$, where V and ϕ are the Fourier transforms of measures of bounded absolute variation. Let $X_{cl}(\tau) \varepsilon C^2(0, t)$ be the real solution of

$$m\ddot{X}_{cl}(\tau) = -\frac{\partial V}{\partial x}\left[X_{cl}(\tau)\right] , \quad \tau \varepsilon [0, t] , \tag{42}$$

$X_{cl}(t) = x$ and define the classical action $S_{cl} = \int_0^t \frac{m}{2} \dot{X}_{cl}^2(\tau) - \int_0^t V[X_{cl}(\tau)]d\tau$.

Then $\exp\{-iS_{cl}/\hbar\}\psi(x, t) = \mathcal{f}\left[\exp\left\{\frac{-i}{\hbar}\int_0^t \Delta^2 V \, d\tau\right\} \exp\left\{-i\left(\frac{m}{\hbar}\right)^{\frac{1}{2}} \frac{dX_{cl}}{d\tau}(0)\Gamma(0)\right\}\right.$.

$$\left.\phi\left[X_{cl}(0) + \sqrt{\frac{\hbar}{m}}\,\Gamma(0)\right]\right] , \tag{43}$$

where

$$\Delta^2 V = V\left[X_{cl}(\tau) + \sqrt{\frac{\hbar}{m}}\,\Gamma(\tau)\right] - V[X_{cl}(\tau)] - \sqrt{\frac{\hbar}{m}}\,\Gamma(\tau)\frac{\partial V}{\partial x}[X_{cl}(\tau)] . \tag{44}$$

Proof

The proof utilises the translational invariance of $\mathcal{f}$ under $\gamma \to \gamma + a$, $\forall\, \gamma \varepsilon H$, fixed $a \varepsilon H$.

$$\mathcal{f}\left[f[\gamma + a]\right] = \exp\left\{\frac{i}{2}(a,a)\right\}\mathcal{f}\left[\exp\{-i(a, \gamma)\} f[\gamma]\right] , \quad f \varepsilon \mathcal{f}(H). \tag{45}$$

Let $f \varepsilon \mathcal{f}(H)$ be given by $f[\gamma] = \int \exp\{i(\gamma', \gamma)\} d\mu(\gamma')$ so that $f[\gamma + a] = \int \exp\{i(\gamma' \gamma)\} \exp\{i(\gamma', a)\} d\mu(\gamma')$.

Evidently $f[\gamma + a] \varepsilon \mathcal{f}(H)$ also. Then from Theorem 3

$$\mathcal{f}\left[f[\gamma + a]\right] = \int \exp\left\{\frac{-i}{2}(\gamma', \gamma')\right\} \exp\{i(\gamma', a)\} d\mu(\gamma'). \tag{46}$$

Hence,

$$\mathcal{f}\left[f[\gamma + a]\right] = \int \exp\left\{\frac{-i}{2}(\gamma' - a, \gamma' - a)\right\} d\mu(\gamma') \exp\left\{\frac{i}{2}(a, a)\right\} , \tag{47}$$

so that

$$\mathcal{f}\left[f[\gamma + a]\right] = \exp\left\{\frac{i}{2}(a, a)\right\} \int \exp\left\{\frac{-i}{2}(\gamma'', \gamma'')\right\} d\mu(\gamma'' + a). \tag{48}$$

The result now follows from $\int \exp\{i(\gamma', \gamma)\} d\mu(\gamma' + a) = \exp\{-i(a, \gamma)\} f[\gamma]$.

To complete the proof we observe that:-

$$i\hbar \frac{\partial\psi}{\partial t} = \frac{-\hbar^2}{2m}\frac{\partial^2\psi}{\partial x^2} + V(x)\psi, \quad \text{with } \psi(x,0) = \phi(x). \iff \begin{cases} i\frac{\partial\Psi}{\partial t} = \frac{-1}{2}\frac{\partial^2\Psi}{\partial X^2} + \frac{1}{\hbar}V\left[\sqrt{\frac{\hbar}{m}}X\right]\Psi, \\ \text{with } X = \sqrt{\frac{m}{\hbar}}x, \ \Psi(X,0) = \phi\left(\sqrt{\frac{\hbar}{m}}\right)X. \end{cases} \tag{49}$$

We write down the Feynman-Itô formula for the Cauchy problem on r.h.s. above. Finally we use translational invariance under $\Gamma \to \Gamma + \left(\frac{m}{\hbar}\right)^{\frac{1}{2}}\left[X_{cl} - x\right]$, $\Gamma \in H$ being the integration variable. The final result follows after an integration by parts.□

In the quasiclassical representation we can choose $\frac{dX_{cl}(0)}{d\tau}$ for convenience depending upon the exact form of the initial wave-function ϕ. When V and ϕ are sufficiently regular we can use the above to obtain a formal power series expansion for ψ in ascending powers of $\hbar$.

To see the usefulness of the quasiclassical representation we choose $\phi(x) = \exp(ip_o x/\hbar)\psi_o(x)$, where p_o and ψ_o are independent of $\hbar$. When we let $\hbar \to 0$, this boundary condition is equivalent to giving the quantum mechanical particle an initial momentum p_o. Thus on physical grounds we might expect that the appropriate choice of $\frac{dX_{cl}(0)}{d\tau}$ in this case should be $m\frac{dX_{cl}(0)}{d\tau} = p_o$. We show how this choice of $X_{cl}(\tau)$ leads to the correct relationship between ψ and $x(x_o, p_o, t)$, satisfying the classical equations

$$m\frac{d^2x}{dt^2} = -\frac{\partial V[x]}{\partial x}, \tag{50}$$

$m\frac{dx(0)}{dt} = p_o$, $x(0) = x_o$, in the next theorem.

We shall assume the classical problem satisfies:

(1) The solution $x = x(x_o, p_o, t)$ exists and is unique for $t \in [0, T]$.

(2) The equation $x = x(x_o, p_o, t)$ can be solved uniquely to yield $x_o = x_o(x, p_o, t)$, $t \in [0, T]$.

(3) There is a unique $X(p_o, x, t, \tau)$ such that

$$m\frac{d^2X}{d\tau^2}(p_o, x, t, \tau) = -\frac{\partial V}{\partial X}\left[X(p_o, x, t, \tau)\right], \quad \tau \in [0, t],$$

$m\frac{dX}{d\tau}(p_o, x, t, 0) = p_o$, $X(p_o, x, t, t) = x$, $t \in [0, T]$.

(The above are simultaneously satisfied when $\frac{\partial^2 V}{\partial x^2}$ is uniformly bounded).

Evidently the above uniqueness assumptions imply $X(p_o, x, t, \tau) = x\left[x_o(x, p_o, t), p_o, \tau\right]$. This last condition is used below.

<u>Theorem 6</u>

Let $\psi(x, t)$ be the solution of the Schrödinger equation with Cauchy data

$\psi(x, 0) = \exp(ip_o x/\hbar)\psi_o(x)$. Let $\tilde{S}_{cl}(x, t)$ be the solution of the Hamilton-Jacobi equation, $\tilde{S}(x, 0) = p_o x$, $\frac{\left(\frac{\partial \tilde{S}}{\partial x}\right)^2}{2m} + V(x) + \frac{\partial \tilde{S}}{\partial t} = 0$, so that

$$\tilde{S}_{cl}(x, t) = p_o x_o(x, p_o, t) + \int_o^t \left[\frac{m}{2}\dot{X}^2(p_o, x, t, \tau) - V[X(p_o, x, t, \tau)]\right] d\tau. \quad (51)$$

Then, if V and ϕ satisfy conditions of last theorem, $V \in C^2$ and $\int$ satisfies a dominated convergence theorem,

$$\lim_{\hbar \to 0} \exp\left[\frac{-i}{\hbar} \tilde{S}_{cl}(x,t)\right] \psi(x, t) = \psi_o[x_o(x, p_o, t)] \left(\frac{\partial x_o(x, p_o, t)}{\partial x}\right)^{\frac{1}{2}} \quad (52)$$

for $t \in [0, T]$.

Proof

With the choice $m \frac{dX_{cl}(0)}{d\tau} = p_o$, the quasiclassical representation theorem gives

$$\exp\left[\frac{-i}{\hbar} S_{cl}(x, t)\right] \psi(x, t) = \int \left[\exp\left\{\frac{-i}{\hbar} \int_o^t \Delta^2 V d\tau\right\} \psi_o\left[x_o(x, p_o, t) + \left(\frac{\hbar}{m}\right)^{\frac{1}{2}} \Gamma(0)\right]\right] \quad (53)$$

where $\Delta^2 V = V\left[X(p_o, x, t, \tau) + \left(\frac{\hbar}{m}\right)^{\frac{1}{2}} \Gamma(\tau)\right] - \left(\frac{\hbar}{m}\right)^{\frac{1}{2}} \Gamma(\tau) \frac{\partial V}{\partial X}[X(p_o, x, t, \tau)] - V[X(p_o, x, t, \tau)]$

and $\Gamma(\tau)$ are variables of integration. Taking the limit as $\hbar \to 0$, we obtain

$$\lim_{\hbar \to 0} \exp\left[\frac{-i}{\hbar} \tilde{S}_{cl}(x,t)\right] \psi(x, t) = \int\left[\exp\left\{\frac{-i}{2m} \int_o^t \gamma^2(\tau) V''[X(p_o, x, t, \tau)] d\tau\right\}\right] \psi_o[x_o(x, p_o, t)]. \quad (54)$$

An explicit calculation yields

$$\int \left[\exp\left\{\frac{-i}{2m} \int_o^t \gamma^2(\tau) V''[X(p_o, x, t, \tau)] d\tau\right\}\right] = [D(p_o, x, t, t)]^{-\frac{1}{2}} \quad (55)$$

where

$$m \frac{d^2 D}{d\tau^2}(p_o, x, t, \tau) + V''[X(p_o, x, t, \tau)] D(p_o, x, t, \tau) = 0, \quad (56)$$

$$D(p_o, x, t, 0) = 1, \quad \frac{dD}{d\tau}(p_o, x, t, 0) = 0.$$

However, from the classical equations we can deduce

$$m \frac{d^2}{d\tau^2} X(p_o, x, t, \tau) + V'[X(p_o, x, t, \tau)] = 0. \quad (57)$$

Observing that $X(p_o, x, t, \tau) = x[x_o(x, p_o, t), p_o, \tau]$ and partially differentiating the last equation with respect to x_o gives $D = \frac{\partial x}{\partial x_o}[x_o(x, p_o, t), p_o, \tau]$. D satisfies the correct boundary conditions. The desired result follows from the implicit function theorem. □

A simple consequence of the last theorem is that

$$\lim_{\hbar \to 0} \int_a^b |\psi(x, t)|^2 dx = \int_{x[x_o, p_o, t] \in [a, b]} |\psi(x_o, 0)|^2 dx_o \qquad (58)$$

and the principle of stationary phase yields

$$\lim_{\hbar \to 0} \int_a^b |\tilde{\psi}(p, t)|^2 dp = \int_{m\dot{x}[x_o, p_o, t] \in [a, b]} |\psi(x_o, 0)|^2 dx_o . \qquad (59)$$

Similar results to these were first obtained by Maslov using a different approach [Maslov 12, 13, 14].

It follows that, if $\psi(x, 0) = \exp(ip_o x/\hbar)\psi_o(x)$ is nonzero only in the neighbourhood of some point x_o, then the limiting probability of the quantum mechanical particle being in the neighborhood of the point (p, x) in phase space at time t will differ from zero as $\hbar \to 0$ only if $p = m\dot{x}[x_o, p_o, t]$ and $x = x[x_o, p_o, t]$. In this sense quantum mechanics $\to$ classical mechanics as $\hbar \to 0$. Similar results for Wigner's quasiprobability density are obtained in reference 3.

The last theorem shows that the first term in the formal power series obtained from the quasiclassical representation is the physically correct term determined by the underlying classical mechanical flow. The problem of proving that this classical mechanical limit is achieved as $\hbar \to 0$ depends upon obtaining some sort of dominated convergence theorem for $\mathcal{f}$. The problem of proving such a theorem is discussed in reference 6. The last theorem does however lead to the results of the next section.

7. QUANTUM MECHANICS AS $\hbar \to 0$

In this section we consider the limiting case $\lambda \to 0$ of the Cauchy problem for the equation

$$\frac{\partial u}{\partial t} = \frac{\lambda}{2\mu} \nabla_x^2 u + \frac{V(x)}{\lambda} u \quad , \tag{60}$$

where ∇^2 is the n-dimensional Laplacian, V is a real-valued potential, $V \in L^2(\mathbb{R}^n) + L^\infty(\mathbb{R}^n)$, and μ is a positive constant. Here $u = u_\lambda(x, t)$ is the solution of the above equation defined on $\mathbb{R}^n \times [0, \infty)$ with Cauchy data $u_\lambda(x, 0) = \exp(-p_o \cdot x/\lambda) T_o(x)$, p_o and T_o both being independent of λ .

When λ is real the above equation is a diffusion (heat) equation with potential V. This equation arises in stochastic mechanics for stationary states u with $\lambda = \hbar$, Planck's constant divided by 2π. When λ is pure imaginary, $\lambda = i\hbar$, the equation above is the Schrödinger equation for the wave-function u of a particle of mass μ (or suitably transformed for several particles) moving in the force field $(-\nabla V)$ in the n-dimensional Euclidean space $\mathbb{R}^n$.

We present here two new theorems relating the limiting solution of the above equation, as $\lambda \to 0$, for both real and pure imaginary λ, and the solution to the corresponding equations of classical mechanics

$$\frac{d^2 X}{d\tau^2}(x, \tau) = -\nabla_X V[X(x, \tau)] \tag{61}$$

$X(x, \tau) \in \mathbb{R}^n$, $\tau \in (0, t)$, with boundary conditions $X(x, t) = x$, $\mu \dot{X}(x, 0) = p_o$. These theorems are special cases of the results derived in reference 5.

In the case when $\lambda = i\hbar$ the above singular perturbation problem has been investigated by a number of authors. The most significant results obtained have utilised some principle of stationary phase either in a finite or infinite dimensional setting. [see Albeverio, Høegh-Krohn 2 and references cited therein]. The results we give here are easier to derive than those obtained from the principle of stationary phase.

In the case $\lambda = \hbar$ our method uses the Feynman-Kac formula and a corresponding quasiclassical representation. This method has the virtue that one can see explicitly the exact form of the limiting solution. When $\lambda = i\hbar$, this explicit form for the limiting solution leads us to change the dependent and independent variables in equation (60). This leads almost directly to our results. For the case $\lambda = i\hbar$ similar results have been obtained by Maslov, but our analysis is shorter than his. [Maslov 13] .

We must make some additional assumptions about the potential V. In the diffusion (heat) equation case we assume that in addition to V being real, $V \in L^2(\mathbb{R}^n) + L^\infty(\mathbb{R}^n)$, V has continuous second order partial derivatives

$\frac{\partial^2 V}{\partial x_i \, \partial x_j}(x)$, $i, j = 1, 2, \ldots, n$, at all points $x = (x_1, x_2, \ldots, x_n) \in \mathbb{R}^n$ and $\sup_{i,j,x} \left| \frac{\partial^2 V}{\partial x_i \partial x_j}(x) \right| = K < \infty$. When these last conditions on V are satisfied we write $V \in C^2$.

The above assumptions on V ensure that equation (61) has a unique local solution $x[x_o, p_o, \tau] \in \mathbb{R}^n$, $\tau \in [0, T']$,

$$\mu \frac{d^2 x}{d\tau^2} = - \nabla_x V[x] , \tag{62}$$

satisfying $x[x_o, p_o, 0] = x_o \in \mathbb{R}^n$, $\mu \dot{x}[x_o, p_o, 0] = p_o \in \mathbb{R}^n$. The above bounds on V also ensure that for sufficiently small T'' the equation $x[x_o, p_o, t] = x$ can be solved uniquely to yield $x_o(x, p_o, t)$, $t \in [0, T'']$. The required classical solution is then defined by

$$X(x, \tau) = x[x_o(x, p_o, t), p_o, \tau], \tag{63}$$

$\tau \in (0,t)$, $t \in (0, T)$, where $T \leq T'$, $T \leq T''$.

We say that the trajectory $X(x, \tau)$ is well-behaved if it does not pass through any focus of the classical problem $\left| \frac{\partial X^i}{\partial x_o^j}(x, \tau) \right| \neq 0$, $\tau \in (0, t)$ and if, in addition, $V[X(x, \tau)]$ has continuous third order partial derivatives with respect to space variables X, for $\tau \in (0, t)$. For the diffusion (heat) equation case we must assume $X(x, \tau)$ is well-behaved for $\tau \in (0, t)$, $t \in (0, T)$, $T \leq T'$, $T \leq T''$. In this case we must further restrict T. We denote by $\lambda(V)$ the maximum eigenvalue of the matrix $\left|\left| \frac{\partial^2 V}{\partial x_i \partial x_j}(x) \right|\right|$. Putting $\lambda_+ = \sup_x \left\{ \max\{\lambda(V), 0\} \right\}$, it follows that $0 \leq \lambda_+ < \infty$. In the diffusion (heat) equation case with $T''' = \left(\frac{\mu}{\lambda_+} \right)^{\frac{1}{2}} \frac{\pi}{2}$ we must restrict T so that $T = \min [T', T'', T''']$.

We are now ready to state Theorem 7.

<u>Theorem 7</u>

Let $S(x, t)$ be the solution of the Hamilton Jacobi equation

$$\frac{|\nabla_x S(x, y)|^2}{2\mu} + V(x) + \frac{\partial S}{\partial t}(x,t) = 0, \quad t \in (0, T), \tag{64}$$

with $S(x, 0) = p_o \cdot x$, so that

$$S(x, t) = p_o \cdot x_o(x, p_o, t) + \int_o^t \left\{ \frac{\mu}{2} \sum_{j=1}^n \left(\frac{dX_j}{d\tau} \right)^2 - V[X] \right\} d\tau, \tag{65}$$

where $X = X(x, \tau) = (X_1, X_2, \ldots, X_n) \in \mathbb{R}^n$ is well-behaved.

Let $u_\lambda(x, t)$ be the solution of the diffusion (heat) equation

$$\frac{\partial u_\lambda}{\partial t} = \frac{\lambda}{2\mu} \nabla^2{}_x u_\lambda + \frac{V(x)}{\lambda} u_\lambda , \tag{66}$$

with Cauchy data $u_\lambda(x, 0) = \exp\{-p_o . x/\lambda\} T_o(x) \in L^2(\mathbb{R}^n)$, T_o bounded continuous, $V \in C^{2'} \cap [L^2(\mathbb{R}^n) + L^\infty(\mathbb{R}^n)]$. Then, for each fixed $t \in (0, T)$,

$$\exp\{S(x, t)/\lambda\} u_\lambda(x, t) \to J_t^{\frac{1}{2}}(x) T_o[x_o(x, p_o, t)] \tag{67}$$

pointwise, as $\lambda \to 0$, where $J_t(x) = \left| \frac{\partial x_o^i}{\partial x_j} \right|$, the Jacobian of the transformation $x \to x_o(x, p_o, t) = (x_o^1, \ldots, x_o^n) \in \mathbb{R}^n$.

<u>Proof</u>

The first part of the proof is to obtain a quasiclassical representation for the solution $u_\lambda(x, t)$. This is done in much the same way as in Theorem 5.

We use the Feynman-Kac formula for the solution v_λ of the transformed equation

$$\frac{\partial v_\lambda}{\partial t} = \frac{1}{4} \nabla^2_X v_\lambda + \lambda^{-1} V\left[\left(\frac{2\lambda}{\mu}\right)^{\frac{1}{2}} X\right] v_\lambda \tag{68}$$

where $v_\lambda = v_\lambda(X, t) = u_\lambda\left(\left(\frac{2\lambda}{\mu}\right)^{\frac{1}{2}} X, t\right)$, X being given by $X = \left(\frac{\mu}{2\lambda}\right)^{\frac{1}{2}} x$.

Then, using the conventions of Gelfand and Yaglom [15], we obtain

$$u_\lambda(x, t) = E\left[\exp\left\{\frac{1}{\lambda} \int_0^t V\left[x + \left(\frac{2\lambda}{\mu}\right)^{\frac{1}{2}} X(\tau)\right] d\tau\right\} u_\lambda\left(x + \left(\frac{2\lambda}{\mu}\right)^{\frac{1}{2}} X(t), 0\right)\right], \tag{69}$$

where the Wiener integral E is with respect to the variables $X(\tau) = (X_1(\tau), X_2(\tau), \ldots, X_n(\tau)) \in C_o(0, t) \otimes^n$ i.e. $X_j(\tau)$ is continuous on $(0, t)$ and $\lim_{t \to 0+} X_j(\tau) = 0$, $j = 1, 2, \ldots, n$.

The displacement invariance of the Wiener integral under the translation $X \to Y + \left(\frac{\mu}{2\lambda}\right)^{\frac{1}{2}} a$, for $a(\tau) = [x(x, t-\tau) - x] \in C_o(0, t) \otimes^n$, $\dot{a}(\tau) \in L_2(0, t) \otimes^n$, leads to

$$\exp\{S(x, t)/\lambda\} u_\lambda(x, t) = E\left[\exp\left\{\frac{1}{\lambda} \int_0^t \Delta^2 V d\tau\right\} T_o\left[x_o(x, p_o, t) + \left(\frac{2\lambda}{\mu}\right)^{\frac{1}{2}} Y(t)\right]\right], \tag{70}$$

where $\Delta^2 V = V\left[X(x,t-\tau) + \left(\frac{2\lambda}{\mu}\right)^{\frac{1}{2}} Y(\tau)\right] - V[X(x, t-\tau)] - \left(\frac{2\lambda}{\mu}\right)^{\frac{1}{2}} Y(\tau) . \nabla V[X(x,t-\tau)]$ and the Wiener integral is now with respect to the variables $Y(\tau) \in C_o(0, t) \otimes^n$.

We now consider the functional $F(\lambda, Y)$ defined by

$$F(\lambda,Y) = \exp\left\{\frac{1}{\lambda} \int_0^t \Delta^2 V d\tau\right\} T_o\left[x_o(x, p_o, t) + \left(\frac{2\lambda}{\mu}\right)^{\frac{1}{2}} Y(t)\right]. \tag{71}$$

Then $V \in C^{2'}$ and T_o continuous imply that, as $\lambda \to 0+$,

$$F(\lambda, Y) \to \exp\left\{\frac{1}{\mu} \int_0^t \sum_{i,j=1}^n \frac{\partial^2 V}{\partial x_i \partial x_j} [X(x,t-\tau)] Y_i(\tau) Y_j(\tau) d\tau\right\} T_o[x_o(x,p_o, t)] \tag{72}$$

a.e. with respect to Wiener measure.

Also, because $V \in C^{2'}$ and T_o is bounded, $\exists$ a finite constant M such that

$$|F(\lambda, Y)| \leq M \exp\left\{\frac{\lambda_+}{\mu} \int_0^t \sum_{j=1}^n Y_j(\tau)\, Y_j(\tau)\, d\tau\right\} = M\, F(Y). \qquad (73)$$

It is not difficult to show that $E[F] = [D(0)]^{-n/2}$, where $D(\tau)$ is the unique solution of $\ddot{D}(\tau) + \lambda_+\mu^{-1}D(\tau) = 0$, $\tau \in [0, t]$, with $D(t) = 1$, $\dot{D}(t) = 0$. Hence, we obtain $D(\tau) = \cos\left[\left(\frac{\lambda_+}{\mu}\right)^{\frac{1}{2}}(t - \tau)\right]$ and $D(0) = \cos\left[\left(\frac{\lambda_+}{\mu}\right)^{\frac{1}{2}} t\right] \neq 0$, $t < \left(\frac{\mu}{\lambda_+}\right)^{\frac{1}{2}} \frac{\pi}{2}$.

Thus, $E[F] < \infty$, for $t < T < T''$.

The dominated convergence theorem for Wiener measure now implies that, as $\lambda \to 0+$,

$$\exp\{S(x,t)/\lambda\}\, u_\lambda(x,t) \to E\left[\exp\left\{\frac{1}{\mu}\int_0^t \sum_{i,j=1}^n \frac{\partial^2 V}{\partial x_i \partial x_j}[X(x, t-\tau)]\, Y_i(\tau)\, Y_j(\tau)\, d\tau\right\}\right] T_0[x_0(x, p_0, t)] \qquad (74)$$

pointwise. To complete the proof we must show that

$$E\left[\exp\left\{\frac{1}{\mu}\int_0^t \sum_{i,j=1}^n \frac{\partial^2 V}{\partial x_i \partial x_j}[X(x, t-\tau)]\, Y_i(\tau)\, Y_j(\tau)\, d\tau\right\}\right] = J_t^{\frac{1}{2}}(x) \qquad (75)$$

This is done in detail in reference 5 . □

The above theorem shows that the diffusion process determined by the above Cauchy problem, for small λ, follows the lines of the classical flow. Thus, when $u_\lambda(x, 0)$ has support contained in a small neighborhood of the point x_0, for small λ, the support of $u_\lambda(x, t)$ is concentrated around the classical flow $x[x_0, p_0, t]$.

To deduce the results corresponding to Theorem 7 for the Schrödinger equation we slightly change our assumptions regarding the classical flow. We use the above notation except that $T = \min[T', T'']$. The time T is the maximum time for which the above uniqueness and existence results are valid for the classical problem. These uniqueness and existence conditions are still required for the Schrödinger equation, but our proof does not require explicitly $V \in C^{2'}$.

For each fixed $t \in (0, T)$, we assume that D_t: $x_0 \to x[x_0, p_0, t]$ is a C^1 diffeomorphism $D_t: \mathbb{R}^n \to \mathbb{R}^n$ with C^1 inverse $D_t^{-1}: x \to x_0[x, p_0, t]$, $D_t^{-1}: \mathbb{R}^n \to \mathbb{R}^n$. Denote by $J_t(x)$, or $J_t(x_0)$, the Jacobian of D_t^{-1}, $J_t(x_0) = J_t(x) = \left|\frac{\partial x_0^i}{\partial x^j}\right|$, where if $J_t(x_0)$ is used we put $x = x[x_0, p_0, t]$. Then we require $S = \{x \in \mathbb{R}^n |\, J_t(x) = 0\}$ has Lebesque measure zero. Subject to these conditions we have the following theorem.

Theorem 8

Let $\psi_\hbar(x, t)$ be the solution of the Schrödinger equation

$$\frac{\partial \psi_\hbar}{\partial t} = \frac{i\hbar}{2\mu} \nabla_x^2 \psi_\hbar + \frac{V(x)}{i\hbar} \psi_\hbar, \qquad (76)$$

with Cauchy data $\psi_{\hbar}(x, 0) = \exp\{ip_o \cdot x/\hbar\}\ \phi_o(x) \in L^2(\mathbb{R}^n)$, where $V \in L^2(\mathbb{R}^n) + L^\infty(\mathbb{R}^n)$ is real valued and ϕ_o (independent of $\hbar$) is such that $F(\tau) = \|\nabla_x^2 J_\tau^{\frac{1}{2}}(x)\ \phi_o[x_o(x, p_o, \tau)]\|_{L_2} \in L^1(0, t)$, $\|\ \|_{L_2}$ being the L^2 norm with respect to x.

Then, for each fixed $t \in (0, T)$,

$$\exp\{-i\ S(x,t)/\hbar\}\ \psi_h(x,t) \to J_t^{\frac{1}{2}}(x)\ \phi_o[x_o(x, p_o, t)], \tag{77}$$

in the L^2 norm with respect to x, as $\hbar \to 0$.

<u>Proof</u>

If $V \in L^2(\mathbb{R}^n) + L^\infty(\mathbb{R}^n)$, the Hamiltonian $\left[\frac{-\hbar^2}{2\mu}\nabla^2 + V\right]$ is essentially self-adjoint on some suitable domain in $L^2(\mathbb{R}^n)$ and its unique extension H is such that (iH) generates a continuous unitary one parameter group $U(t)$ on $L^2(\mathbb{R}^n)$. Writing $\psi_t(x) = \psi(x, t)$ and $U(t) = \exp\left\{\frac{-itH}{\hbar}\right\}$ we obtain

$$\psi_t(x) = [U(t)\psi_o](x). \tag{78}$$

The diffeomorphism $D_t: \mathbb{R}^n \to \mathbb{R}^n$ induces a unitary map $U_o(t): L^2(\mathbb{R}^n) \to L^{2'}(\mathbb{R}^n)$. We define the map $U_o(t)$ by $\psi_t \in L^2(\mathbb{R}^n)$ and $U_o(t)\ \psi_t = \phi_t \in L^{2'}(\mathbb{R}^n)$, according to

$$\phi_t(x_o) = J_t^{-\frac{1}{2}}(x)\ \exp\{-i\ S(x,t)/\hbar\}\ \psi_t(x), \qquad \text{a.e.}, \tag{79}$$

where on r.h.s. $x = x[x_o, p_o, t]$ and $\|\phi_t\|^2_{L_2'} = \int |\phi_t(x_o)|^2\ d^n x_o$.

The conditions on D_t ensure that $U_o(t)$ is an isometry

$$\|\phi_t\|_{L_2'} = \|U_o(t)\psi_t\|_{L_2'} = \|\psi_t\|_{L_2}. \tag{80}$$

Defining $U_o^{-1}(t)$ by $\phi \in L^{2'}(\mathbb{R}^n)$

$$[U_o^{-1}(t)\phi](x) = J_t^{\frac{1}{2}}(x)\ \exp\{i\ S(x,t)/\hbar\}\ \phi[x_o(x, p_o, t)] \qquad \text{a.e.}, \tag{81}$$

$U_o^{-1}(t)\ \phi \in L^2(\mathbb{R}^n)$ if $\phi \in L^{2'}(\mathbb{R}^n)$. Hence, $U_o^{-1}(t) = U_o^*(t)$ where U_o^* denotes the adjoint of $U_o, U_o^*: L^{2'}(\mathbb{R}^n) \to L^2(\mathbb{R}^n)$.

The evolution operator for $\phi_s \in L^{2'}(\mathbb{R}^n)$ is given by $\tilde{U}(t,s)$, where

$$\tilde{U}(t,s) = U_o(t)\ U(t-s)\ U_o^*(s). \tag{82}$$

Here s denotes the intial time and t denotes the final time $(t > s)$ and clearly for $u > t > s$

$$\tilde{U}(u,t)\ \tilde{U}(t,s) = \tilde{U}(u,s). \tag{83}$$

The unitarity of $\tilde{U}$ follows from the unitarity of U.

The infinitesimal generator of $\tilde{U}(t,s)$ can be shown to be $(-i\hbar\ H(t)/2\mu)$, where $H(t)$ is given by

$$H(t) = J_t^{-\frac{1}{2}}\ \nabla^2\ J_t^{\frac{1}{2}}. \tag{84}$$

Expressing $\nabla^2 = \nabla_x^2$ in curvilinear coordinates $x_o(x, p_o, t)$ and putting $J_t = J_t(x_o)$, we obtain $H(t)$ as a differential operator on a sufficiently small domain

$\mathcal{D}_t \subset L^{2'}(\mathbb{R}^n)$. It is not difficult to show that $H(t)$ as defined above is symmetric.

The time evolution for ϕ_t is now given by

$$i \frac{\partial \phi_t}{\partial t} = \frac{\hbar}{2\mu} H(t)\, \phi_t . \tag{85}$$

Integrating and using the symmetry of $H(\tau)$ gives, for $\phi_o \in \bigcap_{\tau \in (0,t)} \mathcal{D}_{\tau}$,

$$(\phi_o, \phi_t)_{L_2'} - (\phi_o, \phi_o)_{L_2'} = \frac{-i\hbar}{2\mu} \int_o^t (\phi_o, H(\tau)\phi_\tau)_{L_2'}\, d\tau$$

$$= \frac{-i\hbar}{2\mu} \int_o^t (H(\tau)\phi_o, U(\tau, 0)\phi_o)_{L_2'}\, d\tau. \tag{86}$$

The isometric property of $\tilde{U}(\tau, 0)$ and the Cauchy Schwarz inequality imply

$$|(\phi_o, \phi_t)_{L_2'} - (\phi_o, \phi_o)_{L_2'}| \leq \frac{\hbar ||\phi_o||_{L_2}}{2\mu} \int_o^t ||H(\tau)\phi_o||_{L_2'}\, d\tau = \frac{\hbar ||\phi_o||_{L_2'}}{2\mu} \times \int_o^t F(\tau)\, d\tau, \tag{87}$$

where $F(\tau) = ||\nabla_x^2 \, J_\tau^{\frac{1}{2}}(x)\phi_o[x_o(x, p_o, \tau)]||_{L_2}$. Hence, if $F(\tau) \in L^1(0, t)$,

$$|(\phi_o, \phi_t)_{L_2'} - (\phi_o, \phi_o)_{L_2'}| \to 0, \tag{88}$$

as $\hbar \to 0$.

Using the isometric property of $\tilde{U}(t,0)$, we obtain

$$||\phi_t - \phi_o||^2_{L_2'} = 2(\phi_o, \phi_o)_{L_2'} - (\phi_o, \phi_t)_{L_2'} - (\phi_t, \phi_o)_{L_2'} \leq 2|(\phi_o, \phi_t)_{L_2'} - (\phi_o, \phi_o)_{L_2'}| \to 0, \tag{89}$$

as $\hbar \to 0$. Finally changing integration variables once more we arrive at

$$||\exp\{-i\, S(x,t)/\hbar\}\psi_\hbar(x, t) - J_t^{\frac{1}{2}}(x)\phi_o[x_o(x, p_o, t)]||_{L_2} \to 0, \tag{90}$$

as $\hbar \to 0$. This proves Theorem 8. □

The Schrödinger equation above is thought to describe the dynamics of a quantum mechanical particle of mass μ (or suitably transformed several particles) moving in Euclidean space $\mathbb{R}^n$ in the potential V. The evolution of the wave-function solution to this Schrödinger equation is given by the one parameter unitary group $U(t)$ acting on the initial data ψ_o. When $\hbar/\mu \to 0$, the particle dynamics should be accurately described by Newton's equations and the diffeomorphism D_t. We now show that for a single particle these two descriptions are consistent, or quantum mechanics → classical mechanics as $\hbar \to 0$. A similar result holds for any finite number of particles with potential interaction in $\mathbb{R}^n$.

To see the classical mechanical limit of quantum mechanics we let Ω be any measurable subset of $\mathbb{R}^n$ and denote the limiting probability of finding the quantum mechanical particle (with the given initial conditions) in Ω at time t by $P(t, \Omega)$. Then a simple consequence of Theorem 8 is

$$P(t, \Omega) = \lim_{\hbar \to 0} \int_\Omega |\psi_\hbar(x, t)|^2 d^n x = \lim_{\hbar \to 0} \int_{D_t^{-1}\Omega} |\psi_\hbar(x_o, 0)|^2 d^n x_o = P(0, D_t^{-1}\Omega), \quad (91)$$

for $t < T$ and Ω any measurable subset of $\mathbb{R}^n$. This is equivalent to quantum mechanics $\to$ classical mechanics as $\hbar \to 0$.

ACKNOWLEDGMENT

It is a pleasure to record here my appreciation to Dr. J. M. Ball of Heriot-Watt University, Edinburgh, Scotland, Dr. David Elworthy of the University of Warwick, Coventry, England and Professor Cecile Morette De Witt of the University of Texas at Austin, Texas, U.S.A., for technical advice concerning certain aspects of the above. Finally, I must thank Professor John T. Lewis of the School of Theoretical Physics, Dublin Institute of Advanced Studies, Dublin, Ireland for introducing me to reproducing kernels and Wiener integrals and for his constant help and encouragement.

REFERENCES

(1) S. ALBEVERIO, R. HØEGH-KROHN, 'Mathematical Theory of Feynman Path Integrals', Lecture Notes in Mathematics, 523, Springer, Berlin 1976.

(2) S. ALBEVERIO, R. HØEGH-KROHN, 'Oscillatory Integrals and the Method of Stationary Phase in infinitely many dimensions, with applications to the Classical limit of Quantum Mechanics', University of Oslo preprint, September 1975. To appear in Inventiones Mathematicae.

(3) A. TRUMAN, J. Math. Phys., 17, 1852 (1976).

(4) A. TRUMAN, 'The Classical Action in Non-relativistic Quantum Mechanics', scheduled to appear in J. Math. Phys. August, 1977.

(5) A. TRUMAN, 'Classical Mechanics, the Diffusion (heat) equation and Schrödinger's equation' scheduled to appear in J. Math. Phys. December 1977.

(6) A. TRUMAN, 'The Feynman Map and the Wiener Integral' in preparation.

(7) C. MORETTE DE WITT, Commun. Math. Phys. 28, 47 (1972).

(8) C. MORETTE DE WITT, Commun. Math. Phys. 37, 63 (1974).

(9) E. NELSON, J. Math. Phys. 5, 332 (1964).

(10) R. P. FEYNMAN, A. R. HIBBS, 'Quantum Mechanics and Path Integrals' (McGraw Hill, New York, 1965).

(11) P.A.M. DIRAC, 'Quantum Mechanics' (Oxford University Press, London, 1930) p.125.

(12) V. P. MASLOV, Zh. Vychisl. Mat. 1, 638 (1961).

(13) V. P. MASLOV, Zh. Vychisl. Mat. 1, 112 (1961).

(14) V. P. MASLOV, 'Theorie des perturbations et methods asymptotiques', (Dunod, Paris, 1972).

(15) I. M. GELFAND, A. M. YAGLOM, J. Math. Phys. 1, 48 (1960).

The Radon-Nikodym property: a point of view

J. J. Uhl, Jr.
University of Illinois
Urbana, Illinois USA 61801

The problem of differentiating vector valued functions was impetus for much of the American studies of the topology and geometry of Banach spaces in the thirties and early forties. Somehow the basic question of differentiation fell by the wayside in the fifties and sixties but work in topology and geometry continued down separate paths. Recently it has been rediscovered that in many situations the measure theoretic study of the Radon-Nikodym property (RNP) provides a tight interlock between topology and geometry in Banach spaces. This is the point of view of this paper.

Before we continue, a caveat or two are in order. This paper is expository and not encyclopedic. Much, but not all, of this material can be found in [4] or [5]. Only the simplest proofs are included and sometimes these are only partial proofs. In addition limited space precludes precise definitions of some of the terminology used. Throughout (Ω,Σ,μ) is a finite measure space and X is a Banach space (B-space) with dual X^*.

1. RNP-measure theory

A function $f:\Omega \to X$ is Bochner integrable if there is a sequence (f_n) of simple functions (modeled on sets from Σ) such that $\lim_n \int_\Omega \|f - f_n\| d\mu = 0$. In this case we define for $E \in \Sigma$

$$\int_E f d\mu = \lim_n \int_E f_n d\mu$$

where $\int_E f_n d\mu$ is defined in the obvious way.

A B-space X has the RNP if for every finite measure space (Ω,Σ,μ) and every countably additive set function $F: \Sigma \to X$ such that (i) F vanishes on μ-null sets (i.e. $F << \mu$) and (ii) the outer measure $E \to \|F(E)\|$ on Σ is of bounded variation there is a Bochner integrable $F:\Omega \to X$ such that $F(E) = \int_E f d\mu$ for all $E \in \Sigma$.

An operator $T:L_1(\mu) \to X$ is called (Riesz) <u>representable</u> if there exists a Bochner integrable bounded function $g:\Omega \to X$ such that $T(f) = \int_\Omega fg d\mu$ for all $E \in \Sigma$. The following result is the main link between RNP and the topology of X.

<u>Theorem 1.1</u> <u>A B-space X has RNP iff for all finite measure spaces (Ω,Σ,μ) every bounded linear operator from $L_1(\mu)$ to X is representable.</u>

<u>Indication of proof</u>: ($\Rightarrow$) Let X have RNP and let $T:L_1(\mu) \to X$ be a bounded linear operator for $E \in \Sigma$ define $F(E) = T(\chi_E)$. Since $\|T(\chi_E)\| \leq \|T\|\mu(E)$, the vector measure F is of bounded variation and is μ-continuous. Since X has RNP, there is a Bochner integrable.

$g:\Omega \to X$ such that $F(E) = \int_E g d\mu$ for all $E \in \Sigma$. It is easy to see that that $T(f) = \int_\Omega fgd\mu$ for all simple functions f, etc... .

The proof of the converse boils down to noticing that integration with respect to F defines a bounded linear operator on $L_1(|F|)$ where $|F|$ is the variation of F.

Corollary 1.2. (Lewis-Stegall [17]). A B-space X has RNP iff for every finite measure space (Ω,Σ,μ) every bounded linear operator $T:L_1(\mu) \to X$ admits a factorization

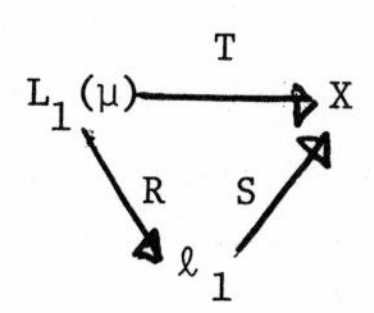

where R and S are appropriate bounded linear operators.

Indication of proof. $\Rightarrow$ Suppose X has RNP. Then there is a bounded Bochner integrable function g such that $T(f) = \int_\Omega fgd\mu$ for all $f \in L_1(\mu)$. It is not hard to show that a Bochner integrable function can be approximated uniformly by a function of the form $\sum_{i=1}^\infty x_i\chi_{E_i}$ where $x_i \in X$ and (E_i) is a disjoint sequence in Σ. For simplicity we shall assume g is of this form. Define $R:L_1(\mu) \to \ell_1$ by $R(f) = (\|x_i\| \int_{E_i} fd\mu)$ and $S:\ell_1 \to X$ by $S((\alpha_i)) = \sum_{i=1}^\infty \alpha_i x_i/\|x_i\|$. Then $SR(f) = \sum_{i=1}^\infty x_i \int_{E_i} fd\mu = \int_\Omega fgd\mu = T(f)$ for all $f \in L_1(\mu)$.

The converse is based on the easily seen fact that ℓ_1 has RNP.

The next theorem has its origins in Bochner-Taylor [1] and is proved explicitly in Gretsky-Uhl [10].

Theorem 1.3 Let $1 \le p < \infty$. The space X^* has RNP iff the equality $L_p(\mu,X)^* = L_q(\mu,X^*)$ $(p^{-1} + q^{-1} = 1)$ obtains for all finite measure spaces (Ω,Σ,μ).

Indication of proof. $\Rightarrow$ Let $\ell \in L_p(\mu,X)^*$. For $E \in \Sigma$ and $x \in X$ define $F(E)(x) = \ell(x\chi_E)$. If $E \in \Sigma$ and $(E_n)_{n=1}^m$ is a partition of E into Σ-sets and $\{x_n\}_{n=1}^m$ are norm-one vectors in X, then one has

$$\Big|\sum_{n=1}^m F(E_n)(x_n)\Big|$$

$$= \Big|\ell\Big(\sum_{n=1}^m x_n\chi_{E_m}\Big)\Big|$$

$$\le ||\ell||\ \Big|\Big|\sum_{n=1}^m x_n\chi_{E_m}\Big|\Big|_p$$

$$= ||\ell||\Big(\int_\Omega \sum_{n=1}^m ||x_n||^p\chi_{E_n}\, d\mu\Big)^{1/p}$$

$$\le ||\ell||\mu(E)^{1/p}.$$

It follows that $F:\Sigma \to X^*$ is μ-continuous and is of bounded variation. Since X^* has RNP, there is a Bochner integrable $g:\Omega \to X^*$ such that $F(E) = \int_E g\,d\mu$ for all $E \in \Sigma$. It is not much of a chore to show that $g \in L_q(\mu,X^*)$ and that $\ell(f) = \int_\Omega \langle f,g \rangle d\mu$ for all $f \in L_p(\mu,X)$.

$\Leftarrow$ This is an easy consequence of the fact that if $F:\Sigma \to X^*$ is μ-continuous and of bounded variation, then integration with respect to F defines a bounded linear functional on $L_p(|F|,X)$ for every $p \geq 1$.

Recall that an $L_1(\mu,X)$ -bounded martingale is a net of pairs $(f_\tau,B_\tau,\tau \in T)$ where (B_τ) is a monotone increasing net of sub σ-fields of Σ, and (f_τ) is a net of Bochner integrable functions such that each $f_\tau \in L_1(\mu|B_\tau,X)$, $\sup_\tau \int_\Omega \| f_\tau \| d\mu < \infty$ and $\int_E f_\tau d\mu = \int_E f_{\tau_1} d\mu$ for all $E \in B_{\tau_1}$ and $\tau \geq \tau_1$. A martingale $(f_\tau,B_\tau,\tau \in T)$ is called uniformly integrable if $\lim\limits_{\mu(E)\to 0} \sup\limits_\tau \int_E \| f_\tau \| d\mu = 0$.

The following theorem was proved in this form by Chatterji [2] and close relatives were established by Metivier [20], Rønnow [28] and the author [38]. In a sense its spirit goes back to Dunford-Pettis [8].

Theorem 1.4 <u>A B-space X has RNP iff for every finite measure space (Ω,Σ,μ) $L_1(\mu,X)$-bounded uniformly integrable martingales converge in $L_1(\mu,X)$ norm.</u>

<u>Indication of proof</u>: Let $(f_\tau,B_\tau,\tau \in T)$ be an $L_1(\mu,X)$-bounded uniformly integrable martingale. As in the scalar case (see Helms [1]), it suffices to assume $\cup_\tau B_\tau$ generates Σ and find a Bochner integrable f such that $\int_E f d\mu = \int_E f_\tau d\mu$ for all $\tau \in T$ and $E \in B_\tau$. By the martingale property, $\lim_\tau \int_E f_\tau d\mu = F(E)$ exists for all $E \in \cup_\tau B_\tau$. By uniform integrability, this limit exists for all $E \in \Sigma$ and define a vector measure $F:\Sigma \to X$. That F is of bounded variation follows from the boundedness of (f_τ,B_τ). That F is μ-continuous follows from the uniform integrability. Since X has RNP, there is $f \in L_1(\mu,X)$ such that $F(E) = \int_E f d\mu$ for all $E \in \Sigma$. Thus $\int_E f_\tau d\mu = \int_E f d\mu$ for all $\tau \in T$ and $E \in B_\tau$.

$\Leftarrow$ Let $F:\Sigma \to X$ be a μ-continuous vector measure of bounded variation. For each partition π set

$$f_\pi = \sum_{E\in\pi} \frac{F(E)}{\mu(E)} \chi_E.$$

Partially order the partitions by refinement. It is easily seen that $(f_\pi:\pi$ a partition) is bounded (since F is of bounded variation) and uniformly integrable (since $F \ll \mu$). By hypothesis, $\lim_\pi f_\pi = f$ exists in $L_1(\mu,X)$ norm. In addition for $E_0 \in \Sigma$, we have

$$F(E_0) = \lim_\pi \int_{E_0} f_\pi d\mu = \int_{E_0} f d\mu.$$

Thus X has RNP.

2. <u>RNP-Topology</u>.

Recall that X has boundedly complete basis if it has a basis (x_n) such that $\sum_{n=1}^{\infty} \alpha_n x_n$ is convergent for all sequences (α_n) of scalars such that $\sup_m \| \sum_{n=1}^{m} \alpha_n x_n \| < \infty$.

Theorem 2.1 (Dunford-Morse [7], Dunford [6]). A Banach space that has a boundedly complete basis has RNP.

Indication of proof: Suppose X has a boundedly complete basis (x_n). Let F be a μ-continuous X-valued measure of bounded variation. For $E \in \Sigma$ write $F(E) = \sum_{n=1}^{\infty} \lambda_n(E)x_n = \sum_{n=1}^{\infty} \int_E f_n d\mu x_n$ since $F \ll \mu$ implies $\lambda_n(E) \ll \mu$. Write $f = \Sigma f_n x_n$ and use the fact that (x_n) is boundedly complete to prove f is Bochner integrable. Q.E.D.

It is interesting to note that boundedly complete bases arrived on the scene in Dunford-Morse [7] precisely for the purpose of proving the above theorem.

The basic connection between the topology of X and the RNP for X is the Pettis measurability thoerem.

Theorem 2.2 (Pettis [23]). Let X be a separable B-space and $f:\Omega \to X$ be a function such that there is a norming sequence (x_n^*) in the unit ball of X^* such that $x_n^* f$ is measurable for all n. Then $\|f\|$ is measurable and if $\int_\Omega \|f\| d\mu < \infty$, then f is a Bochner integrable.

Indication of proof: It is not hard to show that if (x_n) is dense in X, then $\| f - x_n \|$ is measurable for all n. This in turm, allows one to uniformly approximate f by countably valued functions. Then allows one to define a sequence (f_n) of simple functions such that $\lim_n \int_\Omega \| f - f_n \| d\mu = 0$.

Theorem 2.3 (Dunford-Pettis [8]). Separable dual spaces have RNP.

Indication of proof: Let X^* be separable and $T:L_1(\mu) \to X^*$ be a bounded linear operator. Let (x_n) be a dense sequence in the unit ball of X. Then for each partition π define $g_\pi = \sum_{E \in \pi} \frac{T(\chi_E)}{\mu(E)} \chi_E$. Then $g_\pi(\Omega) \subseteq \| T \| B_{X^*}$, where B_{X^*} is the closed unit ball of X^*. For each $w \in \Omega$, let $g(w)$ be an arbitrary weak*-cluster point of the next $(g_\pi(w))$. With a little work, it is possible to use the separability of X^* together with the Pettis measurability thoerem to prove that g is Bochner integrable. Then it is a simple matter to check that $T(f) = \int_\Omega fg d\mu$ for all $f \in L_1(\mu)$. Appeal to theorem 1.1.

Corollary 2.4 (Uhl [37]) (i) If every separable subspace of X is isomorphic to a subspace of a separable dual space; then X has RNP. (ii) If every separable subspace of X has a separable dual, then X^* posesses RNP.

The converse of (ii) is true. This deep theorem is due to Stegall [32], and will be discussed later. Whether the converse of (i) is true is an open question. Nevertheless every Banach space with RNP known to this writer has it as a consequence of (i).

Corollary 2.4 (Phillips [26]) Reflexive spaces have RNP.

Proof. Every separable subspace of a reflexive space is a dual space.

Corollary 2.6 For any set Γ the space $\ell_1(\Gamma)$ has RNP.

Proof. Any separable subspace of $\ell_1(\Gamma)$ obviously sits inside the separable dual space ℓ_1.

Example 2.7 Let $1 \leq p < \infty$. For any set Γ the dual of $L_p(\mu, c_0(\Gamma))$ is $L_q(\mu, \ell_1(\Gamma))$ $(p^{-1} + q^{-1} = 1)$.

Proof. Apply Theorem 1.3.

By a technique similar to the proof of Theorem 2.3 and some extra work [21] it is possible to prove.

Theorem 2.8 (Dunford-Pettis [8], Phillips [26]) Weakly compact operators on $L_1(\mu)$ are representable.

The fact that $L_1(\mu)$ has the celebrated Dunford-Pettis property is an immediate consequence of the above theorem and Egoroff's theorem. See Moedomo-Uhl [21] for more on this.

Before we continue, let us stop to recall what makes all of this work. It is the Pettis measurability theorem mentioned above. Recently Saab [30] has taken a look at this theorem from a more modern standpoint. The basic issue in theorem 2.3 is that if $g:[0,1] \to X^*$ is a bounded function such that $\langle g,x \rangle$ is (Lebesgue) measurable for all $x \in X$, then the separability of X^* ensures that g is Bochner integrable. Saab has taken the position that there are conditions other than the blatant assumption that X^* is separable that ensure g is Bochner interable. First note that if X is separable, a simple computation [30] shows that in the proof of theorem 2.3 $g:[0,1] \to (X^*, \text{weak}^*)$ is Lusin measurable. Now suppose that the identity $I:(X^*, \text{weak}^*) \to (X^*, \|\cdot\|)$ is universally Lusin measurable; i.e. for any regular Borel probability measure μ on (X^*, weak^*) and any $\varepsilon > 0$ there is a weak*-compact set K_ε such that $\mu(X^* \setminus K_\varepsilon) < \varepsilon$ and the identity $I:(K_\varepsilon, \text{weak}^*) \to (K_\varepsilon, \|\cdot\|$ is continuous. It then follows that g is a Bochner integrable.

This is the underlying idea for Saab's proof of the following theorem of Laurent Schwartz.

Theorem 2.9 The space X^* has RNP iff the identity $I:(X^*, \text{weak}^*) \to (X^*, \|\cdot\|)$ is universally Lusin measurable.

Saab also shows that X^* has RNP iff for every subspace Y of X the identity $I:(Y^*, \text{weak}^*) \to (Y^*, \|\cdot\|)$ is universally Lusin measurable and that this is true iff for every separable subspace Y of X the identity $I(Y^*, \text{weak}^*) \to (Y^*, \|\cdot\|)$ is universally Lusin measurable.

At first glance this approach to the study of RNP in dual spaces may seem so abstract that it is of little use. Nothing could be farther from the truth. Maurey [18] has used it to give a stunningly elegant proof of Stegall's theorem. Saab [30] and Talagrand [35] have also made efficient use of this approach:

Recall that a B-space is weakly K-analytic if it is the weakly continuous image of a $K_{\sigma\delta}$ set in a compact space. Obviously every subspace of a weakly K-analytic space is also weakly K-analytic. Almost evident is the fact that weakly compactly generated (WCG) spaces are weakly K-analytic (Talagrand [34]) but not conversely (Rosenthal [29]). The reason we are interested in weakly K-analytic spaces in the study of RNP is furnished by a theorem of P. A. Meyer [30] that guarantees that if X^* is weakly K-analytic, then the identity $I:(X^*, \text{weak}^*) \to (X^*, \|\cdot\|)$ is universally Lusin-measurable. From this we immediatley observe

Corollary 2.10 (Talagrand [35]) If X^* is weakly K-analytic, then X^* has RNP.

Corollary 2.11 (Kuo [15]) If X^* is a subspace of a WCG space, then X^* has RNP.

Proof. As a subspace of a weakly K-analytic space, the space X^* is weakly K-analytic. For more details see Saab [30].

3. RNP-Geometry

In this section the martingale convergence theorem 1.4 will be used to link RNP for B-spaces with some rather spectacular geometric properties of B-spaces. The theorems we are about to look at have been responsible for a good deal of excitement over the past few years. Unfortunately because of space limitations, only the barest flavor for these theorems.

Recall that a sequence (x_n) in X is called an infinite δ-tree if $x_n = (x_{2n} + x_{2n+1})/2$ for all n and there exists a $\delta > 0$ such that $\|x_n - x_{2n}\| \geq \delta$ and $\|x_n - x_{2n+1}\| \geq \delta$ for all n.

Examples: Let $X = L_1[0,1)$ and put $x_1 = \chi_{[0,1)}$, $x_2 = 2\chi_{[0,1/2)}$, $x_3 = 2\chi_{[1/2,1)}$, $x_4 = 4\chi_{[0,1/4)}$, $x_5 = 4\chi_{[1/4,1/2)}$, etc. Then $\|x_n\| = 1$ $x_n = (x_{2n} + x_{2n+1})/2$ and $\|x_n = x_{2n}\| = \|x_n - x_{2n+1}\| = 1$ for all n. Thus $L_1[0,1)$ contains a bounded infinite 1-tree.

It is also easy to grow a bounded infinite 1-tree in c_0: Let

$$x_1 = (0,0,0,\ldots),\ x_2 = (1,0,0,\ldots)$$
$$x_3 = (-1,0,0,\ldots),\ x_4 = (1,1,0,\ldots)$$
$$x_5 = (1,-1,0,\ldots),\ x_6 = (-1,1,0,\ldots)$$
$$x_7 = (-1,-1,0,\ldots),\ \text{etc.}$$

The following theorem is a special case of a theorem of Maynard [19].

Theorem 3.1 A B-space containing a bounded infinite δ-tree is a B-space without RNP.

Proof. Let μ be Lebesgue measure on $[0,1)$ and let (x_n) be a bounded infinite δ-tree in X. Define a sequence (f_n) in $L_1|\mu,X)$ by $f_1 = x_1\chi_{[0,1)}$, $f_2 = x_2\chi_{[0,1/2)} + \chi_{[1/2,1)}$, $f_3 = x_4\chi_{[0,1/4)} + x_5\chi_{[1/4,1/2)} + x_6\chi_{[1/2,3/4)} + x_7\chi_{[3/4,1)}$, etc. Note that

$$\int_{[0,1]} f_2\,d\mu = (x_2 + x_3)/2 = x_1 = \int_{[0,1]} f_1\,d\mu.$$

By similar computations it follows that f_n is a martingale which $L_\infty(\mu,X)$-bounded and hence $L_1(\mu,X)$ bounded and uniformly integrable. Moreover since (x_n) is a δ-tree it follows that $\|f_n(t) - f_{n+1}(t)\| \geq \delta$ for all $t \in [0,1)$. Hence (f_n) is not convergent in $L_1(\mu,X)$ norm; a glance at Theorem 1.4 reveals that X lacks RNP.

Corollary 3.2 Neither $L_1[0,1)$ nor c_0 has RNP.

The next theorem gives a good example of how to use the measure-theoretic link between geometry and topology.

Corollary 3.3 Neither $L_1[0,1)$ nor c_0 has a boundedly complete basis. In addition neither $L_1[0,1)$ nor c_0 are subspaces of separable dual spaces (or are subspaces of WCG dual spaces).

Theorem 3.1 sets up the statement for Stegall's celebrated converse to the Dunford-Pettis theorem 2.3.

Theorem 3.4 (Stegall [32]). If X has a separable subspace whose dual is not separable, then there is a bounded infinite δ-tree in X^*. Consequently X^* lacks RNP.

Today it remains unknown whether an arbitrary B-space without RNP contains a bounded infinite δ-tree. There is a conspicuous feature of bounded infinite δ-trees that has proved to be of great use in the study of RNP in arbitrary Banach spaces. Call a subset D of X dentable if for each $\varepsilon > 0$ there is $x_\varepsilon \in D$ such that $x_\varepsilon \notin \overline{co}(D \setminus B_\varepsilon(x_\varepsilon))$ here "$\overline{co}$" denotes closed convex hull and $B_\varepsilon(x_\varepsilon)$ is the ball of radius ε centered at x_ε. The notion of dentability is due to Rieffel [27] who proved that if every bounded subset of X is dentable, then X has RNP.

By a non-trivial elaboration (Huff [12]) of the argument used to prove Theorem 3.1 it is possible to prove the next theorem.

Theorem 3.5 (Maynard [19], Huff [12], Davis-Phelps [3]). A Banach space containing a bounded non-dentable subset is a Banach space without RNP.

Note that via the separation theorem a subset D of a B-space is dentable if and only if for each $\varepsilon > 0$ there is a hyperplane that slices off a subset of D of diameter less than ε. Lindenstauss (see [25]) used this together with the Bishop-Phelps theorem to prove that if X has RNP, then every closed convex bounded subset of X has an extreme point and therefore is the closed convex hull of its extreme points. The idea is to slice a closed bounded convex set so many times that only an extreme point survives. Huff and Morris [13] showed that if X is a dual space, this property (called the Krein-Milman property) characterizes RNP. For non-dual spaces this problem is still open but Huff and Morris [14] have made a strong run at it. They proved that a Banach space has RNP iff each of its closed bounded sets contains an extreme point of its closed convex hull.

Not satisfied with mere extreme points, Phelps [25] showed that a B-space has RNP iff each of its closed bounded convex subsets is the norm closed convex hull of its strongly exposed points.

Another recent theorem that must be mentioned is the duality between Asplund spaces and spaces with RNP.

Recall that a B-space X is an Asplund space if every continuous convex function on X is Frechet differentiable on a dense G_δ-subset. Verifying that a particular space is an Asplund space is no easy job. For instance try to show directly that $L_7([0,1],c_0)$ is an Asplund space, but $L_{53}([0,1],\ell_\infty)$ is not. On the other hand this follows trivially from the next theorem which combines results of Namioka, Phelps [22] and Stegall [33].

Theorem 3.6 A Banach space is an Asplund space iff its dual has RNP.

Another theorem that should be mentioned is Edgar's extension of the Choquet representation theorem to closed bounded convex subsets of spaces with RNP [9].

Finally, for want of a better place to mention it, the author [38] has shown that a strictly convex B-space X has RNP iff the norm attaining operators from $L_1[0,1]$ to X are dense in the space of all bounded linear operators from $L_1[0,1]$ to X.

4. Concluding remarks. There is no need to give a list of open problems here. The list is not short and is treated at length in [4] and [5]. My original goal was to share with the readers my feeling about the exciting measure theoretic interchange between topological and geometric properties of B-spaces. At some points, I have departed from my path but I hope not too much. I still think that the fact that $L_{47}(\mu,L_7(\ell_1(\Gamma)))$ has the Krein Milman property because each of its separable subspaces is a subspace of a separable dual is both charming and exciting. Equally charming and exciting is the fact that $L_{47/46}(\mu,L_{7/6}(c_0(\Gamma)))$ is an Asplund space because its dual has RNP. This frivolous examples illustrate the power of the geometrical-topological link in spaces with RNP: Verify a space has RNP by topology; conclude it has rich geometry and remember-measure theory was responsible!

References

1. S. Bochner and A. E. Taylor, Linear functionals on certain spaces of abstractly valued functions, Ann. of Math. (2) 39(1938), 913-944.

2. S. D. Chatterji, Martingale convergence and the Radon-Nikodym theorem in Banach spaces, Math. Scand. 22(1968), 21-41.

3. W. J. Davis and R. R. Phelps, The Radon-Nikodym property and dentable sets in Banach spaces, Proc. Amer. Math. Soc. 45(1974), 119-122.

4. J. Diestel and J. J. Uhl, Jr. The Radon-Nikodym theorem for Banach space valued measures, 58 Rocky Mtn. J. 6(1976), 1-46.

5. ______________, Vector measures, Math. Surveys no. 15 American Mathematical Society, Providence 1977.

6. N. Dunford, Integration and linear operations, Trans. Amer. Math. Soc. 40(1936), 474-494.

7. ______________ and A. P. Morse, Remarks on the preceding paper of James A. Clarkson, Trans. Amer. Math. Soc. 40(1936), 415-420.

8. N. Dunford and B. J. Pettis, Linear operations on summable functions, Trans. Amer. Math. Soc. 47(1940), 323-392.

9. G. A. Edgar, A non-compact Choquet theorem, Proc. Amer. Math. Soc. 49(1975), 354-358.

10. N. E. Gretsky and J. J. Uhl, Jr., Bounded linear operators on Banach function spaces of vector valued functions, Trans. Amer. Math. Soc. 167(1972), 263-277.

11. L. L. Helms, Mean convergence of martingales, Trans. Amer. Math. Soc. 87(1958), 439-446.

12. R. E. Huff, Dentability and the Radon-Nikodym property, Duke Math. J. 41(1974), 111-114.

13. ______________ and P. D. Morris, Dual spaces with the Krein-Milman property have the Radon-Nikodym property, Proc. Amer. Math. Soc. 49(1975), 104-108.

14. ______________, Geometric characterizations of the Radon-Nikodym property in Banach spaces, Studia Math.

15. T. Kuo, On conjugate Banach spaces with the Radon-Nikodym property, Pacific J. Math.

16. D. R. Lewis, A vector measure with no derivative, Proc. Amer. Math. Soc. 32(1972), 535-536.

17. D. R. Lewis and C. Stegall, Banach spaces whose duals are isomorphic to $\ell_1(\Gamma)$, J. Fcnl. Anal. 12(1973), 177-187.

18. B. Maurey, La propriété de Radon-Nikodym dans un dual d'après C. Stegall, Séminaire Maurey-Schwartz (1974-1975) Exp No. IX.

19. H. B. Maynard, A geometric characterization of Banach spaces having the Radon-Nikodym property, Trans. Amer. Math. Soc. 185(1973), 493-500.

20. M. Metivier, Martingales a valeurs vectorielles, Ann. Inst. Fourier (Grenoble), 17(1967), 175-208.

21. S. Moedamo and J. J. Uhl, Jr., Radon-Nikodym theorems for the Bochner and Pettis integrals, Pacific J. Math. 38(1971), 531-536.

22. I. Namioka and R. R. Phelps, Banach spaces which are Asplund spaces, Duke-Math J. 42(1975), 735-750.

23. B. J. Pettis, On integration in vector spaces, Trans. Amer. Math. Soc. 44(1938), 277-304.

24. _______________, Differentiation in Banach spaces, Duke Math. J. 5(1939), 254-269.

25. R. R. Phelps, Dentability and extreme points in Banach spaces, J. Fcnl. Anal. 16(1974), 78-90.

26. R. S. Phillips, On linear transformations, Trans. Amer. Math. Soc. 48(1940), 516-541.

27. M. A. Rieffel, Dentable subsets of Banach spaces with applications to a Radon-Nikokym theorem, in Functional Analysis, B. Gelbaum ed.) Thompson, Washington 1967.

28. U. Rønnow, On integral representation of vector-valued measures, Math. Scand. 21(1967), 45-53.

29. H. P. Rosenthal, The hereditary problem for weakly compactly generated Banach spaces, Compos. Math. 28(1974), 83-111.

30. E. Saab, The Radon-Nikodym property in dual spaces: A theorem of Laurent Schwartz (preprint).

31. L. Schwartz, Propriété de Radon-Nikodym, Sem. Maurey-Schwartz (1974-1975), Exp. No. V-VI.

32. C. Stegall, The Radon-Nikodym property in conjugate Banach spaces, Trans. Amer. Math. Soc. 206(1975), 213-223.

33. C. Stegall, personal communication.

34. M. Talagrand, Sur une conjecture de H. H. Corson, Bull. Sci. Math. Z^{e} serie 99, (1975(, 211-212.

35. M. Talagrand, Espaces de Banach Faiblement K-analytiques, Comp. Rend. Acad. Sci. Paris (to appear).

36. J. J. Uhl, Jr., The Radon-Nikodym theorem and the mean convergence of martingales, Proc. Amer. Math. Soc. 21(1969), 139-144.

37. _______________, A note on the Radon-Nikodym property for Banach spaces, Révve Roum. Math. 17(1972), 113-115.

38. _______________, Norm attaining operators on $L^1[0,1]$ and the Radon-Nikodym property, Pacific J. Math. 61(1975).

Vol. 489: J. Bair and R. Fourneau, Etude Géométrique des Espaces Vectoriels. Une Introduction. VII, 185 pages. 1975.

Vol. 490: The Geometry of Metric and Linear Spaces. Proceedings 1974. Edited by L. M. Kelly. X, 244 pages. 1975.

Vol. 491: K. A. Broughan, Invariants for Real-Generated Uniform Topological and Algebraic Categories. X, 197 pages. 1975.

Vol. 492: Infinitary Logic: In Memoriam Carol Karp. Edited by D. W. Kueker. VI, 206 pages. 1975.

Vol. 493: F. W. Kamber and P. Tondeur, Foliated Bundles and Characteristic Classes. XIII, 208 pages. 1975.

Vol. 494: A Cornea and G. Licea. Order and Potential Resolvent Families of Kernels. IV, 154 pages. 1975.

Vol. 495: A. Kerber, Representations of Permutation Groups II. V, 175 pages. 1975.

Vol. 496: L. H. Hodgkin and V. P. Snaith, Topics in K-Theory. Two Independent Contributions. III, 294 pages. 1975.

Vol. 497: Analyse Harmonique sur les Groupes de Lie. Proceedings 1973–75. Edité par P. Eymard et al. VI, 710 pages. 1975.

Vol. 498: Model Theory and Algebra. A Memorial Tribute to Abraham Robinson. Edited by D. H. Saracino and V. B. Weispfenning. X, 463 pages. 1975.

Vol. 499: Logic Conference, Kiel 1974. Proceedings. Edited by G. H. Müller, A. Oberschelp, and K. Potthoff. V, 651 pages 1975.

Vol. 500: Proof Theory Symposion, Kiel 1974. Proceedings. Edited by J. Diller and G. H. Müller. VIII, 383 pages. 1975.

Vol. 501: Spline Functions, Karlsruhe 1975. Proceedings. Edited by K. Böhmer, G. Meinardus, and W. Schempp. VI, 421 pages. 1976.

Vol. 502: János Galambos, Representations of Real Numbers by Infinite Series. VI, 146 pages. 1976.

Vol. 503: Applications of Methods of Functional Analysis to Problems in Mechanics. Proceedings 1975. Edited by P. Germain and B. Nayroles. XIX, 531 pages. 1976.

Vol. 504: S. Lang and H. F. Trotter, Frobenius Distributions in GL_2-Extensions. III, 274 pages. 1976.

Vol. 505: Advances in Complex Function Theory. Proceedings 1973/74. Edited by W. E. Kirwan and L. Zalcman. VIII, 203 pages. 1976.

Vol. 506: Numerical Analysis, Dundee 1975. Proceedings. Edited by G. A. Watson. X, 201 pages. 1976.

Vol. 507: M. C. Reed, Abstract Non-Linear Wave Equations. VI, 128 pages. 1976.

Vol. 508: E. Seneta, Regularly Varying Functions. V, 112 pages. 1976.

Vol. 509: D. E. Blair, Contact Manifolds in Riemannian Geometry. VI, 146 pages. 1976.

Vol. 510: V. Poènaru, Singularités C^∞ en Présence de Symétrie. V, 174 pages. 1976.

Vol. 511: Séminaire de Probabilités X. Proceedings 1974/75. Edité par P. A. Meyer. VI, 593 pages. 1976.

Vol. 512: Spaces of Analytic Functions, Kristiansand, Norway 1975. Proceedings. Edited by O. B. Bekken, B. K. Øksendal, and A. Stray. VIII, 204 pages. 1976.

Vol. 513: R. B. Warfield, Jr. Nilpotent Groups. VIII, 115 pages. 1976.

Vol. 514: Séminaire Bourbaki vol. 1974/75. Exposés 453 – 470. IV, 276 pages. 1976.

Vol. 515: Bäcklund Transformations. Nashville, Tennessee 1974. Proceedings. Edited by R. M. Miura. VIII, 295 pages. 1976.

Vol. 516: M. L. Silverstein, Boundary Theory for Symmetric Markov Processes. XVI, 314 pages. 1976.

Vol. 517: S. Glasner, Proximal Flows. VIII, 153 pages. 1976.

Vol. 518: Séminaire de Théorie du Potentiel, Proceedings Paris 1972–1974. Edité par F. Hirsch et G. Mokobodzki. VI, 275 pages. 1976.

Vol. 519: J. Schmets, Espaces de Fonctions Continues. XII, 150 pages. 1976.

Vol. 520: R. H. Farrell, Techniques of Multivariate Calculation. X, 337 pages. 1976.

Vol. 521: G. Cherlin, Model Theoretic Algebra – Selected Topics. IV, 234 pages. 1976.

Vol. 522: C. O. Bloom and N. D. Kazarinoff, Short Wave Radiation Problems in Inhomogeneous Media: Asymptotic Solutions. V. 104 pages. 1976.

Vol. 523: S. A. Albeverio and R. J. Høegh-Krohn, Mathematical Theory of Feynman Path Integrals. IV, 139 pages. 1976.

Vol. 524: Séminaire Pierre Lelong (Analyse) Année 1974/75. Edité par P. Lelong. V, 222 pages. 1976.

Vol. 525: Structural Stability, the Theory of Catastrophes, and Applications in the Sciences. Proceedings 1975. Edited by P. Hilton. VI, 408 pages. 1976.

Vol. 526: Probability in Banach Spaces. Proceedings 1975. Edited by A. Beck. VI, 290 pages. 1976.

Vol. 527: M. Denker, Ch. Grillenberger, and K. Sigmund, Ergodic Theory on Compact Spaces. IV, 360 pages. 1976.

Vol. 528: J. E. Humphreys, Ordinary and Modular Representations of Chevalley Groups. III, 127 pages. 1976.

Vol. 529: J. Grandell, Doubly Stochastic Poisson Processes. X, 234 pages. 1976.

Vol. 530: S. S. Gelbart, Weil's Representation and the Spectrum of the Metaplectic Group. VII, 140 pages. 1976.

Vol. 531: Y.-C. Wong, The Topology of Uniform Convergence on Order-Bounded Sets. VI, 163 pages. 1976.

Vol. 532: Théorie Ergodique. Proceedings 1973/1974. Edité par J.-P. Conze and M. S. Keane. VIII, 227 pages. 1976.

Vol. 533: F. R. Cohen, T. J. Lada, and J. P. May, The Homology of Iterated Loop Spaces. IX, 490 pages. 1976.

Vol. 534: C. Preston, Random Fields. V, 200 pages. 1976.

Vol. 535: Singularités d'Applications Differentiables. Plans-sur-Bex. 1975. Edité par O. Burlet et F. Ronga. V, 253 pages. 1976.

Vol. 536: W. M. Schmidt, Equations over Finite Fields. An Elementary Approach. IX, 267 pages. 1976.

Vol. 537: Set Theory and Hierarchy Theory. Bierutowice, Poland 1975. A Memorial Tribute to Andrzej Mostowski. Edited by W. Marek, M. Srebrny and A. Zarach. XIII, 345 pages. 1976.

Vol. 538: G. Fischer, Complex Analytic Geometry. VII, 201 pages. 1976.

Vol. 539: A. Badrikian, J. F. C. Kingman et J. Kuelbs, Ecole d'Eté de Probabilités de Saint Flour V-1975. Edité par P.-L. Hennequin. IX, 314 pages. 1976.

Vol. 540: Categorical Topology, Proceedings 1975. Edited by E. Binz and H. Herrlich. XV, 719 pages. 1976.

Vol. 541: Measure Theory, Oberwolfach 1975. Proceedings. Edited by A. Bellow and D. Kölzow. XIV, 430 pages. 1976.

Vol. 542: D. A. Edwards and H. M. Hastings, Čech and Steenrod Homotopy Theories with Applications to Geometric Topology. VII, 296 pages. 1976.

Vol. 543: Nonlinear Operators and the Calculus of Variations, Bruxelles 1975. Edited by J. P. Gossez, E. J. Lami Dozo, J. Mawhin, and L. Waelbroeck, VII, 237 pages. 1976.

Vol. 544: Robert P. Langlands, On the Functional Equations Satisfied by Eisenstein Series. VII, 337 pages. 1976.

Vol. 545: Noncommutative Ring Theory. Kent State 1975. Edited by J. H. Cozzens and F. L. Sandomierski. V, 212 pages. 1976.

Vol. 546: K. Mahler, Lectures on Transcendental Numbers. Edited and Completed by B. Diviš and W. J. Le Veque. XXI, 254 pages. 1976.

Vol. 547: A. Mukherjea and N. A. Tserpes, Measures on Topological Semigroups: Convolution Products and Random Walks. V, 197 pages. 1976.

Vol. 548: D. A. Hejhal, The Selberg Trace Formula for PSL (2, ℝ). Volume I. VI, 516 pages. 1976.

Vol. 549: Brauer Groups, Evanston 1975. Proceedings. Edited by D. Zelinsky. V, 187 pages. 1976.

Vol. 550: Proceedings of the Third Japan – USSR Symposium on Probability Theory. Edited by G. Maruyama and J. V. Prokhorov. VI, 722 pages. 1976.

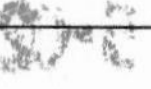

Vol. 551: Algebraic K-Theory, Evanston 1976. Proceedings. Edited by M. R. Stein. XI, 409 pages. 1976.

Vol. 552: C. G. Gibson, K. Wirthmüller, A. A. du Plessis and E. J. N. Looijenga. Topological Stability of Smooth Mappings. V, 155 pages. 1976.

Vol. 553: M. Petrich, Categories of Algebraic Systems. Vector and Projective Spaces, Semigroups, Rings and Lattices. VIII, 217 pages. 1976.

Vol. 554: J. D. H. Smith, Mal'cev Varieties. VIII, 158 pages. 1976.

Vol. 555: M. Ishida, The Genus Fields of Algebraic Number Fields. VII, 116 pages. 1976.

Vol. 556: Approximation Theory. Bonn 1976. Proceedings. Edited by R. Schaback and K. Scherer. VII, 466 pages. 1976.

Vol. 557: W. Iberkleid and T. Petrie, Smooth S^1 Manifolds. III, 163 pages. 1976.

Vol. 558: B. Weisfeiler, On Construction and Identification of Graphs. XIV, 237 pages. 1976.

Vol. 559: J.-P. Caubet, Le Mouvement Brownien Relativiste. IX, 212 pages. 1976.

Vol. 560: Combinatorial Mathematics, IV, Proceedings 1975. Edited by L. R. A. Casse and W. D. Wallis. VII, 249 pages. 1976.

Vol. 561: Function Theoretic Methods for Partial Differential Equations. Darmstadt 1976. Proceedings. Edited by V. E. Meister, N. Weck and W. L. Wendland. XVIII, 520 pages. 1976.

Vol. 562: R. W. Goodman, Nilpotent Lie Groups: Structure and Applications to Analysis. X, 210 pages. 1976.

Vol. 563: Séminaire de Théorie du Potentiel. Paris, No. 2. Proceedings 1975–1976. Edited by F. Hirsch and G. Mokobodzki. VI, 292 pages. 1976.

Vol. 564: Ordinary and Partial Differential Equations, Dundee 1976. Proceedings. Edited by W. N. Everitt and B. D. Sleeman. XVIII, 551 pages. 1976.

Vol. 565: Turbulence and Navier Stokes Equations. Proceedings 1975. Edited by R. Temam. IX, 194 pages. 1976.

Vol. 566: Empirical Distributions and Processes. Oberwolfach 1976. Proceedings. Edited by P. Gaenssler and P. Révész. VII, 146 pages. 1976.

Vol. 567: Séminaire Bourbaki vol. 1975/76. Exposés 471–488. IV, 303 pages. 1977.

Vol. 568: R. E. Gaines and J. L. Mawhin, Coincidence Degree, and Nonlinear Differential Equations. V, 262 pages. 1977.

Vol. 569: Cohomologie Etale SGA 4½. Séminaire de Géométrie Algébrique du Bois-Marie. Edité par P. Deligne. V, 312 pages. 1977.

Vol. 570: Differential Geometrical Methods in Mathematical Physics, Bonn 1975. Proceedings. Edited by K. Bleuler and A. Reetz. VIII, 576 pages. 1977.

Vol. 571: Constructive Theory of Functions of Several Variables, Oberwolfach 1976. Proceedings. Edited by W. Schempp and K. Zeller. VI, 290 pages. 1977

Vol. 572: Sparse Matrix Techniques, Copenhagen 1976. Edited by V. A. Barker. V, 184 pages. 1977.

Vol. 573: Group Theory, Canberra 1975. Proceedings. Edited by R. A. Bryce, J. Cossey and M. F. Newman. VII, 146 pages. 1977.

Vol. 574: J. Moldestad, Computations in Higher Types. IV, 203 pages. 1977.

Vol. 575: K-Theory and Operator Algebras, Athens, Georgia 1975. Edited by B. B. Morrel and I. M. Singer. VI, 191 pages. 1977.

Vol. 576: V. S. Varadarajan, Harmonic Analysis on Real Reductive Groups. VI, 521 pages. 1977.

Vol. 577: J. P. May, E_∞ Ring Spaces and E_∞ Ring Spectra. IV, 268 pages. 1977.

Vol. 578: Séminaire Pierre Lelong (Analyse) Année 1975/76. Edité par P. Lelong. VI, 327 pages. 1977.

Vol. 579: Combinatoire et Représentation du Groupe Symétrique, Strasbourg 1976. Proceedings 1976. Edité par D. Foata. IV, 339 pages. 1977.

Vol. 580: C. Castaing and M. Valadier, Convex Analysis and Measurable Multifunctions. VIII, 278 pages. 1977.

Vol. 581: Séminaire de Probabilités XI, Université de Strasbourg. Proceedings 1975/1976. Edité par C. Dellacherie, P. A. Meyer et M. Weil. VI, 574 pages. 1977.

Vol. 582: J. M. G. Fell, Induced Representations and Banach *-Algebraic Bundles. IV, 349 pages. 1977.

Vol. 583: W. Hirsch, C. C. Pugh and M. Shub, Invariant Manifolds. IV, 149 pages. 1977.

Vol. 584: C. Brezinski, Accélération de la Convergence en Analyse Numérique. IV, 313 pages. 1977.

Vol. 585: T. A. Springer, Invariant Theory. VI, 112 pages. 1977.

Vol. 586: Séminaire d'Algèbre Paul Dubreil, Paris 1975–1976 (29ème Année). Edited by M. P. Malliavin. VI, 188 pages. 1977.

Vol. 587: Non-Commutative Harmonic Analysis. Proceedings 1976. Edited by J. Carmona and M. Vergne. IV, 240 pages. 1977.

Vol. 588: P. Molino, Théorie des G-Structures: Le Problème d'Equivalence. VI, 163 pages. 1977.

Vol. 589: Cohomologie l-adique et Fonctions L. Séminaire de Géométrie Algébrique du Bois-Marie 1965–66, SGA 5. Edité par L. Illusie. XII, 484 pages. 1977.

Vol. 590: H. Matsumoto, Analyse Harmonique dans les Systèmes de Tits Bornologiques de Type Affine. IV, 219 pages. 1977.

Vol. 591: G. A. Anderson, Surgery with Coefficients. VIII, 157 pages. 1977.

Vol. 592: D. Voigt, Induzierte Darstellungen in der Theorie der endlichen, algebraischen Gruppen. V, 413 Seiten. 1977.

Vol. 593: K. Barbey and H. König, Abstract Analytic Function Theory and Hardy Algebras. VIII, 260 pages. 1977.

Vol. 594: Singular Perturbations and Boundary Layer Theory, Lyon 1976. Edited by C. M. Brauner, B. Gay, and J. Mathieu. VIII, 539 pages. 1977.

Vol. 595: W. Hazod, Stetige Faltungshalbgruppen von Wahrscheinlichkeitsmaßen und erzeugende Distributionen. XIII, 157 Seiten. 1977.

Vol. 596: K. Deimling, Ordinary Differential Equations in Banach Spaces. VI, 137 pages. 1977.

Vol. 597: Geometry and Topology, Rio de Janeiro, July 1976. Proceedings. Edited by J. Palis and M. do Carmo. VI, 866 pages. 1977.

Vol. 598: J. Hoffmann-Jørgensen, T. M. Liggett et J. Neveu, Ecole d'Eté de Probabilités de Saint-Flour VI – 1976. Edité par P.-L. Hennequin. XII, 447 pages. 1977.

Vol. 599: Complex Analysis, Kentucky 1976. Proceedings. Edited by J. D. Buckholtz and T. J. Suffridge. X, 159 pages. 1977.

Vol. 600: W. Stoll, Value Distribution on Parabolic Spaces. VIII, 216 pages. 1977.

Vol. 601: Modular Functions of one Variable V, Bonn 1976. Proceedings. Edited by J.-P. Serre and D. B. Zagier. VI, 294 pages. 1977.

Vol. 602: J. P. Brezin, Harmonic Analysis on Compact Solvmanifolds. VIII, 179 pages. 1977.

Vol. 603: B. Moishezon, Complex Surfaces and Connected Sums of Complex Projective Planes. IV, 234 pages. 1977.

Vol. 604: Banach Spaces of Analytic Functions, Kent, Ohio 1976. Proceedings. Edited by J. Baker, C. Cleaver and Joseph Diestel. VI, 141 pages. 1977.

Vol. 605: Sario et al., Classification Theory of Riemannian Manifolds. XX, 498 pages. 1977.

Vol. 606: Mathematical Aspects of Finite Element Methods. Proceedings 1975. Edited by I. Galligani and E. Magenes. VI, 362 pages. 1977.

Vol. 607: M. Métivier, Reelle und Vektorwertige Quasimartingale und die Theorie der Stochastischen Integration. X, 310 Seiten. 1977.

Vol. 608: Bigard et al., Groupes et Anneaux Réticulés. XIV, 334 pages. 1977.